U0315673

# 宝武年鉴 2024

# BAOWU ALMANAC

## （马钢卷）

马钢（集团）控股有限公司
年鉴编纂委员会　编

北　京
冶 金 工 业 出 版 社

① 2023年8月30日，全国总工会党组书记、副主席、书记处第一书记徐留平一行到马钢集团调研

② 2023年3月10日，安徽省委常委、副省长张红文一行到马钢集团调研

③ 2023年6月9日，安徽省委常委、省纪委书记刘海泉一行到马钢集团调研

④ 2023 年 4 月 26 日，内蒙古自治区人大常委会副主任艾丽华率调研组到马钢集团调研

⑤ 2023 年 7 月 13 日，全国党建研究会副会长曾一春一行到马钢集团调研

⑥ 2023年8月25日，中国宝武党委书记、董事长胡望明一行到马钢集团调研

⑦ 2023年12月19日，中国宝武党委书记、董事长胡望明，总经理、党委副书记侯安贵专题调研马钢集团2024年商业计划书编制工作

⑧ 2023年8月24日，中国宝武党委常委邹继新到马钢集团基层联系点调研

⑨ 2023 年 3 月 3 日，中国宝武党委常委、纪委书记、国家监委驻中国宝武监察专员孟庆旸到马钢集团调研

9

10

⑩ 2023 年 6 月 2 日，中国宝武党委常委魏尧到宝武集团马鞍山区域调研企业文化

⑪ 2023 年 12 月 7—8 日，中国宝武工会主席张贺雷一行调研宝武集团马鞍山区域工会工作

11

① 2023 年 3 月 23—24 日，马钢集团承办的 2023 年钒微合金化钢结构用钢及应用技术发展论坛在马鞍山召开

② 2023 年 1 月 30 日，马鞍山市与马钢集团融合发展工作对接会召开

③ 2023 年 7 月 4 日，马钢集团举行党委理论学习中心组（扩大）学习会暨主题教育专题党课，邀请马鞍山市委书记袁方作党课报告

④ 2023 年 3 月 20—21 日，中国宝武 2023 年法治央企建设与合规管理工作会议暨专业能力培训在马钢集团现场举办

⑤ 2023 年 9 月 6 日，马钢集团与淮北矿业集团举行党委联创联建暨商务技术交流会

⑥ 2023 年 8 月 15 日，马钢集团团委与共青团马鞍山市委联合开展企地青年交流暨“青春心向党 奋进新征程”主题团日活动

⑦ 2023 年 3 月 23 日，马钢集团举行党委理论学习中心组（扩大）学习会暨全国两会精神学习宣讲报告会

⑧ 2023 年 4 月 4 日，马钢集团举行党委理论学习中心组（扩大）学习会暨学习贯彻党的二十大精神专题培训

⑨ 2023 年 4 月 26 日，马钢集团举行学习贯彻习近平新时代中国特色社会主义思想主题教育读书班学习启动会

⑩ 2023 年 4 月 21 日、23 日，马钢集团学习贯彻习近平新时代中国特色社会主义思想主题教育读书班启动集中授课

⑪ 2023 年 5 月 5—6 日，马钢集团举办学习贯彻习近平新时代中国特色社会主义思想主题教育第一期读书班

⑫ 2023 年 6 月 1 日，跟总书记学调研暨中国宝武主题教育领导小组办公室主任会议在马钢集团召开

⑬ 2023 年 6 月 7 日，中国宝武马鞍山区域召开主题教育推动发展和纪检监察干部队伍教育整顿调研督导工作座谈会

⑭ 2023 年 12 月 14 日，中国宝武马鞍山区域职工岗位创新联盟启动会暨第一届第一次理事会在马钢集团召开

⑮ 2023 年 10 月 26 日，马钢集团召开公司工会第九届委员会第十九次全体委员暨中国宝武马鞍山区域工会工作委员会（扩大）会议

⑲ 2023 年 2 月 14 日，马钢集团召开 2023 年生产经营咨询会

⑳ 2023 年 8 月 4 日，马钢集团召开学习贯彻习近平新时代中国特色社会主义思想主题教育调研成果交流会

㉑ 2023 年 12 月 16 日，马钢集团召开中国共产党马钢（集团）控股有限公司机关第六次党员代表大会

⑯ 2023 年 2 月 17 日，马钢集团召开党委六届二次（马钢股份党委一届二次）全委（扩大）会、马钢集团纪委六届二次（马钢股份纪委一届二次）全委（扩大）会、马钢集团二十届一次（马钢股份十届一次）职代会暨 2023 年度工作会议

⑰ 2023 年 8 月 19 日，马钢集团党委召开理论学习中心组（扩大）学习会暨后劲十足成果报告会

⑱ 2023 年 8 月 28 日，马钢集团召开领导班子学习贯彻习近平新时代中国特色社会主义思想主题教育专题民主生活会

22 2023 年 9 月 1 日，马钢集团举办 2023 年党建引领高质量发展专题研修班

23 2023 年 6 月 7 日，马钢集团召开 A 级企业创建经验总结交流座谈会

24 2023 年 7 月 10 日，马钢集团召开聚焦“双 8”牵引战略项目汇报会

25 2023 年 9 月 22 日，中国宝武马钢轨交材料科技有限公司混合所有制改革引战签约仪式在马钢集团举行

26 2023 年 3 月 31 日，马钢集团召开 2023 年科技工作会议

27 2023 年 11 月 30 日，马钢集团举行首席师技能大师研修会成立大会

㉘ 2023年9月12日，马钢股份召开2023年半年度业绩说明会

㉙ 2023年11月21日，马钢集团召开下半年全面对标找差及算账经营经验交流会

㉚ 2023年8月19日，马钢集团举行“8 · 19”系列活动，图为升旗仪式的“向总书记汇报”环节

㉛ 2023年2月17日，马钢集团举行2022年高质量发展“十件大事”发布暨2022年度人物颁奖典礼

㉜ 2023 年 4 月 28 日，马钢集团召开庆“五一”先模表彰暨职工岗位创新交流会

㉝ 2023 年 10 月 27 日，马钢集团开展算账经营技能比武活动

㉞ 2023 年 10 月 26 日，马钢集团开展首批特级技师评聘工作

❶ 2023 年 5 月 16 日，马钢集团党委书记、董事长，马钢股份党委书记、董事长丁毅到马鞍山市含山县龙台村开展乡村振兴调研

❷ 2023 年 9 月 22 日，马钢集团董事、总经理、党委副书记，马钢股份副董事长、党委副书记毛展宏出席马钢集团乡村振兴产业帮扶项目——山之味果蔬罐头生产线投产仪式（图为共同启动开业水晶球）

① 2023 年 6 月 6 日，马钢股份新特钢工程项目（一期）正式投产

② 2023 年 9 月 17 日，全球首款低碳 45 吨轴重重载车轮在马钢交材顺利下线

③ 2023 年 2 月 20 日，马钢股份厂区南区型钢改造项目——2 号连铸机工程热试成功

④ 2022 年 12 月 8 日，马钢股份特钢精整修磨线项目开工，2023 年 7 月厂房施工完成

⑤ 2023 年 10 月，国内首套轻量化热风炉巡检机器人在马钢“上岗”

⑥ 2023 年 12 月 31 日，马钢集团研发中心项目基本建成

⑦ 2023 年 4 月，港务原料总厂码头工艺系统及配套设施改造工程项目投产

★★★★☆
央企ESG·先锋100
马鞍山钢铁股份有限公司：
在2023年度中央企业控股上市公司ESG评级中成绩突出，达到四星半级领先水平，入选“央企ESG·先锋100指数”。
特发此证。
《中央企业上市公司ESG蓝皮书（2023）》课题组
指导：国务院国资委社会责任局
执行：责任云研究院
2023年9月

⑧ 2023 年 4 月 26 日，马钢集团领导带队开展两级机关现场视察暨第一轮精益运营现场会

⑨ 2023 年 12 月 27 日，马钢集团举办“短平快”技改项目现场动员会

⑩ 2023 年 6 月 26 日，马钢集团安全体感中心二期项目正式投用，包含体感 11 个体验区以及 1 个 VR 体验室，共有体感项目 16 项

⑪ 2023 年 9 月，马钢股份入选国资委“央企 ESG·先锋 100 指数”，位列第 30 名，比 2022 年进步 14 名

⑫ 2023 年 12 月，马鞍山钢铁 H 型钢智能制造示范工厂被认定为工信部 2023 年度智能制造示范工厂

⑬ 2023 年 9 月 18 日，马钢钢铁制造工业互联网平台获评安徽省重点工业互联网平台“行业型工业互联网平台”

⑭ 2023 年 5 月 26 日，马钢股份、长江钢铁成功创建环保绩效 A 级企业，马钢成为安徽省首家完成超低排放改造公示 A 级钢铁企业。图为马钢股份特钢公司新园

⑮ 2023 年 5 月 26 日，马钢股份、长江钢铁成功创建环保绩效 A 级企业，马钢成为安徽省首家完成超低排放改造公示 A 级钢铁企业。图为马钢工业旅游景区——孟塘园

① 2023 年 3 月 22 日，安徽首部工业题材大型话剧《炉火照天地》登台北京二七剧场

② 2023 年 2 月 23 日，《炉火照天地》在安徽大剧院首演

③ 2023 年 5 月 4 日，马钢集团研发大楼员工餐厅正式启用，马钢集团举行开业仪式，图为公司领导切蛋糕

④ 2023 年 8 月 11 日，马钢集团举行第二届“江南一枝花”精神故事会

⑤ 2023 年 4 月 22 日，由马钢集团工会、马钢体协主办的“迎接新挑战 健步新征程”马钢职工健步走活动举行

⑥ 2023 年 7 月 28 日，“奋进新时代 廉韵润初心”马钢集团廉洁文化展开幕

# 编辑说明

1. 根据中国宝武钢铁集团有限公司（简称“中国宝武”）《关于统一各子公司年鉴名称的工作联络》要求，自2023年起，原《马钢年鉴》更名为《宝武年鉴（马钢卷）》，为《宝武年鉴》的子年鉴。

2.《宝武年鉴2024（马钢卷）》坚持以马克思列宁主义、毛泽东思想、邓小平理论、“三个代表”重要思想、科学发展观、习近平新时代中国特色社会主义思想为指导，坚持辩证唯物主义和历史唯物主义的立场、观点、方法，全面、系统、真实地记载了2023年马钢集团（在本卷年鉴中可称为“集团公司”）的生产经营建设、改革发展及精神文明建设等方面情况，为读者提供认识、了解马钢集团的最新信息资料。

3.《宝武年鉴2024（马钢卷）》设特载、专文、企业大事记、概述、马钢集团公司机关部门、马钢集团公司直属分/支机构、马钢集团公司子公司、马钢集团公司其他子公司、马钢集团公司关联企业、马钢集团公司委托管理单位、马钢集团公司其他委托管理单位、统计资料、人物和附录共14个类目，108个分目，794个条目，683千字。统计资料栏目中的统计资料数据均为马钢集团公司汇总统计后的数据，并统一称为马钢集团统计资料。

4.《宝武年鉴2024（马钢卷）》框架设计采用类目、分目和条目分类法进行编排。条目标题一律使用黑体字并加【】。企业大事记栏目中的“△”符号表示与前一条大事件为同一日期。

5.《宝武年鉴2024（马钢卷）》由马钢集团职能部门、直属分/支机构、马钢集团公司子公司、马钢集团公司委托管理单位及部分关联企业供稿，并经各负责人审核。主要数据由统计部门提供。计量单位采用中华人民共和国法定计量单位。

# 马钢（集团）控股有限公司
# 年鉴编纂委员会

## 编辑工作人员

**编　　辑**　李一丹　张　涵

**美术编辑**　李一丹

## 图片摄影人员（按姓氏笔画为序）

丁　勇　王　广　王　珩　申婷婷　刘安兰
李　波　李　埔　杨进晶　杨凌珺　余　军
张　泓　张蕴豪　罗继胜　郑　庭　郝震宇
施　琮（中国宝武）　姚　乐　姚　瑶　骆　杨
徐亚彦　高莹茹　高跃飞　陶国庆　曾　刚
裔　华　潘兴胜

## 参与校对人员

张　涵　王　桃　王　芳　李田艳　李　璘

# 目　录

## 特　载

## 专　　文

## 企业大事记



## 概 述



## 马钢集团公司机关部门

## 马钢集团公司直属分/支机构

## 马钢集团公司子公司

### 马鞍山钢铁股份有限公司

## 马钢集团公司其他子公司



## 马钢集团公司关联企业



## 马钢集团公司委托管理单位

### 安徽马钢矿业资源集团有限公司

## 宝武重工有限公司



## 马钢集团物流有限公司

**欧冶链金再生资源有限公司**



## 马钢集团公司其他委托管理单位

## 统 计 资 料



## 人　　物



## 附　　录

# 特　载



宝武年鉴（2021 马钢卷）

# 领导考察、调研

**【安徽省委常委、副省长张红文一行到马钢集团调研】** 2023年3月10日，安徽省委常委、副省长张红文到马钢集团考察调研并开展座谈。安徽省经信厅厅长冯克金，省政府办公厅副主任张亚伟，省科技厅副厅长武海峰，马鞍山市市长葛斌，马钢集团总经理、党委副书记毛展宏，总经理助理杨兴亮等参加调研座谈。

张红文一行首先参观马钢交材智控中心，了解马钢轮轴系列产品的产品结构以及在智慧制造领域取得的突破。参观中，张红文认真询问车轮产品的性能、加工工艺、市场拓展等情况，对马钢集团高铁车轮加速国产化进程表示肯定。随后，张红文一行来到马钢智园，先后参观炼铁智控中心与运营管控中心，了解马钢股份炼铁集中操作及全流程智能化调度管控情况，张红文详细询问马钢烧结、球团、高炉等各工序自动化、智能化应用情况，马钢“五部合一”精简提效情况，对马钢集团在智慧制造领域的突破、取得的成绩表示肯定。

在随后召开的座谈会上，张红文表示，马鞍山是安徽省内的工业强市，这其中离不开马钢集团的关键性支撑；马钢集团要积极优化资源配置，打造全省钢铁产业链“链主”企业，强化数字赋能，提升产业链供应链现代化水平；要聚焦重点关键领域和薄弱环节，提升科研能力，协同突破一批核心技术“卡脖子”问题；要进一步提升马钢产品在安徽省内的应用比重，完善对接协调机制；要坚决落实安全生产责任，全面排查整治各类安全隐患，切实守牢安全底线。

（姚　乐）

**【宝武集团总经理、党委副书记胡望明到马钢集团调研】** 2023年3月20—21日，“宝武2023年法治央企建设与合规管理工作会议暨专业能力培训”在马钢集团现场举办。本次会议旨在总结2022年相关工作，部署2023年重点任务，开展专业交流与培训，进一步提升宝武依法治企、合规经营的能力和水平。宝武集团总经理、党委副书记胡望明出席会议并讲话。国务院国资委政策法规局副局长朱晓磊参加会议并讲话。

宝武集团总部各职能部门及业务中心相关负责人，各一级子公司相关领导、总法律顾问、法务与合规职能所在机构/模块负责人及法务人员等参加会议及培训。会后，与会成员在马钢集团、马钢股份党委书记、董事长丁毅等马钢集团主要领导陪同下，参观了马钢股份厂区。

（姚　乐）

**【安徽省委书记韩俊一行到马钢集团调研】** 2023年4月6—7日，安徽省委书记韩俊赴滁州市、马鞍山市调研经济社会发展情况，安徽省领导张韵声、费高云参加。

6日上午，韩俊到凤阳县小岗村，听取小岗村发展情况介绍。下午，韩俊到位于滁州经济技术开发区的东方日升（安徽）新能源公司，察看企业展厅和太阳能电池片及组件生产线，与企业负责人深入交流，勉励企业抓住新能源新材料产业发展机遇，加大研发力度，延长产业链条，全力以赴抓创新、稳订单、拓市场，进入新赛道，占领制高点。7日上午，韩俊到薛家洼生态园，听取长江马鞍山段东岸综合整治、长江禁捕退捕情况介绍并车览滨江湿地公园，了解长江马鞍山段生态修复情况。

随后，韩俊到中国宝武马钢集团，参观公司展厅和重点产品展示，察看优质合金棒材生产线和交材、长材智控中心，听取马钢集团推进高铁车轮国产化进程情况介绍，详细了解企业产业升级布局和生产经营情况。他称赞企业智能化水平达行业标杆，勉励企业牢记习近平总书记嘱托，聚焦主业做大做强，扎实做好产业转型升级这篇大文章，大力推进高端化、智能化、绿色化发展，巩固提升竞争优势，保持行业领先地位。韩俊强调，安徽制造业基础坚实，要坚持传统产业转型升级和战略性新兴产业发展壮大“两手硬”，加快中小企业数字化转型步伐，推动安徽制造向安徽创造、安徽“智”造迭代升级，在发展先进制造业、打造新兴产业聚集地上取得更大突破。

（宗　禾）

**【内蒙古自治区人大常委会副主任艾丽华到马钢集团调研】** 2023年4月26日，内蒙古自治区人大常委会副主任艾丽华率调研组到马钢集团调研。安徽省人大常委会委员、教科文卫委员会副主任委员、常委会教科文卫工委副主任辛生，马钢集团党委副书记、纪委书记高铁陪同调研。

艾丽华一行首先到马钢交材智控中心。该智控中心对车轮产品进行全生命周期管理，实现了产销一体化、管控一体化、业财一体化。在听取马钢交材多基地全面管控的智慧实践后，艾丽华对马钢股份生产全过程智能化调度管控水平给予称赞。

在马钢股份特钢展厅，调研组一行通过观看视频、图片资料，重温习近平总书记重要讲话精神，并在工作人员的介绍下，全面了解马钢集团辉煌发展历程以及拉高标杆争创一流、精益高效奋勇争先的实际行动和丰硕成果。

特钢优质合金棒材生产线，整洁敞亮的现场环境得到调研组一致称赞。艾丽华一一询问现场生产特钢的品种、数量、认证情况及高端产品应用范围，并在得到详细解答后表示，"感受到现代化智慧工厂的魅力"。

参观调研过程中，调研组一行对马钢集团智慧制造、绿色发展及产品创新等工作给予高度评价，并表示将借鉴马钢集团经验，积极为内蒙古自治区创新赋能等相关工作建言献策。

（申婷婷）

**【宝武集团党委常委魏尧到中国宝武马鞍山区域调研企业文化】**　2023 年 6 月 2 日上午，宝武集团党委常委魏尧到中国宝武马鞍山区域调研，并在马钢集团主持召开"凝心聚力共建'同一个宝武'"文化体系马鞍山区域座谈会。宝武集团党委宣传部、企业文化部部长钱建兴，治理部总经理、深改办主任秦铁汉，党委宣传部、企业文化部副部长田钢等领导随同调研。中国宝武马鞍山总部总代表，马钢集团、马钢股份党委书记、董事长丁毅参加调研。

会上，魏尧与 10 余位马鞍山区域基层企业文化工作者代表进行座谈交流，听取与会人员对于"学思践悟习近平新时代中国特色社会主义思想，凝心聚力共建'同一个宝武'文化体系，助力宝武加快建设世界一流伟大企业"调研课题的意见建议。与会人员在座谈中，围绕如何理解"同一个宝武"、本单位对宝武文化理念的认同程度、如何加强党对宣传思想文化工作的领导，以及企业文化与公司治理、制度建设深度融合方面存在哪些需要改进的问题等展开热烈讨论，就企业文化如何更好在基层落地、企业文化标志的应用、企业文化人才梯队建设等提出了意见建议。与会人员表示，宝武集团各单位在地理环境、历史渊源、产业特点等方面各具特色，只有在深入领会、牢牢践行宝武文化基础上，强化"同一个宝武"的理念与共识，承担好各自职能，深入挖掘传承本企业文化，才能处理好宝武文化与本企业特色文化之间的关系，形成统一的文化认知、高效的管理路径，为职工坚定自信实现自我成长、助力企业高质量发展凝心聚力，为中国宝武创建世界一流伟大企业贡献力量。

丁毅在座谈中围绕"在促进文化理念落地生根方面存在的痛点"等问题，结合马钢集团实践，谈了三点体会。第一，马钢集团坚持理念一贯、制度一贯、模式一贯、行为一贯，解决了整合融合中文化冲突、认识不统一的难题。第二，马钢集团以"有效结合"推动理念认同、以正面引导增进情感认同、以快速实践促进发展认同，快速推动全体职工对宝武文化的深度认同和主动践行。第三，马钢集团以深度推进产城融合一体发展、树立区域转型升级示范标杆、共建共享生态城市为探索，确保整合融合的效果经得起各方考验。

魏尧在座谈中表示，开展调查研究既是主题教育的重要内容，也是习近平总书记对全党同志的一贯要求。宝武集团公司领导、总部部门通过调研座谈的方式，深入基层，深入职工，开展面对面交流，既能直接了解基层情况、倾听员工心声、服务职工成长，同时也给基层单位提供了一个互相学习借鉴的机会。在认真听取马钢集团、中国宝武马鞍山区域单位被调研单位干部、员工代表的认识想法、经验做法、需求建议后，魏尧表示，马钢集团、马鞍山区域单位融入宝武集团后，在生产经营、整合融合、管控模式完善、绿色创新等方面取得了阶段性成果，在共建"同一个宝武"文化体系、推动企业高质量发展方面取得了明显成效。他表示，会后一定本着客观中肯、实事求是原则，认真梳理吸纳收集的意见建议，结合工作实际认真剖析整改，研究务实举措。他要求与会单位会后要坚持对标找差，坚持创新驱动，持续深入为中国宝武加快建设世界一流伟大企业作出新贡献。

安徽宝信、马钢矿业相关负责人，马钢党委宣传部（企业文化部）负责人等参加调研座谈会。

（姚思源）

**【中国宝武党委书记、董事长胡望明一行到马钢集团调研】**　2023 年 8 月 25 日，中国宝武党委书记、董事长胡望明到马钢集团调研，了解生产经营、绩效改善等情况，看望慰问一线干部员工。胡望明强调，要认真贯彻落实习近平总书记考察调研宝武重要讲话和重要指示批示精神，坚定战略发展定位，增强信心，通过对标找差找准问题，坚定不移推进 CE（全流程）系统，建立算账经营理念，在专业化整合的基础上强化生态化协同，扎实推进各项改革工作，不断提升马钢的竞争力。

胡望明一行首先到马钢股份特钢公司，认真了解生产经营等情况。新特钢工程项目是马钢集团“十四五”规划基建技改重点项目，产品瞄准轨道交通、能源、汽车、高端制造领域的轴承钢、弹簧钢、齿轮钢、非调质钢、冷镦钢、锅炉管坯用钢等中高端棒线材及连铸钢坯。该项目（一期）工程于 2023 年 6 月投产。胡望明详细了解项目的概况及工艺流程、生产运行、产品规格及市场需求等情况后要求，切实转变经营思维，要以用户为中心，优化聚焦产品结构，以差异化战略更好地满足用户和市场需求。在新特钢成品库和连铸生产现场，胡望明看望慰问当班一线员工，向他们送上防暑降温用品，叮嘱大家高温天气注意安全生产、保重身体。胡望明一行随后到马钢交材数字智慧工厂调研生产经营、智慧制造等工作，对马钢交材干部员工干劲十足、产品产量创历史纪录、经营绩效显著改善等工作给予充分肯定，希望进一步突破瓶颈难题，追求极致效率和效益。

座谈交流中，马钢集团介绍了生产经营总体情况，认真分析了四期叠加对当期带来的冲击、降本力度不够大等问题，仔细查找问题根源，提出了经营改善总体思路。马钢集团表示，将正视差距、深入对标、增强信心、务求实效，围绕以深度降本增效为主线、以“双 8”重点项目为牵引等工作抓手，聚焦结构、成本、效率、机制核心要素，紧盯重点，通过对标找差、成本控制、效率提升等举措，确保经营绩效改善见实效。

胡望明在讲话中表示，通过现场调研，他对马钢集团的现场管理、智慧制造、绿色发展、产线装备等感受很深。尽管经营绩效未达到预期，但是广大干部员工保持了良好的精气神和“一马当先”、迎难而上的优良传统。对于下一步工作，马钢充分领会了宝武集团要求，部署得非常实，增添了宝武集团对马钢的信心。胡望明要求马钢集团，强化对标找差，不仅要找到问题，而且更要找准问题。对标找差应该再聚焦，要与行业标杆和行业大势进行对标。市场不相信眼泪，要正视采购、制造、营销端的差距，在成绩面前要学会做“除法”，在问题面前要做“乘法”。马钢集团要解决好效率和产品结构两个最主要的问题。产品结构问题的背后是技术，只有高技术含量的产品才会有高附加值。要充分发挥宝武集团先进的管理、技术等优势，不断提高马钢集团的竞争力，这是联合重组的要义所在。要坚定战略发展定位，增强信心。信心不是空喊口号，而是来自能力，马钢集团盈利的产品品种不少，只是占比太低；信心来自员工的精气神和不畏艰难、敢于斗争的勇气。马钢集团要坚定“优特长材”的发展定位，重新审视和把握好发展节奏，坚定信心，补齐成本和效率等短板。要坚定不移推进 CE（全流程）系统，建立算账经营理念。CE 系统是体现“四有”经营要求很好的载体，是解决马钢集团发展问题的重要抓手，要不断推动基础工作再上台阶，充分发挥好 CE 系统的作用，做好算账经营。要在专业化整合的基础上做好生态化协同。专业化整合才会有高效率：一方面要做好内部产线、产品的协同；另一方面，在长三角一体化发展国家战略背景下，马钢集团要把与宝武集团相关单位的充分协同，作为生态化协同工作的重中之重。要进一步深化改革。混改的目的是要充分发挥市场化体制机制优势和市场活力，不断提高效率、降低成本。希望马钢集团进一步推进混改相关工作，促进相关子公司实现快速发展。

胡望明强调，形势变了，市场变了，希望马钢集团认真贯彻落实习近平总书记考察调研宝武重要讲话和重要指示批示精神，提高站位，顺应行业发展大势，把企业高质量发展放在首位，做好战略规划的调整，为中国宝武“老大”变“强大”作出贡献。

中国宝武党委常委、副总经理侯安贵，宝武党委常委魏尧，宝武总法律顾问兼首席合规官、法务与合规部部长蒋育翔，集团总部相关部门负责人和马钢集团领导班子成员等参加调研。

（宝武集团　李忠宝）

**【中国宝武党委书记、董事长胡望明，宝武总经理、党委副书记侯安贵到马钢专题调研】** 2023 年 12 月 19 日下午，中国宝武党委书记、董事长胡望明，宝武总经理、党委副书记侯安贵专题调研马钢集团 2024 年商业计划书编制工作。

马钢集团党委书记、董事长丁毅汇报了 2024 年商业计划书、年度及任期绩效任务“一企一表”等工作。面对上半年的不利局面，马钢积极贯彻落实宝武半年度工作会议精神，找到问题、找准问题，坚定践行“四化”“四有”经营方针，坚持算账经营，群策群力、团结协作，抢抓下半年市场回暖机遇，经营绩效持续改善。同时，马钢持续强化技术引领，产品高端供给取得新突破；动态优化生产体制，产线高效组产取得新进步；深化全面对标找差，系统联动降本取得新成效。

胡望明指出，2023 年下半年的生产经营实践是宝武集团有效应对钢铁寒冬的典型案例，把算账经营、精益管理真正落实到了每个岗位、每个员工，并将此作为员工岗位技能竞赛的项目。马钢的实践经验值得总结。实实在在的数据说明，马钢 2023 年下半年干出了成效；从员工的精神状态也可以看出，马钢 2023 年下半年干出了信心，同时，战略越来越清晰，为下一步工作打下了非常好的基础。

胡望明强调，商业计划书不仅是我们各项工作的抓手，而且也是集团战略和理念最终落地的载体。马钢商业计划书的编制很好地落实了集团公司的要求，指标体系清晰，战略任务明确，既体现了企业作为市场主体的本质，又反映了宝武集团作为国资央企提高核心竞争力和增强核心功能的责任担当。下一步，要进一步加强科技创新，不断增加研发投入的同时，也要价值导向，让更多的科技成果涌现，并加快成果转化。同时，要充分发挥市场机制，有进有退，不断提高企业效率、降低成本。

侯安贵指出，2023 年尤其是下半年，马钢顶住了压力和挑战，做了大量工作，经营业绩有了较好的转变。同时，公司战略愈加清晰，能力不断提升，为接下来的工作打下了扎实基础。在 2024 年的工作中，马钢首先要进一步增强能力。作为宝武优特长材专业化平台公司，马钢要承担起集团公司赋予的使命和责任。同时，马钢产品品种丰富，也要提升精品板材等的能力。第二，要牢牢抓住产品经营，以科技创新为引领，形成产品差异化能力。第三，要结合马钢运行实际、市场形势以及对未来的判断，综合完善规划，使之能够更好地指导下一步工作。

宝武集团党委常委、总会计师兼董事会秘书朱永红，宝武集团党委常委、副总经理王继明，宝武集团公司总部相关部门负责人，马钢集团班子成员及相关职能部门负责人参加调研。

（宝武集团　张　萍）

**【中国宝武党委常委邹继新到马钢集团调研】** 2023 年8 月 24 日下午，中国宝武党委常委、宝钢股份党委书记、董事长邹继新赴基层联系点马钢股份四钢轧总厂调研，实地考察参观炼钢智控中心，并主持召开座谈会。马钢集团党委书记、董事长丁毅，四钢轧总厂班子成员及相关部门负责人参加调研座谈。

座谈会上，在听取四钢轧总厂生产情况汇报后，邹继新表示每次到马钢集团都感受到新的变化，马钢集团加入宝武集团后，绿色发展、智慧制造取得了令人瞩目的成就，始终走在宝武集团前列，我们为马钢集团取得的成绩感到由衷骄傲，对全体职工付出的辛勤汗水和努力表示衷心感谢。邹继新指出，2023 年以来，马钢集团各项工作稳步推进、亮点纷呈，成为安徽省第一家完成 A 级环保绩效创建的钢铁企业，新项目建设再创新速度、新特钢顺利实现投产即达产，这些都为打造大而强的新马钢奠定了坚实基础。

邹继新指出，四钢轧总厂 2023 年取得的成绩有目共睹，生产稳定高效，产量连破纪录，炼钢经济指标居于宝武集团前列。邹继新强调，当前市场形势严峻，大家要进一步增强信心，凝心聚力，再接再厉，再创佳绩。

就进一步开展好下阶段工作，邹继新提出三点要求。一是扎实开展好主题教育。要全面学习领会习近平新时代中国特色社会主义思想，全面系统掌握这一思想的基本观点、科学体系，把握好这一思想的世界观、方法论，坚持好、运用好贯穿其中的立场观点方法，不断增进对党的创新理论的政治认同、思想认同、理论认同、情感认同，真正把马克思主义看家本领学到手，自觉用习近平新时代中国特色社会主义思想指导各项工作。通过学习增强党性，努力在以学铸魂、以学增智、以学正风、以学促干方面取得实实在在的成效。二是培养清正廉洁的风气，干事创业要有激情、有热情。要以调查研究推动主题教育走深走实。落实到我们具体的实践中，就是要坚决贯彻“四化”“四有”要求，咬定目标抓攻坚，推动高质量发展。尽管四钢轧总厂智慧制造走在宝武集团前列，但不能只满足现有成绩，而要以更高的标准眼睛向外、持续对标、深挖潜力。三是全面对标找差，为创造更好经营业绩作出更大贡献。面对严峻的内外部形势，要想方设法跑在前列，不断对标找差，向标杆企业学习，努力补齐短板、缩小差距。

丁毅感谢宝武集团对马钢集团的信任和支持，表示马钢集团绝不辜负宝武集团的殷切期望，一定奋力奔跑、奋勇争先，为宝武集团高质量发展作出马钢集团应有的贡献。

（裔　华）

**【全国总工会党组书记、副主席、书记处第一书记徐留平一行到马钢集团调研】** 2023年8月30日下午，全国总工会党组书记、副主席、书记处第一书记徐留平到马钢集团调研。马鞍山市委书记袁方，马鞍山市委常委、市委秘书长方文，马钢集团党委副书记、纪委书记唐琪明，马钢集团工会主席邓宋高，马鞍山市总工会、马钢集团相关部门负责人参加调研。

徐留平一行首先到马钢展厅（特钢），详细听取马钢集团历史沿革、产品结构、生产经营等相关情况介绍。徐留平对马钢集团在党建引领、改革创新、转型升级、绿色智慧等方面取得的成绩给予高度赞扬，对马钢集团坚持把党的“依靠”方针贯彻落实到企业生产经营各方面，推动企业高质量发展取得的辉煌成就表示充分肯定。走进马钢股份特钢优棒生产线，沿着整洁干净的绿色参观通道，徐留平一行近距离感受这条先进生产线的精益管理和极致高效。在生产操作室，徐留平询问优棒生产线工艺流程、产品销路、市场前景等方面情况，对马钢集团加速高端产品研发制造、致力解决基础材料领域“卡脖子”难题表示赞赏，希望马钢集团再接再厉，加快高端化、智能化、绿色化发展步伐。

随后，徐留平一行到达集研发智能化、制造智能化、经营智能化、决策智能化于一体的马钢交材智控中心，实地感受马钢集团在轮轴系列产品研发和智慧制造领域取得的新突破。参观中，徐留平仔细询问马钢轮轴产品结构、加工工艺、市场拓展等情况，对马钢集团助力推进高铁车轮国产化所作的贡献给予充分肯定。

（裔　华）

**【国家市场监督管理总局司长段永升一行到马钢集团调研】** 2023年11月17日下午，国家市场监督管理总局质量监督司司长段永升一行到马钢股份长材事业部督查螺纹钢筋产品质量安全控制的落实情况。安徽省市场监管局一级巡视员丁祖权，安徽省市场监管局产品质量监管处处长黄文革、一级主任科员陈林茂，马鞍山市政府副市长左年文，马鞍山市市场监管局局长陈国双、副局长张军，马钢股份公司总经理助理、长材事业部总经理王光亚，长材事业部党委书记、副总经理张卫斌，长材事业部副总经理、安全总监赵海山等陪同。

在马钢股份长材事业部，段永升一行参观了长材智控中心，详细了解马钢股份长材产品发展沿革、市场拓展、品牌建设、技术创新以及长材智控中心的建设运行情况，对马钢股份长材事业部在智慧化、信息化等方面所做工作以及智控中心优良环境表示赞赏。

在督查过程中，段永升听取了长材事业部关于“工业产品质量安全主体责任”落实情况工作的汇报，对马钢集团贯彻落实国家市场监督管理总局《工业产品生产单位落实质量安全主体责任监督管理规定》《工业产品销售单位落实质量安全主体责任监督管理规定》方面所做的工作给予高度评价。

（张　荣）

**【中国宝武党委常委、纪委书记、国家监委驻中国宝武监察专员孟庆旸到马钢集团调研】** 2023年3月3日，中国宝武党委常委、纪委书记、国家监委驻中国宝武监察专员孟庆旸到马钢集团调研指导工作，现场考察新特钢项目现场、特钢智控中心、马钢股份北区填平补齐项目群，对马钢集团党委贯彻落实党的二十大精神、推动生产经营和改革发展、做好党风廉政建设和反腐败工作提出要求。

在调研工作会上，孟庆旸听取了马钢集团贯彻落实习近平总书记考察调研宝武马钢集团重要讲话精神暨当期生产经营情况，学习贯彻党的二十大和二十届中央纪委二次全会精神，落实宝武党风廉政建设和反腐败工作会议重要工作部署情况的汇报，对马钢集团贯彻落实党的二十大精神、建设世界一流企业，坚持政治引领、推进党风廉政建设和纪检监督工作所取得的成效给予肯定，要求马钢集团各级党组织和纪检机构以学习贯彻党的二十大和二十届中央纪委二次全会精神，落实宝武党风廉政建设和反腐败工作会议重要工作部署为推动，全面深入贯彻落实习近平总书记重要讲话和重要指示批示精神，坚定信心，认清形势，发扬斗争精神，深入对标找差，破解风险难题，加快高质量发展步伐，为宝武建设世界一流企业作出应有的贡献。

孟庆旸要求马钢集团各级党组织围绕习近平总书记提出的在全面学习、全面把握、全面落实上下功夫和《中共中央关于认真学习宣传贯彻党的二十大精神的决定》中“九个深刻领会”要求，推动学习贯彻党的二十大精神走深走实；要贵在学以致用，严防形式主义，认真学习贯彻二十届中央纪委二次全会精神、落实宝武党风廉政建设和反腐败工作会议作出的重要工作部署，深入学习领悟，坚决抓好落实，始终吹冲锋号，提交新时代全面从严治党的新考卷；深刻领悟习近平总书记关于解决大党独有难题的论述，深刻把握健全全面从严治党体系任务要求，抓住主体责任“牛鼻子”，深刻把握反腐败的重点任务，在强化政治监督、坚决打赢反腐败攻坚战持久战、驰而不息纠治“四风”、全面加强纪律建设上展现新作为，推动企业高质量发展；深入推进纪检机构自身建设，以铁的纪律打造忠诚干净担当的“铁军”，为生产经营和改革发展各项工作开好局起好步提供纪律保证。

（陈梦君）

# 要事记述

**【宝武集团第二巡视组到马钢集团调研】** 2023年3月28日上午，宝武集团第二巡视组一行到马钢集团实地调研马钢交材三线、重型H型钢生产线、特钢展厅、运营管控中心、炼铁智控中心、港料总厂5G园。马钢集团党委副书记、纪委书记高铁陪同调研。

在马钢交材车轮三线，巡视组成员参观智能化车轮生产线，深入了解马钢车轮的历史沿革，并详细询问马钢车轮、车轴、轮对的品种价格和市场销售等方面情况。在马钢重型H型钢生产线，巡视组成员认真听取该产线工艺流程介绍，得知马钢重型H型钢产品凭借优异性能被应用于国内外高层建筑、铁路桥梁、电力工程等领域时，大家对此给予高度评价。

在马钢集团特钢展厅，巡视组成员观看习近平总书记考察调研中国宝武马钢集团时的视频，重温习近平总书记的重要讲话精神和殷切嘱托。同时，在工作人员的讲解下，巡视组成员深入了解马钢集团辉煌发展历程以及车轮、H型钢、汽车板、优特钢等拳头产品的雄厚实力及市场应用情况。在马钢股份运营管控中心、炼铁智控中心，巡查组成员实地感受与体验充满科技感的智能化操作流程和顺畅的一体化智慧管控系统所带来的智能高效生产的魅力。

在草木葱茏、充满生机的港料总厂5G园内，巡查组成员在欣赏该厂区绚丽春景的同时，深入了解该厂生产全流程智能化调度管控和操作一体化等情况，并对该总厂在绿色发展、智慧制造领域所取得的成效表示赞赏。

（张蕴豪）

**【马钢集团组织第二十届（马钢股份第十届）职代会职工代表视察公司重点工作落实】** 2023年1月11日，马钢集团组织公司第二十届（马钢股份第十届）职代会48名职工代表，对公司重点工作落实情况开展视察。马钢集团、马钢股份党委书记、董事长丁毅出席职工代表视察公司重点工作专题汇报会并讲话。马钢集团及马钢股份公司领导高铁、唐琪明、任天宝、伏明、陈国荣、马道局及王光亚、邓宋高、罗武龙、杨兴亮出席汇报会。公司相关部门和被视察单位主要负责人、各视察组组长和副组长、参加视察的全体职工代表参加汇报会。

此次职工代表视察活动，旨在深入学习贯彻习近平新时代中国特色社会主义思想和党的二十大精神，深入贯彻习近平总书记考察调研宝武马钢集团重要讲话精神，充分发挥职工代表参与公司管理的积极作用，团结动员广大职工为马钢集团高质量发展建功立业。

职工代表分成4组，围绕“对标找差，创建一流”“转型升级，推进技改”“环保创A，绿色发展”“精益高效，智慧制造”4个主题，分别赴相关单位开展视察。深入检测中心智控中心、北区环境整治现场、新特钢项目等地进行现场视察，共同见证与感受马钢集团一年来在绿色发展、智慧制造、环保创A等方面所取得的各项优异成绩。

丁毅指出，开展职工代表视察公司重点工作，目的是检查各单位、各团队在过去的一年里，各项重点工作开展及完成情况，发现并找出存在的优势和短板，从而在新的一年里加以总结与改进。丁毅强调，此次活动作为马钢集团的一项传统工作，既有特色，又有意义，充分展示了马钢集团加入中国宝武大家庭后，马钢人“一年当作三年干、三年并为一年干”的精神状态，彰显了马钢人的朝气、志气、底气、豪气、骨气，是推动马钢集团持续进步的力量源泉。他希望全体职工代表要发挥桥梁和纽带作用，积极传播正能量，认真履行“一岗双责”，及时为本单位职工排忧解难，凝聚职工精气神，团结带领全体职工，紧跟新时代、奋进新征程，为助推马钢集团全面站稳中国宝武第一方阵作出更大贡献。

（江　宁）

**【马钢集团举行“2022年高质量发展‘十件大事’发布会暨2022年度人物”颁奖典礼】** 2023年2月17日，马钢集团召开“2022年高质量发展‘十件大事’发布会暨2022年度人物”颁奖典礼，回顾奋斗历程、表彰各类先进，引导激励公司上下坚定信心、迎难而上、奋勇争先、走向胜利。

2022年，马钢集团经受住了市场的严峻考验，坚定不移推进绿色发展、智慧制造，保持高端化、智能化、绿色化的发展态势，加快打造后劲十足大而强的新马钢，“江南一枝花”在高质量发展中精彩绽放。2022年9月，马钢集团党委研究决定，开展2022年马钢高质量发展“十件大事”评选活动，活动得到全公司积极响应，围绕“政治引领、战略导向、全面覆盖、职工认同”四条原则，共征集到各单位申报的74件事项。在认真组织专业评审和网络投票基础上，梳理形成19件候选事项，面向广大员工开展宣传。2023年1月16日，经马钢集团党委常委会审定，最终形成“十件大事”和“五件提名大事”。“十件大事”分别是“二十大领航鼓干劲　党建创一流开新局”“牢记嘱托增后劲　战略转型谱新篇”“‘三降两增’深挖潜　极致高效创新绩”“自我加压推动环保创A　绿色发展打造靓丽名片”“集中一贯制强体系　穿透式管理提能力”“激励机制持续完善　奋勇争先氛围浓厚”“薪酬体系平稳切换　人事效率持续提升”“守正创新优机制　贯通协同强监督”“改革三年行动圆满收官　历史遗留问题妥善解决”“专精特新拿‘冠军’　高铁车轮国产化”；“五件提名大事”分别为“‘共享中心’受赞誉‘三最实事’暖人心”“先进理念强引领　传统文化新发展”“区域布局积极探索　品牌运营实现突破”“‘宝罗’员工竞上岗　智慧升级添动能”“厂区封闭平稳有序　交通秩序明显改观”。

2022年度人物颁奖共分科技类、管理类、青年类、劳模类4类奖项9个批次，对2022年马钢集团各条战线上涌现出的先进集体和个人进行表彰。

（马琦琦）

**【《炉火照天地》在安徽大剧院首演】** 2023年2月23日晚，作为“徽风皖韵·剧荟江南”长三角戏剧发展联盟深扎主题实践活动暨优秀剧目展演活动的开幕大戏，《炉火照天地》在安徽大剧院首演，获得强烈反响。安徽省委常委、宣传部部长郭强，中国剧协，中国艺术报，马鞍山市委，上海市、江苏省、浙江省、安徽省文联相关领导，宝武集团党委宣传部部长钱建兴，马钢集团党委副书记、纪委书记高铁，安徽演艺集团相关领导现场观演。

《炉火照天地》以习近平总书记考察调研中国宝武马钢集团重要讲话精神为创作背景，从新时代新征程马钢人秉承“大国工匠”精神，让世界铁路穿上“中国跑鞋”的故事提炼主题，是由马鞍山市委宣传部、安徽演艺集团、马钢集团联合出品的2022年安徽省首批重点文艺项目、献礼党的二十大重点作品，也是安徽省首部工业题材大型话剧。该剧以新时代宝武精神、价值观和马钢“江南一枝花”精神贯穿始终，以马钢集团60多年攻坚克难、勇攀高峰的历程和马钢集团先模奋进故事为原型，以从国外坚定回归、投身科技攻关的陈钢为故事开端，向观众展现了马钢人在新时代突破“卡脖子”难题、加快高速车轮国产化的奋力攻坚故事。

新时代的红霞辉映生生不息的炉火，燃烧激情，普照天地。23日19时50分，安徽大剧院座无虚席，“炉火照天地”的剧名格外醒目，舞台背景处那座历经了半个多世纪冶炼的9号高炉，岿然矗立于巍巍天地间，蔚为壮观……创新的布景、精致的舞美、动人的台词、科技感十足的舞台特效，两个多小时的视觉盛宴，让观众身临其境。剧情中，三代钢铁人在中国式现代化的大熔炉里冶炼精神，锻造品格，展现了以中国宝武为代表的新时代中国钢铁人锐意进取、勇攀高峰的精神品格和光荣形象。

劳动模范、道德模范、中国好人等先进代表及企业职工、机关党员干部、高校师生代表等受邀观看。两个多小时的演出里，鲜明的主题、鼓舞人心的剧情推进、剧情跌宕起伏，引人入胜，细微处感人至深、催人泪下，深深地感染现场观众，获得阵阵热烈掌声。

（姚思源）

**【马建集团举行重组揭牌仪式】** 2023年2月23日上午9时20分，马鞍山市委书记袁方，马钢集团、马钢股份党委书记、董事长丁毅，中铁二十三局集团党委书记、董事长肖红武，马鞍山市委相关领导共同为“中国共产党马鞍山钢铁建设集团有限公司委员会”“马鞍山钢铁建设集团有限公司”揭牌。马鞍山市委常委、市委秘书长方文，中铁二十三局集团党委常委、纪委书记、总法律顾问蔡晓斌，马钢集团党委常委伏明，马钢集团总法律顾问杨兴亮，雨山区、江东控股集团主要领导见证了这一时刻。

马鞍山市委、市政府和马钢高度重视马建集团深化改革工作，于 2021 年成立了马建集团深化改革联合工作组，先后召开 13 次联合工作组会议。2022 年 12 月 24 日，马钢集团、中铁二十三局集团、马鞍山市雨山区政府、江东控股集团共同签署了合资合作协议和股权转让协议。2023 年 1 月 6 日，重组后的马鞍山钢铁建设集团有限公司完成了工商注册。

马鞍山市委相关领导代表市委、市政府致辞：马建集团重组既是贯彻落实“国企改革三年行动”、深化央地合作的生动实践，也是马鞍山市全面践行习近平总书记赋予的新发展定位、全面落实省委提出的争做“三高地、两先锋”指示要求的重要举措；希望重组后的马建集团，进一步健全企业制度、完善治理机制、激发改革活力，积极参与全市经济社会发展，当好现代化马鞍山建设的排头兵、主力军；要充分发挥央企资源优势，主动融入中铁二十三局集团的战略布局，抓住新机遇、奋力走出去、全力拼市场，在市场竞争中强筋健骨、发展壮大；市里也将进一步集聚优质资源，坚定不移支持企业做大做强。

肖红武代表中铁二十三局集团致辞。他表示，马建集团揭牌开启了中铁二十三局集团与马鞍山市、马钢集团更深层次、更广领域的合作。中铁二十三局集团将在马鞍山市委、市政府的领导下，与马钢集团、雨山区一起，发挥各自产业特点和资源优势，合力打造中铁两江和新马建，助力马鞍山市地方经济社会高质量发展行稳致远。

丁毅代表马钢集团致辞。丁毅首先对马建集团重组揭牌表示热烈祝贺，对在马建集团深化改革维护稳定工作中给予关心支持和帮助的马鞍山市委、市政府，雨山区委、区政府，中铁二十三局集团、江东控股集团，以及市直相关部门，表示衷心的感谢。丁毅表示，以重组揭牌仪式为标志，马建集团迈上了健康可持续发展的新征程。马钢集团将始终秉持用发展解决发展中问题的理念，与雨山区委、区政府、江东控股集团一起，全力支持新马建集团的发展，支持中铁二十三局集团带领新马建集团做大业务、做强品牌。相信在各方的积极支持和共同努力下，马建集团一定能够重振雄风，为马鞍山打造安徽的“杭嘉湖”、长三角的“白菜心”作出新的贡献。

马鞍山市直有关单位领导、雨山区有关领导和部门负责人以及马建集团深化改革联合工作组有关负责人参加了揭牌仪式。

（裔　华）

**【马钢集团获中国工业大奖表彰奖】** 2023 年 3 月 19 日，第七届中国工业大奖在北京揭晓。马钢集团获中国工业大奖表彰奖。这是马钢集团继荣膺“十六届全国质量奖”、入选“国有重点企业管理标杆创建行动标杆企业”名单后，再次获得重磅奖项。

中国工业大奖是国务院批准设立的我国工业领域的最高奖项，被誉为中国工业的“奥斯卡”，由中国工业经济联合会联合 12 家全国性行业协会共同组织实施，每两年评选、表彰一次，包括中国工业大奖、中国工业大奖表彰奖、中国工业大奖提名奖三个层次奖项。本届工业大奖共授予 19 家企业和 19 个项目中国工业大奖，26 家企业和 22 个项目中国工业大奖表彰奖，17 家企业和 20 个项目中国工业大奖提名奖。

与往届相比，此次获奖企业和项目进一步强调在自主创新、强国使命、转型升级、绿色低碳等方面起到的突出引导作用，上榜企业和项目普遍取得突破性和创新性成果，并形成了一系列卓有成效的经验和做法。

近年来，马钢集团抢抓长三角一体化上升为国家战略、与中国宝武联合重组机遇，以“成为全球钢铁业优特长材引领者”为愿景，加快优化产业布局，加速推进二次创业、转型升级，创造了中国钢铁行业诸多第一，建成我国首条重型 H 型钢生产线，率先实现高铁车轮国产化批量应用、全球首发时速 350 公里车轴钢、B 型地铁低噪声车轮等产品，全力推进产业化发展、平台化运作、专业化整合、生态化协同，打造共建高质量钢铁生态圈的“马钢样板”。

（解珍健）

**【安徽省直档案工作第十三协作组专题调研组到马钢集团调研】** 2023年4月12日，安徽省直档案工作第十三协作组专题调研组一行到马钢集团调研档案工作，并在马钢集团公司办公楼413会议室召开专题调研汇报会。安徽省委办公厅档案管理二处、省国资委办公室相关负责人参加调研，马钢集团工会主席邓宋高、行政事务中心（档案馆）相关负责人参加调研汇报会。

调研组一行深入现场查看，听取专题汇报，并围绕马钢集团档案工作体制机制、制度管理、设备设施、数字档案馆建设等方面与马钢集团进行深入交流，对马钢集团档案工作给予高度评价。调研组认为马钢集团档案工作管理高站位、标准高起点、治理高水平、手段高科技，在全省乃至行业系统走在前列，是安徽省属企业档案工作的示范标杆。调研组希望马钢集团充分发挥标杆引领作用，通过业务交流、提炼推广等方式，进一步带动安徽省属企业档案管理和档案文化整体提升发展，打造新时代安徽企业档案工作新格局，为企业高质量发展作出新的更大贡献。

（张　涵）

**【马钢集团研发大楼员工餐厅正式启用】** 2023年5月4日上午11时，马钢集团研发大楼员工餐厅正式启用。这是马钢集团扎实开展学习贯彻习近平新时代中国特色社会主义思想主题教育，学思想、强党性、重实践、建新功的具体体现，是深入贯彻落实习近平总书记考察调研宝武马钢集团重要讲话精神的具体行动，是马钢集团落实宝武集团全面提高员工生活水平理念的生动实践，同时也是马钢集团近几年来“年年有变化”的一个缩影。

马钢集团、马钢股份党委书记、董事长丁毅，中国邮政集团马鞍山市分公司党委书记、总经理万顷，马钢集团领导高铁、伏明及邓宋高共同切下餐厅启用蛋糕。马钢集团党委副书记、纪委书记高铁主持启用仪式。

研发大楼员工餐厅位于马钢集团研发中心办公楼二层，采用了明亮、自然、稳重、舒适的现代化设计风格，结合内部员工就餐和商务洽谈需求，设置了中心区、卡座区、圆桌区、走廊区、咖啡区、自助接待等多个功能分区和共享空间。餐厅共设置380多个就餐位，能够充分满足员工就餐需求。餐厅采用美食广场运营模式，开设多种特色美食窗口，员工可以通过自助选餐满足个性化就餐需求；咖啡厅引进了邮局咖啡品牌，可提供咖啡及甜点，兼顾员工尝鲜打卡、商务洽谈的多元化需求，让员工尽情享受更加精致、温馨、愉悦的餐饮服务，深刻感受马钢集团和谐、融洽、幸福的工作和生活氛围。

（刘安兰）

**【“马钢车轮产品市场占有率世界第二”上榜2022年度皖美品牌十大影响力事件】** 2023年5月，在2023年中国品牌日安徽特色活动现场，安徽省市场监管局发布了2022年度皖美品牌十大影响力事件，“马钢车轮产品市场占有率世界第二”上榜。此次遴选发布活动旨在深入贯彻落实《质量强国建设纲要》和《安徽省质量强省建设纲要》关于“争创国内国际知名品牌”“推进皖美品牌建设”等要求，加大对自主品牌的宣传、推广和传播力度，进一步提升安徽品牌社会知名度和影响力。活动获得了众多企业的积极响应，共征集各类事件124件。

经过专家组对各申报事件的内容、行业地位、社会影响、经济（社会）效益以及创新性等多方面的评审，最终遴选出2022年度皖美品牌十大影响力事件。

2022年，马钢交材辗钢车轮市场占有率稳居全国第一，跃居世界第二。轮轴产品出口全球70多个国家和地区，以重载车轮等为代表的高端产品制造技术达到国际领先水平，成功入选“制造业单项冠军示范企业”。从20世纪60年代生产出中国第一个辗钢车轮，到高速车轮在“复兴号”动车组整车装用，马钢集团成为世界著名的轮轴研发制造基地，形成全球车轮标准全覆盖的品牌优势，为“制造强国、交通强国”建设贡献“马钢力量”。

（许　然）

**【马钢集团举行“迎接新挑战 健步新征程”职工健步走活动】** 2023年4月22日，由马钢集团工会、马钢体协主办的“迎接新挑战 健步新征程”马钢职工健步走活动在马钢幸福大道举行。马钢集团、马钢股份公司党委书记、董事长，马钢体协名誉主席丁毅宣布活动开始，马钢集团党委常委、副总经理唐琪明致辞，马钢集团工会主席邓宋高主持活动仪式，马钢集团总经理助理杨兴亮参加活动。马钢集团相关部门负责人，马钢体协理事，宝武（马钢）金银牛代表，十佳分厂厂长、十佳作业长代表，“健康达人”代表，马钢集团及马鞍山区域各单位职工代表参加健步走活动。

为深入学习贯彻党的二十大精神，贯彻落实全民健身国家战略，深入推进《健康宝武行动计划》，倡导文明、健康、绿色、低碳的生活方式，丰富职工业余文化生活，提升职工“三有”生活水平，激发广大职工昂扬向上的精神面貌，引导全体迎接挑战、踔厉奋发，全力以赴大干二季度，奋力实现全年各项工作目标，马钢集团工会、马钢体协精心组织了健步走活动。

健步走活动共开展3场次，首场路线从幸福大道出发，途经奉献园及北区厂区道路，第二场次集中在马钢股份南厂区，于5月中旬开展，让参与活动的职工共同感受马钢集团深入学习贯彻习近平总书记考察调研宝武马钢集团重要讲话精神，认真落实中国宝武“三治四化”“两于一入”要求，聚焦绿色低碳发展，推动产城融合，打造“花园式滨江生态都市钢厂”，实现“盆景”变“风景”、“风景”变“景区”的崭新面貌。最后一场邀请马钢退休老干部，围绕重温激情岁月，感受马钢变化开展健步走活动。

唐琪明在致辞时表示，举办“迎接新挑战 健步新征程”马钢职工健步走活动旨在贯彻落实健康宝武要求，全面推进企业文化建设，营造浓厚的全民健身运动氛围。广大职工要以此次健步走活动为契机，昂扬精神，激发斗志，将拼搏进取、团结协作的体育精神转化为迎接挑战、干事创业的动力，勠力同心，奋勇争先，在奋进建设世界一流伟大企业新征程上作出新的更大贡献。

当日，在志愿者旗手的引导下，大家一路行进，一路感受“花园式滨江生态都市钢厂”、“盆景”变“风景”、“风景”变“景区”的新气象、新变化、新成就，并不时用手机记录下沿途的风景与家人、朋友分享。

在终点附近的孟塘园，丁毅发表讲话指出，近年来，马钢集团牢记习近平总书记殷切嘱托，做了大量工作，呈现出巨大的变化，现在的马钢处处是风景，我们要沿着总书记指引的方向，继续大踏步前进，以实际行动贯彻落实好习近平总书记考察调研中国宝武马钢集团重要讲话精神。今天的健步走主要是北区的线路，后面在南区也要策划好类似的活动，让广大员工直观感受到可喜的变化，都能分享到新征程上马钢集团取得的阶段性成果。

丁毅指出，当前马钢集团生产经营面临着重重压力，我们要坚定一定能战胜困难的信心，延续当前向好的生产态势，继续打好生产经营翻身仗。一要抓极致高效。要把马钢集团近年来改造项目的效益提升上来，把马钢集团产线多、产品结构丰富的优势发挥出来，把产能利用率、生产节奏提升起来，推动经营效益迈上新台阶。二要抓结构渠道。要立足自身实际，精准发力，用“点”的突破带动“面”的提升。三要抓机制创新。要继续设立金杯奖、银杯奖、小红旗、大红旗，努力营造奋勇争先、“比学赶超”的浓厚氛围；要大兴调查研究之风，坚持走群众路线，从群众中来、到群众中去，让好的经验做法流动起来。四要抓党建引领。党建做实就是生产力，做细就是凝聚力，做强就是竞争力。要聚焦做实“三心”工程，以高质量党建引领高质量发展；要持续做好联创联建，向产业链、生态圈延伸。

丁毅强调，建功现代化建设新征程，必须贯彻新发展理念，首要的是抓好创新。人无我有是一种创新，效率、成本、环境等诸多要素的改善也是一种创新。马钢集团的创新之路还很长，创新的潜力还很大，我们要坚持贯彻落实宝武钢铁业季度经营例会会议精神，坚定信心，抢抓机遇，争取每个月都有新进步，向着二季度持续盈利、上半年生产经营整体向好的目标奋勇前行。

5月20日，第二场次“迎接新挑战 健步新征程”职工健步走活动在马钢南区冷轧团结园广场上举行。马钢集团、马钢股份党委书记、董事长，马钢体协名誉主席丁毅宣布活动开始，马钢集团总经理、党委副书记、马钢体协名誉主席毛展宏，马钢集团领导高铁、唐琪明、任天宝、伏明、陈国荣、马道局及邓宋高、罗武龙、杨兴亮，公司机关部门主要负责人，各单位主要领导、基层工会主席，各类先模代表，马钢大众体育协会会员代表，中国宝武马鞍山区域各单位职工代表共270余人参加活动。此次健步走从冷轧智控中心出发，途经马钢大道、同心园及长材敬业园，最后回到冷轧团结园，全程约5公里，旨在贯彻落实全民健身国家战略，深入推进《健康马钢行动计划》，倡导文明、健康、绿色、低碳的生活方式，丰富职工业余文化生活，展示广大职工昂扬向上的精神面貌，凝聚职工迎接新挑战、建设后劲十足大而强的新马钢的磅礴力量。

5月27日，“迎接新挑战 健步新征程”职工健步走活动之“不忘来时路 健步新征程”马钢老干部厂区健步走活动在幸福大道开跑。该场活动旨在深入学习贯彻党的二十大精神，倡导文明、健康、绿色、低碳的生活方式；同时利用这个契机，邀请马钢退休老干部回到当年战斗和生活过的地方，走一走、看一看，回忆那些激情燃烧的岁月，亲身感受马钢集团融入中国宝武以来所发生的巨大变化。

马钢集团党委常委任天宝宣布活动开始。马钢集团工会主席邓宋高致辞。马钢离退休老干部代表、相关部门和单位负责人、团员青年代表和相关工作人员，共180余人，共同踏上了这趟承载美好记忆、感受马钢集团“绿色发展、智慧制造”新气象的健步之旅。沿着马钢工业旅游线路，从幸福大道出发，途经钢轧奉献园、北区厂区道路及孟塘园，最后回到马钢智园参观马钢股份运营管控中心和炼铁智控中心。一路走、一路看，回忆过去的峥嵘岁月，感受如今的脱胎换骨，展望未来的光明前景，老干部们感慨万千。

（骆　杨　张　伟　姚　乐　丁　勇　张耀妮）

**【马钢股份、长江钢铁成功创建环保绩效A级企业】** 2021年8月，安徽省生态环境厅下发《关于进一步做好钢铁行业环境管理工作的通知》（皖环函〔2021〕668号），要求长江流域钢铁企业如马钢集团原则上在2023年底完成超低排放改造并通过评估，通过超低排的钢铁企业满足《重污染天气重点行业应急减排措施制定技术指南》条件，可申请A级企业绩效分级认定。2018年，马钢集团制定《马钢超低排放改造三年行动计划》，启动超低排工作。实施公转铁、车辆升级、门禁系统改造等项目，开展清洁运输提升；实施脱硫脱硝、除尘提标等项目，推进有组织排放工作；实施原料场环保大棚改造、煤场筒仓工程、皮带通廊及转运站封闭以及落料点除尘等项目，推进无组织排放工作。2021年12月，按照中国宝武集团《超低排放提速任务书》要求，马钢股份、长江钢铁需分别于2023年4月底和12月底前，全面完成超低排放改造、评估监测及网上公示。马钢股份公司清洁运输部分于2022年10月完成现场评估，12月完成网上公示；2023年1月完成有组织、无组织监测评估工作，2月无组织、有组织及总报告报中国钢铁工业协会，3月中钢协将无组织、有组织及总报告报生态环境部大气司，4月有组织、无组织完成网上公示。马钢股份超低排放工作按期完成。长江钢铁2023年5月有组织、无组织、清洁运输完成网上公示，较中国宝武集团《超低排放提速任务书》要求的2023年12月完成有大幅度提前。马钢股份、长江钢铁完成超低排放网上公示后，第一时间联系马鞍山市生态环境局、安徽省生态环境厅，申请尽快对马钢股份、长江钢铁进行环境绩效分级认证。安徽省生态环境厅特邀请多位行业专家组成省级专家组，于5月23—24日对马钢股份、长江钢铁进行环境绩效A级现场检查及复核，5月26日，马钢股份、长江钢铁获得A级企业认证。

（张大鹏）

**【马钢股份新特钢工程项目（一期）正式投产】** 马钢股份新特钢工程项目（一期）于2021年11月18日正式开工，项目建设内容包括如下。1. 炼钢工程：新建1座150吨转炉，1套双工位LF精炼炉，2套单工位LF精炼炉，1套RH真空处理装置及配套公辅和渣处理设施。2. 连铸工程：新建2台连铸机及配套公辅设施，包括1台3号超大圆坯连铸机（直径600—1200毫米）；1台5号小方坯连铸机（160毫米×160毫米、220毫米×220毫米、直径200毫米）。以及相应的辅助设施。3. 轧钢工程：新建1条合金钢线材和大盘卷复合生产线以及相应辅助设施，产品为直径5.5—25毫米线卷和直径16—50毫米大盘卷。4. 红线内公辅：新建全厂给排水设施、区域能源介质综合管线、全厂道路及绿化、全厂调度中心，噪声治理及环保整治等。5. 外部公辅：新建全厂转炉煤气储配站，220千伏输变电系统及区域变电所、外部道路新建及改造、铁路系统改造、新建空压站和球罐区及配套附属设施、外部综合管架等。6. 检化验设施：新建炼钢分析中心，扩建改造马钢特钢现有的成品检测中心、低倍检验室。项目建设规模（设计能力）为160万吨合格钢水，计划总投资845700万元（不含税，一期二期总投资），设备供应商为中冶京诚工程技术有限公司、中冶南方工程技术有限公司、宝钢工程技术集团有限公司，项目由中冶京诚工程技术有限公司、中冶南方工程技术有限公司设计，中国十七冶集团有限公司、上海宝冶集团有限公司、中国二十冶集团有限公司施工。2022年1月15日厂房柱首吊，2022年8月28日转炉推炉，2022年11月22日转炉倾动，2022年12月23日一期基本建成，2023年3月9日轧钢加热炉点火，

2023 年 4 月 24 日带负荷调试，2023 年 6 月 6 日举行投产仪式。

（王　胜　罗继胜）

**【马钢集团研发大楼建成投用】** 马钢集团研发大楼建设项目于 2022 年 3 月 25 日取得施工许可证，项目建设内容包括：1. 新建研发主楼：包括研发人员工作室、宝武科学家工作室、创新工作室、院士和博士后工作站等；企业成果和科研成果等展示区域；技术交流、学术报告、来访接待等共享区域，同时为公司会议接待提供补充。2. 新建研发实验中心：为新产品开发及科研攻关所需的实验和检验硬件保障平台（除中试、炼铁、综合工艺研究和试样加工平台等）。3. 新建职工餐厅：满足马钢集团公司办公楼和研发中心员工及来访人员用餐。4. 新建地下车库：满足约 400 辆地下停车需求（含补充公司大楼停车需求）。项目计划总投资 25848 万元，设备供应商为马钢集团设计研究院有限责任公司，由马钢集团设计研究院有限责任公司设计施工。项目于 2022 年 9 月 23 日主楼及辅楼封顶，2022 年 10 月 13 日建筑结构全面封顶，2022 年 12 月 31 日项目基本建成，2023 年 1 月 12 日研发大楼科技展厅揭幕，2023 年 5 月 4 日员工餐厅开业，2023 年 6 月 28 日举行研发中心落成仪式。

（王　胜）

**【马钢集团第二十届（马钢股份第十届）职代会部分职工代表开展督查】** 2023 年 6 月 30 日，马钢集团公司组织马钢集团第二十届（马钢股份第十届）职代会 30 名职工代表对共享中心和职工食堂管理工作情况进行督查。马钢集团党委常委唐琪明出席督查情况汇报会并进行点评，马钢集团工会主席邓宋高主持督查情况汇报会。

职工代表听取了马钢股份技术改造部、设备管理部关于共享中心投资、设计、建设等方面情况汇报，行政事务中心关于共享中心管理及职工食堂日常监管工作情况汇报及马鞍山力生生态集团公司关于职工食堂运营、食品采购、食品安全卫生等管理工作情况汇报。职工代表们前往北区共享中心、南区共享中心、特钢共享中心、煤焦化食堂和研发中心职工餐厅进行现场督查，并深入食堂后厨、职工浴室，细致查看就餐环境、后厨现场及公共卫生情况。

职工代表们一致认为，马钢集团用心用情为职工营造“家”氛围，进一步提升职工获得感、幸福感、安全感。这是马钢集团扎实开展主题教育的具体体现，是深入贯彻落实习近平总书记考察调研中国宝武马钢集团重要讲话精神的具体行动。会上，相关部门对职工代表提出的意见和建议一一予以回应，并表示将认真研究吸纳，积极推进落实。

唐琪明现场点评，并提出三点要求。一是贯彻新发展理念，深入推进民主管理工作。二是坚持共建共享，努力提升职工生活水平。三是职工代表要发挥桥梁和纽带作用，履职尽责、凝心聚力，引导带动广大职工为建设后劲十足大而强的新马钢贡献智慧和力量。

（张耀妮）

**【“奋进新时代 廉韵润初心”马钢集团廉洁文化展开幕】** 2023 年 7 月 28 日上午，“奋进新时代 廉韵润初心”马钢集团廉洁文化展开幕仪式在马钢集团公司办公楼一楼大厅举行。马钢集团党委书记、董事长丁毅，马钢集团总经理、党委副书记毛展宏共同为文化展揭幕。马钢集团党委副书记、纪委书记唐琪明主持开幕仪式，马钢集团助理及以上领导，马钢专家，机关部门、直属机构、二级单位、分子公司党政主要负责人参加开幕式。

此次廉洁文化展是进一步学习贯彻落实习近平总书记考察调研中国宝武马钢集团重要讲话精神系列活动之一，围绕全面贯彻落实党的二十大、二十届中央纪委二次全会精神，锚定学习贯彻习近平新时代中国特色社会主义思想主题教育“廉洁奉公树立新风”工作目标，贯彻宝武廉洁文化建设专题推进会精神及“廉洁宝武”理念核心要义，征集广大干部职工精心创作的书法、绘画、摄影、微视频等优秀作品，集中展示马钢集团各级党组织在推进廉洁文化建设中取得的亮点成果。文化展系列活动共有四部分内容：一是以廉洁文化诠释和作品为依托，通过展览形式，在马钢公司办公楼展出至 8 月底；二是在“马钢家园”微信公众号、马钢宣网同步推出“云上廉播”栏目，分 6 期集中展示廉洁文化作品，并向中国宝武公众号、纪检监察网站推送，同时，在马钢纪检网站“廉洁马钢”专栏进行集中展示；三是把廉洁文化作品制作成展板、海报、视频等，以多种形式在马钢集团廉政教育基地等进行展出，推动廉洁文化深入人心；四是开设“清廉讲堂”，围绕习近平总书记关于党风廉政建设、廉洁文化建设的重要论述，中国共产党百年廉洁政治之路，中华传统廉洁文化，国有企业党风廉政建设和反腐败斗争等内容，摄制专题视频课程，推出“习语说廉”“纪法小课堂”等系列课程。

（陈梦君）

**【宝武集团专项督查组对中国宝武马鞍山区域绿色低碳发展开展专项督查】** 2023年8月10日，中国宝武督查组一行到马钢集团，对马鞍山地区绿色低碳发展开展专项监督检查暨环保大检查“回头看”，进一步提高中央环保督察督察中国宝武发现问题及中国宝武第一轮、第二轮环保大检查发现问题的整改质效。

在听取了马钢集团推进绿色低碳发展及环保工作的汇报后，中国宝武纪委副书记、督查组组长张忠武指出，在全集团范围内开展第二轮环保大检查，是中国宝武为全面贯彻习近平生态文明思想，坚决落实党的二十大精神，做到生态优先、绿色发展，推进落实打造世界一流企业的有力行动。面对更严的标准和更高的要求，马钢集团要进一步提高政治站位，统一思想认识，坚持把严的标准、严的基调、严的措施贯穿生态环境保护工作始终，把环保问题整改、环保水平提升作为底线任务、政治任务抓实抓好，强化问题整改措施落实落地，做好问题督查、验证和闭环工作。职能部门要牢固树立“动员千遍，不如问责一次”的要求，切实发挥职能监督作用，本着既要见“事”，更要见“人”的原则，对落实生态环境保护工作不力以及在问题整改过程中不担当、不作为、慢作为、乱作为的人员依规依纪依法严肃追责问责。2023年，马钢股份、长江钢铁双双完成环境绩效A级企业创建工作，体现了马钢集团在主动落实生态文明建设和碳达峰、碳中和战略中的责任担当，马钢集团要以此为新起点，把学习贯彻习近平新时代中国特色社会主义思想主题教育和环保工作结合起来，加快环保项目建设、促进环境指标提升，以绿色发展新成效检验主题教育成果。各级纪检组织要把对环保工作的再监督作为“大监督”体系的重要内容，通过常态化的日常监督，有效防范企业环保风险，促进宝武集团建设世界一流企业不断取得新的成效。

马钢集团党委副书记、纪委书记唐琪明，马钢集团及长江钢铁能源环保部、纪委（纪检监督部）等有关负责同志参加调研检查。唐琪明表示，环保大检查是对马钢集团环保工作的检阅和审视，马钢集团将认真落实督导组的各项要求，发扬斗争精神，增强斗争本领，强化职能监管和纪检专责监督，落实责任追究，把严的要求贯穿问题整改始终，巩固提升问题整改成效。马钢集团将以成功创建环保绩效A级企业为新的起点，抓好超低排管控、做好常态化保A，坚定不移走生态优先、绿色低碳的可持续发展道路，大力推进绿色制造、制造绿色、绿色产业。马钢集团党委、纪委将把学习贯彻习近平生态文明思想与深入贯彻党的二十大关于全面从严治党战略部署结合起来，把政治监督贯穿环境保护工作全过程各方面，以严的基调、严的措施、严的氛围，有力有效保障马钢集团环保绩效取得新突破、创出新水平、迈上新平台，为建设后劲十足大而强的新马钢持续注入绿色发展动能。

座谈调研后，督查组一行实地察看了马钢股份煤焦化公司、特钢公司、长江钢铁及宝武环科马鞍山资源公司等单位环保督察发现问题整改情况进行现场检查督导，提出相关具体要求。

（陈梦君）

**【马钢集团举行第二届“江南一枝花”精神故事会】** 2023年8月11日下午，作为马钢集团公司“8·19”系列活动之一的马钢集团第二届“江南一枝花”精神故事会在教培中心报告厅落下帷幕。马钢集团党委副书记、纪委书记唐琪明，马钢集团工会主席邓宋高出席活动。

本次活动由党委宣传部（企业文化部）主办、教培中心协办，主题为弘扬优秀传统，推进“六个全面提升”，打造“江南一枝花”文化品牌。旨在深入学习贯彻习近平新时代中国特色社会主义思想，营造传承弘扬新时代“江南一枝花”精神的良好氛围，持续提振企业信心、职业信心和文化自信，引导全体职工立足本职岗位，精益高效、奋勇争先，为推动马钢高质量发展夯实文化软实力和核心竞争力。

活动开展以来，共收到来自各单位报送的演讲（朗诵）、微电影、短视频、图画、情景剧（微话剧）等5种形式共61个原创故事节目。经评委会初审，遴选了23个故事节目参加了当天下午的决赛。

决赛精彩纷呈，一个个故事节目，生动诠释了新时代“江南一枝花”精神的鲜明主题，生动反映了“六个全面提升”的火热实践，生动展示了新时代马钢人奋勇争先、勇创一流的良好精神风貌。最终，经过激烈角逐，长材事业部、炼铁总厂选送的故事节目分获语言场和影像场一等奖，保卫部、检测中心、冷轧总厂获组织奖。

唐琪明指出，60 多年来，一代又一代马钢人沐浴“江南一枝花”精神的洗礼，艰苦创业、接续奋斗，使马钢集团巍然矗立于长江之滨，始终成为中国钢铁工业振兴发展的重要力量。尤其是加入宝武集团以来，马钢集团党委赋予了“江南一枝花”精神新时代新内涵，打造出深度推动文化整合融合、以文化力提升企业竞争力的马钢样板。他要求马钢集团广大干部职工要做新时代“江南一枝花”精神的传承者、弘扬者、践行者，牢牢把握“聚焦绩效、责任到位、刚性执行、挂钩考核”工作主线，强化党建引领，优化结构渠道，狠抓成本压降，追求极致高效，创新体制机制，不断挑战自我、争创一流，为马钢集团夺取应对危机挑战的新胜利贡献智慧力量，让美丽的“江南一枝花”越开越繁盛、越开越娇艳。

（姚思源）

**【马钢集团团委与共青团马鞍山市委联合开展企地青年交流主题团日活动】** 2023 年 8 月 15 日，马钢集团团委与共青团马鞍山市委联合开展企地青年交流暨“青春心向党 奋进新征程”主题团日活动。马钢集团党委副书记、纪委书记唐琪明，共青团马鞍山市委相关负责人出席启动仪式并致辞。马钢集团直属单位、中国宝武马鞍山区域各单位、马鞍山市企事业单位团干部、团员青年约 50 人参加活动。

唐琪明在致辞中指出，此次企地青年交流和主题团日活动，一是深入学习贯彻落实习近平总书记考察调研马鞍山市和中国宝武马钢集团重要讲话精神，谈感受、话作为，不断积蓄青春的力量；二是展现马鞍山市与马钢集团在高质量发展中的使命担当，展示市企一体、钢城融合，携手共创生态福地、智造名城的丰硕成果；三是促进彼此之间的交流，互相分享经验、知识、技能等，迸发出更多的解决方案，营造良好的学习工作氛围，促进各项工作深入开展。他希望企地共青团组织共同架设好青年沟通交流的桥梁，做好党的忠实助手和可靠后备军，团结凝聚广大团员青年，牢记嘱托，坚定跟党奋斗信心，鼓足奋勇争先干劲，争做有理想、敢担当、能吃苦、肯奋斗的新时代青年，让青春在打造后劲十足大而强的新马钢，在打造安徽的“杭嘉湖”、长三角的“白菜心”，在全面建设社会主义现代化国家的火热实践中，绽放绚丽之花。

启动仪式上，共青团马鞍山市委相关负责人希望企地广大青年以此次活动为契机，进一步学讲话、见行动、立新功。马钢集团公司能环部团员青年通过原创诗朗诵《梦圆江天》，讲述了马钢集团创 A 圆梦的故事；青工宛佳旺深情回顾了习近平总书记考察调研时与他亲切交流的场景和感受；马钢集团新入职大学生代表分享了入职感言。

启动仪式结束后，团员青年们参观了马鞍山市城乡规划馆、薛家洼生态园、马钢展厅（特钢）和特钢公司产品展示厅，并进行了座谈交流。

（刘府根）

**【马钢集团举行“8·19”系列活动】** 马钢集团党委于 2023 年 4 月下发《关于进一步学习贯彻落实习近平总书记考察调研中国宝武马钢集团重要讲话精神系列活动的工作方案》，党委宣传部（企业文化部）作为牵头单位，组织马钢集团办公室、纪委、工会、精益办、新闻中心、保卫部、技术中心、马钢股份特钢公司等相关部门和单位开展“8·19”系列活动。包括精心筹备策划提升职工生活水平系列活动、“奋进新时代 廉韵润初心”马钢集团廉洁文化展、第二届“江南一枝花”故事会讲演大赛、重走习近平总书记考察调研路线、举行升旗仪式、马钢集团党委理论学习中心组（扩大）学习会暨后劲十足成果报告会等一系列大型活动仪式；聚焦“五个一”系列宣传，推出《感恩奋进创一流》专题宣传片、《瞰马钢》等 4 部微视频、《锚定“走前列”，激发“心”力量》等 3 篇系列报道及长篇消息《殷殷嘱托永不忘 感恩奋进创辉煌》，开展“学讲话　看变化”摄影采风大赛，首发照片 44 幅，马钢集团各媒体平台刊发活动报道 100 余篇；积极对接主流媒体，先后在人民日报客户端、央广网、安徽日报、安徽新闻联播、中国冶金报等主流媒体平台刊发报道 40 余篇。

8 月 19 日上午 8 时 30 分，马钢集团“8·19”系列活动之升旗仪式举行。在雄壮的国歌声中，五星红旗和中国宝武司旗、马钢集团司旗冉冉升起。在升旗仪式上的“向总书记汇报”环节，马钢集团党委书记、董事长丁毅说，三年前，习近平总书记亲临宝武马钢集团考察调研，并发表重要讲话，勉励马钢集团“在长三角一体化发展中把握机遇顺势而上”，期许宝武“老大”变“强大”，为我们践行“国之大者”，加快打造后劲十足大而强的新马钢指明了方向、提供了遵循。三年来，在宝武集团党委的坚强领导下，马钢集团深入学习贯彻习近平总书记考察调研中国宝武马钢集团重要讲话精神，坚定不移沿着习近平总书记指引的方向，永葆“一年当作三年干、三年并为一年干”的奋进姿态，以高端化引领价值创造，以智能化赋能转型升级，以绿色化践行生态优先，以高效化追求极致效率，交出了“企业发展高质量、厂区面貌高颜值、生态环境高水准、职工生活高品质”的精彩答卷。展望未来，马钢集团要锚定“两个定位”，坚持高端化迈进、智能化升级、绿色化转型、高效化发展，争创安徽省钢铁产业链“链主”企业、宝武“跃龙”企业、钢铁行业新型低碳冶金现代产业链优特长材领域“子链长”，持续推动党建引领、关键指标、绿色发展、智慧赋能、组织效率、提高市占“六个争一流”。面对战略转型期、项目建设期、产品爬坡期、冬练提质期“四期叠加”的严峻考验，要深入落实宝武“四有”要求，坚定信心，自我加压，以最大努力争取最好经营绩效。

上午10时，马钢集团党委书记、董事长丁毅主持召开马钢集团党委理论学习中心组（扩大）学习会暨后劲十足成果报告会。会上，与会人员共同观看“感恩奋进创一流”专题片；马钢集团精益办、技术中心，马钢股份特钢公司、制造管理部、能源环保部主要负责人先后作“后劲十足”成果报告，从不同角度对马钢集团学习贯彻习近平总书记考察调研宝武马钢集团重要讲话精神的落实情况作了专题报告，充分展示了马钢集团牢记习近平总书记殷殷嘱托，在长三角一体化发展中不断发展壮大的深入实践和突出成效。

丁毅指出，三年前的8月19日，习近平总书记亲临中国宝武马钢集团考察调研并发表重要讲话，这是马钢集团发展史上具有里程碑意义的大事。三年来，在宝武集团党委的坚强领导下，马钢牢记殷殷嘱托，牢记“国之大者”，牢记后劲十足，坚决做到总书记有号令、党中央有部署、集团公司有要求、马钢见行动，企业面貌发生了翻天覆地的巨大变化，探索出了一条传统产业走新型工业化之路。2020年，马钢集团钢产量首次突破2000万吨，营业收入首次突破1000亿元；2021年钢铁主业实现千亿营收、百亿利润；2020、2021年连续两年荣获集团公司综合绩效金奖；2022年度获评集团公司首批龙头企业；2020—2022年累计上缴税金349亿元。

丁毅指出，三年来，马钢集团坚持以高质量党建引领高质量发展，紧跟核心把方向、围绕中心管大局、凝聚人心保落实，把党建写在了马钢大地上。三年来，马钢集团以高端化推动价值创造，聚焦“高强度、耐腐蚀、近终形、差异化”，着力打造优特长材原创技术策源地和中国宝武优特钢精品基地。三年来，马钢集团以智能化赋能转型升级，聚焦“全流程、全工序、全要素、全集成”，探索传统企业智慧升级新模式，着力打造智慧制造示范基地。三年来，马钢集团以绿色化践行生态优先，聚焦“高站位、高起点、高标准、高颜值”，深入贯彻习近平生态文明思想，着力打造花园式滨江生态都市钢厂。三年来，马钢集团以高效化追求极致效率，聚焦“强绩效、强两场（市场与现场）、强两长（分厂厂长与作业长）”，全方位推进精益改善，着力打造马钢特色精益运营示范标杆。三年来，马钢集团以改革创新激活动力之源，坚持问题导向，突出系统推进，抓变革、强体系，加快塑造推动高质量发展的新动能新优势。

丁毅指出，展望未来，马钢集团高质量发展的总体思路是锚定“两个定位”、聚焦“三创”、力推“四化”、力争“六个一流”。马钢集团要坚持高端化迈进，强化科技自立自强；要坚持智能化升级，打造智慧赋能样板；要坚持绿色化转型，持续夯实绿色底色；要坚持高效化发展，持续推进效率变革。着眼当下，我们面临的最紧迫最突出的任务，就是要加快推动经营绩效改善；要坚持结构渠道看毛利，以购销差价为牵引，提高市场经营能力和水平；要坚持成本控制看贡献，强化算账经营，抓住成本大户；要坚持极致高效看产量，加强高效化管理，追求极致效率；要坚持分子公司看作为，推动各分子公司强化经营意识，全力提高经营效益；要坚持机制创新看活力，强把控、优导向，让想干事、能干事、干成事蔚然成风。

丁毅强调，面对新征程新考验，马钢集团要以主题教育为强大推动，深入学习贯彻党的二十大精神和习近平总书记考察调研宝武马钢集团重要讲话精神，撸起袖子加油干，风雨无阻向前行，在集团公司的坚强领导下，一步一个脚印把各项工作部署付诸于行动、见之于成效，在新的赶考之路上交出新的优异答卷、创造新的时代辉煌。

马钢集团全体领导参加活动，马钢集团党委副书记、纪委书记唐琪明主持第一、第二阶段活动；

马钢专家，机关部门、直属机构、分子公司党政主要负责人全程参加活动；马钢中层副职管理人员、C 层级管理人员、特钢公司职工代表，分别在现场和视频分会场参加相关阶段活动。

马钢集团公司两级工会组织先后举办“迎接新挑战 健步新行程”健步走、“浪花杯”职工游泳比赛、“牢记嘱托 感恩奋进”职工美术书法摄影“云”展等系列职工文体活动，进一步激励广大职工以更加饱满的热情、更加旺盛的干劲，踔厉奋发、勇毅前行。

“奋进新时代 廉韵润初心”马钢集团廉洁文化展征集广大干部职工精心创作的书法、绘画、摄影、微视频等优秀作品，集中展示了马钢集团各级党组织在推进廉洁文化建设中取得的亮点成果。

马钢集团第二届“江南一枝花”精神故事会收到来自各单位报送的演讲（朗诵）、微电影、短视频、图画、情景剧（微话剧）等 5 种形式共 61 个原创故事节目，营造传承弘扬新时代“江南一枝花”精神的良好氛围，引导全体职工立足本职岗位，精益高效、奋勇争先。

7 月 5 日，马钢集团在安徽省马鞍山市皇冠假日酒店隆重举办主题为“重塑·向新·共赢”的特钢产品推介会，来自各行业的 178 家客户和 338 位嘉宾参会。推介会分为 3 个环节，9 个议程。这次特钢产品推介会为马钢集团公司开拓了更广阔的市场，增强了与客户之间的合作与信任。与会者纷纷表示，他们对马钢集团新特钢产品的质量和技术有充分的信心，并期待未来的合作机会。通过这次推介会，马钢集团再次展示了其在特钢领域的技术实力和创新能力，为公司的长期发展奠定了坚实基础，为中国特钢行业的发展注入新的活力，也为马钢在国内外市场的竞争中赢得更多机遇。

（马琦琦）

**【安徽省行业（系统）建设项目档案“树标杆、创一流”试点工作总结会在马钢集团召开】** 2023 年 8 月 23 日下午，安徽省行业（系统）建设项目档案“树标杆、创一流”试点工作总结会在马钢集团召开，安徽省委办公厅副主任、省档案局局长欧阳春，马钢集团党委副书记、纪委书记唐琪明出席会议；全省建设项目档案工作负责人参加会议。

唐琪明代表马钢集团致欢迎辞，简要介绍马钢集团基本情况，并表示，长期以来，马钢集团党委一直高度重视档案工作，成立了由马钢集团党委领导的档案工作领导小组，坚持实行统一领导、分级管理的原则，统一制度、统一标准，为档案工作开展提供组织保障。马钢档案馆始终秉承“优质高效，争创一流”的馆训，不断提升档案管理水平，创新工作机制，强化管理职能，加快数字化建设，推动档案工作有效服务企业治理体系和治理能力现代化，并取得了优异成绩，多次获全国档案工作优秀集体、安徽省省属企业档案工作先进单位等荣誉，被中国宝武档案中心评级为“优秀”。

唐琪明表示，这次安徽省行业（系统）建设项目档案“树标杆、创一流”试点工作总结会在马钢集团召开，为马钢集团档案工作特别是建设项目档案工作提供了学习借鉴经验的良好契机。他希望马钢集团档案部门抓住这次宝贵的学习、交流机会，对标找差，进一步夯实建设项目档案工作，提升档案工作质量，树标杆、创一流，为马钢集团高质量发展作出应有贡献。

欧阳春在讲话中对马钢集团给予会议的大力支持表示衷心感谢，对马钢集团的新变化、新成就，特别是在档案管理方面取得的优异成绩给予高度赞扬。他指出，全省行业（系统）建设项目档案“树标杆、创一流”试点工作主要成效，表现为四个方面：一是形成了项目档案工作的新格局，二是树立了一定项目档案规范管理新典范，三是实现了项目档案管理手段的新应用，四是拓展了各方做好档案管理工作的新视野。

就进一步做好试点工作，欧阳春提出三点要求。一是强化政治担当，充分认识做好重大建设项目档案工作的重要意义，不断增强使命感和责任感。二是着力推动全省重大建设项目档案工作整体水平再上新台阶。发挥主体作用，巩固扩大试点工作的成果，明确建设单位对于项目档案工作有主体责任，实现统一管理、统一制度、统一标准。三是抓好项目档案质量，解决好项目单位工作中的短板弱项及新规范。加强人才培养，扩大项目档案人才储备，发挥专业能力，高效完成重大建设项目。欧阳春希望，以本次会议为契机，凝心聚力，推动全省重大建设项目档案工作再上新台阶、再取新成效。

会议分两个阶段进行。第一阶段，与会人员共同观看了马钢集团宣传片；宣读了安徽省档案局对试点工作成效突出项目和试点工作成效突出参建单位的通报以及省档案局新聘任的基本建设项目档案验收专家的通知；对试点工作成效突出项目、试点工作成效突出参建单位和省档案局新聘任的基本建设项目档案验收专家颁发了荣誉证书和聘书。安徽省能源局、省住建厅、省交通运输厅、省水利厅、皖赣铁路安徽公司等试点项目主管部门和单位分别汇报交流本行业（系统）组织开展建设项目档案试点工作情况。第二阶段，马钢集团作项目档案信息化管理经验分享，省委办公厅档案管理有关负责人解读了《安徽省重大建设项目档案验收管理办法》。

8月23日上午，与会人员参观了新特钢产线、马钢展厅（特钢）、炼铁智控中心、马钢展示馆，实地感受了马钢集团转型升级、智慧制造的显著变化和突出成效。

（李田艳）

**【宝武集团党委书记、董事长胡望明在合肥代表宝武集团与安徽省政府签订战略合作框架协议】** 2023年8月25日下午，宝武集团党委书记、董事长胡望明在合肥拜会了安徽省委书记韩俊，安徽省委副书记、省长王清宪，并共同见证中国宝武与安徽省政府战略合作框架协议签约。安徽省委常委、省委秘书长、政法委书记张韵声出席，安徽省委常委、常务副省长费高云和宝武党委常委、副总经理侯安贵代表双方签约。

根据协议，双方将围绕支持马钢集团转型升级、推动矿产资源开发和整合、加快新材料产业集群发展、促进产城融合等，进一步深化合作，实现共赢发展。

韩俊代表安徽省委、省政府对胡望明一行来皖表示欢迎，对宝武集团长期以来给予安徽的支持表示感谢。他表示，近年来，我们认真学习贯彻习近平总书记考察中国宝武马钢集团时的重要讲话精神，抢抓长三角一体化发展等重大战略机遇，加快建设制造强省，钢铁、新材料等产业竞争力持续增强，为高质量发展提供了强劲动能。中国宝武是全球规模最大、最具影响力的钢铁企业，希望以此次协议签署为契机，加快推进项目建设，延伸新材料等产业链条，加大创新研发投入，不断把与安徽的合作提升到新的水平。我们将倾力做好要素保障，持续创优营商环境，合力谱写双方深化合作、互利共赢的崭新篇章。

胡望明感谢安徽省委、省政府对宝武集团在皖发展的关心和支持，介绍了宝武集团总体情况以及在皖企业发展等情况。他表示，宝武集团“一基五元”产业板块在安徽的产业布局最为齐全、对地方经济发展的贡献占比较高。近年来，宝武集团不断加大在皖产业发展的投资力度，后续将持续释放经济与社会效益。胡望明表示，宝武集团将认真贯彻落实习近平总书记重要讲话和重要指示批示精神，充分发挥国资央企的表率作用，提高核心竞争力，增强核心功能，在推进落实长三角一体化发展国家战略中，紧扣“一体化”和“高质量”两个关键词，充分发挥安徽的区位、资源、科技、产业等优势和宝武集团的产业、技术、人才、品牌等优势，在落实好协议事项的基础上，更好地承接和服务安徽发展战略，进一步强化生态化协同，助力安徽经济社会发展。

宝武集团党委常委魏尧，集团总部相关部门和相关一级子公司负责人参加活动。

（宝武集团　李忠宝）

**【2100兆帕级汽车悬架簧用钢、54SiCrV6-H热轧盘条等7项新产品实现首发】** 2023年8月30日，由马钢集团自主研发的2100兆帕级汽车悬架簧用钢实现国内首发，实物质量达国际先进水平，并成功获得蒂森克虏伯富奥辽阳弹簧有限公司的首批试订单，替代德国进口弹簧，应用于奥迪A6L、A4L、Q5汽车悬架簧国产化项目。

悬架簧是汽车动力总成与底盘系统的核心零部件之一，与汽车的减震、储能、维持张力等性能息息相关，关系着汽车行驶的安全性以及车体对于复杂路面的适应性等。随着汽车轻量化与长寿命的发展趋势，汽车悬架簧用钢的平均重量将下降10%，设计应力将突破1300兆帕。这对其核心零部件弹簧用钢性能提出了更苛刻要求，在塑韧性指标要求与低强度弹簧钢一致的前提下，强度必须达到2100兆帕级才能满足使用要求。一直以来，2100兆帕级超高强韧弹簧钢核心技术仅掌握在国外少数厂家手中，知识产权壁垒高，且价格昂贵。

瞄准这一“卡脖子”难题，马钢集团通过“产学研用”联合技术攻关，以解决重大关键共性技术为切入点，开展了超高强度长寿命汽车弹簧钢的关键核心材料创新设计、高纯净度冶炼工艺和脱碳控制技术等技术研发和创新，重点研究如何在获得超高强度同时，兼顾高韧塑性、高疲劳性能、高抗弹减性能等技术难点。经过团队合力攻关，于

2023 年 4 月突破这一难点，成功填补国内空白，并于 8 月被认定为国内首发产品。

8 月底，该产品已在蒂森克虏伯德国总部通过样件认证，且首批试订单试用合格，后续每月将稳定批量供货。

(刘军捷)

**【马钢集团成功生产全球首款低碳 45 吨轴重重载车轮】** 2023 年 9 月 17 日上午，马钢集团首款低碳 45 吨轴重重载车轮下线仪式在马钢交材举行。

马钢集团首款低碳 45 吨轴重重载车轮从顶层规划降碳设计入手，通过清洁能源利用、智慧制造赋能产线高效、全域绿色物流应用、低碳冶金新技术创新、车轮绿色制造流程再造 5 个方面助力降低碳排放。这款世界最大轴重车轮，从炼铁、炼钢到车轮制造全过程，有效应用了炉料配比结构优化、余热回收利用、光伏发电、精细留碳作业、轻量化结构设计、高效加热新模式、阶梯式热处理新工艺、清洁能源替代、绿色物流等各项低碳新技术、新工艺、新模式，实现车轮制造全流程降碳 20%以上的低碳排放目标。下线以后，该车轮将远赴澳洲矿石运输铁路上正式服役，成为“绿色矿石—绿色运输—绿色车轮制造—绿色车轮运输”全生命周期“碳中和车轮”的主要载体。

此次该车轮成功下线，既是马钢集团同产业链上下游共同积极探索绿色低碳发展的成功尝试，为国际轮轴行业全生命周期“碳中和产品”实践提供了马钢方案，也是马钢集团用实际行动践行绿色低碳发展之路、继续领跑国际轮轴行业的具体体现。

(许　然)

**【马钢股份钢铁制造工业互联网平台获评安徽省重点工业互联网平台“行业型工业互联网平台”】** 2023 年 9 月 21 日，2023 世界制造业大会工业互联网专场发布会在合肥举办。此次活动发布了刚刚认定的 48 家安徽省重点工业互联网平台并进行授牌。马钢股份钢铁制造工业互联网平台被授予“行业型工业互联网平台”。这是继马钢集团基于宝联登工业互联网平台的长材系列产品智能工厂被认定为 2023 年安徽省智能工厂后的又一重要荣誉。

近年来，马钢集团基于宝武集团工业互联网平台加快推进数智化建设，充分发挥工业互联网在钢铁产业发展中的赋能引领作用，在“四化”转型升级中聚焦价值创造，立足极致高效，坚持“四有”组织生产经营，围绕研发、生产、供应、销售、服务等业务场景，搭建具备将自身知识沉淀、转化、利用为服务能力的马钢股份钢铁制造工业互联网平台，构建“1+N”全流程数字化运营智能工厂，取得了较为显著的成效。

马钢集团将进一步优化基础能力，夯实以“四个一律”为主要特征的硬实力的同时，坚持数据驱动，提升以“三跨融合”为主要特征的平台化服务能力，有效提升产品和服务的质量和效率，以数字技术赋能产业转型升级。

(杨凌珺)

**【宝武集团马钢轨交材料科技有限公司混合所有制改革引战签约】** 2023 年 9 月 22 日上午，马钢集团举行马钢交材混合所有制改革引战签约仪式。马钢股份、马钢交材与 8 家战略投资者以及员工持股平台代表共同签约。马钢集团 1992 年被列入全国首批 9 家股份制规范化试点企业。1993 年和 1994 年，马钢 H 股和 A 股分别在香港联交所、上海证交所挂牌上市，被誉为“中国钢铁第一股”。2023 年 5 月，马钢交材上榜“科改企业”。此次混改引进了 8 家优秀战略投资者，包含轨交产业链上最顶尖的科研机构、产业化投资家以及拥有丰富投资项目资源、资本运作和国企改革经验丰富的产业投资者和非公有资本投资者，达到“引进战略投资，加快提升企业核心竞争力；增资扩股融资，支持企业高质量发展；实施股权激励，增强企业凝聚力，激发企业活力”的初衷，是马钢集团践行国企改革要求的重要实践。

(高莹茹　许　然)

**【马钢集团“绿色钢铁”主题园区入选 2023 年国家工业旅游示范基地】** 2023 年 10 月 10 日，文化和旅游部公布 69 家国家工业旅游示范基地名单，马钢集团“绿色钢铁”主题园区名列其中。2022 年 7 月 29 日，马钢工业旅游景区被评定为国家 3A 级旅游景区，并于 8 月 9 日正式开园。马钢工业旅游景区以马钢智园为中心，依托花园工厂、钢铁文化、工艺流程、智慧制造与环保技术，努力构建“绿色发展、智慧制造”主题旅游精品，通过开放共享、文化会友、旅游迎客，充分展示马钢全球钢铁优特长材引领者的品牌形象。2023 年，为进一步践行习近平生态文明思想，贯彻落实新发展理念，顺应钢铁行业高端化、智能化、绿色化、高效化发展趋势，弘扬新时代“江南一枝花”精神，对照《国家工业旅游示范基地规范与评价》行业标准，马钢工业旅游景区突出“绿色钢铁”主题，深入总结和挖掘工业旅游特色和科普教育价值，经过马鞍山市文旅局和安徽省文旅厅两轮推荐，最终通过国家文旅部的评审，入选国家工业旅游示范基地。

（庞　湃）

**【马钢集团汽车板通过通用汽车全球一级工程认证】** 2023 年 7 月 25 日，马钢集团技术中心汽车板研究所在通用汽车全球一级工程认证工作中再次实现突破，马钢汽车板薄镀层铝硅热成型钢材料在历经 24 个月的各类性能检测和评估后，成功获取通用汽车全球材料认可证书。马钢薄镀层铝硅热成型钢具有高韧性、高耐蚀、高强度、低成本、低碳排等优势，聚焦主机厂车型开发设计过程中的轻量化、安全性、低碳排等需求，可以为主机厂提供综合性能更高的选材方案。本次认证顺利通过，标志着马钢集团高强汽车板领域实现新的进步，也为后续进一步提升马钢汽车板在全球汽车板市场的品牌力、竞争力奠定基础。

（刘　珂）

**【马钢股份乡村振兴工作案例获评 2023 年中国上市公司乡村振兴“最佳实践案例”】** 2023 年 10 月 19 日，由中国上市公司协会主办的上市公司乡村振兴经验交流会暨最佳实践案例发布会在江西赣州举行。马钢股份乡村振兴工作案例获评 2023 年中国上市公司乡村振兴“最佳实践案例”。

中国上市公司协会于 2023 年 7 月启动“2023 年上市公司乡村振兴最佳实践创建”活动，旨在树立典范，推广优秀经验，引领上市公司奋力在乡村振兴工作上开新局，激励更多企业发挥自身优势，创新帮扶举措，持续巩固深化乡村振兴工作成果。本次活动经地方上市公司协会推荐和公司自荐，在全国范围内共挖掘最佳实践案例 68 篇，优秀实践案例 112 篇，包含上市公司在产业振兴、人才振兴、文化振兴等五大领域的典型案例。马钢股份申报的“央企使命担重任 倾情帮扶促振兴”帮扶工作案例，从 2320 家参与乡村振兴工作的上市公司中脱颖而出，在中国上市公司协会“2023 年上市公司乡村振兴最佳实践创建”活动中获“最佳实践案例”。

（王　广）

**【马钢集团海洋石油平台用热轧 H 型钢等 6 项产品获评中钢协冶金产品实物质量品牌“金杯优质产品”】** 2023 年 4 月，中国钢铁工业协会（简称中钢协）发布 2022 年冶金产品实物质量品牌培育产品名单，马钢集团 6 项产品被审定冠名为“金杯优质产品”。其中，马钢集团海洋石油平台用热轧 H 型钢荣膺“金杯特优产品”，这也是该产品自 2013 年以来，连续 4 次获此荣誉。

冶金产品实物质量品牌培育活动，是中钢协在钢铁行业组织开展的认定评价活动，旨在推动产品质量持续改进，加快产品升级换代，提升企业质量管理水平，增强企业品牌培育能力，扩大企业品牌影响力，同时，有利于向下游用户推介品牌产品，帮助企业提升产品品牌价值和市场竞争力。该活动每年组织一次，通过审定的产品分别冠名为“金杯优质产品”或“金杯特优产品”，有效期为 3 年。

2022 年度冶金产品实物质量品牌培育活动经申报、初审、专业认定、公示及异议处理等工作程序，并通过中钢协“冶金产品实物质量品牌培育审定委员会”审定，198 项产品审定冠名为“金杯优质产品”，9 项产品审定冠名为“金杯特优产品”。其中，马钢集团 600 兆帕级双相钢、低合金高强度结构用热轧 H 型钢、钢筋混凝土用热轧带肋钢筋、汽车结构件用低合金高强度冷轧钢带、俄罗斯火车整体辗钢车轮、海洋石油平台用热轧 H 型钢 6 个产品被评为“金杯优质产品”，海洋石油平台用热轧 H 型钢同时还被授予“金杯特优产品”。

马钢集团海洋石油平台用热轧 H 型钢经工艺测试，钢材强度高，低温韧性好，零下 20℃ 横向低温 V 型缺口冲击功平均达 100 焦耳以上，远远超过美国 APIRP2A Ⅱ类钢的标准要求。该产品不仅内部组织均匀、细小，晶粒度达到 9 级以上，碳当量低于 0.40%，保证了钢的良好焊接性能，而且表面质量好，尺寸控制精度高，翼缘腹板全幅探伤达 100% 合格，受到用户广泛好评。该产品技术性能处于国内领先地位，市场份额高达 60% 至 70%。截至 2023 年 4 月，马钢集团已累计生产销售海洋石油平台用热轧 H 型钢 20 多万吨。

（张　萍）

**【马钢集团 13 项成果获安徽省科技成果奖、冶金科学技术奖】** 2023 年，马钢集团科技创新成果获安徽省科学技术奖共 7 项。牵头申报 4 项，“基于塑性夹杂物的高洁净铁路车轮钢炼钢工艺开发与应用”获省科技进步一等奖，“面向高品质薄规格轧制的薄板坯连铸连轧过程控制关键技术及应用”“高等级铁路车轮淬火工艺装备自主创新设计及应用”2个项目获省科技进步二等奖，“火车车轮检测线智能化设备研发与集成应用”获省科技进步三等奖；联合报奖3项，分获二等奖2项，三等奖1项。

获冶金科学技术奖共6项。牵头申报4项，“热连轧智能工厂高效集约生产和精益管控技术创新”获一等奖，“基于塑性夹杂物控制的高洁净高韧性铁路车轮钢炼钢工艺开发”“40—45吨轴重高性能轮轴研发及产业化”2个项目获二等奖，“钢铁流程工序间安全高效协同处置典型危废关键技术研究与应用”获三等奖；联合报奖2项，其中，“第三代超大输量低温高压管线用钢关键技术开发及产业化”项目获特等奖。

（曹　煜）

**【马钢产品在北京国际风能大会上参展】** 2023年10月17—19日，北京国际风能大会暨展览会（简称“CWP”）在中国国际展览中心（顺义馆）举行。此次风能展由宝武集团中央研究院策划，宝武集团旗下宝钢股份、马钢股份、太钢集团等相关子公司向行业介绍BaoWind绿色风电解决方案。宝武集团旗下各单元以及外部专家在展台发布区介绍企业以及风电相关产品、解决方案。马钢股份作了“马钢风电用钢发展现状及趋势”的专题汇报。

此次展会上，马钢重型热轧H型钢、特钢紧固件等产品精彩亮相，赢得广泛好评。马钢重型H型钢为展会增添了一道亮丽风景线。H型钢作为风电机头支撑、海上风电支撑、光伏储能支撑的关键材料，其性能和质量直接影响风电、光伏机组的稳定性和使用寿命。马钢重型H型钢产品凭借其高强度和承载能力、结构稳定性好等卓越性能，在国内市场占有率第一、全球市场占有率前三，为风能产业发展提供了新的解决方案。同时，马钢特钢产品成功开发出满足风力发电系统关键零部件性能要求的齿轮、轴承、塔筒法兰、紧固件等系列特钢产品。目前，马钢风电轴承用钢市场占有率逐步提升，齿轮用钢已通过行业标杆企业认证，紧固件用钢实现批量供应，正在推广更高等级的紧固件用钢产品。

展会期间，多家知名风电企业领导、嘉宾深入了解马钢集团相关产品和解决方案，与马钢集团深入交流、共话合作。展望未来，马钢集团将坚持“高端化、智慧化、绿色化、高效化”，努力为风能产业高质量发展提供更多创新产品和个性化解决方案。

（黄建辉）

**【国内首套轻量化热风炉巡检机器人在马钢集团“上岗”】** 2023年10月，由马钢股份设备管理部自主研发、拥有自主知识产权的智能热风炉巡检机器人入列马钢股份炼铁总厂北区A、B高炉。马钢股份炼铁总厂北区的外燃式A、B炉热风炉，炉顶燃烧室与蓄热室中间的波纹管表面状态和温度是运行监测的关键，一旦失控可能造成爆管喷溅事故，影响高炉的生产顺行。轻量化热风炉巡检机器人的研发投用，解决了依靠人工手持红外测温仪及目视化点巡检跟踪热风炉运行状态的安全风险。技术团队发挥创新优势，历时45天，投入10多万元，自主设计集成了国内首套具有防风、防雨、耐高温，集数字化、可视化为一体，24小时实时监控的特点，可实现巡检数据永久保存、趋势分析、劣化过程追溯、现场画面及异常报警实时可视等功能的轻量化热风炉巡检机器人，有效攻克了热风炉运行状态实时监控难题。

（杨小娇）

**【马钢集团首批特级技师评审】** 为深入贯彻习近平总书记关于产业工人队伍建设和技能人才工作的一系列重要指示精神，学习贯彻习近平总书记中央人才工作会议重要讲话精神，根据安徽省和中国宝武特级技师评聘工作相关要求，2023年10月26日，马钢集团开展首批特级技师评审工作。

2023年6月起，人力资源部策划马钢集团特级技师评审试点工作方案，于2023年9月发布了首批特级技师评价工作通知。马钢集团首批特级技师评审试点包括炼焦工、高炉炼铁工、炼钢工、金属轧制工、电工、钳工等6个主要生产单元的关键职业。经过单位动员、个人申报、人力资源部组织相关单位审核，共26人通过，进入公司评价环节。经过专家评审、业绩量化考核、领导小组审议，共11人通过评审。

作为马鞍山市及宝武集团沪外单位首家开展特级技师评聘试点企业，此次评审马鞍山市人社部门及中国宝武认定中心相关领导及工作人员参与现场督查，中国十七冶集团有限公司、中钢天源股份有限公司、汉马科技到现场观摩学习。此次马钢集团特级技师评审工作的开展，健全了新时代技能人才职业技能等级制度，打开技能人才职业发展“天花板”，充分发挥新型高技能人才在企业高质量发展中的重要作用。

（洪　瑾）

**【马钢集团开展“算账经营”技能比武】** 2023 年 10 月 27 日上午，马钢集团“算账经营”技能比武活动在公司办公楼 413 会议室举行。宝武集团治理部总监、马钢专家现场观摩活动，马钢集团相关部门、单位分管领导及算账经营相关人员参加活动。经过激烈角逐，设备管理部算账经营案例“运行费用‘零’投入，胶带机运力提升”获一等奖、“金算盘”荣誉，采购中心、技术中心、经营财务部案例获二等奖、“银算盘”荣誉，马钢交材等 8 家单位案例获三等奖、“铁算盘”荣誉。马钢集团党委常委、副总经理陈国荣，马钢集团工会主席邓宋高，马钢集团总经理助理杨兴亮观摩活动并为获奖案例颁奖。

为落实宝武集团以“四化”为方向引领、以“四有”为经营纲领的要求，做好算账经营工作，推动经营绩效改善，推动钢铁业高质量发展，马钢集团上下迅速行动，通过抓 CE 系统工具应用，推进算账经营。各单位积极响应，营造出良好算账经营氛围，涌现一批算账经营实践案例。在初选环节，收到 19 家单位的 98 个算账经营典型案例，覆盖采购、营销、制造、设备、能源、检测、运输等全业务场景。经过两轮审查选拔，12 个算账经营案例入围了当天的“算账经营”技能比武活动。

本场比武活动以“案例发布人上台演讲+评委提问”的竞赛形式开展。12 个案例发布人依次上台，在 PPT 演讲中，紧密联系各自工作实际，突出算账经营这一主题，充分展示信息系统、模型使用情况以及取得的阶段性成果，并在与评委的问答中彰显项目成色，探讨后续提升的方向、举措。

大家一致认为，强化算账经营能力既是落实集团公司“四有”要求的具体举措，也是马钢应对严峻市场挑战、推动经营持续改善的必然要求，要高度重视、深刻领会、认真落实，打造能算账、会算账的人才队伍，打一场全员算账经营的“人民战争”。要突出整体效益，打破部门界限，实现从内部到外部，从静态到动态的跨越；要大力营造上下一起算账的浓厚氛围，提升全员算账的积极性、创造性；要坚持“两个重点”、着力“三个提升”、实现“三个突破”，提升算账经营能力；要明确算账经营的责任主体，抓好计划值管理和信息化系统建设；要把算账经营与精益运营有机结合，形成双轮驱动的工作格局。

（张　泓）

**【江西省政府参事李秀香一行到马钢集团参观调研】** 2023 年 11 月 3 日上午，江西省政府参事李秀香一行到马钢集团参观调研，并进行座谈交流。马钢集团党委常委、副总经理罗武龙，安徽省政府参事室参事处、马鞍山市发改委相关负责人陪同调研、参加座谈。

在马钢智园，李秀香一行先后参观了运营管控中心、炼铁智控中心、马钢展示馆。在运营管控中心和炼铁智控中心，李秀香询问职工远程作业情况，对马钢充满科技感的智能化操作流程和顺畅的一体化智慧管控系统连连赞叹。在马钢展示馆，李秀香一行深入了解马钢集团的发展历程及近年来在绿色低碳发展和极致能效提升等方面取得的优异成绩。

马钢科技展厅是马钢集团研发大楼的重要组成部分，重点展示在党的领导下，马钢集团自主创新、敢为人先的奋斗历史，技术攻关、产品研发的实力成果以及钢铁报国、奋勇争先的精神文化。在这里，李秀香一行仔细观看马钢特钢产品、轮轴产品等实物模型，并详细询问研发、销售情况，对马钢科技创新取得的喜人进步表示祝贺。

在随后的座谈交流中，马钢集团介绍了低碳发展重点工作、低碳技术研发应用等方面情况。李秀香表示，马钢集团在绿色低碳发展方面有许多优秀经验和典型案例值得学习推广，希望马钢集团与江西省工业企业加强沟通、相互借鉴，共同推动双方高质量发展。

（黄　曼）

**【宝武集团党委常委、主题教育领导小组副组长兼办公室主任魏尧到马钢交材调研】** 2023 年 11 月 17 日下午，宝武集团党委常委、主题教育领导小组副组长兼办公室主任魏尧到马钢交材，座谈调研马钢交材生产经营、企业党建、主题教育相关情况。他强调，马钢交材要勇担国家使命，打造人才高地，坚定不移做强做优做大马钢轮轴产业；要扎实做好主题教育“后半篇文章”，总结提炼先进经验，打造马钢交材样板。

魏尧在讲话中对马钢交材在生产经营、企业党建、人才培养、岗位创效等方面取得的成绩给予了充分肯定。他指出，马钢交材致力于成为全球轨道交通轮轴产业引领者，努力书写主题教育高质量答卷，持续激发企业转型发展、提质增效新动能，生动实践和取得成绩已经充分证明，这是企业实现持续高质量发展的必由之路，也是支撑马钢集团生产经营、助力宝武集团打造世界一流企业的内在要求。马钢交材要以成功上榜“科改企业”，引入八家战略投资者为新起点，立足专精特新，勇担国家使命，抢抓机遇，乘势而上，再建新功，坚定不移将马钢轮轴产业做强做优做大；要解放思想，创新机制，千方百计汇聚人才，不拘一格网罗人才，培养领军人才，打造人才高地，从创新源头打造全球领军企业。要不断强化创新理论应用和调研成果转化，扎实做好主题教育“后半篇文章”，注重总结提炼，形成典型案例，通过建章立制、典型引领、打造样板，形成可推广复制的先进经验，推动主题教育成果常态化、长效化，切实把主题教育成果转化为高质量发展的实际成效。

丁毅在座谈时表示，马钢交材是马钢集团非常重要的子公司，马钢轮轴系列产品是马钢集团的“拳头”产品。近年来在宝武集团的坚强领导下，马钢交材在生产经营、深化改革、国际市场开拓等方面进步显著，特别是2023年以来，抢抓外部机遇，推动极致高效，为马钢集团生产经营提供了强有力的支撑。希望马钢交材再接再厉，深挖潜力，总结经验，力争在企业党建、经营绩效和资本市场取得新的突破，形成交材样板。

（高莹茹）

**【马钢集团团委组织开展“感悟先辈奋斗史 挺膺担当勇作为”实景课堂学习活动】**　2023年11月25日，马钢集团团委组织开展“感悟先辈奋斗史 挺膺担当勇作为”实景课堂学习活动，公司各单位共39名优秀团员青年代表共赴南京溧水，参观红色李巷、里佳山、中国供销社博物馆，重温入团誓词，开展党史趣味问答、现场微党课学习等。

团员青年先后参观了素有“苏南小延安”之称的红色李巷、新四军十六旅部的居住点里佳山以及中国供销社博物馆，深刻感悟老一辈革命家心系祖国、艰苦奋斗、顽强革命的辉煌历史，学习了解供销合作社的发展印记、文化内涵和时代使命。

在红色李巷，“南京市金牌志愿讲解员”、退伍军人、退休教师任安生老前辈以“不同时代初心不改 坚守使命”为题，声情并茂地讲述了发生在红色李巷的历史故事，鼓励青年厚植爱国情怀。

活动期间，马钢集团团委选取与新四军历史、党的二十大精神、马钢集团当前形势任务和共青团工作等相关问题，开展趣味问答小活动，进一步引导青年加强理论学习，以学促干，立足岗位勇争先。

（刘府根）

**【宝武集团工会主席张贺雷一行调研中国宝武马鞍山区域工会工作】**　2023年12月7—8日，宝武集团工会主席张贺雷一行调研中国宝武马鞍山区域工会的工作情况，并深入现场看望慰问一线职工。马钢集团工会主席邓宋高主持座谈并陪同调研。马钢交材、长江钢铁负责人，宝武集团马鞍山区域工委委员参加活动。

12月7日下午，张贺雷一行首先到马钢股份冷轧总厂1720酸轧线慰问，听取了该产线生产工艺及职工“微改善”成果等情况介绍；随后，赴长材事业部连铸二分厂新2号机产线，向一线职工致以敬意并送上慰问品。离开生产现场，张贺雷一行到达马钢交材智控中心，听取了马钢车轮产品特点以及市场开拓情况的汇报。张贺雷希望，马钢集团在技能人才培养、创新成果输出上不断取得新成效。在马钢交材智控中心会议室，马钢集团工会汇报了“安康护航”百日行动工作；马钢交材汇报了践行“四化”“四有”和生产经营情况，马钢交材工会汇报了岗位创新及劳动竞赛工作情况。与会人员围绕相关工作展开交流，并提出建议。听取汇报后，张贺雷对宝武马鞍山区域工会所做的工作和取得的成绩给予肯定。就做好下一阶段工作，他表示，要以促进各项安全工作落地落实为目标，构建群防群治体系，筑牢安全管理防线，形成“人人讲安全、个个会应急”氛围，为宝武集团高质量发展保驾护航。具体要做到以下三点：一是安全教育立体化，二是安全治理自主化，三是安全文化品牌化。刚性制度要转化为职工行为习惯，融入日常生产生活。最后，他要求，扎实推进“安康护航”百日行动，有效维护职工安全健康权益，以实际行动促进高水平安全，推动高质量发展。与会人员一致表示，会后将深入践行“安全是最大的效益”

管理理念，持续加大工会守护职工生命安全和职业健康力度，持续提升职工和协作人员自我保护意识和安全作业能力，促进企业高质量发展。座谈最后一个环节，张贺雷为中国宝武马鞍山区域创新联盟理事长单位——长材事业部授牌，为理事长——长材事业部炼钢首席操作解文中颁发聘书。

12月8日上午，在马钢股份长江钢铁生产集控室，张贺雷与当班职工亲切握手致意并送上慰问。在听取丰富职工文体活动、选树先进典型等情况介绍后，张贺雷叮嘱大家劳逸结合，确保在工作中始终保持良好的精神状态。随后的座谈中，张贺雷听取了长江钢铁生产经营和工会工作情况汇报。张贺雷表示，初次到长江钢铁，被长江钢铁“为员工谋福利”的企业宗旨所感染，被职工“为企业生存发展努力”的精神面貌所感染，被工会务实、有效、接地气的作风所感染。他希望，长江钢铁工会发挥混合所有制企业优势，争取更多支持、赢得职工信赖，在维系和谐稳定劳动关系的基础上，围绕安全管理、技术创新，探索出一条具有典型示范效应的工作模式，成为宝武集团乃至全国混合所有制企业工会建设的优秀模板。马钢集团工会表示，将持续为长江钢铁工会工作提供更多力量支撑、更多资源服务，助力长江钢铁工会早日实现建设活力工会、魅力工会、智慧工会、价值工会的目标。

（臧延芳）

**【马钢集团建成国内首条炼焦煤取制检全流程自动化系统】** 2023年11月30日，马钢集团建成国内首条炼焦煤取、制、检全流程自动化系统，实现马钢股份厂区北区水运和铁运炼焦煤、动力煤取样、制样、工分和水分粒度检验智慧集成化运行。

该项目是马钢股份港务原料总厂2号E型焦煤筒仓工程的配套建设项目，2021年11月16日动工，马钢股份检测中心负责项目的实施建设，中冶宝钢承担土建施工，南京和澳自动化科技有限公司提供设备。该项目主要用于马钢股份厂区北区炼焦煤取、制、检全流程检验工作，检验工序使用的工业分析方舱也可同步用于动力煤检验。项目实施期间，针对马钢股份炼焦煤种类繁多、配煤结构复杂的特点以及自动检测过程中各煤种样品之间交叉污染的技术难点，马钢股份检测中心创造性地运用了自动翻料速烘技术以及多通道分组破碎技术，辅以振动、吹扫以及洗机等手段，从根本上解决了各煤种自动检测过程中的交叉污染问题。同时，通过4台工业机器人与实验室分析仪器深度融合，打造炼焦煤取、制、检全流程无人实验室。该项目完成安装调试后，2号E型焦煤筒仓炼焦煤和动力煤的自动取样、样品转运、制样、备样保存、物理和化学指标检测、弃样返回、数据上传发送等功能运行状态稳定，提高了取样的代表性、检测的准确性，炼焦煤检测效率提升60%，降低了职工的劳动强度，助力高炉稳定顺行。

（杨　彬）

**【马钢股份两项ESG实践案例获中国上市公司协会表彰】** 为引导上市公司积极推进可持续发展工作，助力上市公司积极履行企业使命和社会责任，中国上市公司协会于2023年7月组织开展2023年上市公司ESG实践案例征集和汇编工作。马钢股份公司积极组织案例征集，选送两项ESG实践案例参加评选。

11月16日，由中国上市公司协会主办，中国上市公司协会可持续发展（ESG）专业委员会、中国社会责任百人论坛共同承办的首届中国上市公司可持续发展大会在北京召开。证监会上市公司监管部、国际可持续准则理事会、联合国负责任投资原则组织、相关自律组织、专业机构以及上市公司代表合计400余人出席会议。会上，中国上市公司协会发布“中国上市公司ESG最佳实践案例2023”，遴选出120篇上市公司ESG最佳实践案例和325篇优秀实践案例，马钢股份两项ESG实践案例“‘六心关爱’赢‘五星’好评 让职工爱工作更爱‘家’”“以打造减碳降耗示范引领者为目标的‘双碳’战略管理与实践”分别入选2023年ESG最佳实践案例和优秀实践案例。

（李　伟）

**【长江钢铁顺利通过“国家高新技术企业认证”】** 2023年，长江钢铁秉持着“科技是第一生产力”的发展理念，持续加大研发投入、加强高技能人才引进和培养，为高质量发展强基赋能。2023年3月1日，马钢股份长江钢铁启动高新技术企业申报工作，建立行动计划方案和11大项的申报资料采集清单，对照《高新技术企业认定管理办法》和《高新技术企业认定管理工作指引》有关规定要求开展自评。按照计划时间节点，2023年6月30日前完成网上申报和书面材料提交，成功通过备案。2023年8月16日，通过高新技术企业专家评审初审。2023 年 11 月 30 日，顺利通过 2023 年国家“高新技术企业”认证。此次认定，对长江钢铁进一步提升自主创新能力、实现高水平科技自立自强、加快建设成为精品建材基地具有积极的促进作用。

（韩　远）

**【马钢集团算账经营首期培训班结业】** 2023 年 12 月 28 日下午，马钢集团算账经营首期培训班结业考试举行。2023 年下半年以来，面对严峻的钢铁行业形势，马钢集团深入践行“四化”“四有”，不断强化算账经营，推动经营绩效快速、持续改善。为促进全员算账经营意识、算账经营能力、算账经营应用“三个提升”，经营财务部联合人力资源部组织举办了算账经营首期培训班，共有 10 家单位的 50 名学员参加培训。此次培训内容涵盖马钢集团 CE 系统整体功能和作用，通过讲解、示范、实践和点评的方式，将系统功能与实际应用相结合、理论逻辑和具体数据相结合，强化知识点的理解，提高学员培训效果。

2023 年 10 月开班以来，培训班共开办了 8 期课程，经过 2 个多月的专业学习，学员们逐步实现对 CE（全流程）系统的规范熟练使用。同时，各学员根据自身岗位，结合实际场景，归纳形成 30 多个应用分析案例，有效提升了自身运用 CE 系统算账经营的能力。CE 系统充分展示了管理优化及技术提升带来的产品毛利、边际效益的增加，让学员更加坚定了用好 CE 系统推进算账经营的信心。

（高莹茹　胡婷婷）

**【马钢集团与中车大同签署党建联创联建和产业链 供应链协同发展协议】** 为深入学习贯彻习近平总书记关于现代化产业体系建设的重要指示批示精神，更好服务国家重大战略，不断创新产业链供应链合作新模式，2023 年 12 月 28 日，中车大同电力机车有限公司（简称中车大同）、马钢交材、马钢集团运输部三家党委签署党建联创联建协议，马钢交材、马钢集团运输部分别与中车大同签署产业链供应链协同发展协议，基于中车大同和马钢长期以来形成的产业链供应链伙伴关系，在党建联创联建、绿色低碳轨道交通产品推广应用等领域，进一步拓宽合作广度、提升合作水平。

中车大同党委书记、董事长黄启超，副总经理杨东平，马钢集团党委常委任天宝见证签约并进行座谈交流。中车大同是中国中车一级全资子公司，始建于 1954 年，是我国“一五”期间重点建设的 156 个国有特大型企业之一，是中国中车旗下核心企业，主要从事轨道交通机车车辆研制及修理服务、机车车辆装备租赁、轨道装备核心配件研制、机电装备产销及进出口等业务，是我国铁路交通装备专业化研制企业、集成供应商及方案解决者。马钢与中车大同的合作由来已久，双方建立了全面、稳固的合作关系。2017 年中国中车与马钢股份签署了战略合作协议，2020 年中国中车与中国宝武签署了战略合作协议。

双方在交流时指出，当前轨道交通运输装备业与钢铁制造业正面临新的发展机遇，协同推进交通运输装备业与钢铁业转型升级，共同探讨绿色低碳智能发展的路径和方法，共建绿色低碳、可持续发展的产业链供应链，是双方共同的责任。双方希望通过开展更深层次、更广领域和更多形式的合作，共建新机制、共创新生态、共谋新发展，不断践行党组织联创联建的新思路，共同探索绿色低碳发展的新模式，打造央企党建工作与生产经营融合发展的新典范，为构建现代化的产业体系作出新的更大贡献。

（解珍健）

**【马钢股份获中国工业碳达峰“领跑者”企业】** 为贯彻落实党的二十大报告提出的“积极稳妥推进碳达峰碳中和”重大战略部署，中国工业经济联合会经报国家碳达峰碳中和工作领导小组办公室有关领导同志后，联合有关部委、地方政府和智库专家从遴选示范、调查研究和宣传培育三个维度组织开展了中国工业碳达峰“领跑者”企业遴选和研究工作，旨在找出具有示范带动作用的优秀企业和具有推广价值的先进技术，为工业实现“双碳”目标提供实践参考与实施路径，助力地方和行业企业稳妥有序推动工业转型升级和高质量发展。从绿色低碳转型能力、绿色低碳技术研发能力、绿色低碳发展核心举措成效和绿色低碳技术、产品与解决方案等维度，对重点行业骨干型企业进行三轮遴选后，最终马钢股份等 63 家企业入选中国工业碳达峰“领跑者”企业，并在安徽省合肥市举办的第二届中国工业碳达峰论坛正式举行了授证仪式并发布了系列研究成果。

（黄　曼）

# 重要会议

**【中国宝武2023年法治央企建设与合规管理工作会议暨专业能力培训在马钢集团召开】** 2023年3月20—21日，中国宝武2023年法治央企建设与合规管理工作会议暨专业能力培训在马钢集团现场举办。本次会议旨在总结2022年相关工作，部署2023年重点任务，开展专业交流与培训，进一步提升宝武依法治企、合规经营的能力和水平。宝武集团总经理、党委副书记胡望明出席会议并讲话。国务院国资委政策法规局副局长朱晓磊参加会议并讲话。

朱晓磊充分肯定了宝武集团在法治建设和合规管理工作中取得的积极进展和明显成效。他表示，2023年是贯彻党的二十大精神的开局之年，做好法治建设各项工作至关重要；宝武集团要按照国资委关于深化法治央企建设的总体要求，继续加大工作力度，着力推动法治工作水平再上新台阶；希望宝武集团在提升领导干部法治意识和法治素养上久久为功，在世界一流企业法治建设示范创建行动上争做标杆，在持续深化合规管理体系建设上再下功夫，在深化案件管理、推动以案促管上实现突破，在涉外法治和合规工作上全面强化，在加强法治工作队伍建设上持续发力。

胡望明在讲话中就宝武集团法治央企建设与合规管理工作，提出四点意见。一是深入学习习近平法治思想，全面落实国资监管要求。宝武集团要深入贯彻落实党的二十大精神和国务院国资委各项工作部署，深入学习习近平法治思想，持续深化法治建设，切实强化合规管理，提升境外风险防范能力。作为国有资本投资公司，宝武集团要着力构建与国有资本投资公司相匹配的法务与合规管理体系，深入落实“十四五”法治规划。二是进一步深化法治央企建设，切实强化合规管理能力。法治央企建设与合规管理工作要以遵循市场化、法治化、国际化为出发点，以全面落实国务院国资委《中央企业合规管理办法》要求和实现“一基五元”战略发展为目标，狠抓工作落实与问题整改，为公司提质增效、实现高质量发展进一步夯实法务与合规管理基础。深化制度体系建设，夯实制度基础；突出工作重点，构建合规管理新格局；创新诉讼案件管理机制，提升案件执行到位率；聚焦境外合规管理，切实防范境外法律合规风险；全方位培养法治人才，提高法治队伍专业化水平，增强履职能力。三是强化顶层设计，提升子公司法务与合规管理能力。要围绕国有资本投资公司功能定位和加快创建世界一流伟大企业目标，构建与“三改五管五强化”管控要求相适应的法治合规管理体系，优化集团总部和子公司的管理界面，强化子公司法务与合规管理体系建设。健全完善集团总部法务与合规考核管理评价体系；持续优化法务与合规管理组织体系；加强制度宣贯与培训交流工作；集约化统筹配置法治人才资源。四是聚力提升专业化服务水平，支撑集团高质量发展。要深入了解业务发展，聚焦重点领域和突出问题，深入开展各项合规风险排查工作，及时识别风险、发现违法违规风险隐患；全面对标找差，补齐业务短板，健全完善法务与合规管理体系；坚持融入中心，服务大局，坚持守正创新，既揭示法律合规风险，又提出化解方案和应对措施，保障各项重点工作顺利推进。

会上，马钢集团、马钢股份党委书记、董事长丁毅致欢迎词。他表示，近年来马钢深入践行依法治企合规经营理念，持续完善合规管理体系，经营管理水平明显提升，荣获宝武法治及合规管理AAA级评价。此次会议在马钢集团召开，为我们进一步提升合规经营管理水平提供了难得的学习机会，马钢集团将认真贯彻落实本次会议精神，学习借鉴兄弟企业的有益经验，进一步抓实抓细法治央企建设和合规管理工作，以高质量的法治企业建设和合规管理工作保障企业高质量发展。

宝武集团总法律顾问兼首席合规官、法务与合规部部长蒋育翔通报了《宝武2022年法治央企建设及合规管理工作年度情况总结及2023年重点工作》；宝武集团公司治理部总经理秦铁汉作《中国宝武公司治理及风控管理体系建设》宣贯。在专业交流环节，马钢集团杨兴亮、欧冶云商张佩璇、中钢集团熊建、宝武资源罗锦4位总法律顾问（副总法律顾问）分别围绕上市公司法治建设及合规经验、混改及资本化运作实务经验、国际化经营合规实务、诉讼案件实务经验等进行了分享。宝武集团法务与合规部三处室围绕年度重点工作开展宣贯。会议还邀请外部专家开展专业能力培训。在实务交流环节，参会代表分组围绕会议主题、领导讲话及培训内容，结合组内成员实际工作情况展开讨论。

（姚　乐）

**【马钢集团召开党委六届二次（马钢股份党委一届二次）全委（扩大）会、马钢集团纪委六届二次（马钢股份纪委一届二次）全委（扩大）会、马钢集团二十届一次（马钢股份十届一次）职代会暨2023年度工作会议】** 2023年2月17日，马钢集团党委六届二次（马钢股份党委一届二次）全委（扩大）会、马钢集团纪委六届二次（马钢股份纪委一届二次）全委（扩大）会、马钢集团二十届一次（马钢股份十届一次）职代会暨2023年度工作会议召开。马钢集团、马钢股份党委书记、董事长丁毅在会上作了题为《全面贯彻落实党的二十大精神 奋力谱写新时代马钢高质量发展新篇章》的马钢集团党委工作报告暨年度工作会议讲话，马钢集团总经理、党委副书记毛展宏作了题为《追求极致高效 优化结构渠道 为全面站稳宝武第一方阵而努力奋斗》的职代会暨年度工作会议报告。

会议号召马钢集团各级党组织和全体共产党员、广大干部职工要更加紧密地团结在以习近平同志为核心的党中央周围，坚持以习近平新时代中国特色社会主义思想为指导，保持战略定力，增强发展自信，敢想敢为，善作善成，加快打造后劲十足大而强的新马钢，为宝武集团建设世界一流伟大企业，为马鞍山打造长三角“白菜心”，为现代化美好安徽建设作出新的更大贡献。

丁毅首先回顾了2022年主要工作。2022年是党和国家发展史上极为重要的一年，也是马钢集团发展极具考验、极不平凡的一年。在宝武集团党委的坚强领导下，马钢集团党委坚持以习近平新时代中国特色社会主义思想为指导，深入贯彻党的二十大精神和习近平总书记考察调研宝武马钢集团重要讲话精神，拉高标杆、奋勇争先，精益高效、争创一流，向打造后劲十足大而强的新马钢迈出了新步伐。全年管理口径营业收入超千亿元，利润总额保持宝武第一方阵，获评集团公司首批龙头企业。

2022年的工作主要体现在六个方面：一是强党建有高度，二是稳增长有力度，三是促转型有速度，四是抓“三化”有厚度，五是谋改革有深度，六是聚合力有温度。回顾2022年乃至近年来的工作，马钢集团党委牢牢把握新平台上的新机遇，围绕打造后劲十足大而强的新马钢，遵循主客观统一、实践第一，积极探索符合马钢集团实际、推动马钢集团高质量发展的实践路径。马钢集团坚持牢记嘱托、感恩奋进，坚持把握大势、顺势而上，坚持问题导向、系统观念，坚持抓主抓重、快速推进，坚持以人为本、共建共享。成绩来之不易，这是习近平新时代中国特色社会主义思想指引的结果，是宝武集团党委坚强领导的结果，是安徽省委省政府和马鞍山市委、市政府大力支持的结果，是全体干部职工团结奋斗的结果。

丁毅分析了2023年面临的形势任务，并明确了工作总体指导思想。丁毅指出，总体来看，2023年机遇和挑战并存。面对钢铁行业减量提质增效和绿色智慧转型升级的双重考验，我们一定要保持强烈的忧患意识，切实增强“不进是退，慢进也是退”的危机感、紧迫感。关键在于我们要深刻认识自身的短板弱项，扬己之长、补己之短，打开结构看效益，横向对比看指标，立足系统看全局，锚定战略看发展，奋勇争先看状态。丁毅强调，从2023年起，宝武集团围绕深化国有资本投资公司建设，要求各子公司“承担起自身经营管理的主体责任，重点做好‘五强化’”。贯彻宝武集团部署要求，我们要在经营管理上聚力奋进，要在产业发展上聚力奋进，要在体系能力上聚力奋进，要在科技创新上聚力奋进，要在改革攻坚上聚力奋进。

2023年马钢集团工作的总体指导思想是：坚持以习近平新时代中国特色社会主义思想为指导，全面贯彻落实党的二十大精神，深入贯彻落实习近平总书记考察调研中国宝武马钢集团重要讲话精神，衷心拥护“两个确立”、忠诚践行“两个维护”，坚定不移坚持党的全面领导、加强党的建设，完整、准确、全面贯彻新发展理念，坚持稳字当头、稳中求进，深入落实“产品卓越、品牌卓著、创新领先、治理现代”十六字方针，牢牢把握“聚焦绩效、责任到位、刚性执行、挂钩考核”工作主线，一手抓极致高效，一手抓结构渠道，全面站稳中国宝武第一方阵，为宝武集团建设世界一流伟大企业作出新的贡献！

丁毅指出，全面站稳中国宝武第一方阵的重要衡量就是要奋力实现党建争创宝武AAA、经营绩效确保“潜龙”力争“跃龙”、环境经营绩效A级企业创建成功、绿色智慧精品指数稳居宝武前三、安全绩效争创历史最好水平、综合绩效争创宝武金奖等目标。

丁毅强调，“一马当先”带动“万马奔腾”，是宝武集团给予马钢集团的殷切希望。面对新形势新任务新要求，必须树牢大抓基层的鲜明导向，必须强化“绩效为王”的考评机制，必须构建贯通融合的运行体系，必须用好“对标找差”的工作方法，必须保持只争朝夕的奋进姿态。

丁毅对2023年重点工作进行了部署要求。一是聚焦“三心”主题，在提升党建引领力上开新局。要深入推进新时代党的建设新的伟大工程，以高质量党建引领高质量发展，大力实施领航定向工程，大力实施强根铸魂工程，大力实施钢筋铁骨工程，大力实施固本强基工程，大力实施清廉马钢工程，大力实施凝心聚力工程。二是聚焦产品卓越，在提升产品竞争力上开新局。要以精益产品优供给，以精益制造强质量，以精益营销拓渠道，加快构建与优特长材引领者相匹配的产品体系和服务能力，培育精益产品，推进精益制造，深化精益营销。三是聚焦品牌卓著，在提升品牌影响力上开新局。要深入落实《宝武创建卓著品牌的实施意见》，强化品牌顶层设计，实施全面品牌管理，创建马钢集团卓著品牌，提升行业知名度、市场认同度、社会美誉度、品牌管理成熟度。四是聚焦创新领先，在提升创新驱动力上开新局。要深入实施创新驱动发展战略，着力推进高端化、智能化、绿色化发展，开辟发展新赛道，构筑发展新优势，以高端化引领价值创造，以智能化提升系统效率，以绿色化践行生态优先。五是聚焦治理现代，在提升治理先进力上开新局。要深入落实宝武集团“五强化”要求，推进治理效能最大化、运营效率最大化、管理效果最大化。

毛展宏在报告中回顾总结了2022年总体工作，分析了当前面临的形势与任务，部署了2023年重点工作。

毛展宏指出，2022年是极具挑战、极不平凡的一年。面对严峻复杂的市场形势，在宝武集团的坚强领导下，马钢集团坚持以习近平新时代中国特色社会主义思想为指导，深入贯彻落实习近平总书记考察调研中国宝武马钢集团重要讲话精神，深入贯彻宝武集团党委一届六次全委（扩大）会、一届五次职代会工作部署，知难而进迎难而上，有力有效应对各种困难和风险挑战，推动企业高质量发展取得了新成效，经营绩效站稳中国宝武第一方阵，马钢集团被评为中国宝武“潜龙”企业。2022年，马钢集团在六个方面重点工作成效显著：一是全力以赴稳增长，二是快干实干促转型，三是创新驱动强技术，四是绿智赋能增后劲，五是敢为善为抓改革，六是团结奋斗聚合力。

在充分肯定成绩、分析了当前存在的问题和面临的形势后，毛展宏强调，做好2023年工作，要始终秉持初心使命、始终牢记殷殷嘱托、始终遵循发展规律、始终走在时代前列、始终保持斗争精神、始终依靠职工群众，坚定发展信心，强化危机意识，增强历史主动，过紧日子、苦日子，扎实“冬练”，担当作为，以奋发有为的精神状态和“时时放心不下”的责任意识做好各项工作，以新气象新作为推动马钢集团高质量发展取得新成效。

毛展宏在报告中提出了2023年马钢集团经营管理工作总体要求：坚持以习近平新时代中国特色社会主义思想为指导，全面贯彻落实党的二十大精神，深入贯彻习近平总书记考察调研中国宝武马钢集团重要讲话精神，认真落实宝武集团党委一届七次全委（扩大）会、二届一次职代会和马钢集团党委六届二次全委（扩大）会决策部署，坚持稳中求进工作总基调，完整、准确、全面贯彻新发展理念，牢牢把握“聚焦绩效、责任到位、刚性执行、挂钩考核”工作主线，以提升ROE、吨钢毛利为核心，追求极致高效，优化结构渠道，对标找差，提升效率，着力推动高质量发展，实现质的有效提升和量的合理增长，确保经营绩效站稳中国宝武第一方阵。

毛展宏在报告中部署了2023年重点工作。一是聚力价值创造，全面深化对标找差。坚持“绩效为王”，深化对标找差，优化激励机制。二是聚力效率效益，提升精益运营水平。从严从实抓安全，纵深推进降本增效，大力优化结构渠道，持续提升产线效率，强化安全稳定保供。三是聚力战略定位，持续优化产业布局。抓好新特钢投产达产工作，接续做好重点工程项目建设，加大开疆拓土工作力度。四是聚力“三化”发展，打造高科技创新型企业。锚定高端化，增强技术创新能力；锚定绿色化，厚植低碳发展底色；锚定智能化，夯实数智转型后劲。五是聚力改革管理，推动治理能力现代化。强化“一贯制”管理，优化“一总部多基地”管控模式，深化混合所有制改革，持续提升人事效率，推进法人压减和参股瘦身。六是聚力风险防控，防范化解重大风险。强化经营风险管控，提升合规体系能力，完善内控制度体系。七是聚力共建共享，扎实推进共同富裕。打造人才发展高地，全面推进岗位创新和价值创造，着力提升职工生活水平，积极履行社会责任。

毛展宏强调，要更加紧密地团结在以习近平同志为核心的党中央周围，全面贯彻落实党的二十大精神，在宝武集团的坚强领导下，以奋勇争先的进取之心、以对标找差的务实态度，坚定信心、迎难而上、难中求成，尽最大的努力争取最好的结果，全面站稳中国宝武第一方阵，夺取打造后劲十足大而强新马钢的新胜利，为中国宝武建设世界一流伟大企业作出新的更大贡献！

马钢集团党委副书记、纪委书记高铁在会上作了题为《守正创新优机制 深度融合促发展 为马钢新时代新征程高质量发展提供政治保障》的书面工作报告。2022 年，马钢集团纪委聚焦中心工作强化政治监督，聚焦执纪审查强化专责监督，聚焦纠治“四风”强化日常监督，聚焦重点任务强化专项监督，聚焦“三不腐”强化体系监督，聚焦规范化管理强化自身建设，为马钢集团二次创业、转型发展提供有力的纪律保证，营造风清气正的良好氛围。2023 年，马钢集团纪委工作总体要求是：坚持以习近平新时代中国特色社会主义思想为指导，全面学习贯彻党的二十大精神、二十届中央纪委二次全会精神和习近平总书记考察调研宝武马钢集团重要讲话精神，时刻保持解决大党独有难题的清醒和坚定，坚决贯彻坚定不移全面从严治党战略部署，认真落实健全全面从严治党体系任务要求，更加深刻领悟“两个确立”的决定性意义，更加自觉增强“四个意识”、坚定“四个自信”、做到“两个维护”，围绕马钢集团第六次党代会部署、“十四五”规划，打造世界一流优特长材专业化平台公司，加强政治监督，做实日常监督，开展专项监督，精准执纪监督，全面提高一体推进不敢腐、不能腐、不想腐的能力和水平，推动党风廉政建设和反腐败工作向纵深发展，为马钢集团生产经营和改革发展提供坚强政治保障。要深入学习贯彻党的二十大精神和二十届中央纪委二次全会精神，推进政治监督具体化、精准化、常态化；要全面贯彻“健全全面从严治党体系”要求，不断增强全面从严治党针对性、协同性、有效性；要坚持严的基调和正风肃纪的政治导向，一体推进不敢腐、不能腐、不想腐；要驰而不息纠治“四风”，推动作风建设走深走实、常治长效、一严到底；要贯通运用各类监督资源，促进监督体系与企业治理现代化相适应、相配套、相融合；要加强纪检监督机构自身建设，打造规范化、法治化、正规化纪检队伍。

会上，马钢集团工会主席邓宋高作马钢集团二十届一次（马钢股份十届一次）职代会预备会议讨论审议情况报告。

会议审议通过了《马钢集团党委六届二次（马钢股份党委一届二次）全委（扩大）会决议》《马钢集团纪委六届二次（马钢股份纪委一届二次）全委（扩大）会决议》《马钢集团二十届一次（马钢股份十届一次）职代会决议》。会议书面审议了《马钢集团（马钢股份）2022 年安全生产管理情况及 2023 年工作计划报告》《马钢集团（马钢股份）2022 年能源环保工作情况及 2023 年工作计划报告》《马钢集团（马钢股份）2022 年职工社会保险、企业年金、住房公积金的缴纳和管理情况报告》《马钢集团（马钢股份）2022 年职工教育经费使用情况及 2023 年培训计划报告》《马钢集团 2022 年职工福利费使用情况和 2023 年使用方案报告》《马钢股份 2022 年职工福利费使用情况和 2023 年使用方案报告》《马钢集团 2022 年业务招待费使用情况报告》《马钢股份 2022 年业务招待费使用情况报告》《关于建立马钢集团荣誉激励项目计划体系的实施意见（修订）》《马钢集团（马钢股份）2022 年职工需求与关注点信息管理情况报告》《马钢集团十九届一次（马钢股份九届一次）职代会以来厂务公开民主管理工作综合报告》《马钢集团二十届一次（马钢股份十届一次）职代会筹备工作及代表资格审查情况报告》。

会议期间举行了 2022 年度马钢高质量发展“十件大事”发布暨 2022 年度人物颁奖（科技类、管理类、青年类、劳模类奖项）典礼。主会场参会代表分 4 组讨论审议马钢集团党委工作报告、行政工作报告、纪委工作报告。根据会议安排，现场分组讨论意见，由各组召集人组织形成书面意见后提交党委办公室。各视频分会场自行组织讨论，由各视频分会场责任单位办公室组织提交书面讨论意见至党委办公室。马钢集团公司 8 家单位及部门负责人代表，围绕贯彻落实会议精神、2023 年经营目标和重点工作任务依次作表态发言。

丁毅主持了全委会第二次全体会议。他在作大会总结讲话时指出，本次会议四会合一，高效圆满完成了所有既定议程，是一次统一思想、凝心聚力、团结奋进的大会。在分组讨论中，大家发言踊跃，提出了很多好的意见和建议，马钢集团公司相关部门会后要加以收集整理，对于好的意见建议，要认真吸纳，努力把各项工作做得更好、更到位。

就贯彻落实会议精神，丁毅强调四点意见。第一，要聚焦“绩效为王”抓落实。突出“强绩效”，在工作中要牢牢把握“聚焦绩效、责任到位、刚性执行、挂钩考核”的工作主线。第二，要聚焦贯通融合抓落实。增强高层谋划力、中层管控力、基层执行力。第三，要聚焦“大抓基层”抓落实。继续深化“三心”党建工作主题，树牢大抓基层的鲜明导向，在“紧跟核心”上做实，在“围绕中心”上做强，在“凝聚人心”上做细，切实把党建写在马钢大地上。第四，要聚焦干劲作风抓落实。把职业当成事业，把作业当成作品，把岗位当成舞台。归结起来，就是要想干事、能干事、干成事。我们要亮出“干”的态度，胸中有谋，眼里有活，脚踏实地，埋头苦干。我们要拿出“拼”的劲头，直面困难和挑战，把想法变成办法、把思路变成出路，补短板、强弱项，把不可能变成可能。我们要下足“实”的功夫，靠作风吃饭、凭实绩交卷，敢担当，善作为，创造性抓好贯彻落实，构建清单化、闭环式落实机制，做到件件能落实、事事有回音。

丁毅表示，只要公司上下心往一处想、劲往一处使，团结成“一块坚硬的钢铁”，就一定能够披荆斩棘，战胜前进中的困难和挑战，朝着全年各项目标奋勇前进。

高铁主持全委会第一次全体会议、职代会暨年度工作会议。中共马钢集团第六届委员会委员，中共马钢集团第六届纪律检查委员会委员，马钢集团助理及以上领导，马钢专家，马钢集团二十届一次（马钢股份十届一次）职代会代表，马钢集团各职能、业务部门、直属机构、二级单位、分子公司党政主要负责人，各单位公司中层副职管理人员等分别在主会场和视频分会场参会。

（张　泓　张蕴豪）

**【马钢集团召开党委巡察组专项巡察协作管理变革情况反馈会】** 2023年1月9日下午，马钢集团召开党委巡察组专项巡察协作管理变革情况反馈会。马钢集团、马钢股份党委书记、董事长、巡察工作领导小组组长丁毅出席会议并讲话。

马钢集团总经理、党委副书记、巡察工作领导小组副组长毛展宏，马钢集团党委副书记、纪委书记、巡察工作领导小组副组长高铁，宝武集团党委马鞍山区域巡视组组长出席会议。

此次会议旨在深入贯彻习近平新时代中国特色社会主义思想和党的二十大精神，聚焦全面从严治党，持续深化政治巡察，促进巡察发现问题整改。本次协作管理变革专项巡察是在马钢集团党委巡察办和审计部合署办公后首次开展的同巡同审工作，是在中国宝武一级子公司中先行先试、探索积累经验，也是对2022年5月公司专业协作管理变革推进会工作落实情况进行一次深入检视。

丁毅在讲话中表示，本轮巡察是在巡审合署后同巡同审模式的一次有益探索和实践，也是马钢集团公司推进巡察与审计贯通协同高效运作的具体行动。在中国宝武马鞍山巡视组的指导下，巡察组、审计组克服时间短、单位多等困难，密切配合，协同协作，形成监督合力，实现了监督方向明确、发现问题精准、监督质效提升的工作目标，圆满完成专项巡察任务。

丁毅强调，12家被巡察单位以及相关部门和单位要认真对照巡察反馈意见，共同提高思想认识、深挖重点问题、扛起整改责任、提升整改效果，上下同欲推动协作管理变革取得新成效。就巡察整改工作，丁毅提出四点要求。一是共同提高思想认识，强化巡察整改自觉。要把思想统一到党中央和宝武集团党委的重大要求上来，深刻理解和把握推动协作管理变革专项巡察问题整改的重要意义。要认识到整改是党中央和上级党委的要求，要认识到整改是提升治理体系和治理能力的需要。二是共同深挖重点问题，层层抓好整改落实。本轮巡察发现的部分问题具有一定的普遍性和典型性，在马钢集团其他单位可能不同程度存在，各单位要认真对照检查，开展自查自纠。尤其要关注变革目标任务、体制机制建设、协作业务安全管理、工作作风和廉洁风险防控等重点问题整改。三是共同扛起整改责任，形成压力传导体系。持续加强对整改工作的组织领导，加强对整改工作的日常监督检查，对巡察发现的问题和线索，要分类处置、注重统筹，在件件有着落上集中发力。相关责任主体要各司其职、密切协作、形成合力。要压实整改主体责任，要强化整改日常监督。四是共同提升整改效果，促进协作管理再上台阶。要持续深化以巡促改、以巡促建、以巡促治，促进监督、整改、治理有机贯通，举一反三，把巡察整改融入日常工作、融入深化改革、融入全面从严治党、融入干部队伍建设，以巡察整改实际成效推进公司治理体系和治理能力现代化，实现高质量发展。要开展专项治理，要发挥专业协同作用，要做好整改评价工作。

丁毅要求以此次巡察整改为契机，进一步强化政治担当，统一思想和意志，牢牢扛起整改责任。要把巡察整改同全面学习宣传贯彻党的二十大精神结合起来，把巡察整改同贯彻落实公司党代会工作部署结合起来，把巡察整改同谋划部署 2023 年重点工作任务结合起来，谋好篇、起好步、开好局，以协作管理变革的实际成效推动马钢高质量发展，为中国宝武创建世界一流伟大企业作出马钢贡献。

高铁在会上就贯彻落实本次会议精神，全面抓好巡察整改工作，提出四点意见。一要入脑入心，主动整改。正确面对问题和不足，坚决贯彻中央和宝武集团党委关于巡视巡察整改的新精神新要求，以高度的政治自觉抓好反馈问题整改，把整改成果转化为推动马钢集团高质量发展的实际成效。二要举一反三，整章建制。坚决破除“过关”心理，严格对标上级要求，切实增强看齐意识，坚决把整改落实到位。三要抓实整治，治理乱象。严肃认真制定整改措施；严肃追责问责；坚持上下贯通抓整改；强化整改工作组织，真正形成整改合力；在补短板、强弱项、提成效上持续用力，不断深化扩大整改成果。四要落实责任，各负其责。通过抓实整改，不断提高企业管理水平、不断改进工作作风，在马钢集团上下营造风清气正、干事创业的良好氛围。

会上，马钢集团党委第一巡察组组长代表公司党委巡察组反馈了巡察意见；设备管理部、煤焦化公司主要负责人代表被巡察部门和单位作表态发言。巡察组组长、督导员、联络员，党委工作部、纪委、党委巡察办、审计部主要负责人，12 家被巡察单位党政主要负责人、纪委书记（纪检委员）以及联络员，马钢集团党委巡察办、审计部相关人员等参加会议。

（李　莉）

**【马鞍山市与马钢集团融合发展工作对接会召开】** 2023 年 1 月 30 日，2023 年马鞍山市与中国宝武马钢集团融合发展工作对接会召开。马鞍山市委书记袁方出席会议并讲话，马鞍山市委副书记、代市长葛斌主持会议，马钢集团、马钢股份党委书记、董事长丁毅讲话。马鞍山市领导钱沙泉、吴桂林、方文、程彰德、阚青鹤、秦俊峰、左年文、夏迎锋等，马钢集团领导毛展宏、高铁、唐琪明、任天宝、伏明、章茂晗、陈国荣、马道局及王光亚、邓宋高、罗武龙、杨兴亮出席。

袁方首先向马钢集团干部职工，特别是节日期间坚守岗位的同志们致以新春的问候和祝福。他在讲话中对马鞍山市与马钢集团融合发展工作进行了总结和展望，与大家共话发展成就，共叙兄弟情谊，共商融合发展大计。一是兄弟同心，事业发展取得了新成就。过去一年，极具考验、极不平凡，遇到的困难比预料的大，取得的成效比预想的好，马鞍山市与马钢集团相互支持、共同努力，站稳了第一方阵，实现了很多突破，收获了很多荣誉，融合发展达到了新高度。二是机遇同抓，牢牢把握发展的主动权。面对新任务、新机遇，希望与马钢集团一道全力拼经济，共同推动马鞍山高质量发展。要产业共育，坚定不移做大做优做强钢铁产业，共同打造国家级先进结构材料产业集群、全国废钢交易中心，支持马钢集团建设全省钢铁产业链“链主”企业。要招商共抓，积极对接马钢集团产业链、供应链配套企业，形成一批联合招商成果，争取宝武集团在马鞍山持续扩大投资。要项目共推，马鞍山市直相关部门要提高审批效率，主动做好服务，推动宝武马钢项目早开工、早建成、早达产。要科技共强，推广马钢集团智能化改造经验，在科技成果就地转化、创新人才团队招引等方面开展更深层次的合作。要生态共治，加强生态保护修复，推进环境治理重点工程，支持马钢集团创建环境绩效 A 级企业。要安全共管，提升本质安全，相关部门要主动帮助马钢集团查隐患、除风险、强底线。要民生共促，共同抓好事关职工群众切身利益的事情。三是未来同创，谱写市企融合的新篇章。马鞍山市与马钢集团要一如既往地相互支持、密切合作，携手建设后劲十足大而强的新马钢，携手打造安徽的“杭嘉湖”、长三角的“白菜心”。要发扬好传统，进一步发扬“全市保马钢、马钢带全市”的凹山大会战精神，把马钢集团的事当成自己的事马上就办，以更加坚定的态度和更加高效的服务，保障马钢集团高质量发展。要完善好制度，健全马鞍山市与马钢集团对接合作机制，进一步拓宽沟通渠道、拓展合作领域，不断提升融合发展水平。要弘扬好作风，认真落实省委“一以贯之五做到，踔厉奋发五提升”要求，进一步提高服务中国宝武马钢集团的效率和水平。

葛斌在主持会议时指出，过去一年，市企双方守望相助、合力攻坚，共同交出了一份逆势上扬的优异答卷；尤其是马钢集团克服不利影响，取得新的成绩，为全市发展作出了突出贡献，对此表示衷心感谢。希望市企双方继续精诚合作、携手共进，找准今年融合发展的切入点和结合点，坚持“好”字当头、“快”字当先，勠力同心推进各项工作落地见效；特别要聚焦“制造业三年倍增攻坚年”活动，在产业培育、招大引强、项目建设、生态环保等方面加强对接合作，更大力度集聚科技、产业、金融、人才、人口等发展要素，共同开创更加精彩的未来。全市各级各部门将坚定不移以最大力度、最实举措、最优政策服务马钢集团发展，始终与马钢集团团结成“一块坚硬的钢铁”，清单化闭环式高效办理各类提请事项，推动融合发展迈向更高水平。

丁毅在讲话中指出，新春佳节刚过，马鞍山市四大班子领导亲临马钢集团，参加马鞍山市与马钢集团融合发展工作对接会，充分体现了对马钢集团一如既往的关心和支持，在此表示衷心的感谢。过去一年，马鞍山市高效统筹疫情防控和经济社会发展，交出了逆势上扬的优异答卷，我们感到由衷高兴。过去的一年，对马钢集团同样是极不寻常、极具挑战的一年。面对严峻形势，我们冷静应对、积极应对、系统应对、有效应对，拉高标杆、奋勇争先、精益高效、争创一流，打造后劲十足大而强的新马钢迈出了新步伐，具体体现为六度：一是抓党建引领有高度，二是抓降本增效有力度，三是抓战略转型有速度，四是抓绿智赋能有广度，五是抓改革攻坚有深度，六是抓“三有”提升有温度。2023年是全面贯彻党的二十大精神的开局之年，也是落实马钢集团第六次党代会精神的起步之年，起好步开好局意义重大。马钢集团将全面贯彻落实党的二十大精神、马钢集团第六次党代会精神，以全面站稳中国宝武第一方阵为总要求，一手抓极致高效，一手抓结构渠道，持续增强高层谋划力、中层管控力、基层执行力，努力在提升党建引领力、产品竞争力、品牌影响力、科技引领力、治理先进力上开新局，以“动如脱兔”的新状态，以高质量发展的新业绩，展现新作为，彰显新形象。丁毅指出，马鞍山市与马钢集团融合发展的工作对接机制，已经成为双方互促发展的重要载体和解决问题的重要平台，未来希望马鞍山市与马钢集团共同推动工作对接提速提效、产业链接做强做优、服务衔接紧贴紧密，不断深化融合发展。

会上，马鞍山市委常委相关领导通报了全市经济社会发展情况和马钢集团提请事项办理情况。马钢集团总经理、党委副书记毛展宏通报了马钢集团生产经营、改革发展情况和马鞍山市提请事项办理情况。与会人员参观了马钢科技展厅，观看了《奋进新征程 打造新马钢》专题片。

（张　泓）

**【马钢集团领导班子成员视频参加中国宝武党委一届七次全委（扩大）会、纪委一届七次全委（扩大）会、二届一次职代会暨2023年度工作会议】** 2023年2月6日，中国宝武党委一届七次全委（扩大）会、纪委一届七次全委（扩大）会、二届一次职代会暨2023年度工作会议召开。马钢集团领导班子成员、宝武二届一次职代会职工代表（马钢代表团）分别在现场或以视频方式参会。

会上，中国宝武党委书记、董事长陈德荣作了题为《高举旗帜 团结奋斗 全力以赴加快建设世界一流伟大企业》的工作报告；中国宝武总经理、党委副书记胡望明作了题为《坚持稳中求进 锚定高质量发展 为全面建设世界一流伟大企业而不懈奋斗》的工作报告。与会人员在参会过程中认真倾听，用心感受，思绪跟随着会场的气氛同频共振、澎湃激荡。

在当天举行的宝武集团组织绩效表彰仪式上，马钢集团获宝武集团“2022年度战略进步银奖”“2022年度综合绩效铜奖”和“潜龙企业”称号。马钢集团、马钢股份党委书记、董事长丁毅代表马钢集团在会上作表态发言。他说，宝武集团作为钢铁行业科技创新的引领者、改革转型的先行者，吹响了加快建设世界一流伟大企业的前进号角，我们深受鼓舞、倍感振奋，深刻领会、深入落实。他表示，新的一年，我们将把职业当成事业，牢记嘱托，感恩奋进，坚守国之大者，坚定使命担当，锚定两个“定位”，落实两个“跳出”，战略上坚定不移，战术上只争朝夕，谱写镇国之宝、钢铁威武的马钢篇章。我们将把作业当成作品，对标找差，提升效率。坚持拉高标杆，敢于抬高标准，深入落实“五强化”，一手抓极致高效，一手抓结构渠道，全面推进精益运营，全流程推动价值创造，显著改善经营绩效，推动各项工作全面站稳中国宝武第一方阵。我们将把岗位当成舞台，昂扬向上，奋勇争先，永葆“一年当作三年干，三年并为一年干”的奋进姿态。坚守“一年一进步，年年有突破”的务实思维，以十足的决心、十足的拼劲，强化“动如脱兔”的新作风，创造“兔飞猛进”的新业绩，展现“一马当先”的新形象。我们坚信，有宝武集团的坚强领导，有全体马钢人的团结奋斗，马钢集团一定能够全面完成年度经营目标任务，以高质量发展的新业绩，为宝武集团建设世界一流伟大企业作出新的更大贡献。

在当天下午的分组讨论中，马钢集团参会人员认真讨论审议报告。大家一致认为，陈德荣书记、董事长和胡望明总经理的报告政治站位高、视野宽广、指导性强，两份报告对去年取得的各项成绩总结得客观全面，谋划未来高屋建瓴、催人奋进，部署工作目标明确、思路清晰，为助推中国宝武成为世界一流伟大企业描绘了新的宏伟蓝图。面对2023年严峻的形势和艰巨任务，大家表示，将以习近平新时代中国特色社会主义思想为指导，深入学习贯彻党的二十大精神，把创建世界一流伟大企业作为“十四五”中心工作，坚持“三高两化”，以实际行动推动宝武集团和马钢集团高质量发展。

马钢集团领导表示要认真学习传达贯彻会议精神，全面对标找差、补齐短板、争创一流，认真组织开展好2023年的各项工作。要持续强化“集中一贯制”管理，全面加强管理体系建设、思想政治建设、企业文化建设，不断提升企业核心竞争力。要以“开年即开跑、起步即冲刺”的姿态，拉高标杆，奋勇争先，积极迎接各项挑战，为打造后劲十足大而强的新马钢提供坚实的保障。

“此次两位领导所作的报告，总结成绩实事求是、精彩纷呈，谋划今年奋斗目标、工作思路和措施立意深远、切实可行!”马钢集团党委工作部有关负责人表示，新的一年，党委工作部将持续强化党的二十大精神的宣贯与学习，完善企业文化体系建设，以“严管”和“厚爱”相结合的方式，培养一支优秀、精干的干部队伍，并通过党建联创联建活动，进一步加强各基层党组织间的交流互动，助推公司党建工作迈上新台阶。马钢集团纪委徐军表示，此次宝武集团纪委工作报告突出了严的基调，表明了全面从严治党的决心。2023年，马钢集团纪委将顺应宝武纪检监察工作的新形势、新要求，持续建立并完善“不敢腐、不能腐、不想腐”的长效机制，努力营造风清气正的廉洁氛围。“胡望明总经理在报告中提出要加快科技自立自强，全力打造高科技创新型企业。作为一名研发人员，我将带领团队成员以高质量发展为主线，持续加大科技研发力度，加快绿色低碳发展，并加强产品的市场开拓力度，持续提升宝武和马钢品牌影响力!”马钢集团技术中心吴保桥信心满满地表示。

马钢集团党委办公室、党委工作部、纪委、党委巡察办相关负责人视频参会。

(张蕴豪)

**【马钢集团召开2023年生产经营咨询会】**
2023年2月14日上午，马钢集团迎来了一群特殊的“客人”，原马钢集团老领导们再次回到了他们最熟悉的马钢厂区，参观见证马钢集团绿色智慧、改革创新的发展“蝶变”。在随后召开的马钢集团2023年生产经营咨询会上，马钢集团现任领导班子向老领导们汇报了马钢集团2022年的生产经营和改革发展情况以及2023年的工作安排，倾听老领导的意见和建议，解答老领导关心的问题，共同助力马钢集团高质量发展。王树珊、杭永益、顾建国、朱昌逑等原马钢助理及以上老领导出席会议。

马钢集团、马钢股份党委书记、董事长丁毅主持会议。马钢集团领导毛展宏、高铁、唐琪明、任天宝、伏明、章茂晗、陈国荣及王光亚、邓宋高、罗武龙、杨兴亮出席会议。

马钢集团总经理、党委副书记毛展宏报告了马钢集团2022年的生产经营和改革发展情况以及2023年的工作安排。2022年，马钢集团以“三降两增”为抓手，积极应对严峻复杂市场形势，经营绩效站稳中国宝武第一方阵，被宝武集团认定为“潜龙”企业；铁水成本在宝武集团各基地排名第三位；北区填平补齐项目全面收官；全力争创环境绩效A级企业。2023年，马钢集团将牢牢把握“聚焦绩效、责任到位、刚性执行、挂钩考核”工作主线，追求极致高效，优化结构渠道，对标找差，提升效率，着力推动高质量发展，争创宝武“跃龙”企业。

会上气氛热烈，老领导们畅所欲言，纷纷表示，马钢股份南、北区的巨大变化让人眼前一亮，真正实现了“花园式”工厂，每到一处都看到职工们精神面貌良好，感受到马钢集团由外而内的诸多变化，令人欣喜与振奋。他们希望，马钢集团能够不断对标找差，提升科技水平与创新能力；紧盯市场与现场，提升产品品质，做好降本增效，在2023年继续全力冲刺，站稳中国宝武第一方阵。

在认真倾听老领导们的发言后，丁毅说，老领导是马钢集团的宝贵财富，马钢集团60多年的发展历程中，老领导们接续奋斗、努力拼搏，以忠诚和担当、青春和热血谱写了马钢集团创新发展的华美篇章，感谢各位领导的奉献、支持与帮助。丁毅表示，对于各位老领导提出的意见建议，我们将在今后的工作中认真吸纳、不断完善。面对当前的新形势、新目标、新任务，马钢集团将继续把握机遇、顺势而上，奋力谱写新时代跨越式发展的新篇章，全力以赴实现马钢高质量发展。衷心希望广大离退休老同志一如既往地关心、支持马钢集团各项工作，为马钢集团的发展建言献策，祝愿各位老领导身体健康，阖家欢乐。

（姚　乐）

**【马钢集团举行党委理论学习中心组学习会暨全国两会精神学习宣讲报告会】** 2023年3月23日，马钢集团党委理论学习中心组学习会暨全国两会精神学习宣讲报告会在公司办公楼413会议室，由十四届全国人大代表、马钢集团、马钢股份党委书记、董事长丁毅主持开展。马钢集团、马钢股份助理及以上领导参加。会议主要议题为传达学习宣讲习近平总书记在全国两会期间的重要讲话精神和全国两会精神。

会上，丁毅传达了习近平总书记在全国两会期间的重要讲话精神，介绍了全国两会的定位和特点，传达了全国两会的主要精神，分享了参会的体会。

会议指出，习近平总书记全票当选中华人民共和国主席、中华人民共和国中央军事委员会主席，是党心所向，民心所盼，众望所归。

会议强调，全国两会充分体现了党的主张和人民意志的统一，是一次民主、团结、求实、奋进的大会。大家要深刻领会习近平总书记在两会期间重要讲话精神，围绕中心工作全面贯彻落实全国两会新部署新要求，切实增强贯彻落实的自觉性和坚定性，推动马钢高质量发展。

（杨旭东）

**【马钢集团承办2023年钒微合金化钢结构用钢及应用技术发展论坛在马鞍山召开】** 2023年3月23—24日，2023年钒微合金化钢结构用钢及应用技术发展论坛在马鞍山召开。会议由中国钢结构协会、中国金属学会及钢研总院钒应用技术推广中心联合主办，马钢集团承办。马钢集团、马钢股份党委书记、董事长丁毅出席会议并致辞。

会议邀请钢结构上下游领域知名专家学者和大型企业技术负责人介绍钢结构用钢领域的最新科技进展，交流近年来取得的技术成果，探讨关键技术问题的解决途径和今后发展方向。

丁毅在致辞中表示，此次论坛聚焦钢结构用钢领域最新技术进行深入探讨，马钢集团将积极学习借鉴有益经验，深化与钢铁研究总院等高校院所产销研合作，进一步拓展研究深度，加大市场开发力度，携手共同促进我国钢结构用钢技术进步和产业转型高质量发展。

会上，钢结构用钢研发单位、生产企业和应用单位围绕钢结构用钢发展现状及需求、“双碳”目标下钢结构用钢技术的发展新趋势、钢结构用钢的成型技术及发展、钒在钢结构用钢中的应用及对碳减排的贡献先后作专题报告。马钢集团在会上作了题为《钒氮微合金化在超大规格热轧H型钢的应用实践》的报告。

（曹　煜）

**【马钢集团召开2023年科技工作会议】** 2023年3月31日，马钢集团2023年科技工作会议在公司办公楼举行，马钢集团、马钢股份党委书记、董事长丁毅出席会议并讲话。丁毅强调，马钢集团全体科技工作者要提高站位、坚定信心，把握“三个紧跟”、坚持“五个原则”、抓好“五化”落实，为全面站稳中国宝武第一方阵不断作出科技贡献。马钢集团领导高铁、任天宝、章茂晗、陈国荣及王光亚、邓宋高、杨兴亮出席会议。马钢集团党委常委任天宝主持会议。

会上，马钢集团党委办公室负责人领学了习近平总书记关于科技创新的重要论述；规划与科技部作《2023年马钢科技工作计划》报告，碳中和办公室作《马钢“双碳”战略实践》报告，技术中心作《马钢技术中心科技创新工作汇报》；制造管理部、四钢轧总厂、特钢公司、马钢交材负责人分别围绕各自单位科技工作开展情况作了发言。会上还举行了2023年马钢集团重点科研开发项目任务书签约仪式，《高性能热轧H型钢在建筑结构中的应用研究》等5个科研开发项目的负责人分别签订了项目任务书。

丁毅在会上指出，此次会议主题鲜明、内容聚焦，目的就是深入学习贯彻党的二十大精神和习近平总书记关于科技创新的重要论述，以及全国两会精神，提高认识、提高站位，进一步动员马钢广大科技人员和全体员工，增强科技创新责任感和使命感，发挥聪明才智，奋勇争先、攻坚克难，坚持不懈推动马钢集团科技创新工作不断取得新成效、迈上新台阶。

丁毅强调，当今世界正经历百年未有之大变局，科技领域已是国际战略博弈的主要战场，加速科技创新已成为世界钢铁行业发展的主旋律。习近平总书记关于科技创新的重要论述、考察调研中国宝武马钢集团时的重要讲话精神，为我们推进科技创新、加快高水平科技自立自强指明了前进方向，提供了根本遵循。两年多来，我们牢记嘱托，坚持把科技创新摆在企业高质量发展的全局核心位置，坚定不移实施科技创新发展战略，为企业高质量发展提供了有力的支撑。总体来看，近年来，马钢集团科技创新工作特点主要体现在紧跟核心把方向、深度融合强引领、全面承接强体系、抓主抓重强支撑。同时，在战略规划、极致高效、绿色智慧、环保创A、营造干事创业浓厚氛围等工作中取得了实质性突破。丁毅表示，成绩的取得，得益于全体科技工作者团结一心、锐意进取，他代表公司向大家的付出表示感谢。

丁毅指出，看到成绩的同时，我们必须清醒地认识到，马钢集团科技创新工作也存在一定的不足。主要体现在科技创新的氛围还不够浓厚、科技工作对绩效的支撑稍显不足、新产品利润转化率不高等。对此，我们要坚定信心，保持开放心态，增强责任感、紧迫感、使命感，切实把科技创新作为引领马钢集团高质量发展的第一动力，聚智极致高效，聚力结构渠道，全面落实科技创新各项目标任务，着力营造浓厚的创新氛围，在加快实现马钢集团高水平科技自立自强的征程中踔厉奋发，笃行不怠。

就做好下一阶段工作，丁毅强调，凸显科技创新工作的地位和作用必须把握“三个紧跟”：一是要紧跟国家战略，践行国之大者；二是要紧跟宝武集团部署，落实“两个定位”；三是要紧跟现实需要，提升效率效益。必须坚持“五个原则”：一是党建引领，二是聚焦绩效，三是大抓基层，四是抓主抓重，五是体系支撑。必须抓好高效化、高端化、智能化、绿色化、体系化“五化”的贯彻落实。丁毅要求各部门和单位要坚持以人为本，不断强化科技创新领军人才的培养，强化科技创新人才梯队的建设，为推进公司高质量发展，为全面站稳中国宝武第一方阵不断作出科技贡献。

（夏序河）

**【马钢集团举行党委理论学习中心组（扩大）学习会暨学习贯彻党的二十大精神专题培训】** 2023年4月4日，马钢集团邀请安徽省委讲师团高端专家、安徽大学哲学学院教授、博士生导师裴德海在公司办公楼413会议室作《以中国式现代化全面推进中华民族伟大复兴》专题讲座。马钢集团公司全体领导，马钢专家；机关部门主要负责人、直属机构主要负责人、各单位党政主要负责人，及公司管理的中层副职管理人员参加。

专题讲座结合党的二十大报告，着重从什么是中国式现代化、中国式现代化的本质要求、中国式现代化的理论背景和依据、中国式现代化总的战略安排、实现中国式现代化必须牢牢把握的原则五个方面，深入浅出地阐述了中国式现代化的科学内涵。习近平总书记在党的二十大报告中对中国式现代化的阐述，是对党的现代化理论的一个重大丰富和发展，是党的二十大报告中的一个重大亮点，也是一个重大创新点。认真学习、深刻理解、准确把握这一重大论断，对于动员全党全国各族人民在新时代新征程夺取中国特色社会主义新胜利、全面建设社会主义现代化国家、全面推进中华民族伟大复兴，具有重大的现实意义和深远的历史意义。

（杨旭东）

**【马钢股份召开2022年度业绩说明会】** 2023年4月7日下午，马钢股份2022年年度业绩说明会在马钢办公楼召开。本次会议借助影响力较大的全景路演平台，采取中英双语同步直播的形式，为投资者深入解读马钢股份2022年度经营及业绩情况、分红方案、ESG工作成效等方面的情况，并与投资者在线互动交流，加强投资者对马钢股份的了解，传递马钢股份价值。

马钢股份董事长丁毅，董事、总经理、董事会秘书任天宝，独立董事张春霞及经营财务部部长邢群力现场出席会议。

在会议主持人简短介绍公司参会人员后，董事长丁毅进行了热情洋溢的致辞，对投资者对公司的长期信任与支持表示感谢。随后，由经营财务部部长邢群力汇报马钢股份 2022 年年度业绩、分红方案、ESG 工作成效等情况。进入交流环节，马钢股份管理层和股东代表就双方所关心的公司核心竞争力、面临的主要风险、和行业优秀企业对标找差、劳动生产率提升、产能利用率、落实环保限产要求等问题进行了充分的交流。

为了进一步加强和投资者沟通，提高沟通效率，会前马钢股份在 3 月 31 日发布了《关于召开 2022 年年度业绩说明会的公告》，公布了会议时间、举办方式、参会网址、电子邮箱等信息，以方便广大投资者参会并提出意见和建议。会后，业绩说明会的中英文视频在全景路演平台挂网，中文视频及中英文可视化财报在上证路演中心挂网，便于投资者回放观看。本次业绩说明会受到了投资者广泛关注，仅在全景路演平台就有约 16.7 万人次参与直播或观看回放。

（李　伟）

**【马钢集团学习贯彻习近平新时代中国特色社会主义思想主题教育读书班启动集中授课】** 2023 年 4 月 21 日，马钢集团在公司办公楼 413 会议室举办 2023 年马钢集团直管干部学习贯彻党的二十大精神学习班暨中高层管理者领导力研修班。举办本次学习班的目的是深入学习习近平新时代中国特色社会主义思想、贯彻落实党的二十大精神以及习近平总书记考察调研中国宝武马钢集团重要讲话精神，赋能企业经营管理和改革，增强中高层管理者谋划力和管控力，着力推动马钢集团高质量发展，确保全面站稳中国宝武第一方阵。

此次学习班为期一个月，分为 7 期、28 个学时，面向马钢集团公司全体直管干部，以线下、线上学习相结合的方式展开。培训目标是全面学习贯彻党的二十大精神和全国两会精神，深刻理解习近平新时代中国特色社会主义思想的世界观和方法论，引导党员干部深刻领悟“两个确立”的决定性意义，把培训的成效体现到始终同以习近平同志为核心的党中央保持高度一致上，不断提高政治判断力、政治领悟力、政治执行力，增强推动高质量发展本领、服务群众本领，为加快打造后劲十足大而强的新马钢、为中国宝武加快建设世界一流伟大企业凝聚智慧和力量。

（杨旭东）

**【马钢集团举行学习贯彻习近平新时代中国特色社会主义思想主题教育读书班学习启动会】** 2023 年 4 月 26 日上午，马钢集团在公司办公楼 413 会议室举行学习贯彻习近平新时代中国特色社会主义思想主题教育读书班学习启动会，进一步推动习近平新时代中国特色社会主义思想在马钢集团走深、走实、走心，贯彻落实党中央和中国宝武关于开展主题教育的工作部署。马钢集团公司全体领导、宝武科学家、马钢专家，各部门、单位党政主要负责人在 413 会议室参会，各部门、单位中层副职管理人员、C 层级管理人员视频参会，中国宝武主题教育第三巡回指导组视频参会指导。

学习启动会由马钢集团、马钢股份党委书记、董事长丁毅作开班动员讲话。

会议强调，2023 年是深入学习贯彻党的二十大精神的开局之年，以学习贯彻习近平新时代中国特色社会主义思想主题教育开篇，节点特殊、意义深远。要深刻认识开展主题教育的重要意义，全面准确把握主题教育的目标要求，学深悟透笃行习近平新时代中国特色社会主义思想。开展主题教育既是理论学习，也是精神洗礼。马钢集团各级党组织和党员，特别是领导人员要把开展主题教育作为忠实践行习近平新时代中国特色社会主义思想的“试金石”，作为提振精气神的“动力源”，作为勇毅前行的“加速器”，在党的旗帜下团结成一块攻无不克、战无不胜的坚硬钢铁，着力推动高质量发展，加快打造后劲十足大而强的新马钢，为中国宝武加快建设世界一流伟大企业，为马鞍山打造安徽的“杭嘉湖”、长三角的“白菜心”，为现代化美好安徽建设，为强国建设、民族复兴伟业贡献马钢力量。

本次读书班采用专题辅导、读书交流、学员论坛、现场教学等方式开展，集中学习 7 天，于 2023 年 6 月底前完成，与宝武集团党委穿透方式统一组织专题学习以及马钢集团党委理论学习中心组扩大学习相结合。

（杨旭东）

**【马钢集团开展两级机关现场视察暨第一轮精益运营现场会】** 作为深入开展学习贯彻习近平新时代中国特色社会主义思想主题教育的具体举措，2023 年 4 月 26 日上午，马钢集团主题教育读书班学习启动会一结束，马钢集团领导随即带队开展了两级机关现场视察暨第一轮精益运营现场会。

马钢集团、马钢股份党委书记、董事长丁毅率队视察并强调，要以开展学习贯彻习近平新时代中国特色社会主义思想主题教育为推动，坚持党建引领，追求极致高效，优化产品结构，健全体制机制，推动马钢各项工作迈上新台阶。

马钢集团助理及以上领导，各单位、部门、分子公司党政主要负责人，相关分厂厂长、党支部书记和作业长代表参加活动。

此次活动，旨在深入学习贯彻党的二十大精神，牢牢把握“聚焦绩效、责任到位、刚性执行、挂钩考核”工作主线，坚定信心，守正创新，进一步强化责任意识、精益意识、争先意识，营造昂扬向上的良好氛围。

根据活动安排，丁毅一行先后视察了马钢股份长材事业部二区转炉现场、马钢交材车轮三线，观摩了马钢交材RQQ集控作业区和4号、5号检测线作业区。3月，长材事业部炼钢二分厂降本子项目完成率72.2%，有力支撑事业部降本任务的完成，获该事业部3月奋勇争先排位赛主赛道第一名。丁毅勉励他们要树立更高标杆，瞄准对标对象，推动各项指标联动，强化极致高效。一季度以来，马钢交材车轮三线产量月月攀升，前3个月计划完成率均超100%，16个班组刷新班产纪录共29次。丁毅希望他们抢抓市场机遇，全力释放产能，压减“两金”，提高资金周转率。

丁毅在活动中讲话指出，开展此次活动，是深入学习贯彻党的二十大精神，深入开展学习贯彻习近平新时代中国特色社会主义思想主题教育的具体举措。各单位要以此为契机，坚持走群众路线，从群众中来、到群众中去，发动广大干部职工，坚定信心，推动精益运营，追求极致高效，全面站稳中国宝武第一方阵。

就做好下一阶段相关工作，丁毅提出四个方面要求。第一，追求极致高效。要锚定对标对象，深入对标挖潜，全面对标找差，持续推动各项指标进步。第二，优化产品结构。在条件具备且不影响生产效率的前提下，积极寻求点的突破，以点带面，积小胜为大胜，不断优化产品结构。第三，健全体制机制。国有企业想要实现实质性突破，必须以敢于担当、敢于斗争的精神，面向市场，勇于创新，强化体制机制建设，充分发挥广大职工群众的积极性和创造力。第四，坚持党建引领。要强化党建工作“做实了就是生产力，做强了就是竞争力，做细了就是凝聚力”理念，以高质量党建推动高质量发展，坚持学思想、强党性、重实践、建新功，推动马钢集团各项工作更上一层楼。

马钢集团总经理、党委副书记毛展宏在讲话时表示，本次现场会形式新颖、内容丰富，案例分享展示了马钢集团基层团队的智慧成果。2023年，钢铁市场形势依旧复杂严峻，各单位要充分认识本次活动的重要意义，深刻领会活动精神，积极发动广大干部职工，聚焦绩效导向，深挖潜力活力，瞄准全面站稳中国宝武第一方阵的目标，推动2023年各项工作更好开展，力争取得更好成效。

活动中，长材事业部炼钢二分厂代表发布了降本增效案例，马钢交材车轮车轴厂和检测中心代表分别发布了精益案例。

（高莹茹）

**【马钢集团召开庆“五一”先模表彰暨职工岗位创新交流会】** 2023年4月28日上午，马钢集团召开庆“五一”先模表彰暨职工岗位创新交流会，表彰各级劳模工匠和先进人物，交流岗位创新工作经验和成果，引导广大职工积极参与创新实践，为打造后劲十足大而强的新马钢而团结奋斗。马钢集团、马钢股份党委书记、董事长丁毅在会上讲话，马钢集团党委副书记、总经理毛展宏，马钢集团助理及以上领导出席会议。会议由马钢集团党委副书记、纪委书记高铁主持。

丁毅为省部级奖项获奖者代表颁奖献花并讲话；毛展宏为工匠代表颁奖献花；高铁为女职工系列奖获得者代表颁奖献花；马钢集团党委常委、副总经理唐琪明为全国钢铁行业技术能手颁奖献花；马钢集团党委常委任天宝为先进操作法主创人代表颁奖献花；马钢集团监事会主席马道局为岗位创新成果奖获得者代表颁奖献花。马钢集团工会主席邓宋高作职工岗位创新工作报告。炼钢热轧工匠基地技术志愿者、四钢轧总厂热板工艺高级主任工程师周云，先进操作法主创人、马钢交材车轮轧机主操徐小平，宝武岗位创新成果奖一等奖获得者、长材事业部炼钢高级技师解文中作岗位创新成果分享和交流。

会后，马钢集团领导和受表彰先模代表在公司办公楼一楼大厅参观了职工岗位创新成果展。

（曾　刚）

**【马钢集团举办学习贯彻习近平新时代中国特色社会主义思想主题教育第一期读书班】** 2023年

5月5日下午至5月6日，马钢集团在公司办公楼413会议室举办为期1天半的学习贯彻习近平新时代中国特色社会主义思想主题教育第一期读书班。马钢集团领导、宝武科学家、马钢专家、马钢集团学习贯彻习近平新时代中国特色社会主义思想主题教育第一批单位党政主要负责人、各部门和单位中层副职管理人员、C层级管理人员分别在主会场和视频分会场参加读书班学习。

本期读书班以坚持读原著、学原文、悟原理为主，重点学习《习近平著作选读》第一卷、第二卷，习近平总书记考察调研宝武马钢集团重要讲话精神等，同时结合马钢集团实际交流研讨。

在集中学习环节，马钢集团助理及以上领导和相关部门、单位负责人依次领读原著、学原文、悟原理，并围绕习近平总书记有关宝武集团的重要指示批示精神，结合实际谈体会。

在交流研讨环节，马钢集团各相关部门、单位组织C层级及以上管理人员结合集中学习内容，围绕深入学习贯彻习近平新时代中国特色社会主义思想，特别是习近平总书记有关宝武的重要指示批示精神，结合马钢集团及各单位发展实际，深入交流学习党的创新理论的收获体会，并提出改进工作的方法和举措。

（杨旭东）

**【马钢集团党委开展“大兴调查研究，推进调研成果转化运用”专题学习研讨】** 2023年5月8日下午，马钢集团在领导班子成员深入自学的基础上，召开党委理论学习中心组学习会，开展“大兴调查研究，推进调研成果转化运用”专题学习研讨。马钢集团、马钢股份党委书记、董事长丁毅主持学习会并讲话。

会上，马钢集团党委办公室领学习近平总书记在中央政治局第四次集体学习时的重要讲话精神、中共中央办公厅印发《关于在全党大兴调查研究的工作方案》；党委工作部领学习近平总书记在学习贯彻习近平新时代中国特色社会主义思想主题教育工作会议上的重要讲话精神；纪委领学习近平总书记在广东考察时的重要讲话精神。

根据宝武集团要求，马钢集团制定了《马钢集团关于开展学习贯彻习近平新时代中国特色社会主义思想主题教育调查研究的实施方案》，经书记办公会审议，报中国宝武主题教育第三巡回指导组审核后，已正式下发。中心组成员结合学习内容和实施方案，进行了深入学习研讨。大家表示，大兴调查研究是从主观主义转向实事求是的根本途径。唯有扎扎实实深入调查研究，紧扣贯彻落实党的二十大精神，把需要解决的问题找准、把解决问题的办法想透，才能推动党中央重大决策部署在马钢落实落地；将发挥带头作用，坚持问题导向，按照时间节点，认真组织开展调研，真正把情况摸清、把问题找准、把对策提实，促进成果转化。

马钢集团党委书记、董事长丁毅在交流发言中谈了四点学习体会。一是深刻认识调查研究的重要意义。要用好用足调查研究这个“传家宝”，练好“基本功”，通过深入调查研究，增强看问题的眼力、谋事情的脑力、察实情的听力、走基层的脚力，一切从实际出发，主客观统一，使各项工作思路、方案、措施符合客观规律、符合实际需要。二是调查研究要坚持走群众路线。要坚持从群众中来、到群众中去，带头扑下身子、沉到一线、深入基层，增强同职工群众的感情，学会做群众工作的方法，问计于民、问需于民，从基层实践找到解决问题的“金钥匙”，促进各项工作推陈出新、取得突破。三是坚持问题导向开展调查研究。要围绕马钢集团高质量发展面临的突出问题带头加强调查研究，比如对标找差、极致高效、科技创新、机制变革、监督执纪、“三最”实事等，把脉问诊、解剖麻雀，进行问题梳理、难题排查，运用党的创新理论研究新情况、解决新问题。四是加强调研成果转化运用。要开展专题研讨，对调研中反映和发现的问题，逐一梳理形成问题清单、责任清单、任务清单和成果转化运用清单，真正使调查研究的过程成为理论学习向实践运用转化的过程，真正把调研成果转化为解决问题、推动企业高质量发展的实际行动。

在学习小结中，丁毅谈了三点意见。一要坚持在全面学习上下功夫。要坚持开门搞主题教育，把思想、工作和自身摆进去，把准把牢主题教育的方向、目标和任务，结合实际，把理论学习、调查研究、推动发展、检视整改等贯通起来、一体推进。各级党员干部要带头进一步深刻领悟“两个确立”的决定性意义，深刻学习领会习近平新时代中国特色社会主义思想的科学体系、核心要义、实践要求，努力做到学深悟透、融会贯通，在以学铸魂、以学增智、以学正风、以学促干方面取得实实在在的成效，推动马钢集团高质量发展。二要坚持在全面把握上下功夫。要坚持读原著学原文悟原理，用好《习近平著作选读》等学习材料，反复研读、仔细琢磨，真正吃透精神实质、把握实践要求。要通过学习，深刻把握学习贯彻习近平新时代中国特色社会主义思想是新时代新征程开创事业发展新局面的根本要求，坚持用马克思主义中国化时代化最新成果武装头脑，从习近平新时代中国特色社会主义思想中汲取奋发进取的智慧和力量，熟练掌握其中蕴含的领导方法、思想方法、工作方法，不断提高履职尽责的能力和水平。三要坚持在全面落实上下功夫。学习贯彻习近平新时代中国特色社会主义思想，必须弘扬理论联系实际的马克思主义学风，学以致用、真抓实干。一是追求极致高效。把规模放在第一位，深挖潜力，减少活套，控制故障，满负荷生产，千方百计提升产能利用率。二是优化结构渠道。统筹好产品结构调整和规模放量，以吨材毛利为核心，处理好局部改善与全局提升的关系，促进马钢集团整体利益最大化。三是深化机制创新。牢牢把握工作主线，在强化组织绩效、个人绩效的同时，对指标进入宝武集团前三、超越自我、“小团队”取得突破的，继续颁发大红旗、小红旗，营造全员奋勇争先的浓厚氛围。四是强化党建引领。聚焦“三心”党建工作主题，强化党建工作“做实了就是生产力，做强了就是竞争力，做细了就是凝聚力”理念，巩固深化基层党组织联创联建，推动基层组织力和党员战斗力协同提升，以高质量党建引领马钢集团高质量发展。

（马琦琦）

**【马钢集团党委召开新特钢工程项目专项巡察审计工作动员会】**　2023 年 5 月 9 日下午，马钢集团党委召开新特钢工程项目专项巡察审计工作动员会。马钢集团党委副书记、纪委书记、巡审工作领导小组副组长高铁出席会议并作动员讲话。

为深入学习贯彻习近平新时代中国特色社会主义思想和党的二十大精神，聚焦全面从严治党，持续深化政治巡察，促进各类监督贯通协调，马钢集团党委决定，5 月 9 日至 6 月 15 日，以巡审联动形式，对特钢公司、技术改造部、设备部、制造部、能环部、运输部、安全生产管理部、经营财务部等 8 家单位、部门党组织，开展新特钢工程项目专项巡察审计工作。

动员会上，高铁就做好此次专项巡察审计工作提出三点意见。第一，提高思想认识，持续深化政治监督。要提高政治站位；要准确把握监督重点。第二，坚持问题导向，不断提高监督质量。要把好监督标准；要精准发现问题；要推动解决问题。第三，做实同题共答，高效协同完成监督任务。要积极支持配合；要强化贯通协同；要严守纪律规矩。高铁要求 8 家单位、部门党政领导要牢牢把握这次“政治体检”和“经济体检”机会，把接受巡察审计与开展学习贯彻习近平新时代中国特色社会主义思想主题教育结合起来，与对标找差、扭转经营困境结合起来，与落实全年生产经营发展任务结合起来，亲自抓、负总责，积极配合巡察审计工作，及时根据巡察审计组要求，安排布置相关事宜，提供真实、准确的资料，保障巡察审计工作顺利开展。要进一步增强巡察审计整改工作的责任感、紧迫感，对在巡审过程中发现的能够及时整改的问题要做到立行立改，积极解决企业管理中存在的突出问题，消除重大风险和隐患，推动企业健康发展。

会上，巡审组长就巡审整体安排进行了具体部署。特钢公司、技术改造部作为被巡审单位、部门代表作表态发言。马钢集团党委巡察办、审计部相关人员及参加新特钢工程巡审联动工作的全体人员，8 家被巡审单位、部门党政主要领导、工程项目分管领导、设立纪委单位的纪委书记，工程项目单位部分党员职工代表参加动员会；8 家被巡审单位、部门总联络员及项目部相关工作组联络员列席会议。

（骆　杨）

**【跟总书记学调研暨宝武主题教育领导小组办公室主任会议在马钢集团召开】**　在宝武集团学习贯彻习近平新时代中国特色社会主义思想主题教育如火如荼开展之际，2023 年 6 月 1 日，跟总书记学调研暨宝武主题教育领导小组办公室主任会议在马钢集团召开。会议深入贯彻落实习近平总书记考察调研宝武重要讲话和重要指示批示精神，交流分享工作经验，提升调查研究质效，在深化调研中进一步推动宝武集团主题教育走深走实。

中央第 45 指导组组长徐平到会指导，受宝武集团党委书记、董事长陈德荣委托，宝武集团党委常委、宝武集团主题教育领导小组副组长兼办公室主任魏尧主持会议并作总结讲话。

与会者观看了习近平总书记考察调研中国宝武有关视频，重温习近平总书记有关中国宝武的重要讲话和重要指示批示精神。2020 年 8 月 19 日，习近平总书记来到中国宝武马钢集团马钢展厅（特钢）、马钢股份特钢公司优棒生产线考察调研。2017 年 6 月 22 日、2020 年 5 月 12 日，习近平总书记分别到中国宝武太钢集团钢科碳材料公司和不锈钢精密带钢公司考察调研。习近平总书记多次考察调研宝武集团，充分体现了总书记对国有企业、对钢铁行业、对宝武集团的高度重视和亲切关怀。习近平总书记率先垂范、以身作则、亲力亲为，为全党重视调研、深入调研、善于调研树立了光辉典范。

宝武集团主题教育领导小组办公室就主题教育开展情况，形成的阶段性经验、做法、成效等作主题报告。在中央第 45 指导组的悉心指导下，宝武集团党委牢牢把握“学思想、强党性、重实践、建新功”的总要求，突出政治站位，抓实主体责任，确保主题教育高质量开局取得实效；突出先学一步，抓实理论学习，确保党的创新理论武装头脑取得实效；突出调研开路，抓实“5W1H”，确保调研成果转化解决实际问题取得实效；突出查改联动，抓实“12345”，确保问题整改整治取得实效，不断推动主题教育走深走实。

2023 年是全面贯彻落实党的二十大精神的开局之年，完整、准确、全面贯彻落实党的二十大精神至关重要。党中央决定，在全党大兴调查研究，作为在全党开展主题教育的重要内容。宝武集团以开展主题教育为契机，深化调查研究，助力解决各项发展难题。各单位在主题教育推进过程中形成了不少可学、可行、可借鉴的做法。在交流分享环节，马钢集团围绕基层党建、主题教育特色做法、亮点成效作交流；太钢集团围绕主题教育理论学习、调查研究特色做法、亮点成效作交流；宝钢股份湛江钢铁围绕开展调查研究工作作交流；中南钢铁中南股份围绕开展检视整改工作作交流。宝武资源、宝信软件、宝武集团能源环保部围绕具体的调研案例作交流。中钢集团、武钢集团、八钢公司、新钢集团、宝武碳业、欧冶云商、宝地资产、宝钢金属、宝武智维围绕主题教育开展、具体调研案例作书面交流。这些主题教育的优秀实践、案例可学可用、令人信服，具备在集团内推广的价值，让与会人员深受触动。

魏尧在总结讲话时指出，宝武集团牢牢把握“学思想、强党性、重实践、建新功”总要求，以扛起中国式现代化的政治站位和央企担当，将主题教育作为中国宝武建设世界一流企业的思想领航和动力、保障工程，紧扣目标任务谋划部署，聚焦实际实效推动落实，形成了一些好的工作方法和推进成效，受到中央主题教育领导小组办公室整治整改组和中央第 45 指导组的肯定和表扬。宝武集团各单位主题教育的开展坚持以终为始、把好节奏、一体推进，边学习、边对照、边检视、边整改，以主题教育高水平开展推动促进高质量发展。宝武集团划入第二批开展的单位，也提前动起来、学起来，先学一步、先谋一步、先行一步。总体上，宝武集团的主题教育呈现出高站位谋划、高标准起步、高质量开展、高水平推动的良好态势，形成了“党委统一领导，部门统筹协调，干部率先垂范，党员冲锋在前”的有序开展局面。

这次现场会的主题聚焦调查研究，重温习近平总书记有关宝武集团的重要讲话和重要指示批示精神，交流主题教育开展做法、调查研究等各项重点措施推进经验，互相借鉴、取长补短，必将更加扎实有效地促进主题教育起到“以学铸魂、以学增智、以学正风、以学促干”的预期效果，推动各单位高质量发展。

魏尧代表宝武集团党委以及主题教育领导小组，结合近期中央指导组相关指示要求，就下一阶段更加务实有效开展好主题教育相关工作，提出三个方面的要求。

一要进一步提高政治站位，明确宝武集团在这次主题教育中要达到的根本目的、要解决的关键问题。要不断推动学习贯彻习近平新时代中国特色社会主义思想走深走实，做到真学真懂真信真用，做到温故知新、常学常新、学新用新，真正将总书记新思想牢记在脑海里、融化在血液中、落实在行动上。宝武集团要将本次主题教育开展与企业当前面临的改革发展实际紧密结合起来，将总书记思想和党的创新理论中蕴含的世界观方法论与贯穿其中的立场观点方法，运用到我们企业干事创业、攻坚克难、推动发展中去，以习近平新时代中国特色社会主义思想这把“金钥匙”破解发展难题，以时不我待的紧迫感和“强国重企”的责任感全面推进世界一流伟大企业建设，以主题教育的高质量开展推动宝武集团更高质量的发展，以建设世界一流伟大企业的成果验证主题教育的成效。

二要始终坚持好问题导向，将通过解决问题更好推动发展、造福职工贯穿主题教育开展全过程。

宝武集团这次主题教育的根本，就是要通过切实增强各级党员干部用习近平新时代中国特色社会主义思想武装头脑、指导实践、推动工作的能力，更好地服务宝武集团使命愿景和战略目标的实现。必须要始终树立问题意识，始终坚持问题导向，始终紧盯问题解决，坚决扫除宝武集团实现“老大”变“强大”路上的阻碍和绊脚石。要将问题整改贯穿主题教育始终，通过边学习、边对照、边检视、边整改和带着问题学、对着问题改、解决真问题、真解决问题，做到务实有效推动问题解决、实现发展进步、造福职工群众。要坚持“当下改”和“长久立”相结合，对主题教育中形成的好经验好做法，及时以制度形式固定下来；建立巩固深化主题教育成果的长效机制，健全学用总书记思想和党的创新理论的长效机制，建设好促进各单位高质量发展、支撑宝武集团打造世界一流的思想领航和动力、保障工程。

三要切实压紧压实领导责任，以坚强有力的组织领导保障宝武集团主题教育取得扎扎实实的成效。一是在深化认识上，要进一步领会本次主题教育是深入推进新时代党的建设新的伟大工程的又一重大部署。各级党组织要深刻认识到主题教育是新时代加强党的建设的有效抓手，是党的建设这个法宝在新时代焕发生机的有力实招，是深入推进全面从严治党、不断把党的自我革命推向深入的必然要求。各单位要以此次主题教育为契机，持续营造风清气正、干事创业的良好政治生态，推动党的政治优势、组织优势和群众工作优势转化为企业的创新优势和发展优势，引领保障世界一流伟大企业建设。二是在组织推动上，要坚持主体责任和指导责任相统一。各级党委负责人要牢牢扛起第一责任，班子成员要扛起“一岗双责”，把主题教育作为各级党委当前一项重要的政治任务和党的政治生活中的头等大事来抓。主题教育开展以来，中央指导组多次赴宝武及下属单位进行现场调研指导，给予悉心指导，树立了榜样。宝武集团各巡回指导组要学习中央指导组的工作作风和工作方法，按照“指导中服务，服务中指导”的原则，与中央指导组和宝武集团党委、二级单位党委做好上下贯通联动，以高水平指导服务促进各单位主题教育高质量开展。

宝武集团主题教育领导小组办公室各工作组、巡回指导组组长、副组长，交流发言单位主题教育领导小组组长，二级单位主题教育领导小组办公室主任、联络员参加会议。

会前，徐平、魏尧带领有关领导干部重走习近平总书记在马钢集团调研考察路线，感悟习近平总书记对宝武的殷殷嘱托，学习体会习近平总书记的调研方法。

（张　泓　骆　杨）

**【中国宝武马鞍山区域主题教育推动发展和纪检监察干部队伍教育整顿调研督导工作座谈会召开】** 2023 年 6 月 6—7 日，中国宝武纪委副书记朱汉铭到马鞍山区域调研督导主题教育和教育整顿工作，参观了马钢廉政教育基地，并在马钢矿业召开座谈会。

马钢集团党委副书记、纪委书记高铁，马钢集团纪委相关负责人、中钢天源、马钢矿业等中国宝武马鞍山区域相关子公司下属单位纪检负责人参加座谈。

马钢集团把开展主题教育作为当前政治生活中的头等大事和最重要的政治任务，按照宝武集团的部署安排，牢牢把握“学思想、强党性、重实践、建新功”总要求，坚持学思用贯通、知信行统一，突出高站位、高标准、高质量，在“理论学习提三力、调查研究重三化、推动发展抓三促”上下功夫、见真章、求实效。马钢集团纪委推进主题教育和教育整顿结合融合，积极承担推动发展组工作，聚焦“破难题促发展”“办实事解民愁”，深入分析查找影响马钢集团高质量发展的问题短板及其根源，为马钢集团生产经营建设提供了有力保障。同时紧紧围绕习近平总书记关于加强纪检监察干部队伍建设的重要论述和重要指示批示精神，紧扣中国宝武关于开展纪检监察干部队伍教育整顿决策部署，把握工作正确方向，聚焦目标任务，突出问题导向，注重实际成效，推动调查研究、学习教育、教育督导、检视整治、组织建设等阶段性任务落实落细。

座谈会上，与会人员围绕主题教育开展情况和教育整顿工作推进情况进行了座谈交流，分享了经验体会。大家纷纷表示，要在深化调研中进一步推动主题教育走深走实，要进一步推动主题教育和教育整顿融为一体，与落实党的二十大精神和二十届中央纪委二次全会部署紧密结合起来，与当前重点工作任务结合起来，切实提升主题教育和教育整顿效果。

朱汉铭对马鞍山区域各单位推进主题教育和教

育整顿取得的阶段成效和经验做法给予了肯定，并就开展好下阶段工作提出四点要求。一要在学思践悟中增强政治思想认同。把学深悟透习近平新时代中国特色社会主义思想作为第一位的政治要求，坚持学思用贯通、知信行统一，切实把主题教育开展与企业当前面临的改革发展实际紧密结合起来，在读原文、悟原理中找到破解问题的方法和途径，努力把学习的成效转化为实实在在的工作成果，切实筑牢“两个维护”的思想根基。二要从伟大建党精神中汲取前进力量。弘扬“坚持真理、坚守理想，践行初心、担当使命，不怕牺牲、英勇斗争，对党忠诚、不负人民”的伟大建党精神，任何时候任何情况下都要坚持以党的旗帜为旗帜、以党的方向为方向、以党的意志为意志，做到党中央提倡的坚决响应，党中央决定的坚决照办，党中央禁止的坚决不做，时常对标对表，及时校正偏差，自觉在思想上政治上行动上同党中央保持高度一致。三要在真学真用中破解改革发展难题。坚定不移把发展作为第一要务，紧扣企业发展主要矛盾，坚持“稳中求进”工作总基调，把握新发展阶段，贯彻新发展理念，构建新发展格局，推动高质量发展，努力推动“一总部多基地”管控模式取得实质性突破，奋力把习近平总书记“老大变强大”的殷切期望变成美好现实。四要在监督保障中彰显纪检使命担当。充分发挥“监督保障执行、促进完善发展”作用，围绕巡视巡察问题整改和环保大检查问题整改强化政治监督，紧盯基层党员队伍加强纪律教育，进一步提高思想认识、增强政治自觉，加强斗争精神和斗争本领养成，以锐意进取、担当有为的精气神，切实把主题教育和教育整顿成果转化为打造忠诚干净担当铁军，推动纪检工作高质量发展的具体行动和实际成效。

（陈梦君）

**【马钢集团召开马钢科技成果评价会】** 2023年6月17日上午，马钢集团召开科技成果评价会，中国工程院院士干勇，马钢集团、马钢股份党委书记、董事长丁毅，来自中国金属学会、中国钢铁工业协会、合肥工业大学、中国科学院合肥物质研究院的专家出席评价会。

此次评价的马钢集团两项科技成果分别为“高品质钢炼钢流程高效绿色洁净冶炼关键技术研发与应用”和“超高强度长寿命汽车弹簧钢关键技术研究及产品研发”。

“高品质钢炼钢流程高效绿色洁净冶炼关键技术研发与应用”，通过“一键式”自动化冶炼、高效供氧、强底吹、复合挡渣、快速出钢、球形炉底的协同应用，开发了大型转炉高效复吹同步技术和超低碳氧浓度积与超低氧控制关键技术，以炼钢—连铸区段物质流合理周转的技术突破为支撑，实现了炼钢流程物质流高效运行，生产效率、品种质量、降碳减排等指标突破了业界技术“瓶颈”，支撑了高端汽车用钢、硅钢、高级别管线钢等产品高品质、高效率、低成本的稳定生产。该成果整体达到国际领先水平。

“超高强度长寿命汽车弹簧钢关键技术研究及产品研发”项目，通过“产学研用”联合技术攻关，以解决重大关键共性技术为切入点，针对如何在获得超高强度同时兼顾高韧塑性、高疲劳性能、高抗弹减性能的技术难点，开展超高强韧长寿命弹簧钢成分体系创新设计、长寿命弹簧钢高纯净度冶炼技术、表面“零缺陷”控制技术、超高强度长寿命汽车弹簧应用技术集成等关键技术研究及产品研发工作，形成有自主知识产权的超高强度长寿命汽车弹簧钢产品及技术集成，实现产业化，在奥迪、福特、广汽新能源等各大主机厂批量应用。该成果整体达到国际先进水平。

丁毅在答谢致辞中表示，马钢集团将认真吸纳与会专家的意见建议，进一步完善提升两项成果的申报质量。未来，马钢集团将继续深入实施创新驱动发展战略，推进高端化、智能化、绿色化发展，不断塑造发展新动能新优势。

（曹　煜）

**【钢铁行业重点工序能效对标数据填报系统发布会暨副产煤气高效利用专题技术对接会在马钢集团召开】** 2023年6月30日，由中国钢铁工业协会主办，马钢集团和冶金科技发展中心承办的钢铁行业重点工序能效对标数据填报系统发布会暨副产煤气高效利用专题技术对接会在马钢集团召开。中国钢铁工业协会党委副书记、副会长兼秘书长姜维，马钢集团、马钢股份党委书记、董事长丁毅，安徽工业大学党委副书记、校长魏先文出席会议并致辞。

中国钢铁工业协会副秘书长冯超主持当天上午会议。马钢集团总经理助理罗武龙出席会议并作《马钢副产煤气高效利用实践》报告。中国宏观经济研究院能源研究所研究员姜克隽、国家节能中心节能管理处处长高红分别以《我国多重目标下能源和经济转型路径及战略策略》《全国节能形势分析及钢铁行业节能降碳思考》为题作报告。中国钢铁工业协会专务理事兼科技环保部主任张永杰作《极致能效工程与能效标杆三年行动进展》报告并主持当天下午会议。来自各钢铁企业、高校及专业技术合作伙伴等150余名代表参加了此次会议。

2022年12月9日，中国钢铁工业协会召开了“钢铁行业能效标杆三年行动方案”现场启动会，并授予包括马钢集团在内的21家钢厂为第一批“双碳最佳实践能效标杆示范厂”培育企业。为更好落实极致能效工程与能效标杆三年行动，中国钢铁工业协会联合冶金信息中心及21家培育企业共同开发了重点工序能效对标数据填报系统，同时计划2022年内围绕钢铁行业主要工序及节能方向召开8场技术对接会。

姜维在致辞中对马钢集团承办此次会议表示感谢。他表示，被誉为“江南一枝花”的马钢集团在行业具有重要的历史地位，创造了中国冶金行业多项第一。近年来，马钢集团推动结构调整、产品升级、绿色制造，成绩斐然，特别在极致能效工作中走在了行业前列。他表示，重点工序能效对标数据填报系统是钢铁极致能效工程与能效标杆三年行动的重要基础工作，目的就是要建立一套覆盖钢铁行业主要工序能源体系的数据治理系统，为钢铁行业开展极致能效行动，为企业开展能效对标，提供准确可靠的数据基础，为国家开展能效标杆工作提供有效的支撑。2023年5月17日，该系统在21家培育企业内开展内测、完善和调整，6月底已具备正式运行条件。他指出，召开副产煤气高效利用专题技术对接会，不只是技术的交流，更是通过各企业主管领导、技术骨干、行业专家一道参与，通过更广泛、更深入听取同行对能效降本减碳各专项技术的分析、研判，帮助钢厂精准、高效地选择应用新技术。

丁毅在致辞中代表马钢集团对与会领导、专家和代表表示欢迎。丁毅表示，融入宝武集团以来，马钢集团锚定中国宝武优特长材专业化平台公司与优特钢精品基地的战略定位，积极探索传统长流程钢铁企业新型工业化道路，以一年当作三年干、三年并为一年干的奋进姿态，高速度实施完成北区填平补齐项目群，高质量建成新特钢一期工程，推动企业迈上了二次创业、转型升级新征程。近年来，马钢集团坚持把绿色作为高质量发展最靓丽的底色，深入践行“两山”理论，协同推进降碳、减污、扩绿、增长，实现了“高于标准、优于城区、融入城市”的生态蝶变。丁毅表示，此次会议为马钢集团提供了学习借鉴兄弟企业有益经验的良好契机。马钢集团将认真学习借鉴，加大低碳冶金技术研发及应用力度，加快推进“双碳”基础体系建设，持续追求极致能效，为钢铁行业绿色低碳高质量发展做出马钢探索、提供马钢方案、打造马钢样本，贡献更多马钢力量。

魏先文表示，近年来，钢铁行业坚持绿色低碳发展和智能制造两大主题，深入实施“三大工程”，努力促进钢铁行业稳定运行。此次会议是贯彻党的二十大精神、推动钢铁行业转型和可持续发展的自觉行动，是更好落实极致能效工程的重要抓手，是全力迈向低碳乃至零碳钢铁的有力举措，对于构建产能治理新机制、强化行业运行监测、推动绿色低碳发展、开展技术协同创新等重点工作领域都有重要意义。未来，安徽工业大学将在政产学研发合作领域长期深耕细作，为钢铁行业创新发展持续提供人才支持、技术及智力支撑，推动教育链、人才链与创新链、产业链融会贯通。

在与会领导和嘉宾的共同见证下，姜维与21家钢铁企业共同启动重点工序能效对标数据填报系统。

7月1日上午，与会人员参观了马钢展厅（特钢）、特钢公司优棒产线、新CCPP机组、新特钢、智园运营管控中心和四钢轧总厂热轧智控中心。马钢集团绿色低碳的发展理念、整洁优美的厂区环境、先进智慧的工艺流程给大家留下了深刻的印象，赢得了一致赞誉。

（高莹茹　钱广发）

**【马钢集团举行党委理论学习中心组（扩大）学习会暨主题教育专题党课】**　2023年7月4日，马钢集团在公司办公楼413会议室举行党委理论学习中心组（扩大）学习会暨主题教育专题党课，邀请马鞍山市委书记袁方作党课报告。

会议分为三个阶段进行。第一阶段由马鞍山市委书记袁方作《坚定沿着习近平总书记指引的方向奋勇前进，奋力谱写中国式现代化建设的马鞍山篇章》党课报告，报告结合党的二十大精神，紧扣学习贯彻习近平总书记考察马鞍山、中国宝武马钢集团重要讲话精神，从“践行新发展定位取得的成效，下一步践行新发展定位的思路和举措，全力服务马钢集团、深化市企融合发展”三个方面做了深入的宣讲解读，既有理论高度，又有实践深度，是一篇提振士气、凝聚力量、催人奋进的“宣言书”，也是重整行装再出发的“动员令”。

第二阶段由中钢协专职副秘书长石洪卫作《中国钢铁产业运行态势及未来展望》专题辅导，辅导着重从“我国钢铁产业发展政策取向、供需格局的沿革与演变、大型钢企高质量发展的着力点、钢铁行业运行总体概括及趋势”四个方面进行了深度政策解读，对进一步深刻领会习近平经济思想，领悟宏观经济与钢铁行业发展政策，立足现代化产业发展战略全局，把握我国钢铁行业总体发展情况，正确看待钢铁行业面临的挑战，科学谋划应对策略，具有重要的指导意义。

第三阶段由马钢集团、马钢股份党委书记、董事长丁毅作主题教育专题党课。专题党课结合理论学习和工作实际，从学思想、强党性，立场观点方法的深学细悟；重实践、建新功，大而强的新马钢的深入实践两个方面，重点谈了学习贯彻党的创新理论的收获和感悟，对以学增智和以学正风的理解和体会，运用包括“六个必须坚持”在内的习近平新时代中国特色社会主义思想的立场观点方法指导实践。丁毅强调，面对新时代新征程，要以开展主题教育为强大推动，坚定不移贯彻落实习近平总书记考察调研中国宝武马钢集团重要讲话精神，加快转型升级步伐，着力推动高质量发展，坚定不移打造后劲十足大而强的新马钢，为中国宝武建设世界一流企业作出新的更大贡献！

本次会议由丁毅主持。马鞍山市委常委、市委秘书长方文，马钢集团领导，宝武工程科学家、马钢专家；马钢集团机关部门、直属机构、各单位公司中层以上管理人员；中国宝武在马鞍山区域专业化平台公司相关负责人在主会场参加会议。各单位C层级管理人员在分会场视频参会。中国宝武主题教育第三巡回指导组副组长田钢视频参加第三阶段会议。

（杨旭东）

**【马钢集团召开聚焦“双8”牵引战略项目汇报会】** 2023年7月10日，马钢集团召开聚焦“双8”［指“8项核心指标突破项目”，即：马钢股份公司本部铁水成本站稳中国宝武第一方阵，马钢股份公司提高产能利用率，马钢股份公司存货管控，马钢股份公司本部铁水温降（鱼雷罐周转）及热装率（热装温度），马钢股份公司本部能源降本，新特钢大圆坯竞争力提升，减少产品质量损失，采购成本跑赢大盘、行业对标排名提升；“8项结构调整快赢项目”，即：高强钢筋市场放量，外标H型钢（出口）市场放量，特钢高合金钢市场放量，热镀锌高强双相钢的稳定开发，氟碳彩涂产品市场开拓，新能源硅钢制造能力提升，AS涂层汽车板的质量稳定和放量，热轧取向硅钢产品迭代升级和市场放量］牵引战略项目汇报会，旨在核查各项目进展，分析差距、强化协同，形成整体推进合力，集中优势力量，进一步推动“8项核心指标突破项目”“8项结构调整快赢项目”两大战略任务的加速突破，有效推进各项目扎实开展，以点的突破带动面的提升，落地见效，支撑马钢集团经营绩效改善。与会马钢集团公司领导对“双8”牵引战略项目进展情况进行了点评，并就后续推进提出了具体要求。经营财务部、营销中心分别汇报了“8项核心指标突破项目”“8项结构调整快赢项目”整体进展情况。“双8”牵引战略项目组组长汇报了各自项目的具体情况、存在问题及下一步改进措施。

（朱珍珍）

**【马钢集团召开2023年半年度法治工作会议（法治企业建设及合规管理领导小组第二次会议）暨合规管理体系认证启动会】** 2023年8月2日上午，马钢集团召开2023年半年度法治工作会议（法治企业建设及合规管理领导小组第二次会议）暨合规管理体系认证启动会。马钢集团、马钢股份党委书记、董事长、法治企业建设及合规管理领导小组组长、合规管理委员会主任丁毅出席会议并讲话。马钢集团总法律顾问杨兴亮主持会议。

马钢集团积极贯彻落实合规管理和依法治企各项要求，通过完善风险研判评估、防控等多项机制，规范对外经济业务授权、合同管理等业务活动，以及普法宣传、依法维权、以案促管等配套举措，深化法治企业建设，完善合规管理体系，将合规管理体系融入马钢集团综合管理体系，在2022年度宝武集团开展的法治企业建设综合评价中被评定为“AAA”级（最高级别）。2023年下半年，马钢集团法治企业建设及合规管理重点工作是，力争通过半年左右时间，对标建设和运行合规管理体系，确保马钢集团合规管理体系符合最新的国际、国家标准，通过合规管理体系 ISO 37301 认证，推动马钢集团在法治合规轨道上实现高质量发展，持续提升依法治企能力和水平，为马钢集团创造价值。

丁毅指出，召开这次会议旨在深入学习贯彻习近平法治思想，加快落实宝武集团对法治工作和合规管理的各项工作要求，着力推动法治工作水平再上新台阶，为加快打造后劲十足大而强的新马钢提供坚强法治保障。他希望大家结合后面的合规培训，把握机会，认真学习，进一步提高合规管理工作水平。

就做好合规管理体系建设和认证工作，丁毅提出三点要求。一是加强合规治理，持续提升公司治理体系和治理能力现代化水平。形成治理完善的合规管理体系，不仅可以有效防控合规风险，还能从多元化途径提升马钢集团治理体系和治理能力现代化水平，将传统“制度型”治理模式转变为“合规预防型”治理模式。二是坚持全面覆盖，有效构筑风险管理“三道防线”。压实“责任线”。各职能、业务部门要承担起合规主体责任，编制重点岗位合规职责正面、负面清单，确保业务合规落实到位。严把“审核线”。法务部作为合规管理归口部门，要发挥统筹协调、组织推动、督促落实作用，加强合规制度建设，开展合规审查与考核，促进合规体系有效运行。拉紧“监督线”。纪检监督部、审计部等监管部门要持续完善大监督体系，将合规审查要求落实在专业职能监督过程中，将合规督查融入监督执纪、巡视巡察、审计检查日常工作中，抓好重大项目、财务资金、物资采购、招投标等重点领域的监督检查及问责，切实发挥震慑作用。三是强化对标提升，切实保障合规管理体系有效运行。要强化协同联动，完善体制机制，注重经验总结。丁毅最后表示，相信在全体员工的共同努力下，在大成所和 BSI（英国标准协会）的大力支持下，马钢集团合规管理工作必将迈上新台阶，为公司高质量发展注入新的动力、贡献“硬核”力量。

北京大成律师事务所高级合伙人徐永前、BSI 华东区标准应用方案总监练卫堪先后作了发言。马钢专家、相关单位和部门主要负责人、各单位合规管理员参加了会议。会后，徐永前、练卫堪围绕合规管理建设实务、认证要求等作专题合规培训。

（周　珂）

**【马钢集团召开学习贯彻习近平新时代中国特色社会主义思想主题教育调研成果交流会】** 2023 年 8 月 4 日，马钢集团召开学习贯彻习近平新时代中国特色社会主义思想主题教育调研成果交流会。马钢集团、马钢股份党委书记、董事长丁毅带头发布调研成果并作讲话。马钢集团领导毛展宏、唐琪明、任天宝、伏明发布调研成果。中国宝武主题教育第三巡回指导组到会指导。马钢集团党委副书记、纪委书记、马钢集团主题教育领导小组常务副组长兼办公室主任唐琪明主持会议。

主题教育开展以来，在中国宝武主题教育第三巡回指导组的悉心指导下，马钢集团认真学习领会习近平总书记关于调查研究的重要论述，迅速研究部署大兴调查研究工作。马钢集团助理及以上领导坚持问题导向，以马钢集团高质量发展的瓶颈制约和矛盾短板为切入点，确定调研题目，带头深入基层、深入一线、深入职工，摸情况、找问题、提对策，着力打通制约马钢高质量发展的堵点淤点难点，推动调研工作取得了阶段性成效。在推进调查研究过程中，中国宝武主题教育第三巡回指导组对马钢调查研究工作给予充分指导和帮助，为马钢高质量开展课题调研提供了好的意见和建议。

马钢集团党委书记、董事长丁毅在发布主题为《坚持大抓基层，树牢“强绩效”导向，完善马钢特色的“奋勇争先”激励机制》的调研成果时说，课题组围绕“国企改革三件事（体制改革、制度改革、机制改革）”，充分认识到马钢集团完善激励机制变革的重要意义是基于积极应对行业严峻经营形势的需要，是基于全面站稳中国宝武第一方阵的需要，是基于打造后劲十足大而强的新马钢的需要。通过调查研究，发现公司当前生产经营主要在思想层面、制度层面、实践层面上存在不足。聚焦各类问题，课题组提出“目标清晰、问题导向、责任到位、刚性执行”的改进思路，制定“抓主抓重”“建立正面和负面清单”“强赛马、强排序、强应用、强氛围”等方面的改进举措。丁毅表示，面对新时代新征程，我们要以开展主题教育为强大推动，加快转型升级步伐，着力推动高质量发展，坚定不移打造后劲十足大而强的新马钢，为中国宝武建设世界一流企业作出新的更大贡献。

马钢集团总经理、党委副书记毛展宏在发布主题为《优化经营策略，推动新特钢项目快速达产达效》的调研成果时说，课题组通过以“组合拳”

调研的方式，破解复杂难题，以客户为关注焦点，持续做好扩品种、提品质、强品牌“文章”。一方面以客户问题为导向，优化经营策略；另一方面，协同部署实施，打造极致高效。针对调研中发现的各类问题，将按照整改目标落实责任，建立问题闭环工作机制，确保按期整改完成。毛展宏表示，我们要抢抓时代机遇，跨上大国重器、中流砥柱的崭新平台，迈上二次创业、转型升级的崭新跑道。全体马钢人要以时不我待、只争朝夕的干劲奋勇前进，为助力中国宝武实现“成为全球钢铁及先进材料业引领者”的目标贡献马钢力量。

唐琪明在发布主题为《树牢大安全观，构建极致高效条件下的安全管控模式》的调研成果时表示，课题组围绕马钢集团安全生产现状，通过开展调查研究发现当前公司安全生产存在的相关问题，提出“以‘零工亡’目标为引领，持续构建新形势下的安全管控模式，优化体系运行，提升体系能力”的工作思路，制定“持续优化责任体系、压实安全责任”“持续优化体系运行、有效管控风险”“持续改进工作方式，不断提升体系能力”“大力开展安全宣传教育，打造安全文化”等改进措施以及相关整改问题、责任、任务清单。

会上，马钢集团党委常委任天宝、伏明分别发布了主题为《推进网络钢厂资源整合，提高区域市场占有率》和《聚焦“十四五”规划项目高效推进，构建具有马钢特色的合格供应商队伍管理模式》的调研成果；经营财务部负责人发布了主题为《推动业财融合，创建一流数字化财务管控体系》的调研成果；相关课题组发布了正反面典型案例报告。

当天发布的课题内容紧紧围绕全面贯彻落实党的二十大精神，推动高质量发展，聚焦经营管理和改革发展中的薄弱环节，以不同视野和角度，从不同领域和维度，对机制改革、新特钢达产达效、安全管理等工作做了深入的思考，总结分析现状、深刻剖析问题、提出应对举措。与会人员积极参与交流研讨，踊跃提问，理论联系实际，通过思想的碰撞，进一步深化了认识、凝聚了共识、完善了成果。

丁毅在讲话时指出，召开主题教育调研成果交流会，主要目的是深入贯彻落实习近平总书记关于主题教育和大兴调查研究的重要指示精神，对马钢集团公司主题教育调研工作成果进行一次集中检阅，对破解马钢集团高质量发展难题、探索路径措施进行一次集中研讨，进一步推动主题教育走深走实，取得实实在在的成效。

丁毅强调，当前，主题教育已经进入纵深推进的关键时期，做好调查研究“后半篇文章”，对于持续推动主题教育走深走实具有重要意义。因此，我们要持续在全面系统“学”上下功夫，要持续在融会贯通“悟”上下功夫，要持续在知行合一“用”上下功夫，切实把学习成效、调研成果转化为推动马钢高质量发展的具体实践。丁毅就进一步巩固、深化和提升主题教育调查研究成果，提出了三个方面的要求。第一，要抓好调研问题整改落实。要坚持分类分层推进问题解决，对短期能够解决的，立说立办、紧抓快办；对需要持续推进解决的，要敢于动真碰硬、勇于刀刃向内，以钉钉子精神狠抓落实。要坚持求解优解推动精准施策，深入剖析问题背后的顽瘴痼疾，注重从理念思路上、工作机制上、方式方法上优化解决，提出务实管用的办法措施，研究形成建章立制的治本之策。要坚持亲力亲为确保整改到位，强化督查回访、跟踪问效，动态建账销号，做到问题不解决不松劲、解决不彻底不放手。第二，要抓好调研成果转化运用。要把调研成果运用在极致高效上，充分发挥填平补齐项目的协同效应，追求产线极致效率和极致能耗，推动产线满负荷生产。铁水要站稳 4.5 万吨平台，粗钢要在成本受控前提下站上月产 200 万吨新平台，8 个核心指标也要快速突破。要把调研成果运用在结构渠道上，统筹好产品结构调整和规模放量，聚焦 8 个重点品种，以吨材毛利为核心，细分市场，快速放量增效。要把调研成果运用在成本管控上，强化系统观念、主动作为，坚持算账经营，深入对标找差，推动下半年经营绩效，改善各项任务落实、落细、落地。要把调研成果运用在科技支撑上，将科技创新摆在企业高质量发展全局的核心位置，以科技创新支撑新产品创效、支撑现场难题解决、支撑工艺流程优化、支撑市场渠道开拓。要把调研成果运用在机制创新上，坚持“一抓两面四强”（抓主抓重，正面负面清单，强赛马、强排序，强运用、强氛围），持续完善绩效评价和考核激励体系，通过绩效牵引营造奋勇争先、你追我赶、拼搏向上的竞争氛围。第三，要抓好调研工作常态长效。要充分发挥“关键少数”作用，以上率下推动调查研究成为各级干部的高度自觉，不断增强看问题的眼力、谋事情的脑力、察实情的听力、走基层的脚力。要丰富拓展调研形式，结合现场督导、主题党日、精益现场日等形式，广辟调研渠道、丰富调研方法，多掌握第一手资料，多听各方面意见。要持续改进调研作风，力戒形式主义、官僚主义，切实增强调研工作实效、减轻基层负担。

丁毅最后强调，要按照“学思想、强党性、重实践、建新功”的总要求，坚持理论学习、调查研究、推动发展、检视整改一体推进，在以学铸魂、以学增智、以学正风、以学促干上取得扎实成效。要做好第一批第二批主题教育工作的衔接，确保无缝对接、压实责任、有机融合。

中国宝武主题教育第三巡回指导组在会上指出，马钢集团主题教育调查研究工作站位谋得高、主题选得好、问题找得准、对策落得实。马钢集团党委深刻领会把握习近平总书记关于调查研究的重要论述，把理论学习与开展好调查研究深度融合，从党的创新理论中找思路、找方法、找举措，使调查研究的过程成为理论学习向实践应用转化的过程。下一步，要从持续深化研究，着力发现挖掘真问题；敢于动真碰硬，抓好调研问题的整改；增强自觉性和主动性，推动调查研究常态化长效化等三个方面做好调查研究工作。

马钢集团主题教育领导小组成员、马钢集团助理及以上领导、宝武科学家、马钢专家、各部门及单位党政主要负责人以及公司中层副职管理人员、C层级管理人员分别在主会场和视频分会场参加会议。

（马琦琦）

**【马钢集团召开领导班子学习贯彻习近平新时代中国特色社会主义思想主题教育专题民主生活会】** 2023年8月28日下午，马钢集团召开领导班子学习贯彻习近平新时代中国特色社会主义思想主题教育专题民主生活会。马钢集团、马钢股份党委书记、董事长丁毅主持会议并作总结讲话。中国宝武主题教育第三巡回指导组组长李麒等到会指导并作点评讲话。

马钢集团领导班子对开好这次专题民主生活会高度重视，周密制订工作方案，认真做好准备工作。会前，组织班子成员认真开展民主生活会前的专题学习研讨，采取集体研讨与个人自学相结合等方式，学习了习近平总书记关于党的建设的重要思想，习近平总书记关于严肃党内政治生活的重要论述，习近平总书记关于以学铸魂、以学增智、以学正风、以学促干的重要论述等内容；领导班子成员还围绕专题民主生活会方案规定主题，结合工作实际开展深入研讨。通过集中学习研讨，领导班子进一步统一了思想认识、明确了行动目标、强化了责任担当，打牢了开好民主生活会的思想基础。同时，严格落实“四必谈”要求，切实制定马钢集团领导班子成员间民主生活会前谈心谈话安排计划，并开展一对一、面对面谈心谈话。在此基础上，严格对照本次专题民主生活会要求，结合科技专项巡视和巡视整改“回头看”专项检查反馈问题，认真撰写班子对照材料和个人发言提纲，从准查找问题、从深剖析原因、从细优化整改，为开好民主生活会做好充分准备。

会议通报了2022年度民主生活会整改措施落实情况。丁毅代表马钢集团领导班子作对照检查，对照理论学习、政治素质、能力本领、担当作为、工作作风、廉洁自律等6个方面突出问题，特别是对照习近平总书记关于以学铸魂、以学增智、以学正风、以学促干的12条具体要求，认真分析原因，剖析典型案例，并在此基础上研究提出今后的努力方向和改进措施。随后，丁毅带头开展个人检视剖析，其他班子成员逐一作检视剖析，把自己摆进去、把职责摆进去、把工作摆进去，深刻分析原因、提出整改方向，并相互提出批评意见。

丁毅在总结讲话时表示，本次专题民主生活会，紧扣会议主题，紧密联系实际，大家对照问题，敞开心扉，咬耳扯袖、红脸出汗，认真开展批评和自我批评，达到了统一思想、明确方向、增进团结、凝聚力量的目的。丁毅就做好会后整改落实工作，提出三方面要求。一是提高政治站位，在坚定拥护“两个确立”、坚决做到“两个维护”上做示范、当表率。以主题教育为强大推动，进一步增强以习近平新时代中国特色社会主义思想为指引的主动性、自觉性，进一步深学细悟习近平新时代中国特色社会主义思想，把握其中的世界观、方法论和立场观点方法，坚持好、运用好贯穿其中的立场观点方法，不断提高政治判断力、政治领悟力、政治执行力。切实把思想和行动统一到习近平总书记和党中央决策部署上来，坚决做到“总书记有号令、党中央有部署，宝武有要求、马钢见行动”，在实际行动中坚定捍卫“两个确立”，在有力落实中坚决做到“两个维护”。二是坚持标本兼治，在狠抓落实中推动问题解决、工作提升。要发扬刀刃向内的自我革命精神，坚持边学习、边对照、边检视、边整改，把抓好专题民主生活会后的问题整改，作为巩固主题教育成效的重要措施。会后，要针对自身查摆的问题、推动发展遇到的问题、群众反映强烈的问题，以及本轮科技专项巡视和巡视整改“回头看”专项检查反馈的问题，制定问题清单、完善整改措施、落实整改责任，以自我革命的勇气认真务实抓好整改。在认真抓好个人问题整改的同时，要主动认领领导班子的整改任务，牵头抓好分工事项的整改落实，切实把专题民主生活会成果转化好、运用好，切实把整改任务落到实处。三是强化责任担当，在推动马钢高质量发展上展现新担当、新作为。要聚焦马钢集团高质量发展的短板所在、转型升级的瓶颈制约、战略落地的困难挑战，尤其是面对当前市场“寒冬”，牢牢把握“学思想、强党性、重实践、建新功”总要求，坚持知责于心、担责于身、履责于行，在匡正干的导向、增强干的动力、形成干的合力上下功夫，大力倡导“小事立即办、大事不过夜”的工作作风，以推进8大类降本增效任务为主线，以8个重点突破核心指标、8个结构调整快赢项目为牵引，紧盯重点，抓主抓重，强赛马、强排序、强应用、强氛围，以点的突破带动面的提升，带领职工心往一处想、劲往一处使，拧成一股绳、铆足一股劲，打赢经营绩效翻身仗，为加快打造后劲十足大而强的新马钢，助力中国宝武加快建设世界一流企业作出新的更大贡献。

（马琦琦）

**【马钢集团举办2023年党建引领高质量发展专题研修班】**　2023年9月1—2日，马钢集团举办2023年党建引领高质量发展专题研修班。马钢集团、马钢股份党委书记、董事长丁毅讲授专题党课，并作总结讲话。马钢集团总经理、党委副书记毛展宏，马钢集团助理及以上领导，各直属党组织书记、副书记、纪委书记，马钢集团机关党群部门负责人参加研修。

本次研修采取集中学习、分组研讨、成果发布相结合的方式进行。在1日上午的集中学习中，丁毅讲授了题为《强化党建引领 全面激活状态 以高质量党建引领高质量发展》专题党课。丁毅指出，此次研修的目的有三点：一是深入学习贯彻习近平新时代中国特色社会主义思想和党的二十大精神，推动各级党员干部自觉用习近平新时代中国特色社会主义思想武装头脑、指导工作，确保主题教育走深走实走细；二是紧扣“三心”，提升“三力”，推动党建工作与生产经营深度融合，以党建创一流引领企业创一流；三是聚焦当期生产经营严峻形势和重点任务，找准切口、主动作为，党政同心，上下同欲，全力打好下半年经营绩效改善翻身仗。

就以高质量党建引领高质量发展，丁毅谈了四点意见。第一，要提高政治站位，充分认识此次研修班的重要意义。要充分认识到，此次研修班是深入开展学习贯彻习近平新时代中国特色社会主义思想主题教育的需要。4月以来，马钢集团深入开展主题教育，取得显著成效，既明确了努力方向，也强化了责任担当，更鼓足了干劲斗志。要充分认识到，此次研修班是落实全面从严治党主体责任体系的需要。各单位要始终将党建摆在首要重点位置，持续提高领导干部的知识结构、业务能力、工作方法，加速年轻干部的培养力度，为年轻干部成长成才创造良好条件。要充分认识到，此次研修班是打好经营绩效改善攻坚战的需要。围绕下半年经营绩效改善，各级领导干部要从岗位实际出发，树立经营思想，助推降本增效，要将“结构、成本、效率、极致”作为2023年下半年及今后一段时期的指导思想，以“双8”重点项目为牵引，努力实现9月生产经营目标。第二，要加强本领养成，以高质量党建引领企业高质量发展。一要在理论学习凝心铸魂上作表率。要以学铸魂，持续深学细悟，要学思用贯通，知信行统一，要抓住“关键少数”，引导“绝大多数”。二要在调查研究服务决策上作表率。要深入基层、问计于民，要直面问题、破解难题，要转变作风、务实高效，各级领导干部要深入基层，找准问题症结，提出破解难题的新思路新办法。三要在推动发展实干担当上作表率。要深化党建与生产经营深度融合，要深化党组织联创联建，要深耕现场督导，要开展特色党建活动，坚持理论联系实际，聚焦问题、知难而进，真抓实干、务求实效。四要在检视整改自我革命上作表率。要对标对表检视问题，真抓真改建章立制，严格监督务求实效，坚持刀刃向内，深入查摆不足，抓好突出问题的整改整治。第三，要强化真抓实干，展现新时代新担当新作为。马钢集团各级党组织和广大党员要聚焦“三心”党建工作主题，聚力经营绩效改善目标，扛起责任，主动担当，迅速行动，不断增强党组织的战斗力、号召力和凝聚力，在党建引领上看状态，在联创联建上促实效，在攻坚克难上见行动。第四，要全面从严治党，着力锻造忠诚干净担当的干部队伍。近年来，马钢集团党委围绕“紧跟核心把方向、围绕中心管大局、凝聚人心保落实”党建工作主题，坚决贯彻党的自我革命战略部署和全面从严治党战略方针，开展了一系列卓有成效的工作，引领和保障生产经营稳定顺行，有效凝聚和激发了党员干部干事创业热情，为马钢集团转型升级、高质量发展营造了良好环境。但同时，也要清醒地认识到，当前马钢集团党风廉政建设和反腐败斗争形势依然严峻，全面从严治党依然任重道远。要保持自我革命永远在路上的战略定力，坚决扛起管党治党的政治责任，推动健全全面从严治党体系，严格做好监督执纪。

马钢集团党委副书记、纪委书记唐琪明主持研修班开班仪式。他在开班动员时强调，此次研修内容丰富，课程紧凑，要专心学习，虚心求教，争取学有所获；要紧密联系实际，带着问题学习，认真查找差距与不足，联系本单位工作实际，制定相应的改进方案和措施，做到学以致用；要积极进行成果转化，在培训中要善于勤于思考，主动提问，做到上下互动，教学相长，努力把学习成果转化为实实在在的工作成效。

在1日下午的集中学习中，外请专家分别作了题为《党建与生产经营深度融合的探索与实践》和《坚定不移落实全面从严治党责任》的专题党课。在2日上午的分组研讨中，研修班学员分六组，围绕“三心”，聚焦丁毅书记主题教育专题党课提出的公司2023年下半年重点工作，就高质量党建引领高质量发展研修主题逐一发言讨论。大家表示，将以高质量党建为引领，持续推动党建工作与生产经营深度融合，树牢经营思想，以党建创一流引领企业创一流。在成果发布环节，技术中心、四钢轧总厂、特钢公司、营销中心、长材事业部、冷轧总厂代表各自小组作汇报交流。

丁毅在总结讲话时指出，马钢集团党委对本次研修高度重视，研修班培训内容丰富充实，研讨效果成果丰硕，达到了预期效果。就进一步巩固学习成果，推动马钢集团高质量发展，丁毅提出三点要求。一是要保持学以致用的恒心。要将“六个必须坚持”作为一切工作的出发点与落脚点，联系工作实际，抓住主要问题，加强自我修炼。二是要坚定战略定位的信心。当前，钢铁行业形势多变，要从实际出发，统筹好长远目标与当期生产经营之间的关系，既要保持定力，又要只争朝夕。要牢固树立经营思想，坚持系统思维，加强工序协同，把“算着干、干着算”落实到实际工作与目标任务中去。管理是盯出来的，技能是练出来的，办法是想出来的，成本是压出来的，潜力是逼出来的，要将压力层层传递到位，形成上下同欲、奋勇争先的浓厚氛围。当前公司结构调整效果显著，要理清思路，补齐短板，做好当期生产经营中的优秀经验总结，为今后一段时间的工作打下坚实基础。三是要强化责任担当的决心。要发挥销售端“龙头”作用，抢抓市场机遇，针对重点客户开展差异化、个性化服务；以推动经营绩效持续改善为重点，在稳定生产的同时，充分发挥填平补齐项目的极致效率，降低钢铁料消耗，推动关键指标持续提升和降本增效工作的纵深推进。要理清思路，将任务分解到位、责任落实到位，建立完善绩效评价和考核激励体系，营造奋勇争先的浓厚氛围。要全面传递经营压力，努力发挥生态圈协同效应，共同打好9月生产经营翻身仗。

（马琦琦）

**【马钢集团与淮北矿业集团举行党委联创联建暨商务技术交流会】** 2023年9月6日，马钢集团与淮北矿业集团举行党委联创联建暨商务技术交流会，双方以党建引领、同创共赢，携手打造更具竞争力的煤钢产业链、供应链。马钢集团领导丁毅、唐琪明、任天宝及邓宋高，淮北矿业集团及淮北矿业领导方良才、汪琳、刘杰（淮北矿业集团工会主席）、邵华、刘杰（淮北矿业股份副总经理）出席会议。

会上，马钢集团党委常委任天宝、淮北矿业副总经理邵华，代表双方签署《党组织联创联建项目协议书》。根据协议，双方聚焦“联创强党建、联解提绩效、联享共发展”项目内容，以联创联建为抓手，以党建“五个一”活动为牵引，以“五促”助力“五推动”，进一步提升双方党的建设和生产经营双融双促质效。

在党建工作交流中，淮北矿业集团党委分享了《坚持“五聚焦、五提升”以高质量党建引领企业高质量发展》的经验做法，马钢集团党委介绍了《创建“345”工作模式 创新党组织联创联建 以党建创一流引领企业创一流》的创新实践。在商务技术交流中，双方相关部门单位分别作专题发言，回首过往、着眼当下、共谋未来。与会人员还就双方共同关心的产品质量、生产技术、商务合作等问题进行了深入交流，达成了进一步深化合作的广泛共识。

马钢集团、马钢股份党委书记、董事长丁毅在讲话中表示，马钢集团与淮北矿业集团在多年的合作中，形成了家人般的深厚感情。尤其近两年，我们围绕以高质量党建引领企业高质量发展，展开深入交流、深度合作，构建了日常化联络机制，探索出项目化推进方式。丁毅说，此次交流，感触深、收获多。淮北矿业集团在党建方面取得的优异成绩，值得马钢集团学习借鉴；双方通过商务技术交流，也为进一步深化合作凝聚了共识。丁毅对淮北矿业集团长期以来在煤焦资源方面给予马钢集团的鼎力支持表示感谢。他指出，企业高质量发展，离不开安全稳定、经济高效、可持续、有竞争力的供应链。2023 年以来，面对严峻的外部市场形势，以及自身战略转型期、项目建设期、产品爬坡期、冬练提质期的“四期叠加”冲击，马钢集团生产经营压力巨大。通过调结构、降成本、提效率，目前马钢集团经营绩效正持续改善。丁毅希望淮北矿业集团在坚持市场化原则的前提下，在供应链上给予马钢集团更大支持。同时，希望双方开创新模式、拓展新领域，构建范围更广、质量更高、更加安全、更可持续的全方位战略合作，推动双方高质量发展。

淮北矿业集团党委书记、董事长方良才在讲话中，首先对马钢集团一直以来给予淮北矿业集团的充分信赖和全力支持表示感谢。同时，感谢马钢集团毫无保留地介绍党组织联创联建等一系列党建特色做法，为淮北矿业集团进一步提高党建工作水平提供了宝贵经验。在简要介绍淮北矿业集团党建引领、经济运行、项目支撑、改革创新等方面情况后，方良才表示，马钢集团与淮北矿业集团战略同向、发展同行，有着广阔的合作空间、无限的发展前景。他希望双方能够持续深化战略合作伙伴关系，在焦炭、钢材、废旧钢材、数智转型、资本运作、环保产业、绿色低碳发展等方面，开展全方位、深层次的合作。特别是已经正式开工的淮北地区首个零碳智慧物流产业园项目，为未来双方拓宽合作提供新的平台。期待下一步双方在物流贸易、钢材加工运输等方面开展更加深入的交流合作。他相信，一路风雨同行、始终携手同心，马钢集团和淮北矿业集团的明天一定会更加美好。双方相关党群、业务部门和单位负责人，以及有关管理、技术人员参加会议。

（邹　超）

**【马钢股份召开 2023 年半年度业绩说明会】** 2023 年 9 月 12 日下午，马钢股份 2023 年半年度业绩说明会在马钢集团公司办公楼召开。本次会议借助影响力较大的全景路演平台，采取直播加文字互动的形式，为投资者深入解读马钢股份 2023 年上半年经营及业绩情况、ESG 工作成效等方面的情况，并与投资者在线互动交流，加强投资者对马钢股份的了解，传递马钢股份价值。

马钢股份董事、总经理、董事会秘书任天宝，独立董事朱少芳及经营财务部部长邢群力现场出席会议。

在会议主持人简短介绍马钢股份公司参会人员后，董事、总经理、董事会秘书任天宝致辞，对投资者对公司的长期信任与支持表示感谢，介绍了马钢股份 2023 年上半年生产经营情况、外部面临的严峻市场形势、内部面对自身战略转型期、项目建设期、产品爬坡期、冬练提质期“四期叠加”的严酷考验、2023 年下半年重点工作安排等情况。进入文字互动交流环节，马钢股份公司管理层和投资者、媒体就其所关心的马钢股份亏损原因、原料采购策略、物流成本、新特钢项目投产及产品销售情况、进口替代产品开发情况、对标找差工作、同业竞争、马钢股份核心产品情况、出口情况等问题进行了充分的交流。

为进一步加强和投资者沟通，提高沟通效率，会前，马钢股份在 9 月 1 日发布了《关于召开 2023 年半年度业绩说明会的公告》，公布了会议时间、举办方式、参会网址、电子邮箱等信息，以方便广大投资者参会并提出意见和建议。会后，业绩说明会的视频及文字互动记录在全景路演平台挂网，以便于投资者回放观看。本次业绩说明会受到了投资者广泛关注，约 7.9 万人次参与直播或观看回放。

（李　伟）

**【马钢集团召开公司工会第九届委员会第十九次全体委员会暨中国宝武马鞍山区域工会工作委员会（扩大）会议】** 2023 年 10 月 26 日上午，马钢集团公司工会第九届委员会第十九次全体委员暨中国宝武马鞍山区域工会工作委员会（扩大）会议在公司办公楼 413 会议室召开。

马钢集团工会主席邓宋高出席会议，并作《深入学习习近平总书记关于工人阶级和工会工作的重要论述 扎实推动中国工会十八大精神落地见效》主题报告。

会议要求，要更加紧密地团结在以习近平同志为核心的党中央周围，全面贯彻习近平新时代中国特色社会主义思想，深入贯彻习近平总书记关于工人阶级和工会工作的重要论述，认真落实中国工会十八大精神，切实维护职工合法权益，竭诚服务职工群众，踔厉奋发、勇毅前行，团结动员广大职工群众，为全面建设社会主义现代化国家，全面推进中华民族伟大复兴团结奋斗。

马钢集团公司工会第九届（股份公司工会第四届）委员会委员、经费审查委员会委员；马钢集团公司二级单位工会主席（主持工会工作负责人）、副主席、女工主任；宝武马鞍山区域单位工会主席（主持工会工作负责人）、副主席；马钢集团公司工会机关全体人员参加会议。

（臧延芳）

**【马钢集团一项国家重点研发计划项目通过中期检查】** 2023 年 11 月 17 日，科技部高技术研究发展中心组织专家对马钢集团牵头承担的国家“十四五”重点研发计划“智能传感器”专项“特种钢生产关键参数在线检测传感技术开发及示范应用”项目开展了中期检查。检查专家组听取了项目中期执行情况报告，审阅了相关材料，观看了相关研究工作的视频，经质询和讨论，认为项目组完成了任务书规定的中期研究任务和考核指标，达到了预期目标。

项目组围绕“仿真设计—传感器研制—测量系统集成—产线示范应用”的总体思路，研制了适应特种钢现场的温度传感器（校准温度达 1700 摄氏度，响应时间 15 秒）、化学成分传感器（16 种元素）、图像传感器，并开发了测量系统样机。经过近两年的艰苦攻关，项目攻克了耐高温、极低侵蚀率的超薄复合陶瓷涂层材料和工艺技术、真空管外光谱高效传输技术、多光谱图像传感器、多信息同步缺陷识别、高温异形轮廓柔性分段感知等关键技术，目前传感测量系统已在现场开展初步应用验证工作。

该项目周期为 3 年，成果应用后可使马钢特种钢精炼工艺调整周期缩短 30%、连铸工艺改进周期缩短 50%、轧制废品减少 20%，提升加工效率使能源消耗降低 5%，并可减少二氧化碳的排放。项目的实施将对有效提升我国高速车轮和特种钢制造的智能化水平发挥重要示范作用。

（黄社清）

**【马钢集团召开下半年全面对标找差及算账经营经验交流会】** 2023 年 11 月 21 日下午，马钢集团下半年全面对标找差及算账经营经验交流会在公司办公楼召开。会议总结前期全面对标找差和算账经营优秀经验，部署下一阶段相关工作。马钢集团、马钢股份党委书记、董事长丁毅在会上强调，要坚持“四不原则”，做好当期收官工作，全力以赴确保四季度和全年经营目标顺利完成。

马钢集团领导毛展宏、唐琪明、任天宝、伏明、陈国荣、罗武龙、马道局及王光亚、邓宋高，宝武科学家张建出席会议。会议由马钢集团党委常委、副总经理陈国荣主持。

2023 年以来，马钢集团围绕年初确定的“战略引领、上下贯通、全面覆盖、专项聚焦、闭环管理、持续改进”工作思路，持续完善对标体系，深入开展全面对标、精准对标、动态对标。特别是 2023 年下半年以来，面对严峻的市场形势和巨大的经营压力，马钢集团上下坚定信心，坚持以“四化”为方向引领，以“算账经营”“精益运营”双轮驱动，深入落实“四有”经营纲领，坚持“管理是盯出来的，经营是算出来的，潜力是逼出来的，技能是练出来的，活力是赛出来的”，抢抓 CE 系统推广应用机遇，围绕数据治理和应用推广“两个重点”，促进算账经营意识、算账经营能力、算账经营应用“三个提升”，实现结构优化、产线优化、成本改善“三个突破”。2023 年下半年，马钢集团多项指标连续斩获佳绩，支撑经营绩效快速改善。

丁毅在讲话中指出，今天的会议既是经验交流分享会，也是决战四季度、冲刺年终收官的部署动员会。会上各部门、单位分享发布的经验和案例，思路清晰、重点突出，都是在实践中总结出来的优秀经验，既有工作理念，也有路径方法，是马钢集团企业管理的宝贵财富，体现了我们的算账经营、精益运营、群策群力和团结协作，各单位要认真学习、互相借鉴。

丁毅表示，2023 年下半年以来，钢铁行业市场形势更加严峻。面对“寒冬”，马钢集团上下付出了巨大努力，在三季度实现了经营绩效的快速改善，这实属不易，展示了马钢集团的真正实力和水平。当前，钢铁行业形势依旧不容乐观，我们绝不能掉以轻心，要继续坚持“四不原则”，全力以赴冲刺月度目标，确保四季度和全年经营目标顺利完成。

就做好下一阶段相关工作，丁毅提出六点要求。第一，提高认识，统一思想。算账经营是一项长期任务，要清楚地认识到钢铁业大概率要进入一个长周期的震荡下行阶段期，各级管理者要从生产型思维向经营型思维转变，做到思想统一，高度重视算账经营。第二，相互借鉴，快速突破。各单位要放下身段，在发挥自身优势的同时，互相学习优秀经验做法，结合自身实际，提高综合能力。第三，业财结合，提升能力。要以 CE 系统应用为抓手，提升系统思维，坚持问题导向，算系统账，不能因小失大。第四，用好机制，赛出活力。要坚持以绩效为导向，建立公平透明的规则，鼓励竞争、敢于竞争，让想干者有平台、能干者有擂台、干成者有奖台。第五，抓好当下，谋好未来。当前最重要的工作是做好年底收官，要继续聚焦结构、成本、效率、机制四个核心要素做文章，在技术进步上寻求降本突破，做到精细管理，系统联动，模式创新。第六，党建引领，全员参与。要坚持以高质量党建引领保障高质量发展，持续打好“人民战争”，深挖潜力，规范有序地做好废旧物资归集工作。

马钢集团总经理、党委副书记毛展宏在讲话中表示，面对当前严峻的市场形势和巨大的经营压力，要坚持以“四化”为方向，以“算账经营”“精益运营”双轮驱动，做好年度收口工作。他强调，算账经营和对标找差是一项需要长期坚持的系统工作，要根据宝武集团要求，坚定树立算账经营思想，不断提升算账经营能力，为马钢集团长期保持高质量发展良好态势创造条件。唐琪明、任天宝、伏明、罗武龙分别就分管领域工作进行点评。

会上，经营财务部汇报了 2023 年以来全面对标找差及算账经营整体推进情况；炼铁总厂、四钢轧总厂、合肥公司分别结合本单位实际，从对标找差、降本增效和绩效改善等方面分享了各自的工作成效和经验体会；营销中心、技术中心、设备管理部分别作算账经营案例发布。马钢专家、相关部门及单位主要负责人参加会议。

（高莹茹）

**【马钢集团举行首席师技能大师研修会成立大会】** 2023 年 11 月 30 日，马钢集团首席师技能大师研修会成立大会在公司办公楼 413 会议室召开。马钢集团党委副书记、纪委书记唐琪明出席会议并讲话。会议由马钢集团党委组织部（人力资源部）部长胡玉畅主持，公司首席师、技能大师，党委组织部（人力资源部）、工会、运营改善部、规划与科技部、能源环保部、制造管理部、设备管理部、技术中心等相关单位负责人参加会议。

会上党委组织部（人力资源部）汇报了马钢集团首席师技能大师研修会成立情况。会议通过了《马钢集团首席师技能大师研修会章程（草案）》，研修会会长周伟文代表研修会发言。

唐琪明首先代表马钢集团党委对研修会的成立表示热烈祝贺，充分肯定首席师、技能大师在马钢集团生产经营与改革发展中发挥的核心作用，并就研修会进一步发挥好作用提出三点意见。一要充分认识高层次人才在企业发展中的重要地位。高素质核心人才是实现企业高质量发展的关键，在保障生产高效稳定运行、工艺质量改进、科技创新等方面都有着举足轻重的作用。二要充分发挥高层次人才队伍的核心作用，支撑企业高质量发展。要持续完善带头上岗、揭榜挂帅制度，以问题为导向，定期梳理生产过程中的难题，做好评估，形成问题清单；要坚持以业绩论英雄的鲜明导向，建立健全评价制度和体系；要加强导师带徒制度的作用发挥，核心骨干要带领好团队共同解决现场难题，做好后续人才培养。三要发挥好研修会作用，更好地服务高层次核心人才队伍成长。研修会要立足于服务广大的首席师和技能大师，发挥桥梁、纽带作用，多组织开展各类活动，为交流学习创造更多更好的条件。马钢集团相关部门要深入开展调查研究，关心首席师、技能大师成长，及时解决问题，为技术、技能人才成长发挥提供保障。

（洪　瑾）

**【中国宝武马鞍山区域职工岗位创新联盟启动会暨第一届第一次理事会在马钢集团召开】** 2023 年 12 月 14 日上午，中国宝武马鞍山区域职工岗位创新联盟启动会暨第一届第一次理事会（以下简称“联盟启动会”和“理事会”）在马钢集团召开。马钢集团工会主席、马鞍山区域总部工会工委主席邓宋高出席联盟启动会。

2023 年下半年，马钢集团按照宝武集团工会要求，结合区域特点，积极筹备马鞍山区域职工岗位创新联盟，旨在聚合马鞍山区域工匠基地创新资源，打造信息共享、结对共建、联合攻关、成果推广、人才交流新平台，构建区域协同创新共同体，带动区域整合资源互助创新，着力提升区域岗位创新成果转化能力，促进区域岗位创新协调发展。

联盟成员单位包括长材事业部、马钢交材、安徽宝信、宝武重工等12家单位。联盟成立后，将围绕“岗位创新要出成果”“平台建设要有提升”“创新成果要有分享”三个既定目标，强化盟间合作、联合攻关，共同推动马鞍山区域生产力提升、技术进步和产业发展，加快形成区域产业未来的竞争优势与核心竞争力。

联盟第一届理事会成员及成员单位创新工作联络人，马钢集团工会、教培中心、长材事业部相关负责人参加会议。

（徐光旭）

**【马钢集团机关召开第六次党代会】** 2023年12月16日，中国共产党马钢（集团）控股有限公司机关第六次党员代表大会召开，回顾总结机关第五次党代会以来的工作，明确未来5年机关党的建设主要任务，选举产生新一届机关党委和机关纪委，动员和组织机关全体党员、干部职工围绕中心、服务大局、发挥作用、创造价值，为助力打造后劲十足大而强的新马钢不懈奋斗。马钢集团党委副书记、纪委书记唐琪明出席会议。

机关第五次党代会以来，机关党委始终坚持以习近平新时代中国特色社会主义思想为指导，在马钢集团党委的正确领导下，强化使命意识和责任担当，聚焦“紧跟核心、围绕中心、凝聚人心”，锐意进取，扎实工作，充分发挥了党组织的战斗堡垒作用和党员的先锋模范作用，为完成马钢集团各项目标任务作出了积极贡献。新时代新征程，在实现马钢集团新一轮发展目标和任务的征途上，机关作为“参谋部、指挥所”，责任重大、任务艰巨。机关各级党组织将全面学习贯彻习近平新时代中国特色社会主义思想和党的二十大精神，深入贯彻落实习近平总书记考察调研马钢集团重要讲话精神，认真落实新时代党的建设总要求，坚持党要管党、全面从严治党，围绕中心、服务大局，发挥作用、创造价值，以高质量党建引领保障高质量发展。

唐琪明在讲话中代表马钢集团党委对机关各级党组织多年来作出的贡献、取得的成绩予以充分肯定。就进一步加强马钢集团机关党建工作，提出三点要求。第一，带头践行“两个维护”，建设对党绝对忠诚的政治机关。机关部门有着鲜明的政治属性，必须牢固树立政治机关的意识，以党的政治建设为统领，深化党的创新理论武装，深刻领悟“两个确立”的决定性意义，不断提高政治判断力、政治领悟力、政治执行力，切实增强基层党组织政治功能和组织功能。第二，聚焦职能作用发挥，建设忠诚干净担当的模范机关。要围绕中心联创联建，推动党建和业务深度融合，探索用党建方法破解业务领域存在的痛点难点堵点问题，带动和形成一批基础过硬、特色鲜明的党建品牌；要建强队伍发挥作用，扎实推进机关党支部标准化规范化建设，用行动践行“一名党员就是一面旗帜、一个支部就是一座堡垒”；要抓紧抓实党建工作责任制，一级抓一级、层层抓落实，推动各级党组织负责人把党建责任扛起来、把任务落实下去。第三，加强自身建设，建设价值创造型高效总部。机关各部门要树立大局意识，从全局角度、战略高度来思考问题和谋划推动工作；要发挥好统筹协调作用，主动作为、向前一步，横向协作、形成合力；要有效履行保落实职责，增强体系能力，完善督办机制，发扬斗争精神，确保马钢集团各项决策部署落实落地；要加强能力建设，着力提升机关队伍理论素养、业务素质和专业能力，建设高素质专业化机关队伍；要带头改进作风，严格落实中央八项规定精神，践行党的群众路线，不断提高服务基层的能力和水平。

（桂　攀）

**【马钢集团举办“短平快”技改项目现场动员会】** 2023年12月27日上午，马钢集团、马钢股份党委书记、董事长丁毅，马钢集团党委副书记、纪委书记唐琪明率队赴冷轧总厂，对“短平快”技改项目进行现场动员。丁毅在活动中强调，各部门、单位要树立“花小钱，办大事；不花钱，会办事”思想，在推进各技改项目落地落实的同时，加快产品结构调整，发挥重点产品比较优势和区域优势，强化成本意识，坚持细分市场，助推公司生产经营迈上新台阶。

此次活动旨在支撑马钢集团产品结构调整具体工作落地、落细、落实，快速启动、实施一批“短平快”项目，以优化产品结构、提升产线能力、降低生产成本，推动马钢集团经营绩效快速提升。

在冷轧总厂1720酸轧线，1号、2号镀锌线生产现场，丁毅一行详细了解各产线近期生产情况，听取相关技改项目情况介绍。2023年以来，冷轧总厂以“四化”为方向引领，坚持“小投入、大回报”，以效益为根本，从产品结构调整、产线能力提升、产品质量改善三个维度，瞄准酸轧、涂镀、硅钢三大类产线，策划出22个“短平快”技改项目。其中，2130连退生产线入口活套改造项目、4号镀锌线炉子加热能力提升项目已成功实施并投运。丁毅要求，冷轧总厂要严格按照“提质量、调结构、增效率”要求，全力抓好其他技改项目实施的时间节点。同时，要建立相互制约、高效透明的机制，按照统一集中、高效精准、过程控制、风险合规的管理模式，推进各技改项目提速、提质、提效。

在冷轧工匠基地，技术改造部、长材事业部、冷轧总厂，围绕“短平快”项目的必要性、时效性、投入产出效果等内容，发布了马钢集团“短平快”技改项目群以及长材、冷轧的“短平快”项目内容。

丁毅在讲话中指出，2023年对于马钢集团来说是极不平凡的一年。面对严峻的市场及生产经营形势，在全体职工的共同努力下，公司生产总体稳定，经营绩效持续改善，职工信心更加坚定，争先氛围愈发浓厚。要想持续保持当前的良好态势，我们必须认真学习贯彻中央经济工作会议精神，将会议精神与公司生产实际紧密结合，在建立科学的生产经营和管理模式的基础上，强化技术创新，以一流的技术支撑产品升级、产业升级、效率提升和节能降耗。

丁毅强调，“短平快”技改项目是在马钢集团大中修计划项目基础上进行的逢修必改，目的是进一步提升产线效率效益，推动结构调整，降低生产成本。因此，各部门、单位要树立“花小钱，办大事；不花钱，会办事”思想，精心策划、加快速度、压实责任，全力推动各技改项目落地落实。

丁毅要求，各部门、单位要解放思想、理清思路，一切从实际出发，加快产品结构调整，牢牢抓住重点产品的比较优势和区域优势，细化措施，精心组产，提速提质，快速突破，在打造特色产品的同时，不断提升产品的效率效益，向着“板材、特钢产品要做优，型钢产品要做强，轨交轮轴产品要做大”这一目标不懈努力。要进一步强化算账经营意识，打开成本结构分析问题，在算中干、在干中算，深挖潜力、系统降本；要在降本增效过程中动态测算好边际贡献。要坚持细分市场，聚焦重点产品，强化市场研判，准确识别客户需求，从而精准出击，为客户提供更为个性化的优质服务，在确保产销平衡的同时，努力多创效益。

马钢集团党委常委伏明在活动中对现场发布的三类项目进行了点评，并就项目实施提出具体要求。

马钢集团助理及以上领导，马钢专家，各单位、部门、分子公司党政主要负责人，相关分厂厂长、党支部书记和作业长代表参加活动。

（张蕴豪）

# 专文

# 坚持创新驱动　强化算账经营<br>蹄疾步稳推动马钢高质量发展取得新成效

## ——马钢集团二十届二次（马钢股份十届二次）职代会暨年度工作会议报告

毛展宏

各位代表、同志们：

我代表公司向大会作工作报告，请予审议。

### 2023 年工作回顾

2023 年是全面贯彻党的二十大精神的开局之年，也是马钢难中求成、极为不易的一年。面对错综复杂的外部形势，马钢集团坚持以习近平新时代中国特色社会主义思想为指导，深入学习贯彻党的二十大精神和习近平总书记考察调研中国宝武马钢集团重要讲话精神，以扎实开展主题教育为推动，认真落实集团公司党委一届七次全委（扩大）会、二届一次职代会工作部署，在公司党委的坚强领导下，坚持以“四化”为发展方向，以“四有”为经营纲领，紧扣“聚焦绩效、责任到位、刚性执行、挂钩考核”工作主线，全力以赴应对各种困难和风险挑战，打赢了逆势突围的翻身仗，充分展现了马钢应有的能力和水平，充分展示了马钢人不屈不挠、迎难而上、敢打硬仗、能打胜仗的精气神。全年生产钢 2097 万吨，经营绩效继续保持中国宝武第一方阵。

重点抓了七个方面工作。

**一是深入推进对标找差，推动全流程降本增效。**正视差距、坚定信心、聚焦重点、快速突破，把对标找差作为大考场、大舞台、大学堂。持续完善对标体系。遵循“战略引领、上下贯通、全面覆盖、专项聚焦、闭环管理、持续改进”对标工作思路，系统制定、全面落实对标找差工作方案，明确机制、目标、原则、路径。强化过程闭环管理。成立对标找差督导组，开展全方位督导，发布 11 期《马钢集团全面对标找差简报》，及时揭示进步和退步指标。加快重点指标突破。大力推进长材对鄂钢、板带对宝钢、特钢对兴澄、长江钢铁对永锋，46 项公司重点对标指标进步率 72%、达标率 70%，综合 TPC 周转率突破 4.55 次/(天·罐)，铁水温降最低达到 105℃。推动工序成本排名晋等升级。重点工序成本指标在宝武各基地排名进步明显，其中股份本部铁水平均成本在集团公司 11 家生产基地中排名第四位，四钢轧连铸板坯加工成本（不含合金）排名集团公司第一位。

**二是全面落实“四有”要求，推动经营绩效快速改善。**坚持把贯彻“四有”要求作为推动经营绩效改善的重要抓手，苦练内功，冬练提质，全方位推动降本增效，全流程推进价值创造。采购系统通过采购经济现货矿、灵活调控煤炭长协比例、转变废钢采购模式等措施，推动进口矿、炼焦煤等 5 个品种采购价格进入宝武系前三，采购成本跑赢大盘 7.09 亿元。营销系统持续优化品种结构、客户结构，积极抢抓市场订单，以销定产。实施 8 个产品结构调整快赢项目，2023 年全年交付订单 156.4 万吨，创造比较效益 7.27 亿元；重点品种月均订单量由上半年 27.6 万吨提升至下半年 34.8 万吨，全年重点品种订单量 352 万吨；冷系列汽车板积极抢抓民族汽车品牌发展机遇，实现订单 285 万吨，同比增长 22.6%，创历史新高；车轮轧线月销量突破 6 万件。扩大出口比例，H 型钢、车轮出口创历史新高，全年出口总结算量 101 万吨、同比增长 44%，方坯出口实现“零的突破”。加强终端客户培育，全年新开发客户 360 家，产品直供比同比提升 7.92 个百分点。加大用户感知，强化用户意识，提升用户满意度，客户端重复抱怨下降 35%，板带产品 30 万元以上大额理赔归零，长材产品理赔额下降 21%，汽车板用户感知提升至 83.8 分。

制造系统严格按边际贡献分配资源，动态组产，推动高效益产线满负荷生产，低效益产线集中开停、并线组产，冷轧总厂全年总准发量 542 万吨，同比提升 15%，合肥公司成品材产量 140 万吨，同比增长 43%。强化产品质量提升，坯材成材率 96.04%，同比进步 0.07 个百分点，其中冷轧总厂坯材成材率 92.45%，同比进步 0.43 个百分点。能源系统深化系统能源经济运行，提升二次能源利用效率和自发电比例，累计降本 3.2 亿元。设备系统强化设备稳定运行，开展设备特护和柔性检修，全年设备故障率同比降低 14.2%。

**三是大力推进“四化”发展，夯实高质量发展根基。**坚持把“四化”作为推动企业高质量发展的重要路径，推动质的有效提升和量的合理增长。加快高端化迈进。做强技术创新平台，新建成的研发大楼成为马钢科技中心和创新高地，马钢交材、长江钢铁、合肥公司通过高新技术企业认定。深化新产品开发应用，全年开发新产品 155.6 万吨，同比增加 25%；高铁车轮成功实现整车装用载客运行，2100 MPa 级汽车悬架簧用钢等 7 项新产品实现首发，其中低碳 45 吨轴重重载车轮全球首发。海洋石油平台用热轧 H 型钢等 6 项产品获评冶金产品实物质量“金杯优质产品”，13 项成果分别获安徽省科学技术奖、冶金科学技术奖，马钢集团荣获中国工业大奖表彰奖。深推智能化升级。稳步推进工业大脑——智能炼钢项目，行业首创的“转炉全周期一键精准控制模型”一键冶炼热试成功。围绕 3D 岗位智慧制造成果推广应用，全年新增“宝罗”机器人 102 台套，接入平台 135 个。马钢股份获国家级数字化转型最高荣誉“数字领航企业”称号，入选工信部“智能制造揭榜单位”；H 型钢系列产品智能制造示范工厂入选 2023 年度智能制造示范工厂揭榜项目，长江钢铁“能效平衡与优化”入选 2023 年度智能制造优秀场景；4 个项目入选 2023 年钢铁行业数字化转型典型场景应用案例；“马钢钢铁系列产品制造工业互联网平台”被省经信厅授予“行业型工业互联网平台”，长材系列产品智能工厂入选安徽省智能工厂，钢铁冶炼数字化车间入选安徽省数字化车间。坚持绿色化转型。马钢股份本部和长江钢铁先后完成环保绩效 A 级企业认证，马钢成为安徽省第一家环保绩效 A 级企业。积极落实“双碳”要求，追求极致能效，本部重点工序能效达标杆产能比例达到 46.12%，发布 5 项 EPD 环境产品声明，低碳 45 吨轴重重载车轮取得中国船级社碳足迹证书，碳排放降低 34.4%，实现全球同类产品最低；马钢集团获“绿色发展标杆企业”称号。深入落实长江生态环境保护，持续推动废水零排放、废气超低排、固废不出厂，马钢股份公司荣获中钢协“清洁生产环境友好企业”。持续推进厂区“洁化、绿化、美化、文化”，马钢工业旅游景区入选国家工业旅游示范基地。做精高效化发展。大力提升产线效率，全年累计打破日产纪录 162 次、月产纪录 69 次，车轮年产突破 60 万件，四钢轧总厂炼钢、热轧实现 1000 万吨生产能力；坚持以高炉稳定顺行为中心，深化高炉体检制度，建立健全炉长责任制，高炉生产水平持续攀升，A、B 高炉日产双双突破 11000 吨。大力提升资金效率，两金占用 116 亿元，较上年末下降 4.17%，周转天数较上年加速 9.09%。大力提升人事效率，通过全口径对标挖潜、拓展转型渠道等举措，全年人效提升 8%，股份本部人均产钢提升 11.1%。

**四是抓实抓细安全工作，营造安全稳定良好环境。**强化“一贯制”和“三管三必须”，从严安全管理，以零工亡目标为引领，压紧压实安全责任，“安全事故总量”“伤亡人数”实现双下降，安全绩效创 2019 年以来最好水平。深入开展“2+1”“5+N”安全专项行动。以基础管理薄弱环节和近三年马钢安全生产事故教训为关键突破口，策划开展“2+1”基础管理提升行动和“5+N”重点工作专项整治。在基础管理提升行动方面，协作人员安全宣誓实现一人一卡、体感培训 2.38 万人次；在重点工作专项整治方面，整改皮带机隐患 1368 项，动火作业培训 4.18 万人次，完成检修三方挂牌制度切换。扎实推进专业领域整治。大力开展标准化专业整治、重点隐患排查治理、防撞架物流运输安全专项整治，查处违章作业行为 1724 次，整改完成重大事故隐患 53 项。大力推进智慧安全。完成智慧安全穿透式监管平台一阶段建设和安全生产重大风险监控平台建设；改版安全信息化系统，新增“员工安全能力画像模块”。强化安全管理人员建设。优化基层安全管理机构，配强基层安全管理人员，实施二级单位安全分管领导及安全科室负责人安全生产标准化专题培训，进一步推动安全管理人员理念、观念、方法、意识全面提升。

**五是深化产品结构调整，有序有力推进项目建**

设。聚焦“十四五”规划，深入推进重点项目建设。快速完成新特钢项目一期。新特钢项目一期工程顺利建成投产，创造了重大项目建设新的“马钢速度”。实施一批重点技改项目。实施冷轧总厂硅钢1号连退线改造、3号镀锌线锌铝镁改造、新建合肥公司彩涂生产线等技改项目，持续拓宽品种结构、提升产品档次。

**六是全面深化改革管理，推动治理能力现代化。**大力推进最佳生产经营体制建设。将打造最佳生产经营体制作为应对市场最有效的手段，坚持“四有”经营原则，深化算账经营，用更少的产线装备，生产同样多的盈利产品，新特钢实现控量减亏。推进绩效管理变革。以效益为中心，突出“一抓四强”，推动组织绩效分赛道“赛马”、个人绩效“一人一表”，强制排序，传导压力，重构了马钢绩效评价管理体系，全年颁发金杯奖25个、银杯奖22个、大红旗6面、小红旗31面，揭榜挂帅上榜14项，有效激发了干部职工干事创业热情。推进子公司改革改制。马钢交材成功引入8家战略投资者，上榜国务院国资委“科改示范企业”。深入推进协作管理变革。严格供应商准入，加速清理“低小散”供应商，专业化协作“两度一指数”由86%提升至93.6%，协作供应商数由55家降至48家，冶服公司协作分包队伍由70余家压减至35家。稳步推进法治央企建设。建立健全合规管理体系，马钢集团、马钢股份顺利通过合规管理体系国内国际双标准认证，成为集团公司首批通过该认证的7家一级子公司之一。有力推进法人压减和参股瘦身。压减投资公司等3户法人企业，退出2户参股企业，累计盘活资金8.82亿元（不含吸收合并）。

**七是强化全员共建共享，营造干事创业浓厚氛围。**强化岗位创新创效。积极开展“献一计”等群众性经济技术创新活动，全年献计20.7万条；全年开展公司级劳动竞赛13项、总厂级劳动竞赛109项、分厂级劳动竞赛81项；结合生产经营实际，深入开展“废钢归集回收”“废旧物资回收”等5项专项劳动竞赛，累计创效超亿元，为公司经营绩效改善提供了强有力支撑；上榜宝武劳动竞赛榜单145项，同比增加65项，上榜总数排名第二，马钢各参赛项目获“冠军炉、冠军工序、优胜单位”等共计46次，牢牢站稳了中国宝武第一方阵。持续增进职工福祉。全面完成19项公司级、136项厂级“三最”实事项目；大力开展节日送温暖、互助帮困、困难职工慰问、职工子女金秋助学等活动，发放慰问金580余万元；建成投用文体中心、网球场、篮球场等文体设施，在公司范围内推行健康点消费；组织开展厂区“健步走”、活力操大赛等文体活动，增强了职工的幸福感获得感。打造特色文化品牌。成功注册宝武内首个文化品牌“江南一枝花”文字商标，以马钢为原型的《炉火照天地》被评为“新时代十年企业文化”先进经验。积极履行社会责任。大力推进产业帮扶、教育帮扶、消费帮扶，连续5年在省直单位定点帮扶工作成效考核综合评价中获最高等次“好”的评价，1项案例获评上市公司乡村振兴“最佳实践案例”，马钢股份入选“中国ESG上市公司先锋100”钢铁行业第2名。

各位代表、同志们，一年来的实践充分证明：管理是盯出来的、经营是算出来的、潜力是逼出来的、办法是想出来的、活力是赛出来的。事非经过不知难，成如容易却艰辛。这是习近平新时代中国特色社会主义思想和习近平总书记考察调研中国宝武马钢集团重要讲话精神科学指引的结果，是集团公司“四化”“四有”有效引领的结果，是公司党委充分发挥把方向、管大局、保落实作用的结果，是各生态圈单位与马钢抱团取暖、携手共进的结果，更是全体干部职工坚定信心、同心同德、埋头苦干、不懈奋斗的结果！在此，我谨代表公司向大家的辛苦付出表示衷心的感谢！向生态圈单位给予的大力支持表示诚挚的谢意！

在肯定成绩的同时，更要清醒地看到存在的问题和不足。**一是技术创新支撑不够有力。**技术创新支撑现场工艺技术改进、产品质量提升和市场开拓创效的效果还不够理想，科技创新成果快速转化为新的效益增长点的效率还不够高。**二是算账经营能力仍需强化。**虽然2023年下半年公司深入推行算账经营，经营意识和经营能力有所提升，但与把算账经营落实到每条产线、每个品种的要求相比，仍有较大差距。**三是品种结构调整还需加快。**高效益拳头产品还不够多，板带产品结构还不够优，吨材盈利水平和先进企业相比差距明显。**四是部分分子公司出血严重。**特钢公司和长江钢铁处于严重出血状态，经营绩效亟待改善。**五是联动协同效益有待进一步发挥。**各工序、业务之间联动不够，协同推动指标提升不够平衡，不能充分实现公司整体效益最大化。我们必须深刻剖析问题产生的深层次原因，拓思路、寻对策、明举措，有效加以解决。

## 面临的形势与任务

2024年中央经济工作会议对我国当前经济形势作出了科学研判，明确了坚持稳中求进、以进促稳、先立后破工作总基调。中央企业负责人会议要求中央企业“一利稳定增长，五率持续优化”。集团公司提出以科技创新引领现代化产业体系建设。这些都为我们做好全年生产经营和改革发展各项工作指明了前进方向、提供了根本遵循。

当前及今后一个时期，对于中国钢铁工业而言，经历了40年较长上升周期后，钢产量已跨过平台峰值期，未来将面临新一轮供需平衡的长周期下行调整。与此同时，我们也要看到，挑战中蕴藏着无限新机。我国经济回升向好、长期向好的基本趋势没有改变，与建筑、汽车等行业相比，钢铁产品升级替代并不激进。面对挑战与机遇并存的外部形势，我们必须准确识变、科学应变、主动求变，坚决贯彻落实集团公司的总体部署，以“四化”为发展方向，以“四有”为经营纲领，深入推进由“生产型”向“经营型”转变，围绕QCDVS五个维度提升差异化经营能力，不断扩大发展优势，提高核心竞争力，以奋发有为的精神状态、坚毅果敢的实际行动，汇聚起打造后劲十足大而强的新马钢的强大动力，推动马钢高质量发展不断取得新成效。

2024年马钢经营管理工作的总体要求是：坚持以习近平新时代中国特色社会主义思想为指导，全面贯彻落实党的二十大精神、二十届二中全会精神和习近平总书记考察调研中国宝武马钢集团重要讲话精神，认真学习领会习近平总书记关于深化国企改革和国企党建的重要论述，深入贯彻落实中央经济工作会议和中央企业负责人会议精神，认真落实集团公司党委一届八次全委（扩大）会、二届二次职代会和马钢集团党委六届三次全委（扩大）会决策部署，坚持稳中求进、以进促稳、先立后破，完整、准确、全面贯彻新发展理念，围绕推动高质量发展首要任务和服务构建新发展格局战略任务，深入落实“四化”“四有”，坚持创新驱动，强化算账经营，以提升ROE、吨钢毛利为核心，打造最佳经营责任体制，不断提升盈利能力，确保经营绩效站稳中国宝武第一方阵。

集团公司胡望明书记、董事长在宝武党委一届八次全委（扩大）会上提出全面深化经营责任制，核心内涵为“勇担当，强绩效，创一流”，聚焦做强，不再考核营收规模，而是以吨钢利润、ROE分位值提升作为对一级子公司的重要绩效衡量。吨钢利润，体现的是纯钢铁经营的竞争力；ROE分位值体现的是资产回报能力。

综合考虑，2024年马钢经营管理主要目标如下。

（1）生产经营：吨钢利润47元/吨，ROE分位值84（含马钢矿业）。

（2）安全生产：工亡事故为零，区域内直接经济损失大于100万元的火灾、事故为零，重大责任事故为零。

（3）能源环保：环境行政处罚为零，重大环境污染事故为零，污染物排放达标率100%。

主要战略任务是：一是加大科技创新支撑，开展核心技术攻关，加大新产品、高端产品开发力度，支撑公司经营创效，新产品销售率10%，吨钢毛利150元/吨，全球或全国首发产品6项以上；二是加大产品出口比例，不断完善海外营销渠道，加大型钢、轮轴、特钢等优势产品出口比例，全年钢材出口130万吨；三是加大战略性新兴产业培育，发挥优势产品引领作用，积极拓展市场空间，推动型钢做强、板带和特钢做优、交材做大；四是加大子公司混合所有制改革步伐，稳妥有序推进子公司混合所有制改革，推动国有资产保值增值，马钢交材完成股份制改造，长江钢铁改革方案落地实施。

落实总体要求，实现主要目标，我们要聚焦结构提毛利，深化产品结构、客户结构调整，提升高效益产品占比，扩大吨钢产品毛利，构筑差异化竞争优势；聚焦成本提指标，深入开展对标找差，着力提升真正体现经营能力的指标，推动全流程降本增效；聚焦效率提效益，以效益最大化为出发点，提升主要产线内涵式效率，打造最佳生产运营体制；聚焦机制提能力，持续完善激励机制，以创造价值、分享价值推动职工开拓思路、激发潜力，提升岗位素质和技能水平；聚焦活力提士气，围绕中心开展特色活动，提振职工士气，营造人人建功立业、处处奋勇争先的浓厚氛围。

## 2024 年重点工作

### 一、着力抓好结构优化，构筑差异化竞争优势

**深化产品结构调整。**发挥重点产品比较优势和区域优势，细分产品市场，强化产品、技术和服务一体化、组合式营销，扩大市场份额，全年重点品种钢销量 420 万吨以上。培育 24 个核心产品族，实现核心产品占比 20%以上，支撑吨钢同口径增效 41.7 元以上。推进冷轧产品结构升级，拓展高强汽车用钢、新能源汽车用硅钢产品种类，全年汽车板产量达到 300 万吨，其中高强汽车用钢达到 150 万吨；重型 H 型钢国内独有规格销量 25 万吨以上；车轮年销量 60 万件以上，力争全年战略性新兴产业营收 210 亿元以上。抢抓安徽省新能源汽车“首位产业”战略机遇，实施 6 号镀锌线等一批“短平快”结构调整项目，提升产品质量、拓展产品功能。优化海外市场布局，尤其是日本、韩国、印尼等东南亚市场，扩大车轮、型钢等优势产品出口，全年出口销量 130 万吨。大力培育终端客户，提高客户直供比，以优质终端用户增长推动产品价格提升。

**推动特钢产品爬坡增效。**优化特钢品种结构，拓展特钢营销渠道，完成新特钢各品种试验和开发 20 个以上，新特钢产品认证完成 30 项，拓展新特钢客户 15 个；加速推进特钢中高端客户开发，提升品牌溢价能力，扩大车轴钢、高端风电用钢等产品转炉产线认证及批量供货；推行特钢模拟经营运行模式，集中优势力量解决问题，寻求突破，推动特钢经营绩效快速改善。

**强化技术创新支撑。**积极承担国家使命工程，加快推进动车组高铁轮轴的自主化应用，支撑国家高铁重大项目实施；强化核心装备用材的研发突破，持续提升高性能能源用特钢的实物质量，支撑高端能源装备材料国产化。围绕“高强度、高耐蚀、高效能”，加快优特钢、型钢、汽车板等高端产品的开发与迭代。瞄准交通、海工、能源等重点行业，加快轨道交通用异型钢、船用近终形型钢、风电用特钢、高端冷轧涂镀钢板等新产品研发，形成若干业内叫得响、有国际影响力的首发产品，全年新产品开发 155 万吨以上，吨材超额毛利 200 元；重点新产品开发 50 万吨以上，吨材超额毛利 300 元。突出技术创新对现场的支撑作用，应用“小切口”，一月一突破，推动现场工艺改进、重点难题解决、产品质量提升。

### 二、着力强化用户导向，持续提升用户满意度

**厚植追求用户满意的创新文化。**优化品种结构，必须扩大高端用户占比。高端用户对产品质量和服务满意度的要求非常严格，倒逼我们必须在增强用户满意意识上下功夫。要积极借鉴先进企业经验，以用户需求为导向，积极培育适应品种结构优化需要的用户满意文化。

**提升支撑用户满意的体系能力。**营销作为“听得到炮声”的单元，要主动担当作为，及时把用户的需求转化为对内的要求，促进各单元持续提升服务用户满意的能力和水平。其他单元也要支持营销做好用户满意工作，以全体系能力的协同提升，支撑品种结构优化。

**破解制约用户满意的现实难题。**要把自身的水平和客户的需求之间的差距作为改进的主攻方向，塑强服务品牌，强化互学互鉴，推动用户满意工作快速取得突破。

### 三、着力抓好成本管控，深挖降本创效潜力

**推进采购系统降本。**加强市场分析研判，动态优化采购策略，积极拓展资源渠道，推动采购成本跑赢大盘。坚持低库存运行，加大采购与配煤配矿系统生产快速联动力度，提高采购计划制定能力。优化进口矿、国内矿、自产矿采购比例，统筹长协煤、市场煤比例，积极开拓煤焦新资源，推进大宗原燃料采购降本。深化废钢“直采+代理”采购模式，拓展合金供应商队伍，增强议价能力。

**推进铁前系统降本。**保持高炉长周期稳定高效顺行，完善高炉体检和预警机制，优化配煤配矿，推动铁水完全成本站稳中国宝武第一方阵。全年力争燃料比下降 3 千克/吨，煤比提升 5 千克/吨，配煤配矿增效 5.25 亿元。

**推进钢轧系统降本。**优化极致高效组产模式，充分释放优势产线产能，持续做优关键技术经济指标，钢铁料消耗下降 11 千克/吨，废次降下降 0.39 个百分点。

**推进设备系统降本。**持续优化设备检修模型，提高设备功能精度，强化柔性检修、机会检修，减少设备故障率，降低吨钢维修费。

### 四、着力抓好效率效能，全方位提升企业体系能力

**提升产线运营效率。**在钢铁行业进入震荡下行、实现新的长周期供需平衡的进程中，快速建立减量发展思维，打造最佳生产经营体制，形成减量

发展能力，是应对挑战的关键举措。打造最佳生产经营体制的核心，是以“选择与集中”替代“规模与速度”，加快从外延式发展向内涵式提升转变，重点是以边际贡献为衡量，优化订单分配和产线分工，动态平衡资源，推动优势机组产量同比再提升1%—3%；推动产线集约化，订单不足、边际贡献为负的低效益产线并线组产或停产，用更少的产线生产同等产量产品；加快推进特钢电炉资源向转炉转移，推动特钢公司控量减亏。

**提升资金效率**。以“业财融合”为方向，活化资金管理，减少资金占压，用好用足集团公司资金协同优势，提升资金运作效率。优化在制品和产成品库存，提高“两金”周转效率，实现“两金”周转率加速10%，存货周转效率提升6%以上。做好长期过“紧”日子的准备，量入为出严控投资，减少一切非必要开支，促进资产负债率稳步下降和经营现金流良性循环。加快推进低效、闲置存量资源盘活利用。

**提升协同效率**。强化内外部协同，最大可能发挥协同效应、创造价值。深化内部业务协同，通过采产销研一体化实体化变革，建立以用户为中心的运行机制，提高产品经营能力和运营效率。以产品为导向，以利润为目标，探索推进与集团公司内其他钢铁基地的深度协同，建立项目化推进和利益分享机制，实现管理、技术、人才等资源共享，支撑制造能力提升。加强研发协同，用好用足中央研究院资源，强化技术成果共享与转化；深化与科研院所联动和战略合作，积极探索体系化、领域化“产学研”创新合作模式，协同推动技术进步。

**五、着力抓好机制变革，激发企业内生动力**

**推进生态圈市场化运行**。加快转变观念，与生态圈单位建立市场化、法治化合作关系，携手共建高质量钢铁生态圈；积极推动生态圈单位以用户为中心，服务好钢铁主业，在钢铁主业困难时期，携手渡过难关；生态圈单位因保供不及时、安全事故等原因造成马钢损失的，要建立追偿机制，倒逼生态圈单位服务保障有力。

**深入开展绩效管理变革**。聚焦价值创造，一切以利润为中心，突出超越自我、跑赢大盘、追求卓越的绩效导向。划小核算单元，实施营销采购、铁前、长材、板材、特钢、交材、能源设备一体化运作，按照“价值创造含金量越高分享越多，效率越高分享越多”的激励导向，进一步优化薪酬分配机制。强化绩效传导性，将单位组织绩效向个人延伸，持续完善“一人一表”，对领导班子实施超额利润精准分享。强化对作业区的绩效管理评价，鼓励各单位划小单元，推进作业区“赛马”，探索作业区常态化末位待聘和再上岗机制，实现“能进能出”。

**推进子公司混合所有制改革**。以“完善治理、强化激励、突出主业、提高效率”为导向，稳妥推进子公司混合所有制改革。有序推进马钢交材深化改革，进一步提升马钢交材在专业领域的竞争地位和竞争优势，加快建设成为全球轮轴行业领军企业。以建立市场化机制为方向，推进长江钢铁“已混深混”，建立差异化管控模式和高效灵敏的运行机制，根据市场变化动态组织生产，最大程度提升工序系统效率，强化内部极致降本，尽快实现扭亏为盈。

**健全完善风险防控管理体系**。坚持合规经营、稳健运行，牢牢守住不发生系统性风险底线。快速应对外部环境变化，提升系统性经营风险管控能力，有效化解重大经营风险。加强合规制度建设，建立健全合规管理体系，提高制度对合规管理业务流程的支撑性和系统性。加强投资风险源头防控，严格执行集团公司投资管理制度，持续提升重大项目投研质量、决策效率和管理水平。加强贸易业务内控体系建设，坚决退出与主业实业无关的贸易业务。完善内控体系建设，推动内控体系全覆盖。持续推进法人压减和参股公司瘦身。充分发挥审计监督作用，全面揭示经营活动中的风险隐患。

**六、着力抓好安全管理，确保安全大局稳定可控**

**聚焦“1+2+3+1”专项整治行动**。第一个“1”就是开展规范班组班前会专项行动；“2”就是开展煤气盲板阀和电缆隐患专项整治；“3”就是在2023年专项整治的基础上继续巩固提升协作人员安全体感培训、动火作业及可燃物检修、自力项目挂牌专项整治；最后一个“1”就是各单位和相关专业部门一把手围绕本单位安全管理的主要矛盾和矛盾的主要方面，推动通过小切口PDCA解决重点问题。

**深入推进安全管理提升**。牢固树立“隐患就是事故、违章就是犯罪”的安全理念，坚持“三管三必须”，坚决守牢安全生产底线红线。健全安全生产管理体系，落实全员安全生产责任制和隐患排查治理双重预防工作机制，提升安全生产风险防控能力。组织开展盲板阀、电缆系统、动火作业及可燃物等专项整治行动，强化资产出租领域安全管控，提升基层自主管理能力。

**完善协作协同安全管理。**以小切口为突破点，坚持问题导向，聚焦协作协同等安全管理薄弱环节，持续推进“2+1”“5+N”重点专项行动，强化体感培训和检修作业挂牌，确保安全生产大局稳定可控；严把协作协同准入关，建立协作协同单位安全评价体系，倒逼协作单位提升安全管理能力。

**推进智慧安全建设。**借助智慧化手段，推进智慧安全和重大风险监控平台建设，推动与集团公司安全生产重大风险监控平台的接入，实现应接尽接，持续提升设备设施安全管控水平。

**七、着力抓好绿智赋能，推进传统产业转型升级**

**加快数智融合应用。**深化 CE 系统应用，推进全链条、全流程算账，实现精益管理和效率提升。加快推进数据贯通共享，形成精细化、精准化、时效化的经营决策支撑，倒逼基础管理改善，提升精益管理水平，把算账经营真正落实到每条产线、每个品种、每个岗位。加强人工智能、大数据和云计算等前沿技术应用，促进数字化、智能化变革。加快推进智能装备、模型控制技术和智能化技术应用，持续提升制造效率，进一步稳定生产，实现本质化安全。

**厚植绿色发展底色。**以“能效标杆创建”为抓手，追求极致能效，降低吨钢综合能耗，提高二次能源利用效率，减少铁水温降，实现系统能源经济运行，降低用能成本。深入推进低碳发展，持续完善低碳车轮、低碳型钢、低碳汽车板和低碳线材降碳方案，加大近终形产品开发力度，加快推进产品品类 EPD 全覆盖，积极争取政府绿色低碳专项资金补助和政策支持。开展“无废企业”建设，最大限度回收有价资源，争创钢铁行业循环经济示范企业。在确保环保达标排放、环保设施稳定运行的基础上，以市场化为原则，降低环保设施托管运营费用，力争吨钢环保成本降至 185 元以下。启动 3A 级工业旅游景区提升行动，进一步巩固拓展花园式滨江生态都市钢厂建设成果。

**八、着力抓好人效管理，高效赋能转型发展**

**提升全员劳动生产率。**分层分类开展全口径人力资源对标，按照“可比可算可及”原则“一厂一策”差异化制定效率提升目标，从机构调整、流程再造、智慧制造、系统培训等多维度，挖掘人效潜力，构建与“四化”“四有”相匹配的人事效率体系，全口径人均产钢达到1000 吨。

**积极培育核心供应商。**马钢协作供应商“低小散”问题仍然突出，生产协作项目多、类别广、管理链条长问题依然存在。要进一步压降协作供应商队伍，力争外部协作供应商总量控制在 46 家以内，专业化协作指数达 95%。加强生态圈单位用工人员统筹管理，引导供应商从“出力”向“出智、出资、出率”转变，积极培育管理过硬、技能过硬的“市场化、专业化、规模化”的专业化协作、战略化协同供应商。

**推动职工快速成长成才。**坚持人才是第一资源，按照“加减乘除”方针和“点线面体”布局，全面优化以人才、成果、平台为核心的工作体系，着力建设一支适应马钢战略定位发展的高技能人才队伍。开展“政治引领计划”，引导科技、技能人才积极践行科学家精神、工匠精神，对党忠诚、爱岗敬业，厚植家国情怀。依托集团公司“领雁计划”“云雁计划”，以“1+2+4”科技领军人才培养工程为抓手，加快青年科技人才成长成才。实施技能人才“登高计划”，实现技师人数翻倍，无技能等级人员减半。积极拓宽引才渠道，聚焦重点产品和关键技术领域，精准实施靶向引才。

**九、着力抓好活力迸发，推进全员共建共享**

**持续激发职工创新创造活力。**以马钢工匠基地、创新工作室为依托，整合资源，建设工匠学院，持续推进群众性创新平台建设，推动职工持续提升职业技能水平和创新创效能力。深化产业工人队伍建设改革，广泛开展全员岗位练兵、技能竞赛和劳动竞赛，深入推进“献一计”、岗位创新成果奖评比、班组创优等活动，组织参加集团公司第四届职工技能竞赛、“沙钢杯”第十一届全国钢铁行业职业技能竞赛等各类竞赛，全面推进职工岗位创新和价值创造，探索岗位创新成果转化应用路径，引导一线职工在争创“五有”班组中增长才干、创造价值、成就自我。

**持续激发职工干事创业活力。**坚持以职工为中心的工作导向，构建新时代和谐劳动关系，紧盯职工现实需求，办好职工“三最”实事，依托工会送温暖、送清凉、金秋助学、职工互助帮困、互助保障等载体，加强职工服务阵地建设和服务资源供给，为职工提供具有马钢特色的温暖服务，持续改善职工生活品质，全面提升职工获得感幸福感安全感。坚持问计、问需、问政于职工，把职工反映的热点、基层工作的难点、党政关注的焦点作为服务职工的重点，构建职工与企业共同发展、共享成果的利益、事业、命运共同体。

**持续激发乡村振兴的发展活力**。持续推进产业帮扶、教育帮扶、消费帮扶和基础设施改善，巩固拓展脱贫攻坚成果，促进定点帮扶村全面振兴。

各位代表、同志们！蓝图绘就风正劲，扬帆破浪奋进时。让我们更加紧密地团结在以习近平同志为核心的党中央周围，深刻领悟“两个确立”的决定性意义，增强“四个意识”、坚定“四个自信”、做到“两个维护”，在集团公司的坚强领导下，认清形势任务、坚定发展信心，迎难而上、难中求成，稳扎稳打完成全年各项目标任务，努力在新发展格局中展现更大作为，为中国宝武建设世界一流企业、为现代化美好安徽建设作出新的更大贡献！

# 企业大事记

# 企业大事记

## 1月

5日　马钢集团召开2023年度安全生产和能源环保工作会议暨一季度安委会、防火委、能环委会议，贯彻落实宝武集团2023年度安全生产、能源环保工作会议精神，总结2022年工作，剖析存在不足，部署2023年重点工作。马钢集团、马钢股份党委书记、董事长丁毅出席会议并讲话，马钢集团总经理、党委副书记毛展宏在会上提出工作要求。马钢集团助理及以上领导出席会议。会议由马钢集团党委常委、副总经理唐琪明主持。马钢专家，各单位、部门主要负责人，中国宝武马鞍山生态圈各单位主要负责人在主会场或视频分会场参加会议。

9日　马钢集团召开党委巡察组专项巡察协作管理变革情况反馈会。马钢集团、马钢股份党委书记、董事长、巡察工作领导小组组长丁毅出席会议并讲话。马钢集团总经理、党委副书记、巡察工作领导小组副组长毛展宏，马钢集团党委副书记、纪委书记、巡察工作领导小组副组长高铁，中国宝武党委马鞍山区域巡视组组长出席会议。会议由高铁主持。会上，马钢集团党委第一巡察组组长代表公司党委巡察组反馈了巡察意见；设备管理部、煤焦化公司主要负责人代表被巡察部门和单位作表态发言。巡察组组长、督导员、联络员，党委工作部、纪委、党委巡察办、审计部主要负责人，12家被巡察单位党政主要负责人、纪委书记（纪检委员）以及联络员，公司党委巡察办、审计部相关人员等参加会议。

10日　马钢集团2022年四季度绩效对话会、12月精益运营案例发布会暨“奋勇争先奖”颁奖仪式在公司办公楼413会议室召开。会议总结分析2022年四季度及全年工作取得的成绩、存在的不足，部署2023年重点工作。马钢集团党委副书记、总经理毛展宏主持会议。马钢集团领导高铁、唐琪明、任天宝、伏明、章茂晗、陈国荣、马道局及王光亚、邓宋高、罗武龙、杨兴亮出席会议。中国宝武在马鞍山生态圈协作伙伴单位代表，马钢专家，各职能、业务部门、二级单位及分子公司党政主要负责人，揭榜挂帅项目代表，精益案例发布人在主会场参会。各职能部门、业务部门、二级单位的中层副职管理人员、首席师、技能大师、C层级管理人员在各分会场参会。在2022年12月“奋勇争先奖”评选中，矿业公司、欧冶工业品华东大区、化工能源公司、物流公司、气体公司、设备检修公司、力生公司获得“宝武马鞍山区域生态圈协作伙伴奋勇争先奖”；马钢交材、四钢轧总厂、“北区填平补齐项目”工作团队夺得“大红旗”；特钢公司、检测中心、冷轧总厂、运营改善部，“经营提质增效”工作团队、“疫情防控常态化”工作团队、“绿色发展指数提升”工作团队、“智慧制造指数提升”工作团队、“铸匠心、提技能”中国宝武第三届职工技能竞赛项目团队、“材钢比增效”项目团队、公司精益改善工作团队获“小红旗”。

△　马钢集团2022年度法治工作会议暨法治企业建设与合规管理领导小组第一次会议在公司办公楼20楼会议室召开。会议旨在深入贯彻国务院国资委及宝武相关要求，进一步推进马钢法治企业建设与合规管理工作。马钢集团、马钢股份党委书记、董事长丁毅出席会议并讲话。马钢集团领导毛展宏、高铁、唐琪明、任天宝、伏明、章茂晗、陈国荣及杨兴亮出席会议。相关单位及部门负责人参加会议。会议由马钢集团党委副书记、总经理毛展宏主持。会上，与会人员共同学习了《习近平法治思想学习纲要》；马钢集团总法律顾问杨兴亮通报了马钢2022年法治工作及2023年计划。

11日　马钢集团组织第二十届（马钢股份第十届）职代会48名职工代表，对公司重点工作落实情况开展视察。马钢集团、马钢股份党委书记、董事长丁毅出席职工代表视察公司重点工作专题汇报会并讲话。马钢集团领导高铁、唐琪明、任天宝、伏明、陈国荣、马道局及王光亚、邓宋高、罗武龙、杨兴亮出席汇报会。公司相关部门和被视察单位主要负责人、各视察组组长和副组长、参加视察的全体职工代表参加汇报会。

12 日　马钢集团、马钢股份党委书记、董事长丁毅率队深入煤焦化公司、炼铁总厂、特钢公司、技术中心等基层单位，开展北区填平补齐项目及研发大楼项目视察活动。马钢集团助理及以上领导，机关部门、直属机构、二级单位、分子公司党政主要负责人参加活动。

△　在奇瑞汽车供应链生态圈年会上，马钢集团获“奇瑞汽车 2022 年度优秀供应商”称号。

16 日　马钢集团、马钢股份党委书记、董事长丁毅一行走访慰问先进模范代表与困难职工，为他们带去组织的关怀和温暖，送上节日慰问和美好祝福。

17 日　马钢集团召开党风廉政建设和反腐败工作会议，传达学习贯彻习近平总书记在二十届中央纪委二次全会上的重要讲话精神、二十届中央纪委二次全会精神和国资委党风廉政建设和反腐败工作会议精神及中国宝武工作部署，总结 2022 年马钢集团党风廉政建设和反腐败工作，部署 2023 年重点任务。会议采用“上下联动、同步召开”的方式进行。会前，全体与会人员通过视频参加了 2023 年中国宝武党风廉政建设和反腐败工作会议。马钢集团、马钢股份党委书记、董事长丁毅出席会议并讲话。马钢集团、马钢股份党委副书记、纪委书记高铁主持会议。马钢集团助理及以上领导出席会议。马鞍山区域中国宝武党委巡视组组长、总联络员，机关部门主要负责人，直属机构、下属单位党政主要负责人，基层单位纪委书记，基层党委(直属总支）纪检委员，党委办公室、党委工作部、党委巡察办、审计部 D 层级以上管理人员，纪委机关工作人员等参加会议。

△　马钢镀锌 CR4 汽车外板产品顺利通过通用汽车全球一级工程认证，这是马钢镀锌汽车外板获得的首张全球认可证书，标志着马钢镀锌汽车外板具备了供货通用汽车的资质，顺利进入通用汽车国际市场。

18 日　马鞍山市市长袁方赴化工能源公司实地检查安全生产。宝武集团马鞍山总部总代表，马钢集团、马钢股份党委书记、董事长丁毅参加安全检查。

△　马钢集团总经理、党委副书记毛展宏一行先后到马钢交材、特钢公司优棒生产线、煤焦化公司净化一分厂中控室，开展安全生产检查，慰问一线员工。

19 日　宝武集团党委书记、董事长陈德荣，以视频会议的形式，对马钢集团开展新春检查和慰问。会议由宝武集团党委常委、副总经理侯安贵主持。马钢集团助理及以上领导，相关单位、部门负责人和一线职工代表在特钢智控中心参会。

△　马钢集团、马钢股份党委书记、董事长丁毅一行先后到四钢轧总厂炼钢智控中心、炼铁总厂 B 号高炉、港料总厂 1 号 C 型棚，开展安全生产检查，慰问一线员工。

20 日　代马鞍山市市长葛斌到马钢集团调研。马钢集团、马钢股份党委书记、董事长丁毅，马鞍山市委有关领导参加调研。

22 日　土耳其第一条高速地铁线路正式开通。地铁列车装配的地铁车轮全部由马钢交材提供。

29 日　马钢集团总经理、党委副书记毛展宏，党委常委、副总经理唐琪明与安全生产管理部 C 层级及以上人员、各单位安全科室负责人，在公司办公楼 413 会议室进行了专题座谈交流。

△　马钢集团总经理、党委副书记毛展宏赴营销中心调研，与该中心班子成员及主要部门负责人进行座谈交流，聚焦“交付力+服务力”主题，以分析研讨 2022 年营销中心具体工作案例为切入口，就做好新一年营销工作提出要求。

△　马钢交材被授予马鞍山市“制造业三年倍增突破年”活动先进集体。

30 日　2023 年马鞍山市与中国宝武马钢集团融合发展工作对接会召开。马鞍山市委书记袁方出席会议并讲话，马鞍山市委副书记、代市长葛斌主持会议，马钢集团、马钢股份党委书记、董事长丁毅讲话。马鞍山市领导钱沙泉、吴桂林、方文、程彰德、阚青鹤、秦俊峰、左年文、夏迎锋等，马钢集团领导毛展宏、高铁、唐琪明、任天宝、伏明、章茂晗、陈国荣、马道局及王光亚、邓宋高、罗武龙、杨兴亮出席。

31 日　马钢集团、马钢股份党委书记、董事长丁毅在公司办公楼接待了来访的北京首钢国际工程公司党委书记、董事长李杨一行。北京首钢国际工程公司副总经理李长兴，马钢集团党委常委、副总经理唐琪明，双方相关部门和单位负责人参加座谈交流。

本月　马钢集团科研团队成功开发的油气深井专用“高强韧焊接套管用钢 Q125V”及使用寿命达到 60 年以上建筑用“环保超耐久氟碳彩涂板”，经马钢集团认定，属国内首发。

## 2月

1日　马钢集团举行党委理论学习中心组学习会，进行2022年度领导班子民主生活会前集中学习，认真开展专题学习研讨，为开好民主生活会打牢思想基础。马钢集团、马钢股份党委书记、董事长丁毅主持会议并对深入学习贯彻党的二十大精神提出要求。马钢集团领导毛展宏、高铁、唐琪明、任天宝、伏明、章茂晗、陈国荣、马道局及王光亚、邓宋高、罗武龙、杨兴亮在认真开展自学的基础上，结合马钢集团实际，围绕全面贯彻习近平新时代中国特色社会主义思想，深刻领悟“两个确立”的决定性意义，增强“四个意识”、坚定“四个自信”、做到“两个维护”，团结带领党员干部群众以奋发有为的精神，贯彻落实党的二十大作出的重大决策部署等学习主题开展了交流研讨。

△　安徽省生态环境厅党组成员、副厅长项磊一行到马钢集团调研超低排工作，马鞍山市委相关领导，马钢集团党委常委、副总经理唐琪明，总经理助理罗武龙陪同调研。

3日　马钢集团党委常委（扩大）会暨2022年度基层党组织书记抓党建述职评议考核会议在公司办公楼413会议室举行。马钢集团领导丁毅、毛展宏、高铁、唐琪明、任天宝、伏明、陈国荣及王光亚、邓宋高、罗武龙、杨兴亮在主会场出席会议。马钢集团党委副书记、纪委书记高铁主持会议。会上，冷轧总厂、营销中心、合肥公司、检测中心、能环部、长江钢铁的党委负责人先后进行现场述职，毛展宏、高铁、唐琪明、任天宝、伏明、陈国荣先后进行了点评。现场述职人员，马钢集团党群部门、运营改善部负责人，各单位党委书记、基层党员代表在主会场参加现场会议。各单位负责人、专职党委副书记、纪委书记，述职单位基层“两代表一委员”、基层代表在视频分会场参加会议。

6日　中国宝武党委一届七次全委（扩大）会、纪委一届七次全委（扩大）会、二届一次职代会暨2023年度工作会议召开。马钢集团领导班子成员、宝武集团二届一次职代会职工代表（马钢代表团）分别在现场或以视频方式参会。在当天举行的宝武集团组织绩效表彰仪式上，马钢集团获中国宝武“2022年度战略进步银奖”“2022年度综合绩效铜奖”和宝武集团“潜龙企业”称号。马钢集团、马钢股份党委书记、董事长丁毅代表马钢在会上作表态发言。马钢集团党委办公室、党委工作部、纪委、党委巡察办相关负责人视频参会。

9日　马钢集团在公司办公楼413会议室召开2月安全生产工作月度例会。马钢集团总经理、党委副书记毛展宏，党委常委、副总经理唐琪明出席会议。中国宝武在马鞍山生态圈各单位相关负责人、马钢集团各单位和相关部门负责人参加会议。

14日　马钢集团召开2023年生产经营咨询会，马钢集团现任领导班子向马钢集团老领导们汇报了马钢集团2022年的生产经营和改革发展情况以及2023年的工作安排，倾听老领导们的意见和建议，解答老领导们关心的问题，共同助力马钢集团高质量发展。王树珊、杭永益、顾建国、朱昌逑等原马钢集团助理及以上老领导出席会议。马钢集团、马钢股份党委书记、董事长丁毅主持会议。马钢集团领导毛展宏、高铁、唐琪明、任天宝、伏明、章茂晗、陈国荣及王光亚、邓宋高、罗武龙、杨兴亮出席会议。

15日　马钢集团召开党外人士座谈会暨“党外代表人士建言献策工作室”授牌仪式。马钢集团党委副书记、纪委书记高铁，公司办公室、技术中心党委负责人，党委工作部相关负责人，10名党外人士代表参加会议。会上，党委工作部汇报了公司统战工作，介绍了组建“党外代表人士建言献策工作室”情况，并举行了授牌仪式。

16日　国家发展改革委投资司一级巡视员吴玉和一行到马钢股份新特钢项目现场调研。副市长左年文、马钢集团党委常委伏明、安徽省发改委投资处和马鞍山市发改委负责人陪同调研。马钢集团相关部门、单位负责人参加调研。

△　马钢集团二十届一次（马钢股份十届一次）职工代表大会主席团会议以虚拟会议的形式举行。会议审议《职代会预备会议讨论审议情况报告》和《职代会决议（草案）》。马钢集团、马钢股份党委书记、董事长丁毅，马钢集团党委副书记、总经理毛展宏等公司领导，主席团成员参加会议。会议由马钢集团工会主席邓宋高主持。会上，邓宋高就本次职代会预备会议各代表团讨论审议情况向主席团作了简要介绍。

17日　马钢集团党委六届二次（马钢股份党委一届二次）全委（扩大）会、马钢集团纪委六届二次（马钢股份纪委一届二次）全委（扩大）

会、马钢集团二十届一次（马钢股份十届一次）职代会暨 2023 年度工作会议召开。马钢集团、马钢股份党委书记、董事长丁毅在会上作了题为《全面贯彻落实党的二十大精神 奋力谱写新时代马钢高质量发展新篇章》的马钢集团党委工作报告暨年度工作会议讲话，马钢集团总经理、党委副书记毛展宏作了题为《追求极致高效 优化结构渠道 为全面站稳宝武第一方阵而努力奋斗》的职代会暨年度工作会议报告。马钢集团党委副书记、纪委书记高铁在会上作了题为《守正创新优机制 深度融合促发展 为马钢新时代新征程高质量发展提供政治保障》的书面工作报告。马钢集团工会主席邓宋高作马钢集团二十届一次（马钢股份十届一次）职代会预备会议讨论审议情况报告。中共马钢集团第六届委员会委员，中共马钢集团第六届纪律检查委员会委员，马钢集团助理及以上领导，马钢专家，马钢集团二十届一次（马钢股份十届一次）职代会代表，公司各职能、业务部门、直属机构、二级单位、分子公司党政主要负责人，各单位公司中层副职管理人员等分别在主会场和视频分会场参会。

△　马钢集团举行 2022 年高质量发展“十件大事”发布暨 2022 年度人物颁奖典礼。马钢集团公司领导丁毅、毛展宏、高铁、唐琪明、任天宝、伏明、章茂晗、陈国荣、马道局为 2022 年度人物颁奖并送上鲜花。

18 日　中钢协 EPD 平台正式发布马钢车轮环境产品碳足迹声明，声明涵盖马钢股份生产的所有高速重载客货车轮、地铁等全系车轮产品，这也是中国钢铁工业协会 EPD 平台发布的国内第一张车轮产品碳足迹“身份证”。

22 日　马钢集团、马钢股份新一届“两委”常委及助理以上领导，公司党群部门主要负责人赴南京市雨花台红色教育基地开展主题教育活动，凭吊革命先烈，开展现场教学，推进党史学习教育走深走实，进一步激发奋进新征程、开创新局面的强大精神动力。

23 日　《炉火照天地》在安徽大剧院首演，获得强烈反响。安徽省委常委、宣传部部长郭强，中国剧协，中国艺术报，马鞍山市委，上海市、江苏省、浙江省、安徽省文联相关领导，宝武集团党委宣传部部长钱建兴，马钢集团党委副书记、纪委书记高铁，安徽演艺集团相关领导现场观演。

△　马鞍山市委书记袁方，马钢集团、马钢股份党委书记、董事长丁毅，中铁二十三局集团党委书记、董事长肖红武，马鞍山市委相关领导共同为“中国共产党马鞍山钢铁建设集团有限公司委员会”“马鞍山钢铁建设集团有限公司”揭牌。以此为标志，马建集团迈上高质量发展新征程。马鞍山市委常委、市委秘书长方文，中铁二十三局集团党委常委、纪委书记、总法律顾问蔡晓斌，马钢集团党委常委伏明，马钢集团总法律顾问杨兴亮，雨山区、江东控股集团主要领导见证了这一时刻。马鞍山市直有关单位领导、雨山区有关领导和部门负责人以及马建集团深化改革联合工作组有关负责人参加了当天的揭牌仪式。

△　马钢集团、马钢股份党委书记、董事长丁毅在公司办公楼接待了来访的华铁股份董事长宣瑞国一行。双方相关部门、单位负责人参加交流座谈。

△　马钢集团、马钢股份党委书记、董事长丁毅参加指导 2022 年度四钢轧总厂领导班子民主生活会。丁毅强调，要坚决贯彻落实党的二十大精神、马钢第六次党代会精神，以奋发有为的精神状态担当起新使命，谱写新篇章，全面站稳中国宝武第一方阵。马钢集团纪委、党建督察组相关负责人参加了民主生活会。

24 日　马钢集团、马钢股份党委书记、董事长丁毅在公司办公楼 19 楼会议室接待了来访的中冶焦耐工程技术有限公司董事长于振东一行。双方相关部门和单位负责人等参加交流座谈。

△　马钢集团 2023 年全面对标找差动员会在公司办公楼 413 会议室举行。会议总结分析 2022 年对标找差工作取得的成绩、存在的不足，部署 2023 年重点工作并进行动员。马钢集团、马钢股份党委书记、董事长丁毅在会上强调，要正视差距、坚定信心、聚焦重点、快速突破、机制保障、党建引领，把对标找差工作作为一个大考场、大舞台、大学堂，身体力行，在过程中持续学习、不断完善，努力走出一条具有马钢特色的对标找差之路。马钢集团领导毛展宏、唐琪明、任天宝、伏明、章茂晗、陈国荣、马道局及王光亚、罗武龙、杨兴亮出席会议。马钢专家、公司相关部门及单位主要负责人参加会议。

△　马钢集团党委副书记、总经理毛展宏参加指导炼铁总厂领导班子民主生活会。马钢集团纪

委、党委工作部相关负责人参加会议。

25日 话剧《炉火照天地》专家研讨会在合肥召开。安徽省委常委、宣传部部长郭强出席会议并讲话。

28日 冷轧总厂召开三届三次职工代表大会，全面回顾2022年工作，分析当前市场形势，部署2023年重点工作。马钢集团党委副书记、总经理毛展宏出席会议并讲话。

本月 马钢集团获宝武集团2022年度法治及合规管理“AAA”级（最高级别）评价。

本月 马钢股份获神龙汽车“最佳供应商”奖。

本月 长材事业部2号连铸机热负荷试车成功。

### 3月

3日 宝武集团党委常委、纪委书记、国家监委驻中国宝武监察专员孟庆旸来马钢集团调研指导工作，现场考察了新特钢项目现场、特钢智控中心、马钢股份北区填平补齐项目群，对马钢集团党委贯彻落实党的二十大精神、推动生产经营和改革发展、做好党风廉政建设和反腐败工作提出要求。马钢集团党委常委毛展宏、高铁、唐琪明、伏明、陈国荣，马钢集团纪委常委及党委办公室、党委工作部、党委巡察办、纪委机关相关负责人参加调研。

7日 山东省政协常委、省政协经济委员会主任钱焕涛一行到马钢集团调研。安徽省政协经济委员会专职副主任张朝阳，马鞍山市政协党组书记、主席吴桂林，市政协副主席王青松，市政协秘书长王胜亮，马钢集团党委副书记、纪委书记高铁等参加调研。

10日 安徽省委常委、副省长张红文到马钢集团考察调研，并开展座谈。安徽省经信厅厅长冯克金，安徽省政府办公厅副主任张亚伟，安徽省科技厅副厅长武海峰，马鞍山市市长葛斌，马鞍山市委相关领导，马钢集团总经理、党委副书记毛展宏，总经理助理杨兴亮参加调研座谈。

13日 马钢集团2月生产经营综合分析会在公司办公楼413会议室召开。这是马钢集团首次召开月度生产经营综合分析会，旨在全面分析总结马钢集团2月生产经营总体情况，客观剖析存在的问题和短板，研究部署下一阶段重点工作。马钢集团领导毛展宏、高铁、唐琪明、任天宝、伏明、章茂晗、陈国荣、马道局及王光亚、邓宋高、杨兴亮出席会议。马钢工程专家，公司相关部门及单位党政主要负责人参加会议。

16日 澳大利亚驻沪副总领事温大为一行到访马钢集团，了解马钢集团产品结构与智慧制造发展情况。马钢股份副总经理章茂晗陪同参观。

19日 第七届中国工业大奖在北京揭晓。经企业自愿申报、行业协会推荐、行业评审、综合评审、实地考察、征求意见、审定委审定、社会公示、结果上报，马钢集团获中国工业大奖表彰奖。

20日 宝武集团总经理、党委副书记胡望明到马钢集团调研。他强调，面对当前严峻形势，要保持冷静清醒，找准问题根源，坚定信心、坚定战略，强化对标找差，尽快扭转生产经营被动局面。宝武集团总法律顾问，宝武集团钢铁业中心、办公室、经营财务部、人力资源部、公司治理部的有关人员，马钢集团领导班子成员和有关部门负责人参加相关活动。

△ 宝武集团总经理、党委副书记胡望明到基层联系点马钢股份炼铁总厂烧结二分厂党支部，参加指导党支部组织生活会。宝武集团总法律顾问蒋育翔，集团钢铁业中心、办公室、经营财务部、人力资源部、公司治理部负责人，马钢集团、马钢股份党委书记、董事长丁毅，马钢集团党委常委伏明，马钢集团有关部门负责人、炼铁总厂烧结二分厂党支部委员会全体成员参加活动。

20—21日 宝武集团2023年法治央企建设与合规管理工作会议暨专业能力培训在马钢集团现场举办。本次会议旨在总结2022年相关工作，部署2023年重点任务，开展专业交流与培训，进一步提升宝武依法治企、合规经营的能力和水平。宝武集团总经理、党委副书记胡望明出席会议并讲话。国务院国资委政策法规局副局长朱晓磊参加会议并讲话。会上，马钢集团、马钢股份党委书记、董事长丁毅致欢迎词。宝武集团总法律顾问兼首席合规官、法务与合规部部长蒋育翔通报了《宝武2022年法治央企建设及合规管理工作年度情况总结及2023年重点工作》；公司治理部总经理秦铁汉作《中国宝武公司治理及风控管理体系建设》宣贯。在专业交流环节，马钢集团杨兴亮、欧冶云商张佩璇、中钢集团熊建、宝武资源罗锦4位总法律顾问（副总法律顾问）分别围绕上市公司法治建设及合规经验、混改及资本化运作实务经验、国际化经营合规实务、诉讼案件实务经验等进行了分享。宝武集团法务与合规部三处室围绕年度重点工作开展宣贯。会议还邀请外部专家开展专业能力培训。在实务交流环节，参会代表分组围绕会议主题、领导讲话及培训内容，结合组内成员实际工作情况展开讨论。总部各职能部门及业务中心相关负责人，各一级子公司相关领导、总法律顾问、法务与合规职能所在机构/模块负责人及法务人员等参加会议及培训，并在会后参观马钢股份厂区。

22 日　作为文化和旅游部、北京市人民政府主办的新时代舞台艺术优秀剧目展演的参演剧目，安徽首部工业题材大型话剧《炉火照天地》登台北京二七剧场。文化和旅游部副部长卢映川，中华全国总工会副主席马璐，中国文联副主席俞峰，安徽省人大常委会副主任何树山，安徽省副省长孙勇，中宣部、国务院国资委、中国钢铁工业协会、中国剧协、中国品促会，安徽省委宣传部、安徽省文旅厅、安徽省文联、马鞍山市人大、马鞍山市委宣传部、安徽演艺集团，国铁集团、中国中铁、中国中车、中海油等十余家央企，宝武集团党委宣传部、企业文化部，中钢集团、马钢集团等有关领导现场观演。

23 日　安徽省科技厅厅长罗平一行到马钢集团参观调研，马钢集团、马钢股份党委书记、董事长丁毅陪同调研。

△　马钢集团举行党委理论学习中心组学习会暨全国两会精神学习宣讲报告会。全国人大代表、马钢集团、马钢股份党委书记、董事长丁毅主持会议，传达学习宣讲习近平总书记在全国两会期间的重要讲话精神和全国两会精神。马钢集团、马钢股份助理及以上领导参加会议。马钢专家，各部门、单位及分子公司党政主要负责人，优秀基层分厂厂长（书记）、优秀作业长当选人，中层副职管理人员、首席师、技能大师、C 层级管理人员，以及各单位作业长代表分别在主会场和视频分会场参加会议。

△　马钢集团优秀基层分厂厂长（书记）、优秀作业长表彰会暨作业长研修成果发布会在公司办公楼 413 会议室召开。马钢集团、马钢股份党委书记、董事长丁毅出席会议并讲话。他强调，要树牢大抓基层的鲜明导向，以点的突破带动面的提升，聚焦“绩效为王”、聚焦“两场”改善、聚焦全员“赛马”、聚焦“三心”主题，全力以赴打赢经营绩效翻身仗。马钢集团总经理、党委副书记毛展宏主持会议。马钢集团助理及以上领导出席会议。马钢专家，各部门、单位及分子公司党政主要负责人，优秀基层分厂厂长（书记）、优秀作业长当选人，中层副职管理人员、首席师、技能大师、C 层级管理人员，以及各单位作业长代表分别在主会场和视频分会场参加会议。

23—24 日　2023 年钒微合金化钢结构用钢及应用技术发展论坛在马鞍山市召开。会议由中国钢结构协会、中国金属学会及钢研总院钒应用技术推广中心联合主办，马钢集团承办。马钢集团、马钢股份党委书记、董事长丁毅出席会议并致辞。

25 日　马钢股份马钢交材获中车浦镇公司“2022 年度优秀供应商”称号。

26 日　山西省政协副主席李青山率调研组到马钢集团调研。马鞍山市政协主席吴桂林，马鞍山市政协副主席季传舜、話圣国，马钢集团党委副书记、纪委书记高铁陪同调研。

27 日　全国人大代表、马钢集团、马钢股份党委书记、董事长丁毅赴马鞍山市经开区马钢轨交材料科技有限公司，开展全国两会精神宣讲活动，同时对马钢交材进行调研。马钢集团相关部门负责人，马钢交材相关负责人和部分职工代表，马鞍山市经开区有关人员聆听宣讲或参加调研交流。

28 日　马钢集团、马钢股份党委书记、董事长丁毅，马钢集团党委副书记、总经理毛展宏等马钢集团领导，公司机关部门、部分直属机构及马钢交材职工代表共 50 余人到马钢交材同心园开展义务植树活动，以实际行动践行绿色发展理念，共建生态美好家园。

29 日　马鞍山智能装备及大数据产业园一期建成启用暨宝信软件（安徽）股份有限公司揭牌仪式在产业园研发中心一楼大厅隆重举行。马鞍山市委书记袁方，马鞍山市委副书记、市长葛斌，中国宝武马鞍山总部总代表、马钢集团、马钢股份党委书记、董事长丁毅，马鞍山市委相关领导，宝信软件、中冶赛迪相关负责人出席仪式并推杆祝贺。马鞍山市委有关副秘书长、雨山区负责人、市直有关部门、雨山区有关部门负责人及安徽宝信重要客户、合作伙伴、科研院所和学会的代表参加了仪式。仪式由宝信软件高级副总经理、安徽宝信党委书记、董事长梁越永主持。

31 日　马钢集团 2023 年科技工作会议在公司

办公楼 413 会议室举行。马钢集团、马钢股份党委书记、董事长丁毅出席会议并讲话。他强调，马钢集团全体科技工作者要提高站位、坚定信心，把握“三个紧跟”、坚持“五个原则”、抓好“五化”落实，为全面站稳中国宝武第一方阵不断作出科技贡献。马钢集团领导高铁、任天宝、章茂晗、陈国荣及王光亚、邓宋高、杨兴亮出席会议。马钢集团党委常委任天宝主持会议。马钢专家，公司相关部门和单位主要负责人及分管领导，以及首席师、技能大师参加会议。

本月　马钢集团党委报送的《聚焦“三新”推动“8・19”重大主题系列活动走深走实》，获“2022 年度宝武集团宣传思想文化品牌工作‘守正创新’优秀实践案例”。

本月　马钢集团公司“全面推进‘集中一贯制’管理模式培训班”开班。

本月　马钢股份四钢轧总厂 2 号连铸机连续浇铸长度首破万米大关。

## 4 月

4 日　马钢集团举行党委理论学习中心组（扩大）学习会暨学习贯彻党的二十大精神专题培训，邀请安徽省委讲师团高端专家、安徽大学哲学学院教授、博士生导师裴德海作《以中国式现代化全面推进中华民族伟大复兴》专题讲座。马钢集团、马钢股份党委书记、董事长丁毅主持会议并讲话。马钢集团助理及以上领导，马钢专家，公司机关部门、直属机构主要负责人、各单位党政主要负责人及公司中层副职管理人员参加会议。

6—7 日　安徽省委书记韩俊赴滁州市、马鞍山市调研经济社会发展情况。在中国宝武马钢集团，韩俊参观了公司展厅和重点产品展示，察看优质合金棒材生产线和交材、长材智控中心，听取马钢集团推进高铁车轮国产化进程情况介绍，详细了解企业产业升级布局和生产经营情况。他称赞企业智能化水平达到行业标杆，勉励企业牢记习近平总书记嘱托，聚焦主业做大做强，扎实做好产业转型升级这篇大文章，大力推进高端化、智能化、绿色化发展，巩固提升竞争优势，保持行业领先地位。他强调，要深入学习贯彻习近平总书记重要讲话重要指示批示精神，全面落实党的二十大部署要求，大力弘扬小岗精神，持续深化改革开放，积极抢抓国家战略机遇，加快建设现代化产业体系，着力推动高质量发展，在推进长三角一体化发展中展现更大作为。安徽省领导张韵声、费高云参加。

7 日　马钢股份（600808）2022 年度业绩说明会召开，全景网全程直播，收看人数超 10 万人。马钢股份董事长丁毅，董事、总经理、董事会秘书任天宝，独立董事张春霞，经营财务部负责人出席本次业绩说明会，并回答投资者提问。

10—11 日　马钢集团党委副书记、纪委书记高铁率队到广西壮族自治区南宁市上林县调研乡村振兴工作。上林县委副书记、县长王鹏，县委常委、副县长黄彦进，公司相关部门、单位负责人陪同调研。

12 日　安徽省直档案工作第十三协作组专题调研组一行来马钢调研档案工作，并在公司办公楼 413 会议室召开专题调研汇报会。安徽省委办公厅档案管理二处、省国资委办公室相关负责人参加调研，马钢集团工会主席邓宋高、行政事务中心（档案馆）相关负责人参加调研会。

14 日　马钢集团召开 2023 年一季度全面对标找差及“三降两增”推进会。马钢集团总经理、党委副书记毛展宏出席会议并讲话。马钢集团领导陈国荣及王光亚、邓宋高、罗武龙、杨兴亮参加会议。马钢专家、马钢集团相关部门及单位主要负责人参加会议。

△　宝武集团召开学习贯彻习近平新时代中国特色社会主义思想主题教育动员部署会。中央第 45 指导组组长徐平出席会议并讲话。宝武集团党委书记、董事长陈德荣作动员讲话。宝武集团总经理、党委副书记胡望明主持会议。中央第 45 指导组副组长王学峰及其他成员、宝武集团领导班子成员出席会议。会议以现场和视频相结合的形式召开。

17 日　“河钢杯”第十届全国钢铁行业职业技能竞赛在河钢集团邯钢公司胜利闭幕，马钢集团获团体第五名。此次大赛由中国钢铁工业协会、中国就业培训技术指导中心、中国机械冶金建材工会全国委员会联合主办，河钢集团承办。本次大赛共有 62 家单位、189 名选手参加，是历届参赛单位和参赛人数最大规模的一届。经过激烈角逐，共产生 80 名“全国钢铁行业技术能手”。马钢集团 6 名参赛选手（含 2 名代表宝武集团的选手）均榜上有名。

18 日　马钢集团召开精益运营 2022 年总结表

彰暨2023年专题推进会，进一步引导激励全体职工立足岗位，奋勇争先，改善创效，助推公司精益运营迈上新台阶。会议从创A现场环境整治、“精益·现场日”、星级现场创建、精益团队培育等方面，对2022年公司精益运营工作进行了总结。同时，从实施“小切口”项目、星级精益现场、精打细算作业区、岗位核心要素、安全示范作业区、全员改善创效等六项举措，深化现场会机制，以及打造分享交流、精益培训“两个平台”等方面，对2023年工作进行宣贯部署，并对一季度相关工作进行了总结。

19—22日　马钢集团党委副书记、纪委书记高铁一行赴内蒙古自治区赤峰市翁牛特旗开展乡村振兴工作调研。翁牛特旗委、旗政府以及相关部门负责人陪同调研，公司相关部门、单位负责人参加调研。宝武集团作为翁牛特旗的对口帮扶单位，多年来，围绕翁牛特旗乡村振兴产业发展和经济社会高质量发展深入开展帮扶工作，成效明显。

20日　全国人大代表、马钢集团、马钢股份党委书记、董事长丁毅赴长江钢铁，宣讲全国两会精神，同时对长江钢铁进行调研。会上，丁毅传达了习近平总书记在全国两会期间的重要讲话精神，介绍了全国两会的定位和特点、传达了全国两会的主要精神，分享了参会的体会。丁毅在宣讲中说，这次全国两会，是在全面贯彻党的二十大精神开局之年、深入推进中国式现代化的关键时期召开的一次重要会议。会议充分体现了党的主张和人民意志的统一，是一次民主、团结、求实、奋进的大会。大家要深刻领会习近平总书记在两会期间重要讲话精神，全面贯彻落实全国两会新部署新要求，切实增强贯彻落实的自觉性坚定性。

21日　在台州信质集团股份有限公司召开“信而有你，质绘未来”供应商大会上，马鞍山钢铁股份有限公司获信质集团“卓越贡献奖”称号，表明马钢硅钢产品得到该公司的充分肯定。

△　马钢集团召开2023年二季度安委会（防火委）、能环委会议，全面总结一季度安全生产和能源环保工作及存在问题，部署安排二季度安全生产和能源环保工作。马钢集团、马钢股份党委书记、董事长丁毅出席会议并讲话。马钢集团总经理、党委副书记毛展宏，马钢集团助理及以上领导出席会议。马钢集团党委常委、副总经理唐琪明主持会议。在安全生产管理方面，2023年一季度马钢集团公司安全形势相对平稳。二季度，公司将持续深入贯彻习近平新时代中国特色社会主义思想和关于安全生产重要论述，以党的二十大和全国安全生产电视电话会议精神为指引，坚持“人民至上、生命至上”，践行安全发展理念，深刻吸取经验教训，自我剖析，举一反三，查摆问题，完善安全责任体系，优化安全管理模式，坚守安全红线和生命线，深入开展安全宣教培训，全面有效防范生产安全事故，全力维护公司安全生产形势稳定。

21日、23日　马钢集团学习贯彻习近平新时代中国特色社会主义思想主题教育读书班启动集中授课，邀请南京市委党校教授、博士后王兵和上海交通大学长聘教授、博导、上海市委党校首席专家王强，分别讲授“毛泽东思想方法和工作方法”“习近平新时代中国特色社会主义思想的世界观和方法论”两门课程。

22日　马钢集团举行“迎接新挑战 健步新征程”马钢职工健步走活动。马钢集团工会、马钢体协主办。马钢集团、马钢股份公司党委书记、董事长，马钢体协名誉主席丁毅宣布活动开始，马钢集团党委常委、副总经理唐琪明致辞，马钢集团工会主席邓宋高主持活动仪式，总经理助理杨兴亮参加活动。

26日　内蒙古自治区人大常委会副主任艾丽华率调研组来马钢集团调研。安徽省人大常委会委员、教科文卫委员会副主任委员、常委会教科文卫工委副主任辛生，马钢集团党委副书记、纪委书记高铁陪同调研。

△　北京科技大学校长杨仁树一行到马钢集团参观调研，马钢集团、马钢股份党委书记、董事长丁毅陪同。在马钢集团研发大楼科技展厅，装饰一新、明亮现代的布局环境给北科大到访宾客留下深刻印象。杨仁树一行边走边看边听，近距离感受马钢集团科技创新的新发展、新成绩。在首发产品展示前，杨仁树仔细查看样品，并详细询问研发、销售情况，对马钢集团科技创新取得的喜人进步连连赞叹。

△　马钢集团举行学习贯彻习近平新时代中国特色社会主义思想主题教育读书班学习启动会。中国宝武主题教育第三巡回指导组视频参会指导。马钢集团、马钢股份党委书记、董事长丁毅作开班动员讲话，马钢集团党委副书记、总经理毛展宏，马钢集团助理及以上领导出席会议。会议由马钢集团

党委副书记、纪委书记高铁主持。2023年是深入学习贯彻党的二十大精神的开局之年，以开展学习贯彻习近平新时代中国特色社会主义思想主题教育开篇，节点特殊、意义深远。根据《中国宝武开展学习贯彻习近平新时代中国特色社会主义思想主题教育实施方案》以及《马钢集团开展学习贯彻习近平新时代中国特色社会主义思想主题教育实施方案》中对“组织开展集中学习”的要求，马钢集团全面启动学习贯彻习近平新时代中国特色社会主义思想主题教育读书班。

△　马钢集团领导带队开展两级机关现场视察暨第一轮精益运营现场会。马钢集团、马钢股份党委书记、董事长丁毅率队视察并强调，要以开展学习贯彻习近平新时代中国特色社会主义思想主题教育为推动，坚持党建引领，追求极致高效，优化产品结构，健全体制机制，推动马钢各项工作迈上新台阶。马钢集团助理及以上领导，各单位、部门、分子公司党政主要负责人，相关分厂厂长、党支部书记和作业长代表参加活动。

27日　“十四五”国家重点研发计划“高效能标准化钢结构体系与应用关键技术”项目会在马钢集团召开。北京科技大学、中国建筑标准设计研究院有限公司、同济大学等业内相关科研院所、高校有关负责人，马钢技术中心、制造部、长材事业部相关负责人参加会议。

28日　马钢集团召开庆“五一”先模表彰暨职工岗位创新交流会，表彰各级劳模工匠和先进人物，交流岗位创新工作经验和成果，引导广大职工积极参与创新实践，为打造后劲十足大而强的新马钢而团结奋斗。马钢集团、马钢股份党委书记、董事长丁毅在会上讲话，马钢集团党委副书记、总经理毛展宏，马钢集团助理及以上领导出席会议。会议由马钢集团党委副书记、纪委书记高铁主持。

## 5月

4日　马钢集团研发大楼员工餐厅正式启用。马钢集团、马钢股份党委书记、董事长丁毅，中国邮政集团马鞍山市分公司党委书记、总经理万顷，马钢集团领导高铁、伏明及邓宋高共同切下餐厅启用蛋糕。马钢集团党委副书记、纪委书记高铁主持启用仪式。

5—6日　根据《中国宝武开展学习贯彻习近平新时代中国特色社会主义思想主题教育实施方案》以及《马钢集团开展学习贯彻习近平新时代中国特色社会主义思想主题教育实施方案》中对“组织开展集中学习”的要求，马钢集团举办了为期1天半的学习贯彻习近平新时代中国特色社会主义思想主题教育第一期读书班，贯彻落实在全党深入开展学习贯彻习近平新时代中国特色社会主义思想主题教育的要求，进一步推动学习贯彻习近平新时代中国特色社会主义思想主题教育在马钢集团走深、走实、走心。马钢集团、马钢股份党委书记、董事长丁毅，马钢集团总经理、党委副书记毛展宏，马钢集团助理及以上领导参加读书班学习。马钢集团党委副书记、纪委书记高铁主持读书班学习。

8日　为深入开展学习贯彻习近平新时代中国特色社会主义思想主题教育，马钢集团在领导班子成员深入自学基础上，召开党委理论学习中心组学习会，开展“大兴调查研究，推进调研成果转化运用”专题学习研讨。马钢集团、马钢股份党委书记、董事长丁毅主持学习会并讲话。

9日　马钢集团、马钢股份党委书记、董事长丁毅深入新特钢生产一线开展主题教育专题调研。丁毅强调，要扎实抓好主题教育，坚决落实“学思想、强党性、重实践、建新功”的总要求，依靠职工、发动职工，再接再厉、精益求精，以点的突破带动面的提升，蹄疾步稳朝着新特钢达产阶段性目标前进。

△　马钢集团召开学习贯彻习近平新时代中国特色社会主义思想主题教育推进会，马钢集团主题教育领导小组常务副组长，马钢集团党委副书记、纪委书记高铁出席会议。马钢集团主题教育领导小组办公室各工作组组长、副组长及联络员参加会议。自主题教育开展以来，马钢集团紧紧围绕主题教育总要求、目标任务和重点措施，统筹谋划、精心组织，工作取得了一定实效，得到中国宝武巡回指导组的肯定。会议传达了上级关于主题教育的相关精神和要求，各工作组汇报前期工作和下一步工作计划，并进行了交流讨论。

△　马钢集团党委召开新特钢工程项目专项巡察审计工作动员会。马钢集团党委副书记、纪委书记、巡审工作领导小组副组长高铁出席会议并作动员讲话。

12日　在2023年中国品牌日安徽特色活动现场，安徽省市场监管局发布了“2022年度皖美品牌十大影响力事件”，“马钢车轮产品市场占有率世界第二”成功上榜。

13 日　马钢集团、马钢股份党委书记、董事长丁毅以“四不两直”方式赴炼铁总厂 3 号高炉整修现场，开展主题教育专题调研，并检查开炉准备工作，察实情、听心声、解难题、鼓干劲。他强调，要学思践悟、实干担当，以高质量主题教育推进高质量发展；不打无准备之战、不打无把握之战，坚持“精心组织、责任到人、严格苛求、万无一失”原则，全面做好开炉准备工作，确保高炉快速达产创效，助力公司极致高效生产迈上新台阶。

16 日　马钢集团、马钢股份党委书记、董事长丁毅赴马钢定点帮扶的含山县林头镇龙台村进行调研，了解帮扶工作开展情况，实地查看该村黄桃加工产业项目建设现场，并走访、慰问该村监测户，察实情、谋实招，以深化调查研究推动解难题、化民忧。他强调，要深入学习贯彻习近平总书记关于主题教育的系列重要讲话和重要指示批示精神，把开展主题教育与开展乡村振兴工作紧密结合，坚持党建引领，抓好产业发展，办好民生实事，进一步提升村民获得感、幸福感、安全感，共同绘就乡村振兴的壮美画卷。马钢集团工会主席邓宋高参加调研。

20 日　马钢集团举行“迎接新挑战 健步新征程”（马钢南区）职工健步走活动。活动由马钢集团工会、马钢体协主办。马钢集团党委副书记、纪委书记，马钢体协主席高铁在活动仪式上致辞。马钢集团工会主席邓宋高主持活动仪式。

22 日　马鞍山市市长葛斌到马钢集团参观调研。马钢集团党委副书记、总经理毛展宏，马鞍山市政府秘书长汪强，马钢集团总经理助理杨兴亮参加调研。

24 日　宝武集团党委常委、总会计师兼董事会秘书朱永红到马钢集团科技展厅参观调研。马钢集团、马钢股份党委书记、董事长丁毅，马钢集团党委常委、副总经理陈国荣陪同调研。

△　马钢集团、马钢股份党委书记、董事长丁毅赴基层联系点长材事业部，开展主题教育专题调研。他强调，要坚持学深悟透，牢牢把握习近平新时代中国特色社会主义思想的世界观和方法论，运用好贯穿其中的立场观点方法；要坚持问题导向，集中精力打歼灭战，干一件是一件，干一件成一件；要坚持机制创新，激发全员活力，进一步推动极致高效生产，努力形成更多“长材经验”。

25—26 日　马钢集团党委常委、副总经理唐琪明一行赴云南省普洱市江城县开展乡村振兴工作调研。江城县委副书记、县长龙德生，以及相关部门负责人陪同调研，公司相关部门、单位负责人参加调研。

本月　由马鞍山市委宣传部、市人社局、市总工会组织开展的“学习贯彻二十大 砥砺奋进新征程”艺术思政课话剧《炉火照天地》展演活动马钢专场在马鞍山大剧院开演。

本月　中国机械冶金建材职工技术协会召开第五届二次会员代表大会，通报全国机械冶金建材行业职工创新成果，命名一批全国机械冶金建材行业示范性创新工作室、行业工匠。马钢集团 5 项成果、1 个创新工作室和 2 名职工受表彰。

本月　马钢集团举办了 2023 年集团直管干部学习贯彻党的二十大精神学习班暨中高层管理者领导力研修班。

**6 月**

1 日　跟总书记学调研暨中国宝武主题教育领导小组办公室主任会议在马钢集团召开。会议深入贯彻落实习近平总书记考察调研中国宝武重要讲话和重要指示批示精神，交流分享工作经验，提升调查研究质效，在深化调研中进一步推动中国宝武主题教育走深走实。中央第 45 指导组组长徐平到会指导，受宝武集团党委书记、董事长陈德荣委托，宝武集团党委常委、宝武主题教育领导小组副组长兼办公室主任魏尧主持会议并作总结讲话。

2 日　宝武集团党委常委魏尧到中国宝武马鞍山区域调研，在马钢集团主持召开“凝心聚力共建‘同一个宝武’”文化体系马鞍山区域座谈会。宝武集团党委宣传部、企业文化部部长钱建兴，宝武集团治理部总经理、深改办主任秦铁汉，宝武集团党委宣传部、企业文化部副部长田钢等领导随同调研。中国宝武马鞍山总部总代表，马钢集团、马钢股份党委书记、董事长丁毅参加调研。

6 日　宝武集团党委常委、副总经理侯安贵，马鞍山市委书记袁方，马鞍山市委副书记、市长葛斌，马钢集团、马钢股份党委书记、董事长丁毅共同启动水晶球，马钢股份新特钢项目（一期）正式投产。马鞍山市政协主席吴桂林，市委相关领导，宝武水务党委书记、董事长严华，宝钢工程总经理赵恕昆，宝武环科总经理朱建春，中冶京诚党委书记、董事长岳文彦，中冶京诚党委副书记韩冰，上海宝冶总经理张文，十七冶总经理刘安义，十七冶副总经理周金龙，二十冶党委副书记、总经理徐立，中冶南方副总经理余祖灿，宝钢咨询总经理孟凡东出席仪式。仪式由马钢集团总经理、党委副书记毛展宏主持。

7日 中国宝武马鞍山区域主题教育推动发展和纪检监察干部队伍教育整顿调研督导工作座谈会召开。宝武集团纪委副书记朱汉铭出席会议并讲话。马钢集团党委副书记、纪委书记高铁主持会议。宝武集团纪委、监察专员办相关工作人员，中钢天源、马钢矿业等宝武马鞍山区域相关子公司下属单位纪检负责人参加会议。

△ 马钢集团召开A级企业创建经验总结交流座谈会。回顾总结马钢集团创建A级环保绩效企业历程，动员广大职工以创A成功为新的起点，再接再厉取得新的更大成绩。马钢集团、马钢股份党委书记、董事长丁毅出席会议并讲话。马钢集团党委副书记、纪委书记高铁，马钢集团党委常委、副总经理唐琪明及总经理助理王光亚、罗武龙参加会议。

13日 马钢集团、马钢股份党委书记、董事长丁毅赴技术中心开展主题教育专题调研，主持召开座谈会，与技术中心班子成员、部分首席研究员和党群部门负责人就深入推进科技创新工作进行深入交流。丁毅强调，技术中心要以主题教育为推动，坚持党建引领，坚持自信自立，坚持问题导向，强化系统思维，完善创新体系，以高水平科技自立自强支撑马钢高质量发展。

15日 马钢集团在领导班子成员深入自学的基础上，召开党委理论学习中心组学习会。中国宝武主题教育第三巡回指导组组长李麒视频参会指导。马钢集团、马钢股份党委书记、董事长丁毅主持学习会并讲话。

△ 马钢集团召开碳中和工作领导小组会议。马钢集团、马钢股份党委书记、董事长丁毅在会上强调，要以深入开展主题教育为契机，进一步提高认识、知行合一，坚持问题导向，大兴调查研究，抓住重点突破，创新推进机制，推动马钢集团“双碳”工作再上新台阶。

16日 马钢股份2022年度股东大会在马钢集团公司办公楼召开。本次会议采取现场和网络投票表决的方式，审议并通过了《董事会2022年度工作报告》等相关议案。马钢股份董事长丁毅，副董事长毛展宏，董事、总经理、董事会秘书任天宝，独立董事张春霞、朱少芳、管炳春、何安瑞，监事耿景艳、洪功翔，副总经理伏明及总法律顾问杨兴亮，中证中小投资者服务中心有限责任公司的股东及股东代理人出席会议。大会见证律师、点票监察员及审计师在现场参加会议。

17日 马钢集团科技成果评价会召开。中国工程院院士干勇，马钢集团、马钢股份党委书记、董事长丁毅，中国金属学会、中国钢铁工业协会、合肥工业大学、中国科学院合肥物质研究院的专家出席评价会。此次评价的马钢集团两项科技成果分别为“高品质钢炼钢流程高效绿色洁净冶炼关键技术研发与应用”和“超高强度长寿命汽车弹簧钢关键技术研究及产品研发”。

20日 马钢集团、马钢股份党委书记、董事长丁毅赴冷轧总厂，开展主题教育调研暨节前现场安全检查。他强调，要坚持学深悟透，牢牢把握习近平新时代中国特色社会主义思想的世界观和方法论，运用好贯穿其中的立场观点方法；要坚持抓细抓实，全面筑牢安全生产防线；要坚持问题导向，抓基层、强基础、固基本，集中精力打歼灭战，聚焦重点，干一件成一件；要坚持机制创新，激发全员活力，推动极致高效生产。

25日 马钢集团召开党群工作专题会。会议就关于进一步加强和改进离退休干部工作的相关建议等四项议题进行讨论、部署。马钢集团、马钢股份党委书记、董事长丁毅主持会议并讲话。马钢集团党委常委唐琪明和任天宝、马钢集团工会主席邓宋高、马钢集团总经理助理杨兴亮出席会议或参加分管工作相关议题讨论。

27日 马鞍山市市长葛斌到马钢集团参观调研。马钢集团党委副书记、总经理毛展宏，马鞍山市政府秘书长汪强，市政府办、市经信局、市政府发展研究中心负责人陪同调研。

28日 在上海召开的2023年推进长三角高质量一体化发展工会工作联席会议命名40人为首届“长三角大工匠”，安徽省共有10人入选，马钢集团能环部职工袁军芳名列其中。袁军芳是马鞍山市首席技师、马钢电气技能大师，先后获全国钢铁行业劳动模范、安徽省技术能手和“538英才工程”高端人才、安徽省五一劳动奖章等荣誉，享受国务院政府特殊津贴。

30 日　由中国钢铁工业协会主办，马钢集团和冶金科技发展中心承办的钢铁行业重点工序能效对标数据填报系统发布会暨副产煤气高效利用专题技术对接会在马钢集团召开。中国钢铁工业协会党委副书记、副会长兼秘书长姜维，马钢集团、马钢股份党委书记、董事长丁毅，安徽工业大学党委副书记、校长魏先文出席会议并致辞。

△　马钢工会组织马钢集团第二十届（马钢股份第十届）职代会 30 名职工代表对共享中心和职工食堂管理工作情况进行督查。马钢集团党委常委唐琪明出席督查情况汇报会并进行点评，马钢集团工会主席邓宋高主持督查情况汇报会。

本月　2023 年宝武集团管理创新成果奖发布，马钢集团推荐的 14 项管理创新成果中有 8 项获奖，其中一等奖 1 项、二等奖 3 项、三等奖 4 项。这是马钢集团加入中国宝武以来在管理创新方面取得的最好成绩，体现了宝武集团企业文化在马钢集团的落地生根，展示了新时代马钢集团“江南一枝花”精神的新内涵。

## 7 月

1 日　马钢股份新特钢 6 月钢产量达 13.3 万吨，高质量实现月达产目标。其中，转炉最高日产 37 炉，连铸单日最大浇注 39 炉、产量突破 6000 吨，小方坯连铸机最高连续浇注 61 炉。

4 日　马钢集团举行党委理论学习中心组（扩大）学习会暨主题教育专题党课，邀请马鞍山市委书记袁方作“坚定沿着习近平总书记指引的方向奋勇前进，奋力谱写中国式现代化建设的马鞍山篇章”党课报告，中钢协专职副秘书长石洪卫作“中国钢铁产业运行态势及未来展望”专题辅导。马钢集团、马钢股份党委书记、董事长丁毅主持会议并作主题教育专题党课。马鞍山市委常委、市委秘书长方文，马钢集团总经理、党委副书记毛展宏出席会议。中国宝武主题教育第三巡回指导组副组长田钢视频参加第三阶段会议。

5 日　马钢集团党委常委伏明，马钢集团党委常委、副总经理陈国荣一行赴阜南县地城镇李集村开展乡村振兴调研，走访慰问困难党员，并就推进乡村产业发展同县、镇、村干部深入交流。

5—7 日　2023 国际先进轨道交通技术展览会在上海新国际博览中心隆重举行。马钢交材作为轮轴生产制造企业受邀参加本次展会，携复兴号高速车轮、B 型地铁绿色环保车轮等“大国重器”，闪亮开启了一场沉浸式绿智融合“轨道之旅”。

10 日　马钢集团聚焦“双 8”牵引战略项目汇报会在公司办公楼 413 会议室召开。马钢集团、马钢股份党委书记、董事长丁毅出席会议并讲话。马钢集团总经理、党委副书记毛展宏，马钢集团党委常委任天宝，马钢集团党委常委、副总经理陈国荣，总经理助理王光亚、杨兴亮出席会议。陈国荣主持会议。

11—12 日　马钢集团、马钢股份党委书记、董事长丁毅率队分别赴东通岩土科技股份有限公司、杭州西奥电梯有限公司开展回访。浙江东杭控股集团董事长胡宝泉，东通岩土董事长、总经理胡焕，西奥电梯总裁周俊良、西奥 MOD 总经理沈健康等接待了丁毅一行。

17 日　马钢集团领导丁毅、毛展宏、唐琪明、任天宝、伏明、陈国荣带队，分 6 个组，先后到各基层单位，为 2023 年受表彰的“党建创优奖”获奖单位和“两优一先”代表颁奖，并讲主题教育专题党课。

19 日　马钢集团二季度党建工作例会暨联创联建签约仪式在公司办公楼 413 会议室召开。会议旨在深入开展学习贯彻习近平新时代中国特色社会主义思想主题教育，进一步贯彻落实宝武集团二季度党建工作会议精神，紧紧围绕“三心”党建工作主题，安排部署下一阶段党建工作重点，持续推动联创联建落地落实。马钢集团、马钢股份党委书记、董事长丁毅出席会议并讲话。马钢集团领导毛展宏、唐琪明、任天宝、伏明、陈国荣及邓宋高出席会议。会议由马钢集团党委常委唐琪明主持。

21 日　马钢集团召开 2023 年三季度安委会(防火委)、能环委会议，全面总结二季度安全生产和能源环保工作及存在问题，部署安排三季度安全生产和能源环保工作。马钢集团、马钢股份党委书记、董事长丁毅出席会议并讲话。马钢集团总经理、党委副书记毛展宏，马钢集团助理及以上领导出席会议。马钢集团党委常委唐琪明主持会议。

27 日　马鞍山市人大常委会副主任谢红心一行到马钢集团调研。马鞍山市人大常委会委员、马钢集团总经理、党委副书记毛展宏陪同调研。在新特钢一期生产线，沿着干净、整洁的生产线通道，谢红心一行听取了该产线生产工艺组织以及设备运行等情况介绍。新特钢项目是马钢“十四五”规划基建技改重点项目，其中一期项目仅用时 18 个月便建成投产，投产当月即顺利达产，创造了新的“马钢速度”。谢红心对此给予高度评价，并希望新特钢发挥装备、技术优势，加大市场开拓力度，不断提高客户满意度，为企业创造更高的经济效益。

28 日 “奋进新时代 廉韵润初心”马钢廉洁文化展开幕仪式在公司办公楼一层大厅举行。马钢集团党委书记、董事长丁毅，马钢集团总经理、党委副书记毛展宏共同为文化展揭幕。马钢集团党委副书记、纪委书记唐琪明主持开幕仪式。

**8 月**

1 日 马钢集团、马钢股份党委书记、董事长丁毅赴营销中心调研，与该中心班子成员及部分 C 层级管理人员进行座谈交流。丁毅强调，营销工作对公司生产经营举足轻重，营销中心要强化党建引领，强化营销创效，强化协同攻坚，强化团队建设；各单位部门要牢牢把握“聚焦绩效、责任到位、刚性执行、挂钩考核”工作主线，以“双 8”牵引战略项目为推动，大干七八九、奋勇争一流，力争三季度经营绩效明显改善，全年站稳中国宝武第一方阵。马钢集团党委常委任天宝及总经理助理杨兴亮，马钢专家，相关单位和部门负责人参加调研。

△ 马钢集团主题教育领导小组办公室会议暨整改整治工作推进会在公司办公楼召开。会议旨在认真贯彻中央主题教育领导小组整改整治工作推进会精神和中国宝武党委有关工作部署，坚定不移把整改整治工作抓紧抓实抓好，推动马钢集团主题教育不断走深走实、取得新的更大成效。中国宝武主题教育第三巡回指导组领导视频参会指导。马钢集团党委副书记、纪委书记唐琪明出席会议并讲话。

2 日 马钢集团召开党群工作专题会。会议听取近期相关工作汇报，就信访有关事项、马钢离退休党员党费收缴有关情况及改进展厅管理强化协同效应等专项议题，进行了讨论、部署。马钢集团、马钢股份党委书记、董事长丁毅主持会议并讲话。马钢集团党委副书记、纪委书记唐琪明及马钢集团工会主席邓宋高出席会议。

△ 马钢集团召开 2023 年半年度法治工作会议（法治企业建设及合规管理领导小组第二次会议）暨合规管理体系认证启动会。马钢集团、马钢股份党委书记、董事长、法治企业建设及合规管理领导小组组长、合规管理委员会主任丁毅出席会议并讲话。马钢集团总法律顾问杨兴亮主持会议。

△ 马钢集团召开 2023 年乡村振兴工作领导小组会议。马钢集团党委副书记、纪委书记唐琪明及马钢集团工会主席邓宋高出席会议。2023 年上半年，马钢集团按照安徽省委、省政府及宝武集团党委关于乡村振兴帮扶工作要求，加强组织领导，制定帮扶计划，深入推进阜南县地城镇李集村、含山县林头镇龙台村定点帮扶工作以及云南江城县、广西上林县、内蒙古翁牛特旗重点帮扶工作，积极参与中国宝武“四个示范”品牌建设和产业生态圈构建，通过落实帮扶工作机制、强化党建引领、开展消费帮扶工作等举措，为巩固拓展脱贫攻坚成果与乡村振兴有效衔接，促进农业农村现代化、建设宜居宜业的和美乡村贡献出马钢力量。

3 日 马钢集团举行 2023 年新员工入职典礼暨“入职第一课”。带着关怀和期许，马钢集团、马钢股份党委书记、董事长丁毅为新员工上“入职第一课”，深情寄语新员工，志存高远，担当责任，奋勇争先，让青春在不懈奋斗的火热实践中绽放绚丽之花，为建设后劲十足大而强的新马钢贡献智慧力量。马钢集团工会主席邓宋高主持典礼。

4 日 马钢集团召开学习贯彻习近平新时代中国特色社会主义思想主题教育调研成果交流会。马钢集团、马钢股份党委书记、董事长丁毅带头发布调研成果并作讲话。马钢集团领导毛展宏、唐琪明、任天宝、伏明发布调研成果。中国宝武主题教育第三巡回指导组到会指导。马钢集团党委副书记、纪委书记、马钢集团主题教育领导小组常务副组长兼办公室主任唐琪明主持会议。

8 日 根据马钢集团党委统一部署，马钢集团党委第一巡察组进驻运输部，第二巡察组进驻能源环保部，对两家单位党组织开展常规巡察工作。当天上午分别在两家单位召开巡察工作动员会。马钢集团党委副书记、纪委书记、巡察工作领导小组副组长唐琪明出席动员会并讲话。马钢集团党委巡察办相关人员，马钢集团党委第一、第二巡察组全体成员，两家被巡察单位领导班子成员、直管人员，以及部分党员和职工代表分别参加了动员会。

10 日 中国宝武督查组一行到马钢集团，对中国宝武马鞍山区域绿色低碳发展开展专项监督检查暨环保大检查“回头看”，进一步提高中央环保督察宝武发现问题，以及中国宝武第一、第二轮环保大检查发现问题的整改质效。

11 日　马钢集团公司“8・19”系列活动之马钢第二届“江南一枝花”精神故事会在教培中心报告厅落下帷幕。马钢集团党委副书记、纪委书记唐琪明，马钢集团工会主席邓宋高出席活动。

15 日　马钢集团团委与团马鞍山市委联合开展企地青年交流暨“青春心向党 奋进新征程”主题团日活动。马钢集团党委副书记、纪委书记唐琪明，团市委相关负责人出席启动仪式并致辞。马钢集团直属单位、中国宝武马鞍山区域各单位、马鞍山市企事业单位团干部、团员青年约 50 人参加活动。

17 日　马钢集团召开党委理论学习中心组学习会。马钢集团、马钢股份党委书记、董事长丁毅主持学习会并讲话。中国宝武主题教育第三巡回指导组视频参会指导。马钢集团助理及以上领导参加学习会。会上，党委办公室领学习近平总书记关于主题教育的重要讲话精神和考察江苏、四川时的重要讲话精神；党委组织部领学习近平总书记关于党的建设的重要思想；党委宣传部领学习近平总书记关于严肃党内政治生活的重要讲话和重要指示批示精神。

19 日　马钢集团举行“8・19”系列活动，进一步贯彻落实 2020 年 8 月 19 日习近平总书记考察调研宝武马钢集团重要讲话精神，回顾三年来马钢集团牢记嘱托、感恩奋进的新作为，把握机遇、顺势而上的新变化，后劲十足、大而图强的新发展，激励广大干部职工时刻牢记习近平总书记殷殷嘱托，沿着习近平总书记指引的方向，撸起袖子加油干，风雨无阻向前行，在宝武集团的坚强领导下，在新的赶考之路上交出新的优异答卷、创造新的时代辉煌。

23 日　安徽省行业（系统）建设项目档案“树标杆、创一流”试点工作总结会在马钢集团召开。安徽省委办公厅副主任、省档案局局长欧阳春，马钢集团党委副书记、纪委书记唐琪明出席会议；全省建设项目档案工作负责人参加会议。

25 日　宝武集团党委书记、董事长胡望明到马钢集团调研，了解生产经营、绩效改善等情况，看望慰问一线干部员工。胡望明强调，要认真贯彻落实习近平总书记考察调研宝武重要讲话和重要指示批示精神，坚定战略发展定位，增强信心，通过对标找差找准问题，坚定不移推进 CE 系统，建立算账经营理念，在专业化整合的基础上强化生态化协同，扎实推进各项改革工作，不断提升马钢的竞争力。

△　宝武集团党委书记、董事长胡望明在合肥拜会了安徽省委书记韩俊，省委副书记、省长王清宪，并共同见证了宝武集团与安徽省政府战略合作框架协议签约。安徽省委常委、省委秘书长、政法委书记张韵声出席，安徽省委常委、常务副省长费高云和宝武集团党委常委、副总经理侯安贵代表双方签约。根据协议，双方将围绕支持马钢集团转型升级、推动矿产资源开发和整合、加快新材料产业集群发展、促进产城融合等，进一步深化合作，实现共赢发展。

28 日　马钢集团召开领导班子学习贯彻习近平新时代中国特色社会主义思想主题教育专题民主生活会。马钢集团、马钢股份党委书记、董事长丁毅主持会议并作总结讲话。中国宝武主题教育第三巡回指导组组长李麒等到会指导并作点评讲话。

30 日　全国总工会党组书记、副主席、书记处第一书记徐留平一行到马钢集团调研。马鞍山市委书记袁方，马鞍山市委常委、市委秘书长方文，马钢集团党委副书记、纪委书记唐琪明，马钢集团工会主席邓宋高，马鞍山市总工会、马钢相关部门负责人参加调研。

31 日　根据马钢集团党委统一部署，马钢集团党委第一巡察组进驻冷轧总厂、第二巡察组进驻检测中心，对两家单位党组织开展常规巡察工作。马钢集团党委副书记、纪委书记、巡察工作领导小组副组长唐琪明出席动员会并讲话。马钢集团党委巡察办负责人，公司党委巡察组成员，两家被巡察单位领导班子成员、直管人员，以及部分党员、职工代表等分别参加动员会。

△　马钢集团工会主席邓宋高与公司互助帮困管委会成员、行政事务中心及相关二级单位工会负责人，为公司困难职工子女送上“金秋助学”金。

本月　在 2023 年安徽省质量管理小组活动交流会暨成果发表赛上，马钢物流创客工作室小组课题“研制一种吸排罐车尾门清洁装置”获 2023 年安徽省质量管理小组一等质量技术成果。

本月　第十一届全国品牌故事大赛（合肥赛区）暨第七届安徽质量品牌故事大赛在合肥市落下

帷幕，马钢集团共夺得包括优秀组织奖和微电影一等奖在内的13个奖项。

## 9月

1日 马钢集团举办2023年党建引领高质量发展专题研修班。马钢集团、马钢股份党委书记、董事长丁毅讲授专题党课，并作总结讲话。马钢集团总经理、党委副书记毛展宏，马钢集团助理及以上领导，各直属党组织书记、副书记、纪委书记，公司机关党群部门负责人参加研修。本次研修采用集中学习、分组研讨、成果发布相结合的方式进行。在1日上午的集中学习中，丁毅讲授了题为《强化党建引领 全面激活状态 以高质量党建引领高质量发展》专题党课。

5日 马钢集团、马钢股份党委书记、董事长丁毅在公司办公楼热情接待了来访的中国进出口银行安徽省分行党委书记、行长武建军一行，双方就深度合作展开交流。中国进出口银行安徽省分行党委委员、副行长王宇辉，马钢集团党委常委、副总经理陈国荣出席会见。

△ 马钢集团在公司办公楼413会议室召开营销工作月度复盘会议，总结复盘8月营销工作，安排部署9月营销重点工作。马钢集团、马钢股份党委书记、董事长丁毅在会上强调，8月营销工作取得的成绩、创造的经验值得祝贺和总结，要紧盯9月营销关键指标不动摇，坚定信心、再接再厉，充分发挥好销售“龙头”引领作用，为公司生产经营持续改善作出新的贡献。马钢集团领导毛展宏、任天宝及杨兴亮出席会议。会议由马钢集团党委常委任天宝主持。

6日 马钢集团与淮北矿业集团举行党委联创联建暨商务技术交流会，双方将以党建引领、同创共赢，携手打造更具竞争力的煤钢产业链、供应链。马钢集团领导丁毅、唐琪明、任天宝及邓宋高，淮北矿业集团及淮北矿业领导方良才、汪琳、刘杰（淮北矿业集团工会主席）、邵华、刘杰（淮北矿业股份副总经理）出席会议。淮北矿业集团党委常委、纪委书记，省监委驻淮北矿业集团监察专员汪琳主持会议。

12日 海螺集团党委委员、副总经理吴斌一行到访马钢集团。马钢集团党委常委、副总经理陈国荣在公司办公楼热情接待了吴斌一行，双方就推动绿色发展、深化固废资源合作等展开交流。

△ 马钢股份（600808）召开2023年半年度业绩说明会，在全景网路演中心网络直播，马钢股份就经营业绩及公司发展前景与投资者开展交流。马钢股份董事、总经理、董事会秘书任天宝，独立董事朱少芳，经营财务部负责人出席本次业绩说明会，并回答投资者提问。

13日 福建省人大常委会副主任江尔雄一行到马钢集团参观调研。安徽省人大民宗侨外委员会副主任委员杜玉山，马鞍山市人大常委会党组书记、主任钱沙泉，马钢集团工会主席邓宋高陪同参观调研。

18日 2023世界制造业大会工业互联网专场发布会在合肥举办。会上发布了日前刚认定的48家安徽省重点工业互联网平台并进行授牌，马钢钢铁制造工业互联网平台被授予“行业型工业互联网平台”。这是继马钢集团“基于宝联登工业互联网平台的长材系列产品智能工厂”被认定为2023年安徽省智能工厂后获得的又一荣誉。

19—26日 马钢集团、马钢股份党委书记、董事长丁毅，马钢集团总经理、党委副书记毛展宏，马钢集团党委副书记、纪委书记唐琪明等领导带队，以听取汇报、资料查阅、现场检查等方式，分组深入一线开展安全生产大检查。

22日 含山县林头镇龙台村村委会广场内，马钢集团总经理、党委副书记毛展宏，含山县人大常委会主任徐良等共同启动水晶球，标志马钢集团乡村振兴产业帮扶项目山之味果蔬罐头生产线正式投产。这是马钢集团践行社会责任、助力乡村振兴又一生动体现。

△ 宝武集团马钢轨交材料科技有限公司（以下简称马钢交材）混合所有制改革引战签约仪式在马钢举行。马钢股份、马钢交材与8家战略投资者以及员工持股平台代表共同签约。马钢集团、马钢股份党委书记、董事长丁毅出席签约仪式并讲话。马钢集团党委常委任天宝，马钢集团党委常委、副总经理陈国荣，铁科新材、中金瑞为、宝武绿碳等8家战略投资者代表出席签约仪式。签约仪式由陈国荣主持。

23日 马钢集团、马钢股份党委书记、董事长丁毅赴炼铁总厂1号高炉和3号烧结机检修现场调研，实地了解两个项目施工进展情况。他强调，要抢抓项目施工进度，高效组织，协同推进，保安全保质量，确保一次性顺利投产；各部门、单位要锚定三季度生产经营目标，抓主抓重，全力以赴，加强生态圈协同，坚决打赢生产经营翻身仗。马钢集团党委常委伏明，马钢集团党委常委、副总经理罗武龙参加调研。

27 日　马钢集团、马钢股份党委书记、董事长丁毅，马钢集团总经理、党委副书记毛展宏，马钢集团党委副书记、纪委书记唐琪明率队赴四钢轧总厂，开展两级机关现场视察暨第五轮精益运营现场会。丁毅在活动中强调，各单位和部门要坚定信心，明确目标，保持清晰的经营思路和如履薄冰的心态，聚精会神，抓住重点，坚持算账经营，加强过程管控、团结协作，助推公司经营绩效持续改善。

本月　2023 年中国钢铁工业协会、中国金属学会冶金科学技术奖名单公布，马钢集团牵头的 4 项成果获奖，其中一等奖 1 项、二等奖 2 项、三等奖 1 项。

本月　宝武集团 7 月劳动竞赛结果揭晓，马钢股份 B 号高炉获 4000 立方米级及以上低碳“冠军炉”。这是该高炉在宝武集团劳动竞赛中，继 4 月首获高产“冠军炉”、5 月又获低碳“冠军炉”、二季度再获高产“冠军炉”之后，年内第四次夺冠。

本月　中国钢铁行业 EPD 平台再次发布了马钢重型 H 型钢碳足迹和特钢高速线材产品碳足迹“环境产品声明（EPD）”。

本月　安徽省经济和信息化厅公布《2023 年安徽省绿色工厂名单》，凭借着在节能减排、绿色生产方面的突出表现，马钢交材获 2023 年安徽省“绿色工厂”称号。

## 10 月

10 日　文化和旅游部公布 69 家国家工业旅游示范基地名单，马钢集团“绿色钢铁”主题园区名列其中。这是马钢工业旅游景区继创建国家 3A 级旅游景区成功后获得的又一殊荣。

11 日、16 日　马钢集团党委第一巡察组和第二巡察组分别进驻四钢轧总厂和马钢（武汉）材料公司，对两家单位党组织开展常规巡察工作。

12 日　马钢集团召开党群工作专题会。会议就关于落实巡视、主题教育整改整治及巡前自查自纠工作开展情况的报告等五个议题进行讨论、部署。马钢集团、马钢股份党委书记、董事长丁毅主持会议并讲话。马钢集团党委副书记、纪委书记唐琪明出席会议。

14 日　马钢集团团委组织公司直属单位、中国宝武马鞍山生态圈单位团员和青年 130 余人，开展“追忆艰苦岁月　接续奋斗前行”主题团日暨红色观影活动，共同观看《志愿军：雄兵出击》影片。

17 日　马钢集团、马钢股份党委书记、董事长丁毅在公司办公楼热情接待了来访的中冶南方党委书记、董事长郑剑辉一行，双方就深化合作展开交流。中冶南方党委委员、副总经理李方，双方相关单位、部门负责人参加座谈。

△　北京国际风能大会暨展览会在中国国际展览中心（顺义馆）举行。马钢重型热轧 H 型钢、特钢紧固件等产品在展会上精彩亮相，赢得广泛好评。

18 日　能环部 23 号塘烧变电所 CDQ2317、2340 两台高压柜合闸并网送电，标志着马钢股份北区 CDQ10 千伏供电线路负荷迁移工程顺利完成。

23 日　国内首套轻量化热风炉巡检机器人在马钢股份炼铁总厂北区 A 号、B 号高炉正式“上岗”。这些拥有自主知识产权的智能热风炉巡检机器人，能有效突破热风炉运行状态实时监控的难题，为高炉安全稳定保驾护航。

26 日　马钢集团、马钢股份党委书记、董事长丁毅前往信访办，开展接访和重点信访事项研究督办。他强调，要深入贯彻落实习近平总书记关于加强和改进人民信访工作的重要思想，牢固树立以人民为中心的发展思想，解放思想开动脑筋，实事求是解决难题，履行央企责任，回应职工群众期盼。

△　马钢集团、马钢股份党委书记、董事长丁毅先后赴四钢轧总厂、炼铁总厂调研，详细了解极致高效生产、降本增效工作情况，认真听取意见建议，仔细剖析形势困难，现场解决相关问题。丁毅在调研时强调，非常之时要有非常之策，我们要以“四化”为方向引领，以“四有”为经营纲领，以“打胜仗”为根本，以“敢较真”显担当，始终保持战时状态，始终保持如履薄冰的心态，坚持解放思想、开动脑筋，坚持经济运行、优化结构，坚持算账经营、统筹管控，坚持强化管理、压实责任。要加快工作节奏，咬定目标不放，乘势而上，再接再厉，打赢关键战役，打好“人民战争”，奋力完成全年目标任务。

△ 马鞍山市委书记袁方，安徽省委第十巡回督导组组长张海阁，钱沙泉、吴桂林等马鞍山市四套班子领导，安徽省委第十巡回督导组副组长徐晓宁到马钢集团调研，马钢集团党委副书记、纪委书记唐琪明陪同。

△ 马钢集团公司工会第九届委员会第十九次全体委员暨中国宝武马鞍山区域工会工作委员会（扩大）会议在公司办公楼413会议室召开。马钢集团工会主席邓宋高出席会议，并作《深入学习习近平总书记关于工人阶级和工会工作的重要论述扎实推动中国工会十八大精神落地见效》主题报告。

△ 马钢集团开展首批特级技师评审工作。作为国家职业技能等级新“八级工”的重要一级，此次特级技师评审开启了创新型人才评价试点工作。

27日 马钢集团“算账经营”技能比武活动在公司413会议室举行。经过激烈角逐，设备管理部算账经营案例“运行费用‘零’投入，胶带机运力提升”获一等奖、“金算盘”荣誉称号，采购中心、技术中心、经营财务部案例获二等奖、“银算盘”荣誉称号，马钢交材等8家单位案例获三等奖、“铁算盘”荣誉称号。马钢集团党委常委、副总经理陈国荣，马钢集团工会主席邓宋高，马钢集团总经理助理杨兴亮观摩活动并为获奖案例颁奖。

△ 马钢集团、马钢股份党委书记、董事长丁毅赴长材事业部、冷轧总厂调研。在调研时丁毅一再强调，要践行“四化”“四有”，保持战时状态，保持良好势头，坚持利润为主，坚持调整结构，在奋勇攻坚中展现马钢实力，在众志成城中彰显马钢志气。

△ 马钢集团三季度党建工作例会在公司办公楼413会议室召开。会议旨在总结运用第一批主题教育的成功经验、高质量开展第二批主题教育，贯彻落实宝武集团三季度党建工作会议精神，持续推动党组织联创联建落地见成效，安排部署公司下阶段党建工作重点。马钢集团、马钢股份党委书记、董事长丁毅出席会议并讲话。马钢集团领导毛展宏、唐琪明、任天宝、伏明、陈国荣、罗武龙及邓宋高出席会议。会议由马钢集团党委副书记、纪委书记唐琪明主持。

本月 由中国上市公司协会主办的上市公司乡村振兴经验交流会暨最佳实践案例发布会在江西赣州举行。马钢股份乡村振兴工作案例获评2023年中国上市公司乡村振兴“最佳实践案例”。

**11月**

2日 马钢集团召开2023年四季度安委会（防火委）、能环委会议，全面总结三季度安全生产和能源环保工作，部署安排四季度相关重点工作。马钢集团、马钢股份党委书记、董事长丁毅出席会议并讲话。马钢集团领导毛展宏、任天宝、陈国荣、罗武龙、马道局及王光亚、邓宋高，中国宝武科学家张建出席会议。马钢集团党委常委、副总经理罗武龙主持会议。

3日 江西省政府参事李秀香一行到马钢集团参观调研，并座谈交流。马钢集团党委常委、副总经理罗武龙，安徽省政府参事室参事处、马鞍山市发改委相关负责人陪同调研、参加座谈。

△ 马钢集团召开10月营销复盘会，总结复盘10月营销工作，对11月营销工作进行部署安排。马钢集团、马钢股份党委书记、董事长丁毅出席会议并讲话。他强调，要紧紧围绕市场，坚持以利润为中心，以公司效益最大化为原则，解放思想、主动作为，系统联动、相互支撑，抓主抓重、坚定不移调结构，盯紧盯住、压实责任显担当，全力以赴搏击市场，保持良好经营势头，奋力再创优异业绩。马钢集团党委常委任天宝，总经理助理杨兴亮出席会议。

6日 在第24个中国记者节来临之际，马钢记者节交流座谈会在安徽皖宝召开，庆祝新闻人共同的节日，总结一年来马钢新闻宣传工作情况，分享先进经验，交流工作心得，并对获奖新闻工作者进行表彰。

16日 三菱重工业株式会社常务董事、燃气轮机事业部部长东泽隆司一行到访马钢集团。马钢集团、马钢股份党委书记、董事长丁毅在公司办公楼热情接待了东泽隆司一行。双方就能源项目建设进行了深入交流。

17日 马钢集团、马钢股份党委书记、董事长丁毅先后到马钢交材、能环部，同领导班子集体谈话，了解当期生产经营、绩效提升、党建工作情况，就抓党建、看状态，奋力冲刺年终、谋划明年工作提出要求。马钢集团工会主席邓宋高参加调研。

△ 马钢集团、马钢股份党委书记、董事长丁

毅赴长江钢铁，同长江钢铁领导班子进行集体谈话并开展工作调研。他强调，长江钢铁要听党话，感党恩，跟党走，充分发挥民营机制作用，激发内生动力；盯重点，明路径，算好账，聚精会神抓好生产经营，改善经营绩效；增强危机意识、超前思维、进取精神，抢抓市场机遇，发挥自身优势，快速走出困境。

△ 宝武集团党委常委、主题教育领导小组副组长兼办公室主任魏尧到马钢交材调研，座谈调研马钢交材生产经营、企业党建、主题教育相关情况。他强调，马钢交材要勇担国家使命，打造人才高地，坚定不移做强做优做大马钢轮轴产业；要扎实做好主题教育“后半篇文章”，总结提炼先进经验，打造马钢交材样板。宝武集团纪委副书记朱汉铭，宝武集团党委组织部副部长、人力资源部副总经理计国忠，马钢集团、马钢股份党委书记、董事长丁毅，马钢集团工会主席邓宋高参加调研。

△ 马钢集团一项国家重点研发计划项目通过中期检查。科技部高技术研究发展中心“智能传感器”专项办主持召开由马钢股份公司牵头承担的国家重点研发计划项目“特种钢生产关键参数在线检测传感技术开发及示范应用”中期检查会议。会议采用视频方式进行，本项目5个课题组核心成员在马鞍山集中参加了中期检查视频会，会议还邀请了马鞍山市科技局领导参会。

21日 马钢集团下半年全面对标找差及算账经营经验交流会在公司办公楼召开。会议总结前期全面对标找差和算账经营优秀经验，部署下一阶段相关工作。马钢集团、马钢股份党委书记、董事长丁毅在会上强调，要坚持“四不原则”，做好当期收官工作，全力以赴确保四季度和全年经营目标顺利完成。马钢集团领导毛展宏、唐琪明、任天宝、伏明、陈国荣、罗武龙、马道局及王光亚、邓宋高，宝武科学家张建出席会议。会议由马钢集团党委常委、副总经理陈国荣主持。

22日 马钢集团、马钢股份党委书记、董事长丁毅，马钢集团总经理、党委副书记毛展宏，马钢集团党委副书记、纪委书记唐琪明率队赴炼铁总厂，开展两级机关现场视察暨第六轮精益运营现场会。丁毅在活动中强调，各单位和部门要坚持“四不原则”，始终保持如履薄冰的心态和战时状态，坚定信心，再接再厉，强化算账经营，加强过程管控，持续打好“人民战争”，全力以赴确保四季度和全年经营目标顺利完成。

24日 马钢集团召开续签《集体合同》调研座谈会。马钢集团党委副书记、纪委书记唐琪明，工会主席邓宋高出席座谈会。会议由邓宋高主持。

△ 马钢集团纪委在教育培训中心举办纪委书记履职能力研修班，进一步深入学习贯彻党的二十大和习近平总书记重要指示批示精神，提升纪检干部队伍履职能力，推动纪检干部忠于职守、敢于担当、善于作为、主动出击、精准执纪、堪当重任。马钢集团党委副书记、纪委书记唐琪明参加研修并讲话，各二级单位纪委书记、纪检干部和公司纪委机关全体人员共80余人参加了研修培训。

△ 以“新材料创造新价值”为主题的第三届国际新材料产业大会在蚌埠召开，马钢交材携复兴号高速车轮、B型地铁绿色环保车轮等明星产品亮相大会，展示了马钢集团近年来在轨道交通领域持续研发绿色环保低碳产品，助力构建轮轴产业绿色生态机制的成果。

25日 马钢集团团委组织开展“感悟先辈奋斗史 挺膺担当勇作为”实景课堂学习活动，来自各单位的39名优秀团员青年代表，共赴南京溧水，参观学习红色李巷、里佳山、中国供销社博物馆，重温入团誓词，开展党史趣味问答、现场微党课学习等。

28—29日 马钢集团、马钢股份党委书记、董事长丁毅分别与长材事业部、冷轧总厂、炼铁总厂、四钢轧总厂、能环部领导班子进行集体谈话，开展工作调研，进行现场办公。

30日 马钢集团举行首席师技能大师研修会成立大会。马钢集团党委副书记、纪委书记唐琪明出席会议并讲话。

本月 中国创新方法大赛安徽赛区决赛在合肥举行，马钢集团共有16个创新团队入围决赛。经理论测试、项目展示，马钢创新团队在比赛中脱颖而出，共获6个一等奖、5个二等奖和5个三等奖。其中，炼铁总厂的“基于TRIZ理论提高球团矿粒度合格率”项目，还获得进军2023年中国创新方法大赛全国总决赛的资格。

本月 交通运输部、国家发展改革委印发通知决定命名19个项目为“国家多式联运示范工程”。其中，马钢物流牵头的“依托长江黄金水道、立足皖江城市带马鞍山多式联运示范工程”成功入选，成为安徽省唯一一个获批项目。

本月　工信部发布2023年度智能制造示范工厂揭榜单位和优秀场景名单。马钢股份入选揭榜单位，马钢H型钢系列产品智能制造示范工厂入选2023年度智能制造示范工厂揭榜项目，长江钢铁“能效平衡与优化”入选2023年度智能制造优秀场景。

本月　2023年中国创新方法大赛全国总决赛在天津举办。经过项目展示、理论测试环节，马钢集团“基于TRIZ理论提高球团矿粒度合格率”创新项目团队，从全国199个创新项目团队中脱颖而出，在全国总决赛中获二等奖。

本月　安徽省经信厅公布2023年安徽省技术创新示范企业名单，马钢交材位列其中。

本月　马钢股份凭借在ESG（环境、社会与公司治理）、“双碳”战略及绿色发展、社会责任等方面的优异表现，获2023年“责任犇牛奖”之“ESG双碳先锋”奖。

## 12月

1日　马钢集团召开党群工作专题会。会议就“关于上级巡视反馈意见整改工作建议”等五个议题进行讨论、部署。马钢集团、马钢股份党委书记、董事长丁毅主持会议并讲话。马钢集团党委副书记、纪委书记唐琪明，工会主席邓宋高出席会议。

△　马钢集团11月月度经营改善总结会在公司办公楼413会议室召开。会议总结分析11月经营绩效完成情况，挖掘亮点、剖析不足、分析形势、明确思路，研究部署12月重点工作。马钢集团、马钢股份党委书记、董事长丁毅主持会议并讲话。马钢集团领导毛展宏、唐琪明、任天宝、伏明、陈国荣、罗武龙、马道局及王光亚、邓宋高、杨兴亮，宝武科学家张建出席会议，马钢专家，各部门、单位党政主要负责人等参加会议。

5日　马钢集团以营销中心为示范点，开展“调研下基层”暨“党组织联创联建”专场交流学习活动。马钢专家王东海，马钢集团党委组织部、营销中心党委负责人，公司直属党组织副书记、中国宝武马鞍山总部党支部书记研修分会代表等参加活动。

7日　马钢集团党委常委、副总经理罗武龙，马钢集团监事会主席马道局一行赴马钢定点帮扶的含山县林头镇龙台村进行调研，了解帮扶工作开展情况，实地查看该村黄桃加工产业项目、省级美丽乡村建设情况，并走访、慰问该村监测户。

△　马钢集团11月营销工作复盘会召开，对11月营销工作进行总结，部署12月营销工作。马钢集团、马钢股份党委书记、董事长丁毅出席会议并讲话。他强调，要加强分析研判，准确把握市场走势；要盯紧矛盾短板，系统谋划重点突破；要强化机制创新，创造价值分享价值，充分发挥营销的引领作用，坚决打赢“收官战”，奋力实现全年生产经营目标。马钢集团党委常委任天宝主持会议，马钢集团总经理助理杨兴亮，宝武科学家张建出席会议。

7—8日　宝武集团工会主席张贺雷一行调研中国宝武马鞍山区域工会工作情况，并深入现场看望慰问一线职工。马钢集团工会主席邓宋高主持座谈并陪同调研。马钢交材、长江钢铁负责人，中国宝武马鞍山区域工委委员参加活动。

8日　马钢集团党委召开理论学习中心组学习会，深入学习习近平总书记在深入推进长三角一体化发展座谈会上的重要讲话精神、《中国宝武关于认真学习贯彻习近平总书记重要讲话精神 把学习推广“四下基层”作为第二批主题教育重要抓手的通知》等内容。马钢集团、马钢股份党委书记、董事长丁毅主持学习会并讲话。马钢集团领导毛展宏、任天宝、伏明、陈国荣、罗武龙、马道局及王光亚、杨兴亮，宝武集团科学家张建参加学习会。

11日　马钢集团11月月度经营例会在公司办公楼413会议室召开。本着高效的原则，本次会议与经营绩效改善推进周例会并会召开。会议总结11月公司生产经营亮点工作，通报月度“奋勇争先奖”评选结果，剖析存在的问题和短板，分析研判当前形势任务，策划做好后续重点工作。马钢集团、马钢股份党委书记、董事长丁毅在会上强调，要始终保持战时状态，始终保持如履薄冰的心态，收好口、谋好局，拓市场、控成本、抓项目、建机制、保安全，全力以赴确保年度目标任务的顺利达成。马钢集团领导唐琪明、任天宝、伏明、罗武龙、马道局及王光亚、邓宋高、杨兴亮出席会议。中国宝武“四化”“四有”暨主题教育整改整治工作专项督导组成员罗筚辉应邀列席会议。

14日　中国宝武马鞍山区域职工岗位创新联盟启动会暨第一届第一次理事会（以下简称“联盟启动会”和“理事会”）在马钢集团召开。马钢集团工会主席、马鞍山区域总部工会工委主席邓宋高出席联盟启动会。

△　马钢集团团员和青年主题教育中期推进会在公司办公楼 413 会议室召开。会议分为两个阶段。马钢集团党委副书记、纪委书记唐琪明，团市委副书记、团市委团员和青年主题教育领导小组副组长王小明出席第一阶段会议。

16 日　中国共产党马钢（集团）控股有限公司机关第六次党员代表大会召开，回顾总结机关第五次党代会以来的工作，明确未来 5 年机关党的建设主要任务，选举产生新一届机关党委和机关纪委，动员和组织机关全体党员、干部职工围绕中心、服务大局、发挥作用、创造价值，为助力打造后劲十足大而强的新马钢不懈奋斗。马钢集团党委副书记、纪委书记唐琪明出席会议。

△　2023 年南京都市圈党政联席会议在马鞍山市召开。会前，江苏省委常委、南京市委书记韩立明等参会领导到马钢集团参观调研。马鞍山市委书记袁方，市长葛斌，市领导方文等，马钢集团党委副书记、纪委书记唐琪明陪同参观调研。

19 日　宝武集团党委书记、董事长胡望明，宝武集团总经理、党委副书记侯安贵专题调研马钢集团 2024 年商业计划书编制工作。胡望明强调，马钢集团把算账经营真正落实到了每个岗位、每个员工，是宝武集团有效应对钢铁寒冬的典型案例。尤其是 2023 年下半年的实践，干出了成效，干出了信心，战略也越来越清晰，为下一步完善马钢集团的战略和定位打下了非常好的基础。

△　马钢集团党委书记、董事长丁毅汇报了 2024 年商业计划书、年度及任期绩效任务“一企一表”等工作。面对 2023 年上半年的不利局面，马钢集团积极贯彻落实宝武集团半年度工作会议精神，找到问题、找准问题，坚定践行“四化”“四有”经营方针，坚持算账经营，群策群力、团结协作，抢抓 2023 年下半年市场回暖机遇，经营绩效持续改善。同时，持续强化技术引领，产品高端供给取得新突破；动态优化生产体制，产线高效组产取得新进步；深化全面对标找差，系统联动降本取得新成效。

20 日　马钢股份冷轧总厂 2130 酸轧线厂房内外好戏连台、掌声阵阵，正值“12・23”宝武集团公司日到来之际，一场别开生面、生动活泼的“宝武强音”形势任务教育进基层主题活动在这里火热上演。马钢集团工会主席邓宋高出席活动并致辞。宝武集团党委宣传部企业文化处负责人，马钢集团党委宣传部、长材事业部、冷轧总厂、马钢交材、宝武资源马钢矿业等部门和单位相关负责人及职工代表在现场观摩活动。

21 日　马钢集团技术中心召开第四次党代会，回顾总结 6 年来取得的成绩和经验，安排部署未来 5 年重点工作，选举产生新一届党委委员、纪委委员。马钢集团、马钢股份党委书记、董事长丁毅出席会议并强调，技术中心要坚持以科技创新引领发展，聚焦“三个紧跟”，坚定理想信念，勇担使命责任，强化关键核心技术攻关，推动实现高水平科技自立自强，为打造后劲十足大而强的新马钢作出新的更大贡献。

△　马钢集团建成国内首条炼焦煤取制检全流程自动化系统。检测中心北区炼焦煤取制检全流程自动化系统正在快速检验一批焦煤样品，从取样、制样到检测数据上传一气呵成、数据精准。现场检验人员介绍：“这是国内首条炼焦煤取制检全流程自动化系统，自上线以来，已平稳运转 20 多天，在确保检测精度的同时，大幅提升了检测效率。”

22 日　马钢集团党委常委任天宝率队赴马钢集团定点帮扶的阜南县地城镇李集村走访调研，代表马钢捐赠产业帮扶及医疗设备设施项目资金，为该村千亩水产养殖基地揭牌，查看马钢集团振兴路、千亩苗木产业基地，并走访慰问村里的困难党员。

23 日　宝武集团第三个“公司日”，也是第一个“创新日”。马钢集团在公司办公楼南广场隆重举行升旗仪式庆祝宝武集团“公司日”，马钢集团领导唐琪明、任天宝、马道局及邓宋高、杨兴亮参加升旗仪式。马钢集团党委常委任天宝主持升旗仪式。

27 日　马钢集团、马钢股份党委书记、董事长丁毅，马钢集团党委副书记、纪委书记唐琪明率队赴冷轧总厂，对“短平快”技改项目进行现场动员。丁毅在活动中强调，各部门、单位要树立“花小钱，办大事；不花钱，会办事”思想，在推进各技改项目落地落实的同时，加快产品结构调整，发挥重点产品比较优势和区域优势，强化成本意识，坚持细分市场，助推公司生产经营迈上新台阶。

本月　2023 金牛企业可持续发展论坛暨第一

届国新杯·ESG金牛奖颁奖典礼在江苏南通举行。马钢股份凭借在ESG治理方面的优异表现，获国新杯·ESG金牛奖百强和央企五十强双料大奖。

本月　第十一届“全国品牌故事大赛”全国总决赛获奖结果公布，马钢集团推选的《九号高炉的故事》获微电影一等奖，《传承》获短视频二等奖。

本月　中国钢铁工业协会发布第二十一届（2023年）冶金企业管理现代化创新成果名单，马钢集团6项成果上榜，其中一等成果1项、三等成果5项。

本月　安徽省人民政府公布了《关于2022年度安徽省科学技术奖励的决定》，马钢交材作为第一完成单位，与安徽马钢表面技术股份有限公司和安徽工业大学共研的“火车车轮检测线智能化设备研发与集成应用”项目，获2022年度安徽省科技进步奖三等奖。

本月　全国高新技术企业认定管理工作领导小组办公室发布《安徽省认定机构2023年认定报备的第一批高新技术企业备案名单》，马钢合肥公司位列其中，顺利通过2023年国家“高新技术企业”认证。

本月　中国上市公司协会（以下简称“中上协”）主办的中国上市公司可持续发展大会召开，大会发布了120项上市公司ESG最佳实践案例和325项优秀实践案例，马钢股份两项ESG实践案例分别入选2023年ESG最佳实践案例和优秀实践案例。

本月　由安徽省总工会和安徽省网信办联合主办的“网聚职工正能量 团结奋斗新征程”2023年安徽工会“好网民”主题活动优秀项目名单正式出炉。马钢集团工会选送的多件作品从全省1.5万余件作品或案例中脱颖而出，获多项荣誉。马钢集团工会获评主题活动优秀组织单位。

2023年，马钢集团按月召开月度经营改善总结会。会议总结分析上月经营绩效完成情况，剖析存在的问题和短板，分享先进经验，研究部署下月重点工作。马钢集团、马钢股份党委书记、董事长丁毅主持会议并讲话。马钢集团、马钢股份主要领导及中国宝武科学家、马钢专家等分别出席会议。

# 概　述

宝武年鉴（马钢卷）

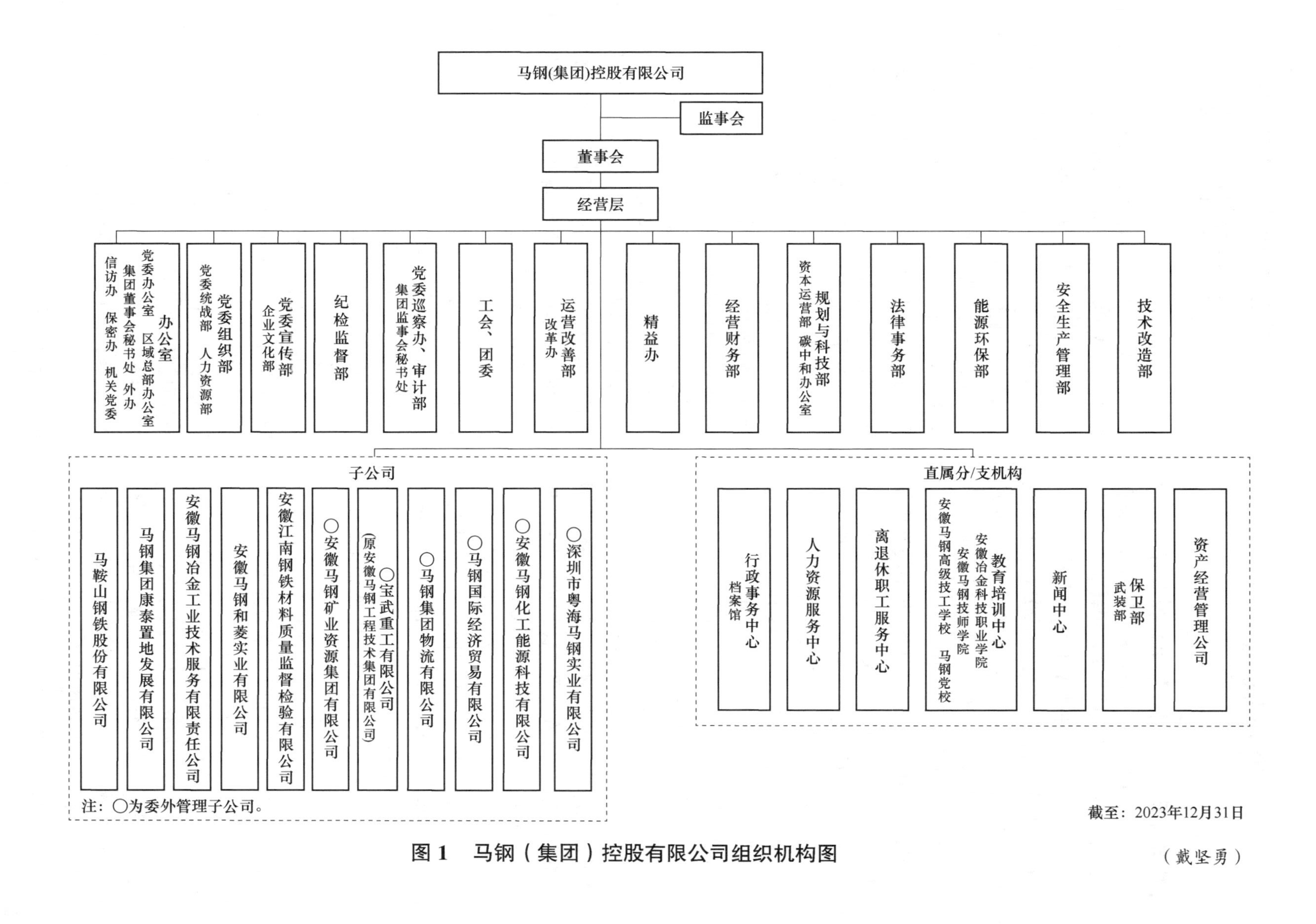


图 1　马钢（集团）控股有限公司组织机构图

（戴坚勇）

## 企业概况

【基本情况】 马钢（集团）控股有限公司(以下简称“马钢集团”）是中国宝武钢铁集团有限公司控股子公司，是我国特大型钢铁联合企业和重要的钢铁生产基地，拥有 A+H 股上市公司 1 家，具备 2000 万吨钢配套生产规模。2023 年生产铁1923 万吨、粗钢 2097 万吨、钢材 2062 万吨，实现营业收入 1151. 91 亿元、利润总额 4. 82 亿元（产权口径审计数），在岗员工 21202 人。

马钢集团的前身是成立于 1953 年的马鞍山铁厂；1958 年马鞍山钢铁公司成立；1993 年实施股份制改制，分立为马钢总公司和马鞍山钢铁股份有限公司；1998 年马钢总公司依法改制为马钢（集团）控股有限公司；2019 年 9 月 19 日，马钢集团与中国宝武联合重组，成为中国宝武控股子公司(中国宝武持股 51%、安徽省政府持股 49%)。

在 60 多年发展历程中，马钢集团创造了我国钢铁行业的诸多第一，我国第一个车轮轮箍厂、第一套高速线材轧机、“中国钢铁第一股”（A+H 股上市公司)、第一条大 H 型钢生产线、第一条重型H 型钢生产线先后诞生在这里。联合重组以来，马钢集团聚焦中国宝武优特长材专业化平台公司和优特钢精品基地的战略定位，坚持产业化发展、平台化运作、专业化整合、生态化协同，全力打造花园式滨江生态都市钢厂和智慧制造示范基地，企业面貌发生了翻天覆地变化。

面对新形势新任务新要求，马钢集团坚持以习近平新时代中国特色社会主义思想为指导，全面贯彻落实党的二十大精神，深入贯彻落实习近平总书记考察调研中国宝武马钢集团重要讲话精神，衷心拥护“两个确立”、忠诚践行“两个维护”，坚定不移坚持党的全面领导、加强党的建设。2023年马钢集团坚持以“四化”为发展方向，以“四有”为经营纲领，强化创新驱动，坚持算账经营，紧扣“聚焦绩效、责任到位、刚性执行、挂钩考核”工作主线，全力以赴应对各种困难和风险挑战，为中国宝武建设世界一流伟大企业作出新的贡献。

（戴坚勇）

## 2023 年马钢集团主要工作综述

【概况】 2023 年是全面贯彻落实党的二十大精神的开局之年。面对全国钢铁市场需求收缩、供给冲击、预期转弱的严峻形势，马钢集团深入贯彻落实习近平总书记考察调研中国宝武马钢集团重要讲话精神，坚持稳中求进的工作总基调，完整、准确、全面贯彻新发展理念，牢牢把握“聚焦绩效、责任到位、刚性执行、挂钩考核”工作主线，以提升 ROE、吨钢毛利为核心，追求极致高效，优化结构渠道，对标找差，提升效率，着力推动高质量发展，实现质的有效提升和量的合理增长，奋力确保经营绩效站稳中国宝武第一方阵。

【党建引领】 深入开展学习贯彻习近平新时代中国特色社会主义思想主题教育，牢牢把握“学思想、强党性、重实践、建新功”总要求，高质量完成第一批主题教育。按季度召开党建工作例会。开展 2022 年度基层党组织党建责任制考核和基层党组织书记述评考。组织基层党组织联创联建签约，合计 182 个项目；4 个党建经验做法入围宝武集团组织部党建案例，特钢公司联创联建“党建+项目”在马鞍山市做经验交流发言。组织开展公司级“两优一先”评比表彰、公司党委领导送奖到基层及讲党课相关工作。强化党建引领，协调指导“双 8”牵引战略项目成立 12 个临时党组织；面向生态圈各单位开展煤焦化杯“高温坚守‘暑’你最美”摄影赛、“江南一枝花”文学大奖赛。

【科技创新】 2023 年科研项目计划立项 56项。稳步推进重型 H 型钢“单项冠军产品”认定及合肥公司、长江钢铁高新技术企业申报工作；积极组织国家、省市和冶金行业科技成果申报，全年获政府及行业科技进步奖共 13 项，其中 6 项获2023 年冶金科学技术奖（特等奖 1 项、一等奖 2项、二等奖 2 项、三等奖 1 项)，7 项获安徽省科学技术奖（一等奖 1 项、二等奖 4 项、三等奖 2项)。合肥公司、长江钢铁申报安徽省第一批、第二批高新技术企业，均通过省内评审。全球首款低碳 45 吨轴重重载车轮在马钢交材下线，自主研发的2100兆帕级汽车悬架簧用钢实现国内首发，马钢SH490YB海洋石油平台用热轧H型钢等6项产品获评中钢协冶金产品实物质量品牌“金杯优质产品”。

**【绿色发展】** 马钢股份本部和长江钢铁先后完成环保绩效A级企业认证，马钢集团成为安徽省第一家环保绩效A级企业。积极落实“双碳”要求，追求极致能效，马钢集团本部重点工序能效达标杆产能比例达到46.12%，发布5项EPD环境产品声明，低碳45吨轴重重载车轮取得中国船级社碳足迹证书，碳排放降低34.4%，实现全球同类产品最低；马钢集团获“绿色发展标杆企业”称号。深入落实长江生态环境保护，持续推动废水零排放、废气超低排、固废不出厂，马钢股份公司获中国钢铁工业协会“清洁生产环境友好企业”。持续推进厂区“洁化、绿化、美化、文化”，马钢工业旅游景区入选国家工业旅游示范基地。

**【智慧制造】** 稳步推进智能炼钢项目，行业首创的“转炉全周期一键精准控制模型”一键冶炼热试成功。围绕3D岗位智慧制造成果推广应用，全年新增“宝罗”机器人102台套，接入平台135个。马钢股份获国家级数字化转型最高荣誉“数字领航企业”称号，入选工信部“智能制造揭榜单位”；H型钢系列产品智能制造示范工厂入选2023年度智能制造示范工厂揭榜项目，长江钢铁“能效平衡与优化”入选工信部2023年度智能制造优秀场景；4个项目入选2023年钢铁行业数字化转型典型场景应用案例；“马钢钢铁系列产品制造工业互联网平台”被省经信厅授予“行业型工业互联网平台”，长材系列产品智能工厂入选安徽省智能工厂，钢铁冶炼数字化车间入选安徽省数字化车间。马钢股份基于两基地同工序的跨空间互通融合平台入选工业互联网融合创新应用案例位列工业行业推广行动细分行业前三，入编《2023年工业互联网行业融合创新应用报告》。

**【安全生产】** 党委常委会多次学习习近平总书记关于安全生产重要论述及近期相关指示精神；按照宝武集团要求，以零工亡目标为引领，坚持全面从严管理，压紧压实安全责任，强化“一贯制”和“三管三必须”，从严安全管理。坚持系统策划，重点突破，运用小切口，解决安全管理薄弱环节和突出问题，深入开展“2+1”基础管理提升行动，扎实推进“5+N”重点专项整治行动，安全生产形势趋于平稳。推进智慧安全建设工作，开展了“安全生产重大风险监控平台”建设。全年策划和推动了协作协同1246个岗位安全宣誓活动、体感培训二期项目建设，共培训2.38万人次。规范动火作业管理、检修挂牌制度，推动皮带安全、环保设施安全专项整治工作，组织开展了重大隐患排查治理，共发现重大隐患53项。完成智慧安全穿透式监管平台一阶段建设和安全生产重大风险监控平台建设。优化基层安全管理机构，配强基层安全管理人员，实施二级单位安全分管领导及安全科室负责人安全生产标准化专题培训。年内修订发布了《协作协同安全管理办法》《危险作业安全管理办法》等6项安全管理制度。

**【重点工程】** 重点推进新特钢、南区型钢改造2号连铸机工程、北区填平补齐辅助、环保创A工程、码头工艺系统及配套设施改造等项目。新特钢项目按计划推进，一期工程已于2023年6月6日建成投运；南区型钢改造项目2号连铸机工程于2023年2月20日热试投产并实现达产目标。码头改造项目1号泊位2月投产，3号泊位4月投产；长材事业部H型钢大线工艺适应性改造项目8月热试投产并实现达产目标；炼铁总厂1号高炉煤气精脱硫改造项目9月完成定修接口所有施工内容；南区新增VPSA制氧机项目8月28日2套制氧机组投入运行，9月21日4套制氧机组投入运行。全年工程项目轻伤以上安全事故为零，工程项目质量事故为零。

**【深化改革】** 将打造最佳生产经营体制作为应对市场最有效的手段，坚持“四有”经营原则，深化算账经营。策划新一轮国有企业改革工作，按照中国宝武总体要求和部署，梳理重点改革任务，推进马钢交材混合所有制改革工作，按照《马钢交材混合所有制改革实施方案》，成功引入8家战略投资者，上榜国务院国资委“科改示范企业”。严格供应商准入，加速清理“低小散”供应商。深入推进协作管理变革，协作供应商数由55家降至48家，冶服公司协作分包队伍由70余家压减至35家。建立健全合规管理体系，马钢集团、马钢股份顺利通过合规管理体系国内国际双标准认证，成为宝武集团首批通过该认证的7家一级子公司之一。压减投资公司等3户法人企业，退出2户参股企业。

**【凝聚合力】** 强化职工岗位创新创效，积极开展“献一计”等群众性经济技术创新活动，全年献计 20.7 万条；全年开展公司级劳动竞赛 13 项、总厂级劳动竞赛 109 项、分厂级劳动竞赛 81 项；结合生产经营实际，深入开展“废钢归集回收”“废旧物资回收”等 5 项专项劳动竞赛，累计创效超亿元；参加宝武集团劳动竞赛，马钢各参赛项目获“冠军炉、冠军工序、优胜单位”等共计 46 次，牢牢站稳中国宝武第一方阵。持续增进职工福祉，全面完成 19 项公司级、136 项厂级“三最”实事项目；大力开展节日送温暖、互助帮困、困难职工慰问、职工子女金秋助学等活动，发放慰问金 580 余万元；建成投用文化活动中心、网球场、篮球场等，在公司范围内推行“健康点”消费。打造特色文化品牌，成功注册宝武内首个文化品牌“江南一枝花”文字商标，以马钢为原型的《炉火照天地》被评为“新时代十年企业文化”先进经验。积极履行社会责任，大力推进产业帮扶、教育帮扶、消费帮扶，连续 5 年在安徽省直单位定点帮扶工作成效考核综合评价中获最高等次“好”的评价，1 项案例获评上市公司乡村振兴“最佳实践案例”，马钢股份入选“中国 ESG 上市公司先锋 100”钢铁行业第 2 名。

(张　轩　李一丹)

# 股东会

**【股东会工作】** 2023 年，马钢（集团）控股有限公司召开股东会 1 次，审议议题 5 项，形成决议 1 份。主要审议内容如下。

2022 年度股东会。2023 年 8 月 10 日，马钢（集团）控股有限公司在办公楼 19-2 会议室召开 2022 年度股东会，公司股东中国宝武钢铁集团有限公司股东（授权）代表丁毅、安徽省投资集团股东（授权）代表王楠出席会议，审议批准《关于马钢集团 2022 年度财务决算的议案》《关于马钢集团 2022 年度利润分配方案的议案》《关于马钢集团 2023 年度财务预算的议案》《马钢集团 2022 年度董事会工作报告》《马钢集团监事会 2022 年度工作报告》。

(金子豪)

# 董事会

**【董事会工作】** 2023 年，马钢（集团）控股有限公司依据《公司法》《公司章程》及国家有关法律法规，认真履行职责，高效规范运作，全年召开董事会 9 次（其中以书面表决方式召开通讯会议 6 次），审议议题 32 项，形成决议 9 份、下发决定事项 9 份，主要审议内容如下。

1. 第二届董事会第十九次会议。2023 年 2 月 8 日，马钢（集团）控股有限公司以通信会议形式召开第二届董事会第十九次会议，审议批准《关于马钢股份非公开协议转让石灰资产至安徽皖宝的议案》《关于马钢冶金服务公司以所持利民星火公司和冶金固废公司股权增资入股宝武环科马鞍山公司的议案》《关于聘任陈国荣同志为马钢（集团）控股有限公司副总经理的议案》。

2. 第二届董事会第二十次会议。2023 年 3 月 9 日，马钢（集团）控股有限公司以通信会议形式召开第二届董事会第二十次会议，审议批准《关于宝武集团马钢轨交材料科技有限公司混合所有制改革实施方案的议案》。

3. 第二届董事会第二十一次会议。2023 年 4 月 26 日，马钢（集团）控股有限公司在办公楼 19-2 会议室以现场+视频会议形式召开第二届董事会第二十一次会议，审议批准《关于马钢国贸将所持江南质检股权无偿划转至马钢集团的议案》《关于设立马钢硅钢合资公司的议案》《关于马钢 2023 年对外捐赠预算费用的议案》《马钢集团公司 2022 年度内部控制评价报告》《马钢集团 2022 年度董事会工作报告》《关于马钢集团董事会授权事项行权情况的报告》《关于马钢集团 2022 年度生产经营情况的报告》。

4. 第二届董事会第二十二次会议。2023 年 6 月 28 日，马钢（集团）控股有限公司以通信会议形式召开第二届董事会第二十二次会议，审议批准《关于马钢集团经理层等高级管理人员 2022 年绩效评价结果及薪酬结算建议的议案》《关于成立资本运营部的议案》。

5. 第二届董事会第二十三次会议。2023 年 8 月 10 日，马钢（集团）控股有限公司在办公楼 19-2

会议室以现场+视频会议形式召开第二届董事会第二十三次会议，审议批准《关于聘请马钢集团2022年度财务决算审计会计师事务所的议案》《关于马钢集团2022年度财务决算的议案》《关于马钢集团2022年度利润分配方案的议案》《关于马钢集团2023年度财务预算的议案》《关于解聘唐琪明马钢（集团）控股有限公司副总经理职务的议案》《关于马钢集团年度合规工作报告的议案》《关于马钢集团全面风险管理年度报告的议案》《关于马钢集团经理层2022年度经营业绩评价结果的报告》。

6. 第二届董事会第二十四次会议。2023年8月21日，马钢（集团）控股有限公司以通信会议形式召开第二届董事会第二十四次会议，审议批准《关于调整马钢交材混合所有制改革实施方案的议案》。

7. 第二届董事会第二十五次会议。2023年11月7日，马钢（集团）控股有限公司以通信会议形式召开第二届董事会第二十五次会议，审议批准《关于马钢瓦顿拟进行破产处置的议案》《关于聘任罗武龙为马钢（集团）控股有限公司副总经理的议案》。

8. 第二届董事会第二十六次会议。2023年11月27日，马钢（集团）控股有限公司以通信会议形式召开第二届董事会第二十六次会议，审议批准《关于马鞍山市雨山区人民政府拟征收马钢集团部分土地及宝武资源地上资产的议案》。

9. 第二届董事会第二十七次会议。2023年12月21日，马钢（集团）控股有限公司在办公楼19-2会议室以现场+视频会议形式召开第二届董事会第二十七次会议，审议批准《关于马钢（集团）控股有限公司经理层聘任协议书和经营业绩责任书的议案》《关于马钢集团2022年工资总额清算及2023年工资总额预算方案的议案》《关于马鞍山市雨山区人民政府拟征收马钢南山矿炸药厂土地的议案》《关于马钢公司“十四五”期间“无废企业”建设实施方案的议案》《马钢集团2023年三季度全面风险管理和内部控制报告》《国资委“十不准”学习及马钢集团虚假贸易和集团外贸易排摸情况报告》。

（金子豪）

## 监事会

**【监事会工作】** 马钢集团监事会成员依据公司法和章程赋予的法定职责，列席董事会等公司决策会议，对公司重大决策活动全程监督、对重大经营管理活动的合规性依法监督。对公司财务预算执行和投资计划实施情况进行跟踪关注，组织召开监事会会议。根据会议要求，及时跟踪关注公司财务预算执行和投资计划实施情况，督促目标任务如期完成。2023年组织调研督导24次，形成了《深化调研督导提升监事会监督水平，助力马钢站稳宝武第一方阵》的调研报告，报告提示了马钢市场竞争力需要进一步加强、部分子公司混改效能未完全释放、海外资产控制力需要进一步强化等5个方面问题。以专项检查为抓手，有效促进风险防控，针对公司的工程建设、关联交易、固定资产投资后评价、不动产审计问题整改等方面开展专项监督检查，共发现在招投标、固定资产投资后评价、关联方识别等方面50个具体问题。

（王绎仁）

# 马钢集团公司机关部门

## 办公室（党委办公室、区域总部办公室、集团董事会秘书处、外事办公室、信访办公室、保密办公室、机关党委）

【综合管理】 1. 精心统筹会务。统筹安排书记办公会、党委常委会、总经理办公会、董事长专题会、党群工作专题会等月度例会284次；统筹安排马钢集团下半年经营绩效改善推进周例会13次；统筹安排公司生产经营、改革发展、安全环保等方面专题会议500余次；协调组织召开马钢集团董事会会议7次，审议议题23项，下发决定事项、决议7份；协调组织召开股东会会议1次，形成股东会决议1份。2. 优质联络服务。组织筹备安徽省委书记韩俊一行调研马钢集团，中国宝武党委书记、董事长胡望明一行调研马钢集团、拜会安徽省委省政府，中国宝武党委常委邹继新一行基层联系点活动，“8・19”升旗仪式系列活动、2023年“中秋”“国庆”节前安全生产大检查等公司重要活动112次；牵头接待293批次6431人次，其中省部级以上13批次，地市级以上35批次。3. “三重一大”决策执行。贯彻落实《关于马钢集团重大事项决策体系优化工作推进方案》，进一步梳理党委常委会、董事会、总办会研究讨论与决策内容，厘清决策界面，规范决策事项，完善配套制度。与2022年相比，党委常委会议题下降10.6%，总办会议题降比59%，董事会议题降比47.8%。4. 做好服务保障。切实做好应急和总值班工作。参与马钢集团公司3起应急事件处理；修订发布《重大突发事件应急管理办法（总预案）》；下发2023年元旦、春节、清明、五一、端午、中秋、国庆放假通知，统筹安排公司值班表，汇总各单位值班带班表并上报宝武集团总值班室和市委总值班室。全覆盖检查假日期间各单位值班带班情况，各单位值班带班情况均正常。5. 常态化现场督导。践行群众路线，聚焦年度重点工作和重要工程项目，联合精益办组织开展两级机关现场视察暨精益运营现场会，2023年累计开展7轮，先后深入煤焦化公司、四钢轧总厂、马钢交材、长材事业部、炼铁总厂等单位“找差、督办、分享、提升”，分享基层优秀案例18个，营造“正视问题、快速行动、分享知识、激励干劲”浓厚氛围。6. 加强督办工作。对各类决策事项分门别类进行管理，采用“一事一督、专事专督”工作模式，对事项进度进行“红黄绿灯”评价，提高督办工作的准确性、针对性和时效性，实行建档管理，将马钢集团公司所有督办事项都按条目、类型登记入公司督办总表，做到件件有落实，事事有跟踪，共督办公司碰头会布置事项6次共113项任务，形成督办报告6份；督办党群工作专题会1次5项任务。完成《宝武2023年度重点任务分解（马钢集团部分）1—4月进展情况》的督办。7. 定期开展督查。牵头组织开展了“第一议题”学习贯彻落实情况专项督查，通过全面自查和重点抽查相结合的方式，推动二级单位党委常态化贯彻落实习近平总书记重要讲话和重要指示批示精神，指导、督促建立健全传达学习、研究部署、贯彻落实、跟踪督办、报告反馈的工作闭环机制。此外，认真做好科技创新专项巡视问题整改工作，坚持立行立改。

【文密管理】 1. 高效办理公文。办理外来公文3555份、联络函5539份、代拟文和会议纪要2133份、呈批文2029份、管理文件220份；制发公文（包括通知）468份；印鉴使用1291人次；保障各类视频会议296场。2. 开展保密工作。加强日常保密工作检查，先后两批次对公司40余家部门、单位开展保密工作现场督查。加强保密意识教育，以全民国家安全教育日为契机，组织开展观看2023年保密公益宣传片《藏在照片里的秘密》、保密教育线上培训等活动。加强保密培训，对新进的200余名员工进行岗前保密培训；组织开展2023年马钢集团保密工作业务能力培训，特邀马鞍山市委保密办专家现场授课，共有300余名保密管理和工作人员以及涉密人员参加培训。加强信息安全保密工作，组织开展重要信息系统安全等级保护测评、网络安全准入认证、网络安全攻防演练；加强商业秘密保护，牵头完成公司42家部门、单位商业秘密及内部事项清单的梳理和更新工作。3. 加强支部建设。召开支委会18次、党员大会14次、班子成员上党课3次。公司领导以普通党员身份参加支部活动6人次、上党课2次。以学习贯彻习近平新时代中国特色社会主义思想主题教育为契机，紧扣“三心”党建工作主题，按照公司“走出去”对标找差学习的要求，聚焦“三个目标”（党建水平同步提高、服务能力同步提升、业务品牌同步提质），突出“五大任务”（理论武装学习、主题党日研习、业务交流研讨、同题共答调研、“办实事”情况检查），与宝武集团办公室开展联创联建，推动“党建链”与“业务链”深度融合、同频共振。联创联建以来，双方围绕体系支撑、业务提升、岗位练兵，开展富有特色、成效显著的“双向互动”：3月20日，宝武集团办公室主任冯爱华亲自带队到马钢集团办公室，围绕“三重一大”、机关党建、总部建设等进行现场业务指导；5月17日，马钢集团办公室主任杨子江一行到宝武集团办公室对标学习，并选送1名业务骨干在总部进行为期三个月的“跟学跟干”；6月27日，宝武集团办公室副主任、信访办主任卢锡江一行到马钢集团，开展信访重点事项督导支撑、保密工作现场督查督导。4. 改善队伍结构。因机构调整调出4人，退休1人，公开招聘1人；提拔C层级1人、主任师1人、区域师1人。

**【董秘处办公室工作】** 2023年组织召开董事会会议9次，审议议题32项，形成决议并下发决定事项9份；组织召开2022年度股东会，审议议题5项，形成股东会决议。

**【调研工作】** 1. 落实主题教育职责。起草下发马钢集团主题教育调查研究实施方案，组织推动第一批19家二级单位同步启动，形成公司级12个课题和二级单位196个课题；建立课题联络员沟通机制，跟踪公司12个调研课题和马钢交材5个调研课题开展情况，周汇报、月总结，实时跟踪、督促、协调推进；每周五定期向中国宝武主题教育领导小组办公室上报马钢集团党委班子成员、交材班子成员调查研究开展情况。2. 发挥“以文辅政”功能。高质量完成公司党委六届二次全委会报告、二十届一次职代会报告等综合性重点文稿材料的起草工作，全委会报告聚焦创建一流企业谋划了5个方面19项重点工作，职代会报告聚力经营绩效改善部署了7大项26条具体措施，做到纲举目张。与此同时，追求“作品”到“精品”，认真起草完成向安徽省、集团公司领导汇报材料、马鞍山市与马钢融合发展对接会、对标找差动员会讲话、优秀分厂厂长（书记）和作业长表彰会、科技专项巡视汇报材料、宝武第二期读书班实践分享材料、中国宝武主题教育现场推进会交流材料等各类重要文稿120余篇。突出新、快、实、精特点，向中国宝武及时报送各类信息485条，被宝武要情采编录用251条，报送量和录用量工作牢牢站稳中国宝武第一方阵；向马鞍山市报送各类信息、简报59条，展示了马钢集团良好形象和精神风貌。2023年6月，马钢集团对党群工作机构进行调整，将党委办公室调研职能调整到党委宣传部。

**【信访工作】** 1. 落实“四下基层”，践行“浦江经验”。马钢集团党委书记、董事长丁毅亲自抓重点、强推动，推进信访问题源头治理，把解决信访积案作为提高群众满意度的有效举措，并结合“四下基层”工作要求，以“变群众上访为领导下访，深入基层，联系群众，真下真访民情，实心实意办事”为主要内容，坚持开展集团党委常委信访接待日活动，马钢集团领导“零距离”倾听民声，面对面解决问题，真心实意帮助群众排忧解难。2023年，党委常委领导开门接访、带案下访共15批次，接访职工群众46人次，成功化解矛盾16件，稳控群体性矛盾11批1200余人。2. “时时放心不下”抓好信访工作。办理信访总量418件、486批1333人次，初信初访一次办结率98.1%，办理市长热线841件，及时回复率100%，总体信访形势平稳可控。牵头组织召开信访事项专题会、协调推进会32次，开展联合接访27次。3. 推行基层信访“问诊”制度，各基层单位党委领导26次带案下访，压实信访问题首问首办责任，切实将信访矛盾牢牢吸附在基层、化解在初发；做好重大敏感时期信访应急值守工作；成功化解两件国家第三批交办的信访积案，化解率100%。以《信访工作条例》实施一周年为契机，集中开展宣讲、释义、解读活动，普及信访知识；开展“我与《信访工作条例》”主题征文活动，马钢集团、马钢股份及生态圈共21家单位参加，共征集作品35篇。4. 全面规范管理，强化信访管理制度。马钢集团党委充分发挥区域总部优势，对标细化《信访工作条例》相关要求，以及宝武集团《信访维稳工作管理制度》《中国宝武加强新形势下重大决策社会稳定风险评估实施办法》等制度文件，参加并指导了马钢交材混合所有制改革及瓦顿公司破产关停社会稳定风险评估和评审工作。一以贯之执行宝武集团“3+N”信访维稳工作制度，强化制度体系及时有效覆盖到管辖内每一个分厂（科室）、支部、班组，并依托马钢集团（马鞍山区域总部）信访工作联席会议机制，督促落实马钢集团乃至马鞍山区域的信访维稳工作，全年共开展信访事项专项督导26次。以主题教育活动为契机，开展马鞍山区域信访工作专项调研，形成《系统联动体系支撑 推动马鞍山区域信访工作高质量发展》调研成果，为提升马鞍山区域总部信访工作水平提供了新的推动力。5. 加强业务培训宣讲，规范基层信访工作。信访办利用现场授课、制作下发信访工作手办等方式，开展送信访工作培训到基层活动，结合实际案例实操进行解读，为教培中心、矿业集团、人力资源服务中心等单位开展上门送培工作，依托办公室系统业务培训，开展基层单位办公室主任、兼职信访员信访工作宣讲，共开展自主培训3批176人次。

**【区域总部与外事工作】** 办理因公临时出访团组19批63人次、长期出访团组2批2人次、在外工作延期团组1批1人次，为2名海外公司员工换发因公护照。针对出访团组逐步增多形势，切实加强外事管理工作，强化与宝武集团外办的沟通联络，不断强化外事管理工作，提高工作效率和服务质量，做好因公出访团组的各类证照办理工作，重点加强团组回国后的回访工作，及时做好外事管理相关规章制度的更新换版工作。同时落实中国宝武区域总部办公室职能，编报3期中国宝武马鞍山区域总部简报。

**【机关党群工作】** 1. 突出问题化解。落实“六位一体”党建工作机制，精心办好党群工作专题会，突出问题导向，强化过程跟踪，力求工作闭环，2023年累计组织召开党群工作专题会7次，研究解决28个党群工作中存在的突出问题。2. 扎实开展主题教育。18个机关部门及单位高质量完成第一批主题教育，形成一批有价值的调研成果，助推降本增效、高效生产、改革发展等各项工作有序有力推进。坚持问计于基层，通过参加马钢集团公司领导基层联系点活动、专题调研、安全检查等，深入营销中心、炼铁总厂、长材事业部等20余家单位，面对面沟通交流，协助解决了一批急难愁盼问题。协助配合安徽省国资委委派董监事到马钢集团开展专题调研。3. 强化机关党委功能。召开党委中心组学习9次，学习“第一议题”40项；召开党委会议20次，讨论研究机关党建、纪检等议题100余项。利用组织生活会和“三会一课”组织党员干部定期学习中央八项规定及其实施细则、观看党风廉政教育片40余次，受教育831人，坚持案例教育，做好警示提醒；组织开展新时代马钢廉洁文化作品展，营造廉洁氛围；严格按照案件办理规定从严完成公司纪委交办案件办理2件，诫勉谈话1人、党纪处理2人。筹备召开机关第六次党员代表大会，选举产生中共马钢集团机关第六届委员会、纪律检查委员会。4. 加强党建融入。机关党委组建党员突击队，积极参与由冶服公司党委牵头，制造部党委、能环部党委共同开展的二铁煤库沉降料回收工作，将党建工作与降本增效、环境整治紧密结合。开展机关党建、纪检工作专项督查和民主集中制检查，持续提升机关党建工作水平。持续跟进机关各党支部联创联建项目进展情况，推进联创联建项目建设30个，其中党建项目23项。

（桂　攀）

# 党委组织部（党委统战部、人力资源部）

**【党组织建设】** 1. 扎实开展主题教育。根据马钢集团党委部署，牵头组织主题教育工作，一体谋划有高度，形成“123”工作法（健全一套机制、抓实二级督导、用好三张清单），做到高站位谋划、高标准起步、高频次推进、高质量落实；理论学习有深度，以“四学”提高“三力”，以“关键少数”带动绝大多数，教育引导党员、干部从思想上正本清源、固本培元；调查研究有精度，形成“四查四重”现场督导的经验做法，精准找问题、精细抓整改，以点的突破带动面的提升；推动发展有力度，以“三精”推“三促”，精准找问题、精细抓整改，以点的突破带动面的提升；检视整改有准度，通过“三结合三推动”，上下协同持续推进检视整改。在宝武集团两批主题教育评估测评中，马钢集团开展主题教育总体情况评价“较好”以上均为100%。协办宝武集团“跟总书记学调研暨宝武主题教育领导小组办公室主任会议”，马钢集团在会上做了交流发言。2. 深化拓展联创联建。制定《关于进一步深化基层党组织联创联建方案》，围绕“三心”（紧跟核心、围绕中心、凝聚人心），立足“四有”，抓实“五联”，健全完善“345”党组织联创联建工作模式。通过“三聚焦”（聚焦经营绩效和主要目标、聚焦重点领域和关键环节，聚焦生态圈和产业链）、“四推动”（推动“单打独斗”向“双向融合”转变、推动“内部工序”向“区域单位”延伸、推动“全域覆盖”与“突出重点”并重、推动“过程考评”与“结果运用”并行）、实现“两个融入”（党建工作全面融入生产经营，区域党建“链”全面融入区域产业“链”），谋深谋实联创联建 9 个公司项目、27 个二级单位重点项目，2023 年累计实施 197 个项目，939 个党建、生产经营指标完成率达到 98.6%。在宝武集团一季度组织工作例会、宝武集团组织统战培训班上作经验交流，并纳入宝武集团二级单位党委书记抓党建述评考述职报告内容。3. 持续夯实“三基建设”。强化队伍建设，分层分类开展党员教育培训，选派 7 名新任党支部书记参加宝武集团培训；制定发展党员计划，举办 3 期发展对象培训班，240 人参加培训；通过线上培训班，培训入党积极分子 400 余人。组织举办基层党组织书记、副书记履职培训班，62 名党组织负责人参加培训。组织开展马钢离退休党员党费收缴移交社区工作。强化组织建设，梳理发现问题，推动制造管理部成立党委、和菱实业公司党委党组织隶属关系调整、原利民公司党组织撤销、教培中心党委换届等工作，6 家 100 人以上的党支部完成调整，成立党总支。指导长材事业部等 4 家党委、2 家直属党总支及下属党支部换届选举，集中组织检测中心等两批次 13 家纪委委员选举。马钢集团委派 5 位同志赴西藏矿业党委全过程指导支撑换届工作，得到宝武集团组织部肯定和感谢。完成中国宝武马鞍山区域党支部书记研修会换届改选。强化制度建设，组织开好 2022 年度公司两级民主生活会，受到宝武集团组织部表扬肯定；指导二级单位开展组织生活会和民主评议党员，加强基层党员教育、管理和监督。高质量完成两批次主题教育专题民主生活会、专题组织生活会。严格党费管理，启用宝武党建云平台线上收缴党费功能，梳理党建经费及党费使用情况，高效规范执行党费收缴有关规定。4. 狠抓党建责任落实。坚持绩效导向，组织开展 2022 年度党建工作责任制考评和基层党组织书记抓党建述评考。以党建创优奖评选为驱动，首次开展评选表彰党建创优金、银、铜奖 8 家党委，牵引党建各项工作有效落实。加强党建督导纠偏力度和深度，坚持日常监督检查和年终现场验证相结合，有效运用宝武党建云等信息化手段，强化网上巡查。围绕推动阶段性重点工作落实，编发组织工作提示 9 期。公司党建专项工作组、基层党建指导组深入现场一线，开展“穿透式”督导验证 50 余次。开展专项督导，抽调专人，组建专班，分成 3 组，对 19 家直属党组织开展为期 8 天集中党建专项检查，找差距、补短板，持续提升基础党建标准化、规范化水平。5. 有效发挥“两个作用”。组织保障，下发发挥“两个作用”专项活动方案，协调指导“双 8”牵引战略项目成立 12 个临时党组织。典型引路，组织开展“两优一先”评选、送奖到基层及讲主题教育专题党课。组织报送中国宝武基层党建工作品牌、创新特色工作材料及党员教育电视片视频，4 篇党组织作用典型入选中国宝武党建案例。策划实施党员安全“两无”六带头活动，举办 2 次调研座谈会，组织开展 2022 年度党员安全“两无”七个一专项评优工作。强化关怀帮扶，开展困难党员慰问工作，春节、“七一”期间发放慰问金 39.5 万元。

**【统一战线工作】**　协调推动民主党派扎实开展主题教育，推荐 1 名党外代表人士参加市党外干部和党外代表人士贯彻党的二十大精神集中轮训班。落实属地管理工作，更新市党外代表人士信息数据库，协调落实市侨联、九三学社、中国民主建国会来马钢集团现场调研。加强统战能力建设，调整公司统战工作领导小组，更新马钢民主党派基层组织信息，召开马钢党外人士座谈会暨举行“党外代表人士建言献策工作室”授牌仪式。强化统战队伍建设，梳理 2020—2022 年党外代表人士培养使用情况，推荐 3 名党外代表人士参加中国宝武统战代表人士研修班，举办 2023 年统战人士专题研修班，1 名民主党派主委在中国宝武党外人士“贺新春话发展”座谈会上作了交流发言。

**【领导力发展】**　1. 规范干部选拔任用及人才培养。提拔（含进一步使用）28 人，职务调整 72 人次，到龄退出（含到龄退休）13 人；实行试用期制度，对 24 名马钢集团公司直管领导人员进行期满评价；规范基层管理人员选拔任用，指导完成基层单位 C 层级管理人员前备案审批 44 人次。注重选拔使用优秀年轻干部，提拔 6 名“75 后”正职公司直管领导人员，提拔 2 名“80 后”、6 名“75 后”副职公司直管领导人员，持续优化各单位领导班子干部队伍年龄结构；组织实施公司团委负责人公开选拔工作，为马钢集团团委配备 1 名“90

后”优秀年轻负责人。扎实培养高层次人才，修订《马钢专家选拔和管理使用实施意见》，新聘3名工程类马钢专家和2名管理类马钢专家，进一步加强马钢专家队伍建设。2. 加大干部培训力度。坚持政治素质培养放在首位，持续深入学习贯彻习近平新时代中国特色社会主义思想以及党的二十大精神，组织公司全体C层级及以上管理人员参加主题教育读书班和学习贯彻党的二十大精神集中轮训。持续加强领导干部履职能力培训，1名公司领导、6名直管领导人员赴中大院参加专题研修班，17名管理人员参加了宝武集团直管干部总经理班、部长主任班等系列重点项目培训。组织2名马钢集团公司领导、13名直管领导人员参加2023年中国宝武新任基层党委书记、专职副书记履职培训班，举办2023年马钢集团党建引领高质量发展专题研修班。3. 推进干部绩效变革。完成2022年度153名公司直管领导人员、3名马钢专家、50名到龄退出管理人员和88名任期制人员绩效评价工作。落实2023年马钢集团公司直管领导人员绩效评价改革方案要求，推行月度、季度“赛马”，制定月度岗位绩效目标，明确关键指标和重点任务，建立岗位绩效“一人一表”，并动态更新维护。按照业务领域、岗位层级、分工，将公司直管领导人员分为6个赛道进行评比。根据不同赛道和各月绩效表现，每月度或季度评选1名综合末位人员，将绩效结果与薪酬和岗位调整挂钩，刚性执行，激励公司直管领导人员奋勇争先、担当作为、干事创业，营造能者上、优者奖、庸者下、劣者汰的良好氛围和局面。4. 推进任期制和契约化管理。按照宝武集团贯彻落实中央企业改革三年行动重点任务部署要求，制定马钢集团、马钢股份3名聘任新岗位的公司领导岗位聘任协议书，以及助理及以上9名领导人员经营业绩责任书，按要求履行党委前置研究，落实董事会职权，完成岗位聘书和经营业绩责任书签订工作。指导监督子公司经理层任期制和契约化管理工作，按照应签尽签原则，完成35家分子公司104名管理人员2023年度经营业绩责任书签订工作。5. 加强干部日常监督管理。完成9名宝武集团直管领导人员、1名省管领导人员个人有关事项年度填报工作，做好公司直管领导人员及时报告工作。规范境外领导岗位和关键岗位人员管理，修订《马钢集团登记备案人员因私出国（境）审批管理办法》，严格办理因公出国（境）人员备案和因私出国（境）审批等。

**【规划配置】** 1. 人事效率提升。拓展对标界面，优化对标方式，分区域实施全口径对标找差，组织各单位对标湛江钢铁、宝山钢铁、永锋钢铁等标杆单位开展全口径对标工作，编制11份对标报告。从机构设置、智慧制造、岗位优化等方面多维度挖掘人效潜力，提供新建项目内部统筹、共享用工、生态圈统筹、协调子公司共享用工资源、协解等转型发展路径，开展月度评价、季度调研，2023年马钢集团在岗人员优化8.04%，共计优化1550人。完成2023年人均产钢目标，其中马钢股份本部1486吨/人，长江钢铁全口径1219吨/人，新特钢1250吨/人（年化）。2021—2023年任期人均产钢达1502吨/人，完成任期目标。2. 岗位聘用变更。持续强化绩效评价结果在日常岗位聘用的应用，畅通员工岗位续聘、升聘、转聘、降聘、待聘，2023年升聘245人次，对140余名工作业绩为C档人员的岗位进行聘用变更。基于各单位工作需要，实施岗位常态化聘用，全年累计岗位调整1600余人次，其中新聘作业长56人次，解聘调整49人次。3. 新员工招聘。根据马钢集团各类生产线发展需要和新建项目的用人需求，实施阳光招聘，公开招聘比例100%。通过校园专场招聘和网络招聘相结合的方式，赴安徽工业大学、燕山大学、东北大学等收集简历2000余份，对500名候选人组织性格和思维测试，组织冶金、材料等10多个专业40余场次专业面试。2023年，马钢集团共计招录新员工232人，其中技术业务岗64人（“双一流”及以上高校占比32%，硕士学位占比64%）。4. 管理咨询服务。为支撑马钢股份特钢领域高质量发展，邀请2名日本专家到特钢公司进行现场咨询调研，专家对特钢公司南北区电炉-精炼现场、检化验实验室及相关产线进行了现场诊断交流，从质量管理、精益管理、项目管理等多方面提出合理建议，促进特钢公司产品、工艺、质量，以及管理体系持续改进。5. 子公司岗位体系优化。根据各子公司人力资源工作需要，并结合实际情况，与马钢交材、冶服公司沟通交流岗位体系优化工作，通过电话沟通、现场交流等多种形式，指导各子公司岗位体系优化的思路和具体做法，2023年底，冶服公司完成岗位体系方案和切换方案，马钢交材完成岗位体系优化。6. 专业化整合。根据马钢集团公司专业化整合相关工作安排，2023年1月，马钢股份港务原料总厂带式输送机业务 203 人划转至安徽马钢输送设备制造有限公司，宝武智维马鞍山分公司 82 人划转至马钢股份四钢轧总厂，马钢公积金中心 11 人划转至马鞍山市住房公积金管理中心；2023 年 10 月，安徽马钢冶金工业技术服务有限责任公司固废处理业务 51 人划转至宝武环科马鞍山资源利用公司。7. "一线一岗"和"操检维调"合一。2023 年，持续推进"一线一岗"等新型作业模式，从智慧制造、岗位优化等维度挖掘人效提升潜力，并覆盖合钢、长钢等基地，总结 2022 年首次实施新型作业模式工作经验，制定年度计划，组织各单位申报"一线一岗""操检维调"合一产线 24 条，通过现场调研、岗位再设计，指导相关单位优化制定岗位胜任模型，开展形式多样的岗位培训，提升职工理论与实操能力，协调运改部、设备部等部门讨论优化产线验收标准等，最终经评价有 13 条产线通过验收。至 2023 年底，累计 23 条产线通过验收，培养出具备"一线一岗"能力的综合智慧岗位人才 312 人。

**【员工发展】** 1. 全员培训促进提升。全年参加培训人数 20780 人，培训覆盖率 99.5%。参加线下学习 699662 人次，人均线下培训 32 次，人均培训 157.16 学时，其中人均线下学习 98.98 学时，人均网络学习 58.18 学时。C 层级及以上管理人员人均线下培训 161.85 学时、网络学习 76.86 学时；其他管理人员人均线下培训 125.52 学时、网络学习 71.61 学时；技术人员人均线下培训 103.55 学时、网络学习 83.87 学时；操作维护人员人均线下培训 94.53 学时、网络学习 50.29 学时。各序列均超计划完成培训学时指标，人均学时完成率达挑战目标。2. 管理人员能力提升。为全面贯彻习近平新时代中国特色社会主义思想，深入学习贯彻党的二十大精神，2023 年马钢集团坚持以政治引领为导向开展管理人员研修共 16 项，其中面向 C 层级以上人员开展领导力研修、管理研讨和专题学习 8 项，面向基层管理人员开展基层管理能力提升研修、任职资格培训和岗位交流培训 3 项，面向党群、纪检干部开展业务能力提升培训和专题研修 5 项。3. 专业人才队伍建设。2023 年公司统一实施专业人才培养、专业管理、管理体系类培训 127 项。聚焦市场，开展营销团队建设，全面提高营销人员综合素养，打造具有马钢特色的专业化技术型营销团队。深化推动"1+2+4"科技领军人才培养计划，实施科技人才知识迭代工程，开展专题研修支撑高层次人才队伍建设。开展卓越绩效、质量、安全、合规等专业管理体系能力建设培训 31 项，专业体系管理人员共 2100 余人次参加培训。4. 技能水平提升登高。重视技能提升，围绕年度目标技能人员等级提升要求，在关注高炉原料工、轧钢工、金属热处理工等主体工种外，着力解决燃气储运工、车站调度员等小工种技能等级取证，协调解决园林绿化工、劳动关系协调员取证问题，采取合班教学方式进行理论通识培训，全年共开展了 77 个工种 2853 人次技能等级认定培训，新增四批次 26 个职业（工种）368 人技师、高级技师。5. 优化首席师、技能大师管理。策划与设计首席师、技能大师工作业绩评价优化方案，构建了首席师技能大师核心团队"赛马"机制，根据岗位及专业特点、人数相当的总体要求，科学设计赛道；基于三年规划与当期难题结合，重新修订首席师关键任务，并设置奋斗目标，形成"一人一表"；建立季度、年度评价协调一致的新型评价模式。新型评价模式既能体现评价的即时性，也能体现核心技术技能人才的特点。6. 加强体系能力建设。为进一步提高管理者和员工发现问题、分析问题及解决问题的能力，策划实施"基于 PDCA 原则的职业能力培养"专项培训，以安全、设备专业技术人员 PDCA 能力实战训练为试点，选取本专业难题，训战结合，利用分阶段研修解决难题。全年开展专题培训 6 场次，来自课题相关方共 54 人参加。已在一定人群中养成了 PDCA 工作方法，初步营造 PDCA 法工作氛围。

**【薪酬福利】** 1. 全面健全薪酬体系。以突出岗位价值、强化绩效牵引、鼓励累积成长为导向，完善以岗位绩效工资制为主，岗位绩效年薪制、能级工资制、海外薪酬管理办法为补充的多元化薪酬激励体系，进一步提升薪酬分配的适配性，切实提升员工对薪酬激励的获得感和安全感。丰富薪酬晋升机制，岗位成长积分项目中引入荣誉积分，2023 年 4 月完成 1.3 万名员工岗位成长积分首次核定及基本薪薪级调整，鼓励员工通过提升能力素质、提高工作绩效等方式实现"自我加薪"。2. 优化工资总额管理机制。本部实行劳动效率提升奖励机制，奖励"专款专用"，有选择有重点地向岗位职责扩大、工作负荷增加、效率提升的员工倾斜；子公司实行劳动效率风险抵押机制，牵引各单位持续提升劳动效率。3. 持续优化绩效管理。推行直管人员、首席师、技能大月度、季度分赛道“赛马”，日常薪酬发放与公司效益、个人绩效挂钩联动，年度绩效奖与日常绩效挂钩，形成绩效为王、以上率下、重在日常的绩效考评机制，促进“头雁”奋勇争先。完善员工绩效评价指标库，制定能“牵住牛鼻子”的绩效指标；员工“一人一表”根据岗位职责不同统挂本级组织绩效指标，及时传递生产经营压力，提高组织凝聚力。推进试点作业区绩效“日清日结”，帮助员工及时发现不足，提升个人业绩。4. 完善多元化激励举措。马钢级科技成果转化利润分享项目实现“零”突破，本年度2项成果通过公司审批；推进下属子公司马钢交材科技型企业股权激励，绑定掌握产品核心技术的各类人才；首次实施高炉炉长岗位风险抵押金激励约束机制，营造风险共担、成果共享氛围；制定营销人员产品创效激励举措，鼓励做大“蛋糕”、分享成果；完成马钢股份第一期限制性股票回购工作。5. 优化企业年金管理。完成马钢集团企业年金管委会委员换届，修订并下发马钢集团企业年金管委会章程；协同受托人优化建立马钢集团企业年金计划管理人考核办法，重新梳理企业年金账管系统组织架构，按国家相关规定变更了企业年金账户管理方式，保障马钢年金计划运营依法合规，稳妥有序。11 月，召开马钢集团 2023 年度企业年金管委会会议，提出了“筑牢风险防控底线、稳健提升年金收益、强化沟通和服务”的总要求，年金管委会办公室及时跟踪年金收益变化，对于业绩持续排名靠后、投资收益率较差的投管人，提醒受托人通过发提示函、更换投资经理、调减组合基金净值、引入新投管人等方式，促进各投管人积极开展资金运作，切实提升马钢年金收益。

**【协力管理】** 2023 年，马钢集团持续深化专业协作管理变革，强化生态协同及专业协作，培育战略协作供应商队伍，促进资源优化集中，本质化提升效率、效益，推进供应商优化，外部协作供应商从年初 55 家优化至 48 家；协作人员效率提升 8. 1%；“BSCI” 宝武专业化协作指数提升至 93. 6%；推进项目化降本，完成三轮降本任务目标；牵头各归口管理部门及子公司实施二方审核，涉及生产、检修、物流、后勤业务 11 家供应商，促进协作供应商提升体系管理能力。11 月完成《生产协作项目管理办法》《协作业务管理办法》修订，12 月完成《协作供应商通用管理手册》修订，并建成马钢协作信息管理系统并上线运行。

（赵　明　储怡萌　王　森　徐成伟　周元媛　张晓莉　纪长青）

# 党委宣传部（企业文化部）

**【宣传与舆情管理】** 1. 深入开展形势任务教育。围绕经营绩效改善中心任务，以“促三转 创一流”为主题，统筹载体资源，做强媒体矩阵，以 3 篇评论员文章引题，以 16 篇中层人员访谈谋势，以 14 部专题视频造势，以“宝武强音”形势任务教育进基层借势，以月度奋勇争先暖场片鼓劲，营造了全员降本增效的良好氛围，特别是“协同降本同题共答”“四有在基层”“冷轧总厂五个一降本实践”系列视频得到了集团公司充分肯定并全部予以编发。2. 认真落实主题教育职责。一体落实马钢集团公司主题教育理论学习职责，举办两批次主题教育读书班，实现 C 层级以上人员全覆盖；统筹推进公司领导班子专题党课；坚持日跟踪、周统计、月总结，强化基层党委主题教育的过程管控；累计刊发主题教育动态跟踪报道 150 余篇，编发简报 35 期。3. 着力深化创新理论武装。组织公司党委理论学习中心组集体学习 13 次 37 项内容；围绕学习贯彻党的二十大精神、“四下基层”等重点内容开展专题研讨 7 次。加强对基层党委中心组学习的穿透式管理，列席旁听 10 家基层重点单位的中心组学习并开展了全面督查。4. 持续壮大主流思想舆论。精心策划实施“8·19”系列活动，展示马钢集团牢记嘱托、感恩奋进的新作为、新变化。联动抓好内外宣传，马钢日报发稿 4000 余篇，马钢官网发稿 3000 余篇，马钢官网发稿 430 余篇，微信公众号发稿 1230 余篇；集团公司融媒体平台发稿 270 篇，数量和质量稳居中国宝武第一方阵。在“宝武好新闻”评选中，马钢集团获奖数第一。5. 严格管控意识形态领域。全面落实意识形态工作责任制，组织两级党委班子成员签订责任书，开展 31 个门户网站和公众号专项检查，以及“晨读晚诵”“新闻噱头”等七种不同程度的形式主义，甚至“低级红”“高级黑”等问题的专项自查。加强舆情风险研判和预案制定，全年无重大舆情发生。

**【文化与品牌管理】** 1. 打造文化品牌新格局。厚植文化理念，组织各单位开展覆盖全员的社会主义核心价值观、公民道德建设、宝武集团和马钢企业文化理念集中宣传活动；持续开展日常性宣贯教育工作；举办首场“宝武强音”形势任务教育进基层主题活动；组织万余名员工参加文化理念问卷调查活动，对宝武文化理念认同率和马钢文化理念认同率均超过 95%。文化整合融合取得阶段性成果，“同一个宝武”理念深入人心。完善识别系统，升级马钢视觉识别系统手册，在向全公司广泛征求意见并历经 10 多轮修改完善后，经马钢集团党委审定，9 月 12 日正式发布《马钢视觉识别系统（2023 版）》；组织开展标识运用自查自纠，排查、整改违规运用和破旧文化品牌设施 11 处；为各单位、各部门积极提供大量辅导和服务，确保文化品牌要素严格管理、规范运用。健全管理体系。结合“集中一贯制”管理要求，调整马钢文化品牌领导机构和工作网络、发布新版《企业文化建设管理办法》和《品牌管理办法》；年初开展 2022 年企业文化和品牌建设评价工作，年末开展 2023 年企业文化和品牌建设检查工作，组织各单位和部门整改存在问题；组织马钢集团 240 余人次参加各级文化品牌专业培训、研讨活动，马钢企业文化建设成效获宝武集团点名表彰。2. 践行马钢企业文化新内涵。举办第二届“江南一枝花”精神故事会，收到各单位、各部门积极报送的征文、演讲、微电影、短视频等类别 61 个故事节目；经过初选评审选拔，确定 23 个节目入围 8 月 11 日举办的决赛，角逐产生一批获奖作品，3 家单位获组织奖。对外传播“江南一枝花”精神，会同规划与科技部，成功注册宝武集团内首个文化品牌“江南一枝花”文字商标，受到总部好评。会同马钢党校开展企业文化课题“‘江南一枝花’精神的历史意义和时代价值研究”，经宝武总部选送，入选中国企业文化研究会年度研究课题，11 月课题报告成功结项获评“成果优秀”。发挥典型引导作用，成功举办马钢 2022 年度人物颁奖典礼，9 人入选百名宝武楷模名单；根据中国宝武和马钢集团安排，评选产生 5 名 2023 年度马钢道德模范，推报获评宝武道德模范 2 名。3. 组织话剧《炉火照天地》演出。1 月 23 日，话剧《炉火照天地》在合肥举行首演，安徽省四大班子负责人、省市机关部门和重点省属企业负责人出席。3 月 22 日，话剧在北京展演，马钢邀请了国务院国资委、中钢协、中国品促会、国铁、中铁、中车、中海油、中诚通等近 20 家驻京央企；安徽省邀请了中宣部、全国总工会、部分协会机构、部分在京全国劳模等观看演出。积极配合 8 月 18 日、19 日的宝武集团专场演出，上海市国资委、总工会、团市委，中远海运、东方航空、中国商飞、中国电气装备等在沪央企及上汽集团、上海电气、上海建工等战略合作伙伴的领导和嘉宾，宝武集团在沪各单位优秀党员、劳模先进代表、干部职工代表、退休老同志代表观看演出。认真组织 5 月 24 日、25 日两场马钢专场观演活动，马钢集团及各生态圈单位优秀党员和职工代表 1845 人观看了演出。合肥首演、北京展演和宝武专场、马钢专场均获成功，媒体广泛报道，观众一致肯定，集团公司总部高度称赞。该剧已获评 2022 年安徽省首批重点文艺项目、2023 年国家艺术基金资助项目，入选全国新时代舞台艺术优秀剧目展演、第十八届中国戏剧节，将参与全国“五个一工程”奖、国家文华奖以及上海白玉兰奖的评选。4. 广泛开展文化品牌活动。强化文化推介，积极参加宝武集团组织的文化活动，承办宝武企业文化体系建设马鞍山区域调研座谈会；马钢代表队在宝武司歌活力操 52 支队伍中以总分第三获总决赛银杯奖；完成宝武“秋分”节气海报设计工作，于 9 月 23 日发布；组织马钢交材、和菱公司、长江钢铁等开展子文化建设；推选节目参加马鞍山市“江南之花”文艺调演总决赛和“李白诗歌节”活动；完成宝武首届爱国主义教育基地复评工作，马钢展厅（特钢）顺利通过复评；组织创作、推报的 3 部马钢故事入选央企优秀故事展示活动，1 部作品获三等奖。着力品牌传播，组织摄制马钢集团近年来发展成果专题视频、改编马钢股份中英文版企业形象片、彩涂板和重型 H 型钢产品宣传片；组织马钢产品精彩亮相中国品牌博览会、国际紧固件展、中国国际冶金展和世界制造业大会等重要展会，并在现场举办重点产品系列讲座；“品牌日”期间，组织举办马钢品牌有奖答题竞赛活动，4000 多名员工参加；按期完成马钢科技展厅布展项目，展示基地体系再添新亮点；与安徽省质量品牌促进会合作开展“走进马钢，品质体验”活动，组织四创电子、国轩高科、全柴动力等 16 家企业参观马钢，开展质量品牌工作交流活动；推报的“马钢车轮产品市场占有率世界第二”，被评为2022年度安徽省皖美品牌十大影响力事件；参加全国品牌故事大赛（合肥赛区）比赛中，获组织奖和13个节目奖，在全国总决赛中获得微电影一等奖、短视频二等奖。落实社会责任，配合股份董秘室编撰社会责任报告，马钢股份再度入选“央企ESG先锋50”，位次有较大进步，并入选首次发布的“中国ESG上市公司先锋100”，推报的马钢社会责任案例入选宝武年度优秀案例。

**【调研信息工作】** 积极适应新形势新任务，围绕中心工作，通过文稿起草、开展调研、信息报送等多种形式为领导决策搞好服务，发挥“以文辅政”功能。1. 高质量完成文稿起草。追求“作品”到“精品”，完成公司党委六届二次全委会报告、二十届一次职代会报告等综合性重点文稿及向安徽省、集团公司领导汇报材料的起草工作，全年起草各类重要文稿240余篇。2. 高标准推进主题教育调研。牵头开展公司级调研课题，马钢集团党委班子成员每人牵头一项调研课题，6项课题累计开展了51次现场调研，形成问题清单21条，制定整改措施41条，并形成转化运用清单，做到问题清单化、整改项目化、成果可量化；组织召开公司级大调研成果发布会，推动公司级12个和二级单位250个调研课题取得实效。3. 高要求开展信息报送。突出新、快、实、精特点，向中国宝武报送信息1231条、采纳386条，报送量和采纳量均居宝武集团前列；向马鞍山市报送各类信息、简报89条，展示马钢集团良好形象和精神风貌。

（姚思源　杨旭东　马琦琦）

# 纪检监督部

**【政治监督】** 落实“第一议题”制度，协助党委利用重大会议、理论学习中心组学习传达习近平总书记重要讲话和重要指示批示精神21次，通过纪委书记办公会组织纪委领导班子学习35项次，组织两级纪检机构专题学习25次。协助马钢集团党委推深做实主题教育，监督推动主题教育15项问题落实整改，建立跟踪销号机制，协同做好主题教育民主生活会督导审核；做好推动发展组工作，建立四项工作机制，确保工作有效落实。加强穿透式督导检查，成立4个督导组，加强对二级单位党委贯彻落实党的二十大精神情况督导检查，发现待改进问题7项并督办整改落实。监督推动贯彻落实习近平总书记考察调研中国宝武马钢集团重要讲话精神措施方案落地，紧盯51项重点任务进行月度检查。助推公司改革发展，围绕算账经营、科技创新、降本增效、改革提升、发展安全等加强监督检查，确保政令畅通、令行禁止。助力环保绩效创A工作，紧盯中国宝武环保大检查反馈350个问题整改及创建环境绩效A级企业行动方案推进情况，成立监督组，推动问题见底清零；配合中国宝武督导组开展马鞍山地区绿色低碳发展专项督查暨环保大检查“回头看”，对问题整改情况进行现场检查督导，促进工作落实。开展乡村振兴领域不正之风和腐败问题专项督查，4次前往现场开展督导，推动乡村振兴工作获评“上市公司乡村振兴优秀实践案例”。

**【巡察监督】** 协助马钢集团党委召开年度党风廉政建设和反腐败工作会议和2次党风廉政建设责任制领导小组会议，通过党委常委会、党建工作例会、党群工作专题会等8次专题汇报和研究纪检工作，强化公司党委对纪检工作的领导。加强对“一把手”和领导班子的监督，建立常态化监督谈话机制，马钢集团党委书记、总经理全年分别与班子成员、下属单位、部门负责人监督谈话65人次，纪委书记与下级单位党委书记、纪委书记及其他领导人员开展监督谈话28人次。分层分级开展政治生态分析，并在党委政治生态分析会上进行通报，推动持续改进，加强对下级单位领导班子监督，围绕“三重一大”、选人用人等开展民主集中制执行情况专项监督，发现5个方面、23个问题，并抄告党群工作部门，推动立行立改。落实中央巡视工作要求，配合做好巡视相关工作，监督推动科技创新专项巡视问题整改，下发2次提示函，督促整改任务落实，并对落实整改责任不到位的相关单位进行约谈；压实巡视巡察发现问题整改监督责任，具体完善巡视巡察整改监督工作机制，起草工作规范及整改方案审核要点，认真审核新特钢项目专项巡察和常规巡察问题整改方案，提出相关意见。开展“回头看”专项督查，对27家单位、部门巡视巡察审计整改情况开展实地督查，检验整改成效，发现10项问题，提出3条建议。

【正风肃纪】　保持正风肃纪反腐高压态势，召开问题线索集体研判会 14 次、执纪审查会 12 次。运用监督执纪“四种形态”处置 91 人次，其中第一种形态 62 人次，占比 68.1%；第二种形态 23 人次，占比 25.3%；第三种形态 4 人次，占比 4.4%；第四种形态 2 人次，占比 2.2%。信访举报和问题线索受理总量下降，受理信访举报 13 件，比 2022 年下降 71.7%；受理问题线索 62 件，下降 7.5%。立案数量持续提升，全年立案 27 件，总数超过 2022 年，主动发现问题线索成案 8 件，比 2022 年提升 100%。严厉惩治职务犯罪和违法行为，加强地企协作，配合宝武集团纪委和马鞍山市雨山区监委，对教培中心姜兵田职务违法犯罪问题进行调查并采取留置措施，成为与宝武集团联合重组后马钢第一例职务违法犯罪案件。依规依纪办理执法机关、司法机关移交的 13 件涉法类问题线索，及时审核立案并给予严肃处理。强化以案促治，系统剖析近 3 年马钢集团党员和普通职工涉法类案件，形成分析报告，指出存在问题，推动法治教育常态长效；开展党风廉政和监督执纪情况分析，揭示短板弱项，推动基层单位治理提质增效。组织党员干部、纪检人员旁听案件开庭审理，开展座谈，拍摄警示片《失算的人生》，以身边事教育身边人，增强警示震慑效果。

【廉洁文化建设】　积极贯彻落实中国宝武廉洁文化理念，“五廉并举”推进新时代廉洁文化建设。思想崇廉，深化廉政党课“三讲”机制，推动党委书记带头讲、纪委书记专题讲、纪检委员日常讲 78 次，教育 2200 余人次。文化养廉，征集廉洁文化作品，举办“奋进新时代 廉韵润初心”廉洁文化展；创建廉洁文化精品，5 个作品分别获宝武集团、安徽省表彰；构建多元廉洁文化体系，特钢公司党委在宝武廉洁文化建设专题推进会上作经验交流。警示促廉，组织参观市廉政教育基地、观看警示教育片，编发党员违法、违规经商办企业、违反中央八项规定精神、履职不力等典型案例通报 4 次，通报案例 20 个，取得了较好的效果。阵地育廉，用好融媒体，加强纪法宣传，开展规范网络行为专项整治；建立“廉洁马钢”专栏，开展“云上廉播”，开播马钢“清廉讲堂”；建设示范阵地，马钢廉政教育基地入选宝武首批廉洁文化教育基地。家风助廉，开展签订家庭廉洁承诺书等“树立廉洁家风、弘扬廉洁文化”家庭助廉活动，共创清廉家风。

【专项监督】　严查快处违反中央八项规定精神问题，对违规使用公款购买香烟、收受下属礼金、接受业务单位吃请等有令不行、有禁不止行为寸步不让、露头就打，查处 10 人次。对涉及酒驾、醉驾、赌博类 9 件问题线索深入分析，核实是否存在违规接受管理服务对象和业务单位宴请、收受钱卡物等隐形变异问题。压实基层党组织教育引导责任，利用“微课堂”、短信提示等加强廉洁教育，通过融媒体推送 9 期廉洁提示。加强重要节假日期间作风建设督查，对基层单位“四风”和公车使用情况进行筛查，下发监督检查建议书 7 份，提醒谈话 18 人次。协同成立宝武集团第三检查组，开展教育培训项目执行情况监督检查；常态化开展“靠企吃企”、违规经商办企业专项治理，对检查中发现以及党委巡察移交的 12 条问题线索进行严查快处，给予 4 名人员党纪处分。强化禁入管理，发布马钢禁入名单，对 246 家企业予以禁入、17 家企业予以书面警告，并指导做好禁入状态客商结算复核，利用信息化手段拦截违规行为。聚焦事故事件严肃问责，针对近两年制度执行、安全管理、环保整改等履责不力的管理人员予以问责。

【日常监督】　坚持系统观念，加强组织协调，建立职责清晰、运转高效、链条完整、协同有力的工作机制，持续提升监督治理效能。融合监督力量，完善纪检监督“1367”工作机制，细化分解片区管理工作任务，制定 19 项工作清单，实行月报告机制。《关于构建“1367”纪检监督工作体制机制的创新实践》获得全国钢铁企业纪检监察年度工作会议优秀论文一等奖。加强部门协同，对问题线索核查、专项监督中发现的问题抄告相关管理部门 5 次，推动问题系统解决。实行“纪巡”联动，对 12 个部门和单位的协作管理变革专项巡察整改情况开展专项监督。深化成果运用，对监督发现的突出问题，下发纪律检查建议书、监督检查建议书 8 份，督促相关单位建章立制。紧盯监督重点，聚焦重点岗位。开展公司部分重点领域、关键岗位人员专项监督，涉及关键岗位人员共 254 人，发现 3 类问题，提出 4 个方面的建议举措。实行上下联动，组织二级单位纪委围绕重点开展 46 项专项监督，涉及巡视巡察、安全环保、工程建设、合同管理、履职待遇等多个领域。深化廉洁风险防控，公司领导班子带头作公开廉洁承诺，二级单位分层签订党风廉政建设责任书，全面推进教育、监督、管理、预防责任落实。加强纪法教育和中国宝武制度宣贯，按照廉洁风险防控“3534”工作模式，组织排查辨识廉洁风险，累计查找一级风险点351个，一级风险涉及岗位人员643人。做好境外防控，督促职能部门制定海外业务管理制度53个，开展境外合规及境外国有资产管理的监督检查，对海外公司资金管理开展抽查验证和年度内控评价，开展监督谈话20余人次。

**【自身建设】** 深化纪检体制改革，落实马钢集团党委《关于进一步加强纪检监督组织建设方案》要求，撤销3个纪检监督组，在16家设党委的单位设立纪委，成立纪检监督室，两级纪检干部充实至82人。加强全员培训，利用“宝武微学苑”，组织纪检干部参加专题培训154人次，举办二级单位纪委书记研修班，提高依规依纪依法履职能力，创新片区学习制度，开展交流研讨23次。开展教育整顿，纯洁思想、纯洁组织，以“吹响监督执纪冲锋号，展现正风肃纪新成效”为主题召开纪检干部大会，进一步统一思想行动。深化检视整治，组织3轮自查自纠和个人自查事项报告，进行党性分析，开展违规办案行为、案件质量问题等专项整治；坚持对标找差、建章立制深化巩固提升，先后制定《员工违纪违规行为惩处实施细则》《合规举报管理办法》《信访举报受理工作规范》等，强化制度约束。

（陈梦君）

## 党委巡察办、审计部（马钢集团监事会秘书处）

**【巡察规划】** 根据党中央和中国宝武党委部署要求，结合马钢实际，编制、发布了《马钢集团党委巡察工作规划（2023—2027年）》。规划明确了未来5年全覆盖工作任务的重点和创新举措，针对重点对象、重点领域，创新组织形式和方法，把常规、专项、机动和巡察整改“回头看”贯通起来、穿插使用；聚焦新时代新征程马钢集团党委的使命任务、主责主业，加强政治监督、查找政治偏差，紧盯权力和责任，紧盯“一把手”和领导班子，紧盯群众反映强烈的问题，紧盯巡视整改和成果运用，对马钢集团党委11家直属党组织及相关党组织、马钢股份党委17家直属党组织、境内14家其他独立法人党组织和2家海外公司实现一届任期巡察全覆盖。

**【巡察职能发挥】** 积极探索“巡审联动”贯通融合的大监督工作模式，不断发挥巡审合力，用巡的高度聚焦找准问题点，发挥审的专业深挖问题根源，以高质量的巡审成果助力马钢高质量发展。2023年，组织对新特钢工程项目8家单位党组织开展专项巡察，发现4个方面27个具体问题；对铁运公司（运输部）、能源环保部、冷轧总厂、检测中心、马钢（武汉）材料技术有限公司、四钢轧总厂等6家单位党组织开展常规巡察，发现4个方面91个具体问题。压紧压实整改主体责任、抓细整改监督、完善整改机制，精准规范开展追责问责，做实巡视巡察“后半篇文章”。2023年，督促相关部门和被巡察单位，对发现的问题进行倒查，严格追究相关人员责任。向公司纪委移交2件问题线索，落实巡察审计发现问题追责问责情况：给予党内警告处分3人，诫勉谈话4人，提醒谈话71人次，批评教育1人，退赔26300元，经济考核84人，考核金额75894元。

**【配合巡视】** 发挥牵头统筹协调作用，全力配合上级巡视等工作。2023年，顺利完成中国宝武党委对马钢集团党委科技创新专项巡视，马钢落实中央巡视、审计署审计、省委巡视和中国宝武党委巡视反馈问题整改情况“回头看”专项检查，中央巡视、中国宝武党委对马钢集团“四化”“四有”专项督导、主题教育检视问题整改整治检查等配合工作。

**【内部审计】** 2023年计划实施审计项目16项，实际完成16项，其中经营审计8项：资产经营公司、投资公司、四钢轧总厂、运输部原领导人员离任审计；武汉材料公司、重庆材料公司财务收支审计；香港公司境外子公司审计；港务原料总厂其他经营审计。投资审计4项：炼铁总厂A号、B号烧结机烟气脱硫脱硝超低排放改造项目，新特钢项目，长江钢铁公司产能减量置换技改140吨电炉炼钢项目，冷轧总厂1号镀锌线设备能力提升改造项目。专项审计4项：品牌运营专项审计、集中采购专项审计、马钢集团和马钢股份内控评审。审计共发现问题213个。持续推进审计整改工作机制有效运行，实施审计整改“月报告、月通报”，扎实做好审计“后半篇文章”。截至 12 月底，2023 年各类审计项目发现的问题已完成整改 192 个，到期整改完成率 100%。制定、修订制度 41 项，挽回资金损失 2141.48 万元，盘活资金资产 395 万元，内部考核 5 人，内部考核（单位）114.54 万元。配合马钢集团“法人压减、参股瘦身”，先后组织实施投资公司、财务公司等 11 家单位的净资产审计，涉及资产总额 597.63 亿元，净资产 202.03 亿元，净调整净资产 2931.74 万元。聘请中介机构开展马钢股份关联交易价格审计，对北区填平补齐项目进行专项检查。积极参加宝武内审体系协同，派人参加国资委组织国家电投公司投资项目检查，派人牵头实施重庆钢铁股份公司财务收支审计，派人参加宝武科技创新专项审计。配合宝武集团审计部对马钢集团开展废旧物资处置、金融衍生业务等 11 项专项审计工作。2023 年，马钢集团审计部获 2020—2022 年度中国宝武“内部审计先进集体”。

（李　莉　耿景艳）

# 工会、团委

**【职工思想教育】** 1. 强化党的创新理论武装。积极组织各级工会学习宣传贯彻党的二十大精神以及中国工会十八大、安徽省总工会十五大精神，深入推进学习贯彻习近平新时代中国特色社会主义思想主题教育，认真学习贯彻习近平总书记关于工人阶级和工会工作的重要论述、考察调研中国宝武马钢集团重要讲话精神，把党的领导贯彻落实到工会工作全过程各方面。组织参加安徽省市总工会、宝武集团工会等上级工会举办的学习贯彻党的二十大精神、中国工会十八大精神、工会业务培训班，专门组织召开马钢集团工会全委、宝武马鞍山工委（扩大）会议，中国工会十八大代表邓宋高同志专题传达中国工会十八大相关会议精神。组织学习座谈会、专题读书班、劳模宣讲等线下、线上进行学习传达培训。推动党的创新理论走近职工身边、走进职工心里，巩固广大职工同心同德、团结奋斗的共同思想基础。2. 大力弘扬劳模精神、劳动精神、工匠精神。组织马钢交材沈飞申报大国工匠，最终进入全国前 50，沈飞获“2023 年大国工匠年度人物提名人选”，是宝武集团唯一获提名人选。开展第二届马钢工匠、2023 年金银铜牛奖评选，2 人获宝武金牛奖等荣誉。积极组织开展各类先模荣誉推优工作，一批优秀职工获得全国五一劳动奖章、安徽省五一劳动奖章、安徽工匠、长三角大工匠等荣誉。举办马钢集团庆“五一”先模表彰会。3. 打造健康文明向上的职工文化。完成文联体协机构调整，部署全年工作，千名职工文体爱好者加入马钢职工文体协会。两级工会组织举办了“迎接新挑战 健步新征程”健步走系列活动，2000 余名马鞍山区域职工参加活动；先后开展了职工羽毛球俱乐部等级联赛、“浪花杯”职工游泳比赛、“牢记嘱托 感恩奋进”职工文艺调演、职工美术书法摄影“云”展等一系列丰富多彩的职工文体活动，数千名职工参与。与此同时，组织参加市第十三届体育运动会、代表宝武集团工会参加长三角职工乒乓球赛，组队参加宝武网球交流赛、市职工羽毛球赛、歌手大赛、主题阅读朗诵比赛等活动均取得优异成绩，丰富了职工业余文化生活，进一步激发广大职工群众的劳动热情和创造潜能。

**【职工建功立业】** 1. 劳动竞赛激发创造热情。在组织全年“拉高标杆 奋勇争先 精益高效 争创一流”系列劳动竞赛的基础上，创新建立“1346”劳动竞赛新模式，全年共开展公司级劳动竞赛 13 项、总厂级劳动竞赛 118 项、分厂级劳动竞赛 63 项，在宝武集团发布的 9 次月度、季度光荣榜中，马钢集团共上榜 145 项，较上年增加 65 项，上榜总数在宝武集团 7 家钢铁主业子公司中排名第二。下半年围绕“四化”“四有”要求，坚持“算账经营”，结合实际相继开展“废钢归集回收”“废旧物资回收”等 5 项专项劳动竞赛，累计创效超亿元，掀起了全员奋勇争先创一流的浓厚氛围，为公司经营绩效改善提供了强有力支撑。2. 岗位创新支撑价值创造。建立了以工匠基地为平台，以劳模创新工作室、大师创新工作室为骨干，以创新小组为基础的职工岗位创新体系。组织开展职工岗位创新活动并取得显著成果，职工岗位创新成果获宝武特等奖 1 项。积极推优参加各类平台创优评比，分别获全国机冶建材行业示范性创新工作室、安徽省劳模工匠创新基地、省劳模工匠创新工作室。强化班组基础管理，持续推进作业区（班组）台账数字化，创建学习记录 1.5 万个，28 万人次完成学习。择优推荐参加宝武 2023 年班组创优活动，共有 37 个班组和 9 个班组长获表彰。3. 积极开展岗位培训技能比赛。举办马钢集团第五届职工网上练兵活动，共有23家单位2101名职工参与练兵，答题13.87万人次。组织开展马钢集团第十一届职工技能竞赛，共1245人报名参加10个工种比赛，经过理论初赛、理论复赛、实操，最终10位“马钢技术状元”脱颖而出。参加“河钢杯”“马鞍山市第十届职工技能竞赛”等各类技能竞赛，3名选手获“安徽省金牌职工”称号，职工岗位能力素质和技能水平得到有效提升。

**【关心关爱职工】** 1. 深化帮困救助保障行动。开展“心系职工情，温暖进万家”送温暖活动，先后走访慰问先模代表、困难职工、困难党员和青年科技人员代表4128人次，发放慰问金380.25万元，为148名大病重症职工（家属）发放专项救助款199.1万元。通过“金秋助学”、职工大病就医绿色通道、互助保障计划等多维度开展帮困救助工作。组织职工参与“三最”实事项目申报，确定19项公司级、136项厂级立项项目全部完成实施。新建职工健康驿站，举办马钢职工健康义诊、策划实施伟星置业、红星美凯龙家装团购以及奇瑞、东风汽车等线上线下专享惠购活动数十场；职工福利平台全年完成职工生日、节庆、防暑降温、消费帮扶等13.7万单福利集采与“一键配送”。逐步形成“从职工本人到职工家属、从职工工作到职工生活、从职工权益保障到职工身心健康”的工会工作新格局。2. 筑牢职工安全生产防线。扎实开展“安康护航”百日行动，全面加强职工劳动保护工作，各级工会组织从源头参与、监督检查等方面入手，协同安全部门共同筑牢安全防线。围绕全国安全生产月工作主题，组织职工开展安康代表培训、安全实操运动会、安全技能演练等，引导职工树立安全防范意识，增强安全应急反应能力。深入开展“安康杯”竞赛活动，广泛动员职工在本职岗位上从严从紧抓好安全生产工作，马鞍山区域共33家单位参加竞赛活动，评比表彰了一批安全“1000”标准化示范作业区、最佳安康代表。在高温季节前夕，集团工会拨发高温慰问专项资金135.7万元并开展各层面的“送清凉”慰问活动。有效提高了一线职工的安全意识，切实保障了广大职工的安全健康权益。

**【工会基础建设】** 1. 加强工会调查研究。结合开展学习贯彻习近平新时代中国特色社会主义思想主题教育，围绕宝武集团工会“基层组织加强年”有关部署，下发《马钢工会系统大兴调查研究的工作方案》。组织各级工会干部深入学习领会习近平总书记关于调查研究的重要论述，广大工会干部积极深入一线职工开展调查研究，问计于职工、问计于实践，掌握第一手信息，全面分析存在问题，形成解决问题、促进工作的思路办法、对策建议、政策举措，确保每个问题都有务实管用的破解之策。共收到19家基层工会申报的46篇各类调研报告及理论成果，共评审优秀调研成果17篇。2. 构建和谐稳定的劳动关系。组织召开马钢集团二十届一次（股份十届一次）职代会并征集提案55项，立案14项100%完成。组织职工代表围绕“对标找差 创建一流”等重点工作进行专题视察督查。组织召开职代会联席会议审议通过《2023年员工与企业协商一致解除劳动合同、离岗休息和自主创业等离岗政策》等议案草案。经协商，续签《集体合同》（2024—2026年）。3. 加强工会组织建设。指导宝武马鞍山区域31家基层工会做好工代会、工会主席（副主席）选举及工会法人资格证变更、注销工作。增补马钢集团（马钢股份）工会委员会委员、常委。做好全国工会第十八次全国代表大会代表、安徽省工会第十五次代表大会代表、委员候选人推荐工作。组织364名专兼职工会干部参加省、市及行业、宝武工会专项工作培训。落实中国宝武2023年度重点任务分解，按期报送“深化工会组织体系改革，推进工会组织改革向基层延伸”进展情况。加强马鞍山区域工会协调服务，履行属地职责，落实委托职责，承担协同职责。4. 加强工会经费及资产管理。精细编制完成本级工会预决算等财务工作。切实完善功辉大厦的经营管理及安全消防等日常管理工作。着力解决文体中心收支费用以及协调消防规划使用等问题。严肃财经纪律，加强财务管理，各级工会严格执行中央八项规定精神和基层工会经费收支管理办法。完成马鞍山区域工会经费审查和工会主席离任第三方审计28家。委托中兴华会计师事务所对马钢集团工会本级2022年全年、2023年上半年工会经费收支情况进行审计。按期完成安徽省委巡视、宝武集团专项巡视、审计署审计等整改落实工作。5. 加强女职工工作。开展“三八”系列活动，选树马钢“玫瑰”系列女职工先进，通过安徽工人报、马钢家园等媒体进行广泛宣传。举办女职工心理健康知识讲座、“建功新马钢 巾帼展风采”参观学习暨礼仪培训、“玫瑰书香”读书交流分享等各类活动。开展“树立廉洁家风、弘扬廉洁文化”家庭助廉活动，征集“廉洁治家”职工子女才艺作品141幅，有效发挥家庭助廉作用。开办“妈妈课堂”“清凉一夏”“七夕寻缘 幸福牵手”等活动，倾情关爱广大女职工，切实为职工办实事。

**【青年政治建设】** 1. 突出团员和青年主题教育。团中央第五指导组到马钢集团列席基层团支部团员和青年主题教育专题组织生活会并讲话，充分肯定本次专题组织生活会；坚持党建带团建，党委领导多次对共青团工作作出指示批示、参加团的活动。建立重要信息沟通、周报告、重点工作专项报告、团干部基层联系点4项工作机制，推进团员和青年主题教育工作高效率起步。开展座谈、交流、宣讲、实景课堂220余场。172个团支部“4+1”专题实现全覆盖，“青年大学习”学习率突破140%。“做好‘两个结合’，推动团员和青年主题教育落地见效”在中国宝武团员和青年主题教育推进会上作优秀实践案例分享。2. 突出加强形势任务教育。开展“寻总书记足迹 看马鞍山变化”企地青年交流、“奋勇争先 强企有我”主题团日、“勇立时代潮头 奋进青春征程”主题征文等系列活动6场次；邀请党委分管领导、团市委书记、马鞍山市委党校教授等为团员青年作专题形式任务教育12场次。3. 突出弘扬青春正能量。聚焦算账经营、精益管理等重点工作，本级选树青年典型集体和个人120个、获上级表彰74个，其中1个青年集体获全国青年安全生产示范岗。在马钢家园微信公众号开展“学先进访标杆 助力绩效改善”“降本增效 青年当先”“奋斗者 正青春”“安康护航 青年当先”“青年说 说清廉”等系列宣传20篇。

**【青年岗位建功】** 1. 推动岗位建功互学互访，以互学互访为桥梁，马钢集团团委以青年突击队降本增效、青年文明号展青春风采、青年自主管理课题成果交流为主题，组织开展3期互学互访活动；围绕同工序扩宽“思路”、上下游提升“服务”、生态圈扩展“朋友圈”、产业链共促“成长”以及单位内部共同“提升”开展互学互访13场次，覆盖28家单位320名青年，并签订内外部共建协议，推进活动常态化制度化。马钢集团团委连续3次双月获得中国宝武“青年岗位建功行动流动红旗”。2. 细化“青安杯”竞赛内容，按照“发布方案、备案更新、过程督促、总结表彰”开展“青安杯”竞赛，表彰竞赛夺杯单位8家；以“七个一”为抓手，分级部署、分类指导、分层落实，成立112个青安岗，1562名岗员参与安全补位；开展“讲”“会”安全主题、安康护航百日行动活动，形成68个青年安全教育案例。引导青年岗位创新创效，首届“岗位创新新人奖”表彰青年10名；按照“选题立项、扶持攻关、评审发布、推广转化”四步，立项青年“双五小”课题200项，评审表彰38个优秀项目；组织动员青年参与“精益运营 岗位创新”专项劳动竞赛，献计3.1万余条。3. 擦亮青年志愿服务品牌，组织开展“爱心助学青春行”爱心帮扶、“献爱心 敬孝心”消费帮扶5.2万元；以“志愿马钢青年 聚力奋进有为”为主题，组织参与各类志愿活动4826人次；协调团省委、团市委及兄弟企业到马钢参观17次，740人次。

**【服务青年实事】** 1. 关注青年职业成长，评选马钢“十大杰出青年”“十大优秀青年”各10名；建立230余名马钢青年人才信息库，并推荐2名青年为马钢集团公司领导直接联系人才对象；61名青年获马钢第十一届技能竞赛十个工种前10名，其中6名获“技术状元”称号；推荐11名青年参加上级能力提升培训。2. 关心青年急难愁盼，通过问卷调查、座谈交流、调查研究等形式，梳理马钢青年急难愁盼问题23项，并协调相关部门和资源，努力协同解决青年后顾之忧。其中针对单身青年对大学生宿舍条件改善需求强烈的问题，马钢集团团委向马钢集团党委作专题汇报。3. 关爱青年工作生活，做细做实单身青年“留马过年”“夏送清凉”“冬送温暖”品牌活动；以“四季恋歌”为主题，开展联谊活动5场，为200余名青年搭建交友平台。

**【从严管团治团】** 1. 深化团组织规范化建设，开展党建带团建工作回头看；开展全面从严治团专项行动，查摆、整改问题17项；开展提升基层团组织组织力专项行动；指导3家单位完成换届选举；对4名直属团干部进行协管复函。2. 构建“一体两翼”新格局，依托宝武第二团建协作区开展企地青年交流、岗位建功互学互访、青年联谊、红色观影等活动10余场，初步达到“活动共办、资源共享”的效果；充分发挥规范化建设、岗位建功、宣传文化、文体活动四个专项工作组作用，初步构建“月度提醒、季度点评、半年评价、年终总评”的共青团工作机制。3. 抓好“两支队伍”建设，持续推行“上级考评+团组织互评+青年评议”的团干部直评机制；坚持团干部“持证上岗”，举办2期覆盖99名团干部的培训班，形成“理论业务学习+主题拓展教育+培训效果测试”培训模式。严把团员入口关，新发展团员202人，“学社衔接”469人完成率100%。

（张 伟 刘府根）

# 运营改善部（改革办）

**【深化改革】** 多轮次征求各部门所承担职能条线改革创新内容目标，策划编制“马钢集团2023—2025年国企改革深化提升行动”方案。推进宝武集团马钢轨交材料科技有限公司（简称马钢交材）混合所有制改革，编制《马钢交材混合所有制改革框架方案》《马钢交材混合所有制改革实施方案》《宝武集团马钢轨交材料科技有限公司股权激励整体方案》，完成增资扩股后工商变更登记。马钢交材“科改示范”企业申报成功，形成科改示范企业行动方案和台账，完成公司内部决策报中国宝武，进入实施阶段。推动研究长江钢铁深化改革，梳理马钢集团在发挥长江钢铁混合所有制优势方面不足，制定《发挥长江钢铁混合所有制优势》调研报告，对标永锋钢铁等企业，找准矛盾短板，分析问题症结，明确努力方向。马钢集团有序退出瓦顿推进工作，开展退出方案讨论及有序退出瓦顿公司风险识别、风险评估及确定应对措施等工作。

**【法人治理】** 完成《对子公司授权放权方案》，对马钢股份、安徽马钢冶金工业技术服务有限责任公司（简称冶服公司）、马钢集团康泰置地发展有限公司（简称康泰公司）、安徽江南钢铁材料质量监督检验有限公司（简称江南质检）、安徽马钢和菱实业有限公司（简称和菱实业）、安徽长江钢铁股份有限公司（简称长江钢铁）、马钢（合肥）钢铁有限责任公司（简称合肥公司）、马钢交材、埃斯科特钢有限公司（简称埃斯科特钢）、加工中心、区域销售及海外等25家子公司，一对一发布授权放权事项决策权限清单，规范决策权限及决策流程。跟踪落实董事会职权工作。推进子公司落实董事会中长期发展决策权，经理层成员选聘权、业绩考核权、薪酬管理权，职工工资分配管理权、重大财务事项管理权等六项职权。完成配套管理制度。

**【专业化整合】** 完成硅钢资产边界梳理和确定。聘请中介机构对硅钢资产审计评估，出具评估报告。与宝钢股份商谈确定公司章程、合资合同、运营管理细则等法律文本，马钢集团董事会审议通过《关于设立马钢硅钢合资公司的议案》。

**【组织机构与职责调整】** 编制并上会通过《建立马钢股份碳中和工作体系的方案》《成立资本运营部的方案》；修改完善《马钢冶金技术服务公司组织机构优化方案》；发布《成立马钢集团资本运营部、马钢股份资本运营部的通知》；编制“撤销马钢利民企业公司请示”履行决策程序，下文撤销马钢利民企业公司；编制马钢集团不动产管理职能调整方案上会决策；策划编制发布马钢集团《组织机构及职责分工管理办法》，完成马钢股份《组织机构及职责分工管理程序》换版。

**【绩效管理】** 成立以马钢集团公司主要领导为组长的绩效改革领导小组，统筹组织绩效、岗位绩效改革各项工作。组织内外部调研，赴兄弟企业全面对标，明确优化改进方向；内部深入基层，征集吸纳绩效改革意见建议，编制完善各单位组织绩效评价标准及岗位绩效“一人一表”。建立健全全员“赛马”机制，以绩效“杠杆”促进指标改善、重点工作落地，实现“干部能上能下”“员工能进能出”“收入能增能减”。迭代优化绩效评价方案，开展绩效沟通，形成组织绩效评价方案。按“编制一家、评价一家、完善一家”方式，结合对标对象变化、评价过程出现问题，对方案持续优化完善。将相关单位和部门纳入3个赛道，奖罚分明，促进组织绩效提升。开展管理人员岗位“赛马”，将马钢集团公司直管的管理人员、首席师、技能大师，分别划入8个赛道，进行“赛马”排序并与薪酬挂钩。围绕新特钢、极致高效、产品结构等开展项目征集、评审，发布揭榜挂帅项目，明确项目目标、要求、负责人，建立项目运行评价体系，对优秀项目团队通报表扬及奖励。

**【风险管理】** 下发《马钢集团2023年全面风险管理和内部控制工作推进计划》《马钢股份2023年全面风险管理和内部控制工作推进计划》，编制年度重点风险管理方案，确认修订可量化重点风险指标，明确预警阈值、预警指标等关键信息，提升工作实效。开展全层级资金要素、两金管控、法人证章、内控授权等关键业务信息常态化登记备案，网银 U 盾、银行印签、第三方账户等 16 个关键业务信息 100%实现在宝武集团合规智控平台备案和每月常态化确认，基本实现内控体系由“人防人控”向“技防技控”转型升级。选取 2021 年短期市场急跌、2015 年持续缓慢下跌、2008 年系统性金融风险作为 3 个历史模拟情景，探究类似风险情景下，可能产生的产品价格下跌、交易对手违约对公司存货及预付款或现金流等方面带来的损失影响以及衍生风险，摸清风险底数。测试表明，马钢集团公司经营管理体系和风险管控措施，能够抵御上述 3 种压力情形下的风险。针对压力测试结果，组织相关部门修订应对措施。

**【制度建设】**　落实《“一总部多基地”管理体系建设实施方案》，发布《2023 年马钢集团（马钢股份）制度建设工作计划》，持续改进“一总部多基地管理体系”，组织各编制单位梳理职责范围内管理制度，形成《2023 年度公司管理制度制修订计划》，对实施进度及质量情况跟踪评价，通报计划完成情况。开展制度宣贯，制定月计划，策划制度宣贯内容与培训课件，按场次对宣贯人开展评价。推进各单位完善各自“制度树”，梳理生产厂部、基地“制度树”清单，宣贯公司制度管理要求，汇总制度修订计划并跟踪完成情况。

**【体系运行监控】**　2023 年 2 月，北京国金衡信认证有限公司对公司实施质量、环境、职业健康安全、能源、设备设施管理体系年度监督审核（含集团公司质量、环境、职业健康安全认证审核）。根据审核结果，组织各专业体系管理部门对 119 项观察项（含 9 项一般不符合项）进行整改，共性问题合并归类，明确责任部门、整改单位。落实专业体系管理部门对问题整改开展指导、审核，对整改情况进行评价。此外，在年度公司一体化管理体系内部审核中，安排审核组对上述问题项再验证，巩固改进效果。

**【内部审核管理】**　安排各专业管理体系主管部门担任审核组长单位，对包括马钢交材、长江钢铁、合肥公司在内的马钢集团（马钢股份）36 家单位进行审核，其中股份本部 IATF 16949 质量管理体系覆盖范围内的相关单位全部完成，年度内审计划节点完成率 100%。其他由专业管理体系主管部门或职能、业务部门牵头开展专业、专项审核，年度计划综合完成率达 96%以上。组织内审员资格复核认定，提出认定意见（保持、晋级、退出），37 名同志晋级为专业正式内审员，22 名内审员退出，推荐新增 107 名内审员，实现内审活动专业的充分覆盖。组织专项培训，提升内审员综合技能。

**【奋勇争先奖】**　2023 年度，马钢集团公司 42 家单位累计参与月度“奋勇争先奖”申报 313 次，全年颁发“奋勇争先奖”121 项次，其中综合绩效赛道奖 47 次（金杯 25 次、银杯 22 次）；重点专项夺红旗 61 次（大红旗 6 次、小红旗 55 次，含上一年度 6 项）；发布精益运营管理案例 22 项（不含精益运营现场会发布）。

**【数智管理】**　2023 年，围绕解决物的不安全状态，推进 3D 岗位智慧制造成果推广应用，首创机器人即服务（robots-as-a-service）平台化运营新模式，在集团内率先将宝罗云平台与 EQMS 系统无缝对接，实现宝罗信息双向交互并同步、宝罗管理“一网通办一网通管”；截至 2023 年底，宝罗保有量达 517 台套，平台接入率达 25. 3%。以碳数据管理平台、智慧经营、金属平衡等项目为载体，构建财务、成本、制造、炼铁、炼钢、热轧、冷轧等数据域，拓展数据赋能业务。稳步推进宝武工业大脑——智能炼钢项目，首创炼钢紧平衡闭环组产系统，转炉全周期一键冶炼热试成功。2023 年，马钢智慧制造指数 89. 1 分。马钢股份以基于“一厂一中心”的钢铁联合企业“1+N”运营管控模式和数智化转型实践获国家级“数字领航”企业称号。H 型钢智能制造示范工厂、长江钢铁分别获评工信部 2023 年度智能制造示范工厂和智能制造优秀场景；马钢交材、冷轧总厂、长材事业部被先后认定为安徽省智能工厂；“马钢钢铁系列产品制造工业互联网平台”被省经信厅授予“行业型工业互联网平台”；4 个项目入选 2023 年钢铁行业数字化转型典型场景应用案例。

**【荣誉】**　参评安徽省 2023 年度工业互联网“十大领军人物”“十大新星”“十大服务商”，马钢股份总经理被评选为“十大领军人物”，长材同工序专业化协同平台案例入编《安徽工业互联网发展研究报告（2023）》；“基于工业互联网平台 $xIn^3Plat$ 的冷轧‘All in one’智慧工厂创新实践”“新型 RH 真空精炼炉智能控制模型”等 4 个项目入选 2023 年钢铁行业数字化转型典型场景应用案例。

（袁中平　赵小冬　姚　辉　杨凌珺　胡善林）

# 精益办

**【精益现场管理】** 以现场会形式组织公司两级领导班子对6家单位10个区域进行现场调研，18名分厂厂长、作业长或基层骨干发布分享18个典型案例。在此基础上，组织“两长”450余人次，以“两场”为重点现场观摩，推进基层经验的分享复制。围绕产线要素提升与价值创造，15家单位44条产线及28个功能性房所编制创建计划，按照“星级现场创建五步法”有序推进创建。组织8轮“红牌督办”，提出2000多个改善点，各单位积极整改。各单位利用每周一下午围绕“三查三促三反思”内容开展“精益·现场日”活动，各级领导带领员工进行卫生死角清理、TnPM活动、安全问题查找消缺等活动，依托“马钢精益通”13家单位共开展8323余次活动，支撑精益现场创建。按照标准评价产生4个四星级“精益现场”，17个三星级“精益现场”，15个三星级“精益示范点”。

**【算账经营】** 传递马钢集团公司经营压力，开展“精打细算”作业区评选活动。总结提炼优秀案例，召开“精打细算擂台赛”发布大会，评选出“金、银、铜”榜案例10个，提升员工算账经营意识。落实公司部署，积极与各部门协同开展废钢挖潜与废旧物资回收工作，完成废钢回收10000吨，效益达2500余万元。通过优化流程、拓展客户群体、提升服务品质，合规快速开展废旧物资销售，回收创效达1.08亿元（不含税）。

**【精益人才培养】** 持续开展精益师、内训师等精益人才培养，策划组织2期专题培训，对外对标交流、作业长培训等活动。10名精益师取得“精益管理督导师”资格证书，自编7门课。15家单位104名员工受训；编制了对标材料，对工具共享等进行推广。60余名作业长及青年骨干参加了BNA培训。

**【全员改善创效】** 持续动员全员参与改善提升，开展岗位献计劳动竞赛，开展工具展等活性活动，充分激发员工创造力，2023年1.52万名员工献计24万条。搭建分享交流机制，开展2期，征集17家单位103个案例，遴选出54个案例进行“线上+线下”同步发布，评选出三星级案例10个、二星级15个，推荐5个优秀案例参加“公司精益案例发布大会”。针对安全方面，策划组织“安全亲属行”，传达马钢集团公司安全管理方针，获家属共鸣，搭建家庭、公司安全管理桥梁；针对封闭空间、挂牌检修等阶段重点，开展2期主题沙龙，100余名员工与管理者参与，夯实安全基础管理。

**【“安全示范作业区”评比】** 与运营改善部、安全生产管理部联合开展“安全示范作业区”流动红旗评比活动，策划方案、制定标准，并解读和宣贯，共有111个作业区获得流动红旗。开展跨单位结对共建活动，互学互助，分享经验，提升作业区的安全管理水平。

（姚梦尧）

# 经营财务部

**【成本管理】** 1. 强化购销差管理。紧跟市场节奏，建立预算动态模拟模型，为马钢集团公司经营决策提供支撑；建立双周经营分析会制度，动态跟踪各项经营目标进展和管控措施的落实，进行周跟踪、月评价，支撑月度经营目标实现；以“购销差价”管控为切入点，聚焦“抓两头、控中间”，突出预算目标责任。通过预算审核会和预算审定会形式，确立预算各子目标并明确购销端、制造端各自经营目标责任和改善方向，形成月度经营预算目标并下达至各单位；围绕“成本、产品、结构、产量”，牵头制定8个方面共计36项经营绩效改善措施，支撑2023年下半年经营绩效改善并予以分解落实。紧盯月度经营目标，“周跟踪、月复盘”，加强对制造降本、结构调整、期间费用及库存控制等各子计划管控力度。各子计划PDCA循环有效执行，对公司经营目标的实现起到了很好的支撑作用；采购、销售均价一改2023年上半年跑输大盘的被动局面，下半年购销差增加242元/吨。2. 强化成本管控。通过优化财务信息系统促进体系完善、学习先进企业成本管控文化完善马钢成本管控模式、结合三年成本削减规划落实成本削减路径、加强业财融合等方式完善成本管控体系，夯实成本管控基础；通过层层分解成本削减目标、以降本项目为依托落实关键措施、探索建立成本削减长效机制等途径制定本年成本管控工作计划，提升产品成本竞争力。3. 牵头算账经营。经营财务部落实宝武集团“四有”经营纲领，牵头制定《马钢集团2023 年推进 CE 系统运用、做好算账经营工作意见》，围绕坚持“两个重点”，着力“三个提升”，实现“三个突破”的指导思想，坚持综合效益最大化原则，把大账算清、小账算精；先算再干、边干边算。同时建立“周管控、月复盘”机制，紧盯月度经营目标，加强对制造降本、结构调整、期间费用及库存控制等各子计划管控力度。4. 全面对标找差。2023 年组织召开 3 次对标找差推进会，统一思想认识，进一步优化工作计划和方案，贯彻指标分级管理思想，建立常态化对标机制，并创新开展对标督导，采用“常态化+专项”的督导模式，开展降本增效专项检查，提示问题现象，推动改善闭环。同时，牵头完成“双 8”项目策划，实现了公司“以点带面”“快速见效”的预期目标。2023 年马钢集团重点对标指标 46 项，其中进步指标 33 项，进步率为 72%；达标指标 32 项，达标率为 70%。

**【资金管理】** 1. 加强资金预算。按照“以支促收、量入为出、平衡余缺、适时融资”的原则，计算确定年度采购含税资金支出预算，月度计划资金根据年度资金支出预算，按当月效益评审的钢材销售收入计划与年度钢材销售收入预算的比例，确定当月采购资金计划，物资采购部门在计划资金额度内自主控制使用。2023 年通过搭建现金平台，提高资金计划的精准度及执行度，动态跟踪资金情况，调整融资额度，确保资金安全和运营稳定。2. 加强“两金”管控。下发“两金”管理计划，细化存货及应收账款管控目标，开展“运营效率提升”专项竞赛加强对存货的现场管理督导，并针对长库龄及低效无效库存进行现场盘查，督促整改，持续优化两金周转效率指标。至 12 月底，马钢集团合并（管理口径）存货 100 亿元、应收账款 15.92 亿元，合计 115.92 亿元，较 2022 年同期 120.96 亿元下降了 5.04 亿元，降幅 4.17%，营业收入较 2022 年同期降幅 2.31%，两金的降幅高于同期营业收入的降幅。两金周转效率较 2022 年平均提升 9.09%。3. 拓宽融资渠道。马钢股份公司四期短融（合计 100 亿元）取得银行间交易商协会批文，并于 6 月底成功发行 2023 年第一期短期融资券；运用金融衍生品，有效规避汇率风险，合理调配美元资产负债结构，对冲汇率风险。2023 年马钢股份本部全年累计汇兑收益 1061 万元，降低了财务费用，增加了公司效益；积极寻求低成本融资，实现降本增效，经营财务部结合公司进口铁矿石的贸易背景，申请进口资源项下的优惠利率贷款，实现以低息贷款置换高息贷款，置换进出口银行 6 亿元贷款，3 年期利率由 2.7%置换为 2.4%，进一步降低了财务费用。4. 提高经营现金流。从严控制授信管理、持续压控库存、降低财务费用、调整收付政策、票据贴现等几个方面持续发力，“两金”占用较 2022 年同期明显下降，1—12 月，马钢集团管理口径经营现金流实得应得比 118%，完成了宝武集团对马钢集团的管控要求（经营现金流实得应得比大于等于 100%），保障了生产经营的资金安全。

**【资产管理】** 1. 工程项目和固定资产管理。参与技改部组织的多个工程项目的可研评审，对项目投资和经济效益可研提出专业意见和建议；跟踪在建工程核算过程，按照在建工程财务管理办法的规范要求，组织工程主管部门、项目单位加快项目核销、交付、转固等工作，截至 12 月，2023 年马钢集团公司工程项目完工累计转固 240 余项，金额 86.8 亿元；开展多次 PSCS、BPMS 系统转固线上流程优化讨论，进一步优化零固及工程项目线上转固流程；配合设备部组织的对马钢集团公司到达报废年限以及因改造等原因需要报废资产的审核汇总，规范固定资产管理，夯实资产质量。2. 资产处置。牵头完成马钢集团公司资产整合重组、处置中涉及的资产转让、评估招投标、评估报告内审、公示等工作。其中：牵头完成石灰资产转让事项，贡献利润约 1000 万元。完成硅钢专业化整合、马钢股份拟转让部分专利权资产、长材 CSP 产线、常州房产处置挂牌等项目评估相关工作。按照宝武集团要求，牵头组织子公司资产处置评估所选聘，2023 年完成长江钢铁拟转让退役闲置线路资产项目、芜湖材料公司拟处置闲置资产项目招投标工作。

**【会计与统计管理】** 1. 财务检查与监督。根据宝武集团要求，经营财务部开展马钢集团财务基础管理工作自查，共组织本部及下属全层级子公司 33 家法人单位开展自查工作，形成自查工作底稿 33 份，出具《关于马钢（集团）控股有限公司财务基础管理工作的自查报告》，通过财务基础工作自查进一步压实责任主体，稳步推进，层层抓落实，建立健全长效机制；开展马钢集团子公司财务稽核工作，成立6个检查小组，对21家子公司分别从制度建设、经营管理、资金管理、资产管理、税务管理、会计基础工作等6个方面开展检查，不断夯实财务基础。2. 存货减值准备专项检查。配合审计署兰州办对宝武集团开展的存货减值准备专项检查工作，根据审计署要求配合提供所需资料，做好解释沟通工作，及时将发现的问题进行汇报，并做好发现问题的后续整改跟踪和反馈。通过检查不断完善制度流程、落实管理责任，进一步补齐会计信息质量和会计基础管理的工作短板。

**【税务费用管理】** 积极争取财税优惠政策，合理减轻税负。经营财务部牵头多部门及子公司共同协作，通过积极争取国家相关政策，获得外部资金支持和税费减免。2023年争取国家政策支持项目使得马钢集团公司累计受益约15.44亿元，圆满完成年度目标。

（朱珍珍）

# 规划与科技部（资本运营部、碳中和办公室）

**【战略规划管理】** 推进世界一流企业创建和规划滚动修编、中期评估。深入贯彻党的二十大精神，加快落实党中央国务院《关于加快建设世界一流企业的意见》、国务院国资委关于加快现代产业链链长建设工作和国家“十四五”规划关于“实施领航企业培育工程，培育一批具有生态主导力和核心竞争力的龙头企业”的战略部署，结合马钢集团实际，制定《马钢集团创建世界一流企业行动方案》《马钢打造新型低碳冶金现代产业链优特长材领域子链长实施方案》《马钢集团龙头企业升级工作方案》《安徽省先进钢铁材料产业“一链一策”工作方案》等多个专项方案，并组织推进和实施。以《宝武集团战略规划纲要（2023年）》为指导，承接并分解落实纲要确定的目标和任务，组织修编《马钢集团（股份）2023—2028年发展规划》及14项职能规划、2项专项规划、6项子公司规划，规划修编覆盖面100%。结合内外部环境变化，6月，对马钢集团公司年度规划目标和战略举措进行适应性调整。组织开展“十四五”规划中期评估工作，编制《马钢集团“十四五”规划中期评估报告》，对马钢集团“十四五”业务布局优化、结构调整、产业链合作和重点项目实施情况进行系统评估，提出“十四五”规划后半程发展思路和重点举措。策划推进与中车大同、奇瑞汽车、中铁四局、中铁物贸、聚峰科技等产业链上下游和生态圈企业签署战略合作协议，深化技术支持、信息共享、产品认证、产品销售等领域合作，创建产业集群发展模式。与奇瑞汽车共建汽车用钢再生材料实验室，联合探索汽车用钢在钢铁企业和汽车主机厂之间实现区域循环，细分钢种循环的路径，建立钢铁企业支撑汽车主机厂减碳的新途径。落实宝武集团《生态化指数管理及2023—2025工作目标》相关要求，推进生态化指数工作落地实施，2023年马钢集团生态化指数各分项指标完成情况良好。

**【科技工作】** 策划重点政府项目，与国家、安徽省发改委、安徽省科技厅等政府部门积极沟通，政府科技项目获批专项资金额度创历史新高。2023年，马钢集团新立项科技项目获批科技专项资金共计15578万元。聚焦制约生产的难点、痛点问题，实施各类科研攻关项目共589项，科研直接新增效益5.856亿元。在国家级研发平台基础上，全年累计开发新产品155.6万吨，创造毛利1.61亿元，精品指数1.627；重型线独有规格H型钢、风电能源用齿轮钢、铝硅镀层热成型钢、新能源汽车用硅钢、电池壳钢等品种销量显著提升；开发成功的铁路车辆用耐候热轧帽型钢进入装车试用阶段，填补国内外空白；2100兆帕级汽车悬架簧用钢54SiCrV6-H热轧盘条、热轧态超高强钢M1400HS、低碳45吨轴重重载车轮、355兆帕级大跨度场馆主梁用超大超厚Z向性能热轧H型钢等7项产品实现国内首发。牵头制修订的《海洋工程结构钢可焊性试验方法》（GB/T 42899—2023）和《高铬合金磨球 多元素含量的测定 火花放电原子发射光谱法（常规法）》（YB/T 6087—2023）等4项标准获批发布；《电弧炉余热回收利用技术规范》等5项行业标准完成报批；《钢结构立柱用热轧槽钢》《转底炉法含铁尘泥金属化球团》等9项国家行业标准获批立项；与安徽省建筑设计研究总院共同申报《高强钢筋应用技术规程》地方标准获批立项。按照国家知识产权高质量发展导向，推进专利申报工作，发明专利申报比例显著提升。2023 年认定技术秘密 444 件，较 2022 年增长 13.6%。加强对科技人员涉密管理，联合人力资源部对各单位涉密人员及涉密程度进行重新梳理，并组织补充签订保密协议。策划商标申请，“悠耐”“悠净”“悠彩” 3 件彩涂产品商标获准注册。持续开展商标监控工作，防止他人恶意注册或淡化公司商标，针对孙宗梅（安徽马鞍山）申请注册的第 63276444 号“马钢”文字商标提出的商标异议，并获成功，该商标已被国家知识产权公告不予注册，维护了马钢集团公司的品牌商誉。全年获政府、行业科技进步奖和宝武集团重大奖共计 15 项，包括获安徽省科学技术奖共 7 项，牵头申报 4 项。其中，“基于塑性夹杂物的高洁净铁路车轮钢炼钢工艺开发与应用”获安徽省科技进步一等奖，“面向高品质薄规格轧制的薄板坯连铸连轧过程控制关键技术及应用”“高等级铁路车轮淬火工艺装备自主创新设计及应用” 2 个项目获省科技进步二等奖，“火车车轮检测线智能化设备研发与集成应用”获省科技进步三等奖；联合报奖 3 项，二等奖 2 项，三等奖 1 项。获冶金科学技术奖共 6 项，牵头申报 4 项，“热连轧智能工厂高效集约生产和精益管控技术创新”获一等奖，“基于塑性夹杂物控制的高洁净高韧性铁路车轮钢炼钢工艺开发”“40—45 吨轴重高性能轮轴研发及产业化”获二等奖，“钢铁流程工序间安全高效协同处置典型危废关键技术研究与应用”获三等奖；联合报奖 2 项，“第三代超大输量低温高压管线用钢关键技术开发及产业化”项目获特等奖。获宝武集团重大奖 2 项，其中“烧结低成本环保利用生化污泥技术攻关”获二等奖，“基于智能检测的高炉高效炼铁技术”获三等奖。重点组织科技人员参加了“第十四届中国钢铁年会”等 20 个学术会议征文和会议交流。组织 30 余名科技人员参加“创新工程师”培训班，并取得创新工程师证书。举办“全国科技活动周”“全国科技工作者日”和“全国科普日”等活动。组织参加全国创新方法大赛，马钢集团 16 个项目在安徽省创新方法大赛中获奖，其中 6 个项目获安徽省一等奖，5 个项目获安徽省二等奖，5 个项目获安徽省三等奖。“基于 TRIZ 理论提高球团矿粒度合格率”项目获全国总决赛二等奖。组织参加“第六届长三角国际创新挑战赛”，“热轧带钢表面缺陷自动检测分级系统研发”项目获优秀奖。2023 年，马钢集团各技术管理推进委员会重点开展“落实‘冬练’要求，推进炼铁经济运行”“提高高炉利用系数，发挥极致高效水平”“炼钢工业大脑项目”“提升热送热装率”以及“1# 镀锌线镀后冷却系统升级改造”等重大科技项目，推进工艺技术创新变革、产品竞争力持续提升。

**【双碳工作】** 马钢集团吨钢碳排放（$CO_2$ 当量）达 1.84 吨（其中马钢股份 1.89 吨，长江钢铁 1.66 吨），马钢集团万元产值碳排放（$CO_2$ 当量）达 4.30 吨，完成宝武集团对马钢集团的评价目标。2023 年，马钢集团主要从减碳规划、低碳产品开发、环境产品声明 EPD 碳足迹认证、绿色能源使用、碳汇开发寻源及碳资产管理策划、绿色低碳标准布局等方面，将减碳工作全面融入生产经营中。开展极致能效、产线高效、冶金资源综合利用为代表的节能降碳，储备生物质能在锅炉、烧结、转炉等场景的应用和钢渣矿化固定 $CO_2$ 与 CCUS 协同等技术。在“双碳”基础体系建设方面，进一步优化“碳中和”业务管理流程，加强国内外“双碳”政策、欧盟碳边境调节机制（CBAM）解读及低碳冶金技术发展方向研判，统筹策划低碳项目，增强抗风险能力。发布低碳车轮、与必和必拓完成首次碳信用试点并完成碳中和车轮认证，同步策划了低碳汽车板、低碳型钢等产品降碳方案，将根据有利润的订单适时组产。在中国钢铁行业 EPD 平台发布大 H 型钢、小 H 型钢、热镀锌钢卷、车轮、特钢线材、重型 H 型钢、连退卷、无取向电工钢共 8 个产品 EPD 碳足迹，具备使用碳标签的条件。在 8 月 15 日中国首个“全国生态日”，马钢集团与华宝证券签订了碳资产、碳交易、碳金融战略合作协议，并锁定首笔 50 万吨碳汇资源。

**【资本运营】** 根据宝武集团关于进一步深化国企改革，落实“三改五管五强化”部署，扎实推进强化资本运作能力的有关要求，2023 年，马钢集团公司调整优化资本运作相关组织机构及职责，设立资本运营部，统筹负责马钢集团公司资本运作体系的建设和日常管理工作。大力推进法人和参股公司压减，完成投资公司、无锡销售公司、财务公司等 3 户法人压减，科达能源、鞍山华泰干熄焦等 2 户参股公司股权转让；河南龙宇能源、立体停车设备公司、华证资产管理公司等 3 户参股股权完成公开挂牌。截至 12 月底，通过压减（管理口径，其中不含吸收合并）已累计盘活资金 8.82 亿元，处置收益1.94亿元，为马钢集团公司瘦身健体、减少经营风险、提升资产效率作出积极贡献。持续开展专业化整合。根据中国宝武“一企一业”专业化整合融合部署和马钢集团聚焦主责主业规划，按要求推进完成马钢集团财务有限公司与宝武集团财务的吸并整合、安徽马钢冶金工业技术服务有限责任公司以持有的利民星火股权和固废资源股权向宝武环科马鞍山公司的增资整合工作。组织推动马钢交材成功实施混改。借助资本运作，助推产业发展，成功引进8家高匹配度、高认同感、高协同性的战略投资者，同时实施员工股权激励，总计为马钢交材注入9.37亿元资金。强化股东权益管理，加强对子公司、参股公司董事会、股东会重大事项审核，维护股东马钢合法权益，并跟踪落实子公司和参股公司分红。此外，积极协助宝武碳业推进上市，配合推进宝武环科、宝武清能、宝武财务、欧冶工业品、华宝租赁等参股企业的增资，增强企业资本实力。做好产权管理及资产评估。依法合规组织实施资产评估及产权登记，全年实施资产评估17项，完成产权登记18项。

（解珍健　高光泽　秦玲玲　黄　曼　吴定康）

## 法律事务部

**【授权委托管理】**　2023年，办理马钢集团法人授权委托230份，其中常年授权委托25份，临时授权委托205份（马钢集团66份，马钢股份139份）。

**【合同专用章】**　2023年现存各业务类别合同专用章共68枚：马钢集团持有15枚，马钢股份持有53枚。其中，新刻合同专用章4枚，缴销合同专用章3枚。

**【审查意见】**　为马钢集团、马钢股份各相关单位出具法律意见书共计326份，其中马钢集团132份，马钢股份194份，累计提出法律意见1150条，重新拟定协议21份。

**【工商管理】**　按时完成2023年度马钢集团和马钢股份年度报告工商公示工作，并布置和协助下属各子公司完成年度报告工商公示。完成马钢集团、马钢股份工商信息变更备案。紧盯宝武集团清理任务不放松，主要涉及立体车库，进行股权第二轮评估退出处理，如退出遇阻，可能考虑通过司法手段要求其停用“马钢”字号，同时及时向宝武集团汇报进展。开展整治假冒或违规使用宝武集团成员单位知名字号工作，按宝武集团要求梳理全国范围内与马钢集团主营业务同样或类似的企业的“马钢”字号使用情况并编制自查报告上报宝武法务与合规部。

**【法务培训】**　组织开展宝武集团2023年委托代理人法律知识考试，一期建设工程领域专项法律知识讲座，以及2023年度专（兼）职合同管理员、合规管理员法务培训暨合规管理培训。组织党委中心组法治专题学习3次，组织各单位合规管理员及分管合规工作领导参加国资委法务合规专题培训3次，完成合规管理办法宣贯培训1次，组织工程建设领域及营销系统人员合规管理专题培训2次，组织合规管理员及各单位分管合规工作的领导人员参加ISO 37301标准原文专项培训、内审员培训、合规专题培训等4次。参训人员累计300人次以上。通过以上培训，提升领导干部的法治合规素养，培养并增强各单位领导人员及合规岗位相关人员的合规意识，提升依法治企及合规管理工作水平。

**【示范文本】**　全面推行示范文本普及工作，全部完成行政事务中心、技改部、规划与科技部、人力资源部、设备管理部、采购中心、营销中心等单位27份标准文本。

**【日常案件】**　跟进处理马钢集团、马钢股份总部法律纠纷共计31起，结案15起。完结纠纷中，有明确标的额总计1694.91万元，挽损额达1687.49万元，挽损率达99.6%。督导子公司诉讼工作开展，就合肥公司与联熹（合肥）污水处理公司污水处理合同纠纷处理予以指导，商议救济处理路径及策略，发挥内部法务与外部律师联合维权的双重功效，维护公司合法权益。

**【非诉纠纷】**　参与常州房产历史遗留问题商谈工作，草拟反馈函件。参与“2·6”事故索赔事宜。办理诗城医院出租房产收回及破产债权申报工作。跟进江东工业园区土地征收工作，提出风险提示。协助办理司法机关调查、执行事项15项，参与信访维稳接待，并提供分析意见。

**【以案促管】**　针对2023年完结纠纷案件编制《以案促管改进表》，做到一案一表一改进，转变被动处理法律纠纷案件的现状，截至2023年12月

31 日，编制改进表 22 份。针对 2022 年度纠纷处理发现的问题，编制《典型案例管理评析》合同专篇，选择 2 起案例，围绕合同种类界定、条款约定、补偿赔偿差异及应对司法调查方面进行分析，重申合同管理要求，以小博大、以案促管。创建马钢集团法律纠纷台账云共享，实现法律纠纷案件实时跟踪。通过季度检查进度方式，推动涉诉单位积极开展涉诉工作，打通宝武集团—马钢集团—下属子公司/基地三级监管流程，实现纵向到底的纠纷进展可视化、数据抓取高效化。

**【外聘律师】** 居中承接宝武集团外聘律师管控要求，根据马钢集团总部及下属子公司选聘律所需求，组织律所选聘工作。完成 2022 年度外聘律所服务评价，并根据宝武集团要求，负责宝武集团入库律所的推荐及更新工作。

**【招标管理】** 完成安徽省委第八巡视组对马钢集团党委巡视反馈问题整改清单中涉及招标管理部分内容整改材料的填报工作，并补充反馈问题制度完善清单。组织开展多轮宝武集团《招标管理办法（2023 版）》宣贯和学习，并邀请标准执笔人现场进行交流和答疑，组织参加宝武集团统一合同信息管理平台管控和智慧招标管理系统抽查监督功能上线操作培训会。修订马钢集团《招标管理办法》，并在宝武集团备案。依据宝武集团招标办、马钢集团领导的要求，组织开展马钢集团 2023 年度“应招拟不招”项目申报工作，经多轮沟通评审、压减，完成项目清单的审批、发布和备案工作。建立马钢集团公司招标管理联络人制度，加强招标管理的信息沟通；参加各类招标管理相关会议，就招标问题答疑。组织召开马钢集团公司招标管理推进会，就如何落实宝武集团招标管理要求及马钢集团 2023 年招标工作中存在的问题进行了交流。组织开展马钢集团 2024 年度“应招拟不招”项目申报及评审工作。经多轮评审、压减，完成项目清单的审批、发布和备案工作。

**【法务合规管理】** 1. 合规管理体系建设。根据中国宝武组织安排，马钢集团作为第一批合规管理体系认证的推进单位，2023 年 7 月起，将合规管理体系认证作为重点工作推进，2023 年 12 月 28 日获得贯标认证。启动建设及认证工作。在北京大成律师事务所（简称“大成所”）帮助下，筹备召开 2023 年半年度法治工作会议暨合规管理体系认证启动会，开展马钢集团中层领导干部及合规管理员首次合规专题培训，切实推进合规管理体系建设及认证工作。确定工作方案。精心策划合规体系建设及认证工作，形成并下发《马钢集团合规管理体系建设和认证工作方案》。差异分析及消差。组织协同大成所开展各单位访谈调研，形成合规管理体系建设差异分析；针对分析出来的差异，总法律顾问主持召开合规管理认证专题推进会，向各单位通报差异情况，并督促相关单位后续整改消差。确立方针和目标。协同运改部编制马钢集团和马钢股份合规方针，同时组织各单位明确、审核 2023 年马钢集团和马钢股份合规管理目标以及各单位合规管理目标。发布《马钢集团（马钢股份）合规管理体系方针及 2023 年合规管理目标》。完善制度体系。新制订马钢集团《反垄断合规管理办法》《合规咨询和报告管理办法》《合规风险管理办法》等合规类制度文件，指导纪检监督部制订《合规举报管理办法》，组织修订马钢股份《董事会战略与可持续发展委员会工作条例》《董事会审计与合规管理委员会工作条例》等制度，并新制订《社会责任工作管理办法》《合规管理办法》。编制一组清单。组织各单位基于本单位管理职能，梳理识别马钢集团在本专业领域应遵守的法律法规并形成本单位的法律法规清单，组织各单位结合法律法规、本单位职能及业务梳理运行过程中的合规风险清单，经进一步梳理、整合，形成马钢集团公司层面的法律法规清单、合规风险清单，为马钢集团运营管理提供法律依据。组织内部审核。开展合规管理体系内审员专项培训，11 月下旬，会同大成所组织开展内审工作并形成内部审核报告，组织开展管理评审、形成管理评审报告并督促整改。外部审核认证。经中国宝武统一确定，第一批合规体系认证推进单位由 BSI（英标）认证公司进行第三方审核认证。马钢集团、马钢股份于 12 月中上旬开展两轮合规外审认证。2. 按时按质完成合规类自查，包括合规管理体系有效性评价和“十四五”法治央企中期督导调研、工程建设领域问题专项整治自查自纠、控股不控权排查及问题整改、配合宝武集团相关企业反垄断调查、同业竞争调查、全程参与法国瓦顿公司退出工作、4 起重大诉讼案件跟进审理、“走出去”及改革。

（周　珂）

# 能源环保部

【环保管理】 1. 完成环保绩效创 A 工作。2023 年 4 月，完成马钢股份有组织、无组织排放公示，5 月 26 日完成环境绩效 A 级企业认定，成为宝武集团内第一家全部完成超低排公示并创 A 的一级子公司。2. 推进“无废企业”创建。根据马鞍山市和宝武集团相关要求，马钢股份积极践行“无废”理念，编制并下发《马鞍山钢铁股份有限公司“十四五”期间“无废企业”建设实施方案》，推进“无废企业”指标体系建设。3. 完成约束性环保指标。2023 年马钢集团主要污染物排放总量均完成年度目标。4. “三治四化”水平稳步提升。2023 年，完成长江干流入河排污口整改销号工作，马钢股份工业外排口由 39 个减少至年底的 6 个。废水排放量较上年下降约 40%。全年各工序固废综合利用率 100%，返生产利用率 28.07%；10 个固废品种实现产品化外销，产品化销售率 99.61%。危废合规处置率 100%。5. 绿色指数稳居前列。2023 年马钢集团绿色指数综合得分为 95.5 分，其中马钢股份本部得分 98.3 分，位列宝武集团各基地第 3 名，位于中国宝武第一方阵。6. 环保补助资金取得新突破。2023 年环保政策资金争取中央大气污染防治专项资金目标为 8000 万元，实际获批 10510 万元，首次破亿。

【能源管理】 1. 推进能效标杆创建工作。落实《中国宝武能效标杆创建工作方案（2023—2025 年)》，编制发布《马钢集团公司能效提升行动方案》。建立配套激励及约束机制，将能效提升目标指标纳入马钢集团公司能源专业绩效评价，组织“能效提升”专项劳动竞赛，鼓励各单位积极推进能效标杆创建工作。成功承办中国钢铁工业协会钢铁行业重点工序能效对标数据填报系统发布会暨副产煤气高效利用专题技术对接会。2. 能效指标效益稳中提升。马钢集团吨钢综合能耗（标准煤）累计完成 577.93 千克，优于年度目标。全年吨钢余能（标准煤）回收累计完成 80.68 千克，较 2022 年提升 7.33 千克；推进建成 10 余项节能技改技措项目，实现年效益约 3336 万元。3. 节能降耗竞赛取得新成绩。组织参加第 16 届“全国重点大型耗能钢铁生产设备节能降耗对标竞赛”，其中 A 号烧结机、4 号高炉、A 号高炉、特钢电炉获评“优胜炉”，1 号高炉、四钢轧 1 号转炉获“创先炉”。4. 多措施助力能源经济账。落实马钢集团“算账经营”理念，通过停运 CSP 加压站、北区 CDQ 并网点迁移、新特钢区域蒸汽优化调整等十余项措施，有效支撑马钢集团能源系统降本。能源环保部全年实现年度降本 2.34 亿元，公司环保设施实现降本 9582 万元。5. 推进绿色低碳转型。开展多轮新版碳排放核算指南培训及宣贯，完成马钢集团年度碳核算及碳核查。全年完成绿电交易 43469 万千瓦时，直接交易电量 34.7 亿千瓦时，实现直购电效益 1992 万元。

【生产保供管理】 1. 强化动力运行管理。2023 年，通过能源与生产相互支撑，促使能源平衡与生产融合度进一步提高。2023 年高炉煤气放散率 0.73%，环比下降 0.04%；焦炉煤气放散率 0.03%，环比下降 0.7%；氧气放散率 0.45%，环比下降 0.01%。2. 发电指标再创新高。全年完成发电量 459350 万千瓦时，完成全年计划值的 113.42%，完成全年目标值的 110.69%，创历史新高；其中 10 月完成发电量 44517 万千瓦时，创月发电量历史最高值。全年累计供热 353.95 万吉焦。全年厂用电率 6.46%。3. 夯实设备基础管理。全年设备可开动率 99.55%，主要设备事故停机率 0.7‰，优于马钢股份指标。点检计划闭环率 98.5%；检修委托单完成率 100%，点检业务评价排名在马钢股份位居前列。183 兆瓦 CCPP 发电机组创造国内同类型机组检修工期新纪录，获得全国设备管理协会“设备检维修创新班组奖”。动态梳理隐患与分级评审，建立整治计划与监控措施，抓住时机彻底整治。2023 年利用定修时机，完成 1—3 号炉主蒸汽母管等 28 项重点隐患整治。

【安全管理】 扎实开展危险源辨识工作，共识别出 4552 条相关危险源，新增 342 条危险源。全年组织评审停送气作业方案 124 个、危险作业审批 330 项，安全完成动火监护 579 次、停送气 134 次、抽堵盲板 840 块。按期组织安全管理、特种设备、特种作业、职业卫生等 189 名岗位人员的取证复证工作；完成 9 项部级安全培训项目，组织 730 人次参加安全操作规程学习、考试。全年共查出安全隐患 2471 条，均已落实整改。开展隐患整治专项检查。组织进行各类消防安全检查 10 次，查出各类隐患 87 项，下发《消防整改通报》8 份。煤气排水器安全运行专项检查中查出问题 50 项；冶金煤气（燃气）重大事故隐患专项检查，发现各类问题 56 项，其中重大隐患 8 项；环保设备设施安全检查，发现 34 项问题，均已全部整改到位。

**【基建技改】** 2023 年，在运基建项目 18 项，完工 11 项；在运环治项目 7 项，完工 3 项。2023 年技改部下达的基建项目打包结算计划共计 21 项，其中打包、直接结算完成 20 项。2023 年，完成技改部下达的后评价计划共计 10 项。2024 年共计申报 11 个新项目计划，计划资金 68340 万元。基建技改及环保综治项目未发生人身安全伤害事故。

**【精益工作】** 2023 年，能环部聚焦全员改善创新，员工“献一计”参与率达 90%以上，名列马钢集团前三；完成“两长”小切口项目 28 个，释放“两长”管理动能。2023 年，能环部获马钢集团“献计效率优胜单位”称号。继续强化精益案例总结提炼，推荐 7 个案例参加马钢集团精益案例评优，其中，“提升北区转煤回收 助力公司降本增效”获马钢集团 2023 年度“最佳实践精益运营案例”，“转炉煤气掺烧助力 CCPP 机组环保增效”获马钢集团三星级精益案例，“精打细算减少煤气放散多发电”获马钢集团公司精打细算精益案例银奖。继续推进精益现场创建工作，借助“精益·现场日”活动以及月度“红牌督办”活动，进一步督促现场精益管理水平提升。发电一分厂 15 号机组获马钢集团四星级精益现场，发电二分厂 90 吨除盐水站和危废库获马钢集团三星级精益示范点。借助精打细算作业区、安全示范作业区评比，提升基层作业区管理水平。能源中心南动巡作业区 4 次获马钢集团安全示范作业区称号；发电二分厂发电甲作业区 2 次获马钢集团安全示范作业区称号，并获马钢集团“精打细算”作业区称号。

**【体系管理】** 2023 年，能源环境体系更新收集法律法规 79 条。2023 年更新《固体废物管理程序》等 13 部能源环保管理办法。牵头组织管理体系内部审核，共发现不符合项 13 项，整改项 117 项，全部完成问题整改闭环。能源环保管理体系外审中发现的不符合项均已完成整改措施及计划的制定，按计划进行整改，同时，对于发现的管理建议，均已组织研讨，举一反三，纳入年度体系管理重点工作。策划开展“六五”环境日环保知识竞答活动，开办第三届“马钢能环杯”节能宣传知识竞赛；开展节能低碳优秀先进案例收集活动；评选十佳节能低碳优秀案例，汇编成册；开展首届“能效先锋”评选活动。2023 年，组织各类分级环保培训，人均环保专业学时达 5.5 学时。

（张大鹏）

# 安全生产管理部

**【包保履职】** 全面落实以企业主要负责人为核心的安全生产领导负责制，所有领导班子成员对分管范围内的安全生产工作负责，开展领导班子成员对重点联系单位实施安全包保工作。由马钢集团领导带队，在春节前，分 13 个组对 15 家单位开展安全生产大检查，在中秋、国庆节前，分 21 个组对 21 家单位开展安全生产大检查。

**【基础管理】** 以“2+1”小切口方式，深入开展基础管理提升行动。开展协作人员岗位安全宣誓。安全宣誓岗位固化数 1255 个，誓词合格率 100%，良好率 91%，优秀率 25%；推进誓词固化上墙和安全宣誓卡“一人一卡”。开展协作人员体感培训。安全体感中心一期完成高空作业、皮带机卷入、有限空间作业等 11 项体感培训项目建设，推进体感培训项目二期建设，优化 4 项，新增 1 项。组织 23853 名协作人员参加体感培训。各单位瞄准安全生产工作的痛点和难点，选取并开展一个有针对性且卓有成效的“小切口”专项行动，取得了实效。

**【专项整治】** 坚持问题导向，扎实推进“5+N”重点工作专项整治。开展皮带机专项整治，对马钢集团范围内 1974 条皮带机排查梳理，建立皮带机 ABC 分类清单，排查整改皮带机隐患 1368 项，开展涉皮带机作业安全专项整治行动，组织各单位完善涉皮带机作业标准，建立皮带人机结合作业清单 402 项。开展动火作业专项整治，印发《动火作业安全及现场可燃物管理专项整治方案》，对各单位安全管理人员 21324 人、协作人员 20569 人开展制度宣贯培训，分四期对 456 名动火作业管理人员开展资质培训。排查现场可燃物隐患共 203 项。开展检修挂牌专项整治，组织马钢集团及检修协作单位各级管理人员开展设备检修及自力项目挂牌培训，制作检修项目及自力项目挂牌教学视频及宣传横幅80余条、挂图900余幅。完成约30万项检修标准项目挂牌方案编制。对各单位检修挂牌进行验收评价，完成检修三方挂牌制度的切换，统一检修及自力项目挂牌的管理标准。开展炼铁总厂安全保障能力提升专项整治，跟踪指导炼铁总厂煤气设备设施检修动火作业管控“小切口”行动，对3号高炉复产、A炉3号热风炉等项目施工进行安全特控，安排日查、夜查、周末查，参加项目改造检修日例会。跟踪“2·6”较大坍塌事故各项防范措施整改落实。参加炼铁总厂安委会和各类安全专题会。开展环保设施专项整治，对16家单位进行环保设施专项安全督查（含生态圈单位2家）。下发整改通知单14份，工作协调联络函3份。反馈问题132项，均按“六定”整改模式进行闭环管控，问题已全部整改完毕。开展标准化作业专项整治，梳理4667个标准化作业规程，查处违章作业行为1724次、1739人；排查出习惯性违章、高风险人群309人，落实重点教育294次、重点盯防等针对性管控措施31项。开展重大隐患排查专项整治，印发《重大事故隐患专项排查整治2023行动实施方案》，成立专项排查整治领导小组，共排查重大事故隐患合计53个，已全部完成整改。开展自建房专项整治，马钢集团本部房产共有478处，总建筑面积约57.03万平方米。开展煤气排水器、煤气放散塔等专项检查以及煤气重大隐患排查，消除了各类隐患56项。开展有（受）限空间作业安全专项整治，共辨识出11148个有限空间。开展防撞架及物流运输安全巩固提升专项整治，组织全面排查公司区域防撞架，整治拆除报废4座，整改47座，梳理修订公司防撞架台账，截至2023年底，共有防撞架232座，均符合管理规定。

**【制度体系】**　修订发布《全员安全生产责任制》《安全生产检查管理办法》《危险作业安全管理办法》等13项制度。新增《安全生产禁入标准和实施暂行规定》《协作协同单位安全绩效评价实施办法（试行）》等5项制度。

**【队伍建设】**　印发《马钢集团安全管理专职队伍能力提升三年规划》，推动安全队伍建设。各单位平均注安持证率为24.42%。马钢集团专职安全管理人员有注安师84人，注消师9人。为在安全管理岗位符合条件的17名操作维护岗转技术业务岗。

**【标准化建设】**　策划了安全生产管理综合提升三年规划方案，对马钢集团各单位48名安全分管领导及安全科室负责人进行安全生产标准化专题培训。

**【违章查处与隐患排查】**　2023年共查出各类违章24785起，其中，严重违章318起，A类违章186起，B类违章1433起，C类违章5312起，D类违章17536起。在严重违章中，正式员工79人，占比24.8%；协作协同239人，占比75.2%。严重违章各单位自查286起，部门查出32起。组织辨识危险源43135项；排查治理隐患88178项，其中自查自纠重大隐患53项，并坚持重大隐患动态清零。

**【考核与激励】**　加大对事故责任者、生产安全事故隐患和安全履职不到位相关责任者的问责，共问责23名公司直管人员。加大绩效考核力度，因各类事故共考核各单位绩效分65分；因各类事故隐患及违章过程考核各单位金额共18.34万元。组织对金牌优胜单位、优秀安全管理人员、优秀隐患排查案例、安全示范作业区、应急救援等项目实施安全专项奖励，奖励金额约435万元。

**【应急能力建设】**　在“安全生产月”期间，组织危化品事故应急救援综合演练。在“119”消防日期间，组织马钢电缆火灾事故应急预案演练。编制下发《生产安全事故应急预案》。

**【消防管理】**　印发《火灾隐患大排查大整治攻坚行动方案》，重点整治擅自改变房所使用性质、违规住人、违章搭建、违规动火、堵塞安全通道、消防设施故障、管理混乱等突出风险，逐区域、逐场所建立工作台账。各单位通过自查，共发现火灾风险隐患20项，已全部完成整改。深刻汲取“6·21”宁夏银川特别重大燃气爆炸亡人事故，组织对公司55家食堂、234户租赁商户燃气使用情况进行一次全面排查，发现隐患65项，已督促承租户完成整改，并宣传燃气安全使用知识。

**【职业健康管理】**　对全公司作业现场的职业健康危害因素开展定期监测，岗位合格率93.79%，岗位人数接触危害因素合格率96.76%。开展接害人员职业健康体检工作，共体检6317人（含岗前）；无疑似职业病人员；共查出职业禁忌人员46人，全部调离接害岗位。结合全国第21个《职业病防治法》宣传周宣传主题开展培训、宣讲、张贴活动宣传画等活动。

**【特种设备管理】**　落实特种设备使用单位主

体责任，配备安全总监、安全员，建立主要负责人全面负责，安全总监、安全员分级负责的安全责任体系；落实使用安全责任制；完善“日管控、周排查、月调度”工作机制。根据年度特种设备定期检验计划，共完成定期检验起重机械 534 台、压力容器 105 台、锅炉 17 台、电梯 58 台、叉车 97 台。

**【危化品管理】** 对马钢集团 17 处危险化学品重大危险源进行辨识、登记建档，向应急管理部门进行备案。进行定期检测、评估、监控，制定专项应急预案，定期开展演练。组织开展煤焦化公司净化二分厂、能环部气柜危险化学品重大危险源安全评价，能源环保部 13 处重大危险源、煤焦化公司净化二分厂危险与可操作性分析（HAZOP）。

**【“三同时”管理】** 2023 年度，建设项目安全设施“三同时”各类项目委托 57 项，共计组织召开安评报告评审会 8 次，共计评审项目 24 项，全部通过评审。年内完成对新扩改项目 31 项的职业卫生“三同时”的评审工作。

**【协作协同管理】** 加强协作协同单位安全准入培训，对协作单位及人员开展资质审核，严把“准入关”，将《安全生产黑名单管理规定》修订为《安全生产禁入标准和实施暂行规定》，强化了协作协同单位、分包单位及从业人员安全生产约束机制，紧盯检修和建设施工领域安全短板，开展各类监督检查 376 次，排查隐患 884 项；2023 年以来将 404 名协作人员执行禁入管理。年度累计考核协作单位 122 家，累计合同扣款 635.29 万元。

**【教育培训及宣传】** 开展全员年度网上安全培训，共 31 期 21000 余人参加。开展 21 期特种设备作业及管理人员培训班，培训 1325 人。组织 30 名职工参加消防设备设施操作人员培训。组织 640 名各级管理人员参加安全管理的履职能力提升培训。开展职业健康安全管理体系、安全宣誓培训等 11 项专业能力提升培训。组织《动火作业管理标准》《有限空间作业管理标准》等制度宣贯培训。根据国家、安徽省、马鞍山市和中国宝武的系列决策部署，推动落实企业安全生产主体责任，紧紧围绕“人人讲安全　个个会应急”的活动主题，扎实开展 2023 年全国第 22 个“安全生产月”各项活动。各单位深入开展应急科普宣传活动，开展电动车充电安全自查，号召每个员工家庭开展一次安全隐患排查，组织职工绘制逃生路线图，向从业人员发放岗位风险告知卡和安全操作卡 3087 张。组织全体职工积极参加宝武微学院、链工宝“人人讲安全　个个会应急”网络知识竞赛。举办讲安全小故事比赛以及安全趣味运动会等活动，共有 42 名青年骨干参加活动，积极营造青年员工人人讲安全的良好氛围。

**【智慧安全】** 推进智慧安全建设，提升安全智慧化水平。完成马钢智慧安全穿透式监管平台一阶段项目，在各单位集控中心建设安全风险电子地图，改进安全信息化系统中安全教育模块、新增人员安全能力画像。开展“安全生产重大风险监控平台”建设，组织各单位开展数据、视频的梳理、采集，共接入 2311 个数据点和 442 个视频点。

（胡艺耀）

## 技术改造部

**【固定资产投资管理】** 2023 年共完成 30 个项目的立项批复，实际立项投资累计 4.47 亿元；实际投资完成 31.76 亿元，实际资金支付 46.3 亿元，均控制在计划目标以内，控制良好；新建及续建项目共计 141 项，计划投资约 157.62 亿元，已建成投运项目 69 项，计划投资 41.03 亿元，工程项目节点完成率达 97.76%，其中与生产检修相关工程项目节点完成率达 100%，工期控制有效；全年工程项目轻伤以上安全事故为零，工程项目质量事故为零。

**【重点工程管理】** 新特钢项目（一期）基本建成，4 月 24 日带负荷调试成功，6 月 6 日完成竣工仪式，6 月已基本实现达产。马钢股份南区型钢改造项目——2 号连铸机工程连铸机本体 2 月 20 日成功热试投产，并于同年 4 月完成日达产。马钢集团研发中心项目 1 月 10 日基本建成，建筑幕墙、室外道路、景观绿化及一二层精装修全部完成。马钢股份北区填平补齐项目公辅配套工程新建 15 万立方米高炉煤气柜项目，气柜本体安装完成 98%，煤气管道安装完成，电气安装完成，进入设备调试阶段。炼铁总厂 1 号高炉煤气精脱硫改造工程，本体区域土建施工完成，本体设备安装完成，能源介质管道和电气安装收尾，调试和投运准备；2 号外线煤气管线基础施工完成，支架和管道安装中。四钢轧炉渣间环境改造项目，项目主体施工已完成，项目进入调试收尾阶段。3号干熄焦焦线物流优化改造工程J3皮带改造完成，无负荷联动试车完成，并于9月投产。长材事业部H型钢大线工艺适应性改造项目，于7月进入调试阶段，U1辊道设备交付调试，横移台架设备安装收尾，传动柜（共5台）上电调试，辅传动、现场ET200站开始调试，并于8月完成投产。码头改造1号泊位2月投产，3号泊位卸船机开始拆除，并于4月投产，8—16号排架轨道梁混凝土浇筑完成。特钢高线改造项目第一阶段改造已完工，热负荷试车完成，产线恢复生产，减定径机组3月27日热试成功，并顺利投运。特钢精整修磨线项目一期厂房立柱、设备基础施工于4月已全部完成，8月，一期厂房已完工，16—60毫米矫正倒棱线正在模拟生产。

**【工程体系管理】** 1. 工程项目管理体系提升。2023年，制定《工程项目管理体系提升方案》，全面开展工程项目管理体系文件制修订工作，梳理出公司级相关管理文件83项，修订公司级管理文件45项。2. 供应商队伍管理模式构建。从组织机构、提升目标、工作安排及工作要求等方面进行策划，制定《构建马钢特色合规建设供应商队伍管理模式工作方案》，建立“54321”的全过程穿透式工程项目建设供应商管理模式，实行供应商5A准入管理；从招标策划、入场准备、实施组织、实施过程四个阶段强化供应商的过程管控，从季度、年度、项目三个维度并穿透到一级分包商进行联动考核；从项目当期应用、“供商池”的优胜劣汰两个层面进行应用，激励供应商管理；从供应商管理体系着手，将总包供应商、分包供应商管理形成适应马钢建设的成熟体系，全方位打造具有马钢特色的合格建设供应商队伍。

**【项目投资管理】** 1. 推进年度投资计划。坚持以年度投资计划为指导，严格按照公司的项目筛选原则，针对可研文本和现场实际情况，加强当前产品结构下的生产稳定性，剔除一批条件不成熟、项目回收期长、非必要实施等项目，甄选一批高质量、高收益项目，其中以产品质量改善类项目和节能降耗、降本增效类高收益项目为主。2023年共收项目单位提交可研34项，否决4项，实现新增立项控制目标。2. 推动产品结构调整。为降低新特钢一期生产成本，牵头编制《马钢南区规划建设调整方案》。为持续推进产品结构调整工作，统筹编制《马钢产品产线重点项目后期建设方案》，系统、全面地剖析诊断马钢钢轧产品产线发展存在的短板，并提出针对性的解决措施，以提高马钢的市场竞争力和企业效益。

**【施工过程管理】** 1. 重点项目进度管控。采取“定人、定岗、定责任”的“三定”原则，组织协调推进重点项目进展，及时跟进、及时发现现场存在的问题，并持续督促尾项消缺，重点项目关键节点实现计划节点目标。新特钢一期2023年6月热试投产，炼钢实现达产目标，大圆坯连铸机尾项问题有序整改，年底实现稳定生产；2号连铸机工程2月热试投产并实现达产目标。特钢精整修磨线项目：设备安装阶段，进度受控；码头改造：1号泊位2月投产，3号泊位4月投产。长材事业部H型钢大线工艺适应性改造项目8月热试投产并实现达产目标；炼铁总厂1号高炉煤气精脱硫改造项目：9月24日完成定修接口所有施工内容，10月土建施工主体完成，正在进行设备安装。南区新增VPSA制氧机项目：8月28日2套制氧机组投入运行，9月21日4套制氧机组投入运行；3号彩涂线项目11月完成区域联调，基本具备投产条件。2. 项目建设精细化管理。根据马钢集团生产经营和精益管理的要求，为避免工程项目建设对当期生产造成非计划性影响，按照项目精细化、穿透式管理模式，进一步规范细化基建技改与生产检修协调事项申报管理，并有针对性地组织召开项目推进会和现场检查确认会，让每个项目做到事前和事中控制，确保项目有序施工、各环节无缝衔接、安全高效组织。3. “一总部多基地”管理能力提升。以合肥公司新建彩涂线项目为实例，组织可研比选、可研审查、立项审批、组织模式审批、技术协议评审、标段策划等项目前期工作，持续跟进、协调项目实施阶段的现场设计服务工作；在固定资产投资年度计划编制、报送阶段，组织到马钢交材、长江钢铁进行走访调研，介绍马钢股份项目管理经验，宣贯年度计划管理、立项管理、采购管理等基本流程，了解各子公司项目管理需求，为子公司项目管理提供支撑和服务。

**【安全质量管理】** 1. 施工安全管理。明确安全工作目标，完善安全体系，年初制定《2023年工程项目安全管理实施计划》；持续完善工程项目安全文件标准体系，制修订安全管理文件13项；依据“三管三必须”原则，及时发布《2023年马钢工程项目技术改造部相关人员网格化安全管理责任分工》。常态化开展隐患排查，并结合季节性、节假日等特点开展专项检查，技术改造部及各项目安全三方合署，监督检查各类安全违章及隐患数量971项，开展专项检查15次，考核金额1451.33万元。规范安措费管理，针对前期分包单位安措费使用穿透式管理深度不够的问题，组织各方对使用规定进行再学习，要求总包单位建立完善含分包单位在内的现场使用明细信息表，经监理、项目单位审核通过方可报量。持续建设标准化工地，改变以往提前告知项目单位检查时间、检查内容的检查模式，改为“双随机”模式，联合安管部、保卫部等部门及监理单位，开展安全标准化工地联合检查11次，安全标准化工地达标率、优秀率分别为95.8%、45.8%，较去年同期呈现上升趋势。2. 严把工程项目质量监督关。在工程前期阶段，对涉及工程质量安全的重大问题进行深入分析、评价，提出应对方案，结合项目初步设计审查，依据工程建设强制性标准，提出安全质量防护措施，并对施工方案提出相应要求。在工程建设阶段，开展日常巡检、季度检查和专项检查。全面推行按照《冶金工程现场质量监督标准化检查评分手册》检查、借调外部专家和委托第三方现场实体检测“三管齐下”机制实施季度监督。根据住建部最新要求，工程检测全面改为由建设单位委托的检测，为更好地保证检测质量，对数家服务于马钢集团的第三方检测机构进行专项检查，针对发现的问题，督促相关单位整改并考核。截至年底，已进行工程实体质量测量点位733个，质量督查共计发现问题265项，考核金额总计58.98万元。推动各项目部开展质量专项竣工验收工作，发布《马钢冶金建设工程质量专项竣工验收管理办法》和《冶金建设工程质量专项竣工验收管理细则》，组织相关部门对特钢公司、能环部等单位提出的21个项目（含40个标段）的质量专项竣工验收申请，开展验收检查。

**【工程结算管理】** 规范项目开工报告、实物交接、尾项清单管理。通过BPMS系统有序推进开工报告、实物交接及遗留问题管理工作，开工报告办理确保项目开工合规，实物交接、遗留问题清单办理明确各方管理责任主体、基建和生产模式转换时间点，为项目投产后快速达产和达效、主体工程和外围道路、绿化同步实施奠定坚实基础。持续推进完工项目打包、结算、转固工作。加快结算转固工作，建立内部联动机制，明确职责和工作节点，较上年效率有所提高。打包工作计划149项，完成121项，完成率81.2%，个别项目的遗留打包难点问题全部解决；结算工作计划72个标段，完成66个标段。

**【零固投资管理】** 1. 明确职责并规范管理范围。根据管理要求和职责分工变化，重新规范零固管理“范围”，明确各专业部门的职责。同时结合实际运行的经验，完善零固计划、立项、实施及入账等流程，确保管理的合理性及合规性，修订并发布2023版《零星固定资产投资管理办法》。2. 加强零固管理支撑作用。组织编制马钢集团零固2023年度投资计划及年度中期调整计划，2023年投资计划目标为马钢股份5715万元，马钢集团110万元。根据新版《零星固定资产投资管理办法》要求，组织各单位充分识别办公类零固资金需求，审批新增254万元办公设备类零固。在总投资额增幅小于年度计划5%的前提下，新增部分重要且紧迫的零固项目，如光伏支架用轻型薄壁H型钢工艺研究与开发项目，以支撑公司重点发展战略。3. 保障零固项目顺利推进。与各相关部门密切合作，从资金控制、立项审批、设备采购等多方面确保项目进度按照预期顺利推进；零固投资计划立项2475万元，设备采购计划审批预算2109万元。针对技术中心单价50万元以上零固项目进行专项评审，节减预算252万元，节减率20%以上。牵头评审通过了硅钢片磁性能测量系统、长材中型材精轧机等11项计划内项目，共通过预算2023.3万元。

**【政策利用管理】** 1. 项目产能置换。完成由安徽省经信厅主导的A、B高炉大修项目产能置换验收、马鞍山市经信局主导的焦炉大修改造项目产能置换验收，通过与政府部门对接和沟通，允许马钢股份9号、10号焦炉提前约10个月投产。同时，围绕新特钢项目转炉产能置换，组织赴安徽省经信厅专题汇报，得到政府部门理解和支持，审核通过《新特钢项目置换退出设备关停替代（过渡）方案》，按此方案，马鞍山市经信局监督长材事业部120吨转炉提前关停，新特钢一期转炉经安徽省经信厅牵头验收评审后，顺利投产运行。2. 政府部门政策申报。充分利用外部资源，加强政策解读，争取用好用足政策，在马鞍山市有关部门大力支持下，全年自主申报奖补资金约190万元，协助马钢集团其他部门共同申报约1.37亿元。3. 协助生产许可证扩证。为保障生产经营顺行，协助制造部对马钢股份《全国工业产品生产许可证（钢筋混凝土用热轧钢筋）》进行扩证，多次协调安徽省、马鞍山市政府部门，并提供关键材料，助力生产许可证（钢筋混凝土用热轧钢筋）成功扩证。4. 加强土地无形资产管理。积极协调回收政府土地款，收回宝钢特冶一期补偿款4000万元、杨家山路道口改造补偿款31.30万元，土地租赁金310万元；核实马钢股份免税土地面积，启动对马钢股份2017—2022年免除土地使用税的免税土地面积核实工作，争取免除近几年计提的1.04亿元土地使用税；同时组织2023年免除土地使用税土地面积申报核实工作，争取合法免交部分土地的土地使用税。

**【精益运营管理】** 1. 项目合规性管理。2023年，共办理12个工程项目的施工许可证；在马鞍山市政府将海绵城市设计审查及单个土地证建筑容积率指标审查新增为建设工程规划许可证核发前置条件的情况下，积极协调，成功办理8个建设工程规划许可证；针对特钢精整修磨线项目的新购用地办理了用地规划许可证。2. 以信息化促进工程项目管理。推进“宝武集团工程项目共享管理平台”（集团BPMS）深度应用，完成全电发票功能、资产编码校验微服务功能、欧贝平台成交通知书接口及施工部分流程调整等优化改造工作；组织讨论施工图管理系统与集团BPMS对接方案，实现信息共享，具备上线条件。积极推动“马钢集团保障农民工工资管理服务平台”的建设和应用等。3. 甲控乙购材采购规范化管理。针对电缆施工单位自行采购案例较多问题，下发通知规范甲控电缆采购管理考核标准。针对一些钢材调差的项目钢材过程管理不规范问题，要求当月钢材采购情况在次月随报量材料一并上报，同时要求监理单位建立材料报验台账，项目单位要对台账情况进行跟踪、督促和检查，技术改造部不定期进行督查，规范甲控乙购材采购管理。4. 工程经济管理。严格审查，有效控制立项投资，已完成估（概）算审查36项，审定费用20.28亿元。对比投资匡算22.83亿元，节省投资费用2.55亿元；精细组织，合理确定招（议）标控制价，完成招（议）标控制价编制35个标段，编制金额10.07亿元，较估（概）算下降0.21亿元；加快结算，积极推动转固工作，完成建安结算66个标段，结算金额6.55亿元，核减0.87亿元，核减率11.71%；统筹协调，推进检修预算审核，完成检修预算审核406份，结算金额2.74亿元，核减0.68亿元，大大降低检修成本。5. 项目后评价工作。2023年项目后评价计划42项，已完成编制炼铁总厂A高炉大修工程项目、四钢轧总厂炼钢效能提升技术改造工程等40个项目后评价报告，项目单位编制后评价报告完成率100%。组织推进项目后评价报告综合评审工作，完成30个项目后评价报告的综合评审，整改形成最终报告。6. 项目工程款支付。面对2022年底结转2023年应付未付的高额支付压力，在有限资金额度下合理分配，兼顾账期长短和费用类别，优先保障新产业工人工资和设备货款支付，并积极推进实施工程款—钢材抹账，主动向供应商推荐马钢钢材抹账，缓解工程款支付压力，同时扩大钢材销售，实现产销联动约4亿元。7. 总图管理支撑。组织对旧版厂区总图进行修订，完成2023版马钢股份彩版总图；完成马钢股份北区15万立方米新建煤气柜等3个项目的选址工作；跟踪完成新特钢项目、北区焦炉大修改造项目等17个项目的跟踪测量和竣工测绘；针对湖北路（恒兴路）过江隧道和205快速路等项目，配合政府部门，组织相关单位对改造方案进行审查，并提出设计优化意见。

（王　胜）

# 马钢集团公司直属分/支机构

# 行政事务中心（档案馆）

**【对外捐赠与乡村振兴】** 按照安徽省委、省政府及中国宝武党委关于乡村振兴帮扶工作要求，深入推进阜南县地城镇李集村、含山县林头镇龙台村定点帮扶工作，以及云南江城县、广西上林县、内蒙古翁牛特旗重点帮扶工作。积极组织公司领导开展乡村振兴调研走访，深化党建引领，实施产业、技术、人才等多项帮扶措施。全年投入帮扶县村产业、基建、助学、慰问等无偿帮扶资金 237 万余元，为江城县引进有偿帮扶项目和资金 500 万元，为上林县、翁牛特旗引进无偿帮扶资金 30 万元，累计消费帮扶 1074 万余元。积极参与宝武集团“组团式帮扶”和“爱心帮扶”示范项目，共计使用宝欣吨袋产品 217.5 万元。完成市“慈善一日捐”50 万元善款捐赠，督促指导股份子公司完成其他捐赠 76 万余元。制（修）订马钢集团《对外捐赠、赞助管理办法》及《定点帮扶工作管理办法》。

**【厂容绿化管理】** 切实履行绿化合同主体责任，修订《绿化项目建设管理办法》，以拾遗补缺为重点，实施四项绿化新建提升工程；坚持落实厂区日巡查制度，强化绿地统一管理，全年新建绿地养护交接 69.95 万平方米，损毁占用审批 2.06 万平方米，临时占用恢复验收 0.12 万平方米，组织苗木移植 2000 余棵。通过现场协调、“满意后勤”平台提交、转办数字城管案件、下发整改和考核通知、流转职工“随手拍”等方式，累计处理环境卫生问题 21410 起，高效保障公司重要迎检接待环境卫生；着力压降后勤服务费 634.03 万元；找准小切口，通过放置景观石和铺设汀步，解决车辆辗压、行人踩踏造成的绿地毁损问题。推进市场化运作模式，采取邀请招标方式采购服务。

**【卫生健康管理】** 针对职工群众对身体健康监测和管理的需求，结合各单位具体情况，联系体检医院开展健康管理服务，完成 10 场次主线生产单位共 700 余名职工的健康管理现场服务、健康知识讲座及报告分析解读；做好国家卫生城市复审相关验证材料收集、备查和下属单位迎检指导工作，在 10 月 18—24 日的现场验证过程中，马钢爱国卫生工作得到国家检查组认可。推进职工工作餐服务项目市场化运作，采取邀请招标的方式采购服务，降低服务成本。与招商银行联合搭建职工医保报销线上服务平台，简化职工报销手续；开展基本医保全民参保和“医保好声音”集中宣传活动，做好政策宣传；做好各类医疗费用审核报销，全年共审核各类费用 4077.1 万元。

**【后勤事务管理】** 截至 2023 年 12 月底，完成办公楼玻璃幕墙维保、辅楼 1 层大厅改造、办公楼土建零星维修等 10 项固定资产维修项目。组织相关协作单位开展国家安全生产法学习培训，完善、落实安全制度和措施。参加马钢集团 2023 年安全生产月活动。修订《公司机关危险源辨识与风险评价表》，重新梳理危险源辨识内容，提升风险预控能力。组织开展公司办公楼电梯困人应急演练，增强办公楼人员安全意识，提高电梯困人应急处置能力。组织完成公司办公楼、智园、文体中心、南区档案馆消防应急预案演练及灭火器使用操作培训。邀请相关专业部门完成公司办公楼、研发中心、智园区域的室内场所消防及禁烟管理情况检查。原技术中心和原新闻中心（旧家具）再利用，节约费用约 6 万元。全年会务分中心服务会议 1216 场、31976 人次。马钢 3A 工业旅游景区（包含马钢展示馆）公司公务接待 271 场，参观 6648 人；社会参观 157 场，接待 4674 人；团建参观 23 场，接待 1123 人；景区全年营业额 245012 元，其中，散客收入 20596 元，团队参观收入 70644 元，外出党建收入 153772 元。

**【文体服务运营】** 全面落实文体中心运行改革方案和公司办公楼新建文化中心方案，完成文体中心篮球馆和健身馆改造、公司办公楼文化活动中心建设和文体中心新运行系统搭建，7 月 1 日正式实施职工健康点消费模式，“马钢全民健身”微信小程序上线使用。截至 12 月 31 日，小程序注册用户达 11366 人（其中马钢在岗职工共 5609 人），消耗健康点 60.36 万点（含老系统余额划转的健康点）。全年接待来馆活动人员 50 万余人次，夏季共接待泳客约 5 万人次，救助落水事件 49 起；完成公司安全大检查问题整改工作，消除文体中心安全隐患；承办公司各类运动健身和比赛活动 12 次。

**【档案史志管理】** 着力提升档案管理效能和服务水平，全年接收、整编各类档案 5.97 万卷，提供利用 1.27 万卷（件）/1173 人次，其中网上借阅 2724 卷（件）；持续推进档案数字化，细化存量档案数字化过程及安全管控，提升质量，累计录入 23.62 万条，105.54 万页，挂接系统 15.04 万条，文字 56.8 万页；创新新特钢项目资料验收归档示范，加强与新特钢项目部合作，实行分组并进式检查指导，条块管理，现场检查 204 次，举办三期参建单位 60 余人整编、数字化上传及设备随机资料专题培训等，强化过程管控，确保马钢新特钢等重点工程项目竣工验收、归档顺利完成，累计指导 1871 个单位工程；整合原公积金中心、配送中心库房及耐火等撤销改制单位资料归档 7.4 万卷（件），开展炼铁总厂、利民建安会计档案清理鉴定 9967 卷（件），集中统一高效管理档案资源；加强标准体系建设，修订《档案工作专业管理标准》，确保档案管理标准化、规范化，修订完善《ERP 系统电子文件归档和电子档案管理规范》，11 月通过国家档案局评审；承办安徽省行业建设项目档案总结会；积极拓展新增档案委托代管服务单位马钢国贸、资源分公司，为集团创收 114 万元，较 2022 年增长 61%。征集、整理形成 79 万字《马钢志（2001—2019 年）》文字稿初稿，组建审稿人员队伍，完成首次集中审稿工作；完成第一轮审稿、讨论复核及彩页初稿编排；推进完成《宝武年鉴 2023（马钢卷）》书稿编审付型及交付印刷，完成出版发行。及时落实并组织完成上级交办的《宝武年鉴 2023 年版》《马鞍山年鉴（2023）》等稿件撰写及《中国工业史》相关内容核实任务。完成《马钢志（2001—2019 年）》《宝武年鉴 2024（马钢卷）》书籍印刷出版询比价采购及合同签订。

**【住房保障管理】**　协助配合移交工作，向马鞍山市公积金中心移交银行账户 23 个，涉及住房公积金资产 34.16 亿元，档案移交 54503 卷，固定资产移交 566 项；向经营财务部移交 3 个账套，移交资金涉及 5 家银行 18 个账户 1.1 亿元；整理历年沉积住房补贴档案，并向档案馆移交 3258 卷。同时，因马钢公积金分中心机构归并，承接新增的业务工作。做好按月住房补贴审核工作，缴存单位 73 家 9700 余人，每月缴存资金 791 万元；做好马钢集团本部职工住房公积金汇缴工作，缴存职工总计 1.42 万人，月缴存 3799 万元。审核一次性住房补贴 312 人，补贴金额 697.94 万元。

**【内部管理】**　结合单位实际，科学制定员工绩效管理实施细则，落实绩效评价“一人一表”要求，实施“一人多岗、一岗多人”，完成马钢集团 8%人效提升指标。持续加强制度体系建设，强化合同、合规管理，授权签订各项合同 61 项。严格把控费用管理，倡导节能降耗、降本增效。修订计划生育管理办法，审核各单位独生子女父母退休一次性补助费用发放的证明材料 500 余份、金额约 150 万元。细致严谨处理公文保密信访工作，落实治安保卫管理要求，强化重点部位安全防控。

**【荣誉】**　2023 年，马钢工业旅游景区入选国家工业旅游示范基地（2023 年全国共 69 家获评）。《人民日报》《央广中国之声》《文旅中国》《马鞍山文旅》和市教育局等媒体相继对马钢“绿色钢铁”工业旅游示范基地进行相关报道；乡村振兴、定点帮扶工作在 2022 年度安徽省直单位成效考核综合评价中获最高等次“好”的评价；马钢股份“央企使命担重任 倾情帮扶促振兴”工作案例，获评“2023 年上市公司乡村振兴最佳实践创建”活动“最佳实践案例”，乡村振兴工作团队获马钢集团“奋勇争先奖”专项小红旗；收到马鞍山市慈善总会给马钢集团的感谢信；作为环境绩效 A 级企业创建工作团队成员之一，获马钢集团“奋勇争先奖”大红旗；12 月，中心获得马钢集团“重点专项小红旗”；档案工作获宝武集团检查考评“优秀”评定；“落实风景变景区，打造国家 3A 级工业旅游景区实践”获 2022 年度管理创新三等奖；“小切口小点子，厂容厂貌变样子”精益案例获公司一星级改善案例和优秀微改善案例；在马钢集团三季度“精益运营 岗位创新”劳动竞赛获审核优胜部门第二名。落实机关工会要求，中心牵头编剧、制作并组织排练、参演的《我的马钢》朗诵节目，在马钢集团职工文艺汇演比赛中获综合类第一名；乡村振兴办联合新闻中心制作的短视频《龙台晚间议事》被中国宝武公众号推广宣传，并获马钢集团第二届“江南一枝花”精神故事会二等奖；组织职工报名参加马钢集团第十三届“浪花杯”游泳比赛获 4×50 米男子自由泳接力赛第二名、4×50 米男女混合接力赛第二名，代表机关工会带队参加马钢集团“研发杯”篮球联赛获冠军。档案委托代管服务年内为马钢集团公司创收 114 万元。

（李一丹）

# 人力资源服务中心

**【人才招聘】** 2023年组织内外部招聘17场次，参与集团2023年校园招聘，协助完成集团新员工报到相关工作，开展宝武集团在马鞍山生态圈企业紧缺岗位调研，实施组团招聘等工作。办理指令性、协商性等马钢集团内外1086人次流动手续。

**【转岗培训】** 持续组织待聘员工接收、转岗培训及再上岗等工作，做好待聘人员政策宣贯、岗位发布及思想引导等工作。1—12月共接收待聘人员318人，其中286人办理协商解合、22人办理离岗休息、1人办理自主创业；定向发布7批次81家单位822个再上岗岗位信息，16人实现再上岗。

**【职称评审】** 职称评审精心组织，完成2023年政工系列高、中级职称评审相关工作，其中31人具备政工师任职资格，12人具备高级政工师任职资格。完成2023年工程系列正高级专业技术资格申报工作，共13人进行申报，11人通过国资委审核，7人通过评审并公示。工程系列评审共有337人申报，252人通过，其中高级工程师54人、工程师174人、助理工程师（技术员）24人。履行企业社会责任，完成安徽工业大学大学生109批次、8987人次及北京科技大学能环学院大学生90人在马钢实习工作。

**【薪酬发放】** 薪酬发放高效开展，完成马钢集团本部40家单位薪酬发放、个税代扣代缴对账等工作。协同有关部门完成个税代缴调整、年度薪酬调查相关工作。

**【社保征缴】** 按月审核办理56家单位社会保险及72家单位年金缴费，积极争取相关优惠政策，组织完成56家单位的员工2023年社会保险缴费基数调整相关工作。积极争取相关优惠政策，协调落实失业保险稳岗政策返还1219.31358万元及社保基数缓调缓缴等事宜。申请办理2023年新入职员工195人扩岗补贴19.5万元。

**【员工服务】** 定期收集、归返、预审退休职工档案，报经市人社局审批，全年办理员工退休702人、协商解除合同355人，离岗休息27人、自主创业1人。审核办理69名工伤人员解除劳动合同一次性伤残就业补助金、3名老工伤人员一次性伤残补助金。收集、申报劳动能力鉴定158人，其中集团67人、生态圈91人。办理劳动合同签订186人，续签154人，劳动合同终止543人。同时，做好日常职工有关退休待遇、年金支付以及工伤待遇等来信来访，积极沟通协调，梳理马钢集团（含生态圈企业）原有特殊工种5个行业146个，在省市人社部门的支持下，马钢集团“一条（二）项”跨行业提前退休政策延续请示获人社部批准。

**【信息共享】** 统计报表及时准确，定期完成马鞍山市统计局、中国钢铁工业协会、中国宝武等上级年报144张，为马钢集团相关部门定期或不定时提供各类报表和数据60多份。协助马钢集团运营改善部完成21家单位机构变更、新增等相关系统维护工作，完成239名新入职及香港公司新进人员配号工作。每月按时间节点完成BWHR、SAP两套系统内入职、调动、离职、退休等人事操作，做到各项系统维护操作平稳有序。定期监控HR系统异常数据，协调处理各单位存在问题，保障各项系统维护操作平稳有序。为中国宝武在马鞍山区域单位提供系统维护与操作技术支撑。信息共享持续加强，编发4期《人力资源服务》和10期《人力资源信息》专刊。

**【离岗管理】** 制定完善《离岗人员管理与服务责任分工清单》，明确责任分工，建立完善离岗人员管理台账。及时核对BWHR系统更新离岗人员信息，做好离岗职工节日慰问及困难慰问工作。电话咨询、现场接待300余人次，完成92名离岗人员生病住院慰问、3名离岗人员去世慰问及22名离岗人员家属去世慰问工作。元旦、春节期间困难职工慰问99人次，发放慰问款物224344元。切实做好职工生日、节日福利发放，为613名离岗职工发放生日礼物共计183900元。组织春节慰问674人次共计395638元，端午慰问615人次共计294585元，中秋节慰问623人次共计327075元。现场职工送清凉慰问233人共计46310元。组织开展离岗党员政治学习、红色教育活动及困难党员慰问等工作。

**【共享用工】** 按照“点面结合、内外联动”工作思路，共发布共享用工岗位信息1373个，组织开展共享用工岗位交流面谈6场次，宣贯会10余场次，新签订共享用工78人次。组织制定下发《人力资源服务中心2023年安全生产工作行动计划》，组织开展安全隐患排查、节假日期间安全警示工作。与冶服公司等联合开展共享用工安全管理协同督促活动，与冶服四分厂、欣创环保运管中心签订以“探索共享用工安全管理协同模式”为主题的《联创联建活动协议书》，结合安全管理工作需要，组织召开共享用工管理安全管理工作交流会，联合冶服公司四分厂、欣创环保运营中心共同开展好“调车员安全体感培训”“除尘风机应急演练”及共享用工安全检查相关工作。

**【培训提升】** 加强HR人员业务能力培训，举办10期“人力资源服务大讲堂”、4期人力资源相关业务培训、3期HR沙龙。组织完成1期人力资源管理师报名考试取证等工作。与马鞍山市人社局、中行马鞍山分行第二支部、马鞍山医保局等开展送政策、个人养老金、医保政策等业务讲座。

**【综合服务】** 1. 发挥专业化服务优势，深入服务单位，开展人力资源服务调研，协助并指导宝武集团在马鞍山相关企业开展薪酬切换、共享用工、社保开户、档案管理、离岗政策设计等相关工作。组织完成第三轮“人力资源服务合同”续签工作，2023年签约26家生态圈单位，合计金额265.015万元。与国网安徽电力人力资源服务中心、梅钢员工服务中心、淮南矿业职工服务中心等建立良好的交流合作关系。

2. 档案管理深入开展，完成336名调入员工人事档案审核、接收工作，401名转出人员档案整理移交工作。做好机关人事档案核查工作，协助机关部门完成档案接收20人次，整编入档50人次，调出办理39人次。配合人力资源部完成残疾人员劳动合同资料提供工作。

**【团队建设】** 组织开展“迎新春团拜会”等迎新春文娱活动，联合中行马鞍山分行开展“团队拓展训练”。结合中心“文化年”主题，开展“健步走”及“读书月”活动等系列活动。积极与马钢合肥公司、中行马鞍山分行、冶服公司等党组织开展联创联建活动。充分发挥团队力量和智慧，紧紧围绕中心“人力资源服务文化年”“小切口”“柔性团队”目标任务，团结协作，勇于挑战，全面完成中心“文化年”活动21项、小切口任务5项、柔性团队任务6项。修订人力资源服务中心的文化理念、员工工作格言等。编印9期《智慧》文化月刊（内部学习交流），更新宣传橱窗及办公长廊、职工之家文化栏等。

（孙　歆）

# 离退休职工服务中心

**【老干部工作】** 截至2023年12月31日，马钢集团离休干部93人，其中副厅级以上5人（含享受）、退休干部627人。

1. 落实政治待遇。认真贯彻《中国宝武党委贯彻落实〈关于加强新时代离退休干部党的建设工作的意见〉的实施方案》精神，不断加强和改进离退休干部党建工作。组织开展主题党日、过“政治生日”、送书送学等活动，将136套《习近平著作选读》第一卷、第二卷送到离休老党员、公司副总以上退休老领导及公司关工委委员手中，持续引导离退休干部党员不断增强党性修养。组织离退休干部收听收看全国离退休干部网上专题报告会，组织22位副总以上老领导参加公司生产经营咨询会，开展“不忘来时路 健步新征程”百名离退休干部健步走活动和部分离休干部“看马钢、忆往昔、献余热”参观马钢厂区活动，展示马钢集团绿色发展、智慧智造成果。

2. 落实生活待遇。按照让公司党委放心、老干部满意的工作目标，认真落实对离退休干部生活上照顾、思想上关心、精神上关怀。全年赴上海、北京、福州走访慰问异地老干部9人；看望慰问住院老干部140人次；协助处理离退休干部丧事40件；提供老干部用车服务137次，行程3500多公里；接待老干部及家属来电来访110余人次。采取上门慰问和网上配送等方式，按时将生日礼物和节日慰问品送至每一位离退休干部家中。与德驭医疗马鞍山总院党委、健康管理中心党支部开展基层党组织联创联建，推进党建与服务融合，为离退休干部在健康体检、看病就诊、门诊拿药等方面开辟绿色通道，提供精细化服务。

**【退休职工服务管理】** 截至2023年12月31日，马钢集团退休职工共有38650人。按照退休职工社会化管理“三年过渡期”的有关政策，做好退休职工的日常服务和特殊群体的困难帮扶工作，维护马钢“大后方”和谐稳定。全年按月审核发放离退休职工企业补贴和物业补贴，累计金额1亿元。接待处理日常服务咨询和各类来电、来访、来信2万余人次，协助信访、社保及街道社区妥善处理马钢集团退休职工各类诉求。配合马鞍山市委组织部、马钢集团党委组织部做好1.1万退休党员党费收缴移交的政策宣贯、思想疏导工作。履行江东集体企业改制留守处职能，做好内退职工管理、江东工业园土地征迁等相关工作。审核发放退休职工大病救助资金，涉及3597人，累计金额199.9万元；走访慰问退休困难党员和群众2239人次，发放慰问金116.04万元。为2699名退休职工办理家属居民医疗参保费报销手续，发放报销金额47.6万元；落实工伤退休职工待遇，办理发放硅肺病营养费336人次，审核工伤人员住院伙食补助200人次、住院护理费127人次、精神病及孤寡特殊人群住院护理费56人次。

**【主题教育】** 按照马钢集团党委统一部署，牢牢把握“学思想、强党性、重实践、建新功”总要求，将主题教育与推进中心工作紧密结合，一体推进理论学习、调查研究、推动发展、检视整改。举办主题教育读书班，组织党委班子成员及管理岗人员认真研读《习近平著作选读》《习近平新时代中国特色社会主义思想专题摘编》等书籍，组织专题研讨3次、各类现场调研9次，召开调研成果交流发布会，积极落实整改，5项检视问题、8项巡察审计反馈问题销号率100%。结合“双高期”离休党员的健康状况，采取集中学习、送学上门、网上交流等形式开展离退休干部党员主题教育，编发《中心信息》《关工通讯》等主题教育专刊，制作主题教育应知应会PPT，跟进理论学习。

**【基础管理】** 支持配合马钢集团变革优化，开展离岗政策宣贯，全年退休、离岗9人，完成公司人力资源优化指标。从炼铁总厂、港务原料总厂等单位调入3人，基本缓解岗位缺员矛盾。深化纪检体制机制改革，健全完善纪检机构设置，成立中心纪委，选举产生新一届领导班子，设立纪检监督室。严格按照选人用人程序，择优选聘1名纪检干部、2名主任管理师。选派27名员工参加中国宝武跨区域全员培训，拓宽员工转型发展通道。组织开展培训，各序列人员超额完成全年线上、线下培训学时。制定《管理岗位人员绩效优化方案》，修订员工绩效管理细则，完善后勤协作、协力安全、公车使用等管理制度，提高合规管理水平。严格落实全员安全生产责任制，整修老年大学多功能会议厅，加强办公区域用电管理和消防隐患排查。

**【作风建设】** 开展纪检监察干部队伍教育整顿工作，着力打造忠诚干净担当、敢于善于斗争的纪检监察铁军，推进全面从严治党。坚持把纪律教育作为必修课、“第一课”，常态化开展党规党纪教育，强化党员干部遵章守纪意识，一体推进“三不腐”。围绕中心重点工作，紧盯大病救助、大宗物品采购、老年大学项目改造等重大事项，召开专题会议、梳理业务流程、完善具体措施，强化专项监督，防控廉洁风险。加强新时代廉洁文化建设，开展“家庭助廉”活动，与11名关键岗位人员签订廉洁家庭承诺书，征集廉洁文化作品6件。开展节日期间“纠四风、树新风”工作，持续强化正风肃纪，营造风清气正节日氛围。

**【工会工作】** 关心关爱员工，积极落实“三最”实事项目，扎实开展“我为群众办实事”活动，更新6台净水设备，配置3台冰箱，建立职工健身活动室、图书阅览室。在职工中开展“我最喜爱的书籍”推荐活动，购置新书130余本。组织开展“放下手机、品味书香、静读一小时”为主题的“全民读书月”活动，评比表彰1个“书香站室”和15名“书香员工”。组织参与马钢“8·19”系列活动，选送7件作品参加“牢记嘱托　感恩奋进”马钢职工美术书法摄影作品展，获组委会好评。开展各级劳模专项补助资金走访调查及高龄补贴申报发放工作，梳理退休劳模信息，安排221位退休劳模参加健康体检。

**【马钢老年大学工作】** 遵循“正规办学，规范管理”的办学方针，以创建省级示范校为抓手，加强师资队伍建设，优化课程设置。2023年春季、秋季学期分别开设280余个教学班级，学员人数达5000余名、累计16000余人次。马钢集团斥资145万元修整多功能会议厅，消除安全隐患，提升线上教学功能。建立学员志愿者队伍，赴康养中心等处开展慰问演出等公益活动，在城市文明创建中发挥作用。在2023年全国太极伞扇网络交流展示大赛中，马钢老年大学选送的24式太极伞《云海林飞》、36式太极伞《梦江南》和太极扇《我爱你中国》均获得规定套路一等奖；在安徽省第六届老年人运动会太极拳（剑）比赛中，马钢老年大学杨亚东教师获42式太极拳、42式太极剑规定套路两项第一。

**【马钢关工委工作】** 全面贯彻落实习近平总书记对关心下一代工作的重要指示批示精神和中共中央办公厅、国务院办公厅《关于加强新时代关心下一代工作委员会工作的意见》，向大学生公寓赠红色书籍，传承红色基因，注重价值引领、立德树人。与集团公司团委联合开展“勇立时代潮头 奋进青春征程”主题征文活动，引导广大青工在打造后劲十足大而强的新马钢的征程上踔厉奋发、勇毅前行。与马钢集团禁毒办、南山矿业公司、马鞍山市楚江公安分局联合开展“健康人生，绿色无毒”为主题的国际禁毒日集中宣传活动，摆放展板 20 余块，发放禁毒宣传材料 200 余份，受教育职工群众 100 余人。配合马钢综治办（法宣办、禁毒办）开展“一月一主题”活动，推动法治宣传工作进基层、进矿山。

**【马钢新四军历史研究会工作】** 认真贯彻落实习近平总书记关于讲好红色故事、用好红色资源的一系列重要论述精神，积极参加“新四军老战士与新安徽”系列丛书编研及“新时代我们如何弘扬新四军精神”专题研讨等征稿活动，传承红色基因，弘扬铁军精神。在安徽省“喜迎二十大，讲好新四军故事‘劲旅’杯主题征文”活动评选中，马钢新四军历史研究会选送的《“铁军精神”铸就马钢辉煌》获一等奖，《浅论新四军诗词文的特点》和《“痴情”钢铁汉，“追星”七十载》获优秀奖，在安徽省新四军历史研究会七届六次常务理事（扩大）会议上得到通报表彰。

**【荣誉】** 离退休中心荣获“第十九届马鞍山市文明单位”称号。在 2023 年马鞍山市老年教育工作会议上，马钢老年大学被授予“2022 年度老年教育工作突出贡献奖”。

（彭新华）

## 教育培训中心（安徽冶金科技职业学院、安徽马钢技师学院、安徽马钢高级技工学校、马钢党校）

**【党性教育】** 根据马钢集团党委安排，策划实施马钢集团关于学习贯彻习近平新时代中国特色社会主义思想主题教育学习计划及第一期读书班建议方案，马钢集团公司 C 层级及以上管理人员共 450 余人参加第一期读书班。举办 2023 年马钢集团直管干部学习贯彻党的二十大精神学习班暨中高层管理者领导力研修班。围绕习近平总书记在中央党校建校 90 周年庆祝大会暨 2023 年春季学期开学典礼上的重要讲话精神，组织教师开展大学习、大讨论、大贯彻活动，形成“强根铸魂、精准赋能、研究提质、管理增效”四大行动方案。积极参与中国宝武党校组织的党的二十大精神及党章宣讲课程的集体备课与讨论，组织马钢党校教师赴冷轧总厂、马钢交材、马钢老年大学、煤焦化公司、离退休中心等单位，开展党的二十大精神宣讲。加强党的创新理论研究，开展习近平新时代中国特色社会主义思想系列课程集体备课，开发“开辟马克思主义中国化时代化新境界”“习近平新时代中国特色社会主义思想的世界观和方法论”“习近平文化思想”等课程。

**【党建工作】** 根据《马钢教育培训中心开展学习贯彻习近平新时代中国特色社会主义思想主题教育工作方案》的部署安排，扎实推进理论学习、调查研究、检视整改、巩固提升等各项工作。围绕党建、教育培训、人才培养、平安校园建设，制定推动发展工作方案和任务清单，共梳理突出问题 11 项，制定 5 项重点任务、25 条整改措施。夯实党务基础工作，学院各基层党支部签订创联建协议 12 个；加强三基建设，党建基层指导组每季度对支部的党建工作进行督导；推进作风建设，建立校领导接待日制度和书记校长热线、书记校长信箱制度；狠抓重点领域风险防范化解，对外聘教师、图书教材、网站公众号等领域开展意识形态风险排查。深入推进“转作风 强教风 促学风”专项行动。完成中国共产党马钢集团（控股）有限公司教育培训中心（安徽冶金科技职业学院、安徽马钢技师学院、安徽马钢高级技工学校）党员大会的换届选举工作。落实党风廉政建设责任制，深化党委主体责任、纪检监督责任、党委书记第一责任、班子成员“一岗双责”的“四责协同”体系建设，梳理工作流程，构建党委抓总、纪检监督执纪、党委书记履行第一责任、班子成员落实“一岗双责”的“四责协同”点面推进的工作机制。配合马钢集团纪委开展对教培中心（江南校区）2020 年至 2022 年培训项目专项检查，对马钢集团纪委提出的整改项目要求培训部门立即整改，同时进行检查督促。落实专项监督，开展业务招待、培训工作、改非科干专项监督。加强对干部提拔工作的监督。

**【岗位赋能】** 根据马钢集团 2023 年度培训计

划，结合实际，拟定年度培训计划。开展管理人员培训项目102个，培训10035人次；其中服务区域子公司17个，承担宝武党校、管院项目3个。开展技术技能培训项目32个，培训8023人次；开展技能鉴定84个工种6516人次；充分发挥安全体感中心功能，开展安全培训87期12345人次。承接马钢矿业“河钢杯矿业技能竞赛”培训辅导工作，完成马钢集团“第十一届职工技能竞赛”理论选拔考试，以及组织实施决赛10个工种的赛前强化培训工作。做好安全深度体感中心建设。响应公司支持新特钢建设要求，全力提供技能培训支撑。构建和完善教培中心培训制度体系，新建培训管理制度8月发布试行，并进行职工宣贯。

**【产教融合】** 发挥基地协同作用，共同培养新生人才。安徽冶金科技职业学院（简称安冶学院）加强与马钢12个工匠基地共建共享，实现优势互补、合作共赢。主动对接马钢集团和中国宝武马鞍山区域各单位技能型人才需求，安冶学院领导先后前往安徽宝镁轻合金有限公司、安徽马钢矿业资源集团有限公司等企业开展访企拓岗专项行动。强化匠心培育，突出职业教育特色。安冶学院在马钢聘任首席技师、高级技师、技术专家担任客座教授和兼职教师，聘任卜维平、袁军芳、沈飞、陈志瑶等全国劳动模范、马钢首席师为学院内训师，让技能大师参与学院的人才培养和教育教学改革；邀请技能大师为全院学生讲授开学第一课；开展“钢铁是这样炼成的”马钢工匠基地和生产线参观实践活动，让学生走近生产线，真正了解工匠精神，激励和引导学生立志走技能成才之路。成功组织申报智慧冶金双高专业群、现场工程师、虚拟仿真实训中心等省级重点项目及产业教授3人；宝武产教融合实训基地——马钢集团轨道交通与智能制造实训中心分基地成功挂牌。

**【订单培养】** 积极探索并实施“五阶段、三要求”订单式培养模式，实现安冶学院人才培养与产业需求、技能培养与岗位实际的有效对接。自2023年2月起，安冶学院2023届毕业生马钢集团操作维护岗拟录用学生经过各单位三级安全教育后进入岗位，正式进行岗位实习，2023年6月底实习结束，最终98名学生正式进入马钢各单位工作。2023年下半年部分专业大力推进2+1工学结合教学新模式，促进安冶学院的新生人才技术技能培养质量提升。马钢集团在安冶学院2024届毕业生中招聘25名学生，2023年12月20日起进入订单式培养阶段，到2024年6月30日结束，最终择优录取20名学生。

**【教师实践】** 发挥企业办学优势，积极提升教师素养和实践能力。通过外部进修培训、企业实践锻炼、产学研协同等方式，提升教师的教学培训能力，利用寒暑假选派24名教师在马钢工匠基地开展学习调研；34名教师参加安徽省培训计划，23名教师参加中国宝武一线员工培训，切实提升专业教师职业素养和实践能力。有3项省级科研项目课题获得省教育厅批准立项。2023年高教系列职称评审，安冶学院副教授通过3人，讲师通过1人；另外高级讲师通过1人，高级工程师通过1人。

**【招生就业】** 顺利完成2023年分类招生和秋季招生工作，录取1200人，实际报到1133人，报到率94.4%。2023届高职毕业生775名，落实就业单位714人，就业落实率为92.13%。实现高职宝武系企业就业137人。启动2024届毕业生就业双选工作，组织校园双选会、芜湖湾址区专场双选会等；完成马钢集团在安冶学院2024届毕业生的招聘工作，25名学生进入订单式培养阶段。

**【学生管理】** 加大学生管理力度，倡导日常行为规范教育。修订《班主任绩效考核与优秀班主任评选办法》，制定《名班主任工作室建设方案》，有6名班主任作为领衔人，申报名班主任工作室。组织20名专职辅导员及学工、思政部门负责人参加全国高校辅导员提升政治能力集中培训。开展大学生“联学联讲”活动，举办第二届“大学生讲思政课”展示活动。开展第十六届校园文化艺术节活动。

**【基础建设】** 加强校园基础设施建设。2023年上半年投资180万元，用于校园消防设施升级改造项目；投入10多万元开展消防器材更新换代工作。同时对体育设施、校园图书楼车棚和女生宿舍安全隐患进行整改。对教室投影、中控、音响、教学触摸屏进行改造升级，费用约52万元；完成安全体感中心二期项目建设，持续对轨道交通技术实训室、智慧冶金仿真实训室、计算机综合网络实训中心进行升级改造。

**【平安校园】** 筑牢安全防线，共建平安校园。组织开展全员应急救援演练和知识技能培训，广泛开展“我是安全吹哨人”“查找身边的隐患”等活动，持续开展防溺水专项行动、实验实训活动安全专项整治行动、安全生产应急和消防演练活动等，有效防范和遏制重特大事故发生，坚决守住安全底线。

**【荣誉】** “谋实‘五小’持续改善、实现‘五大’助力提升的探索与实践”课题获 2023 年度宝武集团管理创新成果三等奖；参与“基于构建优特长材专业化发展平台的多基地网络钢厂品牌运营实践与创新”课题获马钢集团管理现代化创新成果一等奖和 2023 年度宝武集团管理创新成果二等奖；参与“以高质量党建引领高质量发展的探索与实践”课题获 2023 年度马钢集团管理现代化创新成果一等奖。3 名教师获 2023 年宝武集团职业教育奖；2 名教师获 2023 年宝武集团“桃李春风奖”金奖，2 名教师获宝武集团“桃李春风奖”银奖，2 名教师获宝武集团“桃李春风奖”提名奖。1 名教师获马钢集团“银牛奖”，1 名教师获宝武集团“青年岗位能手”荣誉称号。

（王　丽）

# 新闻中心

**【概况】** 2023 年 6 月，新闻中心业务由党委宣传部托管。2023 年，《马钢日报》出刊 144 期，刊发稿件超过 4000 篇。马钢家园微信公众号发布微信 365 期，2600 篇，阅读总数 151.9 万次，粉丝数量 57360 人。马钢宣网共计发稿 3028 条（组），官网发稿 430 条。在中国宝武媒体平台用稿 270 篇，保持中国宝武第一方阵，8 月、9 月、12 月单月用稿量位居一级子公司第一。

**【新闻宣传】** 1. 开展主题教育、贯彻落实党的二十大精神和习近平总书记考察调研宝武马钢集团重要讲话精神系列宣传报道，确保跟得紧、盯得准，注重动态报道与挖掘经验相结合，持续形成宣传强势。圆满完成“8·19”系列宣传，完成宣传片《感恩奋进创一流》、4 部专题微视频拍摄，撰写长篇消息《殷殷嘱托永不忘 感恩奋进创辉煌》以及《锚定“走前列”，激发“心”力量》《聚焦高质量，奋力向“四化”》《瞄准一体化，做足“融”功夫》三篇系列报道。开展“学讲话 看变化”摄影采风大赛，推出三个半专版，首发照片 44 幅；推出“8·19 牢记嘱托，感恩奋进”专题。浓墨重彩开展主题教育宣传，四大媒体平台同步开设“学思想 强党性 重实践 建新功”专栏，扎实做好主题教育期间动员会、党委中心组学习、领导赴基层调研等会议、活动的动态报道，开展阶段性工作综述报道和先进典型、优秀做法的报道，编辑马钢集团主题教育简报 32 期，并及时转载宝武主题教育重要报道；选派优秀记者参与总部主题教育简报编辑，圆满完成“跟总书记学调研暨宝武主题教育领导小组办公室主任会议”宣传任务。2. 注重展示成就与提供启示相结合，推出了《创 A 启示录》《车轮驰骋勇争先》系列报道，以及《同频共振齐发力 打赢降本增效攻坚战》《乘势而上再争先》系列社论，《马钢推进高质量发展综述》《马钢新特钢工程（一期）建设回眸》等重点报道。3. 加强与外部媒体交流合作，《人民日报》、新华社、央视、《光明日报》等中央主流媒体多次采访马钢、报道马钢；鼓励记者、特约通讯员积极对外投稿，2023 年采编人员拍摄的照片十余次登上《人民日报》《经济日报》《工人日报》等中央媒体。4. 聚焦宝武集团全年工作主题以及马钢集团重点工作，开设专栏，以组合拳、连续剧的方式，报道新措施、新作为、新业绩和先进典型，“深入贯彻马钢党代会精神”“全面对标找差，争创一流业绩”“联创联建解题促发展”“大干七八九 奋勇争一流”“打赢关键战 决战四季度”“‘钢’好遇见精益美”等专栏提振马钢人奋勇争先的精气神，策划制作月度“奋勇争先”大会视频，聚焦当月生产热点，分享优秀经验。5. 常年开展专栏，坚持“记者走基层”，聚焦公司不同时期的生产经营重点，坚持“小切口”，走进现场抓活鱼。与长材事业部联办的“高温下的马钢人——奋勇争一流”新闻大赛走进长材事业部、特钢公司、四钢轧总厂、煤焦化公司等进行采访，累计推出稿件 55 篇。开设“决战看状态”专栏，走进 9 家基层单位，刊发稿件 36 篇。《云打卡》系列微视频、《马钢，我们来了》主题微视频可感性、可看性强，获得广大职工和外界的广泛关注好评。

**【记者站工作】** 明确中国宝武融媒体中心马钢记者站定位，及时完成日常的各项约稿和视频拍摄任务，并多次委派记者赴上海、武汉、合肥等地，协助中国宝武融媒体中心开展宝武集团公司两会、宝武集团公司一季度现场会、大国制造展等重点、专题宣传；撰写宝武集团贯彻四会系列评论的一论《时不我待，上下同欲建设世界一流伟大企业》，武钢有限“2+8”管理变革启示系列报道上篇《人人争当“经营者” 个个奋力创价值》和六论学习贯彻2023年半年度工作会议精神。积极主动奋勇争先，把马鞍山区域的一些好线索、稿件推送给总部；与重钢记者站联手进行一次联合采访，取得良好效果。

**【平台建设】** 根据4个宣传平台的不同功能定位，结合目标人群的特点与需求，设置栏目、定制内容，一次采集、分类推送，形成立体化的媒体矩阵。创新推动新媒体业务发展，制定《马钢新媒体业务建设方案》，把围绕中心、服务大局作为新媒体的主战场和主攻方向，突出锚定“一聚焦+三争创”主题主线，精准定位“三大媒体平台”功能，创新深耕“八个重点栏目”，全面落实“八项保障措施”，加强全媒体传播体系建设，唱响马钢高质量发展的“主旋律”，不断提升马钢新媒体宣传的传播力、引导力、影响力、公信力。业务素质有进步，打破采编部与新媒体部的行政壁垒，职能交叉、岗位轮换，培养全媒体人才。坚持业务研讨、开展一对一老带新采访等形式，年轻记者业务水平有显著提升。

**【荣誉】** 马钢新闻中心获“宝武好新闻”组织奖（位列第一）；8篇新闻作品（含参与）获“宝武好新闻”，位居一级子公司第一位。1篇文字报道获安徽省新闻奖三等奖；3篇文字报道分获安徽经济新闻奖一、二、三等奖；6篇稿件获马鞍山市新闻奖，其中《8·19牢记嘱托勇争先》策划获马鞍山市新闻奖策划类特别奖。《云打卡国内首条重型H型钢生产线》获全国企业电视好新闻短视频类一等奖。论文《论新闻宣传如何助力马钢高质量发展》获“当舆论尖兵，为发展鼓劲——推动马鞍山高质量发展理论研讨会”二等奖 。

（江　霞）

## 保卫部（武装部）

**【主要指标】** 2023年，抓获各类违法违规人员338人次，其中移交公安机关132人次（刑事强制措施11人、行政拘留29人、教育放行92人）；缴获各类物资6.6吨；协助相关部门处置上访事件860起（群访67起）；完成各类接待保卫任务411起（远端管控22起、近端管控23起）。

**【维稳安保】** 建立完善快速预警、精准排查、多元化调解机制，把各类风险隐患防范在早、化解在小，牢牢把握矛盾纠纷调处的主动权。会同马钢集团信访办、技术改造部等多家单位积极与楚江公安分局、马鞍山市劳动稽查支队进行联动协调，对涉及马钢集团200余起欠薪案件进行动态跟踪，并督促相关责任方依法合规处置。圆满完成亚运会、中秋、国庆期间维稳安保相关任务。

**【门禁管理】** 大力推进门禁实名制管理，重点抓好人脸识别和人车分验两个环节。进一步规范门禁准入协力人员身份核验及电子照片采集工作，累计采集29971人次，支撑公司协力管理工作有效开展。核实、取消宝武生态圈单位5412名解合离职人员门禁权限。门禁系统人脸阈值率达90%提升工作南北区门岗全部完成。完成6号、10号通道移建工作。门禁查纠不符合清洁运输车辆3246辆次，核查电子“三单”68.18万车次。

**【交通管理】** 坚持日常巡查与专项整治相结合，强化路面管控，查纠机动车酒驾、超速，及“三车”违规装载等各类违章1017起。开展大件运输引导护送、“精益通”随手拍处置工作，累计引导护送大件1384车次，无一起差错，通过网页端处置各类违规行为1万余起，办结率100%。开展6号通道外围区域违停车辆整治，保障四钢轧总厂钢抱罐车安全通行。协助做好厂区右转弯停车交通标线施划工作，规范大型机动车右转弯停车确认要求。对长期滞留厂内不出厂货运车辆进行清查，依规下发《督办考核单》。厂区共发生简易事故157起，伤人事故1起，无死亡事故，交通事故率同比下降53%。

**【治安管理】** 推行“公安保卫联合巡逻”机制，有力震慑盗窃违法行为。发挥警犬作用，协助对治安要害部位、合金库等重点区域的巡逻看护，压降发案率。完成开放式四号铁路道口“悬浮门”项目建设，排除治安隐患。督导易发案区域单位加强源头管理，加大物防、技防力度，堵塞治安漏洞。做好线索摸排跟踪，联合楚江刑大开展案件侦破，破获“4·4”和“4·11”偷盗合金案，缴获合金（钼铁）1余吨。厂区发案率同比2022年下降32%。

**【消防救援】** 落实战备执勤，开展应急预案演练，加强重点防火部位监管，快速组织灭火救援，确保马钢集团安全生产和职工生命财产安全。全年动火监护 34 天台次，有效处置各类火情 32 起，对相关单位进行消防安全知识培训 5 次，配合指导事故预案演练 3 次。组队参加全国第三届危化品应急救援技术竞赛，取得较好成绩。

**【工程保障】** 围绕新特钢、带式焙烧、A 炉大修等重点工程建设，持续推进打防管控一体化模式，及时协调解决有关问题，保障工程建设期间治安持续稳定。开展安全标准化工地检查 16 次，煤气封道执勤 13 次，查验施工人员各类卡证 1126 人次，完成施工现场各类协调工作 67 起。

**【综治反恐】** 严把综治审核，全年审核协解人员 484 人，各类评优评先 536 人，对两名职工提出审核意见并反馈相关单位。强化禁毒工作，组织各单位开展禁毒宣传“2023 春风行动”，加强易制毒化学品管控，推进禁种铲毒，实现人人参与、全民禁毒的目标。推进法治宣传，开展“送法到基层”、案例警示教育等活动，进一步提高广大干部职工懂法、守法意识，职工违法犯罪情况同比下降趋势明显。抓实反恐工作，重点对公司 6 家反恐怖重点目标管理单位和 8 家单位的 12 个治安保卫重要部位开展定期检查和不定期抽查，在“中秋、国庆”两节期间开展“四不两直”夜间突查，发现的问题均得到及时整改。

**【武装人防】** 扎实开展民兵整组，共编组马钢（含各相关单位）民兵分队 10 余支，基干民兵总数 400 余人；严格训练落实，组织基干民兵在银塘国防动员基地开展封闭集训，获队列会操优胜单位，有 2 名同志分别获得军事体能考核第二名及实弹射击第一名的好成绩，受到了马鞍山军分区的好评。进一步规范防空警报器的日常管理并完成警报器的系统升级；完成马钢集团早期人防工程租赁户清退工作；组织相关单位对所辖范围内的早期人防工程进行全面的安全检查和自查。

（赵　斌）

# 资产经营管理公司

**【主要经营指标】** 2023 年，资产经营管理公司实现营业收入 10493 万元，考核利润 1474 万元，超考核目标 1344 万元，超额完成马钢集团下达的经营目标。全年安全、消防责任事故为零。

**【资产处置】** 1. 组织实施向濮路等提升改造征收马钢集团土地项目，盘活向濮路、S313 省道等沿线马钢集团闲置地块。成立处置攻坚行动专班，建立“横向协作、纵向联动”工作机制，横向与市政府、区政府、自然资源规划局、江东控股等 10 余个部门密切配合，纵向与宝武集团产业不动产中心、宝武资源马钢矿业等责任部门单位协同，明确工作目标、时间节点和处置成效，推动各协同部门、单位工作一体、无缝衔接、整体联动。将道路沿线无法利用、闲置的边角地块交由政府征收，在一个多月内快速通过马鞍山市政府、雨山区政府、宝武集团、马钢集团审批决策流程，并在 3 天内完成与雨山区政府签署征收补偿协议和补偿款到账，为马钢集团贡献利润 2400 多万元。

2. 创新处置方式，拓展合作途径，彻底解决不动产历史遗留问题。马钢南山矿炸药厂土地与地上建筑物，权利人分属马钢集团和江南化工（隶属中国兵器集团，生产乳化炸药的军工企业），土地和房产权利人不一致，且该宗地为划拨土地，马钢集团对其出租需向政府缴纳土地收益金，同时马钢集团还要承担安全生产的属地管理责任。江南化工尽管生产工艺和技术较为成熟，但近年来其同类型企业安全生产事故仍时有发生，存在重大安全隐患。经过研判可供处置的方式有两种：方式一，直接挂牌转让给江南化工，需缴纳部分土地出让金和大量的交易税费，可实现的利润将大打折扣；方式二，由政府征收后出让给江南化工，这是最佳的处置方式，因政府征收无交易税费，可实现利润约 2142 万元。经过一年多的多轮沟通，马鞍山市政府同意由雨山区人民政府对该宗土地实施征收后出让给江南化工。此种处置方式不仅为马钢集团多创利润 1000 万元，而且可以消除重大安全隐患，彻底解决不动产历史遗留问题。

3. 加强实物管理，解决权属纠纷，收回马钢集团被占用的不动产。由于历史原因，马钢房产土地被非马钢单位及个人占用，涉及江东公司、马建集团、马钢医院等多家原改制单位及个人。按照“一产一议”原则，组织专班实地走访、查找不动产历史资料，筹划和制定资产确权方案，陆续收回被非马钢单位占用的马钢集团不动产，其中收回土地 9994 平方米，房产 4578 平方米，收回房产价值超过 2000 万元，每年实现收益约 400 万元。通过收回被占用的不动产，强化不动产实物管理，化解房产权属异议，彻底解决一些不动产历史遗留问题。

4. 发挥专业优势，破解历史遗留问题，为马钢股份创收。马钢集团充分发挥专业优势，理顺了马钢股份常州抵债房产管理关系，进一步明确房产对外出售、房产管理、租赁服务等责任主体，历史遗留问题得到有效化解。继续推进房产处置工作，全年累计成交住宅6套，地下车位3个，成交总价1091.25万元；剩余房产和车位重新评估备案后完成挂牌。根据马钢集团领导关于马钢股份常州兰陵锦轩商铺房屋租赁合同到期必须依法合规、全部收回的指示和要求，组织工作专班到常州现场驻点办公，已全部收回兰陵锦轩38套商铺房产，空置房产全部换锁并开展对外招租工作；与承租人、转租人签订房屋租赁三方框架协议，租赁关系全部转移，并明确转租房产改造恢复责任，收取房屋改造恢复及租赁押金。共签订房屋租赁合同13份，平均租金单价36.29元/月，较原租赁单价21元/月增长72.81%。全年可为马钢股份创收近1500万元。

5. 对标市场价格，降低房产空置率，提升不动产经营收益。对标上海同区位市场，通过网上招租、现场竞价的方式，将闲置3年的上海中联大厦8层整体对外租赁，年租金约100万元；携手中介机构，精准锁定重要客户，通过现场公开竞租，将上海裕安大厦12层整体对外租赁，最终成交价较挂牌价溢价4.44%，收取租金约170万元/年，竞租价在整个大厦租赁价格中名列前茅。

**【安全管理】** 认真贯彻执行安全生产管理部和国务院国资委租赁业务“九条禁令”安全管理要求，重点组织开展直管、托管经营性房产和非经营性房产安全消防管理工作。一是组织安全生产大检查，对直管经营性不动产、托管不动产、合资企业租赁不动产及施工项目现场安全生产状况进行全面摸排，并监督落实隐患整改；二是全面开展有限空间作业安全专项整治工作和火灾隐患大排查大整治攻坚行动；三是以对外租场所承租人燃气、液化气使用为重点，继续推进重大事故隐患专项排查整治行动；四是组织不动产附属消防设备设施状况，特别是室内外消防栓和消防管网系统水压情况进行专项检测，共摸排检测58处并实施整改；五是以经营性不动产消防安全、维修施工项目现场安全、设备设施状态安全为重点，组织开展节前安全生产大检查和复查，检查发现承租人灭火器缺失和燃气、液化气使用不规范等隐患32项，并实施整改。

**【自建房安全隐患整治】** 严控工程费用，消除安全隐患，实施马钢集团本部自建房安全隐患整治项目。马钢集团本部自建房产共478项，总建筑面积约57.03万平方米，经排查和专业检测机构评估鉴定，认定C级危房9项（其中楼房5项、平房4项），面积约1.34万平方米。截至12月底，危房内共有住户400多户，全部拆迁安置需费用近2亿元，且可能会引起其他未拆迁住户的群访。结合公司经营形势严峻，考虑整治费用、效果，信访维稳等因素，制定三种方案并从中选择最经济适用的“维修后重新鉴定使用”方案：项目总投资1749.48万元（不含税），拟先对9项危房进行维修，由专业检测机构重新鉴定，达到规定的安全使用标准。该方案大幅降低工程费用，同时可消除安全隐患，保障住户人身和马钢集团资产安全。项目已全面开工，为加强现场安全管理，确保项目保质保量完成，成立现场管理项目部，每周召开工程例会，每日开展日常巡检。为迅速消除安全隐患，确保项目工期，公司对该项目全部施工内容进行合理划分，要求总包单位按施工区域成立现场管理小组，精细安排，提高工作效率，截至2023年底，8栋楼房已完成全部工作量的60%，4栋平房已完成搬迁安置、临建拆除工作。

**【不动产历史遗留问题】** 一是继续牵头组织落实原汽运一队中转楼拆迁安置工作，将楼内原有13户住户全部清出和安置。该项目实施消除马钢集团界址范围内的重大安全隐患，马钢集团积极争取外部资金239万元，为马钢集团节约资金近500万元。二是继续做好马钢棚改涉及的七里甸、孟塘、寺门口、矿内（含长江路）4个地块的棚改搬迁收尾工作。三是解决原八三大院门面房信访事项，对房屋进行加固维修、屋面防水翻新、电路重新敷设、外立面出新等工作，整治效果受到周边市民点赞。

**【解散清算粤海马钢公司】** 牵头与诚通国合资产管理有限公司续签股权托管补充协议，将马钢集团所持粤海马钢75%股权继续委托中国诚通国合公司管理；与南山粤海就粤海马钢债权债务、房产确权诉讼等焦点问题形成会议纪要，正式出具清产核资审计报告，为后续诉讼正式立案扫清障碍；6

月 16 日，粤海马钢 28 套房产权属诉讼马钢集团一审胜诉，后南山粤海向广东省高院提交诉讼（二审）申请；11 月 7 日，广东省高院组织第一次现场答辩，至 2023 年底还未下达；9 月 7 日，深圳南山区法院召集粤海马钢双方股东举行听证会，就南山粤海提请粤海马钢强制清算事项进行现场答辩，一审驳回南山粤海的请求，后南山粤海未再上诉。

**【资产托管监管考核】**　与康泰公司召开资产托管重点工作对接会，制定托管房产安全消防管理、完善租赁定价等 11 项重点工作，并跟踪督促康泰公司落实整改。组织与马钢集团、马钢股份签订《资产委托管理服务协议》，严格执行《康泰公司托管资产经营和管理考核办法》，根据考核情况全年执行扣款 10 万元。

（高　亮）

# 马钢集团公司子公司

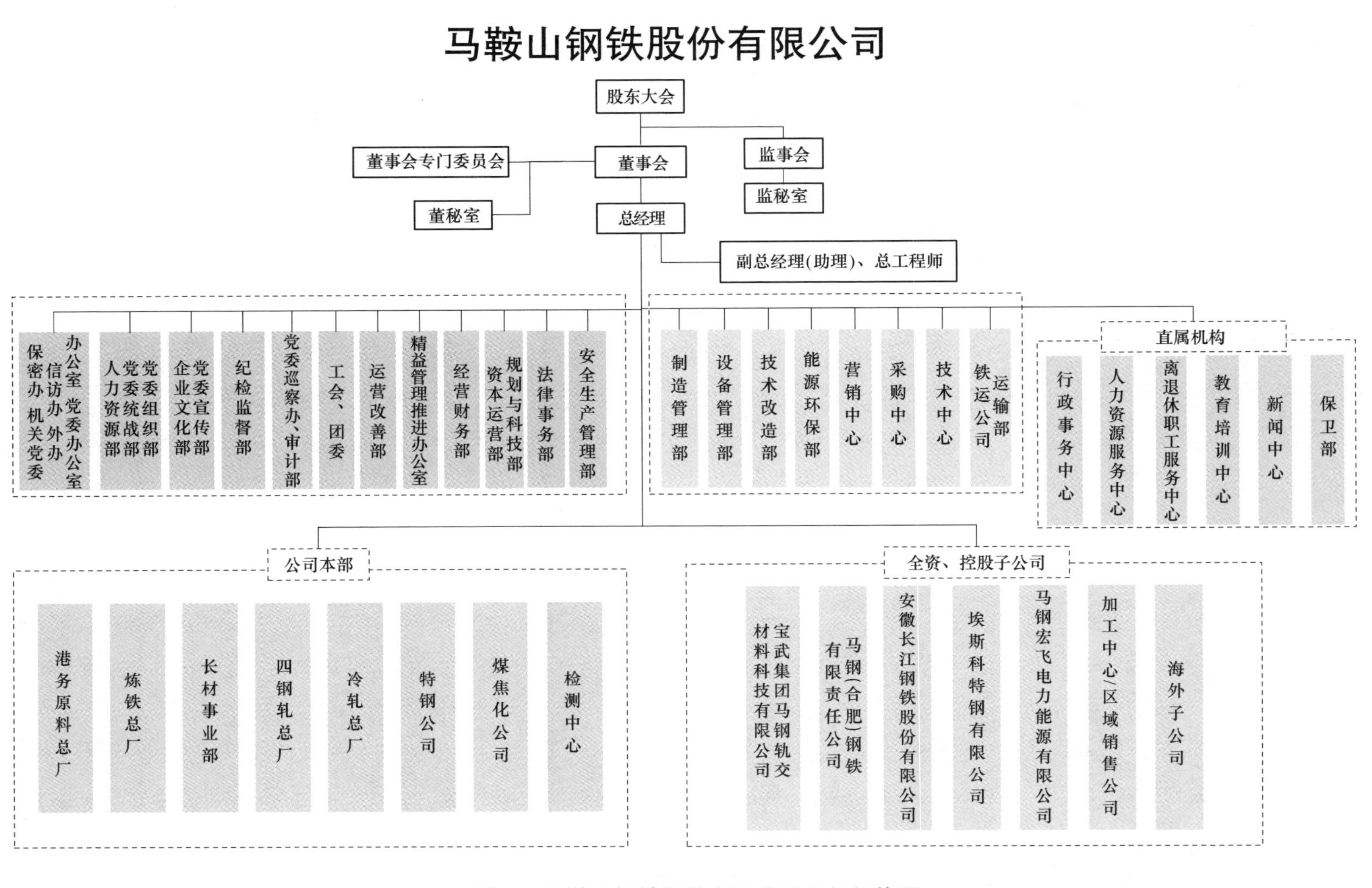


图 2　马鞍山钢铁股份有限公司组织机构图

（戴坚勇）

# 董事会

【股东大会】 2023 年，马钢股份股东大会共召开 5 次会议，具体情况如下。

一、2023 年 3 月 10 日，马钢股份 2023 年第一次临时股东大会在马钢办公楼召开，审议通过了如下议案。

普通决议案：

1. 审议及批准关于公司转让石灰业务相关资产的议案；

2. 审议及批准关于公司转让所持欧冶商业保理有限责任公司股权的议案。

二、2023 年 3 月 29 日，马钢股份 2023 年第二次临时股东大会、第一次 A 股类别股东大会及第一次 H 股类别股东大会在马钢办公楼召开，审议通过了如下议案。

特别决议案：

审议及批准关于回购注销部分限制性股票的议案。

三、2023 年 6 月 16 日，马钢股份 2022 年年度股东大会在马钢办公楼召开，审议通过了如下议案。

普通决议案：

1. 审议及批准董事会 2022 年度工作报告；

2. 审议及批准监事会 2022 年度工作报告；

3. 审议及批准 2022 年度经审计财务报告；

4. 审议及批准关于聘任 2023 年度审计师的议案；

5. 审议及批准 2022 年度利润分配方案；

6. 审议及批准公司董事、监事及高级管理人员 2022 年度薪酬。

此外，会议还听取了公司独立董事 2022 年度述职报告。

四、2023 年 8 月 29 日，马钢股份 2023 年第三次临时股东大会、第二次 A 股类别股东大会及第二次 H 股类别股东大会在马钢办公楼召开，审议通过了如下议案。

特别决议案：

1. 审议及批准关于回购注销部分限制性股票的议案。

普通决议案：

2. 审议及批准关于放弃增资宝武集团财务有限责任公司的议案。

五、2023 年 11 月 30 日，马钢股份 2023 年第四次临时股东大会在马钢办公楼召开，审议通过了如下议案。

普通决议案：

关于公司更换独立董事的议案。

（1）选举廖维全先生为公司独立董事。

（2）选举仇圣桃先生为公司独立董事。

【董事会工作】 2023 年，马钢股份董事会共召开 13 次会议，具体情况如下。

一、2023 年 2 月 9 日，马钢股份第十届董事会第四次会议以书面决议案形式召开。会议内容包括：

1. 同意关于公司转让石灰业务相关资产的议案；

2. 同意关于公司转让所持欧冶商业保理有限责任公司股权的议案；

3. 批准公司 2023 年第一次临时股东大会议程。

二、2023 年 3 月 10 日，马钢股份第十届董事会第五次会议在马钢办公楼召开。会议内容包括：

1. 批准《宝武集团马钢轨交材料科技有限公司混合所有制改革实施方案》；

2. 同意关于回购注销部分限制性股票的议案；

3. 批准公司 2023 年商业计划书；

4. 批准公司 2023 年生产经营计划；

5. 批准公司 2023 年资金计划；

6. 批准公司 2023 年固定资产投资方案；

7. 批准公司 2022 年反舞弊工作汇报及 2023 年工作计划；

8. 批准公司 2022 年内部审计工作总结及 2023 年工作计划；

9. 批准公司 2022 年套保工作总结及 2023 年套保计划；

10. 批准公司 2023 年第二次临时股东大会、2023 年第一次 A 股类别股东大会及 2023 第一次 H 股类别股东大会会议议程；

11. 听取 2022 年环保专业化协作项目情况汇报；

12. 听取2022年风险监督评价报告；

13. 听取2022年安全生产工作报告；

14. 听取2022年金融衍生品年度总结及2023年计划的报告；

15. 听取2021年股权激励募集资金使用情况报告；

16. 听取2022年乡村振兴工作汇报；

17. 听取2022年董事会决议及董事关注事项落实情况汇报。

三、2023年3月30日，马钢股份第十届董事会第六次会议在马钢办公楼召开。会议内容包括：

1. 批准关于会计政策变更的议案；

2. 批准关于2022年末存货跌价准备变动、坏账准备变动及长期股权投资减值准备的议案；

3. 通过公司2022年经审计财务报告；

4. 通过公司2022年末期利润分配预案；

5. 通过公司董事会2022年工作报告；

6. 根据2021年年度股东大会的授权，经由审计与合规管理委员会审核认可，董事会决定支付给安永华明会计师事务所（特殊普通合伙）2022年度审计费及中期执行商定程序费人民币366万元（含税）；

7. 根据董事会薪酬委员会对相关董事、高级管理人员2022年考核意见，批准相关董事、高级管理人员2022年经营业绩考核结果；

8. 同意公司董事、监事、高级管理人员2022年度薪酬；

9. 批准公司2022年度报告全文及年度报告摘要；

10. 批准公司2022年度内控评价报告，并授权董事长签署；

11. 批准公司2022环境、社会及管治报告，并授权董事长签署；

12. 批准关于对马钢集团财务有限公司的风险评估报告；

13. 批准公司《信息披露管理办法》修改方案；

14. 批准公司《投资者关系管理制度》修改方案；

15. 批准公司关于开展2023年捐赠的议案；

16. 批准公司2023年全面风险管理和内部控制工作推进计划；

17. 审阅公司2022年关联交易情况，认为：董事会在审议关联交易事项时，关联董事已回避表决，表决程序合法有效，同时关联交易协议符合一般商业原则，条款公允合理，不会损害中小股东利益，2022年所有关联交易协议项下的交易金额均未超过该协议约定的2022年度之上限；

18. 听取审计与合规管理委员会对会计师年度审计工作的总结报告；

19. 听取2022年度生产经营情况的汇报；

20. 听取2022年全面风险管理和内部控制工作报告；

21. 听取战略与可持续发展委员会2022年履职情况报告；

22. 听取审计与合规管理委员会2022年履职情况报告；

23. 听取提名委员会2022年履职情况报告；

24. 听取薪酬委员会2022年履职情况报告；

25. 听取2022年度战略执行情况评估报告；

26. 听取2022年能源环保工作汇报；

27. 听取2022年碳达峰、碳中和工作情况汇报。

四、2023年4月27日，马钢股份第十届董事会第七次会议在马钢办公楼召开。会议内容包括：

1. 批准公司2023年第一季度未经审计财务报告；

2. 批准公司2023年第一季度报告；

3. 批准公司《社会责任工作管理办法》；

4. 批准公司《社会责任规划（2023—2025）》；

5. 批准关于修订公司《金融衍生品套期保值管理办法》的议案，新办法名为公司《外汇交易及外汇风险管理办法》；

6. 批准南京马钢钢材销售有限公司吸收合并马鞍山钢铁无锡销售有限公司的方案；

7. 听取2023年一季度关联交易汇报；

8. 听取2023年一季度能源环保工作汇报；

9. 听取2023年一季度全面风险管理和内部控制工作报告；

10. 听取关于设立马钢硅钢合资公司的报告；

11. 会议学习了2022年证监稽查20起典型违法案例。

五、2023年5月19日，马钢股份第十届董事会第八次会议以书面决议案方式召开。会议内容包括：

1. 同意关于聘任2023年度审计师的议案；

2. 批准关于公开挂牌转让鞍山华泰干熄焦工程技术有限公司股权的议案；

3. 批准关于成立资本运营部的方案；

4. 聘任杨兴亮先生为公司总法律顾问；

5. 批准公司 2022 年年度股东大会议程；

6. 学习财政部、国务院国资委、证监会联合印发的《国有企业、上市公司选聘会计师事务所管理办法》；

7. 学习国务院办公厅印发的《关于上市公司独立董事制度改革的意见》。

六、2023 年 7 月 28 日，马钢股份第十届董事会第九次会议以书面决议案方式召开。会议内容包括：

1. 批准关于回购注销部分限制性股票的议案；

2. 批准关于放弃增资宝武集团财务有限责任公司的议案；

3. 批准关于公开挂牌转让河南龙宇能源股份有限公司股权的议案；

4. 批准公司《对外捐赠、赞助管理办法》；

5. 批准公司 2023 年第三次临时股东大会、2023 年第二次 A 股类别股东大会及 2023 年第二次 H 股类别股东大会议程。

七、2023 年 8 月 30 日，马钢股份第十届董事会第十次会议在马钢办公楼召开。会议内容包括：

1. 批准关于 2023 年中期存货跌价准备变动、坏账准备变动的议案；

2. 批准公司 2023 年未经审计半年度财务报告；

3. 批准公司 2023 年半年度报告全文及摘要；

4. 批准关于公司放弃增资宝武清洁能源有限公司的议案；

5. 批准关于对宝武集团财务有限责任公司 2023 年上半年的风险评估报告；

6. 批准关于公司放弃佛山市顺德区上升企业管理咨询有限公司转让马钢（芜湖）材料技术有限公司股权优先受让权的议案；

7. 批准宝武集团马钢轨交材料科技有限公司关于混合所有制改革结果的报告；

8. 批准关于对第二轮公车改革退出车辆进行处置的议案；

9. 听取 2023 年上半年关联交易情况汇报；

10. 听取 2023 年上半年生产经营情况汇报；

11. 听取 2023 年上半年全面风险管理和内部控制报告；

12. 听取 2023 年上半年期货套期保值工作情况汇报；

13. 听取 2023 年上半年安全生产工作情况汇报；

14. 听取 2023 年上半年能源环保工作情况汇报；

15. 学习国务院办公厅《关于上市公司独立董事制度改革的意见》；

16. 学习证监会王建军副主席在中国上市公司协会年会暨 2023 中国上市公司峰会上的讲话；

17. 学习证监会《上市公司独立董事管理办法》；

18. 学习 2023 年证监会系统年中工作座谈会情况；

19. 学习上海证交所《股票上市规则（2023 年 8 月修订）》。

八、2023 年 9 月 28 日，马钢股份第十届董事会第十一次会议以书面决议案形式召开。会议内容包括：

批准公司《合规管理办法》。

九、2023 年 10 月 27 日，马钢股份第十届董事会第十二次会议在马钢办公楼召开。会议内容包括：

1. 批准公司 2023 年第三季度未经审计财务报告及第三季度报告；

2. 听取 2023 年三季度关联交易情况汇报；

3. 听取 2023 年三季度全面风险管理和内部控制报告；

4. 听取 2023 年三季度能源环保工作情况汇报。

十、2023 年 11 月 8 日，马钢股份第十届董事会第十三次会议以书面决议案形式召开。会议内容包括：

1. 同意关于公司更换独立董事的议案，提名廖维全先生、仇圣桃先生为公司第十届董事会独立董事候选人；

2. 批准公司 2023 年第四次临时股东大会议程；

3. 批准关于公司经理层经营业绩责任书的议案。

十一、2023 年 11 月 14 日，马钢股份第十届董事会第十四次会议以书面决议案形式召开。会议内容包括：

批准关于马钢瓦顿拟进行破产处置的议案。

十二、2023年11月30日，马钢股份第十届董事会第十五次会议在马钢办公楼召开。会议内容包括：

1. 批准公司《董事会战略发展委员会工作条例》修改方案，新条例名为《董事会战略与可持续发展委员会工作条例》；

2. 批准公司《董事会审核（审计）委员会工作条例》修改方案，新条例名为《董事会审计与合规管理委员会工作条例》；

3. 批准公司《董事会提名委员会工作条例》修改方案；

4. 批准公司《董事会薪酬委员会工作条例》修改方案；

5. 补选独立董事廖维全先生为董事会战略与可持续发展委员会成员；

6. 补选独立董事廖维全先生、仇圣桃先生为董事会审计与合规管理委员会成员；

7. 补选独立董事廖维全先生、仇圣桃先生为董事会提名委员会成员；

8. 补选独立董事廖维全先生、仇圣桃先生为董事会薪酬委员会成员；

9. 委任独立董事廖维全先生为董事会审计与合规管理委员会主任；

10. 委任独立董事何安瑞先生为董事会提名委员会主任。

十三、2023年12月25日，马钢股份第十届董事会第十六次会议以书面决议案形式召开。会议内容包括：

批准关于修改公司《独立董事工作制度》的议案。

十四、董事会秘书室其他工作

（一）信息披露

1. 临时公告。就公司重大事项，发布A股市场公告62份，H股市场中文公告80余份、英文公告80余份、通函5份，对公司董事会决议、关联交易、权益分派等事项及时进行了披露。

2. 定期报告及ESG报告。发布了公司2022年度报告，2023年第一季度、半年度报告、第三季度报告，2022年度ESG报告。

（二）股东回报

2022年7月21日，公司完成2021年年度权益分派实施工作。马钢股份公司以总股本7,775,731,186股为基数，每股派发现金红利0.02元（含税），共计派发现金红利155,514,624元。

**【董事会专门委员会工作】**

一、战略与可持续发展委员会

2023年，马钢股份董事会战略与可持续发展委员会共召开3次会议，具体情况如下。

（一）3月9日，马钢股份董事会战略与可持续发展委员会召开会议。会议内容包括：

1. 同意公司2023年固定资产投资方案，并提交董事会审议；

2. 同意马钢交材混合所有制改革实施方案，并提交董事会审议；

（二）3月29日，马钢股份董事会战略与可持续发展委员会召开会议。会议内容包括：

1. 同意公司2022年环境、社会及管治报告，并提交董事会审议；

2. 同意公司2022年度战略执行情况评估报告；

3. 同意公司2022年能源环保工作汇报；

4. 同意公司2022年碳中和、碳达峰情况汇报；

5. 批准董事会战略与可持续发展委员会2022年履职情况报告。

（三）4月27日，马钢股份董事会战略与可持续发展委员会召开会议。会议内容包括：

1. 同意《社会责任工作管理办法》，并提交董事会审议；

2. 同意《社会责任规划（2023—2025）》，并提交董事会审议；

3. 同意关于设立马钢硅钢合资公司的议案，并提交董事会审议；

4. 同意公司2023年一季度能源环保工作汇报。

二、审计与合规管理委员会

2023年，马钢股份董事会审计与合规管理委员会共召开10次会议，具体情况如下。

（一）1月18日，马钢股份董事会审计与合规管理委员会召开会议。会议内容包括：

1. 公司2022年度未经审计财务报表在所有重大方面均遵循了《企业会计准则》及相关规定的要求，不存在重大疏漏，同意提交公司外聘会计师事务所审计；

2. 同意公司2022年审计工作总结及2023年审计工作计划，并提交董事会审议。

（二）3月16日，马钢股份董事会审计与合规管理委员会召开会议。会议内容包括：

听取马钢瓦顿经营情况汇报。

（三）3月29日，马钢股份董事会审计与合规管理委员会召开会议。会议内容包括：

1. 根据对公司2022年经审计财务报告的审阅，及与公司审计部门、外聘会计师事务所就财务报告和有关问题的讨论和沟通，认为公司在所有重大方面均遵循了《企业会计准则》的要求，并进行了充分的披露，不存在重大疏漏。

2. 同意公司2022年度末期利润分配预案。

3. 审核公司2022年关联交易后，认为2022年所有关联交易协议项下的交易金额均未超过该协议约定的2022年度之上限。

4. 截至2022年12月31日，公司为全资子公司马钢（香港）有限公司提供贸易融资授信担保人民币30亿元，该担保已经公司2016年年度股东大会批准。此外，公司的控股子公司安徽长江钢铁股份有限公司为其全资子公司提供担保合计人民币1.5亿元。除上述担保事项外，公司及控股子公司不存在对外担保情况，公司亦无逾期对外担保。

5. 通过公司2022年度内部控制评价报告。

6. 通过外聘会计师事务所2022年度公司审计工作总结。

7. 同意支付给安永华明会计师事务所（特殊普通合伙）2022年度审计费及中期执行商定程序费人民币366万元（含税）。

8. 通过董事会审核（审计）委员会2022年履职情况报告。

9. 听取公司2022年全面风险管理和内部控制工作报告。

10. 审阅安永华明会计师事务所（特殊普通合伙）出具的2022年内部控制审计报告。

（四）4月27日，马钢股份董事会审计与合规管理委员会召开会议。会议内容包括：

1. 委员会对公司2023年一季度未经审计的财务报告进行审核后认为，公司在所有重大方面均遵循了《企业会计准则》的要求，并进行了充分的披露，不存在重大疏漏；

2. 同意聘任毕马威华振会计师事务所（特殊普通合伙）为公司2023年度审计师，并建议股东大会授权董事会决定其酬金；

3. 听取公司2023年一季度全面风险管理和内部控制工作报告。

（五）7月14日，马钢股份董事会审计与合规管理委员会召开会议。会议内容包括：

听取公司2023年半年度业绩预告。

（六）8月25日，马钢股份董事会审计与合规管理委员会召开会议。会议内容包括：

听取年度审计师中期汇报。

（七）8月29日，马钢股份董事会审计与合规管理委员会召开会议。会议内容包括：

1. 审阅马鞍山钢铁股份有限公司2023年半年度未经审计的财务报告，认为公司在所有重大方面均遵循了《企业会计准则》的要求，并进行了充分的披露，不存在重大疏漏；

2. 听取运营改善部关于公司2023年上半年全面风险管理和内部控制报告。

（八）10月27日，马钢股份董事会审计与合规管理委员会召开会议。会议内容包括：

1. 审阅马鞍山钢铁股份有限公司2023年第三季度未经审计的财务报告，认为公司在所有重大方面均遵循了《企业会计准则》的要求，并进行了充分的披露，不存在重大疏漏；

2. 听取关于公司2023年第三季度全面风险管理和内部控制报告；

（九）11月30日，马钢股份董事会审计与合规管理委员会召开会议。会议内容包括：

选举廖维全先生为审计与合规管理委员会主任。

（十）12月20日，马钢股份董事会审计与合规管理委员会召开会议。会议内容包括：

批准公司2023年年度审计计划。

三、提名委员会

2023年，马钢股份董事会提名委员会共召开3次会议，具体情况如下。

（一）3月24日，马钢股份董事会提名委员会召开会议。会议内容包括：

批准董事会提名委员会2022年履职情况报告。

（二）11月2日，马钢股份董事会提名委员会召开会议。会议内容包括：

同意提名廖维全先生、仇圣桃先生为公司第十届董事会独立董事候选人，并提交董事会审议。

（三）11月30日，马钢股份董事会提名委员会召开会议。会议内容包括：

选举何安瑞先生为提名委员会主任。

四、薪酬委员会

2023年，马钢股份董事会薪酬委员会共召开4次会议，具体情况如下。

（一）3月10日，马钢股份董事会薪酬委员会召开会议。会议内容包括：

同意关于回购注销部分限制性股票的议案，并提交公司董事会审议。

（二）3月24日，马钢股份董事会薪酬委员会召开会议。会议内容包括：

1. 同意关于执行董事、高级管理人员2022年经营业绩考核情况的议案，并提交董事会审议；

2. 同意2022年度公司董事、监事及高级管理人员薪酬，并提交董事会审议；

3. 批准薪酬委员会2022年履职情况报告。

（三）7月28日，马钢股份董事会薪酬委员会召开会议。会议内容包括：

同意关于回购注销部分限制性股票的议案，并提交公司董事会审议。

（四）11月8日，马钢股份董事会薪酬委员会召开会议。会议内容包括：

同意关于公司经理层经营业绩责任书的议案，并提交公司董事会审议。

（徐亚彦）

# 监事会

**【集团监事会工作】** 马钢集团监事会成员依据公司法和章程赋予的法定职责，列席董事会等公司决策会议，对公司重大决策活动全程监督、对重大经营管理活动的合规性依法监督。对公司财务预算执行和投资计划实施情况进行跟踪关注，组织召开监事会会议。根据会议要求，及时跟踪关注公司财务预算执行和投资计划实施情况，督促目标任务如期完成。全年组织调研督导24次，形成《深化调研督导提升监事会监督水平，助力马钢站稳宝武第一方阵》的调研报告，报告提示马钢市场竞争力需要进一步加强、部分子公司混改效能未完全释放、海外资产控制力需要进一步强化等5个方面问题。以专项检查为抓手，有效促进风险防控，针对公司的工程建设、关联交易、固定资产投资后评价、不动产审计问题整改等方面开展专项监督检查，共发现在招投标、固定资产投资后评价、关联方识别等方面50个具体问题。

**【股份监事会工作】** 1. 关注合规运营。期内，马钢股份公司监事会召开9次监事会议，列席5次股东大会、11次董事会议，关注公司治理的规范有效，了解马钢股份公司重大生产经营决策的执行情况，参与定期报告、财务报告、风险内控、股权转让等36项重大议案审议的过程与监督；执行维护监事会决议、公告，监督股东大会决议的执行情况和董事会决议抄告制度的落实情况，在董事会决定马钢股份公司战略发展等重大问题方面，及时提示公司在生产经营、财务管理及内部控制中可能出现的风险与问题，按照管理职责提出建设性意见和建议，增强对公司依法经营的监督；对公司董事、高级管理人员执行职务时的合法合规情况进行监督，并对其经营管理的业绩进行评价，促进公司经营管理的规范化。

2. 关注资金运作。通过听取经营财务部、运改部、能环部等相关部门的专项汇报，定期审阅公司财务报告、内部控制报告、风险监督管理评价报告、审计工作报告，了解公司的财务状况、内部控制和风险管理，重点关注资产的安全完整、重大经营风险的揭示以及损益的真实性等情况，并提出改进建议。

3. 关注信息披露。定期对公司内幕信息知情人档案进行检查，对公司信息披露情况进行监督。未发现内幕信息知情人利用内幕信息进行股票交易的情况，未发生监管部门要求查处、整改的情况。

4. 督查重大事项。期内，对公司重大投资、资产处置、转让股权、股权激励等13项事项进行督查，针对危及公司资产安全的重大问题及隐患，采取规范准确的形式予以提示，增强公司管控的执行力。

5. 开展专项检查。针对公司的工程建设、关联交易、固定资产投资后评价等方面开展专项督查，发现在招投标、关联方识别、固定资产投资后评价等方面50个具体问题，并提出可行建议予以整改落实，有效防范经营风险，维护公司和股东的利益。

6. 开展调研督导。深入生产作业一线开展调研督导24次，动态监督了解公司生产经营、风险防控、商业计划书完成以及高质量发展亮点、先进经验分享等，及时掌握企业发展战略目标的落实情况。通过与管理层、员工面对面座谈交流，听取基层职工的愿望、呼声以及关注的热点问题，回应职工普遍关切，在参与企业重大问题讨论决策时，切实维护职工的合法权益。

**【股份监事会秘书室工作】** 1. 监事会会务工作。全年筹办9次监事会议，做好会议筹备、签字文件和协调安排独立监事行程、接待及调研；做好会议记录和纪要的整理归档，并为会议决定事项拟文、行文。

2. 信息披露工作。起草或发布监事会议公告8份、决议9份；编制并披露2022年监事会工作报告、职工监事履职报告；做好股东大会、董事会及监事会各项决议执行情况的督办工作。

3. 组织协调工作。一是做好监事会与证监会、国资委、上交所、联交所以及公司有关部门的沟通协调工作，建立信息渠道，发挥桥梁纽带作用；针对马钢股份公司治理、关联交易、信息披露等，与沪港交易所、安徽证监局积极沟通，并获支持与指导，为公司整合融合工作拓展空间；二是在相关部门的配合下，及时向独立监事提供马钢股份公司生产运营情况及动态数据分析，汇报监管机构最新监管要求，为其履职提供便利；三是受理公司股东的来信来访，及时向监事会汇报。

4. 协助完成投资者关系的日常维护及公司内幕信息知情人管理。

5. 关注和了解公司治理方面的问题，及时向监事会反馈情况，协助监事会加强监督。

6. 组织安排监事会主席、监事参加上交所、上市公司协会举办的各类专题培训和线上知识竞赛。组织外出学习交流4次，赴国投集团、中煤集团等学习交流监事会在央企重大风险防控、构建中央企业“巡审监”大监督格局的模式创新和运行机制。赴鄂钢学习对标找差、一人一表先进工作经验交流等，拓宽工作视野、强化履职意识。

（沐韵琴）

**·马钢股份公司机关及业务部门·**[①]

# 制造管理部

**【生产组织】** 2023年坚持算账经营，追求极致效率效益，重点突出多系统协同促高效，全方位提升铁、钢、轧材运行效率支撑制造降本。铁前系统坚持以高炉为中心，做好原燃料保供与质量稳定。高炉以体检预警为抓手，落实一炉一策，扭转一季度炉况不稳的局面，铁水产量稳步提升。钢轧单元重点围绕极致高效、品种结构调整两手抓，实施优势产线产能和品种结构调整双重拉练。制造系统围绕效率、效益成立小团队、找准小切口，与各方协同，推进精益运营。2023年铁水日产达43000吨，南球北调78.86万吨，带焙产能得到释放，从11500吨/日提升到12500吨/日。四钢轧总厂年产钢973万吨，同比增产101万吨，刷新历史纪录；轧材产线生产效率全面提升，长材事业部初步实现月产56万吨生产能力，冷轧总厂、合肥公司年产增速分别达到12.5%、34%。全年各产线162次刷新日产纪录，69次刷新月产纪录。

根据市场及经营需要，资源平衡团队通过多次迭代，建立不同组产模式下的高效组产模型，即优势产线、机组满负荷运行，低负荷产线、低效益产品全面实施避峰就谷、集开集停。计划、检修、能源、物流一体化策划，实现能流和物流的高效协同，实现月度煤气零放散的突破。

**【重点品种提升】** 重点品种产量完成率104.3%，冷轧重点品种成材率提升1.35个百分点，特钢提升0.62个百分点。其中：冷轧汽车板280万吨（其中汽车外板27.5万吨），同比增长26%；镀锌外板成材率89.41%，同比进步2.53个百分点。600兆帕级以上高强钢28.72万吨，同比增长4.55万吨；罩退品种钢占比19.23%，同比提高8.11个百分点；电池壳产品销售6.03万吨，同比增加126%，砂眼率较2022年降低71.8%；新能源硅钢关键轧制技术取得突破，实现年产4.9万吨；取硅轧硬卷具备月产4000吨的能力；精冲钢成功开发65Mn等14个新牌号，实现合金含量7%

① 马钢集团与马钢股份双跨的部门不单列。

极限规格生产，填补2250轧制高合金高强钢的空白；1580热轧产线品种结构拓展，拓宽软钢至低合金级别的组产能力，具备屈服强度550兆帕高强薄规格稳定生产能力；重型H型钢独有产品占比达到30%，成材率同比提高1.76%，有效支撑高附加值产品的开发。成功开发出热轧铁路专用帽型钢、C型钢以及极限厚度140毫米的高强H型钢等首发产品，填补国内钢铁行业的空白。HRB635（E）牌号高强钢筋生产26.83万吨，同比2022年增产16.92万吨；外标型材生产61.02万吨，同比增加14.15%。

**【低成本运行】** 1. 发挥生态圈协同效益。从管理对标、降本增效、指标进步、生态圈协同、品种结构调整等方面梳理7个信息化项目、180个工序降本项目、16个指标改善项目、33个TCO项目、21个采购协同项目、26个品种结构调整项目，累计实现吨钢降本223.8元，预算吨钢降本目标（164元）完成率136%。87项指标在宝武全工序对标提升创一流竞赛上榜111项，其中冠军42项、亚军38项、季军31项。板带热装率76.31%，同比进步3.37个百分点，热装温度达到600℃以上；实现TPC周转率4.55次/（天·罐）、铁水温降105℃的突破。2023年下半年开展降低废品、改判损失、提高成材率减少量异议赔付等系列质量损失降本方案，较上半年共实现降本1870万元。

2. 实施铁前一体化运行。落实低库存战略，以边界条件为管理目标，保证高炉原燃料质量结构稳定。深化体检预警制度，强抓工序过程管控，提升铁前生产运行稳定。贯彻技术先行、工序协同、一体化管控系统理念，以高炉稳定为前提，通过对标找差、内部挖潜，开展铁水成本压降。每周从价格、结构、指标、能源、费用等维度对铁水成本进行分解，以横向到边纵向到底的矩阵式管理方式，实现铁水成本全流程、全要素一贯制管理，厘清各相关单位对铁水成本责任，实现成本可控。不断优化配煤、配矿结构，拓展非主流资源品种使用，加大与采购系统联动，抢抓机遇，加大经济料使用比例，持续提升铁水成本竞争力。2023年铁水成本2786元/吨，行业排第17位、宝武基地排第4位。

3. 开展工艺设计优化降本。采取合金替代、成分优化、工艺优化等措施，较2022年，重型H型钢吨材成本与大H型钢差额缩小221元/吨，低牌号硅钢变动成本降低271元/吨，冷轧DP600降本7元/吨，镀锌DP600降本204.6元/吨，低合金高强钢降本58元/吨，中车耐候钢Q350EWL1降本242.92元/吨；横切产品累计降本338万元。

**【质量管理】** 全公司层面推进质量安全责任制，建立健全生产许可证产品质量安全主体责任的管理制度、责任体系和长效机制，保障产品质量安全。国家、安徽省、马鞍山市三级热轧带肋钢筋抽检全部合格。质量管理体系运行有效，证书保持率100%。修订发布技术标准73项，建立健全品牌运营相关管理制度，合作14家，品牌运营总量已达150万吨。完成50项材料认证计划，认证客户26家，其中非汽车板4家、汽车板13家、特钢9家；完成74个牌号的钢种认证、21款车型340个零件的试模认证；全年合同量35.6万吨、创效9828万元。

**【群众性创新创造】** 2023年马钢股份公司14家单位共注册QC小组活动课题284个，1项课题成果获安徽省质量管理小组成果二等奖，5项获三等奖。“提高方坯冷镦钢氮含量合格率”优秀QC成果获央企QC小组成果发表赛二等奖。

（卢学蕾）

# 设备管理部

**【主要绩效指标】** 2023年，主要设备事故故障停机率1.27‰（≤1.6‰）；设备维修费实绩18.2亿元（年度计划值24.5亿元）；设备综合效率OEE指标77.6%（目标值75.3%）；远程运维指数（AMI）58.05%（年度目标值58%）；设备上平台指数103%（年度目标值100%）；设备功能精度进步率85%（年度目标值84%）；测量设备周期受检率100%；环保设备同步投运率100%；节能设备同步投运率100%。

**【降本增效】** 有效承接马钢集团公司多轮降本增效要求，严格维修费用管控。从管理优化、技术攻关、资产处置、协同降本等方面精谋细算。全年修理费支出18.2亿元，较公司年初预算值节约近6亿元，吨钢维修费居宝武同类企业前列。全年维修费均衡发生，解决了历年来年终费用大幅翘头的老问题。以“311.3”为降本目标，以四个维度、八个方面为核心，构建降本工作的“四梁八柱”，通过项目化“小切口”的方式，在设备系统全面开展降本工作。其中“冶炼探头及其附件降本”项目，使马钢冶炼探头消耗降幅 11.1%，吨钢消耗低于宝钢股份 4 个基地，实现降本超 500 万元，并将调研方法形成案例在公司进行发布推广。2023 年上半年为全面提升烧结产能，降低返粉及动力消耗，提升发电量，牵头开展烧结漏风综合治理，以三色图为治理核心，持续烧结漏风治理，组织炼铁总厂、马钢检修、欣创环保共同堵漏，全年降低烧结煤气、电耗 6000 万元以上。全年共处置闲置设备和废旧物资 3.5 万多吨，实现收益近 1.6 亿元，有力支撑公司经营绩效的改善。

**【运行管控】** 以设备稳定高效为首要目标，开展专项特护和点检提升，全年主要故障停机率 1.27‰，远低于目标 1.6‰，其中 10 月故障停机率 0.75‰，创近 5 年内最好水平，并获得奋勇争先综合绩效赛道金杯 2 次、银杯 2 次，各种团队和个人奖项共 10 余次。针对年初炼铁高炉、四钢轧热轧、冷轧区域设备状态波动状况，策划故障“三减三”专项工作。二季度成立炼铁、四钢轧、长材、冷轧四个专项特护组，聚焦重点生产单元。针对故障频发区域，找准问题切口、聚焦关键产线、明确目标时间、责任分解到人，以项目制形式持续进行跟踪验证，通过紧盯重点产线的设备，建立起全专业、全覆盖、网格化的专业支撑。不断优化以点检定修制为基础的预知性维保能力，加强设备日常运行管控，拓展智能运维应用，提升协作队伍能力，完善信息化手段，建立网格化专业技术支撑体系，策划实施应急预案和应急准备，提升抢修抢险响应能力。

**【备件管理】** 以计划命中率、长账龄库存削减率、备件库存降低指标为抓手，全年策划 45 项 TCO 及国产化项目，备件计划命中率从 2022 年的 86%提升至 94%，从源头把控住备件管理；长账龄库存削减 1243 万元，削减率 10.4%；备件库存从期初的 3.5 亿元降至 2.85 亿元，降低率高达 18.6%。针对新特钢大圆坯拉矫机减速机，与南高齿开展国产化联合攻关；针对四钢轧总厂 2 号转炉关节轴承，采用福建龙溪的产品国产化替代等，及时解决现场的后顾之忧。持续推行备件修复功能总包和协议制合同，在能环部燃气、热力阀门总包项目中，将新品供应、国产化替代和修复总包“三合一”，实现年度费用从近 600 万元降低至 149 万元的效果；在冷轧总厂刷辊修复总包项目上，积极引进宝钢股份的优秀供应商，实现了降本逾 40%的成果。2023 年备件修复的平均价格降低近 20%。通过与宝钢股份、莱钢对标，邀请宝钢轧辊专家来马钢授课交流等方式，组织团队分析轧辊辊耗差异原因，发现马钢冷轧轧辊磨削量较高、热轧轧辊各机架精度要求过高、型钢轧辊易磨损部位未开展堆焊等存在问题，督促各单位加快落实，实现各条产线辊耗均下降近 10%的效果，全年降本逾 3000 万元。

**【点检管理】** 围绕作业线极致稳定高效的目标，开展点检行为规范化评价，大力整治不按规定携带工器具、不按规定时间点检等行为，切实提升点检有效性，减少产线非计划停机。以故障反溯点检标准缺漏，不断提升标准量化指标，推进点检标准持续优化改进。优化点检标准 90000 条，占标准项目 23.7%。通过《点检月报》促进管理改善、引导各级管理人员和基层员工提高责任意识，营造底线红线的严肃氛围，点检员零异常比例较年初下降 16%，点检责任类故障占比由去年 33%降至 26%。下发“两办法三标准”，进一步提升点检基础管理工作水平。组织开展了点检员取证和能力提升等系列培训，300 余人取得点检培训合格证，230 人参加技能提升培训。

**【检修管理】** 按照产线价值利用最大化原则，对标行业标杆，构建“系列检修”模型体系。综合考虑南北区对公司生产物流、营销效益、动力介质、检修负荷等影响因素，及时优化 2022 年马钢股份公司年修计划编排，克服跨区域、跨专业、跨部门等困难，圆满完成四钢轧三座转炉炉役，长材二区 3 号转炉炉役、重 H 型钢年修，炼铁总厂 B 号高炉、1 号高炉、B 号烧结机、3 号烧结机，炼焦总厂 4 号、5 号干熄焦等重点系统检修工程。其中，四钢轧炉役检修工期首次实现“破十进九”的挑战目标。高炉检修周期从 4 个月延长到 6 个月，转炉每月的定修时间从 12 小时缩短到 8 小时，每季度一次的炼钢全停延长至每半年一次。结合公司整体经营目标的调整，指导制造单元分三年实施检修规划安排，稳步推进各产线检修模型的科学优化。重点对长材二区转炉、四钢轧总厂 2250 和 1580 热轧线、冷轧总厂 1720 酸轧线和 2130 连退线、能环部发电机组定年修模型进行深度优化，为公司创造边际效益 5000 万元。

**【技术管理】** 针对现场顽疾，充分发挥首席专家的技术优势，组建专家团队沉入一线开展技术攻关。先后完成冷轧总厂1号镀锌线表面质量攻关、1号镀锌线三价铬钝化生产稳定性攻关、H型钢万能轧机在线修复技术攻关等课题。针对热风炉运行监护的盲区，自主开发完成了热风炉巡检机器人，有效突破热风炉运行状态实时监控的难题，为高炉安全稳定保驾护航；为消除皮带机巡检中的伤害风险，自主开发了轻量化皮带机巡检机器人；为提高电气柜点检效率，定制化开发的电气室巡检机器人成功上线。以技术驱动为核心，推动核心技术攻关全年科技创新效益3600万元以上，全年申报专利20项，科研项目结题9项，利用商贸“静/动态轨道衡自动计量比对”技术，实施公司进口贸易计量精准控制方案；依托“替代砝码”赋值法，实施产线出口贸易计量精准控制方案。“高炉热风管系换炉应力智能线性控制”项目参加第四届中央企业熠星创新创意大赛，已进入复赛。

**【管理提升】** 针对新特钢项目，突破传统职能边界，系统性策划管理前置的各项工作，按“四大准备”“36条标准”推进，建立《新建工程项目设备生产准备检查标准》，首次实行安全连锁三方确认备案制度，首次开展全方位设备专业检查，全力支撑新特钢项目快速投产，“基于一贯制的设备生产准备体系探索与实践”管理课题获得马钢集团管理创新二等奖。创新策划、构建设备绩效评价管理新模式，以企业目标、重点关注为导向，优化设备专业评价体系。成果“构建设备绩效评价管理新模式”获中设协全国设备管理与技术创新成果二等奖。在内部设立稳定运行、降本增效、安全3个专项绩效，强制排序分档，激励到人，与科室经理年度绩效挂钩。落实一贯制管理要求，实施管理延伸。设备设施管理体系已覆盖到马钢集团，测量体系覆盖到马钢各基地，对生态圈协作方开展业务指导、技术支持等工作，实施内部审核20次，对10家供应商开展二方审核。

**【安全履职】** 制定《检修安全及挂牌管理办法》，建立隐患排查和风险管控双重预防机制，常态化开展隐患排查与治理。开展检修高危作业现场安全专项检查，覆盖日修、定修、年修、抢修。开展夜班检修安全督察，实现检修安全“白+黑，5+2”全时段管控，形成设备检修安全管理核心举措(6+1)，制定单项检修过程管控24项关键点。利用EQMS系统，建立全公司一、二级检修高危作业标准项目44653个。全年检修高危作业项目共计7493项，其中一级高危579项、二级高危6914项，检修过程安全100%受控。开展检修安全专项检查11次，检查问题750项，已全部完成整改。顺利完成三方挂牌制度切换，投入安全专项资金共3700多万元，用于泡沫夹芯板、能环部煤气管道等安全隐患整改。全年实现设备部检修安全相关的(含检修协力)“重伤以上事故为零、较大以上火灾事故为零”的安全绩效目标。

**【网络安全】** 实施三网合一改造，解决马钢QMS网络、老网以及新的主干网三网并存，老主干网设备老化问题，消除单点故障影响。启动推进网络核心房所标准化改造工作；实施马钢网络路由综合整治；滚动实施马钢二三级网络边界梳理与加固；完成马钢主干网IPV6改造；完成控制系统远程调试的受控访问，保证调试的安全性；建立生态圈单位接入标准，推进生态圈单位网络的安全接入。全年闭环处置各类网络安全事件工单106件。马钢作为宝武集团靶标方参与“护网2023”实战演习，取得演练零失分的成绩。

**【荣誉】** 2023年2月，“基于‘数字钢卷’的设备功能精度动态管理模型”荣获2022年制造业质量管理数字化解决方案优秀案例；3月，获评冶金行业计量管理对标统计源单位；4月，获评全国第十三届设备管理优秀单位；5月，获评“第十届企业润滑管理论坛”优秀设备润滑管理企业；6月，“基于一贯制的工程项目设备生产准备标准化体系建设与实践”获马钢集团管理创新成果二等奖；9月，获评冶金行业计量校准人员技能比武优秀组织奖；10月，“运行费用‘零’投入，胶带机运力提升”获马钢集团算账经营比武“金算盘奖”；11月，获评安徽省第十二届设备管理优秀单位。

（杨　程）

# 营销中心

**【主要经济指标】** 2023年马钢股份本部累计销售钢材1664万吨，实现销售收入671亿元，总毛利-3.2亿元，单位毛利-19元/吨。其中板材销售1009万吨，单位毛利54元/吨；型材销售257

万吨，单位毛利-127 元/吨；线棒产品（含特钢线材）销售 286 万吨，单位毛利-40 元/吨；特钢棒坯（不含特钢线材）销售 112 万吨，单位毛利-380 元/吨。全年销售均价在宝武 12 家基地中排名第五位；冷系列汽车板销量 285 万吨，同比增长 22.6%，创历史新高；钢材（不含车轮）出口 92.7 万吨，同比增长 51%，其中型钢出口 58 万吨，创历史新高，方坯出口实现“零突破”。

**【营销管理】** 1. 优化产品结构。坚持效益优先，以提高产品毛利为核心，统筹系统效率和结构调整，抓主抓重快速落实。通过以重点产品结构增效为抓手，以产销研一体化为支撑，开展产品效益评估，缩小单位盈利差距，精选 8 个快赢项目。以点的突破带动面的提升，每月解决重点难题，通过寻找快赢、改善快赢、评价快赢、拓展快赢，推动全产品创利增效。全年 8 个产品结构调整项目交付订单 156.4 万吨，创造比较效益 7.27 亿元。认真贯彻落实产品结构调整经营策略，以市场需求为导向，加强内部协调和信息共享，保障产销研业务高效运行，确保重点品种持续增量、增效。全年销售重点品种 352 万吨，月均订单量由上半年 27.6 万吨提升至下半年 34.8 万吨，其中下半年销量较上半年环比增长 26%。2. 践行算账经营。积极部署“四有”工作并通过早调会、专题会、业务会议等形式广泛动员、宣传“四有”经营纲领，完善产品赢利评估体系，优化接单原则和审批流程，积极抢抓市场订单，以销定产，将“四有”原则覆盖到中心各职能部门、各产品部、各分子公司。坚持算账经营理念，日算账、周总结、月复盘，过程中动态调整资源，确保资源流向高效益产品，持续优化产品结构，深化产销联动，提高高盈利品种钢销量，坚持品种结构调整和订单兑现相统一，保证产品收入和利润有效兑现。营销中心内部已初步建立“算账经营”体系，各部门和单位“算账经营”意识不断提升，“算账经营”氛围浓厚。2023 年下半年马钢股份公司购销差价较上半年扩大 223 元/吨，有效支撑公司经营绩效改善。3. 提高运营效率。营销中心坚持提升运营效率不放松，面对企业经营困难的情况，自我加压挑战极限，不断在两金管控和物流降本中取得新突破。2023 年营销中心全口径产成品库存月平均 58 万吨，较 2022 年月均库存下降约 7 万吨，其中年末内贸库存 39.97 万吨，完成马钢股份公司“双四十”库存控制目标；全口径库存 49.97 万吨，完成公司“两金”管控目标。2023 年通过压降物流价格、优化物流结构，提高物流效率，全年吨钢销售物流费用由上年 22.98 元下降至 20.86 元，降幅 10%。通过优化订单运输结构，加强产销衔接，协调马钢物流积极组织运力，持续提升厂内产品发货效率，全年板带类销售提单完成率达到 95%以上。

**【品牌运营业务】** 坚持依托品牌运营创新模式，完善“基地管理+品牌运营”机制，不断扩大市场优势。2023 年充分利用生态圈优势和外部资源，快速推进与生态圈合作伙伴、区域民营企业基于优势互补的合作态势；进一步完善品牌运营合规体系建设，增强风险防范能力，2023 年继续对业务流程全面梳理并督促整改，对合作钢厂加强质量监督和抽查力度；搭建网络钢厂运营共享平台，强化销售流向管控，提高风险防范能力。全年实现品牌运营建材产品销售 182 万吨，同比增长 231%；营收 64.78 亿元，同比增长 218%；利润总额 5962 万元，同比增长 206%，折算吨钢盈利 32.73 元/吨。

**【客服管理】** 坚持“以客户为中心”的服务理念，以“小切口”为切入点，细化客户需求识别，加快客户需求迭代周期，进一步提升“标准+α”精准性，确保产品满足用户使用要求。优化用户感知度评价模型，针对核心主机厂深化绩效对标，汽车板用户感知提升至 83.8 分，进一步缩小与行业标杆的差距。规范践行“四新初物”管理模式，按工序梳理建立不同品种最短生产周期，不断提升初物验证效率，加速用户端产品使用验证迭代周期，实现板带产品最短迭代周期 5 天，型材产品最短迭代周期 7 天，特钢产品最短迭代周期 9 天。紧控用户端质量风险，板带产品 30 万元以上大额理赔归零，长材产品质量异议理赔额下降 21%。依托 QCDVS 体系平台，全年马钢钢材产品客户满意度测评结果 88.12 分，总体评价满意。

**【风控与安全管理】** 坚持底线思维，在经济放缓和市场风险骤增背景下，聚焦市场重大风险，以完善制度体系为基础，以风险识别防控为抓手，全面推进“强内控、防风险、促合规”工作，全年未发生重大经营风险事件。2023 年营销中心成立风险防控领导小组，进一步提高风险防控等级和控制力度，指导各部门梳理完善各项管理制度，建立统一规范的内部风险防控管理标准；聚焦重大市场风险、金融融资风险和集团外贸易业务风险，明确经营红线底线，打好风险防控“组合拳”；先后建立风险预警机制，召开2次风险警示会议和5次风险专题会议，共享风险防控经验成果；深化教育培训和自查自纠机制，累计开展7次自查自纠；建立风险检查及回头看机制，累计开展专项检查16次，实现分子公司全覆盖，发现问题共计98项，全部纳入整改并持续跟踪，确保整改得到落实。继续以“零事故”目标为引领，坚持全面从严管理，压紧压实安全责任，强化“一贯制”“三管三必须”管理要求，坚持系统决策，突出重点，依标运行，不断强化各加工中心安全运行能力。围绕创造最佳安全绩效开展“送教上门”“团队共建”“政企联合”“共享共治”等特色安全活动，优化基层安全管理机构，提升管理能力。营销中心安全生产运行达到稳定可控状态，安全绩效达到最优水平。十家加工中心除广州更换法人代表需重新申请以外，均已获得国家安全“二级标准化”企业。

（黄建辉）

## 采购中心

**【资源保供】** 增强协同联动，保供安全稳定。2023年，面对马钢股份公司生产波动、高炉检修以及极致低库存等带来的巨大挑战，采购中心勇于担当、多措并举，通过系统性强化和提升供应链弹性，保障公司原料供应稳定。矿石板块建立厂内关键品种安全及预警库存，强化内部单位协同沟通，优化配矿、接卸，优化厂内库存结构。煤炭板块巩固深化煤焦战略合作，与重点供方签订中长期合同并稳定履行。通过快速反应、驻点催发、抢抓资源、开通水运方式，克服煤焦供给紧张困难，支撑公司焦炉增产、高炉高产的稳定顺行。废钢板块有序推进熔剂总包模式变革，实现平稳过渡、安全保供。合金板块加强产购销系统联动，快速应对合金需求计划调整，紧急配合完成钼铁等资源采购。物流板块通过配用适用船型，动态调整江海直达、海进江、江段运输比例，提前出运、船船直装、协调外部港口提高装卸货效率，保障马钢卸货码头改造期间原燃料安全稳定供应。

**【极致库存】** 落实“两金”压降，推进极致库存。2023年，坚决落实公司“两金”压降目标，与制造管理部、各生产单元协作，优化一、二级库库存管理，降低资金占用。全口径铁矿石库存由2022年末198万吨降至2023年12月底全口径铁矿石库存163万吨；铁矿石全品种库存周转天数降至26天，实现“破三进二”目标，稳居中国宝武第一方阵。燃料全口径库存周转天数降至12天以内。合金长账龄不可用库存全部清零，库存周转天数降到20天左右；废钢库存周转天数控制在3天以内。2023年末，原料存货比期初下降73万吨，资金占用下降7.7亿元。

**【采购降本】** 面对严峻市场形势，紧紧围绕“算账经营”，创新降本模式，抢抓市场机遇，拓展资源渠道，千方百计降本增效，助力公司打赢经营绩效保卫战、翻身仗。矿石板块通过落实增加经济料比例等项目，全年总降本额4.62亿元。现货矿跑赢创佳绩，2023年累计择机采购进口现货矿378万吨，吨矿跑赢1.72美元，降低采购成本650万美元（折合人民币4616万元）。燃料板块发挥煤炭长协优势，降低采购成本，年长协合同兑现率87%，同比提升4个百分点，炼焦煤、喷吹煤采购成本排名稳居中国宝武第一方阵。合金板块加强系统联动，合金购销联动累计降本1575万元；把握市场采购节奏，硅锰合金采购成本排名提升15名，首次跃入中国宝武第一方阵。废钢板块加大结构调整，优化采购模式、拓展采购渠道，直采+代理采购量已占外购总量20%以上；紧贴市场，积极调整定价方式，熔剂辅料全年降本2000万元以上。2023年，大宗原燃料采购成本累计跑赢大盘7.09亿元（与“我的钢铁”网站指数比）。

**【基础管理】** 一是加强供应商管理。针对业务流程变化及合规风险管控要求，修订完善《供应商认证管理办法》《供应商动态评价管理办法》，全年引进合格供应商3家、备用供应商83家、一次性供应商32家，取消资格供应商4家。强化战略供应商合作，评价产生战略供应商32家，战略供应商采购资金比例达到71.44%。二是规范采购定价流程。积极推进阳光采购，2023年原燃料上网采购比例100%。加强非招标采购管理，整理发布《非招标采购品种清单目录》，严格履行审批流程。推行能招尽招、应招尽招，扩大招标采购的品种范围。三是加强质量管理。严把准时关、加强过程管理，制定、修订《质量异议处理办法》。组织开展原燃辅料督查抽查，全年开展督查 6 次，严格供方质量不合格督促整改。2023 年外购原燃辅料合格率 93.82%，各品种均完成质量目标。四是强化安全管理。提升全员安全意识，组织开展安全月、安全知识竞赛等活动。加强危险源辨识管理，完善增补安全管理类危险源 2 条；加强安全检查，重点加强协作单位安全检查，全年年采购中心未发生安全、消防事故，耐材总包安全事故为零。五是开展采购信息化建设。拓展采购信息化系统功能和应用储备，稳步推进 PLMS4.0 系统上线准备，原料大数据系统报表覆盖业务管理全流程。开展原料大数据域建设和数据治理工作，为数据应用自开发奠定基础。

（邹　超）

# 技术中心

**【科研工作】** 组织实施各类科研项目 209 项，其中政府项目 15 项（国家项目 5 项、省项目 10 项）、马钢集团公司直管项目 79 项、中心项目 85 项、委托项目 30 项，科技创效 2.42 亿元。2023 年，获各类科技成果奖 8 项，其中省科技进步奖 2 项、冶金奖 4 项、宝武重大成果奖 2 项，4 个项目获全国发明展银奖。申请发明专利 220 项，获得授权专利 122 项（PCT 专利 1 项、发明 114 项），主持制定国家标准 1 项、行业标准 1 项。

**【新产品开发】** 新试产品销量 160 万吨（含车轮），吨材超额毛利 277 元（含车轮）。7 项新产品实现国内首发。3 个“双 8”项目夺得马钢集团“奋勇争先奖”小红旗。长材特钢：2100 兆帕级汽车悬架簧用钢、汽车元宝梁用贝氏体非调质钢 2 项产品国内首发；2200 兆帕级高强度铁路桥梁钢绞线用途的 YL87MnSi 通过浙锚试用和性能评价；转炉工艺 LZ50 车轴坯、风电主轴轴承钢分别通过北京国金衡信和罗特艾德认证，风电齿轮钢通过 GE 和德力佳认证，635 兆帕级高强钢筋开发取得重大突破，销量超过 30 万吨。型钢：铁路车辆用耐候热轧帽型钢开发取得阶段性成果，产品在宝武自备铁路货车实际应用；超大规格热轧 H 型钢的最大高度拓展至 1172 毫米，刷新国内纪录。耐高温罐体支撑结构用热轧 H 型钢和 355 兆帕级大跨度场馆主梁用超大超厚 Z 向性能热轧 H 型钢实现国内首发。轮轴：自主化高速轮轴实现扩大应用突破，4 列首次整列装用马钢 D2 高速车轮的新造 CR400“复兴号”投入载客运用，时速 350 公里“和谐号”车轮通过装车试用评审，即将进行装车考核；马钢低碳 45 吨轴重重载车轮实现国内首发并取得中国船级社碳足迹评价证书；新型抗剥离 J21 材质机车车轮和韩国 KTX 高速车轮实现装车考核。硅钢：新能源硅钢市场应用取得新突破，销量同比增加 563%；无铬涂层国产化，在联合电子、信质电机实现稳定供货 4000 余吨；通过“热轧取向硅钢产品迭代升级及市场放量”项目推进，实现取向硅钢一次轧硬卷稳定批量生产。热轧产品：“热轧态超高强钢 M1400HS”实现国内首发；双金属锯片背材用钢 X32CrMoV4.1 实现宽度规格国内突破；完成马钢板材首个中高碳产品 65Mn 开发，拓展了马钢板带材品种体系。冷轧产品：电池壳钢新开发 4 种产品，形成碱性电池、动力电池、镍氢电池用系列化，全年累计销售 6.01 万吨；供中车冷轧耐候钢 Q350EWL1 实现稳定批量供应，全年销售 4105 吨。精冲钢市场实现零的突破；光伏用中铝锌铝镁产品攻克牙齿印、黑斑等难题，累计销售 11.2 万吨。开拓家电铝硅在汽车隔热罩的新应用场景。汽车板：铝硅涂层汽车板全年销量 5 万吨，其中薄铝硅镀层热成型钢销量近 2 万吨，酸洗高扩孔钢销量 5.6 万吨，均创历史新高；具有自主知识产权的无机自润滑镀锌外板实现批量供货，全年销量 4.3 万吨；镀锌双相钢合金降本 204 元/吨，全年降本 1967 万元；ZAM 低铝锌铝镁汽车板通过奇瑞、吉利汽车认证，实现批量供货；完成 2 号镀锌线 GA 产品合金化工艺、4 号镀锌线 DP800 产品工艺快速开发并实现量产，为公司镀锌产线分工调整提供重要支撑。

**【EVI 推进】** 组织实施 15 项 EVI 项目，累计新增订单 26 万吨，新增毛利 1.88 亿元。牵头 42 项认证（汽车板 19 项、硅钢 2 项、热轧 1 项、特钢 20 项）。汽车板累计通过牌号认证 54 个，累计通过汽车零件（自制件）认证 102 个。

**【技术服务】** 1. 炼铁工艺。配用新煤种、新矿种结构降本攻关实现降本增效 1750 万元；开展高炉极致高效冶炼技术攻关，提升高炉经济技术指标；铁矿烧结过程多能耦合协同减碳关键技术国内首创，国内首次开展高炉喷吹生石灰降碳新工艺研究，成功开发生物质炭替代烧结传统燃料应用技术，实现节能减排和提质增效。2. 炼钢工艺。低价合金辅料替代、转炉二次燃烧氧枪技术等攻关实现降本295万元。针对“卡脖子”技术难题，开发塑性夹杂物控制高洁净高韧性车轮钢炼钢工艺，首次实现MnS塑性夹杂控制的车轮钢产业化应用达国际领先水平；电池壳钢砂眼缺陷与夹杂物控制技术效果明显，缺陷发生率降至$20\times10^{-6}$以内；开发非晶纯铁的炉外脱磷工艺，具备批量生产超低磷钢技术能力；重异横裂纹攻关使吨钢废品率由9千克降低至2千克。3. 轧钢工艺。优化起重机焊管用高强钢MBJ770应用技术，焊管焊缝、环焊缝力学、成型性能满足BJ770技术要求；优化表面钝化处理类型、固化工艺及包装温度等，解决锌铝镁镀层产品分条卷表面霉斑缺陷问题；围绕1号镀锌线供彩涂镀锌基料彩涂T弯不良改进和降低锌铝镁产品霉斑发生率等开展攻关，实现降本增效297万元。4. 综合利用及能源环保。技术支撑固废返生产利用率指标持续提升和节能降损，科技创效约7900万元；自主研发的“近零残氧”燃烧控制技术应用于2250加热炉，烧损下降至历史最好水平；建成煤气有机硫检测分析平台，填补马钢不能定量检测焦炉/高炉煤气全硫组分的空白；实现煤气精脱硫废脱硫剂在烧结工序内部无害化处置技术的突破；开展冷轧总厂2号镀锌退火炉使用全焦炉煤气提升加热能力攻关，每年节约天然气外购费用为1456万元。5. 情报调研。围绕低碳冶金、铁前、特钢、型钢、新能源汽车用钢、精冲钢领域等开展专题调研；协助规科部开展专利导航基地建设。6. 对外经营。江南质检完成股权划转及年度监督检查，营业收入791万元，利润总额153万元，ROE达24%，超额完成必达目标。

**【现场支撑】** 聚焦现场重难点问题，建立常态化研产对接机制，与5个主体制造单元对接，形成任务清单63项，主导解决问题34项，29个项目达到预期目标。围绕马钢集团公司规划产能和产线升级，策划提出板、型、特三大类产品产线规划方案，为马钢集团重点技术改造提供建议和决策支撑。

**【市场支撑】** 通过绩效联动方式与营销中心共同推动市场开拓，梳理制定“支撑营销市场开拓方案”，围绕重点品种月度计划，理清制约兑现的技术问题，形成14项重点品种任务“一清单”，按月推进。

**【绿色低碳】** 完成5项产品EPD碳足迹认证与发布；全球首款低碳45吨轴重重载车轮成功试制下线；与奇瑞联合成立奇瑞-马钢“汽车用钢再生材料实验室”；热轧H型钢实现吨钢降碳653千克。深入开展低碳冶金全流程再造工艺技术与应用、120吨转炉非补热提温吹炼技术研究和高炉喷吹生石灰降碳新工艺研究。年度共申报绿色低碳相关专利25项，技术秘密16项。

**【创新平台】** 完成研发大楼功能再优化；持续推进“安徽省汽车用钢及应用工程技术研究中心”等8个创新平台建设，其中“轨道交通关键零部件安徽省技术创新中心”9月通过验收；参与宝武集团“交通运载装备用先进钢铁材料全国重点实验室”的策划建设。

**【科研检验】** 科研检验实现产值1302万元；参与ISO国际标准3项，牵头起草行业标准5项、团体标准2项；物理团队斩获“欧波同杯”第八届全国失效分析比赛二等奖。

**【内部管理】** 1. 管理提升。成立三个专班、一个领导小组，完善升级研发平台功能，加强技术创新文化建设，推进精益管理；策划实施“科技创新见支撑”三项升级版行动；成立技术中心学术委员会；落实绩效牵引机制，建立核心人员效能提升机制；建立周简报机制，提升创新效率；发挥核心骨干作用；加强创新意识和能力培养；落实深化“算账经营”；深入开展各类科技评优表彰活动，营造奋勇争先工作氛围。组织绩效两度获马钢集团“奋勇争先奖”（金杯、银杯奖各1次）。2. 体系管理。不断优化体系运营，强化一体化体系建设，夯实体系管理基础，优化体系管理方案，制定年度体系管理目标和推进计划，定期开展体系评价，加强自检督促整改；做好年度风险评估、内控管理与合规体系建设，持续提升体系管理水平与质量。3. 安全管理。牢固树立安全发展理念，落实安全生产主体责任和全员安全生产责任制，狠抓各类隐患排查、应急管理和专项整治，扎实推进“2+1”小切口管理提升和公司“5+N”专项整治行动。全面实现全年各类安全生产事故为零、火灾（爆炸）事故为零的年度工作目标。4. 绩效评价。承接公司绩效变革，持续优化绩效评价规则。探索核心骨干月度绩效计算模型，施行组织绩效和核心骨干个人绩效按月强制排序。5. 队伍建设。围绕马钢集团发展战略积极引进高端人才；深挖内部人才潜力，优化人才布局，促进人岗相适；建立研发全员项目培养机制，提升人力资源效能；创建核心人才培养团队，持续优化调整团队及团队长，提升团队运作效率。6. 能环管理。加大基础管理力度，完成中心检试验设备手册和操作规程的修订换版；规范检修过程管控，降低作业风险；优化检试验设备运维模式，提升设备专业化管理，提高设备自主维修率。强化能源系统精益化运营和过程管控，加强环保目标责任管理，严格落实现场环境风险管控，开展环境因素辨识与评价，全年各类污染事故为零。7. 项目管理。克服多重困难，提前高质量完成马钢集团研发中心建设并顺利搬迁入驻，该项目获马鞍山市建筑安全生产标准化示范工地、马钢安全标准化工地铜牌单位等荣誉；完成技术中心烧结杯升级改造及实验室配套建设项目。8. 现场管理。开展6S现场常态化管理，针对研发大楼新场所新环境，发布实施新的管理办法，强化中心老区的协同管理，按月推进管理互查和季度综合检查，滚动落实整改。

（金良军）

# 运输部（铁运公司）

**【主要技术经济指标】**　2023年，生产物流吨材运费32.91元；混铁车周转率为4.14次/天；劳动生产率5.82万吨/(人·年)。主要指标：可控费用1.35亿元；全年实现物流降本10565万元；安全生产实现工亡、重大行车事故、重大设备事故、重大火灾爆炸事故为零，一般行车事故得到有效控制，万吨事故率0.0030，实现连续安全运行9812天。

**【物流管理】**　做好新特钢投产过程中的物流保供。在新特钢投产前，落实了中包铸余、大圆坯等难点运输项目解决方案；牵头各内部单位，制定项目责任清单，按周推进，为新特钢4月底的热负荷试车，以及后续快速实现日、周达产打好基础。承接自循环废钢“管用养修”生产协作项目，支撑公司开拓直采废钢业务；组织挖潜废钢运输、加工、配送0.95万吨。加强运输协作供应商管理，根据《项目单位运输协作协同项目管控评价标准》，从制度建设、供应商管理、业务管理等方面，对运输供应商以及项目单位开展检查评价，大幅压减分包商，原有11家整合压缩至5家。强化算账经营管理。以物流保供及时、运输成本可控为目标，与马钢物流、各生产厂进行多轮费用压降措施讨论，围绕“规范管理、优化运行、降价让利”三个方向实现保产汽运费用的管控，全年厂内生产、吊装相关汽运费用环比2022年减少986万元；通过内部挖潜，大幅提升“汽改铁”运输量，全年完成卷钢基料、筛下粉等“汽改铁”项目运输量63.7万吨，减少汽运费用537万元，环比2022年增加38.7万吨和233万元；协同采购、营销、制造等部门，以马钢集团公司总体费用成本降低、新增项目马钢集团公司受益为目的，梳理出进口矿海江直达、炼焦煤外部运输“铁改水”、直采与挖潜废钢运输等项目，实现联动降本556万元。实现全年物流费用压降4400万元，降幅达10%。

**【运输保产】**　根据马钢集团公司铁前、钢后产线调整、运量变化等情况，通过优化运输方案，均衡机车运力，组织实施南球北调、北烧南调、自备码头改造期间的物流保供，为高炉稳产高产提供有力支撑；针对新特钢一期、长材新2号铸机等重点项目投产，做好运输组织前期策划与准备，为项目按期投产提供运输保障。协调南山矿精矿下山量由前期的每趟28车增加至30车，同时，实现阶段性下山五趟运输组织，有效保障带焙生产；对接北区炼焦煤卸车单位，优化和固定作业流程，实现北区卸车量提升，有效满足北区生产增量需求；持续推进TPC周转率提升，支撑马钢集团公司铁钢界面铁水温度压降工作，全年TPC周转率完成4.14，较2022年提高15%，综合累计温降105℃，均创历史纪录。此外，对外不断完善上铁物流“铁路物流信息平台”功能，与芜湖东编组站、马鞍山站加强联系沟通，实现马钢在途原燃料“点菜式”调控；对内强化卸车计划兑现，有力地支撑马钢集团公司“低库存、高刚性”生产保供模式。全年实现铁路总运量4274万吨，较2022年提高12%，单台运用机车年运量创历史纪录。

**【安全管理】**　以“铁路行车安全确认”为年度小切口专项活动主题，规范作业前、运行中、作业后标准化操作，推行“指唱确认”；开展机车制动机操纵体感培训，提高乘务员在突发影响行车安全时的应急处置能力；推动协作人员宣誓活动全面开展，共有26个岗位909人参加。按照《马钢集团重大事故隐患专项排查整治2023行动实施方案》要求，制订下发运输部专项行动方案，对照《工贸行业重大隐患判定准则》《铁路交通重大事故隐患判定标准（试行）》，开展重大隐患排查整治行动。持续推进全员隐患排查工作，共排查各类隐患1922条，全部完成整改。开展标准化作业专项治理工作，制定下发运输部标准化作业专项治理工作方案。新制订27项作业流程；梳理32项标准化作业规程；开展各类规程培训班40期，培训1071人次。以铁路系统实行的专项检修挂牌和公司推行的检修挂牌制相结合，重点围绕设备检修的方案审核、危险源辨识、安全交底、措施落实、旁站监护、检修挂牌等6个关键环节推进检修委托及挂牌。建立厂区道路交通安全管理体系，实施厂区大型客货车右转弯停车确认，推进厂区交通安全管控系统二期上线，厂区道路交通安全状况持续改善，交通事故、事件与2022年环比下降50%，碰撞限高架事件为零。

**【设备保障】**　定期开展设备运行绩效评价，按月发布《设备运行月度报告》；通过强化设备维护面、缩短维修周期等方法提升信号设备保障能力，2023年室外设备故障率较2022年同期下降约14%；开展标准化信号站场建设工作，信号基础设施状态得到明显改善。同时针对机车车辆、铁路检修特点组织开展专项推进，下半年机车车辆、铁路检修质量与效率得到改善，混铁车加盖故障件数由年初的87件降至11月的21件；完善检修委托与铁路封锁登记（检修挂牌）细则，在检修挂牌推进过程中，通过修制度、梳清单、明要点、定责任，做好铁路封锁挂牌和通用检修挂牌现场落实工作，确保检修安全过程受控；优化点检标准、抓好设备群检与专检，运用5WHY分析法做好设备故障分析，利用设备评价会、设备月报做好审视，纠正过程不足，发挥协作单位作用，做好路灯、道路巡查工作，促进设备运行质量提升，全年完成设备隐患整治35处。此外，开展挖潜废钢、废旧物料归集工作，累计上缴废钢1608.5吨、物料115.73万元。

**【技术进步】**　构建以“远程、集中、少人化”为核心的铁路运输综合自动化系统平台，实现南区站铁路行车的平台一体化管控，通过进路自动化、流程优化等技术与管理措施，大幅提升南区站运输组织效率与保产灵活性，经测算每年可创造直接经济效益约300万元。项目中应用的自动进路技术，以“调控一体化”为核心的企业铁路平台一体化管控模式等在钢铁行业铁路普通货物运输中均系首次成功应用，为运输部后期实施全厂铁路运输集中一体化管控提供了技术验证与支撑。与中车主机单位合作进行纯电机车运用考核、验证，对纯电机车的配置、运用管理进行有效探索，在钢铁行业铁路运输系统首次实现纯电动火车长周期持续在线运用。全年完成知识点688条、知识案例4条、词条10条、申报专利5项，建设2个岗位知识示范点，“减少内燃机车冷却系统渗漏”获2023年安徽省创新方法大赛一等奖。

**【能源环保】**　做好混动机车、纯电机车在铁水运输中的运用同时，通过抓好机车燃油系统检修、日常点检维护等抓好运输能耗管理，2023年在运量、周转量较2022年同期增加12%的情况下实现综合能耗下降6.11%；开展清洁运输合规性常态化核查，确保大宗物料及产成品运输车辆达到清洁运输要求，年度清洁运输平均比例为81.88%；做好固危废管理，重点做好危废管理，做好固废及危废暂存设施日常管理与检查，全年处理危险废物47.3吨。通过深入基层和专业化协作单位广泛征求意见，完成题为《改善能耗结构，提升工艺机车新能源运用比例》的调研报告。

**【内部管理】**　推进马钢集团第二轮公车改革方案落实，加强马钢公车管理制度落实检查；协同物流公司开发租赁车辆管理系统，修订租赁车管理办法，进一步规范和明确公车管理流程。根据马钢集团公司组织绩效变革要求，开展组织绩效评价标准和KPI关键绩效指标的迭代工作。推进人效提升。拟定内部优化方案，通过选择离岗政策、退休离岗和厂内待聘等渠道，年度实现净减员95人、优化率达13.8%指标任务。劳动生产率由2022年度的4.71万吨/人提升至5.82万吨/人。按照“一总部多基地”体系建设要求，实现基地物流管理制度、评价、管控全覆盖。修订、评审、发布内部文件16份；发布《厂内物流协作项目管理办法》《厂区私家车停车场管理办法》《混铁车使用管理办法》3份公司级管理文件和《马钢铁路货物运输规则》1份公司级技术文件。加强培训工作。为缓解乘务员、调车员岗位缺员压力，重点推进原料机车调乘制培训，12月推行原料机车调乘制试运行，并建立相应的评价激励机制；开展“一线一岗”项目调研、岗位设计、培训、申报。在实施年度计划项目培训的基础上，还组织针对性、适应性培训。

（阮　健）

·马钢股份公司二级单位·

# 港务原料总厂

**【主要技术经济指标】** 水陆运进料 1207 万吨，生产混匀矿 1750 万吨，外供总量 5606 万吨，分别完成计划的 101.74%、97.23%、96.65%。筛分块矿外供 252 万吨。除尘灰回收量 30.06 万吨，危废循环利用 1.6 万吨，混匀矿一级品率 100%。全年设备开动率 99.65%，设备事故停机率 0.13‰。

**【生产组织】** 通过项目、产线、工艺改造，确保优质稳定供料。圆满完成自备码头工艺改造期间进料保产，并加快促进新桥机达产稳产，自备码头升级改造之后，卸料能力大幅提升，远超系统设计能力，月均料量首次突破 100 万吨并站稳百万吨平台，2023 年 10 月首次突破 100 万吨。来料自卸比例由 60%提升至 70%以上，江海联运直达海船比例由不足 50%提升至 60%以上，两项每月为公司降本 300 万元。015 号料场翻车机运行及带焙原料保供保持稳定高效，全年接卸 417 万吨，最高日均 223.5 车，保障了马钢股份公司带焙球团线生产。陆运翻车机卸车 27462 节 180 万吨，在 156 万吨煤炭基础上完成了 24 万吨筛下粉，有力支撑了北区焦炉用煤，通过筛下粉汽改铁减少运费 100 万元。保持极致低库存运行，对料格内长龄死库存进行了清理。以高炉为中心，持续稳定高槽位运行，针对高炉稳定提升产能和供料系统管用养修的新局面，强化与各单位、作业区、集控的信息传递及横向协作，加快反应速度，确保高炉原燃料平衡优质保供。完成北烧南调项目，打通北区烧结矿至南区系统供料流程，北烧（烧结机）南供约 10 万吨，实现炼铁总厂南北区烧结机产能互补，为高炉稳产高产进一步夯实基础。

**【设备管理】** 完善设备标准化体系建设，以设备稳定运行、检修协作高效协同、推进功能精度提升、强化维修投入管控为方向，全面提升设备运行效率效益。探索“管用养修”（管理、使用、保养、维修）新模式下的设备管理方式，强化现场动态精细化管控，依据总厂生产工艺、设备结构和特点推行“网格化管理”，通过分级负责、上下联动、条块结合、全面覆盖，及时检查、发现和消除设备隐患。开展季节性和专项设备整治，全年计划检修 14147 项，现场维护 5026 项，故障及非计划检修 201 项。设备系统成本费用实际发生 11735.12 万元。

**【降本增效】** 开展“三降两增”工作，通过提升水运卸船量、沉降料回收利用、检修计划调整、备件修复、物料回收等措施，全年可控成本降本 5840 万元。开展“C 棚料格挡墙壁附料清理”专项劳动竞赛，清理 183063 吨，盘活物料价值约 1.46 亿元。固废综合利用系统高效生产。全年利用北区匀矿外供系统接收处理生化污泥 1.53 万吨、酸碱污泥 7375 吨、废脱硫剂 359 吨，降低外委费 595 万元。有序实施沉降料回收利用。回收利用沉降料 2 万多吨，置换 B 棚混运矿沉降料 3 万吨，为马钢股份公司铁前降本增效作出贡献。精细管理落实设备降本。严控备件材料的新品采购，强化库存管理，领用库存可使用备件合计 31.5 万元；降低修理费用和能源消耗，开展自检自修、修旧利废等工作，完成废旧物资回收 274.15 万元。积极开展废钢挖潜劳动竞赛，回收废钢 1100 吨。

**【工程建设】** 项目组加强建设施工领域的隐患排查及施工现场的安全监管，对危险性较大的分布分项工程，督促施工单位编制专项施工方案组织评审，协调处理当期生产与工程建设的关系，确保工程按节点顺利推进。码头工艺系统及配套设施改造工程 2023 年 4 月 28 日主体工程建成投产，1 号、3 号泊位投入生产序列。港务原料总厂“无组织排放综合治理改造工程”“通廊、转运站、料棚环境综合治理工程”“转运站创 A 整治项目”“创 A 整治胶带机等亮化项目”等工程建成投产，达超低排放水平，助力马钢集团创建 A 级环境绩效目标于 2023 年 6 月顺利实现。

**【安全管理】** 深入贯彻落实习近平总书记关于安全生产重要论述，树牢安全发展理念，强化底线思维和红线意识，按照“三管三必须”要求开展各项安全工作，港务原料总厂获 2023 年公司“安全金牌”单位。开展高频安全检查和隐患排查，整治隐患1961条，严重违章查处12起。组织“相关方单位安全月活动”，开展“人身伤害事故”和“消防灭火疏散”综合演练，提高全员应急处置能力。进行动火作业培训505人次，安全网络培训660人次，156人参加检修挂牌培训，到课率100%、合格率100%。

**【环保工作】** 制定《港务原料总厂环保创A常态化管理暂行规定》，建立三方合署检查机制，每月对现场环境定期检查梳理，形成问题清单，按“六定表”原则推进落实。依托总厂能环管理群，每日在群中通报转运站扬尘、高空清料抛洒等问题，立行立改，杜绝无组织放散。进一步落实马钢集团公司节能降本目标，与欣创环保确定“节能效益分享激励分享协议”，对除尘器进行变频改造、联锁控制，改善系统运行状况，现场环境绩效不断提升。完善环境综合治理工程。“港务原料总厂通廊、转运站、料棚环境综合治理工程”“港务原料总厂无组织排放综合治理改造工程”“港务原料总厂转运站创A整治项目”“港务原料总厂创A整治胶带机等亮化项目”建成投用。按照马钢股份公司“建设一个园区、打造三个基地”的工作思路，最大限度地回收有价资源，新增“港务原料总厂固废综合利用系统扩建工程”。

**【内部管理】** 完善绩效管理体系，强化业绩优先导向。以“聚焦绩效、责任到位、刚性执行、挂钩考核”工作主线，强化“绩效为王”考评机制，全面承接马钢股份目标任务，确保各单位组织绩效目标与总厂生产经营目标、重点工作一致，全面修订组织绩效、员工绩效评价标准，将组织绩效与岗位绩效相结合。针对岗位特点，突出岗位价值，分层次、分专业设置员工岗位绩效指标，落实各级员工的责任，形成全员“一人一表”目标任务清单进行岗位绩效管理。开展人事效率提升各项工作，调动及划转人力资源服务中心40人，调入2人，分配3名大学生。强化精益运营管理，打造码头、2B型棚、1C型棚、015料场、固废精益产线；深入对标找差工作，固废综合处理量、固废返生产综合利用率、烘干产线故障时间、015产线故障时间4个公司管控对标项目达标率100%、进步率75%；全面推进算账经营，严控制造成本。通过产能提升、维修费用精细管理、严控能耗及沉降料置换、物料回收、盘活死库存等措施，制造费用降本5840万元；完善体系建设，季度自评与不定时检查相结合，查出问题专人专项消缺；建立培训机制，及时宣贯，推动员工深入理解体系管理内涵，增强体系意识；对照马钢集团公司管理制度，全面梳理修订总厂管理文件及岗位说明书，确保过程符合各体系管理要求。

**【技术进步】** 2023年注册QC小组9个，参加总人数68人，原料分厂“降低柱塞泵故障频次”QC小组活动课题获马钢股份公司级重点课题，港口分厂运转作业区QC小组成果“提升1号桥式卸船机卸船效率”获马钢股份公司QC成果发布三等奖。开展“混匀造堆过程优化攻关”“北区烧结矿南调物流系统适应性改造”技术攻关，参与实施公司级技术攻关课题6项。申报发明专利4项、技术秘密3项，授权“一种可逆配仓移动式带式输送机受料处的拉链式移动防尘装置”“一种除杂装置及输送系统”“一种筒仓配煤系统”“一种金属固废减害化循环利用的方法”实用新型专利4项，认定技术秘密3项。

（胡静波）

# 炼铁总厂

**【主要技术经济指标】** 2023年，生产合格生铁1548.39万吨、烧结矿2060.68万吨、球团矿380.46万吨；高炉利用系数2.522吨/(立方米·天)，烧结机利用系数1.231吨/(平方米·小时)；高炉燃料比509.98公斤/吨，烧结固体燃耗50.1公斤/吨。

**【生产组织】** 面对焦炭质量不稳定、入炉料品位下降及南北区多座热风炉老化负荷低等不利因素，炼铁总厂坚持以高炉生产为中心，全面审视高效生产面临的困难与实际，恢复高炉体检制度，建立“铁烧球”运行评价体系，组建高炉、烧球、设备三支技术团队，动态优化生产组织模式，合理安排产线设备检修，尤其是南球北调（马钢股份南区球团运调到北区）、北烧南调（马钢股份北区烧结矿运调到南区）的快速高效运行，为南北区生产保供互补及高效生产打开了新局面。全年累计生产铁水1548.39万吨，创历史新高。

**【设备保障】** 快速完成3号高炉整修复产，在停炉近1年现场安全条件、检修施工难度极其复杂的情况下，历时 59 天完成检修，一次性点火开炉成功，7 天日产达 3000 吨。成功实施了 A 烧结机新建环冷机问题消缺，环冷机散落料治理成效显著，设备运行更加稳定。组织精兵强将开展高炉热风炉特护，快速完成 A 高炉 3 号热风炉特护施工，成立特护纵队，总厂一盘棋，多方位交叉巡检，严防死守，确保马钢股份南北区老化热风炉生产安全。规范三方联合巡检，坚持“8 保 16”工作机制，以“鸡毛信”为手段、设备异常信息与隐患排查量为标准，推行专检与群检劳动竞赛，“铁烧球”产线作业率持续提升。全面推行检修标准化管理，修订编制设备检修标准工单，规范检修作业节点，全面夯实设备基础管理。

**【技改攻关】**　圆满完成 3 号烧结机脱硫塔改造。适时把握 3 号烧结机计划检修机遇，精心组织，艰苦奋战，克服场地狭小、高空交叉作业多及天气不好等因素，检修与项目建设相互支撑，脱硫设施顺利切入生产工序平稳运行。快速完成 C 烧结机余热发电锅炉建设。一次性成功运行并网发电。成功实施 A 高炉富氧管道改造及北区筒仓遗留项目消缺。北区高炉生产更加稳定。与此同时，1 号高炉煤气精脱硫及 1 号热风炉大修改造、球团带焙噪声治理、全厂皮带机头轮自动清扫等项目完成，总厂装备水平持续提升。

**【降本增效】**　锁定马钢股份公司吨铁成本削减目标任务，深化全面对标找差。围绕“规模、技术、能源、费用管控”降本，推行成本指标项目化管理，制定措施，落实责任，开展日预测、周管控、月小结，“干着算、算着干”，把大账算准、把小账算精，深入挖潜、降本增效。特别是 8 月以来，炼铁总厂降本增效月度环比近亿元，有力支撑了马钢股份公司经营绩效。全年吨铁降本 51.2 元，累计降本 7.93 亿元，吨铁成本排名由年初宝武集团 11 家单位的第 7 名上升至第 4 名，行业排名由年初的第 40 名上升至第 19 名。

**【节能减排】**　坚持绿色发展理念，环保创 A 取得阶段性成果，快速完成有组织、无组织评估验收问题整改，深度推进超低排放改造及生产现场综合治理，强化欣创环保设施稳定运行指导、评价、考核等管理，废气超低排完成率 100%。自发电创历史新高。优化高炉 TRT 和烧结余热发电运行管理，全年发电 7.69 亿度，比 2022 年多发电 1.84 亿度。组织节能技术应用攻关，严格能源专业管理，主要能耗指标持续进步，A 号高炉、A 号烧结机和 1 号高炉分别获得“全国重点大型耗能钢铁生产设备节能降耗对标竞赛”同级别炉机“先进炉”和“创先炉”称号。顺利完成宝武集团环保大检查问题整改销号。举一反三，自查自纠，有效管控环境风险，顺利通过中央第三轮生态环境保护督察。

**【内部管理】**　紧紧围绕年度工作目标任务，推进管理变革。全面推进以高炉稳定顺行为核心的“1+N”工作新举措，围绕生产、设备、安全、能源、消耗等，厘清思路，把准脉络，分解指标，责任到人，经济运行质量和效益持续提升。推行高炉炉长负责制，以加强高炉管理、稳定高炉生产、保证高炉长周期稳定顺行为目标，以公开竞聘方式任用 5 名德才兼备的高炉炉长。发动全员查找影响生产不稳定因素，8—12 月查找不稳定因素 400 多项，制定措施，每周滚动跟踪督办整改落实，支撑稳定高效生产。优化生产组织流程，对生产技术室与集控中心管理流程进行改善优化，工作职能互补，生产运营高效协同。深入推进精益运营，以“两长”项目为牵引，以提升全员“献一计”参与率为抓手，发动全员开展改善，5 条“星级精益现场”、3 个“精益示范点”通过公司验收。稳步推进人效提升，坚决执行公司人效提升政策，产线对标，岗位整合，推进操检维调和一线一岗，全年累计减员 133 人。

(石天顺　周宏宇)

# 长材事业部

**【主要技术经济指标】**　2023 年，长材事业部产钢 595.22 万吨、材 587.67 万吨，其中重型 H 型钢 73.81 万吨、大 H 型钢 75.52 万吨、小 H 型钢 57.94 万吨、中型材 48.74 万吨、大棒 122.21 万吨、小棒 61.91 万吨、线材 62.37 万吨、热轧卷 85.17 万吨。钢铁料消耗：60 吨转炉 1060.7 千克/吨，120 吨转炉 1066.64 千克/吨。综合成材率：重型 H 型钢 94.37%、大 H 型钢 97.34%、小 H 型钢 96.58%、中型材 98.05%、大棒 100.95%、小棒 102.15%、线材 98.86%、热轧卷 98.29%。全年销售收入 202.21 亿元。

【生产组织】 紧盯计划任务和品种规格兑现，统筹一区和二区炼钢、连铸系统生产，提升关键产线的产量和技术经济指标。重型H型钢产线从铸坯质量提升、轧钢效率提高、成品库存周转效率提升等方面进行优化，CSP产线采取区工跟班、事故研判、加强协调等措施，全力支撑产量提升。全年重异铸机、重型H型钢、中型材、大棒、2号连铸机各刷新月产记录1次，特别是大棒产线刷新尘封17年之久的月产记录。重型H型钢、中型材、大棒、小棒日产量屡破纪录，各产线累计刷新日产记录23次。

【降本增效】 坚持算账经营，大力推进“一切成本皆可降”的理念，以“聚力指标突破、聚焦降本增效”为主要绩效目标，构建组织绩效评价体系，以“一人一表”为载体充分调动全员降本积极性。组织开展“对标鄂钢、全员降本”专项劳动竞赛，助推关键绩效指标完成。生产方面，钢区着力降低钢铁料和渣料消耗，不断优化入炉结构经济料型，提高转炉煤气回收热值与总量；轧线集中高效组产，降低事故率和事故影响时间，提高成材率。设备方面，强力推进48个设备降本增效项目，累计降本8000余万元，修理费同比下降1亿元。通过全系统、全过程降本挖潜，不断实现降本突破，8月以来，吨钢降本均在90元以上，12月份达146.82元，创历史最好水平。全年吨钢降本87.57元，降本完成率156.38%，累计降本5.21亿元。紧盯市场、聚焦毛利，推动产线品种钢高效生产，品种钢产量达历史最好水平，其中H型钢生产外标出口材56.25万吨，占比27.08%（9月外标型材比例达48.1%，创历史新高）；线棒材生产低温及高强钢筋36.55万吨，检验合格率95.95%，实现量质齐升；中型材生产快赢产品矿用钢7.4万吨，产量达历史最高；3.2万吨美标小方坯出口菲律宾，实现马钢方坯出口海外“零”的突破。

【新品开发】 聚焦市场，H型钢系列产品开发新品种28个。沙特“未来之城”项目用钢开发了356毫米×406毫米系列超厚规格。帽型钢采用630毫米×280毫米坯型生产出外形尺寸合格的产品，为世界首发。铁路用C型钢试轧成功。马钢股份自主研发的355级大跨度场馆主梁用超大超厚Z向性能热轧H型钢产品通过认证，被确定为国内首发产品，并成功应用于上海浦东机场四期扩建工程T3航站楼建设。中型材开发新品种7个，成功生产光伏支架用钢。

【对标找差】 坚持全面对标、精准对标、动态对标，与永锋钢铁、鄂钢、莱芜钢铁等单位对标67项指标，其中55项有不同程度进步，进步率达82.09%。60吨、120吨转炉钢铁料消耗和重型H型钢产线成材率、废次降、余材发生率、热装率等指标进步明显。全年获组织绩效金杯奖1次、银杯奖2次，牵头的“帽型钢C型钢攻关团队”获马钢集团重点专项“小红旗”，参与的“高强钢筋市场放量”“外标H型钢市场放量”等重点专项工作获马钢集团公司“小红旗”8次，获奖总数位于马钢集团前列。

【智慧制造】 以智控中心为制造中枢，通过理念创新、技术创新、管理创新，形成智慧制造解决方案和领先优势。推进远程智能操控，1号转炉、3号转炉、3座吹氩站、2号连铸机和大H型钢、小H型钢、大棒加热炉及轧区实现智控中心远程操控。2023年集中度指数达到80.99%、无人化指数65.09%、智控中心集控率90%。推动使用工业机器人等智能化装备代替现场人工岗位，实现危险区域的少人化、高危区域的无人化。新增3台新连铸机自动喷码机器人，目前事业部共有宝罗机器人34台。申报的“基于宝联登平台的长材系列产品智能工厂”被评为安徽省智能工厂。申报的“马鞍山钢铁H型钢智能制造示范工厂”被评为国家级智能工厂，成为马钢集团首家国家级智能工厂。

【项目建设】 稳步推进2号连铸机项目，2月20日成功热试后，边热试边改进，次月即实现周达产，11月产量84684吨，刷新月产记录。小H型钢无组织排放改造项目、大H型钢工艺设备适应性改造工程、大H型钢矫直机直流系统升级改造工程等项目建设按节点推进，均一次性热负荷试车成功。

【内部管理】 1. 坚持“一贯制管理”“三管三必须”安全管理原则，落实“党政同责，一岗双责，齐抓共管，失职追责”，不断完善安全生产体系能力，持续构建规范化、区域化、智慧化的职业健康安全体系。认真落实重大事故隐患专项排查整治行动，深入开展各类安全生产大检查和专项整治。加强协作人员管理，一体推进教育培训、安全宣誓、隐患排查等，协作人员轻伤及以上安全事故为零。事业部全年轻伤 1 人，事故发生率同比下降 87%。2. 全面落实生态环境保护总体要求，严控无组织超标排放，31 个大气排口、2 个雨水排口各污染因子达标率 100%。依法开展大 H 型钢大中修项目的环境影响评价，及时完成 2 号连铸机项目环保建设，确保环保设施与主体工程同时设计、同时施工、同时投入生产和使用。通过了中国钢铁协会超低排放工作的评估、安徽省生态环境厅重污染天气环境绩效 A 级企业评级。3. 狠抓设备基础管理，重点对设备事故故障、点检定修、检修安全、能耗管理等 8 个方面进行检查和落实整改。针对大 H 型钢和 CSP 等关键产线以“零故障”为目标建立特护团队，聚焦过程管控，强化点检责任落实。全年主要产线设备故障时间同比大幅下降，其中，重型 H 型钢同比下降 51.07%，二区炼钢同比下降 43.06%，二区连铸同比下降 47.78%，线材同比下降 21.86%，CSP 轧线实现 9 个月“零故障”。4. 策划实施精益运营岗位创新系列劳动竞赛，组织优秀改善案例和精打细算优秀单位评比，物流二分厂、设备管理室、连铸二分厂案例在马钢集团发布并获奖。深入推进精益产线创建，2023 年重点打造 2 号连铸机、中型材等 18 条精益产线（示范点），其中大 H 型钢产线、重异铸机、2 号连铸机被评为马钢股份公司三星级产线，34 号变电所被评为马钢股份示范点。5. 坚持党管干部原则，突出政治标准，注重专业能力和专业精神，加强选拔培养优秀年轻管理人员，按程序提拔使用管理人员 9 名，其中年轻管理人员 6 名。强化高端人才引领，优化首席师、技能大师任期目标和评价，深耕“1+2+4”科技领军人才团队培养工程。加强操作技能人员技能培养，全年培养技师、高级技师 60 人、申报特级技师 4 人。在重型 H 型钢、大棒两条轧线推行“大工种、一线（轧线）三岗（加热、轧钢、精整）”技能培训，已培养智慧岗合格职工 18 人。持续提升人事效率，全年减员 226 人，优化比例 8.37%，再次超额完成马钢集团下达的优化指标。

**【荣誉】** 职工撰写的《解文中和他的徒弟们》在第六届中央企业优秀故事创作展示活动中获三等奖，成为中国宝武两个获奖作品之一。深入挖掘“江南一枝花”精神内核，编写微话剧《花儿为什么这样红》在马钢集团第二届“江南一枝花”精神故事会活动中获一等奖。2023 年，长材事业部党委获中国宝武“先进基层党组织标杆”、马钢集团党建创优金奖、马钢集团“先进基层党组织”，长材事业部被评为马钢集团安全生产金牌单位、节能降碳环保先进单位。

（张　荣）

## 四钢轧总厂

**【主要技术经济指标】** 2023 年，钢产 973 万吨、热轧材 955 万吨，较 2022 年分别增产 101 万吨、56 万吨。全年累计降本 5.71 亿元，超额完成马钢集团下达的 5.39 亿元降本任务。转炉煤气和蒸汽稳定实现“双百”回收，转炉工序能耗（标准煤）达到-30 千克/吨的标杆水平。设备有效开动率从 99.74%提升至 99.76%，较好地完成了运行指标。

**【生产组织】** 钢轧生产再创新高，各项工作屡创佳绩。炼钢创月产历史最高 86.75 万吨、日产最高 108 炉、班产最高 38 炉纪录，生产效率达宝武集团同类型产线最高；热轧两条线破日产纪录 19 次、1580 热轧生产线具备两座加热炉 440 万吨生产能力。常规炉役检修工时 5 月首次突破 9 小时，迈进 8 小时大关，3 号转炉 10 月份再次刷新常规炉役最短工期纪录，实际用时 8.3 天；2250、1580 热轧区域故障时间降低至每月平均 1100 分钟及 430 分钟，优于 2022 年水平。

**【科技创新】** 持续拓展品种开发，精冲钢拓展至 14 个牌号；M1400HS（焊丝钢）实现国内首发；工业纯铁实现极低残余元素控制新突破；HiB 硅钢成功试制；汽车用钢突破 320 万吨；电池壳钢实现产量翻番，市场占有率高达 40%；RH 炉（炉外真空精炼炉）生产品种钢产量达到 600 万吨；1580 产线品种强度拓展至 550 兆帕。品种钢质量控制持续提升，电池壳钢质量取得突破，砂眼率由 2022 年百万分之 50.5 降至 2023 年百万分之 14.2；超高强钢成材率达到 90%。围绕品种质量控制，主导马钢集团 5 项揭榜挂帅项目，其中 2 项获马钢集团“奋勇争先奖”小红旗。总厂级攻关课题 56 项，QC 课题 25 项，其中“高耐蚀钢精益高效冶炼方法”获安徽省重大合理化建议项目奖，“提高硅钢楔度合格率”项目获“安徽省 QC

成果”三等奖，“超深冲冷轧搪瓷钢高效环保冶炼技术创新与应用”项目获中国宝武优秀岗位创新成果特等奖。

**【降本增效】** 对标找差精准切入。通过与宝钢股份四大基地全面对标，经济技术指标得到明显改善，连铸成坯率98.43%，排名第一；全年综合成材率累计为97.85%，较2022年提升0.12%，进步率排名第一；热装率由74.48%提升到77.90%以上，其中1580热轧热装率85.92%，在中国宝武16条板带产线中排名第二，较2022年上升一位；转炉煤气和蒸汽稳定实现“双百”回收，转炉工序能耗（标准煤）达到-30千克/吨的标杆水平，牢牢站稳中国宝武第一方阵。1号转炉获“全国重点大型耗能创先炉”。降本增效弯道超越。炼钢转炉创新探索“高温热态预熔渣综合循环利用”工艺，石灰消耗由43千克/吨降至32千克/吨。充分利用铁钢比调整有利条件，创新氧化铁皮和渣钢回炉利用，钢铁料消耗降低4.7千克/吨。1580热轧“238高地”项目实现了两炉月产39.22万吨，有效降低燃耗、电耗，提高了成材率。不含合金的板坯加工成本降低至全年440元/吨，排名宝武集团第一位，热轧加工成本同类型产线2250排名第二、1580排名第三。

**【安全环保】** 承接马钢股份公司“2+1”基础管理提升行动和“5+N”工作专项整治，四钢轧总厂重点组织112个协作人员班组安全宣誓、415人次参加采光瓦燃烧体感培训、危险作业旁站监护、检修三方挂牌等安全生产专项行动。开展安全生产宣传教育“五进”活动，100%完成职工年度安全再培训，完成全厂345名接触职业危害因素职工的职业健康体检。开展隐患排查治理，共排查隐患3640条，其中重大事故隐患8项，均在规定期限内得到有效整改；全年查处严重违章35起，其中正式职工19起，协作人员16起。安全形势稳定受控，四钢轧总厂获马钢集团2023年安全金牌单位。创A技改项目1月全面完成，有力支撑马钢集团环境绩效A级企业创建工作。环境综合治理与“三废”排放达标，环保“三同时”执行率100%。

**【智慧制造】** 纵深推进智慧制造，“宝武工业大脑——智能炼钢”项目取得阶段性进展，“炼钢柔性智能排程系统”核心模型实现首发；“智能RH”模型全面投用；大型转炉全周期一键精准控制模型成功热试，产线智能化水平处国内领先。“热连轧智能工厂高效集约生产和精益管控技术创新”项目获“冶金科学技术奖”一等奖，“新型RH真空精炼炉智能控制技术”入选“2023年钢铁行业数字化转型典型场景应用案例”，并获“第三届智能制造创新大赛”优秀奖。持续推进精益运营，星级精益产线创建全工序覆盖，精益示范点、精益达人、精益实践案例在各条生产线遍地开花。围绕“效率、品质、成本、交货期、安全、士气、环保、智能化”8要素改善，职工随手拍参与率较2022年提升40%。四钢轧总厂成功承办2次马钢集团公司精益现场会，6项案例发布获马钢集团“最佳实践精益运营案例”。1580热轧获评“四星级”精益现场、板坯连铸和2250热轧获评“三星级”精益现场。

**【内部管理】** 不断提升组织绩效，承接马钢股份公司组织绩效考核四类指标，总厂细化分解制定22个关键性指标，责任到二级单位及个人。全年获马钢集团“奋勇争先奖”重点专项红旗3次，获组织绩效金杯奖1次、银杯奖1次。加强技术技能人才培养，签订110份师徒合同，组织两期后备作业长培训，8名职工取得作业长资质，3名已上岗见习。通过“校企共建”途径，订单式培养18名在校大学生入职，并快速上岗，独立胜任工作。围绕生产经营中心，不断强化岗位创效，全年共组织开展“创纪录”“降本增效”等各类劳动竞赛16项、5200人次。成功承办马钢股份公司第十一届热轧操检维调智控项目技能竞赛，并组织四钢轧总厂第十五届技能竞赛，有效助力职工技能水平提升。增进职工福祉，完成职工“三最”实事结题14项，开展20余次“我为群众办实事”活动，全年发放慰问金36.67万元。吸纳扩充10个文体协会，还建职工篮球场，丰富职工业余生活。

**【荣誉】** 四钢轧总厂获“安徽省五一劳动奖状”“安徽省劳动竞赛先进集体”“安徽省劳模创新工匠基地”“全国机械冶金建材行业示范型创新工作室”。单永刚同志获“全国五一劳动奖章”“安徽省十大新闻人物”称号；陈志伟同志获“全国钢铁行业优秀共青团干部”称号。

（陈旭康）

# 冷轧总厂

【主要技术经济指标】 2023年，累计完成钢材产量542.11万吨，刷新年产纪录。其中汽车板229.81万吨，家电板75.92万吨，建筑板30.92万吨，硅钢47.88万吨，其他用板材157.58万吨。冷轧产量198.47万吨、镀锌产量144.38万吨、硅钢产量47.88万吨、酸洗产量119.61万吨、彩涂板产量31.77万吨。

2023年1720酸轧、2130酸轧、4号镀锌、1号连退等9条产线18次刷新月产纪录；1680酸洗、1720酸轧、2—4号镀锌等12条产线35次刷新日产纪录。其中，10月冷轧总厂准发确认53.24吨，月产再次突破50万吨，实现年产600万吨产能。成本削减完成率183.6%、综合成材率92.39%、现货发生率4.66%、合同完成率92.63%，全年累计废次降率5.43%。全年2次获马钢集团“奋勇争先奖”金杯奖，2次获银杯奖，2次获“重点专项”小红旗。

【生产组织】 2023年面对市场“寒冬”，冷轧总厂全面贯彻高质量发展理念，聚焦极致高效与品种渠道，持续深化全面对标找差，强化问题导向、过程导向、目标导向和结果导向，明确地位、找准定位、提高站位，不断提升汽车外板、高强钢等高附加值产品占比，强化算账经营，持续降低工序加工成本，提升效率、效益、品质，不断提高冷轧产品市场竞争力。

【技术质量】 针对制约生产经营的工艺、质量、成本、效率等方面的难点问题，总厂积极组织策划技术攻关，共同推进冷轧制造能力提升。1720酸轧成功试轧精冲钢（牌号45Mn（锰））及精密焊管钢等新品种并实现批量生产，有力拓展产线的品种结构；通过镀锌产品结构调整，2号镀锌线完成GA产品、汽车外板产品稳定批量生产，3号镀锌线低铝锌铝镁汽车板完成首轮试制，4号镀锌线实现DP600、DP800高强钢批量生产，1号镀锌线完成汽车板生产试制；通过进一步优化4条镀锌线资源分配，镀锌汽车板产量达到69万吨，创造新的历史纪录，镀锌重点品种保供能力得到明显提升；通过全流程工艺开发优化，马钢硅钢实现0.25毫米、0.27毫米、0.3毫米系列新能源硅钢批量稳定生产，新能源硅钢产品制作的驱动电机应用于国内多家新能源车企，产品质量不断得到迭代升级。彩涂产品2023年产量达到32万吨，首次突破设计产能，创投产以来历史新高。通过“彩涂交期订单兑现率”揭榜挂帅项目的实施与持续推进，2023年彩涂交期订单按期兑现率达93%以上，交期、质量都得到广大客户的一致好评，提高马钢集团彩涂的市场占有率，提升客户满意度。持续更新、完善客户档案，改进实物质量。汽车板制造能力、产品质量稳步提升，配合细心贴心的客户现场服务，使得冷轧汽车用户感知综合指数进一步提升。2023年荣获奇瑞汽车、长安汽车“2023年度优秀供应商”、比亚迪汽车“2023年度特别贡献奖”、吉利汽车“2023年度最佳项目合作奖”，品牌效应得到进一步提升。

【科技创新】 2023年，冷轧总厂以降本增效为重点，围绕公司级和单位级重难点、关键问题，通过系统改进，提升成材率等关键技术经济指标；通过技术创新、技术攻关及管用养修等新的运行模式，积极推进能耗降本、推进各机组高效生产，提升产品质量，提高产品竞争力。承接公司级技术攻关项目3项，马钢集团揭榜挂帅项目1项，组织冷轧总厂揭榜挂帅项目42项；组织完成公司级科研与技术攻关季度小结等材料，其中，“冷轧北区EDT低粗糙度高峰值毛化技术研究”“冷轧流程轧机振动研究及抑振控制”顺利通过项目结题评审；在“马钢知识产权管理系统”内完成申报25项，通过马钢集团评审20项，完成目标值；组织组织申报30个QC活动课题，“降低3号镀锌辊印缺陷的一次封装率”在2023年安徽省质量管理小组比赛中荣获三等质量技术成果，“提高立式退火炉板宽方向冷却均匀”项目获2023年安徽省创新方法大赛决赛三等奖，“新能源硅钢生产稳定性提升”项目获马钢集团2023年质量创新与改进成果优秀奖。

【精益管理】 以“全员改善创效”为重点，全面激发员工的参与热情和才干，对精益现场和TPM活动优秀作业区进行金银铜牛评比，与工会联动大力开展“金银好点子”等活动，最大限度激发企业发展的内生动力，全员、全方位、全流程、全要素一体化持续推进精益管理工作。组织开展精益日、微改善等活动，提报随手拍13467条、微课程 1287 条，提交微改善 15529 条、精益组 540 条，成果分享 1201 条、视频秀 699 条，组织开展精益现场日活动 1211 次，大大提升员工立足岗位创新创效能力。以星级精益现场为标准，积极组织开展镀锌、彩涂 6 条涂镀线的星级现场创建和 1720 液压站、硅钢二期库房、2130 酸轧入口电气室及 2130 连退出口液压站的精益示范点创建工作，实现精益现场的“安全可控、运行有序、设备稳定、环境整洁、管理规范”。

**【设备管理】** 坚持“生产工艺主导、设备维保主动”的理念，以设备零故障为目标，细化设备维护全过程管控。依托 EQMS 系统，对标宝山基地与湛江基地，优化检修模式，并将技改项目与大中修相结合，不断提升设备性能和精度，通过完成 2130 连退活套改造，让产线站稳月产 9 万吨平台；通过 1680 酸洗提速攻关，达到全国同类型产线最高速度。围绕降本目标指标，总厂持续开展修理费条目化降本措施，不断进行备件对标国产化、新技术产品试用、消耗件总包，有效降低设备维护成本及生产成本。全年设备运行指标稳中有升，“带钢板型测量数据在质量分析与设备管控中的实践应用案例”在全国冶金行业“计量测试促进产业创新发展”优秀案例评选活动中获“优秀奖”。

**【技术改造】** 加快数字化转型和智能化升级，深入推进数智化项目实施。2023 年集中化指数提升至 79.6%，较 2022 年同期提高 5.4%；远程化指数提升至 79.6%，同比提高 23.8%；无人化指数提升至 63.44%，同比提高 10.1%。同时，以调整马钢硅钢产品结构，提高高牌号及高效硅钢产品占比为目标，完成硅钢 1 号连退线的大修改造。2023 年，在中国宝武工业互联网研究院举办的“宝罗杯”机器人创新大赛中 3 镀锌智能巡检机器人获二等奖；冷轧退火炉智能巡检机器人在马钢集团 2023 年智慧化与大数据专项劳动竞赛中获“智宝罗”称号；“冷轧大数据智能化工艺诊断分析系统”获智慧制造典型案例二等奖。

**【内部管理】** 本着“小事立即办、大事不过夜”的理念，实施两级领导 24 小时保产值班制；关键产线“管理、技术人员驻厂值班”并成立特护小组，工艺和设备技术人员参与 24 小时保产值班。加强生产过程控制的监督和设备运行状态的监控，针对现场质量预警和设备故障快速进行处置，快速解决制约高效生产的各类问题。成立以首席师、技能大师为首的产线提速队伍，各技术团队负责人做好机组全面提速的支撑工作。以体系审核为契机，完善标准化作业，加强质量监督管理，顺利通过 PED、TISI、SCS、IATF16949、五标一体化认证审核，并通过东风日产、比亚迪汽车、理想汽车等供应商二方审核，以及马钢集团过程审核、产品审核、综合管理体系审核等合计 21 次。将关键绩效指标与专业管理、重点工作推进相融合的绩效管理模式，加大事故考核力度，做到奖惩分明。同时以效率效益为核心，以降本增效为依托，优化薪酬增长与效益提升挂钩机制，切实保障职工收入。组织开展“一线一岗”专项培训，切实鼓励一专多能、一人多证。2023 年对申报“一线一岗”的 7 条产线进行评价验收，培训目标 89 人，合计通过验收 86 人，目标达成率 96.6%，为深入推行“一线一岗”新型作业模式奠定人才基础。

**【能源环保】** 深入贯彻“绿色低碳发展”精神，持续巩固创 A 工作成果，深入开展总厂环保自查自纠工作，持续推进环保体系高效运行。2023 年，环境污染事故为零、环保污染物达标率、环保设施同步运行率等共 9 个重点指标完成率均为 100%；以“节能减排、降本增效”为目标，全方位推进绿色城市钢厂建设。通过能源回收项目和低碳运行项目，全年为总厂节约能源消耗成本 861.66 万元。通过优化生产组织、合理避峰就谷、产线提速等能源措施的开展，全年能源消耗在 2022 年能源成本的基础上，实现 2044 万元的降本。北区镀锌及 2130 连退蒸汽冷凝水综合利用节能改造项目获马钢集团十大优秀节能案例。2023 年，冷轧总厂被评为安徽省环境诚信企业，能源环保绩效获马钢股份公司金牌，连续 5 年排名第一。

**【安全管理】** 以零伤亡目标为引领，坚持全面从严管理，压紧压实安全责任，强化“一贯制管理”和“三管三必须”。坚持系统策划，重点突破，运用小切口，解决安全管理薄弱环节和突出问题，深入开展“2+2”基础管理提升行动；坚持以风险、隐患和事故为导向，加强源头治理、综合治理和专项治理，扎实推进“5+4”重点专项整治行动；坚持系统施策，改进方法，完善机制，日常工作、重点工作和基础工作分类管理，推动安全体系运行更加高效，提升安全管理能力，有效防范安全生产事故发生。获马钢集团 2022 年度“安全生产金牌单位”称号、“落实全员安全生产责任制”劳动竞赛团体优胜单位称号、“落实全员安全生产责任制”劳动竞赛优秀成果奖。

（孙　琦）

## 特钢公司

**【工程建设】** 新特钢工程建设坚持系统观念，统筹谋划，精心组织，炼钢及精炼、连铸及轧钢、厂内公辅、检测中心、铁路运输、配套公辅、景观绿化等8个项目高质量收尾。生产准备高效协同，从“人、机、料、法、环”五个方面进行全面而系统的梳理，创新员工培训模式，将协作方人员纳入“一体化”培训。系统推进各类管理及作业文件编制工作，新增各类管理及技术文件98项；采购各类备件、机物料5300余万元。顺利完成资源、物流、生产计划及质量检判等信息化系统调试，高质量完成各项生产准备工作。成立热负荷试车指挥部，系统科学地编制《新特钢热负荷试车大纲》以及铁水、转炉、精炼、连铸及轧钢等9项试车方案及应急预案，2000余名参建人员精心调试，确保各调试任务的高质量完成。5月18日，新特钢炼钢、连铸全系统热负荷试车一次性成功，6月6日新特钢项目正式投产运行，当月达到13.3万吨的设计产能。

**【钢轧产线】** 全年钢产量166.75万吨（其中电炉95.43万吨、转炉71.32万吨），线棒材产量86.45万吨，商品坯76万吨。优化南北区生产流程，充分发挥产线分工互补作用，实现集中高效生产。单中包浇铸时间突破1000分钟；优化北区生产组织，转炉班产14炉，日产39炉，日产量突破6000吨。优化轧钢计划，加强过程管控，大棒、优棒、1号高线实现班产破纪录3次，日产破纪录1次，月产破纪录1次。

**【改革管理】** 落实马钢股份经营策略，特钢公司牵头组建了模拟经营团队，成立5个经营管理组和商品坯、棒材、线材3个产品团队。以“四有”为经营纲领，以“算账经营”为抓手，以“产销研”高效联动为支撑，以模拟经营为牵引，快速拓展直供客户渠道，通过产销研的高效协同，成效明显，经营绩效得到实质性改善。

**【结构调整】** 集中资源开发边际效益较高的产品，合理配置产线资源，其中，P91、P92等高附加值产品产量增幅达207%。全年成功开发以轴承钢、齿轮钢、弹簧钢、帘线钢、冷镦钢为代表的170多个新产品，通过65项中高端客户认证。2100兆帕级汽车悬架簧用钢、汽车元宝梁锻件用钢等实现国内首发；装用马钢轮轴的复兴号动车组成功载客运行；弹簧钢产品完成奥迪全系车型国产化替代认证，实现批量供货，获辽阳蒂森“2023年优秀供应商”。

**【智慧制造】** 积极响应宝武万台宝罗员工上岗计划，宝罗机器人平台在册量达到26台，较2022年增加10台，其中大方坯焊标机器人、高线捆包挂标牌机器人、大圆坯自动喷号机器人以及优棒捆包焊标牌机器人项目分获“勇宝罗”“贝宝罗”和“铜宝罗”荣誉称号。集中化指数78.46%，无人化指数78.40%，远程化指数66.82%。

**【绿色减碳】** 推进电炉余热余能回收系统优化、开发全流程低碳车轮产品制造技术；开展转炉供氧制度与煤气、蒸汽回收工艺优化，实现高效回收；通过优化除尘负压连锁程序、固定频率运行等措施，降低除尘电耗。2023年电炉工序能耗（标准煤）达33.95千克/吨，连续两年在宝武集团劳动竞赛中排名第一，获宝武集团“极致能效冠军炉”，在2023年中钢协对标竞赛中获“优胜炉”；转炉工序能耗（标准煤）-34.19千克/吨，达行业标杆水平。

**【降本增效】** 开展炉料结构优化、合金替代、降低原辅材料消耗、提高成材率等20项专项工作，取得显著成效。电炉、转炉经济料型占比均达到85%以上，钢铁料价格较2022年降低171元/吨；开展镍生铁、硅锰球、钒氮合金替代工作，降低合金成本；通过优化铸坯定尺，改善轧材头部弯曲、扭曲、脱方、表面划伤等问题，综合成材率提升到95.93%，超额完成年度目标；废次降率由2022年的4.31%下降至3.78%，质量损失减少503万元。精打细算，控制费用，年度运输费用降低532万元，南、北区耐材总包消耗（吨钢）分别降至111.39元、71.97元。与中国宝武生态圈内多家合作伙伴开展紧密合作和联合攻关，吨钢动力成本降低28元，渣处理费用降低11.2元。

**【安全管理】** 组织策划和持续开展基础管理提升行动和重点工作专项整治，协作人员宣誓做到一岗一词，体感培训及动火作业培训全覆盖，停送电、停送介质流程全面修订，检修及自力挂牌制度完成切换，皮带机隐患整改71项。完成安徽省、马鞍山市和马钢集团公司查出的65项隐患整改，自查8项重大事故隐患、144项起重吊装隐患也全部完成整改；辨识、新增新特钢、新精整线三级危险源合计30项。将区域内协作单位、BOO（生态圈）单位纳入统一管理，同步开展培训、检查和评价，梳理管理界面，强化分包约束机制，严审协作人员准入，协作单位安全管理体系的综合能力和履职意识有所提高。与家属代表签署安全告知书，引导广大职工及家属共同筑牢安全屏障。2023年特钢公司获马钢集团安全生产金牌单位、宝武集团“落实全员安全生产责任制”劳动竞赛优秀组织单位和年度优胜单位。

**【精益管理】** 注重精益人才培养，6名优秀员工取得“马钢精益师”资质。通过南北区互学、现场问诊、红牌督办、强制排名、反思发言、红脸出汗等举措，鼓舞先进，鞭策后进，营造比学赶帮超的精益氛围。全年依托马钢精益通，全员献计突破万项，位列马钢集团前三。特钢“两长”（作业长、班组长）、党员、团员开展“精益·现场日”活动400余次。全年夺取精益“安全示范作业区”流动红旗12面；优棒产线获马钢集团最高星级——四星级“精益现场”；圆坯连铸液压站获马钢集团三星级“精益示范点”。

**【荣誉】** 精心排演的《我的特钢我的梦》获马钢集团“牢记嘱托　感恩奋进”文艺调演综合类二等奖、马钢集团第二届“江南一枝花”精神故事会二等奖。特钢公司团委获全国钢铁行业“五四红旗团委”、全国钢铁行业“青安杯”竞赛先进集体称号。2人获“安徽省五一劳动奖章”；1人获中国宝武道德模范；9名员工分获中国宝武银牛奖、铜牛奖，马钢金牛奖、银牛奖和铜牛奖；1人获马钢集团“十大优秀作业长”，1人获马钢集团“十大杰出青年”，1人获马钢集团技术状元。

（罗继胜）

# 煤焦化公司

**【主要技术经济指标】** 2023年，生产运行稳定高效，焦炉K3系数同比提升9.2%，全年生产焦炭532.87万吨，同比增加42.77万吨，创建厂以来焦炭产量历史新高。全年输送煤气量23.1亿立方米，同比增加1.6亿立方米，创历史纪录；全年发电7.43亿千瓦时，同比提升19.2%，创历史新高。生产轻苯6.50万吨，完成率107.1%；煤焦油22.47万吨，完成率105.8%；全年化产品销售额达14.25亿元，超计划1.25亿元，破历史纪录，有力支撑公司经营绩效改善。

**【生产组织】** 稳定焦炉生产，支撑高炉顺行。针对不同炉型焦炉，首次尝试实施四组焦炉四个配比，极致优化配煤结构，严格执行操作标准；优化焦炉热工，强化焦炉“体检”，加强煤焦全过程管控，努力克服煤炭资源紧张造成配比变更频繁等困难，稳定生产系统运行，保障焦炭质量，全力做好高炉保供工作。同时，充分发挥新建焦炉后发优势，全力推进极致高效生产，全年焦炭产量突破530万吨，刷新焦炭年产历史纪录。主要化产品质量总体实现了系统稳定、流程可控和产品优良，全年化产品销售额达14.25亿元。

**【设备保障】** 紧抓“零故障”绩效管理，同时推进设备管理智能化，从设备的日常管理、基础管理出发，做好设备的预防性维修；3月底开始首次推出焦炉四大机车定修模型并进行试运行，每天进行定修执行情况统计并优化，下半年机车运行影响生产故障时间和次数较上半年下降约20%，有力支撑焦炉稳产高产。加快提升设备智能化水平，实现2号焦炉地下室机器人智能巡检、高配机器人巡检、7.63米焦炉炉温自动检测与智能调控等；经过攻关，7米焦炉机车无人化程度显著提升，综合无人化率达95%以上。积极推进重大设备检修项目，完成6号炉（1—5号）燃烧室全立火道通修、3号干熄焦年修、脱硫塔与再生塔等几十项大中修和改造任务。

**【安全管理】** 坚持“安全第一、预防为主、综合治理”的安全方针，围绕马钢集团2023年安全生产工作计划，压实全员安全生产责任，每月对B层级及以上管理人进行安全履职评价强制排名，并与薪酬挂钩。聚焦重点领域，深入推进协作岗位安全宣誓活动，确认并优化86个协作单位宣誓班组安全宣誓誓词，被评为2023年马钢股份公司协作协同岗位安全誓词优秀组织单位。强化危险作业管控，开展检修挂牌、有限空间、动火作业等专项整治活动，共整理103项检修挂牌自力项目；共辨识有限空间1087处，设置39个固定动火点，生产区域动火作业次数下降约 20%，有效防范火灾事故发生。吸取事故教训，积极开展皮带机作业安全生产专项整治行动，重新梳理 284 条皮带并按照 ABC 分类管控；完成 794 个点位皮带机本质化防护改造整改；新增 85 个警铃并优化响铃方式；优化皮带巡检岗位作业模式，取消夜间巡检，提高安全绩效水平。

**【能源环保】** 2023 年煤焦化环境风险总体受控，环保合规性管理水平总体提升，重大环境污染事故为零、环境行政处罚为零。一期创 A 通过的 16 个国控排口全年超低排小时均值达标率均在 98%以上，为历史最好水平。完成环境绩效 A 级企业创建，4 月 25 日有组织、无组织监测评估情况在钢协网站公示，5 月 26 日完成 A 级企业认证，助力马钢集团成功创建 A 级环境绩效评价企业。

**【降本增效】** 紧盯降本挖潜，强化协同降本。强化算账经营理念，紧盯降本增效目标任务，坚持成本日统计、周分析，通过实施提产量、优工序、推项目、调结构等有效措施，2023 年同比吨焦多降本 54.5 元，同比计划多降本 5281.51 万元，必达目标完成率 122.23%，挖潜降本成效显著，创历史最好水平。着力优化配煤结构，实施四组焦炉四个配比，在保证高炉用焦质量的前提下，推动配合煤成本降低，通过优化过程控制，确保煤气净化系统生产稳定，保证化产品产量、质量，全年化产品销售额超计划 1.29 亿元，有力支撑公司经营绩效持续改善。

**【技术创新】** 2023 年共上交专利 20 项，在审 3 项，通过评审专利 17 项，发明占比 90%，超额完成年初马钢股份公司下达的 11 项任务指标；完成技术秘密 17 项，通过审查并认定 15 项，在审 2 项，完成马钢股份公司年初下达的 15 项指标。其他上传且通过审查知识案例 6 项、岗位基础示范点 1 项，均按质完成马钢股份公司年初下达的任务。煤焦化公司圆满完成 2023 年马钢股份公司各项科研及知识产权任务，同时，获得发明授权专利 3 项，新型授权专利 3 项；前期完成的 6 项科研项目、2 项省级成果、1 项公司级成果均受到马钢集团公司奖励，同时另有两科研成果分获宝武集团及马钢集团利润分享奖。

**【对标找差】** 正视差距，聚焦重点，向外对标先进，找准短板弱项，向内持续优化。建立生产技术和设备能环共 27 项对标指标，全年对标指标进步率达 88%。在宝武集团“极致能效”焦炉对标评比中，1 号 2 号焦炉、9 号 10 号焦炉分获年度亚军和季军；在马钢精益产线评比中，9 号 10 号焦炉获得三星级“精益现场”称号。“基础不牢，地动山摇”，面对 2023 年起步不顺的困难局面，煤焦化全面落实从严管理要求，从抓“两长”（作业长、班组长）履职、全域禁烟、交接班管理、系统报警处置、典型案例发布、异常情况责任分析、绩效管理、违章查处、危险作业管控、联锁管理和岗位规程应知应会 11 个方面狠抓基础管理工作，刚性考核，强化负面清单宣贯，提高全员工作执行力和责任意识、规矩意识。

**【内部管理】** 深刻领会公司管理理念、管理体系和管理要求，做好煤焦化内部管理变革后续工作，加强细化内务管理工作，压实责任。持续完善制度体系、管理文件的修订发布 101 项。积极推进人力资源优化，统筹实施政策性离岗、专业化整合、员工价值创造等转型方式，全年人事效率提升目标完成率 100%。强化绩效管理，扎实推进完善岗位绩效“一人一表”，强化绩效结果应用，在绩效评价过程中首次纳入安全、环保履职排名及典型案例发布考评，三季度首次实现绩效评价结果与薪酬强挂钩。深入推进协作管理变革，完成 5—8 号焦炉生产辅助业务由冶服公司承揽转变为中钢邢机承揽，切换后煤焦化 8 座焦炉业务均由中钢邢机承揽，皮带巡检等业务均由冶服公司承揽，做到让专业人干专业事。

**【荣誉】** 大力弘扬劳模精神、劳动精神、工匠精神，聚焦一线典型人物，全年获中国宝武“优秀青年”1 人，中国宝武“铜牛奖”3 人，马钢集团优秀分厂厂长 1 人、优秀作业长 1 人，马钢集团“金牛奖”1 人、“银牛奖”1 人、“铜牛奖”5 人，获得 2023 年度中国宝武优秀岗位创新成果奖 1 项。

（唐　方）

# 检测中心

**【主要技术经济指标】** 2023 年，检测中心检验外购原燃辅料 16373 批；完成理化检验产值 29978 万元。物资计量 1.25 亿吨，各类计量收入 5679 万元。

**【智慧检测】** 建成国内首条炼焦煤取、制、检全流程自动化系统，实现 2 号 E 型焦煤筒仓 6 个炼焦煤和动力煤的自动取样、样品转运、制样、备样保存、物理和化学指标检测、弃样返回、数据上传发送等功能，进一步提升马钢股份北区炼焦煤、动力煤检验的准确性。建成北区焦炭自动检测线项目，实现取、制、检全流程自动作业。新特钢配套检化验项目投产运行，全面覆盖新特钢项目的化学分析、力学性能、工艺性能检测及配套的试样加工的生产需求，形成水浸式探伤仪分析、热顶锻试验、高低温拉伸试验等多项新型检验能力。2023年，检测中心新增21台套机器人，在役机器人达82台套，较2022年增加34%，另有在建机器人22台套。在建项目按节点推进，成品一作业区智慧实验室项目完成土建和机器人安装，国内第一座冷板物理、化学全自动检测实验室接近完工。合金自动取样、粒度自动测定项目进入现场施工阶段。水运物料自动检测线系统工程项目完成水运含铁料取、制样自动化系统建设和北区混匀矿取、制样设备改造。重型H型钢检测自动线第一个工作圈已安装调试完成，第二个工作圈有序建设中。

**【生产检测】** 以检测智控中心为平台，建立以“数据预警”为切入点的管理模式，以原燃辅料8个品种检测提升效率、成品9个重点关注品种为侧重点，推进原料端单数据预警及成品端批量预警日常闭环管理，同时对梳理的预警品种及频次开展日常趋势分析及趋势动态变化跟踪。原燃辅料检验进一步缩短重点品种检验时限，其中合金平均检验时限小于等于1.3天，较2022年提升效率27%；进口铁矿、国内铁矿、自产矿检验时限保证了含铁料有成分入炉和合金有成分出库，为降低库存、压缩生产成本提供支撑。利用A号、B号烧结机自动线主体装备系统，优化工艺路径和系统程序，提升自动线运行效率，实现C号烧结机生产烧结矿全自动检测。推进合金替代新品检测，解决镍生铁、铌铁球、镧铈合金和硅锰球等4种炼钢合金降本替代新品的检验，建立取、制、检各环节作业方法。组织好地脚料、沉降含杂料、长龄库存合金等质量检测服务，开展高炉用粒子钢检验，推进配煤炼焦煤降本工作，支撑炼焦煤新品种的选择以及新资源的使用。坚持“在算中干、在干中算”，通过增加自产矿抽检频次、加快检验时限、提升重点品种检验效率等措施，为生产和采购验证提供及时准确检验数据。2023年原燃辅料质量追溯扣减款9739万元。从体系、管理、组织和人员入手，建立废钢检验机制，通畅废钢检验流程，全年废钢检验扣杂扣款439万元。顺利承接新特钢理化检验任务，配合新特钢投产及生产节奏，开展技术攻关、多实验室间比对，提高检测的准确性和及时性。通过与交材、特钢建立沟通机制，解决送样不均匀、集中组产以及轴承钢客户对接不畅问题。积极应对马钢集团公司产品结构调整升级，锌铁合金产品生产由3号镀锌线转移至2号镀锌线，同步增加低、中铝锌铝镁产品。快速响应新产品生产，作业区联动保产，利用湿法分析方法确保前期试制，迅速建立荧光分析方法承接日常检验任务。开发马钢船舶水尺检测计量管理系统，准确、及时出具水尺检测计量数据，填补国内水尺检测领域通过软件对检测过程进行管理的空白。建立探伤试块几何参量的内部计量标准，获马鞍山市计量测试促进产业创新发展优秀案例和一等奖；提出一种车轴轮对位置度量规的校准方法；自主开发标准铂电阻温度计校准过程中的数据处理软件，将单次数据处理人工计算用时由10分钟缩短至1分钟以内；研制应用料斗秤快速校准装置代替砝码对料斗秤进行校准。远程计量实现磅房无人化，建立静态轨道衡在线监测系统，实现合金库静态轨道衡秤体硬件关键参数远程在线监测及故障报警提示；设计开发马钢自动轨道衡动态称重系统，轨道衡一次称量及数据传输准确率达99.99%。计量盈吨增效显著，通过对外购二类焦回空数据和供方出厂数据进行比对，动态确认计量数据，为马钢集团盈吨397.25吨。合理利用规则确认张庄精矿水尺计量结算数据，盈吨2668吨。与采购中心密切协作，积极争取爱国矿资源回运，共争取到44677吨爱国矿。

**【体系管理】** 实验室认可体系完成新标准、方法技术验证27项，参加11项能力验证活动，结果均为“满意”；向中国合格评定国家认可委员会（CNAS）提交的3项技术能力和3名授权签字人变更申请获得认定。测量体系通过体系认证中心安徽分中心年度监督审核，无不合格项。能环体系完成马钢集团公司内部综合体系审核，合规处置含铬废液4.86吨、含酸废水292吨。全年马钢集团公司重点产品认证审核等16次、二方审核14次；外审无不符合项，整改或建议项6条均完成整改。

**【技术管理】** 开展2项公司科研项目，自管攻关项目立项25项，结题验收评价了22项，年化直接经济效益338万元。实施揭榜挂帅项目，围绕“卡脖子”难题开展攻关，共立项八批33个项目，促进检测效能提升。申请 11 项专利，获得授权专利 3 项。起草理化检测方法类企标 7 项并获审批发布，推进 3 项行业标准起草工作。

**【安全管理】** 开展“小切口”专项整治，推进“加强取送样和点巡检作业过程安全管控”小切口行动，梳理人工取样点 330 个，开展危险源再辨识，完善危险源辨识台账，建立岗位安全风险卡；悬挂标识牌 105 个，发出风险告知卡 39 类，完成交接口火车攀爬取样点等 4 项“小切口”安全隐患整改。开展新增检验任务、新增检验点危险源再辨识。推进重点工作专项整治行动，实施皮带机专项整治，对 51 条皮带机进行 ABC 分类，杜绝皮带伤人安全事故。加强危化品的安全管理，推进检修挂牌、动火作业及现场可燃物消防专项整治。“实验室其他伤害（烫伤）安全隐患整改案例”获马钢集团安全隐患排查治理优秀案例。策划针对性和实用性强的安全誓词。推进智慧安全，实现 50 台固定式一氧化碳报警仪联网和自动报警，有效监控煤气泄漏和放散情况。深入宣贯“违章就是犯罪”理念，开展违章记分大排查活动，全员隐患排查 1068 条，参与率同比提高 40%。检测中心轻伤及以上安全事故为零、火灾事故为零、职业病为零，获得马钢集团“安全生产金牌单位”。

**【内部管理】** 分解落实马钢集团公司组织绩效指标，全面超额完成检测中心绩效指标。建立检测中心组织绩效指标库，实行“一个作业区一张表”的组织绩效管理模式，推进作业区组织绩效评价与薪酬强挂钩。每月开展“奋勇争先奖”评选活动，全年共评选“奋勇争先奖”56 个。获马钢集团三季度组织绩效“奋勇争先奖”金杯奖，参与的重点专项团队获“奋勇争先奖”大红旗 2 次、小红旗 3 次。开展内部质控样研制能力提升、检验检测机构和实验人员能力提升培训，培训检测、校准实验室人员 37 人。确定“新特钢检化验能力提升培训”三期计划，顺利完成取证。承办马钢集团第十一届职工技能竞赛物理性能检验工的竞赛任务并包揽全部奖项，掀起了岗位职工比学赶超的热潮。大力推进人力资源优化，2022 年 12 月，检测中心在岗员工 656 人，2023 年新进员工 20 人，通过岗位优化、转岗配置、政策解聘等措施，全年净优化 70 人，人效提升 10.7%，完成年度人效指标。

（杨　彬）

·马钢股份公司全资、控股子公司·

# 宝武集团马钢轨交材料科技有限公司

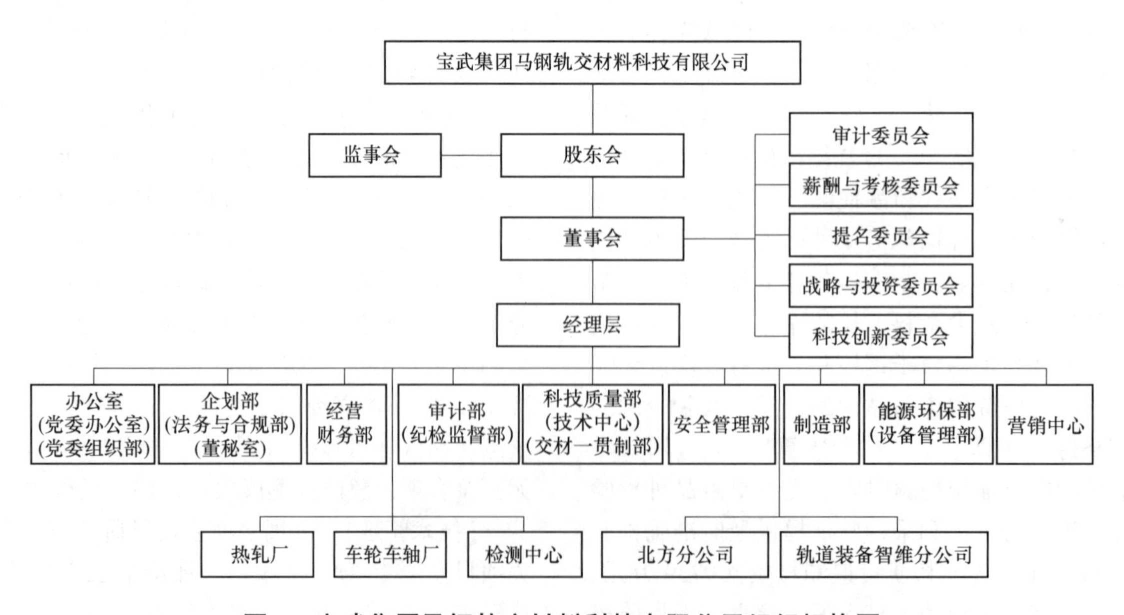


**图 3　宝武集团马钢轨交材料科技有限公司组织机构图**

（许　然）

**【概况】** 宝武集团马钢轨交材料科技有限公司（以下简称“马钢交材”）为马钢股份公司子公司。主要从事轨道交通用车轮、轮箍、车轴、轮对、环件等产品制造以及轮对维修服务等业务。5月，马钢交材入选国资委“科改企业”；9月，混合所有制改革成功，引入8家战略投资者，同步实施股权激励，两项融资共9.37亿元，成为马钢交材发展历史上的重要里程碑；2023年底，4列整车装用马钢交材高速车轮的复兴号动车组在广州局、武汉局正式投入运营，成功打通国产高速车轮替代进口“最后一公里”。马钢交材相继获评2023年“安徽省绿色工厂”“安徽省技术创新示范企业”等。截至2023年底，马钢交材共有在册职工978人，在岗930人。

**【主要经营指标】** 全年营收创造历史新纪录，实现营收34.36亿元，利润总额3.4亿元（未经审计数）；人力资源优化比例8%，综合人事效率提升20.77%。

**【对标找差】** 聚焦“三高两化”核心要素，拉高标杆，全面升级对标体系。向内深挖潜力，聚焦高效生产、提质增效、节能减费，开展“三降两增”专项行动，组织小团队、利用小切口，协同开展提产增效攻关15项，收集推动解决急难愁盼问题48项，同时积极争取政策支持。对外正视差距，瞄准行业标杆企业，策划6个对标项目，实现对标措施和成果的转化固化。26个重点指标进步率84.7%，各主要产线班产、日产和月产大面积破纪录、大幅度超纪录，综合盈利指标和资产周转效率指标进步明显，接近行业优秀水平，净资产收益率（ROE）水平跃居行业排头兵。

**【改革管理】** 改革马钢交材管理体制适应现代化企业要求。按照马钢交材发展规划先后撤并多个部门，使业务技能管理职能更加聚焦，推进业务技术人员向一线下沉，完成技术管理体系和设备管理体系管理变革，实现扁平化管理。按照发展规划聘请产业上游专业化企业高级管理人员作为董事，设立董事会办公室，完善履职保障机制，加强董事会决策后的督办落实；设立5个董事会专门委员会、独立董事和董事会秘书，进一步强化董事会的职能，提升董事会对科技创新的指导能力。实施组织绩效和岗位绩效变革。坚持强绩效导向，根据业务模块划分三个赛道，按照月度或季度组织绩效得分排名，授予优胜奖或蜗牛奖进行正负面激励，按照赛道指标执行分数与绩效奖金的刚性挂钩。制定发布《带题上岗项目管理办法》，各级管理技术人员“带题上岗”，征集、立项马钢交材级项目43项、厂部级项目251项。马钢交材级项目通过揭榜挂帅的方式组织实施，厂部级项目实施责任单位“一把手”负责制，同时，项目关键指标结果与个人绩效挂钩、纳入“一人一表”年度考评。建立健全马钢交材岗位体系建设，明确管、技、操三个序列岗位晋升通道，逐步推进马钢交材三项制度改革落地，制定《岗位体系切换方案》《岗位绩效工资制管理办法》，已于12月完成岗位薪酬体系切换。1项管理创新成果获评中国宝武和冶金企业管理现代化创新成果一等奖。

**【生产制造】** 大力推进生产一贯制、增强产销联动、产供协同，从售前开始以产促销引导接单、实施精益组产，对主要工序、产线制定年度产能目标、分解月度爬坡计划。推动以热轧高效化为中心的计划排程，发挥产能极致利用率，推进月度计划的节拍和时间分配管理、计划与提效互促，实现月度计划精准制定和有效落实。建立信息管制机制，开展“日事日毕”管控，建立呼叫机制，生产和设备类非计划停机管控能力增强，各产线作业率稳步提升。强化T+2计划管控与提产增效相结合，动态预测资源需求、精准制定采购计划，钢坯在制品库存实现增产不增库，年度期末库存降低5.7%、年平均库存下降10.5%。全年刷新纪录522项次，车轮产量提升12%，10月月产首次突破6万件，年度突破60万件大关，达61.5万件，车轴产量提升113%，轮对产量提升333%，订单兑现率提升1.68%，站稳年产60万件车轮、6万根车轴的产能新平台，综合制造周期缩短15.7%。

**【对外经营】** 践行“国内国际双循环”发展战略，加快打造全球行业先锋步伐，布局全球市场。2023年马钢交材主营业务产品销售28.13万吨，出口吨位占比41.45%；主营业务收入同比增长41.4%，出口收入占比47.6%。大力开拓印度市场，实现轮对销售2.8万套；在国际市场新开发沙特阿拉伯、美国、玻利维亚和巴西等地市场新客户5家，拓展轮对业务1家。推动韩国KTX高铁车轮项目供货并进行运行试验。全年国内机车轮累计销售18694件，市占率达54.47%，出口机车轮实现销售27274件。国内城轨地铁车轮占有率67.3%、城轨新增项目占比 67.49%，完成中车株机市域 C 型车项目、中车浦镇市域 D 型车项目等市域（郊）铁路、城际铁路市场首家装车试制，并成功获得批量订单，占领市场先机。

**【技术质量】** “俄罗斯铁路货车整体辗钢车轮”获冶金产品实物质量“金杯优质产品”；“40—45 吨轴重高性能轮轴研发及产业化”获得 2023 年中国钢铁工业协会、中国金属学会冶金科学技术奖二等奖；“高等级铁路车轮淬火工艺装备自主创新设计及应用”和“火车车轮检测线智能化设备研发与集成应用”分获 2022 年安徽省科技进步奖二、三等奖；“高耐磨型 CL65K 客车车轮”和“抗失圆 ER9 地铁车轮”两项产品获马鞍山市“高新技术产品”认定；“出口俄罗斯 G2 货车轮的制造技术攻关”岗位创新项目荣获第二届“中国宝武优秀岗位创新成果奖”特等奖；获 20 项国内专利授权，其中发明专利授权 15 项。体系认证持续完善，既有证书保持率 100%；首次通过德铁 Q2 等级评定；首次申请并通过两化融合管理体系认证；持续保持国际铁路行业标准（International Railway Industry Standard，IRIS）银牌质量绩效等级。

**【智慧制造】** 智慧制造二期、三期建设进入收尾阶段，智慧制造四期一阶段开始建设。柔性近远程集中控制模式进一步清晰，特别是加工区域近程集控模式投用效果良好，起到了示范作用。机器人替代工作正常推进，完成 3 号检测线 AGV 机器人、6 号炉巡检机器人建设，实现 99 台套机器人上岗。初步建立月度运维质量评价体系，未出现 C 类及以上程度的系统故障，多系统运行状态基本稳定。

**【精益改善】** 大力开展“献一计”活动和案例征集、评选，激发全员活力、提升全要素效率，下半年月度、季度“献一计”指标均位列马钢集团第一阵营，其中三、四季度多个指标达“卓越”档，先后向马钢集团推荐各类精益改善案例并获奖 5 项。以党支部联创联建的形式，制定各级领导挂帅分包的“星级产线”达标工作时间表及工作计划，促进了基层党支部建设与精益现场工作“双融双促”，全年共进行 47 次 166 余组“精益 · 现场日”活动，累计参加人数 1390 余人次，解决现场设备、环境等问题 85 余项，清扫、整理和定置面积达 2300 平方米。马钢交材获评马钢“精打细算”优胜单位；RQQ 精加工线、RQQ-1 和 3 号检测线分别获评马钢集团四星、三星精益现场。

**【绿色发展】** 以绿色作为高质量发展的底色，获得中钢协全球首张车轮 EPD 证书，成功开发首款低碳 45 吨轴重重载车轮，与 BHP 公司完成一项碳信用试点交易，开启轮轴企业绿色化转型之路。集中高效组产、优化加热炉装钢角度、电机变频系统改造、加热炉燃烧精益化管控等措施的高效落实，提高能源综合利用效率。制定各产线能源管控指标，采用智慧化手段完善能源管理系统，建立产品规格生产单耗模型、生产工艺控制实际模型，实现能源智慧管控。继续推进太阳能发电项目建设，将南北区所有室外照明路灯更换为太阳能路灯，绿电并网达 394 万千瓦时，节约成本 80 万元，绿电应用占比达 7%，同比增加 301.4%。推广助燃风机变频节能技术应用工作，完成 5 号炉风机变频改造，降低电耗 31%。全年实现吨钢能耗技术指标同口径下降 6%，财务指标同口径完成挑战目标；环境污染事件为零、固危废处置 100% 合规；$NO_x$（氮氧化物）、$SO_2$（二氧化硫）排放总量同比下降 1.5%和 4.3%。

**【荣誉】** 马钢交材案例故事在中国经济大讲堂系列节目《中国宝武打造高端材料产业链》中亮相。马钢车轮上榜“2022 年度皖美品牌最具影响力十大事件”。大力弘扬劳模精神、劳动精神、工匠精神，选树各类先进典型，1 人获大国工匠年度人物提名，1 人命名的创新工作室申报安徽省技能大师工作室。

（许　然）

**【马钢瓦顿公司】** 1. 破产重组。2023 年实现营业收入 4814 万欧元，较 2022 年减少 2031 万欧元。全年经营性亏损 2214 万欧元，较 2022 年增亏 962 万欧元。2023 年是马钢瓦顿经营极为特殊的一年，从 1 月起，因对马钢交材的欠款过高并，且没有具体的减亏还款计划，超出了马钢股份批准的授信额度，马钢交材停止对马钢瓦顿供货；1 月下旬，工会和安永会所分别启动警示程序；5 月 4 日，马钢瓦顿股东会决定不再向马钢瓦顿注资，马钢瓦顿随即向法国里尔商事法院申请调解程序并得以通过，法院指定调解人；调解程序于 10 月 11 日结束，在此期间，法国经济部、调解人、致同会所、法国投资署、德尚律所、马钢股份及瓦顿经营层共同努力与约50个潜在买家协商寻求股权转让方案，但均无果。此外，在调解人的主导下，马钢交材于7月向马钢瓦顿恢复有条件供货，且双方通过应收应付抵扣、第三方货款转移支付等方式减少了对马钢交材的欠款共计826万欧元；11月14日，马钢瓦顿向里尔商事法院申请破产重整，11月20日的听证会批准马钢瓦顿进入司法重整程序。

2. 生产经营。全年合同签约量为8284万欧元，同比下降19.8%。虽然市场需求与2022年持平，但瓦顿特殊的经营状况和有限的供货能力引发客户疑虑，甚至取消订单。受经营环境影响，全年生产效率较低。工会以争取员工利益为由鼓动员工怠工，并于5月和9月分别组织长期罢工，全年人事效率同比下降34.5%。至2023年底，马钢瓦顿总资产5084万欧元、净资产519万欧元、固定资产847万欧元、现金625万欧元、存货2417万欧元、应收账款704万欧元。

（马　昊）

# 马钢（合肥）钢铁有限责任公司

**【主要技术经济指标】** 2023年，马钢（合肥）钢铁有限责任公司（以下简称“合肥公司”）累计成品材产量140.02万吨，超计划25.02万吨，与2022年相比增产42.24万吨，增幅43.21%，创板带产线投产以来历史纪录；实现营业收入64.31亿元，利润总额5065.23万元。全年列入马钢股份本部对标跟踪的28项指标完成必达目标22项，达标率78.57%，进步率82.14%。存货周转天数、合同完成率、废次降发生率3项指标均比2022年进步并完成必达目标，进步率、达标率均为100%；列入马钢股份本部对标管控的7项综合类经营指标，5项达必达值，达标率、进步率71.43%；马钢集团“一总部多基地”专业职能管控的18项子指标中14项完成必达目标，达标率77.77%，进步率88.88%。涂层板综合成材率、涂层板产量提升、镀锌综合成材率等3个改善项目累计实现效益3343万元。

**【生产组织】** 全年以极致高效生产为目标，共分两个阶段。1—8月为低负荷下的极致高效生产，9月后实施满负荷极致高效生产。合肥公司通过确定各机组机时产量目标，实现组产效益最大化。9月，成品材产量达到15.24万吨，首次突破15万吨关口，刷新产量历史纪录，3条产线创历史新高。10月，成品材产量15.85万吨，再次突破挑战目标和历史纪录，4条产线全部刷新月产纪录。11月和12月，月产量分别达15.42万吨和15.46万吨，连续保持高水平。全年各产线破日产纪录47次、月产纪录7次，获马钢集团“金杯奖”2次、“银杯奖”2次、“奋勇争先奖”小红旗3面。自二季度以来，极致效率、极致成材率在宝武集团12家基地中连续位居前列，站稳中国宝武第一方阵。

**【安全管理】** 继续保持稳定的安全生产形势，全年轻伤及以上事故、火灾事故、发现职业病均为零，无重大生产安全隐患。落实各级安全责任，合肥公司领导每月带队开展安全检查工作，共提出现场隐患97项均落实整改；总经理亲自带队，针对动火、有限空间等危险作业、皮带机作业、外包生产经营活动等开展专项排查整治。全年共排查各类安全隐患2672项，整改完成率100%，创下历年隐患排查数量最高纪录。开展各类专项培训6次，参与职工（含协力）222人次。各单位共开展班组安全学习活动566次，参与职工7967人次，中层管理人员挂帮学习335人次。开展“2+1”基础管理提升行动，制定“锌锅捞渣安全标准化作业”行动方案，新建高坠体验设施以增强职工自我安全防范意识，推进协力岗位安全宣誓工作。开展公司级专项预案演练2次。加强3号彩涂线项目安全管理，每周组织一次安全合署检查，督促整改事故隐患98个，纠正违章违纪行为68起，考核176000元。2023年度，合肥公司获马钢集团安全管理“金牌”奖。

**【结构调整】** 制定汽车板以及差异化重点产品镀铝硅、电池壳钢3个产品结构调整方案，先后成立“涂层板产品质量和产量提升”“电池壳钢产品质量和产量提升”“酸轧取向硅钢生产”等一批技术攻关项目，持续推动镀铝硅、电池壳钢以及新开发的取向硅钢等差异化品种的放量生产。全年涂层板国内主要客户订货量从2020年约4500吨/月上升到超10000吨/月，国内市场占有率从20%上升到40%，0.5毫米以下规格在国内市场处于领先水平。电池壳钢产品进入国内第一梯队，市场占比超过 40%。取向硅钢试制成功，已具备批量生产能力。全年电池壳钢、铝硅家电板等系列重点品种销量 46.96 万吨，重点品种全流程吨钢毛利比 2022 年提高 219 元。3 号彩涂线项目于 4 月 27 日开工建设，12 月 23 日生产出第一卷合格钢卷，进入试生产阶段。

**【降本增效】** 确立由合肥公司分管领导牵头的 6 个降本增效项目，实施全员、全过程、全体系降本增效，并通过月度跟踪和效能督查，全力保障措施落地。全年累计降本增效 9784 万元，年化完成率 279.54%。其中，9—12 月月均降本 1628.12 万元，比 1—8 月月均多降 1218.57 万元。全年制造费用吨钢降本 62.81 元。

**【技术进步】** 围绕制约合肥公司极致高效生产和产品质量提升的瓶颈问题，组织开展专项技术攻关和 QC 活动。共立项技术攻关 15 项、QC 活动 8 项，均按进度有序开展并取得阶段性成果。其中，铝硅涂层板稳定生产技术攻关项目通过改善工艺参数等措施，7 月综合成材率达 94.85%，较历史最优进步近 2%，12 月达到 95.05%，创造新的历史纪录。QC 课题“降低酸再生操作台电脑故障影响时间”“减少制氮机组电耗”获得合肥市 QC 成果发布三等奖。全年共授权专利 9 件，其中授权发明 3 件，授权实用新型 6 件；至 2023 年底累计授权专利 67 件，其中发明 12 件，授权实用新型 55 件。11 月，国家高新技术企业申报成功。

**【能源环保】** 成立节能降本攻关小组，定期开展能源经济运行分析会，实行班跟踪、日统计、周评价、月分析能源消耗管理模式。围绕经济组产，制定各机组不同时长停产需关停介质清单，加强过程管控。全年吨钢综合能耗（标准煤）71.8 千克，完成必达目标；吨钢新水耗 0.32 立方米，完成挑战目标。全年二氧化硫排放总量 1.3799 吨，氮氧化物排放总量 34.5272 吨，化学需氧量排放总量 17.72 吨，均优于目标值，固废 100%合规合法处置，获评安徽省环保厅环境诚信企业。

**【合规管理】** 成立合规管理委员会，负责合肥公司合规管理的组织领导和统筹协调工作。规范“三重一大”事项决策，党委会、董事会、总经理办公会依据各自职责、权限和议事规则进行决策。完成“一总部多基地”制度文件识别与承接。严格执行禁入管理规定。审查各类合同 786 份。完成年度内控自评、风险控制及各体系内审、管理评审和外审、供应商二方审核工作。合肥公司诉合同纠纷案件胜诉，挽回经济损失 162.18 万元（含利息）。

**【荣誉】** 2023 年，合肥公司获评“2023 合肥企业 50 强”“2023 合肥制造业企业 30 强”“肥东县高质量发展综合贡献三十强企业”“肥东县五十亿级企业贡献奖”；合肥公司党委获评马钢集团“先进基层党组织”“2022 年度党建创优奖银奖”。10 月，合肥公司获得由安徽省科学技术厅、安徽省财政厅、国家税务总局安徽省税务局颁发的“高新技术企业证书”。

（王本静）

# 安徽长江钢铁股份有限公司

**【概况】** 安徽长江钢铁股份有限公司（以下简称“长江钢铁”）坐落于安徽省马鞍山市当涂县，位于芜湖市和马鞍山市之间，西濒长江，南与芜湖市接壤，是安徽省重要的建筑用钢材生产基地。2000 年，长江钢铁在原乡镇企业小轧钢基础上，通过改制逐步发展成为钢铁联合企业；2011 年 4 月，与马钢股份公司联合重组，成为国有控股混合所有制企业，按照马钢集团总体发展战略，规划为精品建材生产基地。主要产品为螺纹钢、高速线材等。企业注册资本 12 亿元，占地面积 2700 亩。2023 年底，在职职工 3880 人，总资产 96.34 亿元。

**【生产经营】** 2023 年生产铁 374.7 万吨，钢 451.45 万吨，材 431 万吨，实现销售收入 162.08 亿元，亏损 7.94 亿元。

**【对标找差】** 以吨钢利润为核心，梳理全价值链各项成本，聚焦工序成本、关键指标，与马钢股份本部、永锋临港、鄂钢、萍钢、九江等企业开展对标，通过学习先进，寻找差距，补齐短板，拟定 29 项揭榜挂帅项目、21 项攻关课题，全年实现 116 次指标突破、22 次产量破历史纪录、20 次发电量刷新历史纪录。全年经济炉料比例 46.00%，降本 10300 万元；铁水温降 99.33 摄氏度，达历史最好水平。降低钢铁料消耗，提升钢坯热装热送率，转炉工序钢铁料降耗在宝武炼钢工序效率提升月度劳动竞赛中分别获得1个冠军、2个亚军、2个季军；钢坯热装率为86.18%较2022年提升2.1%，累计获得宝武集团炼钢、长材工序效率提升劳动竞赛5个冠军、5个亚军。

**【安全管理】** 紧抓安全“红线”，落实“一贯制”管理和“三管三必须”，紧密围绕“安全提升年”工作计划，夯实安全管理基础，压实安全责任，修定发布《全员安全生产责任制》《协作协同安全管理办法》等9项安全管理制度和8个主辅线单位和业务部门岗位安全操作规程。通过安徽省二级安全生产标准化企业公示，完成职业健康安全标准化体系认证。以风险管控“六项机制”建设为抓手，不断优化风险查找、研判和预警方法，实现隐患排查全覆盖。完成危险源再辨识4210项，建成宝武安全生产重大风险监控平台，实现对36个重大风险点的监控预警，保证生产现场的安全稳定。聚焦危险化学品、有限空间、消防、高温熔融金属等，扎实开展“5+N”专项整治；以“动火作业和6S管理”为小切口，持续开展火灾隐患大排查大整治行动。紧抓安全教育培训，共培训职工16000余人次（含协作单位人员）。紧盯“三个现场”，按照“四同”的要求，落实属地管理，通过施工人员准入把关，危险作业安全审批，高危作业方案评审，光伏项目建立“天眼”监控，煤气发电“旁站式”监护，严查、严罚、严管、严防，协作单位安全管控水平进一步提升。加强应急救援体系建设，开展各类事故应急演练80余场次。

**【节能环保】** 严守环保“底线”，全面推进超低排、创A等各项环保工作。2023年5月26日，通过安徽省钢铁行业第一批环境绩效A级企业认证。通过采取降负荷、调整运行频率、错峰生产等运行方式推进降本，能源环保指标稳步提升，环境污染事件为零，绿色指数85分，较2022年提升8分。吨钢综合能耗（标准煤）535.57千克，吨钢新水消耗1.48立方米，实现工业废水零排放。吨钢余能（标准煤）回收54.82千克，同比提升17.34%。自发电比例46.08%，较2022年提升5.5%。二氧化硫、颗粒物排放量分别同比降低54%、11.7%，固废返生产利用率同比提升6.1%。转炉工序能耗（标准煤）-30.47千克，达标杆水平。绿电交易稳妥推进，年交易电量3200万千瓦时，同比上升6.67%；自发绿电实现零的突破。

**【项目建设】** 2023年8月30日，220千伏长钢变电站顺利受电运行，创造了同规模项目的建设纪录；2023年10月28日，80兆瓦节能减排煤气发电1号机组并网成功；2024年1月6日，80兆瓦节能减排煤气发电2号机组并网成功，两台机组成功并网发电，日均煤气发电量逐步提升至300万千瓦时以上，日增加效益约65万元；2023年1月7日，4000标准立方米/小时气液化投运，2023年2月1日，余热发电项目投运，两个项目增效约2681万元。

**【智慧制造】** 推动日成本系统成功上线，编制信息化系统L3及以上系统的应急预案，开展信息化系统（采购管理系统）停止服务应急演练，确保运行平稳。通过升级智能装备水平，整体提升“四个一律”指数，与2022年对比，操作室一律集中指数由70.70%提升为80.71%，操作岗位一律机器人指数由43.83%提升为52.83%，服务一律上线指数由66.66%提升为70.6%。建强创新平台。荣获国家级智能制造优秀场景、国家级两化融合管理体系贯标、安徽省数字化车间、安徽省制造业数字化转型典型示范项目、马鞍山市智能工厂、马鞍山市智能制造标杆示范企业，2023年11月30日，通过“国家高新技术企业认证”。

**【科技创新】** 全年研发费用投入4966万元，占比3.07%，新产品生产占比4.42%，研发人员416人，研发项目43项，涉及产品领域（新型螺纹钢）、节能技术领域、绿色化领域、危废再利用及处置等多个领域，企业综合竞争力提升。积极探索新的技术和工艺，引入和应用新型节能环保冶炼技术、高强度钢材制备技术等创新技术，进一步提高生产效率。

（韩　远）

# 埃斯科特钢有限公司

**【主要生产经营指标】** 2023年，埃斯科特钢有限公司（以下简称“埃斯科特钢”）年销量74739.25吨，完成年度目标的103.80%；实现营业收入32269.16万元，完成年度目标的75%；利润总额578万元，超利润目标值28万元，完成年度目标的105%。全年棒材产品合格率99.73%，线材产品合格率99.63%；棒材成材率ICB 83.11%，后区91.38%，磨床96.4%，线材产品成材率98.77%。

**【安全环保】** 按照马钢集团“违章就是犯罪”的工作理念，切实贯彻执行马钢股份安全生产要求，开展“2+1”安全专项工作，通过小切口的方式解决安全生产中的突出问题，提升安全管理。2023年开展各类安全培训、相关事故学习合计59次，参加人员共计2503人次；安全检查43次，通过现场检查和视频回看查违章，查出各类问题发现并整改安全隐患773项，考核违章人员合计225人次，违章记分276分，另有2人待岗。针对6处排气设施按照排污许可证要求开展有组织气体检测4次，均达标排放，各项体系运行正常。严格落实新环保法律法规相关举措，做好环境监测、排口的规范化管理，加大问题整改和责任落实。

**【市场开拓】** 按照埃斯科特钢生产经营发展战略，深耕市场，广拓营销渠道，努力开展销售新局面。全年拜访新客户30余家，供样13家，批量供货8家；推动认证项目17个，其中完成8个，剩余9个稳步推进。精棒区弹簧钢银亮材方面，在银亮材产品通过一汽大众奥迪后，辽阳蒂森的订单份额逐步上升，2023年订单量较2022年上升了38%；成都蒂森、平湖蒂森在通过产品认证后也相继开展开拓，给棒材区银亮材订单带来一定的增量；中车齐厂订单份额持续上升，2023年90%以上订单均由埃斯科特钢供应，出口材订单更是独家供应；在保持广州华德郑州工厂订单份额的同时，相继与广州华德梅州工厂及广州工厂实现合作，月度增加订单量80吨。精线区方面，2023年继续稳定和提升马钢专利产品的销量，非调钢MFT8精线产品，累计实现供货约3084吨，销售价差较同工艺产品高300~400元/吨；扭力杆用钢C4C产品销量428吨，较2022同期增长了72吨；自2023年10月及时调整营销策略，直接与中车眉山紧固件有限公司对接，连续3次投标均实现中标，累计接单超1000吨以上；同时，积极与前期因种种因素丢失的客户沟通联系，重新与销售价差较高的直抽材用户金中元及苏州宝强建立合作。产品认证方面，弹簧钢银亮棒材产品通过辽阳蒂森正式完成一汽奥迪的认证，并于2023年下半年实现批量供货；通过平湖蒂森启动广州本田及东风本田相关车型弹簧钢银亮棒材产品的认证，并于2023年底实现批量供货；通过成都蒂森启动了吉利高端车型星越L用弹簧钢磨光产品的认证并已形成量产；加强与东风日产的沟通联系，并达成启动东风日产轩逸用弹簧银亮棒材产品认证的共识；同时，启动德西福格及联合电子的认证。

**【新品开发】** 以创新促发展，积极推进产研销工作，提高产品竞争力。全年新开发共计21个钢种，127个新规格。棒材产品3个新钢种，134个新规格；线材产品15个钢种，31个新规格。其中，泉贤的45K规格直径7.05毫米、9.05毫米、12.83毫米规格精丝，超富ML08AL以及无锡英沪SCM435-Q等精丝产品已通过客户认证。

**【技术攻关】** 以提升产品质量为目标，聚焦关键指标，发掘产线潜力，加大“卡脖子”难题攻关。全年累计开展技术攻关3项及QC活动3项，共授权实用新型专利1项，发明专利3项。酸洗线磷化表面质量提升攻关，通过优化磷化工艺时间、酸比和皂化参数，提升精线产品质量满足客户对长缩杆类产品的需求。通过改善SCM435两球两抽类产品的球化工艺，成功解决SCM435两球两抽类产品边部球化不良问题，球化不良率降低100%。50BV30套筒类产品通过磷化工艺调整，已经可以正常供应直筒长杆厚壁类套筒。火星套筒、长杆薄壁类套筒以及束腰类套筒仍处于攻关阶段。通过优化退火模式，大规格SCM435以及部分小规格SCM435产品已取消黄化工艺，提高该类产品生产效率25%。通过罩式炉退火料架的改造及退火前半成品的打捆方式，重点客户全年未提出精丝压伤和弯曲等缺陷问题。

**【体系建设】** 围绕2023年初质量工作计划和内审计划开展体系运行工作，完成内审、过程审核、产品审核工作。2023年11月顺利完成IATF16949体系换证审核，完成新凯、双动、鲜一瑞科等的二方审核并按照要求完成整改，完成中航标、辽阳蒂森、雷逊、无锡英沪的自审和整改工作。2023年全年累计接受重要审核7次，其中内部审核及专项审核3次，二方审核3次，三方审核1次，整改完成率100%。

**【生产组织】** 聚焦精益高效，聚力奋勇争先，精心组织、争分夺秒追求极致高效。全年计划产量

64104.7吨，实际生产总量63609.542吨，生产计划兑现率99.23%，比2022年提高2.12%。主要产品银亮材、拉拔材受市场环境及马钢股份高线改造等问题影响，2023年计划产量43681.7吨，实际生产总量39293.615吨，生产计划兑现率89.95%，比2022年下降23.7%。2023年棒材辊底炉退火取得突破，打破原有规格限制，开发直径90—250毫米大棒退火项目，全年辊底炉退火成品10727.13吨，较2022年提高8688吨。黑皮锯切材订单增多，全年生产6497.767吨，较2022年提高2217吨。另外，外委加工982.697吨，贸易材9570.075吨。

**【设备运行】** 落实设备系统高效保产与过程管控，强化设备状态管理，聚集设备稳定运行。全年设备总体运行状况呈现良好态势，严格按照年度设备检修计划进行，完成各类设备定修、检修36次，其中棒材区14次、线材区22次。设备运行指标OEE未完成70%目标，仅为63.4%，环比2022年的67.8%下降4.4%。重点解决线材区酸洗线下料区轨道梁更换、酸洗小车振动功能恢复、酸洗磷化槽、石灰槽、皂化槽加热盘管更换、罩式炉台支撑板更换、1号和3号炉台电机更换检修、拉拔机卷筒更换等；棒材区各类设备安全联锁功能恢复、ICB线定径机和矫直机轴承异常损坏技术攻关、ICB线飞剪座修旧利废技术攻关、矫直机出口支撑结构改造、配合厂家完成2号辊底炉年度保养、银亮线剥皮机乳化液漏液等，为生产效率和产品质量提升提供有力支撑。

**【精益管理】** 秉承绿色发展理念，按照创建环保绩效A级企业的要求，针对厂容环境、生产现场、道路车辆、设备设施、各类房所等范围，聚焦厂区内“脏、乱、差”和其他各类环境问题，开展全区域、全方位、全要素的综合整治工作。全年共计开展小组活动1116次，全员持续使用“马钢精益通”软件，上报“随手拍”“微改善”活动合计1525项，通过各级管理人员的努力，全方位自主改善，实现环境质量、职工素养、厂貌全面提升，推动竞争力和全员创效能力持续增强，总体取得较好成果。

**【管理变革】** 实行厂管作业区的管理变革，对组织机构进行重新调整，将原有4部门1分厂的组织机构调整为6部门，新增加技术质量部；全年共变更岗位16人次，对制造管理部质检组进行撤并。为提升员工工作能动性，鼓励员工岗位技能提升和岗位一专多能，对符合条件的15名职工进行正向激励。截至2023年12月底，埃斯科特钢实际在册在岗人数111人，对照2023年初实际完成减员10人，全年人力资源优化率8.26%。2023年，埃斯科特钢人力成本效率平均值为27.38%，人力成本利润效率平均值为0.47%，全员劳动生产率平均值为23.26%。

**【荣誉】** 获马钢集团2022年度“安全生产优胜单位”；获重点客户蒂森克虏伯富奥辽阳弹簧有限公司颁发“2022年度优秀供应商”证书；获安徽省新产品证书（55SiCrV银亮棒材）；获2023年度安徽省专精特新中小企业；获安徽省认定机构2023年认定报备的第一批高新技术企业。

（姚蔓莉）

# 马鞍山马钢慈湖钢材加工配售有限公司

**【概况】** 马鞍山马钢慈湖钢材加工配售有限公司（以下简称“慈湖加工中心”）成立于2004年8月，下设生产设备部、市场营销部、经营财务部、综合管理部、安全管理部、物资管理部、品质管理部7个部门，年底在岗职工114人。2023年度销售各类钢材62.86万吨，加工钢材18.29万吨，销售收入28.54亿元，实现利润总额505万元。

**【市场开拓】** 2023年慈湖加工中心积极应对钢铁行业“寒冬”严峻挑战，开疆拓土，加大市场开拓力度，推动营销渠道不断转型，加强配套服务能力，提升服务意识，持续激发全体员工比学赶超、奋勇争先的激情，推动各项工作平稳有序开展。1. 完善经销商渠道管理，针对新的市场行情，慈湖加工中心引入4家热轧经销商，淘汰3家客户，稳定销售渠道，避免行情大幅波动造成的经营风险，释放大额资金占用，为营销渠道调整提供资金保障。2. 调整计划外热轧卷和横切板的销售模式，由原先的全款采购现货零售转为服务模式，缓解资金占用和经营风险。3. 开展品牌运营业务。面对转型的压力，市场营销部成立品牌运营小组，对接马钢股份管理部门，并加强与其他分子公司的学习交流，开拓、探索开展品牌运营业务。2023年签署徐州金虹钢铁集团有限公司品牌运营钢厂，并与 4 家经销商有序开展品牌运营业务，全年品牌运营销量达 11.67 万吨，创造新的利润增长点。4. 对外开疆拓土，大力开发特钢、型钢市场，推动营销渠道不断转型。先后开发浙江精工、安徽联盟模具、固吉模具、浙江明亿汽车等一批型钢、特钢用户，全年新接型钢、优特钢产品订单 2.7 万吨。5. 完善产销沟通机制，提升品种钢比例。加强与终端用户的沟通与交流，对客户紧急订单严格跟踪到每一道生产工序，提高客户满意度和品牌影响力。在维护安徽威博新能源公司原有材料合作的同时，开展轧硬、酸洗搪瓷钢新产品的合作与开发；与终端企业江苏顺力开展党支部联创联建活动，增加企业间合作的黏性，提升品种钢比重，江苏顺力品种钢订货量由 2022 年的 10%提升到 30%。

**【经营管理】** 持续坚持制度化、规范化。一是对现有管理制度逐条梳理，将其中不适用的条款废除，空泛的条款修改细化，力求实用、规范；针对管理真空的环节制定新的管理制度。2023 年先后对《内控手册》《质量手册》《协作安全管理办法》《员工奖惩管理办法》等 15 份文件进行编制、修订发布。二是在制度建设的同时，不断对管理和业务流程进行优化，使之更贴近实际，更有利于管控。三是加强检查监督，对照制度检验实际工作，发现问题，及时整改。四是加强风险防控，把风险防控工作落实到每一项工作中，加强对过程的风险管控，防微杜渐，杜绝风险。五是实施降本增效，多措并举，在“降”字上见功夫，在“增”字上想办法，用心拓展盈利空间，为企业“增效”，全年降本约 300 万元。

**【荣誉】** 2023 年，获慈湖高新区 2023 年度“赛马”激励优胜“黑马”企业、马鞍山市健康企业称号。

（薛向龙）

# 马钢（合肥）钢材加工有限公司

**【概况】** 马钢（合肥）钢材加工有限公司成立于 2006 年 9 月，下设营销部、生产管理部、设备保障部、技术质量部、财务部、综合管理部、安环部 7 个部门，2023 年底在岗职工 111 人。2023 年钢材销售总量 127.8 万吨，销售收入 53.96 亿元，实现利润总额 1516.81 万元。

**【市场开拓】** 按照马钢股份发展战略，立足于区域汽车、家电、钢结构三大用钢行业，重点开拓优特长材+品牌运营。汽车板渠道，注重对合肥长安汽车有限公司 S311 保产备货工作和新车型 EVI 工作的介入，通过技术交流、跟踪验证，实现南京长安汽车有限公司 C673 车型和比亚迪汽车有限公司 8 个主机生产基地，以及 8 个新能源硅钢一级配套厂同时稳定供货；家电板渠道，稳步做好与格力电器（合肥）有限公司、宁波美的联合物资供应有限公司、星星冷链有限公司的合作深度，保持稳定供货份额，并跟踪拓展家电主机厂新基地的验证工作。钢结构渠道，努力做好安徽鸿路钢构集团有限公司的维护和焊丝钢品种的验证跟踪，全年鸿路钢构销售 23.91 万吨，加强与精工集团、杭萧钢构等知名钢结构公司的联系；加快公司转型，加深与马鞍山市顺泰稀土新材料有限公司、安徽景隆金属材料有限公司优特长材客户技术对接，安徽建工集团有限公司、中铁物资有限公司等建筑用钢大户加盟，2023 年品牌运营销售 43.65 万吨，完成 2023 年各项经营指标。

**【经营管理】** 坚持宝武集团“四有”经营纲领，算账经营，增强公司盈利能力。强化风控管理，重点加强对资金、货物、价格、合同执行、物流、采购、薪酬分配的检查监督，着力防范风险，堵塞漏洞。突出“两个现场”（制造现场、客户现场）的作用，强化营销人员现场服务意识，不断提升产品质量和客户满意度。完善内部管理制度，推进公司“目标值管理”，建立相关制度和标准进行激励考核，并根据市场变化不断完善考核制度，激励员工努力实现各项经营目标。按照公司计划推进安全体系建设，落实安全风险分级管控与隐患排查治理双重预防体系。不断完善安全生产管理流程，优化并规范安全生产管理方式方法和执行手段，打造高效的安全管理工作机制，全员落实“四个到位”，即防控机制到位、员工排查到位、设施物资到位、内部管理到位。

**【荣誉】** 2023 年度比亚迪核心供应商大会对全年保供服务好的供应商进行表彰，马钢股份获得“特别贡献奖”。2023 年度南京长安对全年表现优异的供应商进行表彰，马钢股份获“优秀协作单位”奖。2023 年度安徽鸿路钢结构集团有限公司对表现优异的供应商进行表彰，马钢股份保供及时、服务优质，赢得客户的赞许，连续两年获得锦旗奖励。

（张　霞）

## 马钢（合肥）材料科技有限公司

**【概况】** 马钢（合肥）材料科技有限公司成立于2012年8月，下设营销部、生产管理部、设备保障部、技术质量部、财务部、综合管理部、安环部7个部门，2023年底在岗职工85人。2023年钢材销售总量44.32万吨，销售收入17.77亿元，实现利润总额945.25万元。

**【市场开拓】** 2023年，马钢（合肥）材料科技有限公司认真贯彻营销中心的经营方针和政策，全面融入中国宝武管理体系，坚持中国宝武“四有”经营纲领，贯彻落实马钢集团的总体部署。

合肥长安汽车有限公司：马钢（合肥）材料科技有限公司主要供货合肥长安S311、B511、B311车型的3款车5个门内板，全年总计供货9712.134吨（489019片），同比2022年增长20%。

奇瑞商用车（安徽）有限公司河南分公司：马钢（合肥）材料科技有限公司继续承接奇瑞商用车（安徽）有限公司河南分公司捷途X70车型前后门拼焊件订单，累计销售拼焊件2834.562吨。

安徽鸿路钢结构集团有限公司：年初公司因发展需要，将部分安徽鸿路钢结构集团公司热卷业务转移到马钢（合肥）钢材加工有限公司结算，2023年结算总量282538吨，总体结算量较2022年增长3.7%。

优特长材销售：大力推广并维护现有马钢优特长材产品，3月开发工业线材客户安徽省徽商好运来物联智创有限公司，全年共计销售特钢工业线材5903.133吨。

品牌运营：马钢（合肥）材料科技有限公司与山西晋南钢铁集团有限公司签订定做产品协议，并配合线棒部进行品牌运营的销售。全年共计销售19.12万吨，同比2022年增长155.68%。

**【经营管理】** 重新拟定公司绩效管理制度，将公司考核目标（KPI）进行分解，设立激励考核标准，着重梳理出公司关注的“目标值”与各级人员奖金挂钩；突出“两个现场”的作用：一个制造现场，一个客户现场；持续加大资金投入，提升产线设备自动化水平，开展“一岗多能”建设，优化岗位配置，提高劳动效率；按照公司计划推进安全体系建设，落实安全风险分级管控与隐患排查治理双重预防体系。

**【荣誉】** 2023年度安徽鸿路钢结构集团安徽鸿翔建材有限公司对表现优异的供应商进行了表彰，马钢股份保供及时、服务优质，赢得客户的赞许，连续两年获得锦旗奖励。

（张　霞）

## 马钢（芜湖）加工配售有限公司

**【概况】** 2023年底马钢（芜湖）加工配售有限公司（以下简称“芜湖加工中心”）在职员工101人，部门设置为制造部、技术品质部、营销部、财务部、综合部、安环部6个部门。2023年销售钢材38.586万吨，同比完成150%；销售收入19.20亿元，同比完成138%；完成利润总额1485.67万元，净利润1096.2万元。

**【市场开拓】** 针对芜湖周边所的主机厂、配套企业加强保供服务力度，提升服务水平，持续全方位扩大汽车终端需求客户的配套服务，有效确保汽车板销量的增长。

积极探索优特长产品的市场，采取地毯式的客户走访，芜湖加工中心区域内所有涉及工程、特种材料加工企业累计走访89家，针对优特长产品区域市场进行充分的分析研究，2023年订单突破4.5万吨。

以高度的工作准确性、及时性、规划性、执行力，为客户提供全方位增值服务，实现主业的经营内涵向商品供应链管理转型的战略调整，大大提高在周边市场的影响力，通过加大对战略直供用户促销及周到的服务，为马钢产品的市场开发拓展空间。

坚持目标导向管理，坚持每月复盘销售计划的执行。责任落实到位，较好地完成全年库存目标控制。主机厂超期库存从1600吨以上，有效控制在

300 吨以内。

**【经营管理】** 1. 结合主机厂供货需求，2023 年，芜湖加工中心充分发挥新建落料线产能，以期增强市场竞争力，满足客户需求。

2. 强化风险管理，历时 3 个月，召开 3 次内控委员会会议修订《内控手册》，有效控制经营风险；聚焦经营痛点、难点，完成冲压业务流程再造，及时处置呆滞库存。

3. 精简人员编制，鼓励一岗多能，提高人事效率，全年人力资源优化 7 人，人员优化 7%，大幅降低人力资源成本。

4. 为了更好地服务汽车主机厂，合理配置主机厂保供库存，定期清理滞销库存，全年库存始终处于低位运行，既规避经营风险，又提高库存周转率，全年库存周转率较 2022 年有大幅提升。通过种种变革，芜湖加工中心各项经营指标超预期完成。

**【党群工作】** 1. 聚焦深入学习贯彻习近平新时代中国特色社会主义思想情况。抓牢理论武装。坚持“第一议题”制度，全年召开支委会 28 次，党支部大会 10 次，组织党课 9 次，党小组会 16 次，主题党日 13 次；深入开展“主题教育”。主题教育学习 20 次，支委会专题研讨 2 次，C 层级参加营销中心党委组织的为期 7 天的读书班学习；C、B 层级扑下身子下基层调查研究，形成调研课题 3 个，推动解决问题 9 个。

2. 聚焦深化落实全国国有企业党的建设工作会议精神情况。进一步落实国有企业党的建设工作会议精神，以安全管理为着力点，开展安全送教上门、安全隐患排查、安全家访、安全知识竞赛、安全技能竞赛等活动，促进支部党建与生产经营深度融合，党建+安全更上新台阶；围绕关键经营指标，坚持安全、营销、采购、绩效月例会机制，确保芜湖加工中心年度各项目标完成。2023 年芜湖加工中心销售钢材 103.86 万吨，营收 47.46 亿元，利润总额 2195 万元，圆满完成各项经营指标。

3. 聚焦积极服务“国之大者”，有效发挥基层党组织和党员作用情况。提高人事效率，控制采购成本，2023 年相比 2022 年，人员优化 23 人，人均加工量提升 39%，吨钢制造成本下降 24%；畅通民主渠道，听取员工建议，改善食堂就餐环境，提高员工就餐标准，改造员工更衣室、卫生间、羽毛球和乒乓球室，组织足球活动，定期组织员工体检，深受员工喜爱。

4. 聚焦推进基层党建重点任务落实落地情况。顺利完成党员安全“两无”活动各项目标；创建党员突击队 1 个、党员示范岗 2 个、党员责任区 3 个，充分发挥支部战斗堡垒和党员先锋模范作用；同奇瑞冲压三车间支部、上锅采购支部、宁波五矿支部开展联创联建，达成 6 项经营成果，形成党建搭台、业务唱戏的好局面。2023 年，芜湖支部荣获马钢集团先进基层党组织、安全“两无”先进基层党支部称号。

5. 聚焦落实党建工作责任制情况。扎实履行第一责任人职责，全年主持党员大会 10 次，主讲党课 5 次，其中廉政党课 1 次；组织开展纪检微课 6 次，党风廉政警示教育 4 次，廉洁马钢教育 3 次。

（秦郑凡）

## 马钢（芜湖）材料技术有限公司

**【概况】** 2023 年底马钢（芜湖）材料技术有限公司（以下简称“芜湖材料公司”）在职员工 142 人，部门设置为制造部、技术品质部、营销部、财务部、综合部、安环部 6 个部门。2023 年销售钢材 65.969 万吨，同比完成 123%；销售收入 28.26 亿元，同比完成 110%；完成利润总额 709.42 万元，净利润 519.42 万元。

**【市场开拓】** 针对芜湖周边所的主机厂、配套企业加强保供服务力度，提升服务水平，持续全方位扩大汽车终端需求客户的配套服务，有效确保汽车板销量的增长。

积极探索优特长产品的市场，采取地毯式的客户走访，芜湖材料公司区域内所有涉及工程、特种材料加工企业累计走访 89 家，针对优特长产品区域市场进行充分的分析研究，2023 年订单突破 4.5 万吨。

以高度的工作准确性、及时性、规划性、执行力，为客户提供全方位增值服务，实现主业的经营内涵向商品供应链管理转型的战略调整，大大提高在周边市场的影响力，通过加大对战略直供用户促销及周到的服务，为马钢产品的市场开发拓展空间。

坚持目标导向管理，坚持每月复盘销售计划的执行。责任落实到位，较好地完成了全年库存目标控制。主机厂超期库存从1600吨以上，有效控制在300吨以内。

**【经营管理】** 1. 强化风险管理，历时3个月，召开3次内控委员会会议修订《内控手册》，有效控制经营风险；聚焦经营痛点、难点，完成冲压业务流程再造，及时处置呆滞库存。

2. 精简人员编制，鼓励一岗多能，提高人事效率，全年人力资源优化16人，人员优化8.9%，大幅降低人力资源成本。

3. 为了更好地服务汽车主机厂，合理配置主机厂保供库存，定期清理滞销库存，全年库存始终处于低位运行，既规避经营风险，又提高库存周转率，全年库存周转率较2022年有大幅提升。通过种种变革，芜湖材料公司各项经营指标超预期完成。

**【党群工作】** 1. 聚焦深入学习贯彻习近平新时代中国特色社会主义思想情况。抓牢理论武装。坚持“第一议题”制度，全年召开支委会28次，党支部大会10次，组织党课9次，党小组会16次，主题党日13次；深入开展“主题教育”。主题教育学习20次，支委会专题研讨2次，C层级参加营销中心党委组织的为期7天的读书班学习；C、B层级扑下身子下基层调查研究，形成调研课题3个，推动解决问题9个。

2. 聚焦深化落实全国国有企业党的建设工作会议精神情况。进一步落实国有企业党的建设工作会议精神，以安全管理为着力点，开展安全送教上门、安全隐患排查、安全家访、安全知识竞赛、安全技能竞赛等活动，促进支部党建与生产经营深度融合，党建+安全更上新台阶；围绕关键经营指标，坚持安全、营销、采购、绩效月例会机制，确保芜湖材料公司年度各项目标完成。2023年芜湖材料公司销售钢材103.86万吨，营收47.46亿元，利润总额2195万元，圆满完成各项经营指标。

3. 聚焦积极服务“国之大者”，有效发挥基层党组织和党员作用情况。提高人事效率，控制采购成本，2023年相比2022年，人员优化23人，人均加工量提升39%，吨钢制造成本下降24%；畅通民主渠道，听取员工建议，改善食堂就餐环境，提高员工就餐标准，改造员工更衣室、卫生间、羽毛球和乒乓球室，组织足球活动，定期组织员工体检，深受员工喜爱。

4. 聚焦推进基层党建重点任务落实落地情况。顺利完成党员安全“两无”活动各项目标；创建党员突击队1个、党员示范岗2个、党员责任区3个，充分发挥支部战斗堡垒和党员先锋模范作用；同奇瑞冲压三车间支部、上锅采购支部、宁波五矿支部开展联创联建，达成6项经营成果，形成党建搭台、业务唱戏的好局面。2023年，芜湖支部荣获马钢集团先进基层党组织、安全“两无”先进基层党支部称号。

5. 聚焦落实党建工作责任制情况。扎实履行第一责任人职责，全年主持党员大会10次，主讲党课5次，其中廉政党课1次；组织开展纪检微课6次，党风廉政警示教育4次，廉洁马钢教育3次。

**【荣誉】** 获鸠江区政府颁发的“2023年度税收贡献突出企业”。

（秦郑凡）

## 马钢（金华）钢材加工有限公司

**【概况】** 马钢（金华）钢材加工有限公司（以下简称“金华公司”）下设市场营销部、生产安环部、综合管理部、计划财务部、品质管理部5个部门，2023年底在职员工39人。2023年钢材销售总量25.69万吨，销售收入10.85亿元，实现利润总额504.78万元。

**【市场开拓】** 2023年以来，区域市场整体呈现“先扬后抑再扬”，年初需求有所回升，市场好转带动价格上扬，二季度开始，现货出现松动回调，特别是6月回落至谷底；三季度，钢厂出厂价格走高，在需求预期回升背景下，价格出现震荡回暖，全年呈现高频率短周期震荡。金华公司紧跟马钢集团公司“双8”战略经营方略，坚持“效益导向，稳固基本盘，力拓新市场”的工作指导思想，2023年销售重点品种7.29万吨，同比2022年5.78万吨，销售量同比增长1.51万吨，上升26.1%；重点品种占全年销售总量28.38%，产品结构调整逐步完善，客户群体涉及行业逐步拓展，各项经营成果稳固增长。立足源头理顺整条供应链，坚持有效输出。利用铁路物流的高效快捷，降低物流成本，加快资金周转，增强市场抗风险能力。

**【经营管理】** 盘活闲置资产，实现开源再增效。2023 年对闲置土地按马钢集团要求和流程实现续租，开源措施为企业每年增效 40 万元。生产过程坚持简单事情重复做，重复的事情好好做，全流程坚持“不接受，不制造，不传递不合格品”，金华公司作为加工型企业，在落实马钢集团各项经济指标时，抓牢核心重点提升加工效率，增加加工有效输出量。在营销中心的指导下于 5 月通过浙江省安科院专家的评审，完成二级安全标准化达标复审达标，获得二级安全生产标准化证书。通过持续推进安全标准化建设，加强公司安全生产基础工作，促进公司各部门、各环节的安全生产工作有机结合，形成互相协调、互相促进的有机整体。

**【荣誉】** 获金华市拼劲位比赶超“双月攻坚”优胜单位。

（王卫霁）

## 马钢（扬州）钢材加工有限公司

**【概况】** 2023 年度销售各类钢材 62.75 万吨，较 2022 年上升 8.32%；销售收入 27.59 亿元，较 2022 年下降 3.4%；实现利润总额 859.1 万元，较 2022 年下降 17.04%；实现净资产收益率 3.38%。

**【市场开拓】** 通过精细化调研、不断走访等方式深挖周边市场，充分了解客户钢材需求，开发新的目标客户。以冷轧系列产品为基础，按照算账经营和效益优先的接单原则，最大限度提高品种钢的接单占比。利用公司的加工仓储优势，吸引终端用户合作，最终达到开拓市场的目的。

**【经营管理】** 按照统一部署优化人员配置，2023 年人员优化 26 人，超额完成公司人力资源优化指标。通过科学采购、竞争机制，优化替代、制度建设、循环利用，以小见大、修废利旧等多维度进行降本增效，2023 年吨钢期间费用同比下降 8%，吨钢制造费用同比降低 13%，同比 2022 年降本约 350 万元。为适应产品结构调整，推动算账经营、精益运营，对员工进行新知识的技能和业务培训，提高公司的效率和竞争力。

**【党群工作】** 认真贯彻中国宝武、马钢集团各级党委各项文件精神和要求，抓实支部“三基建设”，落实“三会一课”制度，开展习近平新时代中国特色社会主义思想理论学习主题教育，深入推动调查研究，组织群众座谈会，召开主题教育专题组织生活会，开展民主评议党员工作，培养 2 名预备对象，在生产一线发展培养 1 名入党积极分子，吸收 1 名入党申请人。扎实推进“我为群众办实事”实践活动，切实解决职工急难愁盼的问题，把好事办好办实。健全帮扶关爱机制，开展困难党员、退伍军人及困难员工慰问活动。

（苏爱民）

## 马钢（广州）钢材加工有限公司

**【概况】** 马钢（广州）钢材加工有限公司（以下简称“广州公司”）成立于 2003 年 8 月，设立市场营销部、综合管理部、经营财务部、技术质量部、安全管理部、生产作业区，五部门一作业区，年底在岗职工 86 人。2023 年钢材销售总量 52.09 万吨，销售收入 23.30 亿元，实现利润总额 405.99 万元。

**【市场开拓】** 2023 年，广州公司应对钢材市场的变化，结合马钢集团的战略规划，2023 年在营销方面积极转型，从往年以家电板为主的销售策略转变为以特钢类工业线材、汽车板、网络钢厂品牌运营螺纹钢为主。经过转型，广州公司在 2023 年华南地区出口型制造业低迷、家电行业订单大幅下滑的形势下，取得整体营业额上升、利润增加的成绩。

2023 年全年完成销售量 52.09 万吨，环比增幅 73.4%。其中品牌运营销量 19.36 万吨，环比增加 12.46 万吨；工业线材类产品销量实现突破，全年销售 5.2 万吨；汽车板产品销量 6.6 万吨，环比增幅 120%。

**【经营管理】** 持续推进安全生产标准化体系建设。全面贯彻落实全员安全生产责任制，建立健全安全生产规则制度，全员签订年度安全生产责任书。持续完善合规体系建设，加强全面风险管理、内部控制的排查梳理。持续优化人效，提升人均吨钢销量、产量。完善员工培训体系，修订《薪酬及绩效管理办法》，营造“撸起袖子加油干”的干事创业氛围。提升管理人员算账经营理念，优化内部仓储布局，整理闲置仓库对外出租，增加广州公司盈利能力。

（叶春跃）

# 马钢（重庆）材料技术有限公司

**【概况】** 2023 年实现钢材销售 33.76 万吨（其中汽车板 25.21 万吨）、加工 23.58 万吨，实现销售收入 17.33 亿元、净利润 350.02 万元。2023 年马钢（重庆）材料技术有限公司（以下简称“重庆材料公司”）下设市场营销部、计划财务部、技术品质部、生产安环部，设备保障部和综合管理部、马钢派驻 6 人，中铁派驻 1 人，合同制员工 71 人，合计 78 人。劳务外包用工人员为 16 人。

**【市场开拓】** 截至 2023 年 12 月底，重庆材料公司批量在供重庆长安 16 个上市车型、100 余个批量供货零件（以坯料数量区分，不含左右件），重庆材料公司在重庆长安各车型自制零件供货占比已达 67%。重庆长安稳定供货车型包含长安逸动、CS35、CS55、UNI-V、UNIK、UNIT、深蓝 SL03、阿维塔、欧尚 X5 等畅销乘用车，月需求量共计 7.5 万—8 万台，重庆材料公司月配送量稳定在 15000 吨左右，原卷消耗量在 1.8 万吨左右。重庆材料公司针对重庆长安需求，提出专项基价、新品优惠、免费试模、共享技术、合作立项、定点服务等有针对性的商务政策、技术支持和特色服务等相关措施，提高马钢集团在重庆长安的竞争力和品牌形象，使马钢集团在重庆长安的零件份额及供货占比逐年稳步提升。

**【经营管理】** 2023 年度无生产计划原因影响主机厂保供，全年生产计划完成情况良好，达到目标值 99%。认真落实公司安全工作部署，严格落实“一岗双责”，以零事故为目标开展安全生产工作。资金管理方面严控审批程序，合理有效调度订货资金，统筹管理和运作资金并对其进行有效的风险控制。按照人员优化标准全年有 7 人办理离职，离职率为 9%。2023 年度公司完成重庆市 AAA 级劳动关系和谐企业评选，获得荣誉称号及两万元奖励。

（张茂潇）

# 马钢（武汉）材料技术有限公司

**【概况】** 马钢（武汉）材料技术有限公司（以下简称“武汉公司”）成立于 2018 年 10 月，2021 年 8 月工程完工，开始试运行，2022 年正式投产。武汉公司设董事会、监事会，董事会下设总经理及分管副总，下设 4 个部门，分别为市场营销部、计划财务部、生产安环部、综合管理部，2023 年底在册职工 19 人。

2023 年，武汉公司紧跟市场步伐，采取细化销售政策、调整产品结构、提高库存周转率、紧抓主营渠道、拓展外围市场、重修绩效考核方案，优化人力资源、加强供应商管理等。钢材销售总量 36.35 万吨，销售收入 15.68 亿元，利润总额 403 万元，加工量 8.01 万吨。

**【市场开拓】** 2023 年，在原有主机厂订单大幅萎缩、贸易体量下滑的情况下，武汉公司积极拓展各品种高附加值材产品销售渠道，想方设法寻找来料加工单位、向上前移工程订单开发端口，着力品种结构调整，重点突破固有瓶颈。至 2023 年底，全年销售量 36.35 万吨，加工量 8.01 万吨，特钢销售量 4.29 万吨，型材销售量 6.37 万吨，均完成 KPI 指标，支撑武汉公司的结构转型和增效。

其中，汽车板方面，通过东风日产 N 标 5 个牌号认证，启动东风日产 64 个零件切换工作，为日产系配套厂供货 670 吨；启动东风本田 8 个零件验证工作；新增汽车板外围订货渠道 5 家。家电板方面，新增家电板订货渠道 4 家，包括凌达、鑫博奕等。热轧品种钢方面，新增热轧品种钢渠道 7 家，包括湖南宏旺、正惠亨、柯尔顿等。特钢方面，新增特钢渠道 4 家，包括浙江冶金、东实精工等。型钢方面，新增型钢渠道 4 家，包括湖北华舟、山东国泰等；新增 H 型钢品牌运营业务，相继对山西精建、长沙长裕销售 2607 吨。来料加工方面，新增来料加工渠道 9 家，包括首鹏汇隆、马钢合肥、好钢等。

**【生产加工】** 2023 年加工总产量达到 80093

吨，较2022年将近翻了一番。其中月生产加工量较2022年稳定增加，特别是4月、5月产量都达到8000吨以上，创历史新高。公司秉承“安全第一、预防为主、综合治理”的方针，严格按照上级文件精神，在提高生产产量和产品品质的同时，建立健全安全管理工作，树立安全理念，营造安全氛围，加强设备管理，强化各机组质量意识，加强员工技能培训，积极推动现场6S管理，优化各项措施严格到位。建立风险分级管控及隐患排查治理的双重预防体系，安全生产标准化（二级）现场评审通过，建厂至今安全事故为“0”。开展形式多样的职工技能竞赛，生产面貌和生产作业现场也取得了较大的改变和提升。

**【经营管理】** 根据武汉公司战略定位及年度经营目标，2023年继续以制度建设为根本，以商业计划书为考核导向，细化内部管理流程，持续提升员工综合业务素养和公司合规管理和风险机制。1. 制定月度经营计划，分解任务指标，优化品种结构，健全考评机制。2. 定期组织员工参与学习培训，宣贯上级公司及本公司各项制度文件，增强合规风险管理，按专项检查清单对各部门、各板块进行检查整改，加强风险管控能力和合规经营意识。3. 不断完善安全生产管理流程，优化并规范安全生产管理方式方法和执行手段，打造高效的安全管理工作机制。4. 按照公司计划推进安全体系建设，落实安全风险分级管控与隐患排查治理双重预防体系。5. 全员落实“四个到位”，即防控机制到位、员工排查到位、设施物资到位、内部管理到位。6. 强化供应商管理，消除低、小、散供应商，将供应商准入、审核、监管落到实处。7. 按计划推进质量体系IATF 16949:2016认证工作，不断推进质量体系建设。2023年在克服市场行情大幅下跌的重重困难下，顺利完成公司的年度经营目标。

**【党群工作】** 在营销中心党委的坚强领导下，武汉公司党支部坚持以习近平新时代中国特色社会主义思想为指导，围绕学习宣传贯彻党的二十大精神工作主线，高质量开展主题教育，迎接马钢集团党委巡察，坚定不移坚持党的领导，衷心拥护“两个确立”、忠诚践行“两个维护”，严格执行“第一议题”制度，持续提高党支部和党员群众的政治判断力、政治领悟力、政治执行力；围绕“紧跟核心把方向，围绕中心管大局，凝聚人心保落实”党建工作主题，以高质量党建引领公司高质量发展。深入学习强建设，组织全体党员认真学习党内法规，用好各类党务材料，丰富“学习强国”、宝武微学院、马钢网络大学等各类线上学习方式，不断提升支部党建实务水平，推进支部标准化建设，始终坚持两个“一以贯之”，修订完善“三重一大”决策制度，明确党支部讨论决定事项清单和重大经营管理事项，切实把党的主张和决策转化为公司发展的实效，进一步发挥党建引领作用；落实落细抓党务：通过认真组织开展“三会一课”“党建+项目”“我为群众办实事”、支部联创联建、党员责任区、先锋岗、突击队等一系列活动，树立“一个支部，一座堡垒，一名党员，一面旗帜”的良好形象，受到营销中心党委的荣誉表彰；多措并举造氛围：坚持做好公司意识形态工作，践行“四力”，积极运用营销中心宣传网站、马钢日报等载体，讲好公司好故事，传播公司好声音，全力坚持“江南一枝花”的文化自信更基础，更深厚，更持久；利剑高悬强保障：严格贯彻落实营销中心党委，纪委做好全面从严治党各项工作，开展“纪律在身边”读书活动，违规经商办企业专项治理，配合中国宝武做好双公经费的监督检查工作，持续营造风清气正的从业环境。

**【荣誉】** 获2023年度武汉市最具影响力钢铁品牌奖、2023年度武汉市钢材流通50强领军企业、欧冶电商平台“优秀合作伙伴奖”。

（石　磊）

## 南京马钢钢材销售有限公司

**【概况】** 南京马钢钢材销售有限公司成立于2014年7月，下设销售部、财务部、综合部3个部门，2023年底在岗职工25人。2023年钢材销售总量146.74万吨，销售收入57.75亿元，实现利润总额2839.5万元。

**【市场开拓】** 2023年全年实现146.74万吨的销售量，较之2022年72.45万吨，实现了100.05%的增幅。新增渠道方面，工贸新增抬头38家，实现合作且有影响力的非建材客户共22家，包括酷列特、双久、优澄钢、中粮包装、临沂格力、上海图纳、上海五特、山东马立可、安徽天裕、苏州乐盟鑫美新、芜湖宁坤、天津启润、天津卓悦骅骏、上海中宏山、常州广利、宁波浙金、南京诚铂、环滕金属等。

【经营管理】 2023年，内部在经营管理方面做了如下工作：1. 结合工贸系统，修订并换版《营销管理办法》《合同管理办法》《库存及发货管理办法》等。2. 按照内控管理要求，修订《内控手册》。3. 吸并无锡业务板块，使得南京公司整体渠道架构趋于合理、平衡，摆脱"长强板弱"的渠道属性。4. 按照公司强化服务意识，提高渠道拓展能力，规避相关风险及产品结构调整等要求，进行业务模式变革，摒弃"一条龙"式的客户服务模式，改为"前后台" "岗位AB角"的服务模式。

【党群工作】 南京公司以第二批主题教育为契机，紧紧围绕主题教育"学思想、强党性、重实践、建新功"的总要求，坚持读原著、学原文、悟原理。通过学习，促进学用转化，推动南京公司经营管理上台阶。持续强化党对企业的领导地位，贯彻党建在企业发展中引领作用。今年，针对重要的人事任免、企业重大经营决策，南京公司党支部通过支委会或支部大会的形式，进行表决和讨论，避免个人决策上的偏颇和失误。

【荣誉】 2023年，获江苏惠泉钢管有限公司"优秀供应商"；获无锡四方友信股份有限公司"优秀合作供应商"。

（殷红玉）

# 马鞍山马钢慈湖钢材加工配售有限公司常州分公司

【概况】 马鞍山马钢慈湖钢材加工配售有限公司常州分公司（以下简称"常州公司"）成立于2012年12月，下设销售部、财务部、综合管理部3个部门，2023年底在岗职工10人；2023年钢材销售总量31.07万吨，销售收入12.49亿元，实现利润总额920万元。

【市场开拓】 2023年常州公司持续调整产品结构和客户结构，快速响应，把握市场阶段性行情带来的盈利机遇。开发海安华诚、天津福莱鑫等一批终端客户，全年H型钢销售量达到1.6万吨，超额完成马钢股份公司考核目标值；并开发品种热轧无取向硅钢，全年销售量达到1.84万吨。

【客户服务】 深入了解客户的需求和期望，提供针对性的服务和解决方案。定期收集客户反馈，了解服务质量和客户需求变化，及时调整服务策略。根据客户反馈和市场变化，持续改进服务流程和产品，满足客户不断变化的需求。

【经营管理】 1. 针对全球经济下滑带来的经营风险，常州公司有针对地进行经营风险防控自查，并对相关文件进行修改，把控经营风险。2. 以"四有"为经营纲领，努力加大品种钢市场的开拓，为2024年开拓光伏等市场打下良好的基础。

（梁 鸿）

# 马钢（上海）钢材销售有限公司

【概况】 马钢（上海）钢材销售有限公司（以下简称"上海公司"）成立于2014年7月，下设营销部、综合部、财务部3个部门，年底在岗职工16人。2023年钢材销售总量95.92万吨，销售收入44.33亿元，利润总额1734.36万元。

【市场开拓】 上海公司立足华东市场，主要营销以高强汽车板、镀铝硅家电板、特色彩涂板为代表的全系列板材产品（如热轧、酸洗、冷轧、镀锌、镀铝硅、彩涂等）以及特钢、H型钢、工业线材等；经营模式以直供、专业经销商为主。2023年上海公司销售量、销售额、利润总额均破历史新高，同比增长分别达到28.28%、19.87%、56.7%。其中，汽车板高强钢销售32万吨，同比增长53.8%（420以上强度酸洗比例、HC420/780DPD、CP800高强酸洗等品种钢也取得历史性突破）；家电镀铝硅销售2.6万吨，同比增长73%；彩涂销售17.73万吨，同比增长127%，彩涂产品销量已占马钢集团彩涂总量60%以上。

上海公司积极拓展终端重点客户，先后开发将军机械、博俊科技、黄山创想等重点客户，与上汽集团一级配套厂全面开展合作。

【经营管理】 2023年，上海公司依据总部"极致高效""品种结构调整"的原则和精益运营、持续创新，聚焦产品卓越、品牌卓著、创新领先，围绕企业全生命周期和产品全场景创造价值的理念，突出“超越自我、跑赢大盘、追求卓越、全球引领”绩效导向，在现有高强汽车钢、高端家电镀锌、彩涂等板带产品三箭齐发的前提下，积极推进特钢棒材、工业线材和H型钢等长材客户开发。坚持“集中一贯制”“算账经营、效益为先”管理，结构渠道持续优化，努力提高客户满意度、美誉度、忠诚度，推动马钢集团品牌形象提升。

2023年，上海公司建立和完善各类制度，目前上海公司各项制度、管理办法共八大类。包括《内控手册》、风控管理、财务管理、销售管理、综合管理、人力资源管理、采购管理等共59份具体文件。特别是按照中国宝武新体系修编《内控手册》，完善内控制度，让风险得到可控，让行为有所依。

（王　刚）

## 马钢（杭州）钢材销售有限公司

**【概况】** 马钢（杭州）钢材销售有限公司（以下简称“杭州公司”）成立于2014年8月。浙江地区是长三角一体化发展的核心区域，作为省会城市的杭州，其区位优势突出，处于京杭大运河的端点，且属于马钢集团300公里左右辐射半径内，是库存前移、服务前移在长三角地区的“桥头堡”。

**【经营情况】** 杭州公司为马钢股份在华东地区的区域性钢材销售公司。公司的注册资本为人民币1000万元，是马钢股份全资子公司，由马钢股份委托马钢销售公司管理。杭州公司设执行董事一名，监事一名。杭州公司经营管理机构设总经理一名，为公司法定代表人，副总经理一名（分管财务），由股东推荐，执行董事聘任或解聘。目前，杭州公司设置营销部、财务部和综合部3个部门，有员工17人，其中：马钢股份委派员工4人，属地员工10人，劳务派遣3人。杭州公司一直坚持“调结构提高吨钢盈利水平，拓市场增加市场营销份额”的原则，贯彻落实“管理是盯出来的，经营是算出来的，潜力是逼出来的，技能是练出来的，活力是赛出来的”管理理念。2023年，杭州公司销售钢材105.32万吨、销售额42.87亿元，均创历史新高，同比增长分别达到48.78%、28.27%。

**【市场开拓】** 2023年以来，杭州公司以“四化”为方向引领，以“四有”为经营纲领，坚持“算账经营”“精益运营”的双轮驱动，在市场“寒冬”中，在短兵相接中，以“钢筋铁骨”的姿态展现出强大的抗压力和蓬勃的生命力，并围绕客户“痛点、难点”，精准施策，加快产品转型升级。杭州公司响应马钢优特长材精品基地发展战略规划，凭借“借船出海，强强联合”的理念，依托浙江央企、国企，积极走访设计院、重大工程项目部、行业龙头及标杆企业，着重推广马钢特钢、工业线材及H型钢产品。2023年，杭州公司深耕优特长材市场，并取得卓越成绩，全年销售钢材82601吨，同比增长250.47%。杭州公司深入特钢市场，依托实力较强的国企和大型贸易商，充分了解特钢使用品种的特性及行业分布特点。2023全年完成钢材销售56929吨，同比增长371.5%。

**【经营管理】** 以“制度建设”为载体，全面完善风险管理、内部控制等制度，将合规管理嵌入业务全流程，提升管理效率，并对现执行的各类管理制度的合规性、系统性、有效性定期开展自我评估。以业务流程为核心，对风险辨识、业务流程、内部控制、业务权限、流程绩效等进行一体化设计，建立起推进、跟踪、督促的制度编、修、订机制。按标准化作业要求及管理办法，规范系统操作及岗位操作规程；结合实际情况，制订和完善相关操作规范、规程的风险控制要求；设立专（兼）职系统管理员，负责系统日常运行、维护协调、自主管理的本账套系统数据新增、变更等工作的审核及维护；严格按照相关管理办法，对进、销、存各个节点设置AB角，实施责任到人。不定期对实物库存进行盘查，做到账物相符。资金上优化资源配置，严控应收账款周期；缩短库存周期，提高资金利用率。安全上定期对员工进行相关安全知识培训，提高员工人身安全保护意识。

**【党群工作】** 坚持以习近平新时代中国特色社会主义思想为指导，深入学习贯彻党的二十大精神，深入学习贯彻落实习近平总书记关于国有企业改革发展和党的建设重要论述，扎实开展主题教育，牢牢把握“学思想、强党性、重实践、建新功”总要求。坚持以“四化”为方向引领，“四有”为经营纲领，聚精会神，目标明确，抓主抓重，算账经营，群策群力，团结协作，杭州公司在全体职工的共同努力下，实现经营绩效持续改善。2023年杭州公司支部召开党员大会14次、形势任务教育和主题党课4次、主题党日活动12次，开展宣讲2次，开展研讨交流6次，参加第二批主题教育学习5次。

【荣誉】 2023年，获西奥电梯“年度创新奖”；获吉利汽车“优秀服务供应商”；获吉利汽车长兴基地“优秀供应商”；获浙江铭博汽车部件有限公司“优秀合作供应商”。

（张建华）

## 马钢宏飞电力能源有限公司

【概况】 2023年1月，马钢宏飞电力能源有限公司（以下简称“马钢宏飞”）经营与管理关系划归宝武清洁能源有限公司。主要从事售电业务、配电业务、综合能源供应业务、电力运维服务等。下设4个部门，即综合管理部、市场营销部、技术服务部、财务部。截至2023年底在岗人数13人。

【主要经营指标】 2023年实现交易电量14亿千瓦时，经销电力客户数28户，安全生产任务达标。

【市场开拓】 2023年售电市场政策波动较大，市场竞争更加激烈。马钢宏飞完成江苏、上海售电资质的推送；在绿电交易领域实现新的突破，与龙源电力发电企业达成合作意向，为未来宝武基地的绿电服务奠定良好基础；与华能山西能源销售有限责任公司达成电力市场开发代理业务合作，2023年在山西代理售电3.98亿千瓦时。

【经营管理】 在集团公司低碳发展的战略引领下，马钢宏飞电力主动找准自身定位和业务切入点，确定以拓展绿电资源、提高绿电交易能力，为集团公司各基地提供优质清洁能源作为业务发展的主要方向，为实现中国宝武高质量发展贡献力量，致力于成为具有较强市场竞争力的综合能源供应商。

（孙浏刘）

## 马钢（香港）有限公司

【主要经营指标】 2023年马钢（香港）有限公司（以下简称“香港公司”）实现营业收入97亿港元，利润总额5062万元人民币；原燃料采购量约867万吨，原燃料跨境贸易融资平台满足马钢股份公司的需求；钢材出口结算量超30万吨。

【原燃料采购】 原燃料采购量全年867万吨，同比上涨43.07%；开证金额约10.25亿美元，同比上涨29.58%，开证金额和原燃料转口贸易体量均大幅超过2022年。马钢股份外拓展的进口贸易矿结算量约为69万吨，结算金额约为7400万美元，创香港公司历史最高水平。

【钢材销售】 全年结算30.3万吨，同比增加36.76%，产品销往16个国家和地区，其中：自营出口20.6万吨创新高，重型H型钢销售9.3万吨，新产品新市场有新的突破。香港市场H型钢占有率约65%，同比增长3个百分点；针对香港市场，积极开发H型新品种S460打桩钢，提升产品竞争力，新牌号打桩钢在香港市场已累计销售超3.5万吨。经多年不懈努力，新加坡市场H型钢市场获得突破性进展，与当地最大的库存商continental公司进行合作，签约合同数和数量逐步稳定提升。新产品的市场实现突破。在泰国市场硅钢保持稳定供应，较2022年供应量显著提升；推动产品论证，推动市场开发，H型钢2023年度完成泰国TISI认证，10月已签约正式供货合同。香港公司关注公司新品种的开发，积极推广新品种帽型钢，11月已签约试订单，建立波兰、乌克兰等欧洲市场渠道，为后期市场拓展打下坚实的基础。

【跨境融资】 原燃料跨境贸易融资平台满足马钢股份公司需求，实现跨境融资折合人民币约17.4亿元，2023年跨境贸易融资平均利率1.40%，同比下降1.08个百分点，进一步助力综合融资成本率的降低；营业收入97亿港元，原燃料跨境贸易融资平台稳居中国宝武第一方阵。2023年香港公司主动筹划融通使用香港公司自有资金3000万美元，该资金筹划，不仅改善了股份本部的经营净现金流，而且提高马钢股份的资金使用效率。

（陈锦坤）

## 德国MG贸易发展有限公司

【主要经营指标】 2023年德国MG贸易发展有限公司（以下简称“MG公司”）实现营业收入

7413.20万欧元（超过2022年的6倍，继续高速增长），营业利润17.22万欧元，净利润11.85万欧元，全部超额完成年度任务目标。

**【钢材销售】** 2023年以来，在备品备件采购量继续大幅度降低情况下，MG公司坚持以特钢长材、H型钢市场开拓为目标，做好维护老终端客户工作，在营销中心的大力支持下，累计钢材销售签约量为127750吨，累计发货量为122157.268吨，累计发货金额7863.90万美元。特别是特钢棒材的出口业务取得新的突破，出口量屡创新高，出口合同签约量达到1.5万吨。

**【备品备件采购】** 在外部经营环境发生重大不利变化的情况下，坚持“高效保供、大力降本”的原则，克服各种困难，2023年累计签订销售合同总金额为85.90万欧元，累计发货及实现销售30批，实现销售金额127.19万欧元。

**【内部管理】** 完成办公室注册地址的变更，及相应的登记信息变更，保证MG公司的稳定正常运行。按公司的要求进行海外代表处设置的情况调研并完成专项报告。完成欧洲地区马钢产品售后服务及调研工作。根据实际对MG公司《内部控制手册》及若干专门管理制度进行了修改，为规范管理打下坚实的基础。

（华　震）

# 马钢（澳大利亚）有限公司

**【经营管理及主要经营指标】** 2023年马钢（澳大利亚）有限公司（以下简称“澳洲公司”）延续由马钢股份公司营销中心远程托管的模式。主营业务收入来源于马钢股份承购必和必拓的协议矿的返利，全年实现总收入2059万澳元。

**【其他】** 根据马钢股份指示，在完成全部已审计未分配利润向母公司分红的手续后，澳洲公司在2023年6月向马钢股份公司分红1400万澳元。另2023年8月，马钢股份研究决定，张卫明任澳洲公司董事，丁彬斌不再担任董事职务。应澳大利亚政府对在澳企业任董事的人员需要事先获取董事身份证（即董事ID）的要求，2023年末在张卫明成功申请取得董事ID之后，由张卫明替换丁彬斌任澳洲公司董事职务。

（朱德娟）

# 马钢集团公司其他子公司

# 马钢集团投资有限公司

【概况】 2023年3月底前，马钢集团投资有限公司（以下简称“投资公司”）完成所有资产（含所持立体停车设备公司、华宝租赁公司、欧冶保理公司、宿马产业公司股权和所持上市公司股票及金融产品）向马钢集团的过户工作，完成所持科达能源股权的公开挂牌转让工作，开展投资公司税务注销，并于6月底前完成工商注销。

（吴定康）

# 马钢集团康泰置地发展有限公司

【主要经济指标】 2023年，马钢集团康泰置地发展有限公司（以下简称“马钢康泰公司”）实现主营业务收入13896万元，利润660万元，上缴各项税费927万元。

【党建引领】 深入开展学习贯彻习近平新时代中国特色社会主义思想主题教育，紧紧围绕“学思想、强党性、重实践、建新功”的总要求，紧密围绕中心工作，以主题教育高质量开展助推企业高质量发展。合规有序完成董事会、监事会、经营层、职代会、工代会换届工作。扎实开展基层党组织联创联建工作，围绕推进协力变革、保障资产经营效益、提升物业服务水平等主题与兄弟单位党委、党支部开展联创联建项目8项。深入推进党风建设和反腐倡廉工作，召开党员大会选举产生马钢康泰公司第二届纪律检查委员会。抓细抓实廉政教育，通过开展纪检监察干部队伍教育整顿、签订《2023年度党风廉政建设责任书》、组织编写单位廉政档案和填报领导人员个人廉政档案、上廉政专题党课、设立廉政读书角等措施，引导党员干部增强拒腐防变能力；持之以恒纠正“四风”，重点防范和抵制违规公款吃喝、餐饮浪费等行为；严肃处理不作为、乱作为、慢作为等形式主义、官僚主义问题，全年马钢康泰公司党委给予党内严重警告处分1人次，诫勉谈话2人次，提醒谈话等监督谈话共36人次。

【对标改革】 稳步转变考核模式，制定下发《2023年经济责任制考核办法》，重点关注资本回报和营业收入增长，对两个分公司提出基本利润和人均利润增长率考核指标，侧重房产分公司收入指标权重，以马钢康泰公司总体经营目标为核心指标考核公司机关部室的管理和服务情况。持续推进绩效考核体系优化，对《员工绩效管理办法》进行修订，试运行“一人一表”的绩效指标。践行“算账经营”理念，持续推进财务信息化建设，提升数据分析能力；实施三级核算体系运行方案，对三级单元实行财务精细化管理；细化预算指标，分解月度、季度指标情况，并实时跟踪预算指标完成情况。

【产业创效】 开发业务着力推动重点工程建设，在确保安全和质量的基础上加快推进马钢棚改安置房建设，于4月完成1—6号楼主体结构封顶。有序推进南山棚户区改造工作，对西山村、黄山村、凹山村等棚改区域1110户住户进行初步排查，完成812户的方案设计和经济技术指标测算。物业服务业务以宝武生态圈内部市场为重心、兼顾外部市场，新增安徽宝信智能园区、马钢（武汉）材料技术有限公司、东方明珠小区、华琪环保等11个物业服务项目，新增合同金额达1400万元。所辖钢城花园小区作为马鞍山市区唯一上榜小区，荣获安徽省第二批“皖美红色物业”示范小区称号。强化经营租赁管理，组织开展经营性用房违规转租问题专项整治，建立房屋租赁常态化检查机制，对违规转租情况予以及时处理；积极做好空置房的招租工作，通过招租告示、网上发帖、全员推销等方式新增租户25户，新增租赁面积达3158.61平方米；加大租金催缴力度，约谈并下达律师函11份、诉讼6户，收回租金近180万元；与马钢股份公司签订常州房产10年租赁合同，管理产权557个；协助马钢股份公司完成四个产权单位的顺利过户、回笼资金27万元，收回常州兰陵锦轩租赁到期商铺，续签租赁合同16份，新签合同4份，年累计合同额163万元。建筑安装业务以马钢自建房安全隐患整治维修项目为切入口，逐步探索推进全过程工程项目管理模式。重新申报并取得建筑工程施工总承包二级资质和电梯A2级安装（含修理）许可证，为2024年市场拓展打下坚实基础。

【风险防控】 完善财务内控体系，先后开展财务专项稽查工作、经营风险排查、XJ贸易业务专项整治“回头看”等8项专项检查；加强资金监管，降低应收账款周转率，全公司应收账款由年初的0.9亿元降为0.6亿元。加强法务合规管理，与安徽明博律师事务所签订2023年企业常年法律顾问协议，设立马钢康泰公司“法律咨询日”，组织安排36人参加委托代理人法律知识考试，合格率为87%。强化安全管理，全面承接宝武集团安全管理模式，树牢安全生产“1000”理念，强化“违章就是犯罪”意识，着力提升本质安全水平，2023年，马钢康泰公司未发生一起重大安全伤亡、设备和火灾事故。制定下发《康泰公司2023年安全（消防）工作计划》以及安排日常安全（消防）重点工作；坚持开展季度、年度、节假日和各类专项安全消防检查制度，全面排查以消防设施、防火制度、用火用电用气和火灾隐患整改为主要内容的消防安全检查，各类安全消防隐患整改完成率为87.16%；扎实开展第22个全国“安全生产月”活动和“119”消防宣传月活动，常态化开展安全生产大教育大培训，切实提升职工和住户的应急技能。

**【共建共享】**　强化员工培训，组织员工参加各类培训共计448人次。加强三支队伍建设，从“80后”人员中选拔推荐优秀人才进入公司中层管理人员队伍；修订《康泰公司技术业务职务的评聘办法》，完成5名技术业务主管、14名技术业务主办的评聘工作，持续开展“操作能手”“服务之星”的评选工作。群众性文化活动丰富多彩。组织开展春节文体活动、职工家属厂区开放日活动、职工运动会等众多活动，不断丰富企业员工业余文化生活。切实做好员工权益保障工作，“我为群众办实事”项目取得良好效果，持续开展“送温暖”、互助帮困、保障计划、大病救助、金秋助学等精准帮扶活动，落实年度员工体检，完善员工保险政策，全年开展日常慰问43人次。

（徐若非）

## 安徽马钢冶金工业技术服务有限责任公司

**【主要经济指标】**　2023年，安徽马钢冶金工业技术服务有限责任公司（以下简称“冶服公司”）共签订工序（工作量）委托总包合同33份，合同金额5.6亿元；实现主营收入5.19亿元，利润总额1470万元。

**【生产经营】**　冶服公司围绕“成为让主业放心的优质供应商”目标任务，不断调整优化产业布局，重点聚焦生产协作、资源自循环加工、专业技术服务、非道路移动设备等领域业务，有序推进企业转型升级。稳妥开展保产工作和自循环废钢自加工业务，7月份加工量首次突破7万吨，10月合钢废钢自循环加工基地建成投产，废钢加工能力跨入新台阶，为马钢废钢采购降本提供有力支撑，12月顺利取得国家废钢铁行业准入资质，废钢业务实现新突破。冶服公司先后被马钢集团授予二季度综合绩效“银杯奖”和三季度综合绩效“金杯奖”；8月和9月均获马钢集团“奋勇争先奖”小红旗。

**【专业化整合】**　圆满完成利民星火、利民固废公司股权增资工作，共51名员工平稳有序划转至宝武环科马鞍山公司。在马钢集团资本运营部的牵头下，启动实施建安公司与马钢设计院股权转让工作，初步达成股权转让意向协议，专业化整合取得阶段性成效。全年优化整合“低小散”协作供应商6家，协作供应商由年初41家压减至35家，压减率为15%。积极探索新形势下协作供应商合作新模式，成功召开第二届“协作 共赢”供应商大会，共同构建互信共赢新格局。

**【基础管理】**　深入实施组织机构变革，优化调整冶服公司机构设置，实施管理、技术人员竞聘上岗，有序推进层级管理和薪酬切换，基本实现3年内全面对接马钢集团管理体系的目标任务。制度建设不断完善，全年发布管理制度14个，岗位作业标准49个，累计发布管理制度122项。合规管理不断强化，坚持内部控制与合规管理一体推进，统筹发挥法律合规、风险控制和内控管理作用，聚焦战略风险、经营风险、财务风险等3个领域8个重点项目风险，开展内控评价工作，梳理和整改内控缺陷5项，实现风险总体受控。规范内部合同审批、招标采购流程，修订完善《采购管理办法》，建立合规供应商名录137家，网上采购率100%。加强资金管理，开展虚假贸易自查，防范资金风险，全年处理诉讼、仲裁案件9件，挽回经济损失306万元。加强三支队伍建设。聚焦岗位能力，大力开展技能培训、岗位练兵、导师带徒等活动，持续提升三支队伍的技能水平，全年举办“冶服大讲堂”12期，举办作业长培训专班，先后引进9名专业技术人才，到关键岗位任职，新招聘大学生2人，有效缓解公司管理人才短缺问题，员工技能等级持证率由年初的47%上升至60%。

**【安全管理】** 从强化安全基础管理入手，抓基础、抓关键，促进安全生产形势持续稳定好转。修订完善安全管理制度7项，持续夯实安全管理基础。进一步落实全员安全生产责任制和履职清单，压实“两长”责任，持续提升管理人员的安全履职能力。加大事故追究问责力度，先后对5名事故责任人进行降职、免职处理。深入开展安全专项整治行动，持续开展现场隐患排查、风险辨识，加大隐患排查力度，推进公司安全基础管理提升。

（余　燕）

# 安徽马钢和菱实业有限公司

**【概况】** 安徽马钢和菱实业有限公司（以下简称“和菱实业”）是由马鞍山钢铁股份有限公司与马钢（香港）公司共同投资的中外合资公司，注册资本3000万元人民币，马钢股份持股71%，于2003年成立。公司占地面积136.19亩，主要从事包装材料生产、钢铁包装运输、行车运维和劳务服务等业务，行业竞争力位居前列。和菱实业从业人员2035人，其中在岗员工512人，协作员工1523人。公司党委成立于2021年9月，下设6个党支部，党员134人。

和菱实业实行董事会领导下的总经理负责制，组织机构设置为“5+6”模式，即综合管理室（党群工作室）、生产技术室、安全管理室、设备管理室（能源环保室）、经营财务室5个管理部室；包装分厂、行车一分厂、行车二分厂、行车三分厂、行车四分厂、智维分厂6个生产经营实体单元。和菱实业主要经营范围为包装材料生产并提供钢铁包装服务；生产和销售捆带产品；行车设备操作点检维护。

和菱实业先后被评为安徽省外商投资经济效益先进企业、安徽省诚信企业、安徽省劳动保障诚信示范单位、安徽省创新型企业，马鞍山市政府重点扶持的“专、精、特、新”企业，马鞍山市“绿色企业”。和菱实业拥有安徽省认定企业技术中心，是马鞍山市钢铁包装工程技术研究中心参建单位。2018年获马鞍山市市长质量奖提名奖。荣获马鞍山经济技术开发区2022年度纳税突出贡献二十强优秀企业。

**【安全管理】** 全年安全生产形势总体可控并保持平稳，未发生重伤、工亡人身伤害、火灾等各类生产安全事故。未发生职业病危害事故；未发生质量事故。企业安全生产隐患整改率达100%，新员工三级安全教育合格率100%，三证人员持证上岗率达100%。公司共排查各类隐患4569项，整改率100%。依照《2023年度全员安全教育培训》，开展新员工入职教育12场，受教育人数540人；开展职业培训16场，参训2023人次。

**【科技创新】** 聚焦“绿色发展、智能制造”目标，开展“四新”科技创新工作，依靠科技进步，提高产品价值。科研立项4项，各科研项目均按计划进行有序实施，其中废钢打包研发和防锈纸裁剪机、捆带自动裁剪机两个项目，分别创效降本超过26万元和30万元。全年累计申请发明专利9项、实用新型专利1项，获2023年全国机械冶金建材行业职工技术创新成果二等奖和安徽省重大合理化建议奖各一项，第三届“中国宝武优秀岗位创新成果奖”二等奖一项、三等奖两项。

全年，和菱实业环境风险总体受控，废气、废水排放、危险废物处置、厂界噪声均达标合规，未发生环境投诉事件。水、电总体消耗与2022年基本持平，环境风险总体受控。

**【设备管理】** 2023年，行车设备运行总体保持稳定，无重大设备事故发生，并圆满完成对各家主线单位的维护保产任务，确保甲方月度、季度及年度生产任务的完成。修订并完善《行车设备点检标准》等各类标准共计13073项，大力推行管理体系标准化、检修作业标准化、点群检标准化、定修管理标准化、群检可视化等系列工作，保障检修的安全、质量和效率。1—12月，共完成各类计划检修3618项，检修项目兑现率100%，检修质量完好率100%。消除各类设备隐患1082项，保障设备安全稳定运行。按照马钢统一要求，参加2023年护网行动，及时安全处置4起突发事故，完成行动计划。

**【精益运营】** 各项精益工作有序开展，截至2023年底，全员精益改善参与率、管理岗及技术业务岗“献一计”参与率、微改善审核效率和随手拍整改率均在马钢集团公司排名第一，其余精益组、修旧利废、精益现场日等提报，均排在前五名，和菱实业精益工作稳居马钢集团公司第一梯队。

**【企业管理】** 围绕商业计划书，落实经营管理工作全覆盖。根据组织架构调整、战略定位、战略举措及 2023 年的战略目标分解，编制《和菱实业公司 2023 年度商业计划书》。初步建立内部赛道制组织绩效体系，承接、分解和落实各项绩效指标，通过统筹谋划和对各分厂的人员退休年龄分析，将人资指标进行精准分解稳步推进，按时完成 8% 人效提升目标。全年完成人员优化目标 44 人。

2023 年，与马钢技校合作开展行车点检技能培训班，通过理论、实践以及取证培训，提升员工行车点检技能，培育打造行车运维核心团队，共有 29 人通过培训考核并取证。

**【党群工作】** 和菱实业党委成立于 2021 年 9 月，下设 6 个党支部，党员 134 人。年初部署制定《和菱实业公司党委 2023 年工作要点》，提出构建“1235”党建工作体系的总体目标和 6 个方面 20 条具体工作内容。全年组织党委会“第一议题”、党委理论学习中心组学习 18 次，“三会一课”、主题党日开展 238 次。各级领导人员深入学习谈体会 12 篇。领导班子带头深入基层开展 4 次调研，形成 4 篇高质量调研成果报告，并完成调研成果发布。把握主题教育总要求和目标任务，制定下发主题教育各项实施方案，分两期举办为期 7 天的读书班研讨活动，按照要求召开党委理论学习中心组（扩大）学习会，并围绕专题开展学习研讨 4 次。领导班子成员下基层调研 8 次，共检视问题 6 个，制定 16 条整改措施，并完成整改工作。将党建工作融入公司生产经营中心工作，先后开展“学习二十大，踔厉奋发新征程”主题党日、“擎旗奋进创一流”主题实践、“我为降本做实事、集智聚力强绩效”大讨论、党员人均增效节支 1000 元、党员安全“两无”等系列活动，引领助力公司实现扭亏增盈。开展党内各类先进表彰和困难党员慰问，2 个党支部、29 名党员受到表彰奖励，5 名生活困难党员得到慰问帮扶各基层党支部先后与和菱实业内、外部 8 个党支部建立具有和菱特色的行车“管用养修”联创联建机制。通过“三会一课”、主题党日等组织联办方式和载体，累计开展各类活动 72 次，其中主题党日活动 8 次，共解决现场难题 7 项，累计降本增效 20 余万元，联合组织开展各类安全演练 6 次，安全隐患排查 21 次，发现并整改隐患 201 项。落实党管意识形态原则，按照中国宝武党委和马钢集团党委统一部署和要求，加强对各类意识形态阵地的管理，保证意识形态工作责任落实到位、意识形态工作机制健全有效、意识形态阵地管理严格受控。按照《和菱实业公司党委意识形态工作责任制实施细则》安排，编制学习计划，明确学习内容，深入学习习近平总书记关于意识形态的论述。公司领导班子成员深入基层讲专题党课 3 次。同时开展形势任务教育、中国宝武马钢企业文化理念及“江南一枝花”精神新内涵以及廉洁文化宣传，共有 443 名职工参与企业文化理念问卷调查。

2023 年，在各类新闻媒体上共计用稿 126 篇次。多角度宣传报道生产经营，宣贯党的二十大精神、党的建设、创 A、党支部联创联建、降本增效、精益运营管理和工会工作特色成果，以及宣扬先进典型和先锋人物事迹，为实现高质量发展提供精神动力和舆论支持。

认真贯彻落实中国宝武、马钢集团党风廉政建设和反腐败工作会议精神，持续正风肃纪。按照马钢集团党委要求，公司成立纪委，同时选举产生公司第一届纪律监督委员会，设立纪检监督室，与综合管理室（党群工作室）合署办公，运用常态化监督和专项监督手段，认持续深化政治监督和纪律监督。全年，公司党委班子成员讲授廉政党课 3 次，与下级“一把手”监督谈话 11 人次，支部纪检委员讲述纪检微课 29 次。组织党员干部观看警示教育片 18 次。

坚持党建带工建、党建带团建，持续开展为群众办实事活动，扎实推进职工“三最”实施项目计划，采取多种举措精准服务职工，为全体职工购买意外商业、重大疾病和家财保险并发放节日福利。2023 年，解决“三最”项目、“我为群众办实事”和“五室一堂一所”提升改造项目 11 项，全年慰问困难职工 83 人次。2023 年 10 月，和菱实业青年安全监督岗获 2022 年度全国钢铁行业青年安全生产示范岗。

（张维忠）

# 安徽江南钢铁材料质量监督检验有限公司

**【概况】** 2023年，安徽江南钢铁材料质量监督检验有限公司（以下简称“江南质检”）围绕商业计划书制定的目标任务，统筹两地实验室的资源和市场，对内加强检验管理和体系建设，对外加强客户服务和市场开拓，较好地完成经营绩效指标。同时，继续完善法人结构治理，推进企业依法合规经营。

**【主要经济指标】** 2023年度，江南质检经营业绩目标分别为：营收总额715万元、利润总额80万元、ROE值（净资产收益率）13%、检验满意度100%。实际完成情况分别为：营收总额791.13万元、利润总额152.72万元、ROE值24.55%、检验满意度100%，超额完成必达目标。其中马鞍山实验室营收569.5万元，合肥实验室营收221.6万元。安全管理方面严格落实安全生产责任制，加强风险辨识和隐患排查治理，加强员工安全教育，全年安全绩效完成情况良好，无事故、无外部考核，完成年度任务目标。

**【企业合规管理】** 1. 法人治理。根据宝武字〔2023〕127号《关于马钢国贸将江南质检股权无偿划转至马钢集团的批复》精神，按马钢集团要求，签订《江南质检股权无偿划转协议》，修订《江南质检公司章程》，履行决策程序，出具股东决定及审计报告，按期完成执行董事、监事、章程及股权变更工商登记。2. 成立工会组织。组织完成工会成立事宜，完成工会经费划转、职工互助帮困会费收缴、员工意外伤害保险办结。3. 审计工作。根据宝武集团年度审计及专项审计安排，制订审计资料清单并按要求提供第三方审计机构；针对审计管理建议书，资产合理规划利用，提高资产的使用效率（部分闲置资产），年内完成所述设备安装调试并投入使用；梳理历史各类审计（督查）问题清单及整改资料，建立审计整改台账，规范相关管理。

**【监督检验管理】** 2023年，两地实验室接受安徽省、马鞍山市市场监督管理局监督检查2次，共开出一般不符合项7项，均按时完成整改销项。定期开展标准查新、识别和能力训练，2023年完成12项标准识别，其中7项标准完成更新，实验室所用方法符合资质认定要求；组织开展能力验证，2023年累计完成7项能力验证计划，结果合格，人员检测能力符合资质认定要求；设备按期完成校准，累计完成106台设备校准，设备完好率100%，设备能力满足资质认定要求；每月组织实验室自查，纠正不符合行为，保持管理体系有效运行。2023年两地实验室分别完成一次质量内审和管理评审，并对发现的问题及时组织整改，通过内审和管理评审，实验室能持续符合资质认定的条件和要求，检验检测活动合规合法，质量体系运行有效，出具的检测数据公正、科学、准确，有继续承担第三方公正性检验的能力。

**【内部管理】** 按上级统一要求，开展内控自评并上报年度内控，2023年度发现两项内控风险：采购渠道单一，缺少银行承兑汇票制度。针对上述风险，已申请开通PSCS平台的采购渠道，拓宽供应商选择范围；已建立接收银行承兑汇票管理办法。2023年6月，制定并发布《江南质检绩效管理办法》；2023年12月，制定并发布《江南质检接收银行承兑汇票管理办法（2023版）》，制定并发布各类设备安全技术规程36项。

（任瑞峰）

# 深圳市粤海马钢实业有限公司

**【经营情况】** 深圳市粤海马钢实业有限公司（以下简称“粤海马钢”）经营范围为国内商业、物资供销业，经济信息咨询，房屋租赁等。2014年，马钢集团公司进一步明确粤海马钢的管理权属，即作为集团公司的子公司，由马钢集团资产经营管理公司委托管理；同时，明确经营和贸易职能。经营职能主要是自有房产与代管房产的出租；贸易职能是与马钢内部单位的贸易往来。2017年9月，按照安徽省国资委的清理整合非主业企业的工作要求，粤海马钢停止全部的贸易业务，原有员工劳动关系全部转入宝信软件飞马智科公司下属深圳市粤鑫马信息科技有限公司。2023年，粤海马钢处于停业存续状态。

**【资产状况】** 截至 2023 年 12 月 31 日，粤海马钢资产总额 1282.7 万元，负债总额 766.2 万元，净资产 516.5 万元。资产主要是南山区临海路半岛花园 28 套商品房，建筑面积共 2221.80 平方米，账面价值为 916.58 万元（在“存货”中核算，未提折旧）。该 28 套房产于 1992 年 9 月由马钢公司出资购置，但由于外地单位不能在深圳直接购房，因此以粤海马钢名义购置，房屋产权证上房产权利人为粤海马钢。

**【解散清算情况】** 一是完成对马钢所持粤海马钢股权托管。为高效推进粤海马钢的清理退出，借助中央企业“两非”“两资”等结构调整类资产专业化处置平台力量共同推进，马钢集团与中国诚通国合资产管理有限公司签订股权托管管理协议。二是完成清产核资审计。2023 年 3 月，经过长达一年多的商谈，与深圳市南山粤海实业有限公司（以下简称“南山粤海”）就粤海马钢债权债务等焦点问题达成一致并会签清算组第二次会议纪要，完成自粤海马钢成立以来 30 多年的清产核资审计工作（已出具审计报告），为后续房产确权诉讼正式立案扫清障碍。三是完成房产处置调研、编制房产预处置方案、启动房产评估工作等工作。3 月，深入深圳市南山区完成房产所在小区未来规划、二手房市场及房产处置税收政策等调研工作，为后续房产处置做好准备。4 月，结合调研结果编制房产预处置方案，分别根据三种处置方式进行收益测算和利弊分析，为后续房产处置奠定基础。11 月，会同经营财务部与第三方评估机构就粤海马钢房产评估事项进行商讨，为无缝对接处置房产做好准备。

**【房产确权诉讼情况】** 在清算工作取得阶段性成果基础上，马钢集团向深圳市中级人民法院提交粤海马钢 28 套房产确权诉讼申请。6 月 16 日深圳中院下达一审判决结果马钢胜诉，确认粤海马钢名下 28 套房产是马钢集团借粤海马钢名义买的房，房产权属归属马钢集团，南山粤海不因其股东身份享受房产权益，待粤海马钢将房产处置后，将价款返还马钢集团。南山粤海一审败诉后遂向广东省高院提请二审，截至 2023 年底，广东省高院虽已开庭审理，但判决结果未出。一审审理期间，南山粤海同时也向深圳市南山区法院提交对粤海马钢进行强制清算的申请，深圳市南山区法院裁定驳回南山粤海强制清算的申请，南山粤海未再上诉。

（高　亮）

# 马钢集团公司关联企业

# 马鞍山力生生态集团有限公司

**【主要经营指标】** 2023年，马鞍山力生生态集团有限公司（以下简称“力生公司”）实现服务经营收入新突破，全年收入56160.53万元，其中团餐主业收入30916.74万元，完成年度服务经营目标，实现工亡、重伤、食物中毒等重大事故为零。

**【主体服务】** 团餐主业，时刻把握市场新需求，不断完善改进菜肴品种合理搭配，严格落实工作餐菜肴制作标准化管理，规范标准化操作，持续夯实工作餐基础管理，切实提高工作餐质量，服务满意度稳步提升。推进现场管理工作规范化、标准化，厂容厂貌实现迎检工作常态化。2023年各级领导来马钢调研、参观、检查等重大迎检活动90余次，现场厂容绿化、环境卫生日日达标，保证服务质量“高于标准、优于城区、融入城市”，为打造力生后勤服务品牌，共建“生态福地、智造名城”发挥积极作用，得到宝武马钢职能部门和各主办方的赞扬和肯定。暖通公司立足岗位，克服高温、严寒等恶劣作业环境影响，高质量做好维保，保障马钢主体厂矿生产的顺行。食品饮料厂福利平台不断优化品种名录，强化产供对接，做好货源组织、物流配送和质量检验，及时将福利品上架平台进行销售，高质量完成马钢集团工会高温慰问、宝武生态圈各单位的防暑降温品的供货，承办马钢1000万元消费帮扶任务，同时提供线上下单配送到家、配送到单位、门市自提等多种服务形式，满足广大职工个性化新需求。

**【市场经营】** 团餐主业积极抢抓机遇成功拓展安冶院、南山矿等标杆性食堂，全年新增市场营收3400万元；积极探索推进新服务场景，挖掘和满足客户潜在需要。食品饮料厂进一步扩大宝武生态圈市场覆盖面的同时，积极开拓生态圈以外单位防暑降温和职工福利品供应市场，全年营收增长12.6%。园林建设面对宝武马钢绿化项目大幅萎缩的实际，努力开拓新业务，实现营业收入目标。绿化环卫分公司积极用活物业资质，扩展业务范围，确保全年创收任务的完成。暖通公司积极拓宽渠道，盯牢马钢单项工程市场，拓展民用空调供货市场，取得良好成效。市政公园酒店以升级改造为契机，加大宣传推介，抢抓市场取得新成效。楚江国旅以马钢“绿色钢铁”主题园区成功入选全国首批工业旅游示范基地为契机，打造特色精品研学线路，开拓旅游新市场。黄山太白山庄依托疫情后政府旅游优惠政策，大力拓展客户渠道，提高经营收入。

**【品牌建设】** 力生公司为确保全面、及时、准确宣传公司的各项工作部署、工作举措和工作成效，年内组建通讯员队伍，安排专项培训，进一步提升基层通讯员业务能力，充分发挥通讯员在公司宣传工作中的作用。年内，公司多频次组织开展主题营销和促销活动，制作力生公司宣传片，并积极参与雨山区2022年度推进高质量发展先进集体评选、宝武马鞍山区域生态圈协作伙伴“奋勇争先奖”评优、中烹协“2022年度中国团餐企业百强及细分领域代表品牌”和“2022年度顾客满意的全国营养健康食堂”的荣誉申报以及2017—2022年安徽餐饮业优秀烹饪工匠申报等系列活动，市行政中心汇通大厦、马钢南区第一共享服务中心两家食堂荣获“制止餐饮浪费示范食堂”称号，积极参加马鞍山市第五届品牌故事演讲大赛、马鞍山市食安品牌故事演讲大赛、安徽省第二届“食安安徽”品牌故事演讲大赛、马鞍山市首届企业落实食品安全主体责任技能竞赛，并代表马鞍山市参加全省企业落实食品安全主体责任技能竞赛，都取得不菲的成绩。通过拓宽宣传渠道，创新宣传方式，及时进行报道，取得良好的宣传效果，进一步树立公司的新形象，公司的知名度和影响力持续提升。

**【内部管理】** 推进扁平化管理，在年初开展医教团餐事业部试点的基础上，四季度对机构继续优化调整，将6个团餐服务区调整为公司直管单位，减少管理层级，进一步提升对团餐主业的运营管控和支撑效能。强化食品安全和生产安全管理。加强“两个安全”体系建设，推进安全生产标准化体系建设和认证，落实“两个安全”主体责任，建立领导班子“两个安全”包保联系点，进一步提升管控能力和水平。深化供应链建设，落实供应商分类管理，严格执行供应商准入流程，推进源头采购，实现源头采购可追溯，保证供应链安全。加强财务资金管理，推行月度资金计划管理，加大“两金”管理考核力度，提高资金集中管理和运作能力，全年资金运作收益超过 1000 万元。持续强化人才支撑，加强干部队伍建设，组织干部培训教育，举办直管干部履职能力提升研修班，提高干部业务本领；加强干部选拔和任用，充实后备干部队伍，干部队伍年龄和知识结构进一步优化。优化人力资源，加强现场调研，严格用工审批，推行区域整合、兼岗、政策解合等举措，超额完成优化目标。大力开展人才培养，强化研发培训基地建设，逐步建立师资队伍和教材体系，进一步提升培训能力，全年完成各类人员培训 3000 多人次，力生公司入选安徽省第一批技能人才自主评价工作走在前列的规范企业。

**【和谐企业】** 坚持为职工办实事、做好事、解难事，深入开展困难员工帮扶救助和送温暖活动；增加员工年度体检项目；提高员工大病和意外商业保险保障额度；制度化开展工会会员生病住院及工伤住院探望慰问；实施新一轮增资方案，全年职工收入水平增长超过 10%。在共建共享理念引领下，员工踊跃参与国家、安徽省、马鞍山市各类赛事，获众多奖项和荣誉，充分展示力生人的风采。

（考纪宁）

# 马鞍山钢铁建设集团有限公司

**【主要技术经济指标】** 2023 年，马鞍山钢铁建设集团有限公司（以下简称“马建集团”）股权改革重组成功后，于 1 月完成工商注册变更，2 月举行新马建揭牌仪式，3 月生产经营工作全面步入正轨。在马鞍山市政府、马钢集团驻马建集团改革联合工作组、雨山区委区政府、各股东方的支持下，马建集团引进中国铁建先进企业管理理念，确立“融合一体、夯实三基”的总体思路，对管理制度、人力资源、企业文化等多个方面进行优化重塑。全体职工珍惜岗位、主动作为、同频共振，紧紧围绕“规范流程精益管理，融合融入推动发展”的工作主题，明确发展定位，锚定工作目标，完善机制体制建设，扎实拓展市场任务，实施精益规范化项目管理，重点推进老项目结算清欠，企业整体形势向好、职工队伍稳定、面貌焕然一新。全年签订承揽合同 14.88 亿元，完成总产值 7.1 亿元，其中施工产值 4.16 亿元。

**【改革管理】** 致力于打造精干职工队伍和高效运营机制，强化各层面效率意识和效益观念。一是组建精益化总部。采取公开竞聘、择优上岗的方式，在 2 月底完成总部岗位竞聘工作，总部人员由原 77 人精简至 38 人，形成管理有力、运作协调、职能清晰、精简高效的组织架构。二是实施扁平化管理。保留自我运营顺畅、效益较好的辅线单位；撤销部分主线业务二级单位建制，对新开工项目实行垂直化管理。三是推进落实《人力资源优化方案》。134 名距法定退休不足 60 个月（含 60 个月）的在册职工，经自愿申请批准后解除劳动合同，后续优化费用确认、工伤等级核实、档案整理和移交等诸多工作进展顺利。四是全面修订完善制度体系。总部各部门融合二十三局二公司（以下简称“二公司”）和马建集团管理流程及管理制度，明确管理界面，修订完善制度文件 200 余项，保证管理工作的连续性、合规性和有效性。五是强化融合对接。二公司各专业部门深入马建集团，积极开展 EIM 信息管理系统、久其财务系统、项目管理、行政党群等业务的培训交流；同时持续加大建造师队伍的培养和管理，专门在马建集团组织建造师考前培训班，二公司和马建集团共计 80 余名职工参加培训交流，为马建集团适应规模产能积蓄管理及人才动能。六是强化资质维护工作。二公司部门对口指导马建集团资质复审工作，帮助解决存在的问题，确保顺利通过资质延期复审。为满足门窗公司对外经营发展需要，组织实施建筑装修装饰资质的分立工作。

**【市场开发】** 确立“立足主业、做优辅业、全员开拓、以干促揽”的市场开发思路，畅通核心客户沟通渠道，推动经营资源向“三大一高”集中。一是重构市场联系。密集对市委、市政府、有关区县、马钢及宝武生态圈等 40 多家单位（机构）开展拜访对接，研判市场情况，争取任务支持。二是强化信息收集研判筛选。严格执行“六不揽”“七严禁”要求，高度关注资金来源、支付比例、调价原则等条件，扎实开展大商务成本标前策划，认真规范做好项目信息收集、筛选、跟踪的决策工作，确保承揽高质量项目。收集各类项目信息 400 余条，对锁定的重点工程项目每周进行台账更新，确定专人进行重点跟踪，全年锁定重点工程项目信息96个，拟投资总额约50亿元。三是积极拓展工程任务。在最大化利用好市场开发资源的基础上，夯实经营业务、加强团队建设、落实联动互动，通过标前标后分析与总结，标前评审、编标报备资料、自查互查等手段提高标书编制水平，确保重点项目中标率，全年参与工程项目投标187项，编制投标文件148次（项），中标（含议标）82项，工程项目投标中标率22.76%（不含设计、辅线业务等）。3月陆续中标的陈家圩片区水系综合治理EPC总承包项目和张庄矿建材环保大棚工程，标志着市政府、马钢对马建集团的支持落到实处，在增强职工信心、重塑外部形象方面起到积极作用。四是努力落实辅线业务，门窗业务在二十三局集团、二公司支持下，业务承揽创历史新高，全年落实承揽任务达6000万元，其中外部签订合同额4419万元，马建集团内部任务额1600万元；在马钢及宝武生态圈各方支持下，签订吊装运输业务、仓储、修理业务合同额计5500万元。

**【项目管理】** 强化施工过程管控，重点工程赢得较高赞誉。2023年，承接的工程呈现点多、量小、管理难度大的特点，为切实扭转企业市场形象，马建集团确立小项目干好、大项目创优的目标，调集精兵强将组建工程项目部，强化施工组织管理，从网络优化、工序优化、进度控制、质量安全保证等方面实施全过程管理。业务部门持续开展项目督导工作，以上场策划、实施性施组、责任状为标尺动态管控，确定责任成本，锁定项目的主利润源，建立绩效考核体系，落实“三控一降”管理措施，项目管理素质有较大提升。2023年，顺利通过“三标一体化”体系认证监督审核；与安徽工业大学紧密合作，参与省级技术规程《钢渣混凝土透水砖研发与规程》和《钢管钢渣混凝土结构受力性能研究与规程》的编制。各项目部以技术创新助力项目高质量推进，完成4项工法编制，登记4项安徽省科技成果，申请和受理发明专利和实用新型专利共计30项。马钢项目群承建的芜湖加工配售公司新建落料线项目、马钢B高炉区域钢结构防腐工程项目获得“马钢标准化优秀工地”称号，雨山区老旧改造项目在创誉方面表现亮眼，全年收到表扬函3封、业主赠送的锦旗4幅。

**【资金管理】** 2023年，马建集团对历史遗留工程项目进行集中管理，但因历时久、人员变动等复杂因素，老项目结算难、资金清欠回笼难的矛盾凸显，由于老项目诉讼不断，资金紧张局面仍在持续。一是锁定老项目债权债务。抓好已完项目结算和资金清欠工作，根据难易程度逐项签订结算清欠责任状，并分解到领导层，做到见人、见事、见承诺，对老项目严格兑现结算清欠奖惩措施，落实债权债务确权工作。2023年完成老项目业主结算28项计6.87亿元；老项目劳务决算20项，审批金额4345万元，审减金额439万元，审减率10.11%，对于18项不能正常推进的项目办理单方结算；老项目清收清欠7997.74万元，其中材料抵账2133.73万元，法务清偿60.93万元。二是提高资金使用效益。盘活存量资金，全面清查应收账款，做到债权明确，账实相符、账账相符，与债务人核对应收款项金额并办理签认手续，确保诉讼时效。三是规范财务管理。强化会计基础工作，截至2023年12月累计上线久其账套136个，其中老项目账套118个、新项目账套13个，机关总部账套5个，除路桥公司及湖西公司外，已全面纳入中铁二十三局财务共享核算系统。四是做好税收筹划。严格控制增值税税负，对于之前年度存在预收预付涉税风险的情况，积极对接沟通，完善财务入账手续，防范税务风险，用足用好财政优惠政策，2023年固镇项目享受退税390.7万元。五是协调争取银行融资授信支持。完成授信批复3000万元，子公司项目融资5000万元，缓解资金压力。

**【和谐企业创建】** 围绕生产经营大局，积极开展凝心聚力暖人心各项工作。一是加强民主管理，召开马建公司一届一次职工代表大会，收集筛选提案17条并逐项答复落实。二是群团组织助力融合融入工作，组织马建篮球队参加二公司篮球联谊赛并取得冠军；邀请雨山区兄弟单位联合组织开展“迎中秋庆国庆、情满雨山共奋进”篮球友谊赛等活动；共青团开展表彰及交流座谈、专题理论学习、参观红色基地等“五四”系列活动。三是积极开展职工帮扶工作，春节慰问困难员工82人、计4.49万元；全年救助因病困难职工14人，救助金3.955万元。四是关心关爱员工，开展年度职工体检，持续发放职工节日福利，落实夏送清凉冬送温暖工作，启动员工生日祝福活动；全面加强食堂管理，在保证食材安全的基础上，尽可能做到饭菜营养丰富、荤素搭配，做好职工身边的“贴心人”，提升职工获得感和幸福感。

（王秀勤）

# 马钢集团公司委托管理单位

# 安徽马钢矿业资源集团有限公司

**【概况】** 2023年，安徽马钢矿业资源集团有限公司（以下简称“马钢矿业”）从习近平总书记的重要讲话精神和主题教育中汲取奋进力量，紧扣“树牢精益思想、强化能力建设”工作主题，学思想、强党性、重实践、建新功，坚持把高质量发展作为首要任务，实现了质的有效提升和量的合理增长，高质量发展实现新突破、呈现新格局、增添新动能、凝聚新合力，主要经营指标超越同期、好于预期。全年实现营业收入84.22亿元，利润总额22.51亿元。

**【生产经营】** 坚持稳字当头，优化调整生产组织，围绕自产矿增产5%的目标，加大产销“联动”，精益调整出、配矿计划，充分释放生产能力，主要产线稳产高产。全年生产含铁产品885.63万吨，比2022年增长6.88%。其中自产矿801.13万吨，比2022年增长4.78%，创造历史最好水平。强化贸易矿寻源、物流运输、加工生产，全年生产加工矿84.5万吨。综合利用产品积极应对价格大幅下滑的市场形势，精准施策，全年生产综合利用产品2143.93万吨，比2022年增长15.89%。产品质量持续稳定，南山精、白象精、罗河精、张庄精综合品位分别达到64.98%、64.93%、66.83%、65.55%，均高于产品技术指标要求；张庄矿铁精矿获安徽省2023年省级新产品认定。以104个成本削减支撑项目为抓手，项目化推进成本削减工作，全年累计削减金额2.27亿元。强化四项重点管控费用支出，削减低效无效支出，四项重点管控费用较2022年下降0.89%。全年铁精矿制造成本降至355.47元/吨，较2022年下降28.11元/吨，降幅7.32%；完全成本降至539.96元/吨，较2022年下降71.05元/吨，降幅11.7%。强化集团内部保供，全年宝武体系内部保供量比2022年增长31%。落实自产铁矿“全面上线”销售模式要求，产品线上销售率100%。强化综合利用产品销售，深入分析研判市场变化，加强与客户沟通，保障综合利用产品产销平衡。

**【转型升级】** 罗河矿1000万吨/年扩能、高村三期、龙山资源整合等项目纳入安徽省政府与中国宝武合作项目表。修编《安徽马钢矿业资源集团有限公司总体发展规划》，发布《马钢矿业矿山板块能力提升规划（2023—2025）》。聚焦马钢矿业“基石计划”等重点项目，积极对接省、市重点铁矿项目工作组、行业协会，高村三期项目获省发改委核准批复并获得中央预算内投资专项资金支持。白象山矿权及工业场地、青山尾矿库调出风景区的整合优化方案上报国家林草局。高村铁矿与小南山铁矿资源整合项目取得市政府积极支持；龙山铁矿探矿权纳入安徽省2024年竞争性出让计划。竞购范桥铁矿探矿权项目完成可行性研究报告评审和公司内部决策程序。南山矿凹选设备大型化改造项目顺利完成1、2系列改造并发挥出明显作用；和尚桥境界优化项目全面开工；钟九铁矿、姑山露转井等产业化发展重点工程有序推进；罗河一期500万吨/年扩能技改工程建成投用，1000万吨/年扩能项目可行性研究报告通过专家评审；张庄矿超级铁精矿产线顺利建成，-300米中段开拓回采工程进展稳定有序。

**【技术创新】** 国家企业技术中心运行评价获国家发改委“良好”评级。围绕公司重大创新课题和技术难题，大力开展技术咨询等活动，院士工作站、博士后科研工作站作用有效发挥。创新平台持续构建，罗河矿化验室获得国家CNAS实验室认可。实施115项技术创新项目，其中科研项目85项。全年研发投入3.02亿元，投入强度3.59%；全年受理专利131项，其中发明专利69项。参与编制国家强制性标准《铁矿开采和选矿单位产品能源消耗限额》、团体标准《贫磁铁矿石资源化利用通用技术标准》，制定《马钢矿业矿山图纸编制规范》。全年获安徽省科学技术进步奖1项、冶金科学技术奖2项、宝武集团技术创新重大成果奖2项、宝武资源技术创新重大成果奖25项。完善科技创新激励机制，首次设立并实施马钢矿业技术创新重大成果奖。

**【智慧制造】** 编制《马钢矿业“无人采矿”建设方案》，张庄矿井下无人采矿研究与应用进展顺利，井下中深孔机械化装药近距离遥控全面完成；南山矿智能管控中心建成使用；白象山矿井下电机车无人驾驶、罗河矿选矿智能化改造与无人值守改造按期完成，公司整体智慧化水平不断提升，“四个一律”指标操作室一律集中化指数68.08%，提升12.18%；操作岗位一律机器人无人化指数62.15%，提升6.45%。

**【精益管理】** 完成姑山区域管控模式调整，实施百日行动计划，白象山矿、钟九矿正式独立运行。开展总部能力提升专项行动。加强“制度树”

建设，修订完善 55 项管理制度。制定《马钢矿业对标一流运营管理提升行动实施方案》，明确 3 套指标体系 10 类 26 项提升任务，推动公司对标一流管理提升。推进“五星矿山”+“精益工厂”创建，聚焦五个维度八大要素，实现智慧制造、安全与环境质量、职工素养、精神面貌全面提升，员工精益思想不断养成。以姑山矿为试点单位推进标准化工作。

**【人事效率】** 推进全口径人员优化，全年全口径人员优化 621 人，其中在岗人员优化 7.78%。牵引全员技能提升，马钢矿业成为宝武资源首家获职业技能等级认定资质的矿山单位。深化薪酬体系改革，马钢矿业薪酬体系实现全面统一。推进“无协力矿山”建设，发布行动方案并取得阶段性成效，罗河矿已实现地表充填业务回归，出矿业务回归按计划推进。强化协力费用削减，全年削减费用 1.85 亿元，削减率 15.37%。

**【安全管理】** 深入开展“两办”意见的学习，持续完善“一岗双责、党政同责、齐抓共管”的安全责任体系，加强安全责任监督检查和安全过程管控，严肃安全生产责任追究。落实“三管三必须”要求，开展各级管理者履职评价并应用到个人绩效。防范各类安全风险，实施“2+N”“8+N”安全生产专项管理工作和“3+5”安全管理能力提升工作行动。开展合规性排查及整改工作，完成张庄矿、凹山总尾矿库安全生产许可证延期续证及白象山铁矿、和睦山铁矿安全生产许可证变更工作。组建公司级专职安全督导组开展穿透式督导工作。强化安全基础管理，深入开展违章记分管理、视频“反三违”、基层班组安全宣誓活动，全面排查 3D 岗位并项目化整治，全年灭失 3D 岗位 30 个。

**【节能双碳】** 能源管理体系不断规范，8 家子公司全部通过能源、环保管理体系再认证，材料科技公司通过中国绿色建材产品认证并入选市级绿色工厂名单。落实“三治四化”要求，各单位全部实现废气治理设施超低排放。全年万元产值能耗（标准煤）降至 0.185 吨，吨铁矿产品电耗降至 93.99 千瓦时。开展节能降碳能效提升行动，推进罗河矿智能节电设备改造、张庄矿除尘系统改造、白象山主井提升机低压供电质量综合治理及节能研究等。编制完成《马钢矿业碳达峰碳中和行动实施方案》，并开展铁矿石碳足迹研究，张庄矿铁精粉 EPD 报告正式发布。强化绿电开发。南山矿象山光伏项目完成招标，开展前期工作。围绕打造冶金矿山“无尾矿山”示范企业，发布无尾矿山建设方案，明确“2025 年井下矿山资源综合利用率达到 100%，露天矿山资源综合利用率达到 60%”的工作目标。

**【共建共享】** 征集职工最关心最直接最现实的问题 74 项并全面完成。“普惠+精准”服务不断深化，职工获得感幸福感进一步增强。精心策划文体活动，马钢矿业第一届职工健身运动会圆满闭幕。组队参加宝武司歌操总决赛、马鞍山市运动会等多项赛事取得良好成绩。

（戴　虹）

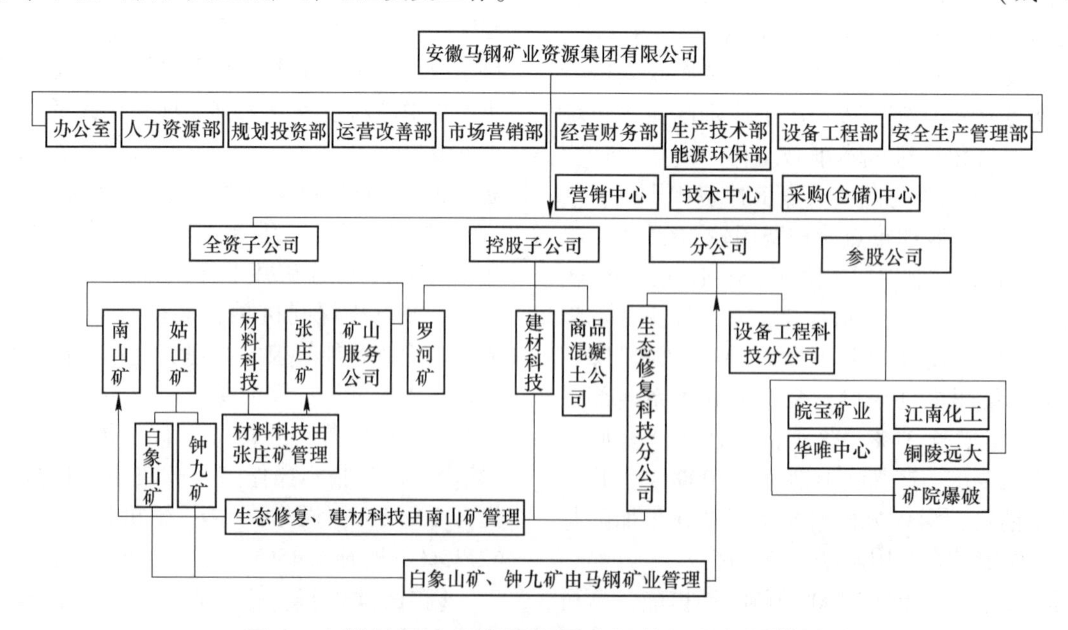


**图 4　安徽马钢矿业资源集团有限公司组织机构图**

（戴　虹）

**·安徽马钢矿业资源集团有限公司子公司·**

# 南山矿业公司

**【主要技术经济指标】** 2023 年，南山矿业公司（以下简称“南山矿”）全年生产铁精矿产量累计 353.26 万吨，超额完成 342 万吨铁精矿的挑战任务，创造南山矿铁精矿产量历史新高。全年实现营业收入 36 亿元，利润总额 10.53 亿元。

**【生产经营】** 坚持“稳质上产”的总体原则，围绕自产矿增产 5%的目标，坚持“四应四尽”组产，实现“采选双拉满”。采场端持续优化生产空间布局，资源集约化利用，全年完成采剥总量 3011.48 万吨，超年初计划 263 万吨，通过建材科技增设产线干抛、和尚桥干选厂 300 万吨产能提升技改工程，促进干选矿量与质的同比双升，累计从围岩中回收干选矿 181 万吨，较 2022 年增加 30 万吨。选厂端坚持“应抛尽抛”“应收尽收”，通过开展产线对标，不断提升球磨台时能力；通过生产过程指标管控等措施，持续降低尾品，提高回收率，实现增产 19.69 万吨。尾砂综合利用产能实现再提升，凹选对辊尾砂、尾矿制砂技改的实施以及和尚桥选厂对辊尾砂、尾矿制砂的投产使用，全年实现制砂 368 万吨，同比增加 105 万吨，全年在线尾矿利用率达 47%。

1. 市场营销。在强化集团内部产品保供的同时，持续与战略用户保持合作，积极维护好外部市场渠道。落实自产铁矿“全面上线”销售模式要求，产品线上销售率 100%。同时，紧抓上半年铁精矿高价位时机，夺高产，及时销。资源综合利用产品销售在年中市场行情低迷、环保管控升级、夏季高温雨季等不利因素影响下，通过灵活调整招标周期、加强产销协同等方式，全年累计完成资源综合利用产品销售量 1419 万吨，销售收入 3.44 亿元，实现在市场下行形势下稳健增长，助力矿产主营业绩。

2. 降本增效。强化“五大计划”项目管理，坚持源头管控，以 32 个成本削减项目为抓手，项目化推进。通过产线工艺改造、陶瓷球等“四新”技术应用以及一系列智慧制造项目的实施，全年项目削减额完成 9237 万元，完成率 113.46%。南山矿全年铁精矿制造成本 339.9 元/吨，较 2022 年下降 31.03 元/吨，下降幅度达 8.4%；完全成本 513 元/吨，较 2022 年下降 115 元/吨，下降幅度达 18.3%。

**【安全生产】** 深入贯彻“两办”意见以及各级政府有关矿山安全生产的指示要求，落实企业安全生产主体责任。持续优化完善“一岗双责、党政同责、齐抓共管”的安全责任体系。牢固树立“以人为本、生命至上”安全理念，积极推进安全制度体系建设，修订完善 7 项安全管理制度。以第 22 个全国“安全生产月”活动为契机，开展形式多样的安全教育培训及主题活动，提升全员安全素养。以安全标准化为主线，强化双重预防机制有效运行，采取多种形式排查风险、整改隐患，全年共辨识危险源 2161 项、各类隐患与问题 723 项，整改率 100%。实施“2+N”“6+N”安全生产专项治理，制定有效方案并投入资金，对皮带机、安全带、民爆器材、边坡管理等重点领域进行整治，以本质化提升防范化解安全风险。组织防洪防汛、有限空间、特种设备伤害等特色演练共计 40 余场次，提升各层级应急处置能力。开展三年一次的职业卫生现状评价工作，为一线班组配备专业医疗器械（AED 自动体外除颤仪、血压检测仪、酒精检测仪等），保障职工生命健康。通过实施一系列智慧制造项目，灭失 3D 岗位 7 个，提升本质安全度。以全国安全示范班组创建增强最基层细胞的安全能力和活力，累计创建全国安全示范班组达 19 个。尽管全年落实许多安全管理举措，但仍然发生一起人身伤亡事故，突显出一些管理者作风不实、管理不严、班组安全管理逐层弱化等问题。

**【环保能源】** 深度融入“向山地区生态环境综合治理”工作，投入环保费用约 7050 万元，有序推进凹山总尾矿库、拐冲尾矿库闭库，高村、和尚桥采场、东山坑地质环境治理，矿区生态环境综合整治等，有效提升绿色矿山建设质量。凹山地质文化公园 3A 级旅游景区创建已通过市文旅局组织的专家评审。环保管理体系通过第三方认证复审，清洁生产体系持续有效运行。定期开展水、气、声、渣环境因子检测，对超标因子制定并落实改进措施。全面实施卫星定位系统加装矿区所有货运车辆，狠抓“源头治超”，提升南山区域物流效率，改善矿区村镇出行条件。推进精矿新能源汽车运输应用，为南山绿色运输提供了好的开端。积极推动清洁能源项目，象山25兆瓦光伏发电项目即将落地建设。积极开展降耗行动计划，通过产线技改、用电管理水平不断加强等措施，全年用电单耗122.7千瓦时/吨，较2022年度降低了19千瓦时/吨，下降幅度达13.42%。全年环境目标、能耗指标均达到考核要求。

**【管理变革】** 全面开展基层管理架构变革，取消工段层级实现垂直管理，撤销工段13个，成立36个直管大班组，实现“公司—车间—班组”三层管理模式，提高企业生产组织管理效率和执行效率。全面梳理公司各项管理制度并进行评审，修订完善54项制度，通过体系内审、外审以及管理评审工作，全面提升公司风险内控、合规治理、合同法务等软实力管理水平。《水电全资源智慧化升级整合管理在大型矿山基地的实践》等三项管理创新成果获得中国宝武二、三等奖。建立定期协调和专题协调机制，积极发挥南山区域内各公司的协同效应。深入推进“五星矿山”与“精益工厂”共建的模式，以点带面，实现安全与环境质量、职工素养、精神面貌全面提升。全年差异化开展绩效考核，深入推动铁精矿奋战“350”绩效专项考核体系，坚持“多劳者多得”“贡献大者多得”的分配原则，采取多种正向激励措施，激发全员奋战的工作热情。持续推进人事效率提升，通过政策性离岗、业务整合与回归等方式，在岗人员优化率超过13%，全口径人员优化率达到17.7%，劳动生产率达1612吨/(人·年)。开展后备直管人员推荐工作，建立后备直管人员动态信息库。实施薪酬体系改革，全面深化以体现岗位价值为核心的统一薪酬体系。大力推进协力管理变革，较好地完成协力管理“四下降”以及“两度一指数”三个100%目标。

**【科技创新】** 资源综合利用研究能力持续提升，取得宝武资源“极贫矿资源综合利用研究所”称号并授牌。开展“和尚桥选矿厂细碎产品高效干抛技术研究”等30项科研项目并结题验收，全年研发投入1.04亿元，投入强度3.08%。围绕重点工作和突出难题，全年申请专利50项，授权专利17项，发表论文35篇。“凹山选矿厂低碳环保高产降耗技术研究与应用”获得中国宝武技术创新重大成果二等奖。“采场深部开采条件下保障边坡稳定及重点设备实施安全的技术研究”等三项成果获宝武资源技术创新重大成果二、三等奖。深入推进智慧制造，生产计划执行系统、采购供应链系统、成本管控系统全面上线运行。以智慧管控中心为平台，信息化办公室全面牵头开展公司各类智慧项目。以完善采选工艺的自动化系统提升、智能装备升级及矿山信息系统融合管理运行工作为重点，陆续实施智慧选矿示范产线建设、水电远程集控、智慧物流等一批智慧制造项目，全年无人化指数提升至71.46%，集中化指数提升至78.98%，智慧矿山建设取得新成效。

和尚桥铁矿初步设计境界变更项目前期审批各项手续全面完成，于2023年8月全面开工建设；高村铁矿三期技改项目前置审批仅安全设施设计待国家矿山局审批，基建范围内居民拆迁接近完成，土地手续已经办结，基建方人员、设备等各项工作均已提前准备就绪。紧盯后备资源掌控战略任务，谋划矿权整合，形成优先以高村和小南山矿权为主、择机整合和尚桥和马塘矿权方向性思路，得到市、区两级政府回应支持，形成市直部门基本认同的初步整合方案。南山矿区域保有磁铁矿石资源量3.64亿吨，探矿权保有资源量1.42亿吨。重点项目成绩显著。智慧管控中心顺利投入使用，实现新的集控管理模式。凹山选矿厂新一系列球磨高效节能更新改造项目顺利完成并发挥出明显作用。和尚桥选矿厂基材新材料综合利用项目、超细碎闭路适应性改造、凹山尾矿总库闭库工程、超细碎仓储物流环保提升、和尚桥细碎综合利用效率提升改造等一系列工程的完成，为南山矿高质量发展奠定基础、增添后劲。厂区雨污分流、凹山选矿厂磨选分段改造等项目正按照计划稳步推进。

**【荣誉】** 2023年南山矿先后获第八届全国冶金矿山“十佳厂矿”、中国宝武“铁精矿合规增产竞赛”第二名、安徽省“安康杯”竞赛优胜单位、中国竞技拔河起航地等荣誉称号。2人分获中国宝武银牛、铜牛奖。

(李先发)

# 姑山矿业公司

**【主要技术经济指标】** 2023年，姑山矿业公司（以下简称“姑山矿”）生产成品矿172.34万吨，综合利用产品72.30万吨，营业收入14.62亿元，利润5060万元（未含核减事项），自产铁精矿制造成本465.93元/吨，制造成本削减4553.07万元。

**【安全管理】** 全年开展重大生产安全隐患排查45次，定期组织开展综合检查、周末巡查、顶板、高危作业等专项检查。完善安全制度体系建设，组织开展安全标准化班组建设，对重点单位和人员密集场所开展“拉网式”排查，全面整治突出消防隐患。完善双重预防体系，开展危险源辨识与风险评价工作，全年辨识危险源（点）1964个，均处在可控受管状态。实现对井下凿岩、支护、喷浆、爆破、出矿等关键岗位全流程视频监控与安全确认。推进“管理人员下班组”“蹲点”等专项安全活动，进一步规范作业流程，降低安全风险。开展全员安全教育培训、专业专项教育培训，通过分层分类的专业培训，提升全员安全综合素养。依据宝武资源协力管理的“18项举措56个要素”要求，坚持“四同”理念，严格安全准入。开展“青山尾矿库防洪防汛”“姑山铁矿井下透水事故”等36次演练，检验公司应急预案的科学性、可操作性，提升公司应急能力水平。

**【环保管理】** 2023年姑山矿污染物达标排放率100%，环保设施同步运行率、完好率100%，固（危）废规范化管理100%，未发生《环境保护事件问责管理办法》规定的A、B类环境保护事件及问责。龙山选厂雨污分流Ⅱ期工程于2023年7月开工，11月完成验收。中国宝武环保大检查17项问题，宝武资源环保督察15项问题，全部整改完成。协调推进青山尾矿库自然保护地突出环境问题整改措施变更事项。

**【生产管理】** 和睦山产线针对加工矿货源紧张、品种多、原矿性质复杂的困难局面，从流程改造入手，增强选别系统适应性，实现多矿种同步生产，提升生产效率，创下日产精矿4863吨新纪录，全年完成加工精矿57.68万吨，较年度计划增产15.72%。白象山铁矿狠抓采准工程进度，加快实现各中段盘区分层转换，保障矿量有效衔接。白象山选厂创新柔性组产模式，合理控制五个料仓料位，由原来的“来矿生产、没矿等产”的状态改为“集中组产、脉动生产”新型组产模式，稳定月产9.9万吨。完成CTX磁选机及粗粒湿式预选机技术改造，金属回收率由81.30%提升至85%，全年白精产量107万吨。

**【新矿山建设】** 1. 姑山铁矿项目。面对复杂的水文地质条件，积极应对、攻坚克难，以-300米水平回风大巷贯通、项目竣工验收为主线，安全稳妥推动项目建设。克服多段涌水、局部冒顶风险，实现斜坡道贯通、盲回风井掘砌到底等开拓工程；克服设备安装和地表土建工程交叉作业的困难，完成防洪堤、充填井梯子间、主副井稳罐系统等设施的建设工作，完成充填井疏干泵房的掘砌与安装，有效提高井下排水能力；提前谋划项目验收工作，梳理排查相关工作60项，并协调推进解决，为顺利投产奠定坚实基础。2. 钟九铁矿项目。合理优化项目施工网络计划，工程进度顺利推进。井巷工程：完成-550米水平巷道及相关硐室掘支620米，溜破及粉矿回收系统工程掘砌8350立方米，风井-380米水平巷道掘支923米，斜坡道主巷掘支848米。地表工程：完成选厂场平工程、基础工勘和地表水文观测孔工程。完成尾矿、排水管线安装工程。完成副井井塔楼主体结构36.7米以下土建工程施工，完成地表沉淀池桩基、基坑开挖。12月11日钟九铁矿200万吨/年采选建设工程项目重新立项获得批复。

**【精益管理】** 1. 运营模式调整。为提升治理效能，压实安全生产责任，聚焦管理运营，9月20日姑山矿运营模式调整，马钢矿业对白象山矿和钟九矿提级管理，12月底完成百日计划全部内容，各专业管控平台上线，各公司建立精简的组织架构，姑山区域生产经营建设稳定发展。2. 推进技术创新。全年获得专利15项，其中发明专利10项，实用新型专利5项，发表科技论文7篇；“金属矿井尘源产尘规律研究与粉尘危害防治技术开发”获中国安全生产协会第三届安全科技进步奖，编著出版《马钢姑山矿业选矿技术实践》书籍，获首批安徽省企业研发中心认定。3. 综合管理体系建设。完善管理制度修编，对公司154份现行制度梳理，梳理继续适用15份、修编101份、作废38份，2023年9月底完成全部修编工作。顺利完成综合管理体系外审。全年签订合同1688份，上网采购率100%，未发生法律风险事件。推进26个样板现场创建，评选出“金象奖”“蜗牛奖”两家单位，助力公司精益现场工作再上新台阶。4. 物料成本大幅下降。严格控制物料成本，2023年采购费用1.5819亿元，同比2022年2.0197亿元降低约21.68%。姑山区域固化剂实现完全自供，固化剂生产线全年生产 11 万吨，节约采购成本约 800 万元。加强机旁备件库管理，加大内部物资调配及替代使用，机旁备件库由年初 1405 万元降至年末 1157 万元。加大修旧利废力度，和睦山产线废旧清渣机、100 多台旧矿车等转姑山铁矿使用，白象山选厂废旧振动筛转和睦山产线使用等，减少备件采购费用约 220 万元。5. 人事效率提升。协力管理通过趋同化整合、区域化统筹、业务回归等方式，推进协力业务优化。2023 年底姑山区域全口径人员优化 15.28%，在岗正式员工 882 人，协力员工 1092 人。对姑山矿岗位现状进行系统梳理、分析，完成全口径岗位定员，绘制基地矿山生产业务界面统计图。建立管理人员绩效考核 KPI 指标，对 42 名管理人员及 4 名首席师制定 2023 年绩效指标，并落实绩效评价与考核。

**【精神文明建设】** 岗位创新深入开展。开展“白精安全增产劳动竞赛”等 3 项劳动竞赛，“锚杆台车、凿岩台车”等 5 项技能竞赛。搭建青年技术交流平台，加强“青年岗位建功”团队建设，常态化开展“献一计”“岗位创新创效”和青年“双五小”等经济技术创新活动，职工全年累计献计 765 条，创新成果中 2 项获全国机械冶金建材行业协会创新成果奖，3 项获宝武资源创新成果奖。推动共建共享。成功举办姑山矿第一届职工健身运动会，丰富职工业余生活。开展互助帮困、冬送温暖、夏送清凉等系列慰问活动，全年共投入 50 余万元，帮扶和慰问职工 1000 余人次。2023 年 9 月 28 日与当涂县签订姑山矿生活区移交协议，标志着社区职能归位于政府。综治平安建设。公司综治平安建设成效显著，全年厂区各类案件为零，道路交通事故、盗抢案件为零，各类矛盾纠纷得到妥善化解，无涉毒、涉赌等违法事件发生，职工安全感、满意度明显提高，为和谐、美丽姑山建设打下坚实基础。

（张红莲）

# 白象山矿业公司

**【概况】** 白象山矿业分公司（以下简称“白象山矿”）前身为安徽马钢矿业资源集团姑山矿业有限公司白象山铁矿，2023 年 9 月 8 日，安徽马钢矿业资源集团有限公司实施姑山区域管控模式变革，成立安徽马钢矿业资源集团姑山矿业有限公司白象山矿业分公司，并提级至安徽马钢矿业资源集团有限公司直接管理。白象山矿设立 6 个部门（综合管理部、人力资源部、生产技术部、设备工程部、安全生产管理部、财务部）、2 个生产车间（白象山铁矿、白象山选矿厂），明确部门职责及职能定位，管理效能更加集中。

**【生产经营】** 围绕全年生产任务目标，强化采选生产联动协同，优化组产模式，变“来矿生产、没矿等产”的零散组产模式为“集中组产、脉动生产”新模式。针对“4·3”事故的不利影响，科学编制月度、年度生产计划，对生产经营任务进行层层分解、统筹安排、精细组织，弥补事故造成的产量欠账，并超额完成年度生产任务。2023 年完成原矿提升量 182.29 万吨，生产铁精矿 107.28 万吨，平均品位 64.99%。设备运行保持高效。树立设备“零故障”运行管理理念。利用设备管理系统平台扎实开展设备“三级点检”及预防性维修，规范点检周期，明确点检责任和范围，全年主体设备稳定运行，故障率小于 1%，完好率大于 99%。制定主体及单体设备易损件的使用周期表，根据易损件的使用周期，有计划地开展预防性维修，避免突发故障对生产的影响。严格执行避峰就谷，控制能源消耗总量及能源单位消耗，通过自动化项目的实施，实现设备启停精确控制、节约能耗。

**【安全环保】** 牢固树立“两个至上”“安全 1000”“违章就是犯罪”安全理念，推进全员安全履职，明确管理责任，积极落实各项安全管控措施。强化教育培训提升员工素质。组织开展 42 次安全知识培训，约 1686 人接受安全教育培训，其中转岗教育 72 人，外来人员教育 697 人。开展无轨车辆、自救器、动火作业等专项培训 917 人次。开展各项应急演练共计 15 场，共计 2098 人次参加。强化隐患排查治理。开展危险源辨识与评价工作，共辨识出危险源风险 619 条，其中一级 0 条、二级危险源 25 条、三级危险源 63 条、四级危险源 531 条，对辨识出的危险源制定并落实管控措施。迎接上级检查共发现问题数 272 条，已全部落实整改。组织开展综合检查 26 次，采区、入井信息、车辆、消防安全等各类专项检查 108 次，查出并闭环整改隐患共 2941 条，查处记分违章 60 人次，共记分265.9分（含连带记分），禁入7人。持续推进安全标准化班组建设。结合岗位特点，全面开展各岗位安全操作规程可视化展板或流程图制作工作，重点突出岗位操作难点及风险点等内容。建立安全标准化班组建设工作月度评价机制，择优选出3个班组参加全国安全示范班组的测评，组织6个全国安全示范班组参加复审测评工作。全面推进绿色矿山建设。按照“二于一人”的环保工作原则，坚持“三治 四化”的环保工作方法，全力建设绿色生态矿山。各类工业固体废物均实现资源利用和合理处置，基本实现“固废不出厂”。扎实推进白象山矿3A级景区建设，并于2023年8月5日挂牌试运行。

**【技术创新】** 全年申报专利13项、论文9篇。“高效精选工艺集成技术研究”“细粒级全尾砂分级胶结充填新工艺研究”获马钢矿业技术创新重大成果一、二等奖。“高效磨选工艺研究与应用”获宝武资源技术创新重大成果二等奖。智慧制造有序推进。推进电机车无人驾驶、铲运机遥控出矿等“机械化换人、自动化减人”项目，提高采掘机械化程度，已投入使用液压锚杆台车13台，液压掘进设备6台，矿用运输车39辆，装载机44台，橇毛台车5台，自卸卡车20台，下潜孔台车11台。白象山矿-495米运输水平电机车无人驾驶运输调试成功，改造完成遥控出矿铲运机7台。完成白象山选厂圆筒仓空气炮改造，实现空气炮远程操作。白象山选矿厂通过优化中碎筛孔参数、改进CTX磁选机下料分隔板、优化粗粒湿式预选磁选机分选间距、更换磁选机类型等一系列工艺参数优化措施，分选效率得到极大提升，金属回收率由原来的81.30%提升至85%左右，年可增加精矿量约5万吨，直接经济效益5000万元以上。

**【深化改革】** 2023年9月，按照马钢矿业管理要求，姑山区域实行管控模式变革，成立白象山矿业分公司并提级至马钢矿业管理。根据宝武资源管控模式要求，公司设立6个部门，2个生产车间，明确部门职责及职能定位，管理效能更加集中，公司制运作模式基本构建。制定“三重一大”管理办法和决策事项清单，规范决策行为，提高决策水平，防范决策风险。梳理并积极制定公司制度体系，为进一步规范工作流程夯实基础。

（张　伟）

# 钟九矿业分公司

**【概况】** 钟九矿业分公司（以下简称“钟九矿”）前身为安徽马钢矿业资源集团姑山矿业有限公司钟九铁矿项目办，2023年9月8日，安徽马钢矿业资源集团有限公司实施姑山区域管控模式变革，成立安徽马钢矿业资源集团姑山矿业有限公司钟九矿业分公司，并提级至安徽马钢矿业资源集团有限公司直接管理。钟九矿设立6个部门（综合管理部、工程管理部、技术管理部、设备管理部、安全环保部、水文地质部），明确部门职责及职能定位，管理效能更加集中。

**【项目建设】** 围绕项目建设“安全、进度、质量、投资”四大目标，强化施工全过程管理，依托防治水、软岩支护等科研成果，全年完成形象进度投资1.9718亿元。严格按照进度计划，细化管理、提前谋划、合理组织、科学施工，克服围岩性质差、裂隙发育、大水等复杂工程水文工程地质条件，完成井巷-550米水平巷道及相关硐室掘支620米/6520立方米、溜破及粉矿回收系统工程掘砌施工8350立方米、风井-380米水平巷道掘支923米/14036立方米、斜坡道主巷掘支848米/13440立方米。地表尾矿管线1.6千米、排水管线2.3千米敷设工程以及选厂场平工程基本结束，副井井塔楼工程完成0—36.7米主体工程施工，地表水文观测孔工程施工结束，建立地表监测系统；地表沉淀池工程正在施工。

**【安全环保】** 安全环保守底线，牢固树立“两个至上”“安全1000”“违章就是犯罪”安全理念，提高本质化安全管理水平。建立安全生产工作“层层负责、人人有责、各负其责”的工作体系，实现岗位、人员和责任的“三位一体”。

完善制度建设，夯实管理基础。修订完善《钟九矿紧急情况停产撤人》《钟九矿安全违章记分管理办法》《钟九矿环保管理制度》等安全管理制度36项，安全生产责任制和安全履职清单39份。建设双重预防体系，提升体系保障能力。开展危险源辨识与风险评价工作，共辨识危险源（点）684条，均制定风险防范（管控措施）和风险处置（应急处置措施），明确责任单位，确保17个二级危险源点、83 个三级危险源点都处在可控状态。加强隐患排查治理，强化安全责任落实。开展各项安全检查工作，全年开展违法分包转包、顶板、通风、防治水专项检查 40 余次，查出各类隐患 744 条，安全考核 14.936 万元，累计查处违章人次 66 人，记分 198.5 分，约谈 2 个项目部主要负责人，禁入 4 人。加强应急管理，提升处置能力。完善钟九矿生产安全事故应急预案 11 项，生产安全事故现场处置方案 9 项，2023 年开展完成应急演练 6 次，其中现场演练 4 次，桌面演练 2 次，有效提升现场人员应急能力。始终树立环保红线意识，以零容忍的态度处理环保事件。通过隔离噪声源、优化出渣时间、路面喷淋系统、污水分级沉淀、噪声监测等手段确保制度落地。定期开展现场作业人员劳动防护用品检查、作业现场职业危害因素检测。坚持“四同”理念，将相关方纳入本单位安全管理体系中。严格落实“三方合署办公”制度，进行“日管控”“周检查、月检查”，通过专题会议、方案评审加强管理，全年开展联合检查 48 次，旁站 61 次，打通安全管理的最后一公里。

**【技术创新】**　全年申报专利 4 项，撰写论文 5 篇，公开发表 3 篇，其中《破碎岩层硐室连接处帷幕注浆—长锚索联合支护技术》获马钢矿业优秀论文一等奖。与中国矿业大学（徐州）开展富水破碎软岩掘进支护技术研究，制定中央变电所、水泵房等大硐室软弱破碎变形加固支护方案，为大硐室变形修复施工提供了技术支撑；与北京科技大学合作开展主井溜破硐室群开掘应力变化分析及掘进支护技术参数优化研究，得出硐室群掘进应力分布规律，制定合理的支护参数，保障硐室群安全及稳定性。同时，钟九矿还积极发挥公司高管、工程技术人员经验智慧开展短期技术攻关、研究，采用超前管+U 型拱架+注浆解决粉矿支护问题；采用离壁式支护控制超强膨胀性软岩变形问题；采用极密集导管注浆解决强富水泥化岩层解决问题；采用分阶段回风排水解决斜坡道长距离独头掘进通风排水问题。

**【深化改革】**　2023 年 9 月，按照马钢矿业管理要求，姑山区域实行管控模式变革，成立钟九矿业分公司并提级至马钢矿业管理。根据宝武资源管控模式要求，钟九矿业分公司基建期设立 6 个部门，明确部门职责及职能定位，管理效能更加集中，公司制运作模式基本构建。梳理并积极制定公司制度体系，为进一步规范工作流程夯实基础。

（许徽莉）

# 张庄矿业公司

**【主要技术经济指标】**　2023 年，张庄矿业公司（以下简称“张庄矿”）全年完成矿岩总量 594.45 万吨；生产成品矿 187.03 万吨，其中铁精矿 152.53 万吨（超级铁精矿 0.2 万吨、高品位铁精矿 0.46 万吨）、块矿 34.5 万吨；建材 204.78 万吨；加气块 30.84 万立方米；加气混凝土板材 1 万立方米。实现营收 16.33 亿元（其中材料科技公司 1.53 亿元），利润 7.20 亿元（其中材料科技公司 2423 万元）。主要经营指标均超预期。

**【生产经营】**　以年度生产任务为目标、以月度生产计划为依托、以强化生产管控为保障，克服井下生产转换、采充矛盾突出及矿岩品位下降等诸多困难，牢固树立经营理念，细化生产组织，统筹柔性组产，保持全系统稳定均衡高效，实现采选“双拉满”。1. 设备运维实现高效。全面落实设备线上点巡检，不断普及全员设备管理理念，追求设备运行本质安全。持续开展“设备问诊”工作，积极落实设备隐患排查治理，实现全年主体设备零事故，保障生产系统的“安、稳、长、满、优”；优化检修组织模式，采用“计划检修+机会检修”相结合的方式，全年检修时间仅 287 小时，达到精细化检修；多措并举开展设备预防性维护，设备运行综合效率持续提升，全年主体设备综合效率达到 84.5%，较 2023 年马钢矿业计划目标 71.82%，高出 12.68%，实现设备的高效运转。2. 产销平衡持续推进。强化区域协同，严格落实马钢矿业精矿销售集中统一要求，以保供马钢股份为首要任务，2023 年回运马钢股份 108 万吨，同比增加 50 余万吨；充分发挥建材保产作用，灵活应对市场变化，优化招标周期，积极开发新客户，保障建材产品产销顺畅；材料科技公司积极塑造央企品牌，集智聚力拓展市场，准确了解市场现状和产品价格走势，通过“代理销售+终端直销”相结合模式，实现产销两旺。3. 成本管控效果显著。强化成本精细化管理。找准工作抓手，抓实抓细成本预算、成本削减等重点工作，2023 年实施 11 个成本削减支撑项目，实现降本增效 3197 万元；全年铁精矿制造成本 326.03 元/吨，较 2022 年下降 4.28%，竞争力显著增强。

**【安全环保】** 实施“2+N”“6+4”“3+5”安全生产专项管理工作，不断夯实顶板、动火等高危作业安全管理基础；持续推进领导人员进班组，及时了解掌握职工思想动态，积极收集安全生产合理诉求，不断推动安全管理工作关口前移；制订实施《员工三违管理办法》，明确各单位反三违查处数量，进一步强化职工安全自主管理意识，发挥基层安全管理作用；开展合规性排查工作，完成公司安全生产许可证延期续证。组织开展风险辨识与重大隐患排查治理，及时更新《安全风险辨识与管控清单》，落实重点重要场所包保制度要求；坚持隐患排查全覆盖，对重点隐患挂牌督办，加强隐患整改过程跟踪，掌握隐患动态，严肃考核，做到隐患整改闭环管理。定期开展污染源及环境质量监测，分析监测结果，确保各项环境因素符合标准规范，降低环境风险；落实大气污染超低排要求，完成选矿厂除尘系统改造；全面加强危险废物产生、收集、运输、贮存、转移全过程的规范化管理；严格执行建设项目能源环保“三同时”制度，做到技改和新建项目的环保前置管理，履行能源环保手续，完成建材深加工、超级铁精矿等项目环保验收，变更排污许可证，做到依法合规生产，实现全年环保“零”事件。

**【技术创新】** 持续推进张庄矿“安徽省铁矿绿色安全高效智能采选工程研究中心”建设；科研项目全面纳入新科技管理系统（BeS）在线管理，实现科技管理工作全流程上线。全面深化技术攻关。“超纯铁精矿高效分选及氢还原制取高品质铁粉技术研究”项目，获得纯度 99.9%、铁品位 72.31% 的超纯铁精粉，验证超级铁精矿进一步加工成超纯铁精粉的可行性；“陶瓷球在高硅难磨铁矿中工业试验研究”项目，实现球磨机电耗降低 35.89%以上，助力企业节能降耗；“超大型充填体稳定性监测与评价方案研究”项目，验证充填强度及充填挡墙的可靠性；“-300 米中段矿房回采结构参数研究”项目，为新中段矿房安全高效回采提供技术支撑。科技创新能力持续提升，年度专利受理 18 项，其中发明专利 12 项，占比 66.67%；科技成果转化快速有效，新增效益 845.56 万元。

**【企业管理】** 以“制度树”建设为契机，梳理制度清单，完成张庄矿制度汇编；顺利完成质量、安全、环境、能源等管理体系贯标，保障体系良好运行，助推企业治理能力稳固提升完成协力管理系统上线运行，协力管理变革取得阶段成效。充分利用安徽省“高新技术企业”、知识产权类激励等多个重点领域优惠政策，积极争取国家政策性奖补资金，全年累计享受所得税优惠 7899 万元，研发费用加计扣除减免 206 万元，争取各类政策资金到账 156 万元。

**【荣誉】** “极致降本，聚焦高硅难磨贫铁矿二段磨矿介质”项目获中国宝武优秀岗位创新成果三等奖，“充填系统自适应运行升级”获中国宝武银点子，“选矿生产供水优化”等四条建议获安徽省重大合理化建议项目奖；持续开展班组创优活动，加强班组建设，张庄铁矿信号班获中国宝武“五有班组”“效益型班组”称号，选矿厂巡检甲班获中国宝武“创新型班组”称号。张庄精 EPD 报告正式发布，并通过 2023 年安徽省新产品认定；“特大型金属矿山高效无尾采选关键技术与应用”获安徽省科技进步奖三等奖；材料科技公司获评合肥市住建局墙改办组织的标准化建设评比 A 类（优秀）企业称号，砌块产品获得三星级绿色建材（砌块）认证。张庄矿 1 人获中国宝武“铜牛奖”，1 人获宝武资源“银牛奖”，2 人获宝武资源“铜牛奖”。

（梁　炜）

## 矿山科技服务公司

**【概况】** 2023 年，矿山科技服务公司坚持以习近平新时代中国特色社会主义思想和党的二十大精神为指引，深入学习贯彻习近平总书记考察调研中国宝武重要指示批示精神，全面落实马钢矿业工作部署安排，全方位提升企业核心竞争力，全方位推进精益运行，全面实施机制改革，为矿山科技服务公司高质量发展交出一份满意答卷。

【生产经营】 全年完成铁精粉 16.5 万吨，完成年度目标 110%；硫精砂 10 万吨，完成年度目标 125%；综合利用 175 万吨，完成年度目标 103%；营业总收入 28996 万元，完成年度目标 126.7%；利润总额 3630 万元，均完成商业计划书下达的任务目标。

【体系能力建设】 通过质量、环境、职业健康安全、能源“四标一体”复审。全年新修订安全管理体系 12 项专项管理方案。细化完善公司制度树建设，建立和修订制度 17 个。编制年度及各季度全面风险管理报告。编制年度内控评价报告，开展内部控制评价，并对问题及时整改。科研年度计划目标已完成。高新技术企业惠企政策落地见效，2023 年减免企业所得税近 300 万元。2023 年 9 月，平稳有序完成岗位体系标准化和薪酬体系切换工作。职工队伍整体稳定。按照“143”（1 个目标、4 个实施主体、3 个措施）组织推进“操检维一体化”实施方案，选矿工段基本实现“操检维一体化”。

【技术创新】 运用 CTX 型快速磁翻转高场强磁滚筒对低品位含铁围岩进行实验，实现高效分选技术应用，干选矿品位由原来的 TFe13%左右提升至 TFe18%—19%。

【重点工程】 围绕区域规划重点提升干选一、干选二产能，实现预期目标，重点提升干选一工段产能干选二工段产能基本稳定到 300 万吨/年，既为后续经营奠定基础，又为持续转型发展培养产线作业人才。马钢矿业管控的重点工程项目干选一工段圆筒仓项目及选硫工段环保及产品质量整体提升项目均按期完成，达到预期效果。干选一工段除尘改造项目已投入运行，满足上级单位对环保整改的时间要求；积极配合雨山区 EOD 项目顺利推进，协调完成原二分厂区域征迁评估，生产技术部及调度指挥中心的迁移项目于 2023 年 11 月底完成验收。干选一工段粗破碎及自动化升级改造项目及选硫工段产线自动化项目已完成项目施工采购以及设备采购，作为 2024 年度续建项目将于年内动工。

【安全生产】 生产安全零事故，环境污染零事件，消防无火灾。在岗职工接受安全教育培训及合格率 100%，“三项岗位”人员持证上岗率 100%。

（于　腾）

·安徽马钢矿业资源集团公司控股子公司·

# 罗河矿业有限责任公司

【主要技术经济指标】 2023 年入磨原矿 413.25 万吨，生产成品矿 221.14 万吨，其中磁铁精矿 134.85 万吨、赤铁精矿 7.38 万吨、硫精矿 48.38 万吨、块矿 30.26 万吨、铜精矿 0.27 万吨，实现营业收入 15.80 亿元，利润总额 6.28 亿元。铁精矿产量和利润总额均完成年度挑战目标。

【生产经营】 2023 年生产均衡稳定，量增质优。锚定全年目标，细化计划管理，优化生产组织，强化工序协同，确保生产稳定高效。采矿方面：克服井下矿房接续制约生产难题，深挖东区潜能，开展东区南部及-455 米水平以上边角矿体探采结合，完成生产勘探 2000 米，新增规划矿房 15 个，矿量约 100 万吨；西区实行探采结合，探明矿量约 600 万吨，有效保障原矿供应。全年累计提升原矿 455.19 万吨，其中 2 号主井提升 88.32 万吨；自营出矿累计完成 241.78 万吨，进度兑现率 110.40%。选矿方面：开展工艺流程优化和主体设备攻关，实现三个系列常态化组产，充分发挥高压辊磨设备功效保证入磨粒度，开展一段磨矿分级研究，持续提升球磨机台时能力，全年球磨机台时能力由 177.44 吨/时提升至最高可达 218.50 吨/时，并长期稳定在 216.50 吨/时，同比提高 18.21%。

【安全生产】 深入贯彻习近平总书记关于安全生产的重要论述精神，认真贯彻各级政府和上级单位安全管理要求，牢固树立“安全生产，人人有责”思想，紧盯安全压力传导，健全安全履职体系，完善安全管理制度，强化安全员队伍建设和员工安全违章记分管理，落实“3+5”工作举措，深入开展 VR 体感培训、危险源辨识、视频监控反三违、协力单位班组安全标准化建设、“2+N”专项管理活动、“6+N”专项治理，全面推行精益现场管理，着力整治现场作业环境，常态化开展风险防控和隐患排查治理工作，全方位遏制违章违纪行为，着力解决安全管理薄弱环节和突出问题，奋力扭转安全生产不利局面，安全生产形势总体平稳。全年累计梳理发布 55 项安全管理制度及 39 个岗位操作规程，开展各类安全教育培训2066人次，全年累计开展各类安全检查205次，共排查整改问题隐患3872项，全年安全考核81.6万元；全年迎接各级各类安全检查38次，整改闭环问题262项。

**【绿色环保】** 积极落实中国宝武“碳达峰、碳中和”战略行动目标，建立完善能源环保管理体系，组织开展环境因素辨识，严格无组织排放管控，规范妥善处置固废，大力推进设备节能改造，强化水资源综合利用和环保设施合规运行，先后完成一期500万吨扩能工程取水许可证办理和竣工环保验收、40万吨尾矿捞砂技术改造项目环保批复，以及公司工业厂区、付冲沟尾矿库突发环境事件应急预案的编制；常态化开展环保例行巡查制度，持续加强厂区水、声、气、固（危）废监督力度，全年开展各类检查共计38次，发现环境风险隐患225项，责任单位全部完成整改落实。绿电应用实现“零突破”，累计使用绿电达1220.1万千瓦时，减少二氧化碳、二氧化硫、氮氧化物排放84.39万千克。全年采矿单位产品综合能耗（标准煤）1.21千克/吨（不含扩能），选矿单位产品综合能耗（标准煤）2.72千克/吨（不包含高压辊及红矿），全年累计完成万元产值综合能耗（标准煤）0.1263吨，均优于计划值；工业水重复利用率95%以上，单位产品耗新水量0.45立方米/吨，达到行业先进值水平，获2023年马钢矿业环保优秀单位。在宝武资源矿山板块绿色发展指数评价中得分92.25分，位列第一。

**【智慧科技】** 坚持以“四化”为方向，秉承“机械化换人、自动化减人、智能化无人”的理念，着力提升生产作业智能化水平。全年12项智慧制造项目有序推进，其中宝武资源首台智能精矿取样机器人正式上岗，开启精矿取样、送样无人化作业新模式；捡铁机器人正在调试，成功应用后将攻克皮带捡铁难题；精矿智能抓斗实现无人自动装载布库作业；硫过滤厂房实现生产无人干预，建成公司首个无人厂房。-620米水平电机车无人驾驶系统，与扩能工程同步建设、同步验收，无缝衔接公司扩能生产。智慧化程度不断提高，无人化指数75.25%，集中化指数74.07%，在宝武资源矿山板块处于前列。积极打造原创技术策源地，充分发挥科协的技术优势和职工创新工作室的阵地作用，持续加大科技研发、技术攻关力度，全年受理专利17项，其中发明10项。“电机车无人驾驶系统研究”“碎矿系统产能提升及效率优化”获宝武资源技术创新重大成果奖二等奖，“高大采场低成本高效充填关键技术研究及应用”获中国宝武技术创新重大成果奖二等奖，公司被认定为安徽省专精特新企业，化验室成功获得国家CNAS实验室认可。

**【“三无一体化”】** 1.“无协力矿山”建设。3月完成充填及出矿合同签订，4月充填站业务全面回归。统筹推进出矿业务回归，已完成一家出矿协力单位退出工作。自营出矿产能由原每月16万吨提升至23万吨。全年自营出矿累计完成241.78万吨，完成年度挑战目标。2.“无尾矿山”建设。加强充填管理，优化充填策略，提高充填效率，加大资源综合利用，实现采充平衡。红矿高效回收项目不断优化工艺，实现工艺顺行，7月下旬开始连续稳定生产，累计生产红精矿7.38万吨；尾矿隔粗项目4月建成，累计生产粗粒尾砂5.23万吨；40万吨尾矿捞砂技术改造项目于10月开工建设；粗粒干抛改造项目、细粒干抛项目按计划有序推进。3.“无人矿山”建设。积极推进智慧矿山建设，以少人化、无人化为目标，通过建设无人抓斗、智慧销运系统，将硫精矿过滤厂房打造成罗河矿首个无人厂房，实现硫精矿自动布库，自动装运发货作业。4.“操检维”一体化改革。2月以选矿碎矿工序为试点启动改革，6月完成选矿全流程和采矿溜破提升改革工作。通过岗位整合、技能提升、制度修订，优化岗位11个、优化64人，优化率42%。

**【精益运营】** 进一步加强和规范党委会、董事会、经理层决策行为，不断完善制度管理、风险管理体系，确保公司运转有序、运营稳定。财务管理坚持“现金为王”，强化“两金”管控和现金流管理，全年资材备件1197万元，比年初下降180万元，降幅13.05%，集团外应收账款为零，完成年度应收账款管控目标。积极跟进税收政策，全年累计享受所得税、资源税减免共计6494.78万元。销售管理以市场为导向，以效益最大化为目标，坚持灵活营销策略，确保好产品卖出好价格；加强产品保供和区域协同，与长江钢铁建立合作伙伴关系，深度推动铁精矿产品融入宝武大原料保障体系；加强客户管理，积极走访互动，深化合作关系，巩固产品品牌，保证产销平衡。全年开拓新客户10家。着力提量增效，9月开始，将红矿与铁精矿混合销售，全年可增加经济效益约1100万元。

质量管理加强采场和配矿，开展一段磨矿过程优化、磨矿专家系统控制等，持续强化指标精益管控，全年铁精矿 TFe 品位优于目标值。持续推进设备管理体系综合评价，完善设备分类分级管控体系，全年主体设备运行平稳，设备综合效率均超 2022 年同期，其中一段球磨机综合效率提高 29.16%。积极落实直供电和无功补偿调控，全年直供电结算电量 99.98%，平均功率因数超 0.95，累计获奖补电费 87.34 万元。工程管理上，严格执行《招投标管理办法》《招投标实施细则》，强化合规管理，加强过程管控，全年完成工程招标 10 项，合同总金额 6268.5 万元；询比采购 129 项，合同总金额 6607.13 万元。所有工程均履行前置讨论程序，并通过招标及询比采购方式确定，合同金额较预算定额累计下浮 1960 万元，降幅 15.5%。人力资源管理围绕“增素质、强能力、提效率”目标，结合无协力矿山建设和操检维调一体化改革工作需要，组织开展涉及专业技术、业务管理、技能提升等多个培训项目，同时将协力单位培训一体纳入，着力提升职工队伍整体综合素质和业务能力。合理优化岗位配置，持续开展相关教育培训，加大人才培养与储备力度。全年新进职工 69 人，组织培训开展涉及管理能力、党建工作、业务管理、技能提升、安全管理 5 大类共 76 项培训项目，共计培训 1900 人次；公司内部正式在岗职工优化 106 人，协力单位在岗职工优化 100 人，顺利完成人事效率提升 8%的目标。在经营绩效稳步提升的前提下，坚持发展成果惠及职工，职工平均收入增长 10%以上。

**【可持续发展】** 1. 一期 500 万吨/年扩能工程。4 月 2 号主井开始提升，7 月-620 米水平环线投入试运行，9 月工程基本建成，11 月 6 日通过安全设施设计竣工验收，12 月 14 日取得安全生产许可证，并实现月度达产。2. 二期 1000 万吨/年扩建项目。7 月完成项目可行性研究报告初稿，8 月通过内部专家审核，11 月完成外部专家审查。

**【荣誉】** 挖掘培养职工创新“领头人”，新增“陈建峰创新工作室”和“李金龙创新工作室”，“吕权创新工作室”获评“庐江县技能大师工作室”；1 人获评宝武资源“十大优秀青年”，1 个集体获评宝武资源“五四红旗团支部”。

（黄　艳）

# 建材科技公司

**【主要技术经济指标】** 2023 年建材科技公司产销建材产品 462.42 万吨，其中骨料产量 317.05 万吨，干选矿产量 145.37 万吨，实现营业收入 14423.23 万元，利润总额 2074.68 万元，经济增加值 845.99 万元，净资产收益率 11.04%，应纳税金 723.73 万元，实际缴纳 1147.98 万元。

**【生产经营】** 优化生产组织，提高产品质量。2023 年 2 月高村围岩全资源综合利用产品分级分类系统投入使用后，生产原料得到部分补充，生产效率得到有效提升。充分运用“算账经营”的思路和方法，分析高采、和采围岩加工成本，优化两采围岩组合生产，以“二高一和”或者“五高二和”的生产周期调节，有效降低和采围岩堆存量，确保产品质量，提升作业效率。对标挖潜不断深化。广泛宣传成本管理的重要性，树立“一切成本皆可降”的理念，尽心谋划成本削减项目，全年共制定 7 项成本削减项目，完成度超计划 56.83%。严格降低协力费用削减工作，通过细化检修界面，确定点巡检的内容和要求，完善月度评价考核的内容，降低检修协力费用。全年协力费用较 2022 年同期下降 191.8 万元，削减率达到 24.95%。

**【设备保障】** 坚持以“四同”管理为原则，以“安全标准化作业流程”为抓手开展各项设备管理和维检工作。先后和协作单位一起组织编制胶带机、托辊、挡皮等多个专项台账以及破碎机、电机等 7 个重点设备专项应急抢修预案，进一步完善设备基础管理工作。通过推进设备 TnPM 管理，设备管理系统已逐步完善，各项标准已经全部录入系统，存在缺陷的地方结合现场进行优化。全年设备完好率达到 91.8%，设备性能利用率 128.6%，生产台时由 688 吨/时稳步提升至 951.30 吨/时，能耗从 3.58 千瓦时/吨降低至 2.31 千瓦时/吨。

**【物流管理】** 在矿业集中销售模式下，进一步加强客户体系建设，通过对物流协调和管控，根据成品库位情况调整运输产品。作为马鞍山市重点货运源头企业，积极履行社会责任和源头企业主体责任，积极配合政府严抓超载超限，要求车辆做到慢跑、标载、不抛洒；同时优化物流系统，强化系统管控，配合库底地磅称重，严控标载出厂。全年共销售各类产品317.05万吨，运输车次105110趟次，其中标载出厂104240趟次，占比99.17%，建材产品中小碎、瓜子片、石粉、机制砂已全面实现标载出厂。

**【安全环保】** 开展安全标准企业创建工作，并通过市应急管理局达标创建评估，达到安全生产标准三级企业定级评审；以“5831”班组安全管理模型为基础，开展班组安全标准化创建达标工作，智慧中控班组通过中安协组织的全国班组安全标准化示范班组的评定，协力单位班组安全标准化建设，通过自评也基本达到了三级创建标准。全年公司安全生产态势平稳，安全绩效达到预期目标。深度融入南山矿和向山地区环境综合治理工作，不断完善生态保护和能源管理体系，并通过能源、环保管理体系再认证；开展节能降碳能效提升行动，完成315、305、306等皮带机头轮电机永磁电机升级的绿色工艺改造。全年建材综合能耗（标准煤）0.37千克/吨，万元产值能耗（标准煤）降至0.052吨。

**【精益管理】** 贯彻落实《马钢矿业2023年“五星矿山”+“精益工厂”创建方案》具体要求，坚持精益工厂创建与品牌建设、精益运营、环境经营、造物育人相结合，通过运用6S、月度检查、看板管理等方法工具，促进公司精益管理落地，形成领导带头、机制推动、典型引路、学习交流、员工认同“五大特色”，生产效率、安全、环保以及“四室”和作业现场环境得到明显提升，计划执行力显著增强，在矿业公司组织的年度检查过程中，得到了其他兄弟单位的一致好评。

**【技术革新】** 累计申报专利16项，其中，发明专利1项，实用新型专利15项。与南山矿联合申报“南山铁矿绿色开发与低碳技术产业化项目”获得宝武技术创新重大成果奖二等奖，“制砂楼筛分外循环技术研究”项目取得马钢矿业技术创新重大成果奖二等奖，“矿山固废新式绿色处理工艺”作为四新技术成果被矿业收录。

**【和谐发展】** 广泛开展社会主义核心价值观教育，着力加强职工思想道德和职业道德建设，大力弘扬敬业精神、工匠精神，积极开展系列健康向上的文体活动，注重家庭美德和文明新风宣传教育，有效推动职工道德修养持续提升，公司获第十九届马鞍山市文明单位称号。加强民主管理，拓宽员工诉求渠道，建立响应机制，把“以职工为中心”转化为“为群众办实事”的具体行动。完成K1—K3皮带通廊下方，增设人员安全通道、智能充电设施与机动车停车棚等办实事项目3项。积极开展“献一计”活动，鼓励员工献计献策助力公司改革发展。2023年，共征集献一计53条，其中，精益生产11条、安全保障10条、效率效益和绿色发展各5条，反映了职工关注的重点。其中1条献一计被评为宝武资源“银点子”。成立围岩综合利用职工创新工作室，加入南山矿“1+3+8+N”职工创新工作体系。“大宗固废资源围岩综合利用智能化物流系统集成改造”，获安徽省重大合理化建议项目奖、全国机械冶金建材行业职工技术创新成果三等奖。申报并授权软著1项，是公司首个软著授权项目，促进职工技术创新成果的转化；还申报并受理发明专利2项、实用新型专利3项。

（邢　敏）

# 嘉华商品混凝土公司

**【主要经营指标】** 2023年，嘉华商品混凝土公司实现产值9715万元，其中混凝土主业销售收入9038万元，其他营业收入677万元；实现利润总额69.33万元；上缴税费1392万元。全员劳动生产率达23.7万元。

**【质量管理】** 2023年，规范原材料采购和检验工作，加强混凝土生产过程质量控制，提升混凝土出产质量管理，保证质量管理制度的执行力，实现全年混凝土质量100%合格，客户回访满意率100%。其中，马鞍山分公司通过对原料仓分隔改造处理，实现原材料不混仓，提高混凝土质量的可靠度，同时加强原材料全程可追溯管理和不断加大配合比验证工作，保证混凝土的工作性和耐久性。

**【安全管理】** 2023年，认真学习贯彻党的二十大精神，坚持以习近平新时代中国特色社会主义思想引领，坚持“以人为本、生命至上”安全发展理念，坚守“发展决不能以牺牲人的生命为代价”这条不可逾越的红线，认真践行中国宝武“安全1000”“违章就是犯罪”的安全管理理念，认真落实企业安全生产主体责任，不断提升安全管理体系运行能力和治理能力，实现安全生产形势持续稳定。对照责任目标取得良好安全绩效：生产安全死亡事故、重伤及以上事故皆为零，重大生产安全事故隐患按期整改率100%，生产安全事故防范和整改措施100%落实。

**【环保管理】** 以习近平生态文明思想为指导，认真领悟中国宝武“三治四化、两于一入”环保理念，逐级落实管理责任，及时对照上级能环委相关工作部署，切实做好环境治理、危废管理、环保督察、考评管理等相关工作，全面促进能环基础管理提升，确保指标实现或可控。2023 年度环境污染事故为零；内外污染有效投诉为零；无政府行政处罚。2023 年度商品混凝土公司加强能源环保法律法规和绿色低碳相关政策理论的学习，增强履职意识和本领，年度累计组织开展及参与培训 8 次，参与人数达 43 人次，有效提升员工对本职本岗环境风险的识别能力。

**【资金管控】** 2023 年，根据嘉华商品混凝土公司合资经营到期、股权处置等实际，将应收账款清欠作为特殊时期的重点工作，组织多部门协同推进取得较好成绩。财务部对马鞍山分公司的应收款进行类别划分并采取多种方式获取有效确认数据，为公司的收款提供依据。对于马建欠款，财务人员带队上门进行项目对账并双方签字盖章出具询证函，数据经调整确认后无大的差异。市场营销部根据工程项目和合同条款，“一笔一策”，制定相应措施办法，通过上门、发函、诉讼等方式，全力完成各项目的回款，特别是账龄在 1—2 年的逾期款，截至 12 月底全款收款 13627. 15 万元左右。铜陵留守处 2021 年 6 月关停时应收账款共有 47 个项目，留守处通过制定详细收款计划，明确收款时间节点，截至 12 月末剩余 12 个项目。

**【减员增效】** 2023 年 6 月，参照 2022 年同期政策开展员工协解相关工作。经过政策宣传、全面摸排和重点沟通，8 名职工办理协解手续。7 月铜陵留守处 4 名员工按照年初计划办理协解。公司年初在岗 70 人，截至 12 月末在岗 45 人，人事效率提升 64%，为公司人员压减和股权处置相关工作奠定基础。11 月初公司下发畅通员工转型发展通道的文件，全年截至 12 月底，共压减 25 名职工。

**【协力管理】** 为深化协力管理变革，提升协力队伍人事效率，推进“操检维”一体化，公司优化生产流程和岗位设置，结合混凝土市场萎缩和公司股权处置叠加的实际，2023 年供应商 3 家，从年初 66 人到 12 月末 33 人，协力人员优化 50%。为进一步规范协力供应商及人员准入管理与过程管控，减少和避免协力安全事故，公司下发《协力安全管理办法》，有效防范作业活动过程中的安全风险。公司执行协力单位负责人和关键岗位人员请假报备流程，确保现场安全和生产管理效果。

**【内部协同】** 鉴于 2023 年任务量严重不足的局面，与马钢矿业内部单位发挥协同效应，南山矿及矿山服务公司在混凝土供应上给予公司大力支持，从年初开始，对方所有工程项目，施工单位必须采取先付款后发货形式向公司采购商品混凝土。2023 年，为南山矿建设项目供应商品混凝土 15231. 5 立方米（其中南山矿 14497 立方米，矿山服务公司 734. 5 立方米）。同时，采购建材科技公司精品砂、石子等建材，为混凝土主业生产发挥强有力支撑，2023 年累计采购砂石等原材料共计约 5. 5 万吨。

**【风险防控】** 多组织系统全面覆盖后，依据分工、业务范围及时跟进审批流程上有关人员的权限设置，经公司审核后予以调整，为实现全部合同线上审批打下基础，工作效率进一步提高，审批流程更加规范，对合同管理及相关工作形成有效支撑。公司完成交易职责权限通知及变更事项。根据矿业要求，“三重一大”及决策清单制度及时下发，各项流程及报请审核工作按要求完成。

**【股权处置】** 2023 年 4 月，马钢矿业启动公司股权处置工作，股东双方退出并进行全部股权的处置。合资公司经营期由 2023 年 6 月 8 日延长至 2024 年 3 月 31 日。为降低稳定风险，制定评估方案，形成《商品混凝土公司股权处置社会稳定风险评估报告》，编制信访维稳和舆情处置专项预案，利用有效措施将风险压减到可控范围。班子领导通过与职工谈心谈话、面对面沟通、一线蹲点等形式，进行思想引导和政策宣传，及时化解稳定风险，保证股权处置期间的队伍稳定。

（钟雨薇）

·安徽马钢矿业资源集团公司分公司·

## 设备工程科技分公司

【主要指标任务】 设备工程科技分公司保产服务、检修计划兑现率、人事效率、销管费用（可控部分）削减等主要经营指标均超额完成年度计划。全年实现营收7039万元、利润50.12万元。

【生产经营】 2023年度，全年完成检修项目15000余项，其中大中修达50余次，检修质量明显提升，有力保障采选“双拉满”。

在完成保产任务同时，全年完成计划外工程承接近1800万元。其中，南山矿凹选大型化一系列机电安装、姑山矿红矿系统短流程自动化改造工程、南山矿区域皮带专项整治、建材科技产线维保及电磁滚筒技改等项目994万元。2023年底前承接南山凹选大型化二三系列工程、罗河矿40万吨基材机电安装、矿服干选一分厂、选硫工段自动化及工艺升级改造，共786万元。

【设备工程科技分公司管理】 完善设备工程科技分公司全面风险管理体系。严格落实年度重点风险识别和季度风险报告，定期开展年度重大风险跟踪巡查工作，对设备工程科技分公司涉及的重大重要风险进行跟踪、披露和报告。不断加强设备工程科技分公司内部控制体系运行情况的监督，深入开展内控风险自评价工作。树立绩效考核导向。开展员工记事卡与薪酬挂钩机制，发挥薪酬体系正向激励作用。每月开展综合检查，并将检查结果运用到绩效考核中，凸显价值创造的分配导向。精益管理再上新台阶。围绕精益部室、车间、团队（班组）3个维度深入开展创建工作，聚焦于检修效率、标准化作业等关键要素。开展提案改善征集活动，共收集82个，及时进行提案评审，对20个优秀提案组织职工专题学习。

【人才队伍建设】 推进人力资源优化，全年在岗人员优化6.1%。强化人力资源管理，推进人才队伍培养机制，根据设备工程科技分公司业务转型发展需要，29名钳工通过“检维大工种”钳焊一体化考核，结构性缺员问题得到缓解。根据管理人员选拔任用管理办法，通过民主推荐、考察、廉洁谈话、公示等程序，全年提拔3名B层级管理人员，完成3名管理人员实习期评价工作，为设备工程科技分公司高质量发展提供人员保证。

【安全环保】 健全检修安全体系。安全环保总体受控，持续树立宝武安全“1000”理念，推进设备工程科技分公司安全标准化建设；完善安全管理体系，结合设备工程科技分公司实际情况，修制订16项安全制度；聚焦现场管控，以各类安全检查为抓手，并以“四不两直”的方式开展动火、高处、有限空间、吊装等特种作业安全检查80多次；开展专项安全管理提升工作，安全宣誓、安全双交底、安全措施管控、班组安全会等做到全覆盖，并有效闭环管理；严格落实员工安全违章记分管理，下沉班组参加班组会，现场安全督导；以安全管理百日攻坚行为契机，带头开展安全工作反思、全员事故反思和警示教育，进行危险源再辨识、加大分级管控力度，形成了危险源风险管控清单；开展应急演练8次，全员隐患排查整改293条，隐患整改完成率100%，加强现场安全管理工作，管理人员全部参加每周不少于2次（半天/次）安全蹲点工作。

【荣誉】 2023年，设备工程科技分公司2人分获中国宝武“铜牛奖”“第二届道德模范奖”，2人分别获宝武资源“银牛奖”“铜牛奖”，1人获中国宝武“优秀共产党员”荣誉称号。

（汪　冬）

## 生态修复科技分公司

【主要技术经济指标】 紧紧依靠生态修复科技分公司全体干群，努力开拓内外部市场，全面推进管理变革，坚持以“两于一入”“三治四化”统筹生产经营发展重点工作，全年实现营业收入6000万元、利润190万元，圆满完成各项目标任务。2023年取得“矿山工程施工总承包二级资质”和施工劳务资质。

【安全管理】 始终把安全环保工作放在突出位置，牢固树立“以人为本、生命至上”“安全1000”安全理念，构建安全管理“制度、责任、标准、教培、防控、评价、文化”七大体系，完善安全管理体系基础，制定发布生态修复科技分公司《安全技术操作规程》和《全员安全生产责任制》，建立全员安全责任清单。以安全生产月、安全宣誓、安全培训考试、“学背用”操作规程等活动为抓手，巩固提升安全基础管理水平。严格落实安全责任考核制，形成“生态修复科技分公司统一领导、职工广泛参与”的良好氛围。严格落实属地管理安全责任。以“属地管理、分级负责、无缝对接、全面覆盖、责任到人”为原则，强化外委工程项目管理，落实工程项目安全协议和安全交底制度，实现安全事故为零、环保事件为零。工程班获“2023年度全国安全管理标准化二级班组”称号、中国宝武“安全1000”班组；工程班班长雍家财取得2023年度全国安全管理标准化优秀班组长称号。

**【工程管理】** 将“发展绿色矿业、建设绿色矿山”作为保障矿业健康可持续发展的重要抓手，加快建设“高于标准、优于周边、融入景区”的绿色生态矿山，积极融入南山区域及兄弟矿山工程项目建设，引导全体职工在生态修复事业中贡献才智。凹山总尾矿库覆土绿化项目。为认真落实第二轮中央环保督察“如期完成凹山总尾矿库闭库和滩面覆土绿化工程”问题整改，该项目5月进场施工，在前期探索试验人工开挖、“反铲串联+钢板铺路+推土机推排”作业的基础上，与有关合作方联合开发应用一种新型的浮船式挖掘机，在库内淤泥滩面上顺利实现开沟沥水，降低滩面淤泥饱和水，增加滩面承载力，同时采用船挖与推土机联合作业进行淤泥换填，提升作业效率、降低施工成本，加快作业进程，为节约工期创造有利条件，此方案一举解决大型尾矿库滩面开沟疏排水的国内难题，对尾矿库内闭库施工极具参考意义。生态修复科技分公司参建职工利用6个月的时间，滩面覆土造坡及播撒草籽108万平方米，为2024年6月中央环保督察问题销号奠定坚实基础。高村生态修复与景观修缮提升项目。为实现高村北部高陡边坡上覆绿，利用7个月的时间，累计完成边坡四台阶：-6米、-18米、-30米及-42米的平台浮石清理、锚杆固定以及喷播挂网约2.2万平方米，进入冬季后及时进行无纺布对边坡已植被覆盖；顺利完成该项目的施工，整体项目进度、质量符合建设单位及现场监理的要求。拐冲尾矿库回采项目。该项目已经完成“五牌一图”、胶带运输试运行等基层工作，同步完成12名职工转岗再培训，为2024年完成回采90万吨夯实基础。东山采场地质环境治理项目于11月底启动。生态修复科技分公司联合矿院相关专家，提出渗漏区域土方回填压实，铺设防渗膜的初步方案，得到上级生态修复科技分公司领导和专家的认可和支持。对原酸水库泵进行移位到库西南方向，安装铺设酸水管和中和液管道700米，自营、疏通管道1800米，移设变压器、配电房、安装二套酸水泵和浮船，顺利完成防渗和治理工作，节约成本计划100余万元，取得较好效果。对酸水生产工序实行集中远程控制改造，减少7名岗位人员。酸水产线采取内循环生产模式，实行“内循环+外排清水”新生产模式，铺设酸水管道以及对2号中和液管道改道，将酸水库上层中性清水直接排到凹山坑，采用双泵生产工艺同时作业，灵活调整生产，既降低水位，又保持酸水库的pH值在6.5以上。同时，在酸水库采用“化学+生物治理技术”，在水面铺设浮岛100平方米，养植水草，实现生物技术稳定水质，美化生态环境，达到长期稳定改善水质的效果。花山基地。紧跟市场需要，谋求生产创新，充分利用苗圃土地，优化苗圃生产组织，精心组织苗木生产，科学利用苗圃现有土地，围绕各项目标任务，调整苗木种植结构，合理规划设计苗木种植规格、品种、数量，栽植苗木价值高，绿化工程建设用得上，使苗木品种多样化，品质上乘，客户满意，栽植垂丝海棠、银姬小蜡球、亮晶女贞球和红梅等2100多株苗木，同时按照相关规格要求，为各项绿化工程及时提供香樟、红叶石楠、海桐球、广玉兰和红叶李等苗木，种植西瓜、玉米等防暑农产品。

**【精益管理】** 生态修复科技分公司在年初编制2023年商业计划书和2023年度财务预算书，为生态修复科技分公司全年生产经营工作提供遵循。制定2023年差异化绩效考核方案，通过持续改进岗位绩效考核方式，完善激励机制，做到考核有据，体现不同岗位、不同贡献的价值。加强制度树建设，梳理修订2023年生态修复科技分公司制定及遵照执行的各项管理制度62项。根据上级生态修复科技分公司规定，重新修改生态修复科技分公司各工程合同、采购合同、销售合同等模板。按照中国宝武及矿业财务管理规定为工作原则，做好费用核算科目归集，根据年度预算指标核算月度预算、统计项目成本数据，加强会计核算工作，强化费用管理和成本管理，为生态修复科技分公司计划财务管理工作及各项成本指标管控发挥积极作用。加强会计档案管理，定期整理、装订月度会计凭证、及时存档会计档案。

（王汉强）

# 宝武重工有限公司

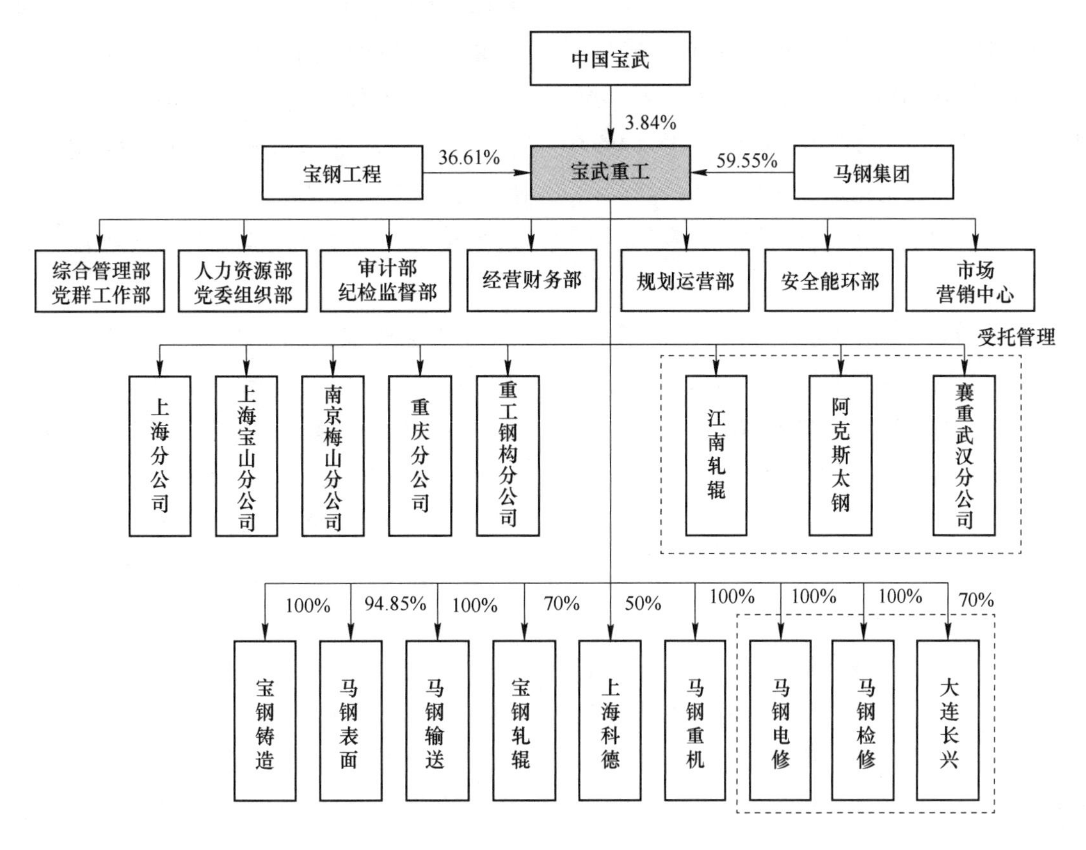


**图5　宝武重工有限公司组织机构图**

（计长慧）

**·宝武重工有限公司控股子公司·**

## 安徽马钢重型机械制造有限公司

**【主要经营指标】**　2023年，安徽马钢重型机械制造有限公司（以下简称“马钢重机”）实现营业收入17.9亿元，年度目标完成率94%；完成管理口径利润总额302万元，较2022年增长12531万元。

**【生产经营】**　2023年，马钢重机紧紧围绕“精益管理夯实基础、聚力攻坚扭亏增盈”工作主题，以营销拓展为龙头，提升产销平衡、强化预算管理；以成本控制为导向，落实“三降两增”、竭力降本扭亏；以风险防控为保障，持续苦练内功、夯实各项基础；以彻底改革为动力，优化人资效率、改善组织绩效。全体干部职工坚定信心、勇于担当、奋发作为，全年实现扭亏目标。

1. 坚定降本增效，企业效率效益日趋提升。马钢重机秉持“一切成本皆可降”的理念，坚定不移推进“三降两增”工作，采购降本方面对主辅材、耗材等采购计划同口径降幅5%—10%，对生产协力费用、检修费用等同步压减；降耗降本方面以各生产单元制定的能耗、物料定额消耗优化计划为导向，结合一线技术攻关，辅以能源介质改造项目实施等降本举措；部门费降本方面由职能管理部门对各自归口的宣教、办公、保洁服务等费用进行压降与管控。全年累计降本 8300 万元，目标完成率 104%。

2. 创新营销模式，内外市场开拓取得成效。马钢重机按照“深耕马钢市场、跃进宝武市场、拓展外部市场”的市场定位，2023 年新增订单 18.1 亿元，其中，修复项目同比增加 32%，备件新品同比增长 15%。以协议制总包模式巩固马钢及集团内备件市场，实现 BPA 合同约 1.2 亿元；通过磨辊间引流，实现新增订单 1000 万元，为后续业务发展增加新的路径；借助宝武重工平台力量，大力开展产业协同工作，实现新增订单 8700 万元。此外，钢结构工程分公司获钢铁产业互联网大会颁发的“明星店铺奖”。

3. 构筑预算管理，产销平衡状况获得改观。马钢重机培育全员“算账经营”理念，编制、修订《机械产品项目成本预算管理办法》《技术分解管理办法》等制度，规定各部门、各单元的成本控制责任，规范技术分解和部门费使用；坚持产品预算应编尽编，持续强化和推进产品预算的分析和改进工作，全年累计编制二级预算 244 份，直接材料归集率和符合条件的投标报价评审率均提升至 100%；1 月起建立生产报表，3 月起推进月度生产计划管理，7 月起推进月度经营计划管理，每月组织产销平衡会对执行情况进行检查、督促、考核，全年合同履约率提升 13%。

4. 推动四流合一，体系运行质量持续向好。马钢重机做好日常出入库数量一致的跟踪，以合同全景图为抓手，对销售合同全生命周期各阶段成本分模块分区域多维度审视。2023 年召开 9 次月度合同预警分析会及若干次具体合同成本分析会，分析合同 177 份。通过一年的努力，财务在产品滞留成本实现线上线下“双清零”，采购未有新增体外循环数据，生产逾期数据下降 80.5%，营销完成 2950 份线上历史合同经营状态的梳理。

**【人效提升】** 马钢重机瞄准“控总量、调结构、提能力、增活力”目标，通过畅通退出渠道，完成人力资源优化 10%的目标；通过优化结构配置，总部机关下沉一线 84 人；通过深化协作变革，协力费用同比压减 3800 万元。马钢重机坚定营造真抓实干的工作氛围，打造务实高效的执行体系，月度经营计划完成率由 65%提升至 90%。以学习鄂钢经验为契机，持续构建并优化组织绩效管理体系，“一人一表”评价与绩效兑现强相关，打破平均思维，拉开薪酬差距，让多劳者多得。

**【安全管理】** 马钢重机严格落实全员安全生产责任制，按照“三管三必须”的要求，落实各级管理者的安全责任，推进公司管理者安全履职评价机制，提升各级管理者安全履职的意识和能力。2023 年修订核心安全管理制度 8 份，完善事故专项应急预案 13 份，组织各单位修订，专业部门评审岗位操作规程 59 个。完善协力单位准入的标准、流程与要求，建立协力人员准入机制。每月抽取 2—3 家协力单位开展安全管理二方审核，查出安全管理问题组织责任单位进行整改。安全管理部每半年对所有协力单位进行一次安全评价，持续提升协力单位安全管理水平。

**【创新改善】** 马钢重机 2023 年通过省工程研究中心、省专精特新企业认定，获得科技政策奖补 380 万元。全年共申请专利 28 件，其中发明专利 14 件。公司密切关注钢铁行业低碳冶金技术路线，加强钢铁生产全流程降碳装备备件的研发，5 千瓦电解槽配套的 15 件制氢压力容器获得中船 718 所的商品订单，混铁车加盖设备全年推广梅山、宝山、湛江共 87 台，较年度目标超额完成 7 台。此外，马钢重机积极实施内部管理改革优化，将设备保障部的采购管理职责与其余职责分离，成立采购中心，大力推动采购降本；将生产制造部的质量管理职责划到技术中心，逐步实现技术质量职责的统一；对铸锻制造厂进行管理机制变革，成立分公司，实行营销、生产、技术一体化运营。

（计长慧）

# 安徽马钢输送设备制造有限公司

**【主要经营指标】** 2023年，安徽马钢输送设备制造有限公司（以下简称“马钢输送”）销售收入2.51亿元，利润总额-4473.81万元；截至2023年底，在册人数309人，在岗人数311人。

**【生产经营】** 聚焦发展定位，坚守内部市场，海外市场拓展取得突破。2023年实现宝武内部销售22125万元、宝武外市场2934万元；营销任务承接40416万元，马钢内部、宝武内部市场、宝武外部市场业务占比47.8%、40.5%、11.7%。一是稳住宝武集团内市场。马钢市场做到项目应拿尽拿、备件市场全面运作、马钢矿业市场再次取得突破。成功承接重钢区域水渣皮带项目及混匀料场改造项目、湛钢区域零碳工程管机及水平机项目、新疆八钢区域料场改造项目，深化韶钢区域焦化项目、B棚项目、56烧项目及宝钢区域电炉改造项目等。二是拓展海外市场。配合宝武重工海外事业部积极运作俄罗斯、塞尔维亚等海外项目，充分利用各类资源拓展海外市场，成功中标水平机长约3.5公里的几内亚X项目、俄罗斯Akonit滚筒备件项目等。

2023年完成产量9961.59吨、托辊产量11.10万支、滚筒产量1723支、自制铆焊件2660.15吨，其中重点工程为韶钢项目13条胶带机、管机3条，重钢项目料场24条胶带机、物运18条胶带机，广州特瑞特克项目9条胶带机，八一钢铁项目45条胶带机，南山矿项目18条胶带机、管机1条。

**【科技创新】** 紧扣市场需求，加快技术创新，产品市场竞争力持续提升。2023年，研发投入839.45万元，完成专利申报6项，其中发明专利3项、实用新型专利3项；完成专利授权6项，其中发明专利1项、实用新型专利5项，累计获政府科技政策奖补43万元。2023年11月，与宝信软件安徽分公司、上海晨晖智能科技有限公司等企业在马鞍山签署“智慧输送皮带机示范产线建设战略合作协议”；重庆钢铁集团中南钢铁五号六号烧结机超低排改造项目（1条）管带机项目正式带料生产、长距离大型（长度不小于2000米，管径不小于500毫米）输送机成功带料运行。通过2023年安徽省经济和信息化厅省级企业技术中心认定、获2023年国家专精特新“小巨人”企业认定。

**【安全环保】** 围绕风险预控，加强系统建设，安全环保工作稳健受控。一是扎实开展“双重预防体系”“安全生产标准化”“输送机架体涂装改造”等重点安全环保项目。二是全年累计排查隐患776条、查处违章491条（745分）。三是修订下发《全员安全生产责任制》等28份安全管理制度、《环境保护责任制》等15份环保管理制度。四是聚焦“管用养修”项目，开展作业人员VR体感培训170余人次、皮带机护栏安装5000余片。五是开展“皮带机伤害事故”等专项预案演练5次、“交通起重吊装”等专项知识培训290余人次。

**【基础管理】** 立足自身差距，全面对标找差，各项基础管理不断夯实。一是以“四流合一”为抓手强化算账经营理念，推动建立“横向到边、纵向到底”的成本管控体系，聚焦重点风控环节，防范经营风险。二是深入推进“三降两增”工作，全年累计降本1286.77万元，其中采购及外委降本1064.77万元、设计优化降本212万元、借款降息10万元。三是完成管用养修一体化项目承接落地后协作项目事业部BWHR组织机构体系和工资体系搭建、岗位配置、203名正式职工人员关系划转、劳动合同换签、薪酬按时准确发放，平稳衔接。

**【荣誉】** 评选马钢输送本级个人荣誉及奖项18项；获宝武重工及以上个人荣誉及奖项7项，其中1人获中国宝武“铜牛奖”；团体荣誉2项，其中1项为中国宝武“安全1000”班组。

（李帅帅）

# 安徽马钢表面技术股份有限公司

**【主要技术经济指标】** 2023年，安徽马钢表面技术股份有限公司（以下简称“马钢表面”）作为钢铁行业装备制造服务供应商，在上级领导的指导下，实现市场开拓大迈步、科技研发新突破、体系能力再提升。全年实现营业收入22160万元，同比增长22%，利润总额60万元，同比增长20%，经营性净现金流1500万元，经营实得现金流大于经营应得现金流。

**【生产经营】** 面对市场持续低迷、价格坠落下滑带来的巨大影响，马钢表面抢抓机遇、攻坚克难。马钢内市场稳中有增，成功承接长材2号线结晶器总包服务，中标四钢轧热轧工作轮辊颈修复业务，长材线棒轧辊在线试用通过吨钢考核。集团内市场全面开花，公司产品业务覆盖宝武集团内11家钢铁基地，覆盖面达84.6%。海外市场点上突破，与浦项制铁机械厂建立合作关系，承接海外订单超过265万元。非钢市场取得零的突破，全年非钢市场表面产品业务超150万元。致力培育“工业重载机械手集成开发”产业，全年智能制造业务新签订单844万元。

**【技术创新】** 科研项目转化快速落地。年度十大科技研发项目稳步推进，6个项目取得实质性成果，通过客户在线应用认证，具备成果转化效益的基本条件。超耐磨涂层型材轧辊在线使用轧制量提升2.87倍；钴镍镀层结晶器铜板上线使用后的磨损量是原来的1/10；超耐磨涂层结晶器铜板完成客户在线认证，一次性通钢量超过18万吨；高精度锂电池极片辊涂层工艺完成宝钢轧辊验证，承接宁德时代2支试制订单；电镀活塞杆完成宝菱重工的所有指标评估，具备小批量供货条件；激光熔覆层流冷却辊产品开始正式供货，已经完成10件产品的合格交付。

创新平台培育成效明显。与西安交通大学、宁波大学、安徽工业大学、中央研究院签订产学研合作协议，聘请西安交通大学李长久为公司客座教授，成立马钢表面-宁波大学热喷涂研究院，与安徽工业大学共同编制国际标准。

科技创新成果亮点纷呈。全年申报专利11项，其中发明8项，获授权发明专利8项。主持及参与制定的一项国际标准和一项国家标准获颁布。顺利通过国家高新技术企业、国家知识产权示范企业复审，获评安徽省创新型中小企业。

**【管理能效】** 生产组织管理能力持续提升。组织开展工场生产组织管理变革，压实生产主体责任，明确产品工程师责任体系。坚持召开现场办公会，完成超音速厂房亮化、文化墙、党员活动室三大项目。编制印发《精益现场管理手册》，不断提高员工精益管理理念。策划协力变革行动方案，按照代管、共管、协管、自主管季度推进，规范协力用工管理，做到安全管理有强度，效率提升有力度。

扎实推进三降两增工作。通过工序费用压降、创新采购方式、拓展直采直供渠道、利库降库盘活资金等方式推进采购降本，全年降本增效金额549.53万元，完成率106.91%。通过存货盘点分析、建立风险预警机制、强化客户授信管理等方式，“两金”余额较年初下降2248万元，降幅9.3%；长账龄应收从年初1089万元下降至643万元，降幅41%。

体系机制建设持续完善。推进公司制度体系建设，制定发布制度153项，发布公司“制度树”。建立生产经营报表管理体系；发布公司年度常规工作会议一张纸；建立公司决策事项跟踪督办机制，进一步提高规范性、执行力。经营风险防线持续筑牢。以“四流合一”为抓手，成功完成信息化优化上线，规范经营活动管理要求，确保经营活动风险受控。

全员安全环保责任进一步压实。制定并发布60项安全、环保、能源管理制度；建立公司级、部门级、工厂级三级安环巡检机制；定期组织开展应急预案演练；搭建能源管理工作平台。全年安全、环保事故为零，获“安徽省绿色工厂”“马鞍山市市级健康企业”称号，顺利通过“安全生产标准化二级企业”复审。

（胡雯雯）

# 马钢集团物流有限公司

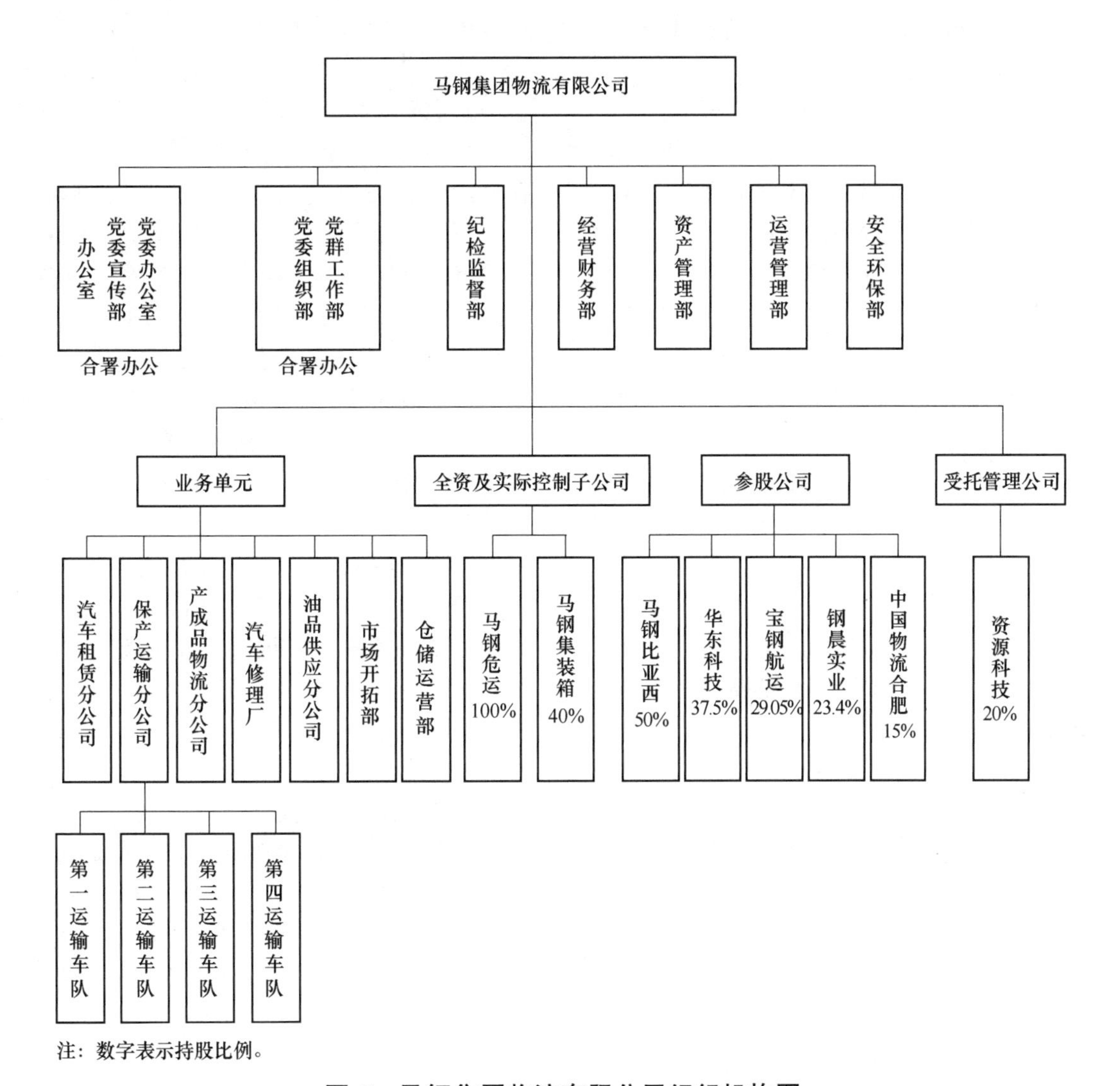


**图6　马钢集团物流有限公司组织机构图**

（隗满意）

**【概况】** 马钢集团物流有限公司（以下简称“马钢物流”）成立于2015年9月，注册资金3.75亿元。自2020年4月1日起，由宝武物流资产公司委托管理。2020年11月16日，随着欧冶云商股份有限公司（以下简称“欧冶云商”）对宝武物产实施委托管理，纳入欧冶云商管理体系中。马钢物流拥有汽运、航运、仓储三大物流板块，主要从事公路、水路、铁路货物运输以及仓储配送、全程物流总包及物流供应链服务等，主要服务客户为钢铁、矿山、煤炭、建筑等企业，是中国物流与采购联合会副会长单位、第二批国家多式联运示范工程项目单位。

**【主要技术经济指标】** 2023年，马钢物流完成物流总量7953万吨，实现营业收入24.7亿元、利润总额380万元，外部收入5.4亿元，全员劳动生产率533万元/人。

**【保产保供】** 工序物流坚定“专精特”运输主业方向，聚焦马钢股份生产中的特种车型保产保供，以点带面实现提升。做好新特钢工序物流保产项目，运送各类物料20.66万吨。实施“南球北调”“北烧南调”和“挖潜废钢”运输项目，为马钢股份生产稳定顺行当好“排头兵”。聚焦特种车型的推广和应用，全力提升框架车热卷运输效率和运量。2023 年特种收入 1.168 亿元，同比提升 4.85%，特种收入占比 58%，特种车辆数量和运输收入占比均稳步提升。

产成品物流贴身服务客户单位，积极满足客户需求，较好完成马钢股份、长江钢铁、合肥钢铁、马钢轨交等单位假期、汛期、高温、台风等急难险重保产保供运输任务。实现马钢股份产成品一程物流总包模式由费用总包转变为费用代理总包，夯实业务根基。根据长江钢铁进口矿常态化极限库存指标，设计业务跟踪服务流程，确保进口矿运输顺畅；同时，设计新江港招标方案，为长江钢铁进口矿物流保供加上双重保险。

调整纯电重卡换电站项目商业模式，通过合作经营，保障马鞍山钢铁基地纯电车辆的充/换电站稳定顺行，为马钢股份清洁运输目标的实现作出了重要贡献；同时新建马钢物流 5 号换电站，投运 30 辆新能源电车，开启了南山矿道路清洁运输“元年”。

**【企业管理】** 狠抓制度体系建设，全面对接欧冶云商管理体系。2023 年，修订完善管理办法 55 项，废止管理办法 1 项。现有效管理文件 123 项、运输作业标准 62 项，并形成马钢物流制度树清单。积极推进综合管理体系认证，优化体系控制流程，确保体系运行的充分性、适宜性和有效性，逐步实现“制度管人、流程管事、标准做事”。

进一步加强风险管理，推进风险防控体系建设。编制并发布《内控手册》，完善公司内部控制流程。开展季度风控推进会、内控交流及自评工作和法律知识培训、风险案例学习、“风控三讲”“风险百问题库”活动，持续做好公司风险防控工作，完善风控管理，推动公司高质量发展。为严控资金管理，有效防范和化解经营风险，下半年对毛利率较低、风险相对较大的外部业务进行梳理，主动收缩，有效应对。

开展工序物流承运商专业化重组，实现运输协力变革落地。承运商队伍按计划压缩精简至 8 家。整合后新成立的承运商也已全部签订合同并根据整合情况调整运输业务。

**【产业项目】** 依托马钢基地的区位优势及云商的生态优势，成立仓储运营部，加快在关键区域和核心物流节点进行仓网布局。完成欧冶物流委托仓储监管业务的切换；强化联营库的风险控制。加强仓储业务基础管理，在涉及仓储服务商、代理仓储业务、应急管理、安全管理等方面，逐步建立完善仓储业务相关管理制度。通过长租赁方式积极推进自营 1 号库开设相关工作。利用修理厂闲置厂房，开设自营 5 号库，盘活闲置资产，提升资产效益。5 号库包含 4 个库区，合计面积 6945 平方米。随着马钢交材产品、卷板产品等陆续入库，静态库存量达到了 8578 吨，库区基本处于饱和状态。

马钢物流牵头的“依托长江黄金水道、立足皖江城市带马鞍山多式联运示范工程”，获得交通运输部、国家发展改革委命名为“国家多式联运示范工程”，这也是安徽省首个获此殊荣的多式联运示范项目。该项目为客户提供绿色高效运输服务，打造出“优化整合资源、补齐自身短板、积极谋求合作”的“企业自有物流向社会物流企业转变”的发展新模式。

**【市场开拓】** 市场开拓部全面发力、重点突破、纵深推进。2023 年，马钢物流首次实现马钢矿业运输业务总包。通过提前锁定运力、提高船效、适时调整物流计划、积极协调等方式，缓解张庄矿涨库，保证矿山生产。为姑山矿量身定制物流方案，采取依靠国铁线为主、公路运输及公水联运为辅的公、水、铁三级运输保障体系，铁路运量快速提升至 80 万吨，得到业主单位的高度肯定。通过南山矿精矿粉的外发业务，不断扩展服务范围，增加服务内容。同时通过提供优质放心的全程物流服务，客户不断增加，在外部形势日趋严峻的情况下，全年实现物流量 983 万吨，为公司的生产经营的稳定提供重要支撑。

与中石化品牌合作项目落地实施，马钢红旗南路加油站停业全面实施改造后于 5 月 31 日正式对外试营业，借助中石化“五统一”规范化管理，以及广大的客户群体和完善的销售网络，加油站零售业务实现增量，服务质量大步提升。

汽车修理厂顺应电动汽车快速增长趋势，开拓电动汽车修理和维护服务；拓展承运商车辆修理业务，推进互锁安装升级及互锁监控安装工作。危险品运输公司面对 2023 年严峻的经营形势，在紧盯马钢、马鞍山危险品运输市场的同时，努力拓展服务半径，先后承接梅塞尔特种气体公司滁州至南京的氢气运输等业务。其中，铜陵运城的首单危险废物运输落地，也标志着危险品运输公司业务范围得到进一步扩展。租赁分公司广泛收集客户信息，建立沟通机制，探寻业务合作模式，并与南京曼琳格、方圆、国鑫等公司签订宝武外部用车协议，实现区域单位协力保产用车业务应接尽接。

**【安全环保】** 围绕“夯基础、明责任、提能力、抓现场、促规范、保稳定”的安全工作主题，以夯实安全管理基础工作为重点，切实提升公司安全生产管理水平，顺利完成公司安全环保工作目标。完成“百日攻坚、除患铸安”行动的验收工作。通过开展隐患、事故回头看专项行动，延伸并巩固承运商安全管理体系能力提升和百日攻坚活动的成果，完善双重预防机制。与马钢股份相关部门多次协调，完成马钢厂区大中型客货车辆右转弯停车确认工作，有效降低厂区道路交通事故的发生。以宝武集团、欧冶云商安全、环保督导、评价问题项整改为推手，完善安环管理制度合规化建设和长效管理机制的落实。以安环智慧化、信息化等本质化安全管理项目的落实，优化现场作业环境。安全管理信息专用平台建设，叉车辅助安全系统在修理厂试运行，加油站 AI 行为分析系统的建设、智慧化危废库建设以及消防点检信息化系统的完成，提升本质化安全管理水平，有效避免安全、环保事故（件）的发生，为实现马钢物流年度安全、环保绩效评价双优秀奠定基础。

**【降本增效】** 2023 年，钢铁行业迎来一场前所未有的“寒冬”，广大干部员工认真贯彻、积极践行集团公司要求，深入践行算账经营和精益运营双轮驱动的要求，群策群力、团结协作，推动公司经营绩效改善。为有效支撑马钢股份降本工作，梳理 12 类降本项目、6 类增收项目，制定公司 2023 年度降本增效工作目标；将任务目标分解至各责任单位细化落实，按月跟踪分析。通过采取修旧利废、优化组产、提升效率、开拓市场等系列举措，全力降本增效。

**【智慧物流】** 经过二期优化迭代，厂区车辆安全管控系统进一步扩充现有运力池，工程机械、特种车辆、蓝牌货车等所有非客运车辆均已纳入运力池管控，实现集中监管，统一准入流程。同时，系统还开发车辆点检线上化、举升互锁监控、车辆驻留管理等创新功能，满足马钢股份及马钢物流自身的安全管控需求。截至 2023 年底系统中已有合格承运商 1198 家、合格车辆 9531 台、合格驾驶员 7708 名，形成统一、标准的入厂及厂区内车辆管控流程，为马钢股份厂区物流、车辆整治工作提供有力支撑。ERP 二期项目上线运行，实现加油站业务的上线、客商和合同管理业务全覆盖、备件领用业务切换、跨合同核销功能上线、授信管理模块上线和暂估功能上线，为公司经营决策提供有力支撑。此外，集保障租赁车辆安全、方便租赁业务运营、规范企业管理于一体的马钢物流租赁公司调度运行平台也已开发上线运行。马钢股份二三程物流上线工作取得实质性进展。经协调推进，11 月完成一程与二三程物流全线贯通的立项工作，并同步设计编程。

**【产业链业务】** 在汽车修理业务方面，以实训基地和特约维修站为载体，开展专业化培训，通过起重机安装维修资质。在汽车租赁业务方面，积极为马鞍山生态圈区域单位提供公务接待、生产保障等各类业务车辆保障需求，服务保障及时有效，多名员工多次收到客户表扬信。在危险品运输方面，取得南京江北新材料科技园通行权限之后，积极开拓江北园区的运输业务，实现从科技园内的金桐至南京江宁国盛的氢气运输，为今后的江北新材料科技园运输业务的拓展提供宝贵经验。在油品供应方面，积极对接商务局、银联商务以及各大银行，借助“云闪付”“微信”平台，推出“加油直降”“加油满减”“充值满减”等优惠促销活动，全年实现充值会员客户 2840 个。在集疏运业务方面，明确以铁路+场站为核心竞争力，以打造长期、稳定业务客户为目标的经营思路，逐步夯实场站经营的业务基本盘。开拓特钢小方坯集中仓储和集装箱球团转运业务。依托场站铁路专用线优势，开通集装箱合金、兰炭铁路接卸业务，开展机车头大件吊装、华东公司轮对、转向架铁路局车外发等业务，为场站多元化发展奠定坚实基础。

（隗满意）

**·物流公司合资公司·**

# 安徽马钢比亚西钢筋焊网有限公司

**【概况】** 安徽马钢比亚西钢筋焊网有限公司（以下简称“马钢比亚西”）成立于 2003 年 10 月，

由中国宝武马钢集团物流有限公司和新加坡 BRC 亚洲公司 50：50 股权合资经营，2023 年 9 月成功续约公司实行董事会领导下的职业经理人运营管控机制，现董事 4 名（双方股东各委派 2 名），董事长由马钢物流委派的董事轮值，主副监事各 1 名（双方股东各委派 1 名），截至 2023 年底，市场化聘用、契约化管理的职业经理人 2 名，正式合同制在岗员工 170 人。

马钢比亚西总部位于安徽省马鞍山市经济技术开发区采石河路 1500 号，设有安徽马鞍山、四川成都、广西南宁、江西九江、湖北鄂州 5 个加工中心，主营产品有钢筋焊接网、钢筋加工配送、冷轧带肋钢筋，合作客户遍布全国 30 余个省、自治区、直辖市，具备年产 18 万吨钢筋焊网生产能力。

马钢比亚西是中国焊网协会常务副理事长单位、国家高新技术企业，拥有中国钢筋焊接网制造企业特级资质和中国工程建设标准化推荐产品证书，先后通过质量、环境、职业健康安全、两化融合管理体系认证和企业安全生产标准化三级认证、MC 冶金产品认证。获中国驰名商标、国家级知识产权优势企业、安徽省企业技术中心、安徽省数字化车间、安徽省专精特新中小企业、安徽省工业精品、安徽省两化融合示范企业、全国百佳质量诚信标杆企业、全国质量检验稳定合格产品等多项荣誉，获评制造业单项冠军培育企业、安徽省创新型中小企业。

马钢比亚西坚持科技创新，先后主持或参与制订 4 项国家标准和 4 项行业标准，拥有自主知识产权 50 余项，其中国际专利 1 项，发明专利 11 项，软件著作权 2 项，同中国铁道科学研究院、国家钢铁及制品质量监督检验中心、安徽工业大学等科研院所建立有效的产学研关系。

**【主要经营指标】** 2023 年直面严峻的市场环境，严控经营风险，全年实现钢筋焊网销量 8.7 万吨、营收 3.1 亿元、净利润 630 万元。

**【市场营销】** 围绕业主开展就地加工服务，巩固广西加工中心、江西加工中心的战略地位，进一步做大做强钢筋焊网主业；围绕国有重点客户拓展战略合作空间，新建湖北加工中心，促成安徽交控、安徽建工等的战略合作落地；销往海外市场的钢筋焊网业务实现“破冰”，出口澳洲的产品 ACRS 认证取得实质性进展；探索新兴战略市场的住宅产业化产品有效跟进。

**【生产组织】** 2023 年新增固定资产投入 396 万元。“一总部多基地”的营销管理、生产管控、质量管控、设备保障一体化模式有效建立并运行，管理流程更加规范，生产调度更加顺畅，设备保障更加高效，产品售后更加快捷。生产数据统计平台及时为生产管理、原料采购、人员调剂、计划调剂等方面提供有力支撑。坚持每周设备保养和检修工作，提高设备维护水平和故障处置能力，全年无重大设备事故和故障，为生产提供有力保障。

**【技术创新】** 对内理顺内部管理流程，清晰责任，围绕维持国家高新技术企业，设立技术创新目标并持续推进落实；对外积极承担国家标准、行业标准编制责任，持续树立公司技术创新品牌。2023 年国家高新技术企业复审已通过认定备案，全年共申请专利 8 项，其中发明专利 5 项、获得授权专利 4 项。

**【采购管理】** 加强钢材市场行情研判，把握采购时机，在保证生产需要的前提下，快速响应精准采购，减少钢价波动对公司当期经营的影响。加强对供应商和承运商的管理，强化招标比价，严格钢材原料等材料进厂质量控制和价格管控，打造供应链效益最大化。

**【财务体系】** 树立财务的经营中心地位，定期开展经营业务综合分析和内控审查，及时对经营运营管理问题和风险进行预警，促进相关业务及时性、准确性和协调性。强化金融机构融资业务的动态管理，支撑公司当期经营绩效最大化。推进生产系统数字化升级工作，公司全流程信息化全覆盖正在冲刺制造过程最后堵点。降低货币资金周转天数、减少货币资金占用，以经营的思想、审计的思维做好内部财务风险管控。

**【企业管理】** 坚持问题导向，强化依法治企和战略管理，发布实施首部《安徽马钢比亚西钢筋焊网有限公司战略规划（2023—2025）》。建立并逐步完善内控管理体系，打造高效率的供应链体系；致力于持续构建有效的管理团队，确保各部门有效协调运作；全面开展作业现场 6S 管理专项行动，加强安全环保管理的基础工作，打造本质化安全企业；根据公司经营重点任务，优化组织架构和岗位设置；逐步构建完善基于岗位能力素质要求的分层分类员工培训体系，为各类人员、各类岗位设计培训课程，助推员工成长；有效推行PDCA等管理工具的运用，提炼事务性工作的规律，激活人力资源发挥更大效能；落实中国宝武党建规范化，党支部政治功能与组织功能有效发挥；规范会议和计划体系，提高工作效率和执行力；加强员工管理，构建合理的薪酬机制、员工发展通道和福利保障，提高员工的获得感、幸福感。

（吴　娴）

# 马鞍山钢晨实业有限公司

**【主要经营指标】** 2023年，马鞍山钢晨实业有限公司（以下简称“钢晨实业”）锚定“筑牢基础，严控风险，提高运营质量；把握市场，创新模式，力争转型升级”的工作思路，管理基础逐步牢固，风险管控更加健全，市场机会积极把握，模式创新渐显成效，收入、利润基本完成预算目标。

**【市场开拓与项目开发】** 2023年，钢晨实业积极开拓新市场、开辟新渠道、开发新品种、开创新模式，取得显著效果。在项目研究方面，开展启能储热、科达新能源、煤泥浮选等项目研究工作；完成工商业用户侧电化学储能应用、10000千瓦分布式光伏发电项目可行性研究。

**【企业管理】** 在人力资源管理方面，修订岗职体系方案，完善岗职体系建设；明确首席申报条件，进一步打通4个通道建设；完成业务序列人员测评；继续开展职称、高级人才以及主管聘任工作；继续开展健峰绩效辅导项目、绩效管理工作；下发晋升管理办法，初步建立晋升管理机制；更新SHR系统数据库；开展中高层授课工作，培训效果进一步提升；继续拓展招聘渠道，提升招聘效果。

在运营管理方面，修改商业计划书模板并完成编制；完成公司重点工作指标体系修订；加强合同和授权管理，坚持重大合同评审制度，开展合同检查和培训工作，完善年度法人授权；高度重视风控工作，成立全面风控管理项目小组，制定风控系列制度，组织风控知识竞赛；优化安全管理模式，安全管理实现责任下沉；修订合资企业管理办法，形成例会制度；修订5S管理手册，完成三标一体化监审工作，积极开展政策申报等工作；继续推进创新管理工作。

在财务管理方面，继续维护已有授信，拓展异地银行授信，调整融资结构，丰富融资品种，缓解资金压力，保障业务正常开展；及时掌握资金动态，充分利用循环贷品种，存量资金控制在预算范围以内；加强税务政策研究与纳税筹划；加强财务分析，推进业财融合；修订《会计核算细则》；优化内部分工，完善工作流程，提高工作质量与效率。

**【精神文明建设】** 坚持以习近平新时代中国特色社会主义思想为指引，扎实开展党建工作，全年发展党员3人，预备党员2人；遵守党规党纪，遵守“红黄线”制度，开展专项审计和效能监察工作；深入推进企业民主管理，修订合理化建议办法，广泛征集合理化建议；开展青工座谈会；积极开展节日文体活动，组织优秀员工疗休养、员工团建、“三人制”篮球赛、羽毛球比赛等活动；加强宣传工作，全年共发布新闻稿件30余篇；切实关心关爱员工，安排员工年度健康体检，为员工购买惠民宝、职工意外险等保险。

**【钢材公司】** 年销售量创历史新高，巩固本地区行业龙头地位。继续开发新产品和市场，稳固销售渠道；及时调整运营模式，现货模式坚持不赊销，工程严控账期，加强逾期账款催收，降低经营风险；积极探索期现结合、供应链金融等新型商业模式，寻求转型突破。

**【物流园公司】** 持续打造仓储、钢贸两个平台，仓储、配送业务量再创新高。积极开发新品种入园、探索外库合作；充分发挥合肥业务点功能，拓展合肥配送业务量；进一步拓展外部市场，配送量保持快速增长势头。开展标准化辅导工作，现场生产、安全、设备等基础管理水平有所提升；通过高企复审，通过安徽省专精特新中小企业和大数据企业认定，获安徽省民营物流企业30强称号。

**【神马公司】** 积极推进原料贸易转型升级，重点拓展国资和头部民企钢厂，全年新开发5家，降低中小民营钢厂占比，努力防范经营风险；搭建供应商资源池，不断增加有效供应商数量；开展订单贷业务，研究供应链金融模式；推进票据支付业务，努力创效。

**【报业公司】** 针对设备老化、维修厂家少等困难，加强定检定修等设备管理；加强与客户联系沟通，提升服务水平；加大市场开拓力度，新增报纸客户 2 家；开发排版、校对业务；举行劳动竞赛活动，提升员工的作业技能和工作积极性；加强安全管理，消除安全隐患。

**【润滑油公司】** 稳定既有业务，努力寻求业务转型，承揽马钢西山危废库“管用养修”业务；加强客户走访，保持与处置单位的合作黏性，提升服务水平；积极拓宽外委处置渠道，丰富处置品种，新增客户 2 家；安全与设备管理效果较好。

**【氢业公司】** 坚持工贸一体化模式，与马钢气体积极沟通，确保供应稳定；积极开发周边市场，新增多家客户，钢瓶气销量稳步提升；开发技术服务的新商业模式，为后续扩大气体销售规模打下基础。

**【铜陵远大公司】** 保持与政府相关部门的沟通协调，及时化解各种矛盾，保障有效生产时间；完成三、四矿的合并工作；开展隐患排查和治理工作，安全生产平稳顺行；生产上努力降本增效，销售方面紧抓市场客户，努力克服市场价格下滑对效益影响，取得一定成效；开展远大线移机改造工程建设工作。

（吴学成）

# 欧冶链金再生资源有限公司

**【概况】** 欧冶链金再生资源有限公司（以下简称“欧冶链金”）前身为马鞍山马钢废钢有限责任公司，2020 年 4 月 23 日欧冶链金揭牌成立，是中国宝武的金属再生资源产业运营平台。2023 年，欧冶链金下设 10 个部门、2 个中心：办公室（党委办公室）、人力资源部（党委组织部、党委统战部）、党委宣传部、经营财务部、投资管理部、运营改善部、纪检监督部、审计部（党委巡察办）、安全环保部、市场管理部（基地管理部）、数字智慧中心、科技研发中心（质量管理部）；8 家分公司：北方分公司、西部分公司、华中分公司、华东分公司、南方分公司、华北分公司、西北分公司、上海分公司；拥有马钢诚兴金属资源有限公司等 31 家子公司。2023 年，经营规模 5340.45 万吨，营业收入 1528.47 亿元，利润总额 10.08 亿元。年底，在册员工 1226 人，在岗员工 1225 人。

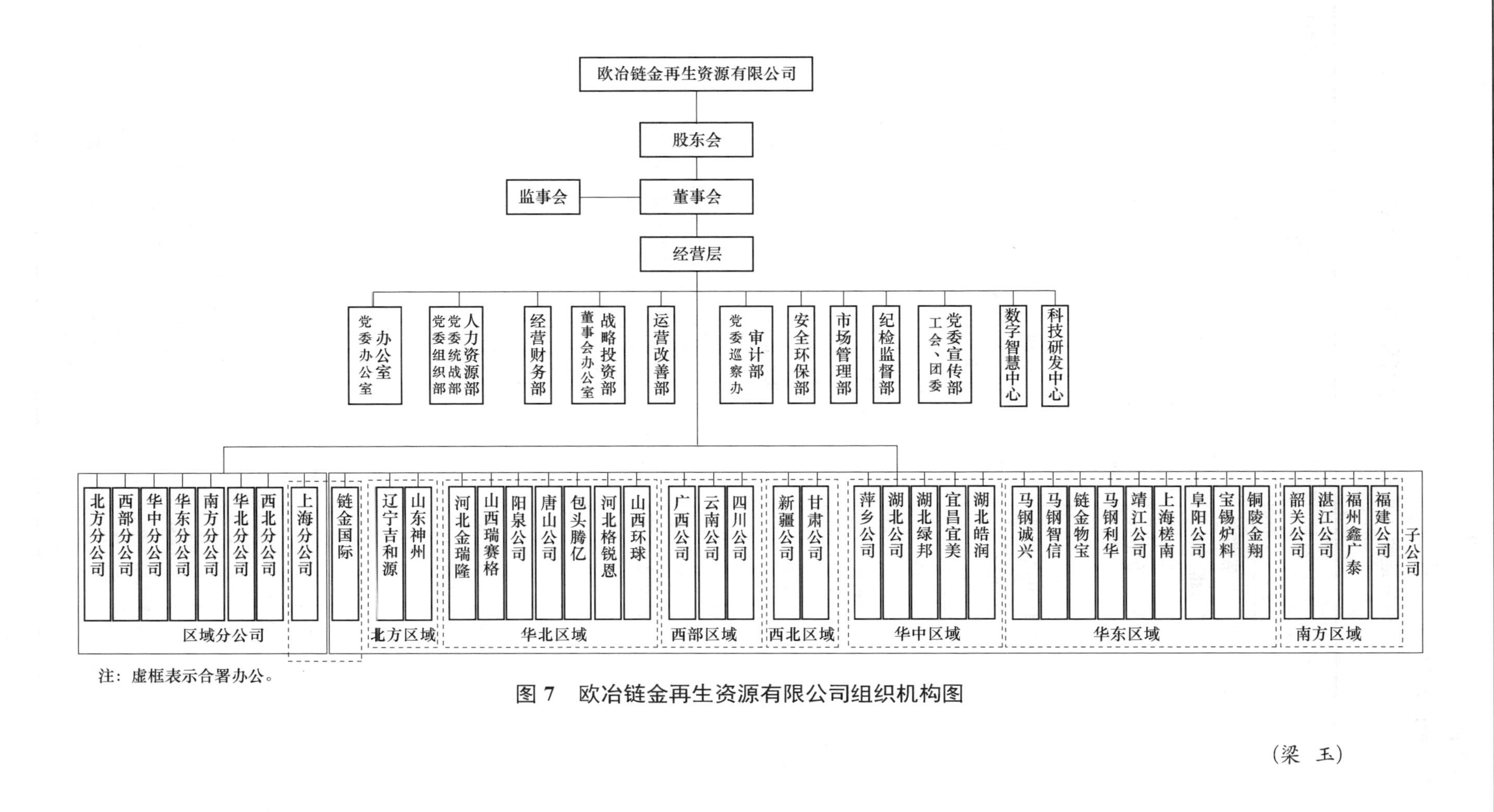


注：虚框表示合署办公。

图 7 欧冶链金再生资源有限公司组织机构图

（梁 玉）

## ·欧冶链金二级单位·

### 【欧冶链金下属子公司】

**欧冶链金下属子公司（含托管单位）一览表**

表 1

| 公司名称 | 地址 | 注册资金/万元 | 主要经营范围 | 持股比例/% | 在岗员工/人 |
|---|---|---|---|---|---|
| 马钢诚兴金属资源有限公司 | 安徽省马鞍山慈湖高新区水厂路四联路 | 40000.00 | 废钢铁采购、加工、仓储、销售、贸易等 | 51 | 112 |
| 山西瑞赛格废弃资源综合利用有限公司 | 山西省长治市屯留区康庄工业园 | 20408.16 | 废旧金属回收、加工、销售为一体的综合再生资源回收利用 | 51 | 41 |
| 欧冶链金物宝再生资源有限公司 | 安徽省马鞍山市郑蒲港新区中飞大道 277 号产业孵化园 7 号楼 | 10000.00 | 废旧金属回收、加工、仓储、销售，生铁、钢材仓储、销售，物流、国内贸易代理服务等 | 51 | 34 |
| 马钢智信资源科技有限公司 | 安徽省宿州市宿州马鞍山现代产业园区马钢机械产业园研发楼 | 10000.00 | 废钢铁采购、加工、仓储、销售、贸易等 | 51 | 35 |
| 欧冶链金（萍乡）再生资源有限公司 | 江西省萍乡市上栗县彭高镇 | 10000.00 | 再生资源销售、加工、仓储、生产性废旧金属回收、金属材料销售、国内贸易等 | 51 | 38 |
| 欧冶链金（靖江）再生资源有限公司 | 江苏省靖江市经济技术开发区康桥路 2 号港城大厦 | 19500.00 | 船舶拆除、再生资源回收、生产性废旧金属回收、再生资源加工、再生资源销售、金属材料销售等 | 51 | 37 |
| 铜陵有色金翔物资有限责任公司 | 安徽省铜陵市铜陵大桥经济开发区横港物流园内 | 10000.00 | 废旧物资回收，废旧金属加工，通用零部件制造、销售，金属材料、贵金属、矿产品、建筑材料、机电设备、化工产品、五金工具、建筑五金、文化办公用品销售，自营和代理各类商品及技术进出口业等 | 51 | 40 |
| 欧冶链金湖北再生资源有限公司 | 湖北省鄂州市鄂城区武昌大道 180 号 | 20000.00 | 废旧金属回收、加工、销售为一体的综合再生资源回收利用 | 81.25 | 33 |
| 上海欧冶链金国际贸易有限公司 | 中国（上海）自由贸易试验区富特北路 8 号晓富金融大厦 3 楼 | 15331.94 | 经营再生钢铁料（废钢铁）、再生铜、再生黄铜、再生铝、再生不锈钢等金属再生资源，钢铁材料，有色金属材料，铁合金原料，以及钢坯、生铁、直接还原铁等钢铁原料 | 67.38834 | 20 |

续表1

| 公司名称 | 地址 | 注册资金/万元 | 主要经营范围 | 持股比例/% | 在岗员工/人 |
|---|---|---|---|---|---|
| 辽宁吉和源再生资源有限公司 | 辽宁省本溪市溪湖区东风街道办事处新兴村 | 12703.47 | 废旧金属收购、加工、销售，以及民用废品、废塑料、废纸收购、废旧物资仓储、生铁销售 | 51 | 39 |
| 欧冶链金（阜阳）再生资源有限公司 | 安徽省阜阳市阜南县经济开发区运河东路名邦栖街S13栋 | 6000.00 | 再生资源、废旧金属的回收、加工和销售，报废机动车拆解与综合利用，金属材料销售，有色金属及制品等冶金炉料购销 | 51 | 24 |
| 马钢利华金属资源有限公司 | 安徽省宣城经济技术开发区宝城路299号 | 20000.00 | 废旧金属采购、回收，加工、仓储、销售，生铁采购、仓储、销售，物流服务、国内贸易代理服务 | 49 | 22 |
| 上海槎南再生资源有限公司 | 上海市嘉定区曹丰路319号7幢 | 10612.2449 | 废旧金属回收、加工、销售为一体的综合再生资源回收利用 | 51 | 30 |
| 宜昌宜美再生资源有限公司 | 湖北省宜昌高新区白洋工业园田家河大道 | 5000.00 | 废旧金属回收、加工、销售为一体的综合再生资源回收利用 | 66 | 31 |
| 欧冶链金（韶关）再生资源有限公司 | 广东省韶关市曲江区东韶大道22号17栋 | 10000.00 | 再生资源销售、加工、仓储、生产性废旧金属回收、金属材料销售、国内外贸易等 | 51 | 21 |
| 湖北绿邦再生资源有限公司 | 湖北省黄石市下陆区大广连接线1号长乐社区办公楼 | 14183.6735 | 建筑物拆除作业、船舶拆除、报废机动车回收、报废机动车拆解、货物进出口、技术进出口、进出口代理、道路货物运输，再生资源加工、再生资源销售、装卸搬运、普通货物仓储服务 | 51 | 4 |
| 宝锡炉料加工有限公司 | 江苏省无锡市锡山区锡北镇工业园泾瑞路3号 | 10200.00 | 废旧金属回收、加工、销售为一体的综合再生资源回收利用 | 100 | 0 |
| 欧冶链金（唐山）再生资源有限公司 | 河北省唐山市路北区金融中心B座15层 | 5000.00 | 经营范围包括再生资源加工，再生资源回收（除生产性废旧金属），生产性废旧金属回收，再生资源销售，金属材料销售，国内贸易代理，技术服务、技术开发、技术咨询、技术交流、技术转让、技术推广；国内货物运输代理，普通货物仓储（不含危险化学品等需许可审批的项目），报废机动车回收，报废机动车拆解，建筑物拆除作业（爆破作业除外），货物进出口，技术进出口，进出口代理 | 51 | 16 |

续表 1

| 公司名称 | 地址 | 注册资金/万元 | 主要经营范围 | 持股比例/% | 在岗员工/人 |
|---|---|---|---|---|---|
| 欧冶链金（湛江）再生资源有限公司 | 广东省湛江市麻章区东简镇宝信实业综合楼二楼 | 12000.00 | 再生资源回收（除生产性废旧金属），再生资源加工，再生资源销售，生产性废旧金属回收，报废机动车回收，报废机动车拆解，金属材料销售，国内贸易代理，技术服务、技术开发、技术咨询、技术交流、技术转让、技术推广，货物进出口，技术进出口，进出口代理，国内货物运输代理，普通货物仓储服务（不含危险化学品等需许可审批的项目） | 51 | 18 |
| 欧冶链金（广西）再生资源有限公司 | 广西防城港市港口区马正开路 72 号三生国贸中心广场二期写字楼一16 层 1602 房 | 10000.00 | 再生资源（不含危险化学品）、废旧金属的回收、加工和销售，生铁销售、仓储，国内贸易代理服务 | 51 | 10 |
| 欧冶链金（新疆）再生资源有限公司 | 新疆巴音郭楞蒙古自治州库尔勒市建设街道辖区圣果名苑别墅 A-8 | 15000.00 | 金属废料和碎屑加工处理，再生资源回收（除生产性废旧金属），再生资源加工，再生资源销售，生产性废旧金属回收，金属材料销售，国内贸易代理，技术服务、技术开发、技术咨询、技术交流、技术转让、技术推广，货物进出口，技术进出口，进出口代理，国内货物运输代理，非居住房地产租赁，普通货物仓储服务，报废机动车回收，报废机动车拆解 | 51 | 6 |
| 欧冶链金（四川）再生资源有限公司 | 四川省宜宾市珙县巡场镇经济开发区余箐小区 12 号楼 | 10000.00 | 再生资源回收（除生产性废旧金属），再生资源加工，再生资源销售，生产性废旧金属回收，报废农业机械拆解，报废农业机械回收，金属材料销售，国内贸易代理，技术服务、技术开发、技术咨询、技术交流、技术转让、技术推广，货物进出口，技术进出口，进出口代理，国内货物运输代理，普通货物仓储服务 | 51 | 9 |

续表 1

| 公司名称 | 地址 | 注册资金/万元 | 主要经营范围 | 持股比例/% | 在岗员工/人 |
| --- | --- | --- | --- | --- | --- |
| 欧冶链金（云南）再生资源有限公司 | 云南省昆明市安宁市昆钢采购中心 欧冶链金（云南）再生资源有限公司 | 10000 | 再生资源加工，再生资源回收（除生产性废旧金属），生产性废旧金属回收，非金属废料和碎屑加工处理，再生资源销售，有色金属合金销售，金属废料和碎屑加工处理，资源再生利用技术研发 | 51 | 11 |
| 湖北皓润新材料科技有限公司 | 湖北省孝感市大悟县城管镇绕城南路 | 21086. 5102 | 再生铜、再生铝的回收、加工和销售 | 51 | 25 |
| 河北金瑞隆金属制品有限公司 | 河北省唐山市迁安市经济开发区经十三路东侧、经十四路西侧、纬十四街北侧西部工业园区河北金瑞隆金属制品有限公司 | 12244. 9 | 报废机动车回收，报废机动车拆解，再生资源回收（除生产性废旧金属），再生资源加工、再生资源销售，生产性废旧金属回收，报废农业机械拆解，货物进出口，技术进出口，进出口代理报废农业机械回收，金腐材料销售，国内贸易代理，技术服务、技术开发技术咨询、技术交流、技术转让、技术推广，普通货物仓储服务 | 51 | 27 |
| 山东神州再生资源有限公司 | 山东省济南市钢城区艾山街道办事处周家坡社区 | 16503. 0627 | 生产性废旧金属回收，普通货物仓储服务（不含危险化学品等需许可审批的项目），技术进出口，货物进出口，再生资源加工，再生资源销售，再生资源回收（除生产性废旧金属），金属材料销售，国内贸易代理 | 51 | 20 |
| 欧冶链金（阳泉）再生资源有限公司 | 山西省阳泉市盂县秀水镇秦村 | 10000. 00 | 报废电动汽车回收拆解，道路货物运输（不含危险货物），输电、供电、受电电力设施的安装、维修和试验，报废机动车拆解 | 100 | 7 |
| 欧冶链金福州鑫广泰工贸有限公司 | 福建省福州市仓山区城门镇大浦路 2 号安德大厦 3B01 | 8000 | 金属废料和碎屑加工处理，非金属废料和碎屑加工处理，国内货运代理，仓储代理服务，通用仓储（不含危险品）。（依法须经批准的项目，经相关部门批准后方可开展经营活动） | 51 | 9 |

续表 1

| 公司名称 | 地址 | 注册资金/万元 | 主要经营范围 | 持股比例/% | 在岗员工/人 |
| --- | --- | --- | --- | --- | --- |
| 欧冶链金包头市腾亿工贸有限责任公司 | 包头市九原区工业园区纬四路东端 | 25000 | 报废机动车回收，报废机动车拆解，报废电动汽车回收拆解。(依法须经批准的项目，经相关部门批准后方可开展经营活动，具体经营项目以相关部门批准文件或许可证件为准）一般项目：金属材料销售，再生资源销售，再生资源加工，再生资源回收（除生产性废旧金属)，普通货物仓储服务（不含危险化学品等需许可审批的项目)，国内贸易代理，生产性废旧金属回收 | 51 | 6 |
| 欧冶链金河北格锐恩新材料有限公司 | 河北省邯郸市磁县时村营乡时村营村北（磁县经济开发区内) | 28000 | 废汽车拆解，废旧物资、废旧金属（贵重、稀有金属除外)、废旧塑料制品回收加工再生利用，新能源技术推广服务及技术咨询，电缆桥架、电缆支架、电力支架、抗震支吊架、综合支吊架、管道支架、预埋槽道、美化墙板、挡风抑尘墙板、防护用品、铝制品、包芯线的生产与销售 | 51 | 29 |
| 欧冶链金（福建）再生资源有限公司 | 福建省罗源县松山镇江滨北路 78 号 | 5000 | 再生资源加工，再生资源回收(除生产性废旧金属)，再生资源销售，生产性废旧金属回收，报废农业机械拆解，报废农业机械回收，金属材料销售，国内贸易代理，货物进出口，进出口代理，国内货物运输代理，普通货物仓储服务（不含危险化学品等需许可审批的项目)。(除依法须经批准的项目外，凭营业执照依法自主开展经营活动）许可项目：报废机动车回收，报废机动车拆解 | 51 | 9 |
| 欧冶链金山西环球再生资源有限公司 | 山西省大同市云冈经济技术开发区智创园区 | 10000 | 再生资源加工，再生资源回收(除生产性废旧金属)，再生资源销售，生产性废旧金属回收，金属材料销售，国内贸易代理，技术服务、技术开发、技术咨询、技术交流、技术转让、技术推广，货物进出口，技术进出口，进出口代理，国内货物运输代理，普通货物仓储服务（不含危险化学品等需许可审批的项目)。(除依法须经批准的项目外，凭营业执照依法自主开展经营活动）许可项目：报废机动车回收，报废机动车拆解 | 51 | 0 |

（梁　玉）

# 马钢集团公司其他委托管理单位

# 马钢国际经济贸易有限公司

**【主要经营指标】** 2023年，受国际地缘冲突、美国加息等外部事件冲击以及国内房地产行业萎缩、市场信心不足等因素影响，黑色商品市场总体前抑后扬。马钢国际经济贸易有限公司（以下简称“马钢国贸”）在宝武资源有限公司（以下简称“资源上海”）的正确领导下，严控经营风险，在完成各项财务指标要求的同时取得显著经营成效。2023年马钢国贸业务量、营业收入、利润总额均超额完成预算进度。其中：业务量1085万吨，目标完成率147%；营收103亿元，目标完成率153%；利润总额4164万元。实现净资产收益率（ROE）4.57%，实现“三降两增”业务毛利55万元。

**【经营成果】** 各业务品种贸易规模大幅提升，2023年完成业务量铁矿930万吨、煤焦138万吨、合金7万吨。铁矿方面，克服市场下行和长协矿负溢价等困难，为区域内钢厂处理生产富余资源约150万吨，有效降低钢厂库存，助力钢厂经济组产。为钢厂寻找经济炉料，向马钢股份提供SP10粉、库里粉、ATLAS粉、MB块等折扣资源样品，为生产单元寻源ATLAS粉、库里粉、超特粉等经济资源，助力工厂降本。同时做好长江钢铁长协资源落地保供服务。煤焦方面，供应马钢股份、长江钢铁75万吨，累计为钢厂实现降本约2800万元。煤炭合金方面，新开拓马钢股份低硫主焦、高硫主焦、高硫瘦煤、二类干熄焦4个煤焦新品种，新开拓马钢股份高品质低碳低钛硅铁、低铝低碳硅铁两个全新合金品种，进一步加强合作。完成马钢股份硅锰、硅铁点价供应商准入审核，成为合格点价供应商并实现多次供货，为马钢股份降本增效工作助力。在新余钢铁有色产品供应方面实现新的突破，拓展镍板、锡粒等品种。在了解到芜湖新兴铸管对含钒生铁产品有试用需求的情况下，主动寻找上游生产厂商，成功向芜湖新兴铸管供应数个批次含钒生铁产品，进一步扩大产品种类。

**【开拓市场】** 马钢国贸在服务好区域钢铁企业的同时，积极融入集团内外钢铁产业链。2023年，马钢国贸启动“十字花计划”。以“稳固根本，横向开拓”为口号，贴身服务重点客户，积极拓展新的终端客户和新的贸易品种，一方面维护好宝钢股份、重钢股份等重点客户，另一方面开拓新钢、鄂钢、宝钢德盛、中信特钢、华菱资源、安徽宝镁等终端客户。铁矿业务充分利用SOTC平台等渠道积极参与钢厂现货采购招标，通过积极参与钢厂现货招标，深度融入市场，提高资源的寻源能力和市场的判断能力，同时密切与终端用户的沟通联系，促进相关业务开展。

煤焦业务方面与山西盛隆泰达焦化、山西凯嘉能源、山西阳光焦化等业内知名企业建立联系，拓展资源渠道、共享市场信息。拓展进口煤业务，进口俄罗斯主焦煤、肥煤、无烟煤、喷吹煤等品种，形成稳定业务量。合金业务成功开发新钢、安徽宝镁等终端客户。其中，新钢实现年内各类合金产品供货超过千余吨。为安徽宝镁及时按需供应其首批产品生产所需的氮化铬铁合金原料，并赶赴卸货现场参与卸货监督和检验，现场解决客户需求，建立供应+服务的个性化服务模式，提升客户黏性。

**【外部合作】** 加强与政府部门沟通，提升马钢国贸在安徽省外贸企业中的影响力。2023年取得安徽省进出口商会副会长单位授牌。被中国海关总署授予“中国海关贸易景气统计调查（进口）样本企业”称号，并获得授牌。2023年马鞍山市需宝武马钢协调支持事项“积极争取外贸进出口统计数据不划出”，马钢国贸贡献突出，进口资源量、进口额和海关税款均大幅提升。加强银企合作，拓展银行授信。

**【内部管理】** 在宝武资源、资源上海统一领导下，马钢国贸2023年无风险事件。2023年初在资源上海领导下梳理风险点，根据风险因素评估表对马钢国贸的经营风险进行识别。针对风险点进行月度、季度、年度监控，并按要求履行相关审议程序。重视XJ贸易防治工作。对开展的贸易业务进行全面排查。根据宝武资源开展集团外贸易业务情况排摸的有关要求，全面梳理贸易业务情况，完成《马钢国贸集团外贸易业务情况排查报告》。数次自查均未发现XJ贸易和违反国资委“十不准”禁令情况。做好风控相关培训宣贯工作，开展马钢国贸2023年法治企业建设培训，进行“XJ贸易典型案例的警示教育”“钢铁行业‘双碳’目标前沿法律问题”等主题培训。制度建设方面，完成马钢国贸制度树2.0版修编计划。根据上级公司决策权责清单的相关调整，以及自身实际情况（控股子公司均已剥离），相应更新《马钢国际经济贸易有限公司重大事项决策权责清单（试行）》，已提交审议流程。2022 年组织开展马钢国贸首次质量管理体系贯标活动，编制并发布《马钢国贸公司质量手册》，建立质量管理体系。2022 年 4 月通过第一次外审并取得认证证书，2022 年 11 月顺利开展认证后首次内审，12 月开展认证后首次管理评审。2023 年根据《质量管理体系要求》标准要求，结合实际情况，修订并发布《质量手册》A/2 版，并顺利通过 ISO 9001、GB/T 19001 质量管理体系认证后首次验收。通过管理体系的有效运行和持续改进，不断提高企业管理绩效。

（于　璇）

# 安徽马钢化工能源科技有限公司

**【主要技术经济指标】**　2023 年，是安徽马钢化工能源科技有限公司（以下简称“马钢化工”）立足新模式保生存求发展之年。全年累计加工轻苯 7.61 万吨，实现营业收入 14.33 亿元、利润总额为 48.36 万元。

**【生产经营】**　以“四化”为方向引领，以“四有”为经营纲领，坚持“算账经营”，将向马钢股份提供优质保产服务为宗旨，在确保安全环保的前提下，加强生产精细管理，强化生产秩序稳定，加强市场研判，抓住两头市场，合理安排产销计划，保持合理的原料和产品库存。全年外采轻苯 1.34 万吨，内部采购马钢股份轻苯 6.55 万吨，销量化产品 38.74 万吨（其中，加氢苯 6.2 万吨，完成 29.4 万吨煤气净化产品的定向购销）。

**【安全工作】**　强化全员履职，落实安全责任。组织学习习近平总书记关于安全生产的重要论述和重要指示批示精神及安全相关法律法规、标准、事故案例，开展主要负责人安全警示教育专题授课。组织策划 2+N 安全提升行动计划；修订全员安全生产责任制等 10 余项制度。完成三级安全生产标准化企业创建、危化品登记证延期、安全生产许可证延期等工作；接受政府部门和上级单位检查 11 次，共查出隐患 67 项，已全部完成整改。开展可燃有毒气体高频报警专项整治，落实联锁报警变更审批管理，开展装置设备带“病”运行安全专项整治工作。持续推进双预防数字化运行管理；开展特殊作业 489 次；制定发布危化品道路运输应急救援预案；组织全员安全风险辨识，共辨识风险 355 条；依托安全信息化系统，分析安全履职情况并覆盖协作单位人员；完成氢气压缩机、高压配电等远程运维升级改造。三项人员取证、复证 28 人次；组织参加马鞍山市工伤预防安全培训、全国化工（危化品）企业主要负责人落实安全生产主体责任视频培训班。完成应急预案演练 24 次，全年公司安全绩效良好。

**【环保管控】**　开展习近平生态文明思想和习近平总书记重要指示批示精神等专题学习 12 次、环境风险应急预案专题培训 1 次，提升各级人员履责意识和能力。推进各类环保检查发现问题的整改，2023 年环保督察 3 项问题整改完成。制定并下发年度能源环保重点工作计划，完成 7 项制度修订，通过环境运行体系内、外审，开展大气有组织及无组织、厂界噪声、循环水 TOC 等定期检测工作并向社会公示。提升绿色发展水平，持续推进苯加氢装车 VOC 治理项目，每季度组织开展现场 LDAR 检测工作，积极参与马鞍山市绿色工厂申报工作，并被评定为马鞍山市绿色工厂。完成 2022 年马钢化工企业环保网上评价工作，自评结果为环保诚信企业。2023 年，马钢化工较好完成环保目标责任书要求目标，未发生 A、B、C 类环境保护事件。

**【设备管理】**　修订完善管理制度，上线设备管理信息系统 CEMS。严控维修成本，全面推进维修费用三级成本管理模式，严格备件材料评审，提高计划准确率，减少紧急采购，降低库存资金占用，2023 年库存资金占用较年度目标值降低 44.26%。抓设备状态管理，完善设备基础数据，加强智能装备运维管理，确保设备本质安全；严控检修项目兑现率，设备点检、检修兑现率 99.40%，设备备用率 100%。抓特种设备管理，完成压力管道、压力容器、锅炉、安全阀校验，无特种设备超期未检。抓计量检验管理，按计划完成测量设备计量检校及便携式气体报警器、高压验电设备校准。完成防雷接地测试。抓联锁系统管理，修订发布相关制度，不定期检查联锁系统运行情况，保证联锁系统的有效性。

**【项目建设】** 维修工程方面，苯加氢装车逸散气治理改造、油水分离系统优化改造、增设消防柴油机泵项目已投入使用；汽车装卸车形式改造项目已完成下装式装车鹤管更换，其余设备已完成招标及合同签订；马钢化工设备状态监测及智能运维项目完成，远程运维系统上线运行；化验室搬迁项目正在推进中。单项工程方面，压力管道维修、循环水冷却塔大修、设备清洗项目完成。信息化项目方面，马钢化工网络核心架构升级改造项目、MES 和 LIMS 系统项目均已完成，运行稳定。山西福马竭尽全力，迁村移民有所进展，焦油系统已具备投产条件，针状焦系统主体工程完成建设，污水处理系统完成污油前处理、萃取蒸氨和生化处理联动试车。由于煤化工市场持续低迷，加之能源及配套费用高，迁村移民没有完成，焦油系统没有完成试生产目标。

**【智慧制造】** 按照“四个一律”的要求，加快苯加氢智慧制造提升项目，优化苯加氢装置主反应炉现场设备，对苯加氢主反应炉进行一键点火、自动温度控制改造，完成与华中科大技术交流对接工作。继续对系统控制进行优化，苯加氢自适应率提升至99%。持续推进9项智慧制造项目、4项3D岗位项目，已完成智慧制造项目7项。

**【科研攻关】** 强化科研项目管理，宣贯碳业科研管理制度，督促推进项目开展。上线科研系统 BES，5项科研项目录入系统，正常推进并做好完成项目的年终结题工作及未完成项目的延期工作，提升科研项目管理规范性。完成专利代理合同签订。完成1项发明专利、1项实用新型专利、1项软件著作权的申报工作。完成亩均效益评价、制造业贡献奖补等项目政府补贴的申请工作。成功完成市工业互联网平台企业的申报认定工作。策划各类科研项目费用归集，研发经费投入强度3.44%，完成目标。

**【三降两增】** 以效益为目标，围绕马钢化工生产经营特点和实际情况，制定三降两增、一人一表行动方案。牵头三基地开展同工序对标，通过减少轻苯加工能耗，提高营销增效，三降两增项目开工率100%，目标完成率121.61%。围绕经营业绩、三高两化、专业化管理重点工作任务等方面对一人一表进行细化，做到“千斤重担人人挑，人人肩上有指标”。全面梳理苯加氢装置用能情况，针对能耗高单元采取调整管控措施，降低能源介质消耗，完成重点设备用电量 MES 数据上线。大力推进三降两增、班组自主管理提升，每日对苯加氢装置的能介成本进行统计、分析，能源介质消耗量得到较大降低。运用苯加氢能耗在线监测，推动节能降碳减污协同增效，实现能耗“双控”目标。

**【全面风险管理】** 辨识马钢化工2023年主要风险因素，重点关注安全环保、资金管控等方面的风险，制定重要指标参数及防控措施，季度跟踪工作开展情况。认真开展合规管理、工程项目建设招投标问题、采购领域专项治理等10余项自查工作，扎实开展内控管理工作，提升防范化解风险的整体效能。严控财务风险。根据宝武碳业统一部署，进行每周库存汇报，严格开展“两金”管控，持续推进“两金”压降工作。规范合资公司及对外投资管理。积极支持山西福马项目建设，山西福马存在项目试生产合规性、市场低迷、盈利不足及资金链断裂等较大风险。监督马钢奥瑟亚，提高马钢化工投资回报率。配合做好晨马氢能源项目的终止及公司注销清算工作。建立依法合规的法人治理结构。完善股东会、董事会、监事会建设。完成2023年度任期制责任书签订。完成工商注册变更、国家企业信用信息公示系统年报等工作。修订“三重一大”管理办法，开展专项培训，每季度对决策事项进展情况进行跟踪了解，对“三重一大”决策系统中相关信息进行补充。根据人员变动，及时调整对外经济业务授权权限。多措并举进一步规范合同管理。各种资质证书及印章的管理有序到位。

**【队伍建设】** 推进人事效率提升工作，全面梳理人力资源情况，筹划推进层级管理体系，不断完善相关细节，在四季度开展层级管理体系的推进切换。以提升技能人才队伍能力素质为目标，加大员工培养力度，开展三项人员取证、复审28人次，加强“操检维调一体化”、生产制造智慧运维等新型技能人才队伍建设，组织2人分别参加宝武碳业远程运维、工业机器人大赛，获得一等奖、三等奖；组织人员参加马钢点检资格证取证培训工作，7人通过取证考试。

**【党建工作】** 推动全面从严治党。强化政治监督，做实日常监督，保障习近平总书记重要讲话、重要指示批示精神和党中央重大决策部署充分贯彻落实。深化党风廉政责任制落实，召开党风廉政建设和反腐败工作年度会议及落实党风廉政建设责任制领导小组会议。对山西福马开展专项监督检查；围绕安全环保问题整改、“四费”使用情况、三降两增、一人一表、合同管理等重点工作落实等方面开展监督。开展敏感岗位人员排查梳理工作，加强对敏感岗位人员及新进职工的管理教育。常态化推送廉洁教育提示，积极组织职工参加“廉洁宝武”理念与口号征集活动，共征集廉洁理念与口号62条。落实中央八项规定精神和狠抓规矩纪律建设，开展元旦、春节、五一、端午、中秋、国庆重大节假日教育检查及廉洁教育月活动，组织签订《廉洁承诺书》，组织观看《零容忍》警示教育视频、开展廉政专题党课、学习警示案例，并在敏感岗位人员工作群中定时发送教育材料。开展廉洁警示教育16次，教育覆盖人数457人次。落实谈话制度，层层开展责任制集体谈话、廉洁集体谈话、外派前谈话等。坚持党管意识形态原则，抓紧抓牢理论学习，进一步提高政治站位。严格执行意识形态工作责任制，组织学习宝武碳业《关于压紧压实意识形态工作责任，深入开展意识形态阵地整治，规范干部员工网络行为的通知》，进一步推动干部员工形成健康上网、文明上网的良好风尚，发挥带头作用。组织签订《意识形态工作责任承诺书》11份、《意识形态阵地运营管理承诺书》74份。守住意识形态阵地，针对公司宣传电视大屏、微信群等多个意识形态重点部位展开全面排查，确保公司意识形态工作阵地可控。关注职工思想动态，对外宣传管理到位，在网络、报刊无负面新闻。

**【荣誉】** 2023年，工会获宝武碳业工会“优秀特色工作”单位；苯加氢作业区获马钢集团2023年“安康杯”竞赛上半年安全“1000”标准化示范作业区（班组）；苯加氢作业区点检班组被宝武碳业命名为“特级班组”；1名同志获2022年度宝武碳业女职工“巾帼建功优胜个人”称号等荣誉；1名青年获2023年度宝武碳业“十大杰出青年”；1名青年获“碳索星”导航营优胜奖。

（丁　玲　盛　敏）

**·化工能源合资公司·**

## 马钢奥瑟亚化工有限公司

**【主要技术经济指标】** 2023年，国内疫情全面放开，但国内经济并未如预期快速复苏，加上全球政治环境不稳定因素大幅增加，经济市场波动较大，企业经营风险加剧。在此情况下，2023年马钢奥瑟亚化工有限公司（以下简称“马钢奥瑟亚”）实现营业收入10.81亿元，同比增长约3.8%，净利润4033万元，同比增长约33.4%，上缴各项税费约2319万元。

**【生产情况】** 2023年，在生产部全体员工的共同努力下，全年共处理焦油22万余吨，月平均处理量约1.8万吨，日均处理量657吨。产品总收率97.59%，目标绩效完成率100%，产品合格率100%，顺利完成年初下达的各项生产任务。主要产品产量指标为：沥青10.21万吨、蒽油6.7万吨、轻油0.19万吨、酚油0.53万吨、工业萘2.6万吨、洗油1.2万吨、粗酚0.09万吨。

**【设备状况】** 生产设备运行情况总体平稳，全年设备无重大事故，特种设备、监视测量设备年检率100%。全年开展2次停产检修工程、E123环保工程、危废库新建工程以及以下各类技改项目：

1. V-403酚盐罐改造。材质由碳钢改为316L不锈钢，降低设备腐蚀泄漏风险，延长设备的使用年限。

2. 利用原有废旧管道将蒸汽尾气引至T-663槽，对T-663槽进行加热后，在T-663槽提高排放高度。通过此项改造将T-663槽温提升了约5℃，降低了能源消耗，同时减少了蒸汽冬季对来往车辆视线的影响，增强厂区车辆通行的安全性。

3. 蒸汽回水改造。将蒸汽疏水后的冷凝水引至冷凝水总管，减少外排的水量，降低废水处理量。

4. 将T-644软沥青槽变更为焦油储槽，提高焦油库存量。

5. T-662接收烟气洗涤塔等定期更换的洗油，通过洗油置换来减少T-662内的焦油渣数量。

**【安全管理】** 马钢奥瑟亚ISO 18001职业健康安全体系和化工生产企业三级安全标准化体系运行正常。为了加强风险控制，除专职安全员外，在生产部、工务部及市场部设置兼职安全员11人，规范特殊作业审批程序、强化基层安全管理。同时，利用“人员定位系统”加强巡检管理，共设置巡检点19个，并对相关人员进行考核，通过此项措施，多次及时发现现场泄漏的情况，降低环保事故的发生概率。2023年度全厂演习次数合计16次，包括综合、火灾、泄漏、触电、车辆伤害、受限空间作业等方面；组织消防比武1次，大幅度提高一线人员的消防技能。

**【市场营销】** 受宏观经济的影响，2023年国内市场需求低迷，煤焦油深加工企业运营艰难，全年行业整体在盈亏平衡点徘徊。又因出口沥青价格明显高于国内沥青价格，在奥瑟亚总部的大力支持下，2023年马钢奥瑟亚出口沥青数量有明显增长，同时适当减少国内沥青的销售。全年主要产品销售量：沥青10.5万余吨、蒽油6.6万吨、工业萘2.6万吨、洗油0.7万吨。市场部坚持以客户为中心的经营方针，经常走访客户，听取客户的意见、建议与诉求，积极、及时与客户沟通协商，妥善处理发生的各种问题，定期进行客户满意度调查，全年未发生一起质量异议。

**【企业荣誉】** 2023年，获“雨山区工业十强”称号，并获得制造业升级、商务局出口、稳岗补贴等多项政府奖励；同时高新技术企业申报工作持续推进，共开展研发项目25项，申报专利4项，授权11项，其中发明专利1项，实用新型专利10项，完成科技成果登记及管理27项。

**【企业管理】** 2023年，ISO（质量、环境、职业健康与安全）管理体系稳定运行，在总经理主持下，法律法规符合性评价工作圆满完成，共评价在用的法律法规123项，修订并发布管理规定8项。此外，按奥瑟亚总部要求，马钢奥瑟亚内部每个季度进行一次控制评价工作，发现内控缺陷及时督促相关部门予以改正，收到非常好的效果。

（钟小庆）

## 马钢集团财务有限公司

**【概况】** 2023年，马钢集团财务有限公司（以下简称“财务公司”）贯彻落实“生态圈金融服务”与“司库服务”双轮驱动战略，坚持生产经营和整合融合齐头并进，强化投融资手段，拓宽信贷服务渠道，加快推进整合融合，取得较好的经营业绩和管理成效。2023年1—4月（吸并前）累计实现营业总收入1.26亿元、利润总额0.70亿元、净利润0.55亿元。

**【信贷业务】** 进一步加大客户营销力度，多措并举拓展信贷客户数量，2023年客户总数196户。加快信贷业务创新，协同成员单位推进下属全资区域销售公司商票贴现业务、办理买方付息财票、商票及通宝保贴、短期限流动资金贷款等业务，满足客户多样化金融服务需求。2023年1—4月完成生态圈发生规模73.9亿元，绿色信贷业务发生额35.63亿元，超额完成年度进度目标，累计办理贷款48.64亿元、供应链业务19.44亿元、票据承兑5.83亿元。

**【资金与投资业务】** 2023年1—4月财务公司管理流动性资金及投资业务日均规模120.32亿元，包含存放同业、央行准备金、买入返售、同业存单及投资业务，实现收入0.90亿元，全口径资金收益率2.25%。同时通过银行间市场、同业拆借及再贴现等积极进行资金的外部融通，日均融资规模19.58亿元，综合融资成本率2.02%。

**【资金结算及财资服务】** 发挥资金归集平台、资金结算平台、资金监控平台、金融服务平台作用，坚持“用户至上”的经营理念，借助金融科技力量，为成员单位提供7×24小时金融服务，持续提升金融服务实体经济的能力和质量。2023年1—4月累计结算规模3567亿元，其中现款结算3036亿元，票据结算531亿元。按照宝武集团账户管理要求，全年常态化推进成员单位开户、资金结算、账户直连可视与资金动态监控。截至2023年4月，成员单位在财务公司开户共210个，直连账户695个，助力集团穿透式可视化管理，为企业价值创造、数字化经营提供智能化手段。

**【风险管理和内部控制】** 完善内控制度建设，开展管理制度有效性评审工作，集中作废21项管理制度，修订完善3项管理制度，建立长效机制。梳理排查信贷、投资业务清理和存量业务转移中由于属地监管差异存在的合规风险点。组织完成分公司设立可行性研究报告和分公司筹建方案，做好子公司注销、分公司设立等相关准备工作，保持业务平稳安全过渡，防控整合风险。

**【人力资源管理】** 深入推行强绩效管理，加大业务团队月度兑现力度，量化客户经理考核指标，月度考评及时激励，提升业务团队干事创业主动性，在公司树立“以岗位、能力、业绩付薪”的强绩效理念，为完成全年经营目标打下基础。组织开展全员教育培训，针对性开展党建理论、金融业务专项培训，持续提升全员思想政治和技术业务水平，为公司整合融合、经营发展提供支撑。

**【企业文化建设】**　坚决贯彻落实“生态圈金融”“司库服务”双轮驱动战略，牢牢把握总部赋予的司库运营重任，筑牢“用户至上”服务理念，聚焦科技金融、绿色金融、普惠金融、数字金融、内生金融五大领域，打造生态圈金融核心竞争力。积极营造关心、关怀员工的团队氛围，认真履行员工关爱职责，规范做好互助保险、慰问帮困送温暖、节礼慰问等工作，组织参加“云上辩论赛”“融合音乐会”等活动，增强团队凝聚力。

（姜　勇）

# 安徽马钢设备检修有限公司

**【概况】**　安徽马钢设备检修有限公司（以下简称“马钢检修”）成立于2009年6月，是以原马钢股份机电分公司为主体，吸收马钢股份十余家单位的机修车间人员整合而成，经过十余年的发展，成为具备覆盖钢铁生产全流程的检修运维、工程施工的大型专业化装备技术服务企业，同时具备设备智能运维“远程+近地”服务能力。马钢检修公司股东为宝武重工有限公司，2020年1月1日，马钢检修正式由宝武装备智能科技有限公司托管运营。马钢检修共设置机关职能业务管理部门7个、科研管理机构1个（检维修技术研究所）、基层作业单元10个，含托管运营马鞍山马钢电气修造有限公司（与马钢检修按照“一套班子、两块牌子”一体化管理，对内作为事业部层级进行管理，名为设备再制造事业部）。2023年末在册职工2046人(含马钢电修)。

**【维检服务】**　设备检修组织有序实施，完成各类年修53次、定修1702次，抢修303次，完成马钢炼铁总厂3号高炉快速整修、冷轧总厂CA1连退线改造、马钢股份北区系统共停、四钢轧总厂3号转炉炉役检修、热轧2250产线年修等重点检修项目；2023年维保产线月均非计划停机时间141.5小时，较2022年同比下降21.3%；混铁车加盖服务降碳降本，铁水温降实现106摄氏度的挑战目标。持续完善“操检维调”“管用养修”业务模式，探索建立生产和设备管理体系，并配套完善体系运行评价方案，在马钢新特钢产线有效运行，实现产线快速达产目标，生产运行平稳有序；经过近一年的探索实践，“操检维调”“管用养修”服务模式趋于成熟，具备进一步推广应用条件。

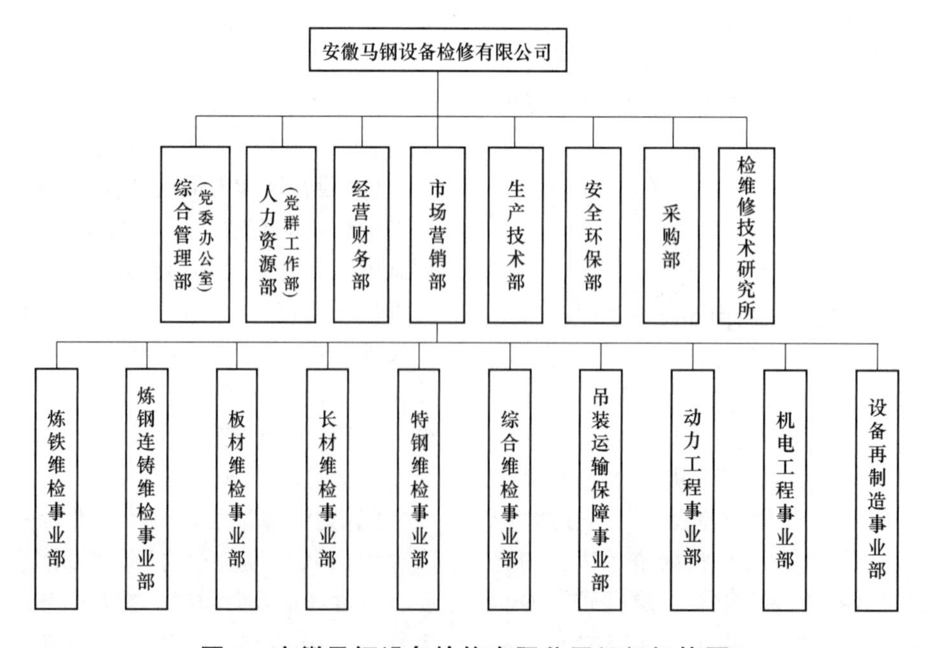


**图8　安徽马钢设备检修有限公司组织机构图**

（张　峰）

**【市场拓展】** 建立完善市场营销体系，搭建以客户为中心的区域营销团队机制，成立安徽、江苏、山西、浙江等区域性营销团队，高效对接重点客户，差异化制定营销计划，维护区域市场；常态化进行销售资源信息跟踪，制定《销售资源信息报表》，定时定期更新销售资源信息，全面掌控重点跟踪项目进展，提高市场信息订单转化率。优化市场营销激励机制，制定《市场开拓激励方案》并有效落实，营造全员营销氛围，提高市场订单规模。市场准入能力进一步提升，统筹策划开展资质能力提升工作，取得冶金工程、机电工程施工总承包二级资质、机电工程专业承包二级资质，减轻市场外拓的瓶颈压力。外部市场开拓成效显著，在维护好当前市场客户的基础上，积极开展优质客户寻源，新拓展华誉精密科技、安徽科达、安徽紫朔等外部客户，新增订单 9000 万元，全年社会市场累计订单 1.95 亿元。

**【转型发展】** 深化推进智能运维服务，认真落实宝武智维设备智能运维“远程+近地”服务体系建设工作要求，组建马钢检修智能运维中心，下设以旋转设备工作站为代表的 8 个专业工作站，承接智能运维近地服务；有序推进智能运维设备接入工作，三年累计完成设备接入 6.2 万台，助推智能运维业务区域内覆盖。大力开展专精特新产品培育，聚焦公司核心业务，打造形成“人无我有、人有我精”的成熟期专精特新产品 10 项，包括 7 个设备医生、2 个设备卫士、1 个设备管家，并配套组建相应专精特新品牌服务团队，编制专精特新产品手册，为后续市场化推广提供资源和技术支撑，促进专业检修业务加速转型升级。拓展备件修复专业能力，联合宝武智维检修事业部成立马钢备件服务基地，在原有电机、变压器、水泵修理专业技术的基础上，引进液压类、阀门类、通用机械类（卷筒、减速机、传动轴）修复技术，进一步提升备修服务能力，打造业务增长极。

**【算账经营】** 以“四有”为经营纲领，大力推进“算账经营”。系统策划推进生产组织模式优化和维保分包区域责任制，按照“少固定、多拉动”、一厂一策的原则，在保证生产运行平稳的基础上，逐步压减四班运行人员，完善内部协同拉动，降低外委分包成本；按照“专业化、规模化、区域化、实体化”原则，对维保分包区域进行重新规划整合，降低维保分包总合同数量及分包费用。严格落实采购费率管控，将年度采购费用指标进行月度分摊，控制维保、动定修分包立项审核，确保总体进度受控；严格控制检修项目外委分包比例，刚性落实维保劳务费用管控。加快推进工程项目结算和资金清欠工作，紧盯“应结未结”和长账龄欠款，完善项目结算、资金回笼和长账龄清欠工作机制，制定《结算开票激励方案》《应收账款长账龄回款激励方案》，进一步激发、调动广大干部职工的热情和积极性，提升清欠能力，加快资金回笼。全年累计压降长账龄资金 20174 万元。严格控制专项费用支出，应省尽省，加强专项费用使用申请和审批，年度运行费用压降 450 万元。

**【创新发展】** 持续健全完善科技创新体系，落实宝武科技创新工作专项审计要求，结合宝武智维优化科技创新研发体系工作部署，成立马钢检修检维修技术研究所，进一步细化明确研发端、转化端、营销端衔接机制，进一步发挥研发机构为经济主战场服务作用。持续加大科研费用投入，2023 年完成科研投入 3200 万元，同时争取安徽省重点研发项目资金补助 200 万元，为马钢检修科技研发提供资金保障。高效推进工装产品研发，完成 10 项高效工装研发项目立项申报，强化技术成果提炼，大力推进知识产权保护，全年完成专利申报 69 件，其中发明专利 33 件。持续深化科技产品研发，以智慧罐成功研发为基础，延伸推进钢企高温铁水低碳化运输技术装备研发项目，集成保温加盖、罐口智能结渣清理、智能运维系统、新能源机车等技术，打造“智能装备+智慧管理”的新型低碳运输数智化产品；钢坯红送保温装置、烧结机加油机器人等科研项目正在有序推进中。产品市场化推广成效显著，智慧罐产品成功打开梅钢市场，获取订单 950 万元，马钢股份混铁车保温加盖二期项目（13 台）已完成技术方案制定，混铁车保温加盖维保业务也在有序推进中。

**【安全能环】** 持续完善安全能环管理体系，有效对标宝武智维安全能环管理体系，并结合马钢属地管理要求完善管理制度文件，已完成 25 项管理文件修编工作；建立完善马钢检修能源管理体系，结合管理体系标准要求，对马检、马电原有三标管理体系文件进行适应性修订和新增，形成质量、环境、职业健康安全、能源管理手册和 32 项程序文件，体系运行总体有效，顺利通过认证审核，进一步推进能源合规管理。刚性落实安全检查、违章记分，持续强化安全管理制度在日常检查中的运用落实。全年共检查协作违章与员工违章记分 1774.5 分，其中，协作供应商违章记分 1038.5 分，考核 37.985 万元；员工违章记分 736 分，考核 22.55 万元。共查处禁令违章 12 条，严重违章 24 条，清退违章人员 11 人，有效震慑现场违章作业。全面强化风险隐患排查治理，建立以风险辨识管控为基础的隐患排查治理制度，充分辨识检维修作业中存在的风险隐患，共识别 B 级固有风险 21 项、C 级固有风险 96 项，均按照分层分级管理要求，建立管控清单，明确责任人员，确保有效管控。建立常态化安环督查机制，有计划对内外部项目部、危险作业、产线定抢修等开展专项督查，有效提升公司安全管控实效。落实“四同”管理要求，每季度选择两家主要协作供应商进行安全管理体系评价，帮助供应商提升安全管理能力和实效，有效推动马钢检修安全管理体系、文化在协作单位的深入覆盖；聚焦“管、教、养”目标开展协作作业区建设，制定《协作作业区建设方案》，在宁钢、合钢、宝特高金、特钢北区连铸区域试点运行，增强协作单位自主管理能力，提升协作人员工作效率。

**【体制机制变革】**　平稳推进薪酬体系切换，在岗位体系切换的基础上，根据岗位体系差异，制定岗位绩效工资制切换方案、岗位绩效工资制管理办法等方案文件共 6 项，并平稳推进实施，构建形成与公司战略发展相匹配的薪酬分配制度。建立健全组织绩效评价机制，以绩效为导向，结合年度生产经营管理目标，科学合理设定绩效评价指标及权重，形成马钢检修二级部门组织绩效评价方案，以绩效指标牵引年度各项经营管理工作。建立“团队负责制”机制，根据职能业务部门职责大类划分设置 25 个管理团队，并任命团队负责人，进一步提高管理效率、效果，促进职能业务部门“一贯制”作用发挥，充分释放管理效能。统筹策划组织机构及业务变革，以“集中化、专业化”为主要原则，对下属维保检修业务及机构进行优化调整，下属业务单元由 12 个精简为 10 个。

**【产业工人队伍建设】**　紧扣岗位能力提升推动培训计划有效落地，2023 年实施培训 213 项（自主开展 52 项），其中技术业务人员线下培训 18074 学时；一线技能员工线下培训 123073 学时。匹配生产运行需求有效开展专项培育，围绕马钢股份新特钢专业化协作业务，针对“操检维调”“管用养修”开展专项培育，共培育渣处理区域适岗员工 38 人，新特钢炼钢、连铸、轧线、公辅等区域适岗员工 180 人，有效保障马钢新特钢顺利投产。强化人才队伍建设平台打造，升级改造公司实训中心进一步贴近员工岗位能力提升需求，并在此基础上策划公司技能鉴定资格认定，为持续打造专精特新品牌提供培训支撑。启动产业工人队伍建设工作，成立产业工人队伍建设领导小组及工作小组，着眼于提高产业工人的素质和技能水平，促进产业发展与人力资源管理的协同进步，精心谋划制定实施方案，为公司高质量发展提供坚实的人才支撑和队伍保障。

（张　峰）

# 马钢集团设计研究院有限责任公司

**【主要经营指标】**　马钢集团设计研究院有限责任公司（以下简称“马钢集团设计院”）2023 年法人项下实现营业收入 13.78 亿元，完成利润总额 1042.67 万元，全年新签订单 18.31 亿元，其中马钢基地外订单占比 30%。

**【党的建设】**　始终坚持以习近平新时代中国特色社会主义思想为指导，深入学习贯彻党的二十大和党的二十届一中、二中全会精神，认真落实主题教育理论学习、调查研究、推动发展、检视整改等各项工作任务，着力增强“四个意识”、坚定“四个自信”、做到“两个维护”，教育引导广大干部职工始终与以习近平同志为核心的党中央保持高度一致。发挥党委把方向、管大局、保落实的领导作用，严格落实“三重一大”集体决策制度，保障公司发展行稳致远。落实全面从严治党要求，夯实党建基础，压实意识形态工作责任，研判信访维稳形势，做实做细党风廉政建设和反腐败工作，发挥群团作用，切实为实现各项目标任务提供组织保障。落实党管人才原则，加强干部人才队伍建设，助力企业高质量发展。

**【市场开拓】**　主动参与和协同宝武内外部资源开发和矿业工程建设，先后承接南山矿凹选超细碎环保物流提升、凹选二三系列大型化、和尚桥细碎综合利用效率提升、日照港进口矿加工、永兴特钢选矿厂原料输送综合改造和海南雷鸣矿业花岗岩矿等一批项目。开拓海外矿山市场，持续推进阿尔及利亚 TOSYALI 二期磨矿项目、几内亚某项目等。主动支撑宝武集团各钢铁基地建设创造新成效，马钢区域相继中标3号连铸机、小H型钢无组织排放改造、芜湖加工中心落料线、北区环保介质系统改造、3号彩涂线等项目。在马钢基地外、宝武集团内外部有韶钢高一辊道直送改造、八钢炼铁厂超低排改造等项目签约。持续拓展市政公用设施等业务，持续关注马鞍山及周边工业园区规划建设和环境整治。

**【重点工程项目】**　2023年，共完成245个工程项目，完成项目前期及投标约290余项。总承包项目数量同比增长87%。加强项目安全、环保、廉政、质量、费控、进度的过程管理，确保重点工程顺利推进及按期建成，马鞍山基地内有南山矿凹山超细碎、港料混匀外供、3号热风炉、四钢轧废钢预热、大H型钢适应性改造、南区 VPSA 制氧公辅、瑞泰智能化生产线、合钢3号彩涂线、芜湖新建落料线、固废综合利用产业园（二期）等一批总承包项目基本建成或热试成功。马鞍山基地外有芜湖新兴铸管连铸机改造、韶钢棒三辊道直送、昆钢热坯自动保温坑和伊犁钢铁混匀料场封闭等重点工程基本建成或热试成功。牢固树立安全发展理念，加强安全、环保风险管理，深入推行项目全成本管理，从采购、费控、合同等方面强化总承包项目费用管控，完善项目绩效管理体系和评价机制。

**【技术研发】**　持续以战略发展规划为指导，以“四化”为发展方向，聚焦矿山、物料储运、型钢短流程等战略产品，强化科研及业务建设的过程管理，完成低品位萤石矿资源低碳高效预选工艺研究、不锈钢中板全自动精整成套技术研究、烧结烟气循环技术研究、顶燃式热风炉自适应燃烧控制系统开发等科研开发项目结题。2023年，共申报受理专利24件，其中发明专利10件；获专利授权20件，其中发明专利11件。全年实现研发费用投入大于3.1%，直接研发投入约300万元。全年获得冶金行业工程勘察设计成果奖8项，工程计算机软件优秀成果奖2项；公司获得省工业设计中心称号，通过省企业技术中心年度评价；获得市经开区科技管理二十强优秀企业管理团队和服务业优秀企业管理团队称号。

**【数智化成果】**　积极推进典型工程项目的BIM技术应用，以阿尔及利亚选矿厂等重点数字化项目为抓手，加快实现全员、全专业、全工序数字化协同设计，数字化出图率达到19.9%。以2号连铸机项目为先导，陆续启动5个数字化交付项目，公司获数字化国际奖项3项，省部级奖项4项。重点研究超细碎辊磨、料场等产线级智慧制造技术，2023年，完成设备级智慧制造项目5项，产线级智慧制造项目5项，形成全厂级智慧制造项目1项。

**【基础管理】**　结合公司业务发展和布局，取得岩土工程勘察乙级资质、城乡规划编制乙级资质。推进并签订利民建安股权转让意向协议。坚持强主业及协同高效的原则，进一步改善运营管理模式和提升职能管理效能，谋划对现有经营组织模式进行调整。推进制度树建设，持续加强对制度建设和流程管控的监督。调整职能和业务管理审批授权，强化防范重大风险过程管控。加强资金管理，精益资金运营，提高资金收益率。针对重点项目、重点收款客户加强应收账款催收，2023年，收款总额超额完成集团考核指标。扎实推进对各类审计、巡视、专项巡察问题的举一反三和动态整改，规范开展内控自评，加大监督评价力度。

**【人才队伍建设】**　聚焦战略和核心业务发展，年内重点引进、培养矿山、物料储运、短流程、高级项目管理等相关人才，招聘录用应届毕业生5人，成熟人才5人；有50人（次）参加了各类注册师考试，11人取证。组织开展管理人员领导力提升等各类培训。优化组织经营绩效评价机制，不断完善以岗位价值贡献为核心的个人绩效评价和薪酬激励制度。

（甘富媛）

# 马鞍山博力建设监理有限责任公司

**【主要经营指标】**　2023年，马鞍山博力建设监理有限责任公司（以下简称“博力监理”）实现营业收入2302万元，实现利润总额435万元，较2022年增幅8.47%。全年监理工程项目71项，工程监理质量合格率 100%，监理合同履约率 100%，工程监理顾客满意度达 95%以上。

**【经营工作】** 2023 年，钢铁行业效益急剧下滑，博力监理赖以生存的马钢股份、长江钢铁等单位出现大幅度亏损，年初计划的基建、技改项目大部分停建、缓建和取消，造成公司冶炼项目监理任务大幅度萎缩。另外，更多的外部监理单位参与马钢及宝武生态圈市场，企业间竞争愈演愈烈，博力监理对马钢市场的占有率逐年降低。同时，近些年来，很多有业绩、有丰富现场监理经验的总监陆续退休，人力资源短缺严重，越来越难以适应外部市场工作需求。面对新形势，一是抓手持订单不放松，全年实现手持订单约 755 万元。二是积极参与项目投标工作，全年共参与项目招投标工作 74 项，中标 16 项，中标金额 389.3 万元。三是及时办理项目结算，共办理工程结算 106 项，全年结算金额 1982.6 万元。四是抓好监理项目的索赔工作，完成包括宝武资源姑山矿业陆转井项目在内的多个项目监理费索赔工作，增加监理费 70 万元。五是重视应收账款及资金回笼工作，全年资金回笼 1850.94 万元。六是加强合同管理工作，及时维护好所有项目合同履约情况登记表，从合同签订、过程报量、决算、质保金、销号等过程加以监管。

**【工程监理】** 2023 年，博力监理本着对建设单位负责、对上级负责、对马钢集团负责、对工程负责的态度，以“干一个项目树立一个品牌”为目标，努力提高监理部人员整体素质，持续提升现场监理工作质量。一是持续提升技术质量水平。常态化开展监理人员取证及安全专题培训。认真编制相关危大工程和主要设备安装工程实施细则模块。及时审查监理月报和危大工程专项方案。同时，推进公司 2023 年质量、环境及职业健康安全管理体系 QEO 内审、管理评审及外部审核工作。二是持续加强安全生产管理。以深入推进安全隐患排查和治理整顿为主线，认真贯彻宝武集团、宝钢工程及属地上级主管部门管理要求，持续落实项目监理部月度隐患排查治理和分级管控跟踪。坚持“违章就是犯罪”“隐患就是事故”的理念，按照“一岗双责、党政同责”的要求落实领导带班检查要求。三是持续规范技术资料管理。监理资料实行谁监理谁负责、专人收集整理归档的工作原则。对照年度计划要求，坚持月度检查考核，资料归档力争做到及时、真实、齐全、有序。

**【企业管理】** 一是维护企业资质，完成国家注册监理工程师延续注册 14 人次，造价工程师延续注册 3 人，一级建造师延续注册 1 人次。二是开展对标找差。将人均营收和利润、资产负债率等指标与宝钢咨询开展对标。将营业收入和利润总额与公司历史指标对标。三是开展制度树建设。2023 年，新建文件 28 份、修订文件 11 份。四是提升财务管理工作。开展年度预算编制工作，参与商业计划书的编制和决策管理。合理运作资金，取得 11.92 万元的银行利息，争取 5 万元企业上规模达标奖励。完成张秀龙经理的离任审计发现问题整改工作。五是推动专业技术人才队伍建设，持续开展各类职称、专业技术资格等方面的申报和评定。六是持续提升人事效率。在岗员工人均营收增长 20.68%、人均利润增长 38.91%。七是认真开展风险防控自查和审计发现问题整改工作。完成风险防控年度自评及宝钢工程要求自查及整改事项。

**【荣誉】** 获安徽省 2022 年度“优秀监理企业”称号，马鞍山市 2022 年度“先进监理企业”称号。监理的“马钢长材产品线规划配套改造——特钢公司精整修磨能力配套改造项目”获 2023 年度马鞍山市监理示范工程。2022 年安徽省工程监理职业技能竞赛马鞍山市初赛中获优秀组织奖。

（檀言来）

# 统计资料

# 2023年马钢集团统计资料

## 马钢股份主要装备（生产线）一览表

表2

| 区　　域 | 装备 | 规　　格 | 数量 |
|---|---|---|---|
| 马钢股份炼铁总厂 | 烧结机 | 300平方米 | 2台 |
| 马钢股份炼铁总厂 | 烧结机 | 360平方米 | 4台 |
| 马钢股份长江钢铁 | 烧结机 | 192平方米 | 3台 |
| 马钢股份长江钢铁 | 竖炉 | 14平方米 | 1座 |
| 马钢股份炼铁总厂 | 带式焙烧机 | 504平方米 | 1座 |
| 马钢股份炼铁总厂 | 高炉 | 1000立方米 | 1座 |
| 马钢股份炼铁总厂 | 高炉 | 2500立方米 | 2座 |
| 马钢股份炼铁总厂 | 高炉 | 3200立方米 | 1座 |
| 马钢股份炼铁总厂 | 高炉 | 4000立方米 | 2座 |
| 马钢股份长江钢铁 | 高炉 | 1080立方米 | 2座 |
| 马钢股份长江钢铁 | 高炉 | 1250立方米 | 1座 |
| 马钢股份长材事业部 | 转炉 | 60吨 | 4座 |
| 马钢股份长材事业部 | 转炉 | 120吨 | 3座 |
| 马钢股份四钢轧总厂 | 转炉 | 300吨 | 3座 |
| 马钢股份长江钢铁 | 转炉 | 120吨 | 2座 |
| 马钢股份特钢公司 | 电炉 | 110吨 | 1座 |
| 马钢股份长江钢铁 | 电炉 | 140吨 | 1座 |
| 马钢股份长材事业部 | 连铸机 | 150毫米方坯连铸机 | 1套 |
| 马钢股份长材事业部 | 连铸机 | 160毫米方坯连铸机 | 1套 |
| 马钢股份长材事业部 | 连铸机 | 6流异形方坯铸机 | 1套 |
| 马钢股份特钢公司 | 连铸机 | 380毫米方坯连铸机 | 1套 |
| 马钢股份长江钢铁 | 连铸机 | 165毫米方坯连铸机 | 3套 |
| 马钢股份四钢轧总厂 | 连铸机 | 2套2150毫米、1套1600毫米板坯连铸机 | 3套 |
| 马钢股份特钢公司 | 连铸机 | 直流700毫米圆坯连铸机 | 1套 |
| 马钢股份长材事业部 | 连铸机 | 2流、3流、4流异型坯连铸机 | 各1套 |
| 马钢股份长材事业部 | 连铸连轧 | 1600毫米薄板连铸连轧 | 2套 |
| 马钢股份长材事业部 | H型钢轧机 | 950—1200毫米、980—1400毫米、550—980毫米 | 各1套 |

续表 2

| 区　　域 | 装备 | 规　　格 | 数量 |
|---|---|---|---|
| 马钢股份长材事业部 | 中型型钢轧机 | 750—900 毫米 | 1 套 |
| 马钢股份长材事业部 | 棒材轧机 | 500 毫米、600 毫米 | 1 套 |
| 马钢股份长材事业部 | 小棒轧机 | 600 毫米、420 毫米 | 1 套 |
| 马钢股份特钢公司 | 优棒轧机 | 850 毫米、750 毫米 | 1 套 |
| 马钢股份长江钢铁 | 棒材轧机 | 550 毫米 | 1 套 |
| 马钢股份长江钢铁 | 双棒材轧机 | 650 毫米、550 毫米 | 2 套 |
| 马钢股份长材事业部 | 高速线材轧机 | 600 毫米、560 毫米、420 毫米 | 1 套 |
| 马钢股份特钢公司 | 高速线材轧机 | 650 毫米、550 毫米、450 毫米 | 1 套 |
| 马钢股份长江钢铁 | 高速线材轧机 | 570 毫米、450 毫米 | 1 套 |
| 马钢股份长材事业部 | 薄板坯连铸连轧机组轧机 | 2000 毫米 | 1 套 |
| 马钢股份四钢轧总厂 | 热轧机组 | 2250 毫米、1580 毫米 | 各 1 套 |
| 马钢股份冷轧总厂 | 冷轧机组 | 1720 毫米、2130 毫米 | 各 1 套 |
| 马钢股份合肥板材 | 冷轧机组 | 1550 毫米 | 1 套 |
| 马钢股份冷轧总厂 | 硅钢机组 | 1420 毫米 | 3 套 |
| 马钢股份交材公司 | 轮箍轧机 | 卧式 | 1 套 |
| 马钢股份交材公司 | 车轮轧机 | 立式（DW1250、DW915） | 各 1 套 |
| 马钢股份交材公司 | 大环件轧机 | 卧式 | 1 套 |
| 马钢股份特钢公司 | 开坯机组 | 1150 毫米 | 1 套 |
| 马钢股份特钢公司 | 钢坯连轧机 | 770 毫米、850 毫米 | 1 套 |
| 马钢股份冷轧总厂 | 镀锌机组 | 1575 毫米 2 套，1650 毫米、2000 毫米各 1 套 | 共 4 套 |
| 马钢股份合肥板材 | 镀锌机组 | 1430 毫米 | 1 套 |
| 马钢股份冷轧总厂 | 涂层加工机组 | 1250 毫米、1575 毫米 | 各 1 套 |
| 马钢股份交材公司 | 高速车轴生产线（快锻机） | 1250 吨 | 1 条 |
| 马钢股份交材公司 | 轮对生产线 | | 2 条 |
| 马钢股份煤焦化公司 | 机械化焦炉 | 50 孔 | 6 座 |
| 马钢股份炼焦总厂 | 机械化焦炉 | 70 孔 | 2 座 |
| 马钢股份能源环保部 | 汽轮发电机组 | 1 台 50000 千瓦时、3 台 60000 千瓦时、1 台 135000 千瓦时、1 台 153000 千瓦时、1 台 183000 千瓦时 | 7 台 |

（夏其祥）

## 主要产品生产能力

表 3

| 指标名称 | 单位 | 年初生产能力 | 本年新增能力 | | | | | 本年减少能力 | 年末生产能力 |
|---|---|---|---|---|---|---|---|---|---|
| | | | 本年新增能力合计 | 新建增加 | 改造增加 | 并购新增 | 其他增加 | | |
| **黑色金属矿采选** | | | | | | | | | |
| 铁矿石开采能力 | 万吨/年 | 1960.00 | 200.00 | 0.00 | 200.00 | 0.00 | 0.00 | 0.00 | 2160.00 |
| 铁矿石选矿处理原矿能力 | 万吨/年 | 2610.00 | 200.00 | 0.00 | 200.00 | 0.00 | 0.00 | 0.00 | 2810.00 |
| 人造块矿 | | | | | | | | | |
| 烧结铁矿 | 万吨/年 | 3036.00 | 0.00 | 0.00 | 0.00 | 0.00 | 0.00 | 0.00 | 3036.00 |
| 球团铁矿 | 万吨/年 | 490.00 | 0.00 | 0.00 | 0.00 | 0.00 | 0.00 | 0.00 | 490.00 |
| **炼铁产品** | | | | | | | | | |
| 生铁 | 万吨/年 | 1775.00 | 0.00 | 0.00 | 0.00 | 0.00 | 0.00 | 0.00 | 1775.00 |
| 粗钢 | 万吨/年 | 2140.00 | 0.00 | 0.00 | 0.00 | 0.00 | 0.00 | 0.00 | 2140.00 |
| 转炉钢 | 万吨/年 | 1947.00 | 0.00 | 0.00 | 0.00 | 0.00 | 0.00 | 0.00 | 1947.00 |
| 电炉钢 | 万吨/年 | 193.00 | 0.00 | 0.00 | 0.00 | 0.00 | 0.00 | 0.00 | 193.00 |
| 连铸坯 | 万吨/年 | 2241.50 | 113.00 | 113.00 | 0.00 | 0.00 | 0.00 | 103.00 | 2251.50 |
| 方坯 | 万吨/年 | 761.00 | 113.00 | 113.00 | 0.00 | 0.00 | 0.00 | 103.00 | 771.00 |
| 板坯 | 万吨/年 | 1114.50 | 0.00 | 0.00 | 0.00 | 0.00 | 0.00 | 0.00 | 1114.50 |
| 圆坯 | 万吨/年 | 80.00 | 0.00 | 0.00 | 0.00 | 0.00 | 0.00 | 0.00 | 80.00 |
| 异型坯 | 万吨/年 | 286.00 | 0.00 | 0.00 | 0.00 | 0.00 | 0.00 | 0.00 | 286.00 |
| 钢材生产能力 | 万吨/年 | 2050.00 | 0.00 | 0.00 | 0.00 | 0.00 | 0.00 | 0.00 | 2050.00 |
| 热轧钢材 | 万吨/年 | 1490.00 | 0.00 | 0.00 | 0.00 | 0.00 | 0.00 | 0.00 | 1490.00 |

续表 3

| 指标名称 | 单位 | 年初生产能力 | 本年新增能力 | | | | | 本年减少能力 | 年末生产能力 |
|---|---|---|---|---|---|---|---|---|---|
| | | | 本年新增能力合计 | 新建增加 | 改造增加 | 并购新增 | 其他增加 | | |
| 铁道用钢材 | 万吨/年 | 32.00 | 0.00 | 0.00 | 0.00 | 0.00 | 0.00 | 0.00 | 32.00 |
| 热轧大型型钢 | 万吨/年 | 327.00 | 0.00 | 0.00 | 0.00 | 0.00 | 0.00 | 0.00 | 327.00 |
| 其中：H 型钢 | 万吨/年 | 267.00 | 0.00 | 0.00 | 0.00 | 0.00 | 0.00 | 0.00 | 267.00 |
| 热轧棒材 | 万吨/年 | 78.00 | 0.00 | 0.00 | 0.00 | 0.00 | 0.00 | 0.00 | 78.00 |
| 热轧钢筋 | 万吨/年 | 611.00 | 0.00 | 0.00 | 0.00 | 0.00 | 0.00 | 0.00 | 611.00 |
| 线材（盘条） | 万吨/年 | 121.00 | 0.00 | 0.00 | 0.00 | 0.00 | 0.00 | 0.00 | 121.00 |
| 其中：高速线材 | 万吨/年 | 121.00 | 0.00 | 0.00 | 0.00 | 0.00 | 0.00 | 0.00 | 121.00 |
| 热轧中厚宽钢带 | 万吨/年 | 321.00 | 0.00 | 0.00 | 0.00 | 0.00 | 0.00 | 0.00 | 321.00 |
| 冷轧（拔）钢材 | 万吨/年 | 370.00 | 0.00 | 0.00 | 0.00 | 0.00 | 0.00 | 0.00 | 370.00 |
| 冷轧薄宽钢带 | 万吨/年 | 308.00 | 0.00 | 0.00 | 0.00 | 0.00 | 0.00 | 0.00 | 308.00 |
| 冷轧电工钢板（带） | 万吨/年 | 62.00 | 0.00 | 0.00 | 0.00 | 0.00 | 0.00 | 0.00 | 62.00 |
| 镀涂层板（带） | 万吨/年 | 190.00 | 0.00 | 0.00 | 0.00 | 0.00 | 0.00 | 0.00 | 190.00 |
| 镀层板（带） | 万吨/年 | 160.00 | 0.00 | 0.00 | 0.00 | 0.00 | 0.00 | 0.00 | 160.00 |
| 其中：镀锌板（带） | 万吨/年 | 160.00 | 0.00 | 0.00 | 0.00 | 0.00 | 0.00 | 0.00 | 160.00 |
| 热镀锌板（带） | 万吨/年 | 160.00 | 0.00 | 0.00 | 0.00 | 0.00 | 0.00 | 0.00 | 160.00 |
| 涂层板（带） | 万吨/年 | 30.00 | 0.00 | 0.00 | 0.00 | 0.00 | 0.00 | 0.00 | 30.00 |
| 焦炭 | 万吨/年 | 530.00 | | | | | | | 530.00 |
| 机焦 | 万吨/年 | 530.00 | | | | | | | 530.00 |

（朱　宁）

## 固定资产投资完成情况

表 4　　　　　　　　　　　　　　　　　　　　　　　　单位：万元

| 项目名称 | 计划总投资 | 自开始建设累计 | | 本年完成投资 | | | | | | | | | | | | | | | | | 其中 | | | | | | | 本年新增固定资产 | 自筹资金 | 其他资金来源 |
|---|---|---|---|---|---|---|---|---|---|---|---|---|---|---|---|---|---|---|---|---|---|---|---|---|---|---|---|---|---|---|
| | | 完成投资 | 新增固定资产 | 本年完成投资合计 | 按构成分 | | | | 基本建设投资 | 按投资方向分 | | | | | | | | | | | 增加产能 | 增加新产品 | 改进工艺 | 节约能源（材料） | 提高产品质量 | 保护环境 | 其他 | | | |
| | | | | | 建筑工程 | 安装工程 | 设备购置 | 其他费用 | | 铁矿采选 | 烧结 | 球团 | 炼铁 | 炼钢 | | | 连铸 | 轧材 | 焦化 | 其他 | | | | | | | | | | |
| | | | | | | | | | | | | | | 炼钢合计 | 电炉 | 转炉 | | | | | | | | | | | | | | |
| 2022 年同期 | 4732599 | 2439566 | 0 | 1227489 | 525059 | 55 | 659515 | 42860 | 0 | 15722 | 91915 | 17519 | 241460 | 192818 | 19370 | 173448 | 173609 | 113031 | 137829 | 242586 | 257221 | 3164 | 141776 | 20241 | 307788 | 204192 | 293107 | 0 | 1232870 | 0 |
| 合计 | 3493336 | 2236101 | 0 | 541613 | 253362 | 0 | 230658 | 57593 | | 11164 | 9836 | 1305 | 33183 | 75785 | 26053 | 49697 | 72265 | 132683 | 16440 | 188932 | 12376 | 138503 | 68221 | 0 | 58418 | 144818 | 119277 | 0 | 544250 | 0 |
| 50 万—6000 万元项目小计 | 622163 | 312804 | 0 | 88395 | 24187 | 0 | 51911 | 12297 | | 0 | 3260 | 452 | 6616 | 7727 | 182 | 7545 | -59 | 24578 | 4379 | 41442 | 1212 | 0 | 13447 | 0 | 9963 | 17210 | 46563 | 0 | 88500 | 0 |
| 姑山矿钟九铁矿 200 万吨/年采选建设工程 | 100943 | 65600 | 0 | 11164 | 9904 | 0 | 1260 | 0 | | 11164 | 0 | 0 | 0 | 0 | 0 | 0 | 0 | 0 | 0 | 0 | 11164 | 0 | 0 | 0 | 0 | 0 | 0 | 0 | 11200 | 0 |
| 马钢研发中心建设 | 25848 | 22476 | 0 | 3381 | 3296 | 0 | 0 | 85 | | 0 | 0 | 0 | 0 | 0 | 0 | 0 | 0 | 0 | 0 | 3381 | 0 | 0 | 0 | 0 | 0 | 0 | 3281 | 0 | 3400 | 0 |
| 炼铁总厂南区带式焙烧机工程（正式计划） | 99240 | 68276 | 0 | -1491 | -367 | 0 | -1099 | -25 | | 0 | 0 | -1491 | 0 | 0 | 0 | 0 | 0 | 0 | 0 | 0 | 0 | 0 | -1491 | 0 | 0 | 0 | 0 | 0 | 0 | 0 |
| 马钢原料场环保升级及智能化改造工程 | 135278 | 109895 | 0 | 1752 | 1833 | 0 | -136 | 55 | | 0 | 0 | 0 | 0 | 0 | 0 | 0 | 0 | 0 | 0 | 1752 | 0 | 0 | 0 | 0 | 0 | 1752 | 0 | 0 | 1800 | 0 |
| 炼铁总厂（南区）015 料场环保升级改造工程 | 21677 | 16544 | 0 | 160 | 34 | 0 | 0 | 126 | | 0 | 0 | 0 | 160 | 0 | 0 | 0 | 0 | 0 | 0 | 0 | 0 | 0 | 0 | 0 | 0 | 160 | 0 | 0 | 160 | 0 |
| 炼铁总厂（南区）落地堆场环保升级改造工程 | 18470 | 12079 | 0 | 149 | 0 | 0 | 0 | 149 | | 0 | 0 | 0 | 149 | 0 | 0 | 0 | 0 | 0 | 0 | 0 | 0 | 0 | 0 | 0 | 0 | 149 | 0 | 0 | 150 | 0 |
| 炼铁总厂 A 高炉大修工程项目 | 120881 | 106158 | 0 | 5435 | 41 | 0 | 3829 | 1565 | | 0 | 0 | 0 | 5435 | 0 | 0 | 0 | 0 | 0 | 0 | 0 | 0 | 0 | 0 | 0 | 5435 | 0 | 0 | 0 | 5450 | 0 |
| 炼铁总厂 C 号烧结机工程 | 65046 | 60536 | 0 | 6626 | 3747 | 0 | 1317 | 1562 | | 0 | 6626 | 0 | 0 | 0 | 0 | 0 | 0 | 0 | 0 | 0 | 0 | 0 | 6626 | 0 | 0 | 0 | 0 | 0 | 6650 | 0 |
| 炼焦总厂焦炉大修改造项目（正式计划） | 168740 | 148127 | 0 | 3137 | 2385 | 0 | 165 | 587 | | 0 | 0 | 0 | 0 | 0 | 0 | 0 | 0 | 0 | 3137 | 0 | 0 | 0 | 0 | 0 | 3137 | 0 | 0 | 0 | 3150 | 0 |
| 炼铁总厂 B 高炉大修工程 | 124836 | 116501 | 0 | 9093 | 2906 | 0 | 3875 | 2318 | | 0 | 0 | 0 | 9099 | 0 | 0 | 0 | 0 | 0 | 0 | 0 | 0 | 0 | 0 | 0 | 9099 | 0 | 0 | 0 | 9100 | 0 |
| 马钢北区填平补齐项目公辅配套工程 | 26134 | 21115 | 0 | 11067 | 7822 | 0 | 3025 | 220 | | 0 | 0 | 0 | 0 | 0 | 0 | 0 | 0 | 0 | 0 | 11067 | 0 | 0 | 0 | 0 | 0 | 0 | 11067 | 0 | 11200 | 0 |

续表4

单位：万元

| 项目名称 | 计划总投资 | 自开始建设累计 | | 本年完成投资 | | | | | | | | | | | | | | | | | 其中 | | | | | | | 本年新增固定资产 | 自筹资金 | 其他资金来源 |
|---|---|---|---|---|---|---|---|---|---|---|---|---|---|---|---|---|---|---|---|---|---|---|---|---|---|---|---|---|---|---|
| | | 完成投资 | 新增固定资产 | 本年完成投资合计 | 按构成分 | | | | 基本建设投资 | 按投资方向分 | | | | | | | | | | | 增加产能 | 增加新产品 | 改进工艺 | 节约能源(材料) | 提高产品质量 | 保护环境 | 其他 | | | |
| | | | | | 建筑工程 | 安装工程 | 设备购置 | 其他费用 | | 铁矿采选 | 烧结 | 球团 | 炼铁 | 炼钢 | | | 连铸 | 轧材 | 焦化 | 其他 | | | | | | | | | | |
| | | | | | | | | | | | | | | 炼钢合计 | 电炉 | 转炉 | | | | | | | | | | | | | | |
| 港务原料总厂码头工艺系统及配套设施改造工程 | 19730 | 14579 | 0 | 10525 | 1482 | 0 | 3396 | 647 | | 0 | 0 | 0 | 0 | 0 | 0 | 0 | 0 | 0 | 0 | 10525 | 0 | 0 | 0 | 0 | 0 | 0 | 10825 | 0 | 10600 | 0 |
| 北区填平补齐铁路改造工程项目 | 6388 | 3576 | 0 | 3 | 0 | 0 | 0 | 3 | | 0 | 0 | 0 | 0 | 0 | 0 | 0 | 0 | 0 | 0 | 3 | 0 | 0 | 0 | 0 | 0 | 0 | 3 | 0 | 10 | 0 |
| 马钢长材产品产线规划——新特钢项目炼钢及精炼工程 | 248600 | 133029 | 0 | 32348 | 23581 | 0 | 6621 | 2146 | | 0 | 0 | 0 | 0 | 32348 | 0 | 32348 | 0 | 0 | 0 | 0 | 0 | 32348 | 0 | 0 | 0 | 0 | 0 | 0 | 32400 | 0 |
| 马钢长材产品产线规划——新特钢项目连铸及轧钢工程 | 420703 | 206479 | 0 | 53067 | 29947 | 0 | 18321 | 4189 | | 0 | 0 | 0 | 0 | 0 | 0 | 0 | 53057 | 0 | 0 | 0 | 0 | 53057 | 0 | 0 | 0 | 0 | 0 | 0 | 53100 | 0 |
| 马钢长材产品产线规划——新特钢项目能介系统配套改造与能力扩建项目 | 68059 | 53512 | 0 | 14908 | 14219 | 0 | 268 | 421 | | 0 | 0 | 0 | 0 | 0 | 0 | 0 | 0 | 14908 | 0 | 0 | 0 | 14908 | 0 | 0 | 0 | 0 | 0 | 0 | 15000 | 0 |
| 一钢轧总厂1号LF+VD改造项目 | 5853 | 4535 | 0 | 136 | 9 | 0 | 0 | 127 | | 0 | 0 | 0 | 0 | 0 | 0 | 0 | 136 | 0 | 0 | 0 | 0 | 0 | 136 | 0 | 0 | 0 | 0 | 0 | 140 | 0 |
| 马钢南区型钢改造项目——2号连铸机工程 | 56905 | 42851 | 0 | 19114 | 11323 | 0 | 6130 | 1661 | | 0 | 0 | 0 | 0 | 0 | 0 | 0 | 19114 | 0 | 0 | 0 | 0 | 0 | 19114 | 0 | 0 | 0 | 0 | 0 | 19150 | 0 |
| 马钢北区雨污分流及排口优化工程 | 12805 | 9223 | 0 | -32 | -32 | 0 | 0 | 0 | | 0 | 0 | 0 | 0 | 0 | 0 | 0 | 0 | 0 | 0 | -32 | 0 | 0 | 0 | 0 | 0 | -32 | 0 | 0 | 0 | 0 |
| 马钢长材产品产线规划——新特钢项目外部运输系统配套改造项目 | 7267 | 5674 | 0 | 3192 | 2280 | 0 | 867 | 45 | | 0 | 0 | 0 | 0 | 0 | 0 | 0 | 0 | 3192 | 0 | 0 | 0 | 0 | 0 | 0 | 0 | 0 | 3192 | 0 | 3200 | 0 |
| 马钢长材产品产线规划——新特钢全厂场内公辅 | 39872 | 24167 | 0 | 11585 | 10717 | 0 | 635 | 233 | | 0 | 0 | 0 | 0 | 0 | 0 | 0 | 0 | 11585 | 0 | 0 | 0 | 0 | 0 | 0 | 0 | 0 | 11585 | 0 | 11600 | 0 |
| 马钢长材产品产线规划——新特钢项目场所及零星拆除工程 | 14496 | 3915 | 0 | 770 | 318 | 0 | 0 | 452 | | 0 | 0 | 0 | 0 | 0 | 0 | 0 | 0 | 770 | 0 | 0 | 0 | 0 | 0 | 0 | 0 | 0 | 770 | 0 | 770 | 0 |
| 新炼钢系统公辅还建项目——南北区连通管改造 | 5572 | 4034 | 0 | -144 | -144 | 0 | 0 | 0 | | 0 | 0 | 0 | 0 | -144 | 0 | -144 | 0 | 0 | 0 | 0 | 0 | 0 | 0 | 0 | 0 | 0 | -144 | 0 | 0 | 0 |
| 马钢长材产品产线规划配套改造——特钢公司精整修磨能力配套改造项目 | 34392 | 12099 | 0 | 12089 | 7478 | 0 | 3922 | 689 | | 0 | 0 | 0 | 0 | 0 | 0 | 0 | 0 | 12089 | 0 | 0 | 0 | 0 | 12089 | 0 | 0 | 0 | 0 | 0 | 12100 | 0 |

续表 4

单位：万元

| 项目名称 | 计划总投资 | 自开始建设累计 | | 本年完成投资 | | | | | | | | | | | | | | | | | 其中 | | | | | | | 本年新增固定资产 | 自筹资金 | 其他资金来源 |
|---|---|---|---|---|---|---|---|---|---|---|---|---|---|---|---|---|---|---|---|---|---|---|---|---|---|---|---|---|---|---|
| | | 完成投资 | 新增固定资产 | 本年完成投资合计 | 按构成分 | | | | 基本建设投资 | 按投资方向分 | | | | | | | | | | | 增加产能 | 增加新产品 | 改进工艺 | 节约能源（材料） | 提高产品质量 | 保护环境 | 其他 | | | |
| | | | | | 建筑工程 | 安装工程 | 设备购置 | 其他费用 | | 铁矿采选 | 烧结 | 球团 | 炼铁 | 炼钢 | | | 连铸 | 轧材 | 焦化 | 其他 | | | | | | | | | | |
| | | | | | | | | | | | | | | 炼钢合计 | 电炉 | 转炉 | | | | | | | | | | | | | | |
| 长材事业部大 H 型钢轧线适应性改造 | 8905 | 6295 | 0 | 6295 | 762 | 0 | 5523 | 10 | | 0 | 0 | 0 | 0 | 0 | 0 | 0 | 0 | 6295 | 0 | 0 | 0 | 0 | 6295 | 0 | 0 | 0 | 0 | 0 | 6300 | 0 |
| 长材事业部轧钢区无组织排放改造 | 5200 | 4568 | 0 | 1005 | 857 | 0 | 0 | 148 | | 0 | 0 | 0 | 0 | 0 | 0 | 0 | 0 | 1005 | 0 | 0 | 0 | 0 | 0 | 0 | 0 | 1005 | 0 | 0 | 1010 | 0 |
| 马钢固废资源综合利用产业园项目（马钢南区钢渣综合利用二期） | 12894 | 10789 | 0 | 3608 | 2608 | 0 | 706 | 282 | | 0 | 0 | 0 | 0 | 0 | 0 | 0 | 0 | 0 | 0 | 3608 | 0 | 0 | 0 | 0 | 0 | 3608 | 0 | 0 | 3610 | 0 |
| 炼铁总厂 B 高炉本体配套除尘及附属区域环境改造项目 | 5017 | 3964 | 0 | 559 | 534 | 0 | 0 | 25 | | 0 | 0 | 0 | 559 | 0 | 0 | 0 | 0 | 0 | 0 | 0 | 0 | 0 | 0 | 0 | 0 | 559 | 0 | 0 | 560 | 0 |
| 炼铁总厂无组织排放改造工程（一期） | 8915 | 7697 | 0 | 3578 | 1014 | 0 | 2228 | 336 | | 0 | 0 | 0 | 3578 | 0 | 0 | 0 | 0 | 0 | 0 | 0 | 0 | 0 | 0 | 0 | 0 | 3578 | 0 | 0 | 3580 | 0 |
| 马钢南区焦炉煤气精脱硫项目 | 7298 | 4183 | 0 | 1660 | 1531 | 0 | 0 | 129 | | 0 | 0 | 0 | 0 | 0 | 0 | 0 | 0 | 0 | 1660 | 0 | 0 | 0 | 0 | 0 | 0 | 1660 | 0 | 0 | 1660 | 0 |
| 马钢北区焦炉煤气精脱硫项目 | 9635 | 6519 | 0 | 2753 | 2564 | 0 | 0 | 189 | 0 | 0 | 0 | 0 | 0 | 0 | 0 | 0 | 0 | 0 | 2753 | 0 | 0 | 0 | 2753 | 0 | 0 | 0 | 0 | 0 | 2750 | 0 |
| 特钢公司无组织排放改造工程（炼钢区域）项目 | 6850 | 6167 | 0 | 40 | 3 | 0 | 0 | 37 | 0 | 0 | 0 | 0 | 0 | 40 | 40 | 0 | 0 | 0 | 0 | 0 | 0 | 0 | 0 | 0 | 0 | 40 | 0 | 0 | 40 | 0 |
| 四钢轧总厂炉渣间环境改造 | 11649 | 10598 | 0 | 2822 | 2276 | 0 | 228 | 316 | 0 | 0 | 0 | 0 | 0 | 2822 | 0 | 2822 | 0 | 0 | 0 | 0 | 0 | 0 | 0 | 0 | 0 | 2822 | 0 | 0 | 2820 | 0 |
| 型钢长材智控一期项目 | 18668 | 14157 | 0 | 4201 | 79 | 0 | 302 | 3320 | 0 | 0 | 0 | 0 | 0 | 0 | 0 | 0 | 0 | 4201 | 0 | 0 | 0 | 0 | 0 | 0 | 4201 | 0 | 0 | 0 | 4210 | 0 |
| 马钢长材产品产线规划——高线改造项目 | 14949 | 14051 | 0 | 4138 | 583 | 0 | 3323 | 282 | 0 | 0 | 0 | 0 | 0 | 0 | 0 | 0 | 0 | 4188 | 0 | 0 | 0 | 0 | 4188 | 0 | 0 | 0 | 0 | 0 | 4190 | 0 |
| 冷轧总厂智控中心二期建设项目 | 10062 | 8742 | 0 | 4877 | 152 | 0 | 633 | 4092 | 0 | 0 | 0 | 0 | 0 | 0 | 0 | 0 | 0 | 4877 | 0 | 0 | 0 | 0 | 0 | 0 | 4877 | 0 | 0 | 0 | 4880 | 0 |
| 马钢智慧制造——铁前集控中心项目 | 34960 | 31772 | 0 | −2 | −2 | 0 | 0 | 0 | | 0 | 0 | 0 | −2 | 0 | 0 | 0 | 0 | 0 | 0 | 0 | 0 | 0 | 0 | 0 | −2 | 0 | 0 | 0 | 0 | 0 |
| 四钢轧总厂热轧 2250 机组 L1L2 升级改造 | 11100 | 9068 | 0 | 73 | −1 | 0 | 0 | 74 | 0 | 0 | 0 | 0 | 0 | 0 | 0 | 0 | 0 | 73 | 0 | 0 | 0 | 0 | 73 | 0 | 0 | 0 | 0 | 0 | 80 | 0 |

续表4

单位：万元

| 项目名称 | 计划总投资 | 自开始建设累计 | | 本年完成投资 | | | | | | | | | | | | | | | | | 其中 | | | | | | | 本年新增固定资产 | 自筹资金 | 其他资金来源 |
|---|---|---|---|---|---|---|---|---|---|---|---|---|---|---|---|---|---|---|---|---|---|---|---|---|---|---|---|---|---|---|
| | | 完成投资 | 新增固定资产 | 本年完成投资合计 | 按构成分 | | | | 基本建设投资 | 按投资方向分 | | | | | | | | | | | 增加产能 | 增加新产品 | 改进工艺 | 节约能源(材料) | 提高产品质量 | 保护环境 | 其他 | | | |
| | | | | | 建筑工程 | 安装工程 | 设备购置 | 其他费用 | | 铁矿采选 | 烧结 | 球团 | 炼铁 | 炼钢 | | | 连铸 | 轧材 | 焦化 | 其他 | | | | | | | | | | |
| | | | | | | | | | | | | | | 炼钢合计 | 电炉 | 转炉 | | | | | | | | | | | | | | |
| 四钢轧总厂炼钢效能提升技术改造工程 | 9800 | 8063 | 0 | 346 | 0 | 0 | 0 | 346 | 0 | 0 | 0 | 0 | 0 | 346 | 0 | 346 | 0 | 0 | 0 | 0 | 0 | 0 | 346 | 0 | 0 | 0 | 0 | 0 | 350 | 0 |
| 1—3烧结机烟气脱硫脱硝及新建400万吨带焙机公辅配套工程 | 14335 | 12163 | 0 | 2344 | 1099 | 0 | 1176 | 89 | 0 | 0 | 0 | 2344 | 0 | 0 | 0 | 0 | 0 | 0 | 0 | 0 | 0 | 0 | 0 | 0 | 0 | 2344 | 0 | 0 | 2350 | 0 |
| 马钢南区型钢改造项目——3号连铸机工程 | 97022 | 17 | 0 | 17 | 0 | 0 | 0 | 17 | 0 | 0 | 0 | 0 | 0 | 0 | 0 | 0 | 17 | 0 | 0 | 0 | 0 | 0 | 17 | 0 | 0 | 0 | 0 | 0 | 20 | 0 |
| 新特钢项目配套检化验中心项目 | 12384 | 8429 | 0 | 6007 | 516 | 0 | 5314 | 177 | 0 | 0 | 0 | 0 | 0 | 0 | 0 | 0 | 0 | 6007 | 0 | 0 | 0 | 0 | 0 | 0 | 0 | 0 | 6007 | 0 | 6010 | 0 |
| 马钢南区厂容整治项目 | 24326 | 21578 | 0 | 373 | 0 | 0 | 0 | 373 | 0 | 0 | 0 | 0 | 0 | 0 | 0 | 0 | 0 | 0 | 0 | 373 | 0 | 0 | 0 | 0 | 0 | 373 | 0 | 0 | 380 | 0 |
| 港务原料总厂混匀系统与外供料系统改造工程 | 13519 | 11835 | 0 | 2502 | 2004 | 0 | 263 | 235 | 0 | 0 | 0 | 0 | 0 | 0 | 0 | 0 | 0 | 0 | 0 | 2502 | 0 | 0 | 0 | 0 | 0 | 0 | 2502 | 0 | 2500 | 0 |
| 宝武特冶配套公辅——电力系统配套项目 | 5498 | 4907 | 0 | 4907 | 2781 | 0 | 1711 | 415 | 0 | 0 | 0 | 0 | 0 | 0 | 0 | 0 | 0 | 0 | 0 | 4907 | 0 | 0 | 0 | 0 | 0 | 0 | 4907 | 0 | 4910 | 0 |
| 马钢冷轧产品结构调整项目新建连退机组项目 | 55220 | 60 | 0 | 22 | 0 | 0 | 0 | 22 | 0 | 0 | 0 | 0 | 0 | 0 | 0 | 0 | 0 | 22 | 0 | 0 | 0 | 22 | 0 | 0 | 0 | 0 | 0 | 0 | 25 | 0 |
| 马钢硅钢产品成材率提升技术改造 | 6253 | 4024 | 0 | 3546 | 389 | 0 | 3062 | 95 | 0 | 0 | 0 | 0 | 0 | 0 | 0 | 0 | 0 | 3546 | 0 | 0 | 0 | 0 | 3546 | 0 | 0 | 0 | 0 | 0 | 3550 | 0 |
| 马钢冷轧彩涂原板质量提升项目 | 32640 | 85 | 0 | 46 | 0 | 0 | 0 | 46 | 0 | 0 | 0 | 0 | 0 | 0 | 0 | 0 | 0 | 45 | 0 | 0 | 0 | 0 | 0 | 0 | 45 | 0 | 0 | 0 | 50 | 0 |
| 长材事业部超低排放改造工程 | 5928 | 4563 | 0 | 891 | 540 | 0 | 143 | 208 | 0 | 0 | 0 | 0 | 0 | 0 | 0 | 0 | 0 | 891 | 0 | 0 | 0 | 0 | 0 | 0 | 0 | 891 | 0 | 0 | 890 | 0 |
| 四钢轧总厂环保适应性改造 | 5483 | 4800 | 0 | 2149 | 1800 | 0 | 0 | 349 | 0 | 0 | 0 | 0 | 0 | 0 | 0 | 0 | 0 | 2149 | 0 | 0 | 0 | 0 | 0 | 0 | 0 | 2149 | 0 | 0 | 2150 | 0 |

续表 4

单位：万元

| 项目名称 | 计划总投资 | 自开始建设累计：完成投资 | 自开始建设累计：新增固定资产 | 本年完成投资：本年完成投资合计 | 按构成分：建筑工程 | 按构成分：安装工程 | 按构成分：设备购置 | 按构成分：其他费用 | 基本建设投资 | 按投资方向分：铁矿采选 | 按投资方向分：烧结 | 按投资方向分：球团 | 按投资方向分：炼铁 | 炼钢：炼钢合计 | 炼钢：电炉 | 炼钢：转炉 | 连铸 | 轧材 | 焦化 | 其他 | 其中：增加产能 | 其中：增加新产品 | 其中：改进工艺 | 其中：节约能源(材料) | 其中：提高产品质量 | 其中：保护环境 | 其中：其他 | 本年新增固定资产 | 自筹资金 | 其他资金来源 |
|---|---|---|---|---|---|---|---|---|---|---|---|---|---|---|---|---|---|---|---|---|---|---|---|---|---|---|---|---|---|---|
| 四钢轧总厂炼钢区域环保系统治理改造项目 | 22499 | 20290 | 0 | 3104 | 2613 | 0 | 0 | 491 | 0 | 0 | 0 | 0 | 0 | 3104 | 0 | 3104 | 0 | 0 | 0 | 0 | 0 | 0 | 0 | 0 | 0 | 3104 | 0 | 0 | 3100 | 0 |
| 煤焦化公司无组织放散整改项目 | 13499 | 11354 | 0 | 4511 | 3488 | 0 | 466 | 557 | 0 | 0 | 0 | 0 | 0 | 0 | 0 | 0 | 0 | 0 | 4511 | 0 | 0 | 0 | 0 | 0 | 0 | 4511 | 0 | 0 | 4510 | 0 |
| 炼铁总厂南区 4 号高炉热风炉、北区 A 高炉热风炉超低排放改造工程 | 8500 | 7478 | 0 | 3135 | 2789 | 0 | 0 | 346 | 0 | 0 | 0 | 0 | 3135 | 0 | 0 | 0 | 0 | 0 | 0 | 0 | 0 | 0 | 0 | 0 | 0 | 3135 | 0 | 0 | 3140 | 0 |
| 港务原料总厂无组织排放综合治理改造工程 | 11134 | 9736 | 0 | 1851 | 715 | 0 | 751 | 385 | 0 | 0 | 0 | 0 | 0 | 0 | 0 | 0 | 0 | 0 | 0 | 1851 | 0 | 0 | 0 | 0 | 0 | 1851 | 0 | 0 | 1850 | 0 |
| 港务原料总厂通廊、转运站、料棚环境综合治理工程 | 9687 | 8420 | 0 | 2414 | 2039 | 0 | 0 | 375 | 0 | 0 | 0 | 0 | 0 | 0 | 0 | 0 | 0 | 0 | 0 | 2414 | 0 | 0 | 0 | 0 | 0 | 2414 | 0 | 0 | 2420 | 0 |
| 长材事业部型钢长材智控二期项目 | 12995 | 9219 | 0 | 9219 | 913 | 0 | 8076 | 2230 | 0 | 0 | 0 | 0 | 0 | 0 | 0 | 0 | 0 | 9219 | 0 | 0 | 0 | 0 | 0 | 0 | 9219 | 0 | 0 | 0 | 9220 | 0 |
| 马钢 2022 年厂容整治项目 | 19996 | 17933 | 0 | 15323 | 15003 | 0 | 0 | 320 | 0 | 0 | 0 | 0 | 0 | 0 | 0 | 0 | 0 | 0 | 0 | 15323 | 0 | 0 | 0 | 0 | 0 | 15323 | 0 | 0 | 15330 | 0 |
| 冷轧—硅钢 2 号轧机异地升级改造 | 31789 | 27 | 0 | 8 | 0 | 0 | 0 | 8 | 0 | 0 | 0 | 0 | 0 | 0 | 0 | 0 | 0 | 8 | 0 | 0 | 0 | 0 | 8 | 0 | 0 | 0 | 0 | 0 | 10 | 0 |
| 马钢硅钢 2 号轧机改造项目 | 3276 | 578 | 0 | 578 | 578 | 0 | 0 | 0 | 0 | 0 | 0 | 0 | 0 | 0 | 0 | 0 | 0 | 578 | 0 | 0 | 0 | 0 | 578 | 0 | 0 | 0 | 0 | 0 | 580 | 0 |
| 炼铁总厂 1 号高炉煤气精脱硫改造工程 | 7599 | 4454 | 0 | 4454 | 1160 | 0 | 3294 | 0 | 0 | 0 | 0 | 0 | 4454 | 0 | 0 | 0 | 0 | 0 | 0 | 0 | 0 | 0 | 0 | 0 | 0 | 4454 | 0 | 0 | 4460 | 0 |
| 循环系统技术改造项目 | 5961 | 4246 | 0 | 333 | 10 | 0 | 5 | 318 | 0 | 0 | 0 | 0 | 0 | 0 | 0 | 0 | 0 | 333 | 0 | 0 | 0 | 0 | 333 | 0 | 0 | 0 | 0 | 0 | 340 | 0 |
| 新增两台数控机床工程 | 5666 | 3519 | 0 | 153 | 12 | 0 | 0 | 151 | 0 | 0 | 0 | 0 | 0 | 0 | 0 | 0 | 0 | 162 | 0 | 0 | 0 | 0 | 163 | 0 | 0 | 0 | 0 | 0 | 170 | 0 |

续表 4

单位：万元

| 项目名称 | 计划总投资 | 自开始建设累计 | | 本年完成投资 | | | | | | | | | | | | | | | | | | 其中 | | | | | | | 本年新增固定资产 | 自筹资金 | 其他资金来源 |
|---|---|---|---|---|---|---|---|---|---|---|---|---|---|---|---|---|---|---|---|---|---|---|---|---|---|---|---|---|---|---|---|
| | | 完成投资 | 新增固定资产 | 本年完成投资合计 | 按构成分 | | | | 基本建设投资 | 按投资方向分 | | | | | | | | | | | 增加产能 | 增加新产品 | 改进工艺 | 节约能源(材料) | 提高产品质量 | 保护环境 | 其他 | | | |
| | | | | | 建筑工程 | 安装工程 | 设备购置 | 其他费用 | | 铁矿采选 | 烧结 | 球团 | 炼铁 | 炼钢 | | | 连铸 | 轧材 | 焦化 | 其他 | | | | | | | | | | |
| | | | | | | | | | | | | | | 炼钢合计 | 电炉 | 转炉 | | | | | | | | | | | | | | |
| 智慧制造及经营管控信息化系统二期 | 10300 | 10734 | 0 | 8006 | 1378 | 0 | 1579 | 5049 | 0 | 0 | 0 | 0 | 0 | 0 | 0 | 0 | 0 | 8006 | 0 | 0 | 0 | 0 | 0 | 0 | 8006 | 0 | 0 | 0 | 8010 | 0 |
| 60万吨钢渣有压热闷项目 | 15800 | 14289 | 0 | 6571 | 0 | 0 | 6543 | 28 | 0 | 0 | 0 | 0 | 0 | 0 | 0 | 0 | 0 | 0 | 0 | 6571 | 0 | 0 | 0 | 0 | 0 | 6571 | 0 | 0 | 6580 | 0 |
| 节能减排煤气发电项目 | 57206 | 36349 | 0 | 36349 | 14098 | 0 | 21048 | 1201 | 0 | 0 | 0 | 0 | 0 | 0 | 0 | 0 | 0 | 0 | 0 | 36349 | 0 | 0 | 0 | 0 | 0 | 36349 | 0 | 0 | 36350 | 0 |
| 综合料场环保提升改造项目 | 88759 | 80606 | 0 | 27404 | 18683 | 0 | 6480 | 2241 | 0 | 0 | 0 | 0 | 0 | 0 | 0 | 0 | 0 | 0 | 0 | 27404 | 0 | 0 | 0 | 0 | 0 | 27404 | 0 | 0 | 27410 | 0 |
| 产能减量管控技改项目145吨电炉炼钢工程 | 59265 | 54054 | 0 | 24214 | 784 | 0 | 23430 | 0 | 0 | 0 | 0 | 0 | 0 | 24214 | 24214 | 0 | 0 | 0 | 0 | 0 | 0 | 24214 | 0 | 0 | 0 | 0 | 0 | 0 | 24220 | 0 |
| 3号高炉中修 | 51302 | 45809 | 0 | 3676 | 0 | 0 | 3231 | 445 | 0 | 0 | 0 | 0 | 0 | 3676 | 0 | 3676 | 0 | 0 | 0 | 0 | 0 | 0 | 0 | 0 | 3676 | 0 | 0 | 0 | 3700 | 0 |
| 雨污分流及水系统升级改造项目 | 14277 | 10649 | 0 | 1353 | 0 | 0 | 1134 | 219 | 0 | 0 | 0 | 0 | 0 | 0 | 0 | 0 | 0 | 0 | 0 | 1353 | 0 | 0 | 0 | 0 | 0 | 1353 | 0 | 0 | 1350 | 0 |
| 智慧制造及信息化项目 | 40206 | 40142 | 0 | 761 | 141 | 0 | 620 | 0 | 0 | 0 | 0 | 0 | 0 | 0 | 0 | 0 | 0 | 0 | 0 | 761 | 0 | 0 | 0 | 0 | 761 | 0 | 0 | 0 | 780 | 0 |
| 220千伏长钢输变电工程 | 36850 | 17297 | 0 | 17297 | 5589 | 0 | 10511 | 1217 | 0 | 0 | 0 | 0 | 0 | 0 | 0 | 0 | 0 | 0 | 0 | 17297 | 0 | 0 | 0 | 0 | 0 | 0 | 17297 | 0 | 17300 | 0 |
| 绿色钢厂环境改造项目 | 5599 | 5590 | 0 | 81 | -175 | 0 | 0 | 256 | 0 | 0 | 0 | 0 | 0 | 0 | 0 | 0 | 0 | 0 | 0 | 81 | 0 | 0 | 0 | 0 | 0 | 81 | 0 | 0 | 85 | 0 |
| 电炉余热回收及饱和蒸汽综合利用工程 | 11836 | 10501 | 0 | 1622 | 362 | 0 | 1232 | 28 | 0 | 0 | 0 | 0 | 0 | 1622 | 1622 | 0 | 0 | 0 | 0 | 0 | 0 | 0 | 0 | 0 | 0 | 0 | 1622 | 0 | 1650 | 0 |
| 新建功能型有机涂层板生产线 | 14955 | 13954 | 0 | 13954 | 4146 | 0 | 9236 | 572 | 0 | 0 | 0 | 0 | 0 | 0 | 0 | 0 | 0 | 13954 | 0 | 0 | 0 | 13954 | 0 | 0 | 0 | 0 | 0 | 0 | 13970 | 0 |

（朱　宁）

## 2023 年底保有的地质储量及三级矿量

表 5

| 矿山或矿区名称 | 露天或坑下 | 矿石种类 | 储量 | | | | | | | | | 资源量 | | | | | | | | | | | |
|---|---|---|---|---|---|---|---|---|---|---|---|---|---|---|---|---|---|---|---|---|---|---|---|
| | | | | | | 1. 证实储量 | | | 2. 可信储量 | | | | | | 1. 探明资源量 | | | 2. 控制资源量 | | | 3. 推断资源量 | | |
| | | | 矿量/万吨 | 金属量/万吨 | 品位/% | 矿量/万吨 | 金属量/万吨 | 品位/% | 矿量/万吨 | 金属量/万吨 | 品位/% | 矿量/万吨 | 金属量/万吨 | 品位/% | 矿量/万吨 | 金属量/万吨 | 品位/% | 矿量/万吨 | 金属量/万吨 | 品位/% | 矿量/万吨 | 金属量/万吨 | 品位/% |
| 铁矿合计 | | | 65461. 57 | 22502. 5722 | 23. 31 | 15417. 44 | 5968. 42575 | 22. 41 | 50044. 42 | 16534. 1444 | 33. 64 | 111495. 16 | 25161. 671 | 34. 23 | 23431. 72 | 7597. 5117 | 22. 42 | 50933. 95 | 15302. 071 | 35. 92 | 37132. 49 | 12262. 055 | 33. 02 |
| 高村铁矿 | 露天 | 铁矿 | 17142. 57 | 2535. 27762 | 21. 21 | 6681. 37 | 1445. 54547 | 21. 64 | 10461. 2 | 2189. 52916 | 20. 92 | 21118. 55 | 4393. 2569 | 20. 5 | 3253. 9 | 1783. 59 | 21. 64 | 6450. 4 | 1323. 432 | 20. 5 | 6374. 55 | 1276. 1349 | 20. 02 |
| 和尚桥铁矿 | 露天 | 铁矿 | 3066. 09 | 787. 766723 | 25. 69 | 132. 76 | 52. 426723 | 23. 53 | 2552. 33 | 735. 34 | 25. 51 | 5304. 9 | 1343. 2735 | 25. 32 | 306. 92 | 37. 57 | 25. 53 | 511. 22 | 212. 80924 | 26. 22 | 4136. 65 | 1042. 3945 | 24. 91 |
| 姑山铁矿 | 坑下 | 铁矿 | 1603. 01 | 660. 921022 | 41. 23 | 0 | 0 | 0 | 1603. 01 | 660. 921023 | 41. 23 | 8436. 23 | 3471. 7556 | 41. 15 | 420. 58 | 198. 72405 | 47. 25 | 3079. 55 | 1294. 6428 | 42. 04 | 4936. 1 | 1978. 3889 | 40. 08 |
| 和睦山铁矿 | 坑下 | 铁矿 | 87. 41 | 34. 963671 | 40 | 27. 28 | 10. 797424 | 39. 58 | 60. 13 | 24. 166247 | 40. 19 | 1816. 52 | 710. 72929 | 39. 12 | 32. 29 | 12. 780352 | 29. 58 | 1207. 82 | 485. 42256 | 40. 19 | 576. 42 | 212. 52605 | 36. 87 |
| 白象山铁矿 | 坑下 | 铁矿 | 7025. 62 | 2766. 32456 | 29. 37 | 1020. 2 | 407. 17456 | 39. 52 | 5995. 33 | 2359. 15 | 29. 25 | 14315. 52 | 5649. 7035 | 29. 46 | 1206. 29 | 477. 61 | 29. 59 | 3220. 64 | 2236. 12 | 39. 49 | 4791. 6 | 1885. 9735 | 29. 36 |
| 钟九铁矿 | 坑下 | 铁矿 | 4620. 37 | 1623. 84592 | 35. 15 | 1289. 33 | 443. 655452 | 34. 41 | 3331. 04 | 1180. 18747 | 35. 43 | 6453. 68 | 2263. 7345 | 35. 08 | 1438. 05 | 496. 12725 | 34. 5 | 4194. 15 | 1478. 8572 | 35. 26 | 821. 48 | 288. 75022 | 35. 15 |
| 罗河铁矿 | 坑下 | 铁矿 | 22199. 92 | 9099. 24979 | 40. 99 | 5747. 61 | 2485. 42117 | 43. 24 | 16452. 31 | 6612. 82362 | 40. 2 | 25114. 67 | 14107. 49 | 40. 18 | 6695. 39 | 2591. 12 | 43. 16 | 18653. 41 | 7498. 67 | 40. 2 | 9762. 87 | 3717. 7 | 28. 05 |
| 张庄铁矿 | 坑下 | 铁矿 | 12652. 71 | 4166. 82154 | 22. 92 | 3442. 9 | 1116. 52247 | 32. 42 | 9209. 31 | 3050. 28907 | 33. 12 | 15324. 22 | 6774. 11 | 32. 8 | 5046. 68 | 1636. 78 | 22. 43 | 5125. 07 | 2691. 15 | 33. 12 | 5652. 57 | 1846. 18 | 32. 66 |
| 长龙山铁矿 | 坑下 | 铁矿 | 64. 16 | 27. 302234 | 42. 55 | 14. 89 | 6. 569465 | 44. 12 | 49. 27 | 20. 732316 | 42. 08 | 110. 45 | 47. 617072 | 43. 11 | 18. 61 | 8. 21 | 44. 12 | 61. 59 | 25. 917072 | 42. 08 | 30. 25 | 13. 49 | 44. 6 |

| 矿山或矿区名称 | 质量情况 | 开拓矿量 | | | | 采准矿量 | | | | 备采矿量 | | | |
|---|---|---|---|---|---|---|---|---|---|---|---|---|---|
| | | 矿量/万吨 | 金属量/万吨 | 品位/% | 保有月数 | 矿量/万吨 | 金属量/万吨 | 品位/% | 保有月数 | 矿量/万吨 | 金属量/万吨 | 品位/% | 保有月数 |
| 铁矿合计 | | 8590. 7 | 2613. 58 | 30. 42 | 244 | 1337. 4 | 468. 111 | 35 | 46. 04 | 608 | 185. 885 | 30. 57 | 17. 79 |
| 高村铁矿 | $V_2O_5$：0. 08%、P：0. 14%、S：0. 351% | 720 | 147. 24 | 20. 45 | 12. 34 | 0 | 0 | 0 | 0 | 110 | 22. 649 | 20. 59 | 1. 89 |
| 和尚桥铁矿 | $V_2O_5$：0. 069%、P：0. 09%、S：2. 35% | 1750 | 389. 55 | 22. 26 | 32. 31 | 0 | 0 | 0 | 0 | 60 | 13. 83 | 23. 05 | 1. 11 |
| 姑山铁矿 | $V_2O_5$：0. 08%、P：0. 517%、S：0. 05% | 0 | 0 | 0 | 0 | 0 | 0 | 0 | 0 | 0 | 0 | 0 | 0 |
| 和睦山铁矿 | $V_2O_5$：0. 14%、P：0. 339%、S：1. 269%、Co：0. 008% | 0 | 0 | 0 | 0 | 0 | 0 | 0 | 0 | 0 | 0 | 0 | 0 |
| 白象山铁矿 | $V_2O_5$：0. 224%、P：0. 646%、S：0. 535%、Co：0. 0049% | 1200 | 460. 2 | 38. 35 | 72 | 288 | 110. 477 | 38. 36 | 17. 28 | 100 | 38. 33 | 38. 33 | 6 |
| 钟九铁矿 | P：0. 537%、S：1. 074% | 0 | 0 | 0 | 0 | 0 | 0 | 0 | 0 | 0 | 0 | 0 | 0 |
| 罗河铁矿 | $V_2O_5$：0. 20%、P：0. 51%、S：4. 48% | 1542. 7 | 556. 915 | 36. 1 | 46. 28 | 597. 4 | 215. 661 | 36. 1 | 17. 91 | 113 | 39. 324 | 34. 8 | 3. 39 |
| 张庄铁矿 | P：0. 112%、S：0. 04% | 3378 | 1059. 68 | 31. 37 | 81. 07 | 452 | 141. 973 | 31. 41 | 10. 85 | 225 | 71. 7525 | 31. 89 | 5. 4 |
| 长龙山铁矿 | S：0. 32% | 0 | 0 | 0 | 0 | 0 | 0 | 0 | 0 | 0 | 0 | 0 | 0 |

（朱　宁）

## 科技活动情况

表 6

| 指标名称 | 单位 | 2023 年实际 | 2022 年同期 |
|---|---|---|---|
| **一、研发人员情况** | | | |
| 研发人员合计 | 人 | 1414 | 1477 |
| 其中：管理和服务人员 | 人 | 126 | 172 |
| 其中：女性 | 人 | 144 | 147 |
| 其中：全职人员 | 人 | 274 | 269 |
| 其中：本科毕业及以上人员 | 人 | 1231 | 1433 |
| 其中：外聘人员 | 人 | 0 | 0 |
| **二、研究开发费用情况** | | | |
| 研究开发费用合计 | 万元 | 316023 | 315403 |
| 1. 人员人工费用 | 万元 | 21641 | 19969 |
| 2. 直接投入费用 | 万元 | 262837 | 262312 |
| 3. 折旧费用与长期待摊费用 | 万元 | 29749 | 28294 |
| 4. 无形资产摊销费用 | 万元 | 0 | 0 |
| 5. 设计费用 | 万元 | 0 | 0 |
| 6. 装备调试费用与试验费用 | 万元 | 502 | 482 |
| 7. 委托外部研究开发费用 | 万元 | 447 | 1512 |
| （1）委托境内研究机构 | 万元 | 119 | 284 |
| （2）委托境内高等学校 | 万元 | 296 | 762 |
| （3）委托境内企业 | 万元 | 32 | 466 |
| （4）委托境外机构 | 万元 | 0 | 0 |
| 8. 其他费用 | 万元 | 847 | 2834 |
| **三、研究开发资产情况** | | | |
| 当年形成用于研究开发的固定资产 | 万元 | 4025 | 2162 |
| **四、政府经费及相关政策落实情况** | | | |
| 加计扣除减免税金额 | 万元 | 18500 | 24280 |
| 高新技术企业减免税金额 | 万元 | 0 | 0 |
| **五、企业办研究开发机构（境内）情况** | | | |
| 期末机构数 | 个 | 1 | 1 |

续表 6

| 指标名称 | 单位 | 2023 年实际 | 2022 年同期 |
| --- | --- | --- | --- |
| 机构研究开发人员 | 人 | 270 | 281 |
| 其中：博士毕业 | 人 | 21 | 16 |
| 硕士毕业 | 人 | 143 | 141 |
| 机构研究开发费用 | 万元 | 161749 | 157280 |
| 期末仪器和设备原价 | 万元 | 20241 | 19685 |
| **六、研究开发产出及相关情况** | | | |
| （一）专利情况 | | | |
| 当年专利申请数 | 件 | 430 | 448 |
| 其中：发明专利 | 件 | 351 | 339 |
| 期末有效发明专利数 | 件 | 1292 | 1115 |
| 其中：已被实施 | 件 | 641 | 588 |
| 专利所有权转让及许可数 | 件 | 0 | 0 |
| 专利所有权转让及许可收入 | 万元 | 0 | 0 |
| （二）新产品情况 | | | |
| 新产品销售收入 | 万元 | 5116287 | 5356877 |
| 其中：出口 | 万元 | 370946 | 306576 |
| （三）其他情况 | | | |
| 期末拥有注册商标 | 件 | 36 | 33 |
| 发表科技论文 | 篇 | 46 | 48 |
| 形成国家或行业标准 | 项 | 5 | 5 |
| **七、其他相关情况** | | | |
| （一）技术改造和技术获取情况 | | | |
| 技术改造经费支出 | 万元 | 352887 | 690014 |
| 购买境内技术经费支出 | 万元 | 0 | 0 |
| 引进境外技术经费支出 | 万元 | 0 | 0 |
| 引进境外技术的消化吸收经费支出 | 万元 | 0 | 0 |
| （二）企业办研究开发机构（境外）情况 | | | |
| 期末企业在境外设立的研究开发机构 | 个 | 0 | 0 |

（朱　宁）

## 劳动用工统计

表 7

| 指　　标 | 单位 | 马钢集团（报表数） | |
|---|---|---|---|
| | | 总数 | 其中：马钢股份 |
| 在册年末职工人数 | 人 | 22349 | 19595 |
| 　其中：在岗职工 | 人 | 21202 | 19352 |
| 在册职工年平均人数 | 人 | 22948 | 20122 |
| 　其中：在岗职工 | 人 | 21871 | 19927 |

（张晓莉）

## 专业技术职称构成情况

表 8　　单位：人

| 项　　目 | 总计 | 高级职称 | 中级职称 | 初级职称 |
|---|---|---|---|---|
| 工程 | 2892 | 784 | 1116 | 992 |
| 教育 | 72 | 29 | 33 | 10 |
| 财会 | 213 | 33 | 103 | 77 |
| 经济 | 190 | 10 | 151 | 29 |
| 政工 | 413 | 97 | 186 | 130 |
| 其他 | 52 | 5 | 25 | 22 |
| 合计 | 3832 | 958 | 1614 | 1260 |

（洪　瑾）

# 人　物

# 2023 年马钢集团先进人物名录

## 全国“五一”劳动奖章

单永刚　马鞍山钢铁股份有限公司第四钢轧总厂首席操作技师

单永刚，男，1973 年出生，中共党员，马钢股份第四钢轧总厂炉外精炼技能大师。28 年恪守“炉内炼钢，炉炉精品，炉外‘炼’人，处处做表率”理念，坚持以岗位技术创新，主持参与科研技术攻关 30 余项，有效破解 160 公里动力集中型复兴号车体用高耐蚀钢的高效化生产“卡脖子”难题，经济指标达国内领先水平；通过研发降低钢包顶渣氧化性工艺，渣中全铁含量稳定控制在不高于 6%，进入行业内先进水平行列，支撑马钢汽车板铸坯质量提升、超深冲冷轧搪瓷钢高效环保冶炼技术创新与应用引领搪瓷钢生产效率极致发挥等项目在成本削减、质量改进、绿色低碳、安全生产等方面取得显著效果，促进了企业降本增效，也为高附加值产品生产迈向更高质量发展发挥了重要作用。日常工作中，注重发挥技能大师创新工作室效应，悉心传授培育高技能操作人才，毫无保留弘扬劳动精神、工匠精神，起到了技能人才示范引领作用，建立了一支优秀的一线岗位操作团队。

先后获得中国宝武集团“宝武工匠”、银牛奖、安徽省劳动模范、全国五一劳动奖章等荣誉，创造了以单永刚命名的多项工艺冶炼操作法、发明专利、技术秘密、安徽省重大合理化建议，连续 2 年荣获中国宝武集团、马钢集团岗位创新成果特等奖，中国宝武集团金点子、智多星等岗位成果。

## “大国工匠年度人物”提名人选

沈　飞　马钢轨交材料有限公司车轮车轴厂生产协调员、技能大师

## 安徽省劳动竞赛先进个人
## (安徽省五一劳动奖章获得者)

晏　超　马鞍山钢铁股份有限公司特钢公司主任工程师

## 安徽工匠

完颜卫国　马鞍山钢铁股份有限公司特钢公司轧钢工艺高级主任工程师

## 长三角大工匠

袁军芳　马鞍山钢铁股份有限公司能源环保部电气点检技能大师

## 安徽省机械冶金工匠

郑　君　马钢股份长材事业部机械点检技能大师

## 全国机械冶金建材行业工匠

解文中　中国宝武钢铁集团有限公司（宝武集团推荐，马钢股份长材事业部职工）

赵　滨　马钢（集团）控股有限公司（马钢股份长材事业部职工）

## 中央企业优秀共青团干部

刘府根　马钢集团团委青年工作室副主任

## 中国宝武“金牛奖”

解文中　马钢集团马钢股份长材事业部炼钢二分厂炼钢操作首席操作

孔令文　马钢集团马钢股份马钢交材车轮车轴厂党支部书记、副厂长（主持工作）

## 中国宝武“银牛奖”

徐雷雷　马钢集团马钢股份能源环保部燃气分厂燃气集控作业区作业长

胡芳忠　马钢集团马钢股份技术中心长材研究所特钢线棒材产品开发首席研究员

高　翔　马钢集团马钢股份运输部生产技术室生产协调一般操作

闻成才　马钢集团马钢股份四钢轧总厂综合管理室热轧工艺首席工程师

郎　珺　马钢集团马钢股份冷轧总厂冷轧二分厂2130镀锌作业区作业长

戴本俊　马钢集团马钢股份特钢公司设备管理室（能源环保室）主任、党支部书记

沈新玉　马钢集团马钢股份合肥公司董事、总经理（法定代表人）、党委副书记

## 宝武工匠

邱在军　马钢集团马钢股份四钢轧总厂炼钢修砌作业区炼钢高级操作

许　翔　马钢集团马钢股份冷轧总厂电气点检技能大师

## 宝武工匠提名奖

解文中　马钢集团马钢股份长材事业部炼钢二分厂炼钢操作首席操作

张　敏　马钢集团马钢股份四钢轧总厂连铸分厂连铸点检作业区机械设备区域工程师

## 中国宝武“铜牛奖”

张　磊　马钢集团办公室信访室主任

徐　军　马钢集团纪委副书记、纪检监督部部长

袁中平　马钢集团运营改善部组织治理室（改革

办）高级经理
王　珏　马钢集团经营财务部部长助理
赵江华　马钢集团技术改造部规划与项目管理首席管理师
刘安兰　马钢集团行政事务中心综合管理室主任
李　多　马钢集团保卫部治安检查一般操作
冯　星　马钢集团马钢股份教培中心管理研修部培训事务主任培训师
程　洪　马钢集团马钢股份能源环保部热力分厂厂长、党支部书记
王劲松　马钢集团马钢股份能源环保部能源中心南动巡作业区作业长
陈　斌　马钢集团马钢股份制造管理部部长、党委副书记
李　军　马钢集团马钢股份制造管理部生产管制中心高级经理
杨　杨　马钢集团马钢股份设备管理部设备技术室高级经理
胡思敏　马钢集团马钢股份营销中心型材部产品销售营销师
程小前　马钢集团马钢股份采购中心耐辅资源部高级经理
崔　磊　马钢集团马钢股份技术中心汽车板研究所所长
栾海涛　马钢集团马钢股份运输部机务段内燃机司机主要操作
郭　峰　马钢集团马钢股份运输部运输管理室运输组织主任工程师
王曼娟　马钢集团马钢股份检测中心生产检验技术室（安全管理室）副主任
金宝丰　马钢集团马钢股份检测中心原辅料单元智能检测作业区作业长
汝　忠　马钢集团马钢股份港务原料总厂原料分厂厂长、第一党支部书记
王文博　马钢集团马钢股份港务原料总厂港口分厂机械点检专项点检
徐德滨　马钢集团马钢股份炼铁总厂高炉一分厂炼铁点检一作业区作业长
梁　晨　马钢集团马钢股份炼铁总厂高炉一分厂炼铁工艺区域工程师
胡万杰　马钢集团马钢股份炼铁总厂高炉二分厂喷煤二作业区作业长
操守伦　马钢集团马钢股份炼铁总厂炼铁集控中心高炉运行高级操作
王国庆　马钢集团马钢股份炼铁总厂烧结一分厂烧结操作主要操作
澎　奎　马钢集团马钢股份长材事业部 H 型钢分厂党支部书记、分厂厂长，兼重型 H 型钢分厂厂长
徐永祥　马钢集团马钢股份长材事业部炼钢一分厂炼钢操作主要操作
魏志刚　马钢集团马钢股份长材事业部连铸二分厂方坯作业区作业长
崔　超　马钢集团马钢股份长材事业部线棒材分厂大棒轧钢甲作业区作业长
王晓明　马钢集团马钢股份四钢轧总厂炼钢分厂铁水预处理操作一般操作
李发双　马钢集团马钢股份四钢轧总厂连铸分厂连铸乙作业区作业长
刘中伟　马钢集团马钢股份四钢轧总厂设备管理室机械点检高级点检
宫　峰　马钢集团马钢股份冷轧总厂冷轧一分厂党支部书记、副厂长
阮帅帅　马钢集团马钢股份冷轧总厂冷轧一分厂1720 酸轧作业区作业长
周　晟　马钢集团马钢股份冷轧总厂设备管理室二冷二点检作业区作业长
马宇翔　马钢集团马钢股份冷轧总厂生产技术室智控丙作业区作业长
徐　飞　马钢集团马钢股份特钢公司电炉分厂炼钢作业区作业长
夏　民　马钢集团马钢股份特钢公司连铸分厂连铸作业区甲班作业长
高　明　马钢集团马钢股份特钢公司物流分厂公辅介质作业区作业长
程　元　马钢集团马钢股份特钢公司转炉分厂炼钢操作高级操作
蒋　玄　马钢集团马钢股份煤焦化公司炼焦一分厂厂长、党总支书记
陈海滨　马钢集团马钢股份煤焦化公司炼焦二分厂配煤作业区作业长
陈海波　马钢集团马钢股份煤焦化公司净化二分厂净化首席操作
安　涛　马钢集团马钢股份马钢交材党委书记、董事长
方　超　马钢集团马钢股份马钢交材热轧厂车轮轧

机主要操作
何　峰　马钢集团马钢股份马钢交材车轮车轴厂精加工作业二区作业长
苏元新　马钢集团马钢股份马钢交材检测中心轮轴轮对检测区作业长
吴德东　马钢集团马钢股份合肥公司生产技术室党支部书记、副主任
唐家亮　马钢集团马钢股份合肥公司设备管理室电气点检
杨宏斌　马钢集团马钢股份合肥公司安全能源环保室作业长
卜维兵　马钢集团马钢股份长江钢铁炼铁厂高炉作业长
任本福　马钢集团马钢股份长江钢铁轧钢厂维修车间电工工长
倪　春　马钢集团冶服公司一分厂行车工
丁　进　马钢集团马钢和菱公司包装分厂生产管理主任管理师
余华明　马钢集团马钢股份合肥材料公司品质管理部模修
崔志恒　马钢集团运营共享马鞍山分中心总账报表室主任

## 全国最美家庭

王　勇　马钢冷轧总厂设备管理室电气工程师

## 安徽省巾帼建功标兵

周志敏　马钢长材事业部电气区域工程师

## 安徽省最美家庭

李　强　马钢四钢轧综合管理室党群管理师

## 安徽省三八红旗手

安旭彩　马钢煤焦化公司设备管理室（能源环保室）主任

## 安徽省优秀共青团员

吴玮豪　马钢交材车轮车轴厂 RQMC 机组操作工

## 2022 年度中国宝武优秀共产党员

徐兆春　马钢集团马钢股份设备管理部部长
程黄根　马钢集团马钢股份能源环保部环保首席师
朱峻岭　马钢集团保卫部生产保卫室主任
朱华龙　马钢集团马钢股份营销中心合同物流部高级经理
刘广州　马钢集团马钢股份采购中心采购管理主任管理师
邢　军　马钢集团马钢股份技术中心主任研究员
陈明华（女）　马钢集团冶金技术服务公司经营财务部会计
宋振翔　马钢集团马钢股份港务原料总厂生产技术室生产管控甲作业区作业长
郝团伟　马钢集团马钢股份炼铁总厂高炉二分厂 B 高炉炉长
王立兵　马钢集团马钢股份四钢轧总厂生产技术室（质量检验站）副主任
戴本俊　马钢集团马钢股份特钢公司设备管理室（能源环保室）党支部书记、主任
陈　刚　马钢集团马钢股份交材公司科技质量部部长、技术中心主任
唐万象　马钢集团马钢股份马钢（合肥）公司设备管理室电气点检员
陈爱民　马钢集团马钢股份和菱实业公司行车二分厂作业长

## 2022 年度中国宝武优秀党务工作者

杨子江　马钢集团董事会秘书、办公室主任、外事办主任，机关党委书记（优秀党务工作者标兵）

王贤生 马钢集团马钢股份营销中心板带党支部书记

庄明月（女） 马钢集团马钢股份运输部（铁运公司）党群工作部（综合管理室、纪检监督室）组织主任管理师

胡浩斌 马钢集团马钢股份检测中心产成品单元党支部书记、主任

王　剑 马钢集团马钢股份长材事业部纪委副书记、工会副主席、综合管理室（党群工作部）党支部书记、主任

屈克林 马钢集团马钢股份煤焦化公司机关党支部副书记、综合管理室（党群工作部、纪检监督室）副主任

王　伟 马钢集团马钢股份长江钢铁机关党支部书记，党群工作部（纪检监督部）部长，董事会秘书

## 中国宝武杰出青年

陆　强 技术中心炼钢研究所副所长（主持工作）

## 中国宝武优秀青年

于　振 煤焦化公司炼焦一分厂炼焦一作业区作业长

陈　壮 冷轧总厂冷轧二分厂冷轧工艺主任工程师

## 马钢“金牛奖”

卜维兵 长江钢铁炼铁厂高炉作业长

孔令文 马钢交材车轮车轴厂党支部书记、副厂长(主持工作)

汝　忠 港务原料总厂原料分厂厂长、第一党支部书记

安　涛 马钢交材党委书记、董事长

李　军 制造管理部生产管制中心高级经理

沈新玉 合肥公司董事、总经理（法定代表人）、党委副书记

张　磊 办公室信访室主任

陈海滨 煤焦化公司炼焦二分厂配煤作业长

金宝丰 检测中心智能检测作业区作业长

郎　珺 冷轧总厂冷轧二分厂 2130 镀锌作业区作业长

胡芳忠 技术中心特钢线棒材产品开发首席研究员

胡思敏 营销中心型材部产品销售营销师

闻成才 四钢轧总厂热轧工艺首席工程师

袁中平 运营改善部组织治理室高级经理

倪　春 冶服公司一分厂南区渣处理作业区行车工

徐雷雷 能源环保部燃气分厂集控作业区作业长

高　翔 运输部生产技术室生产协调一般操作

程小前 采购中心耐辅资源部高级经理

解文中 长材事业部炼钢首席操作

操守伦 炼铁总厂炼铁集控中心高炉运行高级操作

戴本俊 特钢公司设备管理室（能源环保室）主任

## 马钢“银牛奖”

丁　进 和菱公司生产管理主任管理师

王　珏 经营财务部部长助理

王文博 港务原料总厂港口分厂带焙原料作业区机械点检专项点检

王劲松 能源环保部能源中心南区动巡作业区作业长

王国庆 炼铁总厂烧结一分厂 3 号烧结机作业区主要操作

王晓明 四钢轧总厂炼钢分厂铁水作业区作业长

王曼娟 检测中心生产检验技术室副主任

方　超 马钢交材热轧厂车轮轧机主要操作

冯　星 教培中心主任培训师

刘安兰 行政事务中心综合管理室主任

阮帅帅 冷轧总厂 1720 酸轧作业区作业长

苏元新 马钢交材检测中心作业长

李　多 保卫部门禁二大队门禁中队班组长

李发双 四钢轧总厂连铸分厂连铸乙作业区作业长

杨　杨 设备管理部设备技术室高级经理

杨晓刚 新闻中心新媒体部主任

吴德东 合肥公司生技室党总支书记、副主任

余华明　营销中心合肥材料公司品质管理部模修
陈　斌　制造管理部部长、党委副书记
陈培树　冶服公司运营管理室（废钢事业部）副主任
周　晟　冷轧总厂设备管理室二冷二点检作业区作业长
赵江华　技术改造部规划与项目管理首席管理师
宫　峰　冷轧总厂冷轧一分厂党支部书记、分厂副厂长
夏　民　特钢公司连铸分厂连铸作业区作业长
徐　飞　特钢公司电炉分厂炼钢作业区作业长
徐　军　纪委（纪检监督部）纪委副书记、纪检监督部部长
徐永祥　长材事业部炼钢一分厂炼钢操作主要操作（炉长）
徐德滨　炼铁总厂高炉一分厂炼铁点检一作业区作业长
栾海涛　运输部机务段司机长
郭　峰　运输部运输管理室运输组织主任师
唐家亮　合肥公司设备管理室连镀点检作业区点检员
崔志恒　运营共享马鞍山分中心总账报表室主任
崔　超　长材事业部线棒材分厂大棒轧钢乙作业区作业长
崔　磊　技术中心汽车板研究所所长
梁　晨　炼铁总厂高炉一分厂1号高炉炉长
蒋　玄　煤焦化公司炼焦一分厂厂长
程　元　特钢公司转炉分厂炼钢作业区高级操作
程　洪　能源环保部热力分厂党支部书记、分厂厂长
澎　奎　长材事业部H型钢分厂党支部书记、分厂厂长，兼重型H型钢分厂厂长

## 第二届马钢工匠

许　翔　冷轧总厂电气点检技能大师
邱在军　四钢轧总厂炼钢高级操作
李　平　煤焦化公司干熄焦中控技能大师
解文中　长材事业部炼钢首席操作
张　敏　四钢轧总厂连铸分厂机械区域工程师
姚绍志　炼铁总厂炼铁项目组高炉运转高级操作

## 第二届马钢工匠提名奖

嵇　龙　检测中心首席操作
成　鹏　运输部（铁运公司）内燃司机技能大师

## 马钢“铜牛奖”

万义强　冶服公司冶服二分厂副厂长（主持工作）
万仕保　保卫部门禁一大队班组长
马宇翔　冷轧总厂生产技术室智控丙作业区作业长
马俊松　马钢交材营销中心党支部书记、副总经理（主持工作）
王　庆　马钢交材智维分公司作业长
王　俊　能源环保部环保技术室现场监察组组长
王　勇　长材事业部连铸操作高级操作
王　珩　安全生产管理部安全技术室高级经理
王　辉　长材事业部机械设备高级主任工程师
王仲琨　检测中心产成品单元成品二作业区高级操作
王诰书　长材事业部安全管理主任管理师
卞　斌　长材事业部成品分厂线棒成品作业区作业长
尹名南　马钢交材检测中心超探工
甘　男　长江钢铁运行改善部业务主办
左振华　马钢交材车轮车轴厂操作工
邢海燕　炼铁总厂烧结一分厂烧结点检一作业区机械点检综合点检
朱宏伟　长江钢铁销售管理科业务主管
朱恩亚　营销中心营销管理室高级经理
先政红　长材事业部组织主任管理师
任本福　长江钢铁轧钢厂维修车间电工工长
任定平　炼铁总厂综合管理室（党群工作部）主任工程师
刘　旭　炼铁总厂高炉二分厂炉体二作业区作业长
刘　军　四钢轧总厂安全管理室安全管理主任管理师
刘中伟　四钢轧总厂设备管理室液压点检
刘文旭　炼铁总厂设备管理室（能源环保室）副主任

刘晓军 炼铁总厂设备管理室（能源环保室）能源管理师
刘晓丽 运输部生产技术室信息化高级主任师
许志斌 长江钢铁轧钢厂一车间棒材乙班工长
孙镇镇 马钢交材能源环保部能动主管工程师
严林冲 长材事业部轧钢点检二分厂机械作业区机械高级点检
杜 昆 煤焦化公司行政管理主任管理师
李 云 长江钢铁会计风控科科长
杨 坤 煤焦化公司净化一分厂机后作业区作业长
杨 洋 保卫部综合管理室（党群工作部）保卫主要操作
杨 彬 检测中心综合管理室行政管理主任管理师
杨宏斌 合肥公司制氢制氮作业长
束玉珊 和菱公司综合管理室（党群工作室、纪检监督室）组织、文秘
肖卫东 党委组织部组织统战室主任
吴 岳 冷轧总厂冷轧三分厂硅钢一期酸轧作业区作业长
何 峰 马钢交材车轮车轴厂作业长
沈 忱 特钢公司点检分厂连铸点检作业区电气点检
沈 峰 长江钢铁能源环保部综合管理科技术主办
沈宝松 营销中心扬州加工中心生产安环部辅助操作
宋祖峰 技术中心检验技术研究所所长
张 帆 能源环保部发电二分厂发电甲作业区作业长
张 昱 长材事业部轧钢点检一分厂电气作业区作业长
张 勇 冷轧总厂仪表计量技术首席工程师
张 瀚 康泰公司财务管理部经理
张世涛 长材事业部浇筑工艺主任工程师
张学森 长材事业部浇铸工艺主任工程师
张树山 特钢公司生产技术室副主任
张益顺 特钢公司高线分厂线棒工艺技术协理
张耀妮 工会、团委权益发展室主任
陈 平 能源环保部发电一分厂锅炉主要操作
陈 杨 合肥公司生产技术室酸轧轧钢作业区作业长
陈 辉 四钢轧总厂热轧分厂 2250 轧钢丙作业区作业长
陈 斌 港务原料总厂港口分厂主要操作
陈亚东 能源环保部能源中心电气保障作业区作业长
陈金祥 四钢轧总厂能介分厂水处理作业区作业长
陈恩芸 审计部综合审计主任管理师
陈海波 煤焦化公司净化二分厂净化首席操作
陈巍巍 运输部原料站乙作业区作业长
邰 平 长江钢铁炼铁厂设备管理科副科长
范雷震 和菱公司点检一作业区作业长
周庆涛 离退休中心综合管理室主任
周能凯 和菱公司行车二分厂四作业区作业长
郑孝飞 冶服公司废钢事业部冷料作业区装载机司机
赵 庆 保卫部交管巡逻大队党支部书记、大队长
胡 笛 合肥公司冷轧工艺高级主任工程师
胡万杰 炼铁总厂高炉二分厂喷煤二作业区作业长
胡玉龙 营销中心马钢（杭州）钢材销售有限公司总经理
禹 强 炼铁总厂高炉二分厂炼铁点检二作业区电气点检专项点检
宫传梦 特钢公司设备管理室连铸点检作业区作业长
宫建军 港务原料总厂生产技术室主任
贾 建 合肥公司电气高级主任工程师
夏 旭 煤焦化公司机械设备主任工程师
夏 军 煤焦化公司能源分厂电气点检高级点检
夏 锐 特钢公司棒材分厂线棒工艺区域工程师
顾仲骏 长材事业部炼钢点检分厂机械点检作业区作业长
徐文忠 冷轧总厂物流分厂副厂长
徐成林 能源环保部能电项目组主任、机关一支部党支部书记
高 明 特钢公司物流分厂公辅作业区作业长
郭俊波 技术中心炼钢研究所主任研究员
陶 晟 法律事务部合同管理室高级经理
陶德炜 冷轧总厂冷轧二分厂 2130 酸轧作业区作业长
黄在强 四钢轧总厂设备管理室机械设备高级主任工程师
黄新龙 营销中心安全生产技术室销售管理管理师
黄煜鑫 运输部一厂站安全员
曹 林 运输部设备管理室高级主任师
常银生 能源环保部发电设备区域工程师

章　鸣　制造管理部薄板产品一室产品规划主任管理师

韩　松　冷轧总厂设备管理室一冷一点检作业区作业长

程旭辉　马钢交材检测中心主任助理

焦　轩　四钢轧总厂精整分厂精整作业区作业长

鲁世宣　纪委（纪检监督部）纪检监督综合室主任

游慧超　技术中心热轧产品研究结构钢产品开发主任研究员

谢云飞　四钢轧总厂物流分厂点检员

路　斌　党委宣传部文化品牌室主任

解养国　长材事业部炼钢二分厂副厂长

魏志刚　长材事业部连铸二分厂 CSP 生产作业区、方坯作业区作业长

（曾　刚　徐　璐　刘府根）

# 2023 年马钢集团人物名录

## 马钢(集团)控股有限公司直接管理及以上领导人员名录
## (2023 年 1 月 1 日至 12 月 31 日)

**公司领导**

党委书记　丁　毅
党委副书记　毛展宏
　高　铁(4 月离任)
　唐琪明(7 月任职)
党委常委　丁　毅
　毛展宏
　高　铁(4 月离任)
　唐琪明
　任天宝
　伏　明
　陈国荣
　罗武龙(8 月任职)
纪委书记　高　铁(4 月离任)
　唐琪明(7 月任职)
工会主席　邓宋高
董事长　丁　毅
董事　毛展宏
　唐琪明
总经理　毛展宏
副总经理　唐琪明(4 月离任)
　陈国荣
　罗武龙(8 月任职)
监事会主席　马道局
总法律顾问　杨兴亮
首席合规官　杨兴亮(1 月任职)

**办公室(党委办公室、区域总部办公室、董事会秘书处、信访办公室、外事办公室、保密办公室、机关党委)**

主任　杨子江
副主任　黄全福(5 月离任)
　严晓燕(女,5 月离任)
　康　伟(2 月离任)
　崔海涛(6 月提任)
董事会秘书　杨子江
信访办公室主任　康　伟(2 月离任)
　崔海涛(6 月提任)
外事办公室主任　杨子江
机关党委书记　杨子江
机关党委副书记　严晓燕(女,5 月离任)
　崔海涛(8 月任职)
机关纪委书记　严晓燕(女,3 月任职,5 月离任)
　崔海涛(8 月任职)
机关工会主席　严晓燕(女,5 月离任)
　崔海涛(8 月任职)

**党委组织部(党委统战部、人力资源部,5 月合署办公)**

部长　胡玉畅(5 月任职)

**党委工作部**(5 月撤销)

部长　王东海(5 月离任)
副部长　金　翔(5 月离任)
团委书记　蓝仁雷(2 月离任)

**党委宣传部(企业文化部,5 月合署办公)**

部长　黄全福(5 月由公司办公室提任)
副部长　金　翔(6 月任职)

**纪委(纪检监督部)**

副书记　徐　军
纪检监督部部长　徐　军
第二纪检监督组组长　杨智勇(3 月离任)

**党委巡察办、审计部、监事会秘书处**

党委巡察办主任　许继康
党委巡察办副主任　江　勇
第一巡察组组长　张　纲
第二巡察组组长　秦学志(5 月离任)
　王东海(5 月任职)
审计部部长　许继康

审计部副部长　徐　权

秦学志

**工会、团委(5月合署办公)**

工会副主席　胡晓梅(女)

团委副书记　屈克林(主持工作,7月由煤焦化公司提任)

**运营改善部**

部长　杨兴亮

**精益管理推进办公室**

主任　吴芳敏

**经营财务部**

副部长　胡海燕(女,12月由宝武集团运营共享服务中心马鞍山区域分中心调任)

毛　鸣(8月由制造管理部调任)

胡　军

**规划与科技部**

部长　崔银会

副部长　聂长果(12月任职)

碳中和办公室副主任　丁　晖(8月离任)

聂长果(8月由炼铁总厂调任)

**资本运营部(7月成立,与规划与科技部合署办公)**

部长　崔银会(8月任职)

**法律事务部**

部长　何红云(女,1月提任)

副部长　何红云(女,主持工作,1月离任)

陈　全

**能源环保部**

党委书记　罗武龙(8月离任)

党委副书记　章连生(8月主持工作)

纪委书记　章连生

工会主席　章连生

部长　罗武龙(8月离任)

副部长　王　强(8月主持工作)

张　健

翁海胜

曹曲泉

黄　浩

安全总监　翁海胜

**安全生产管理部**

部长　王仲明

副部长　杨必祥

方礼生(8月提任)

**技术改造部**

部长　李　通

副部长　朱广宏

连　炜

范满仓(10月到龄退出)

杭　挺

**行政事务中心(档案馆)**

主任　王占庆

副主任　查满林(5月到龄退出)

档案馆馆长　查满林(5月到龄退出)

杨　滔(女,8月任职)

**人力资源服务中心**

主任　何　军

**离退休职工服务中心**

党委书记　徐小苗

党委副书记　陈伟革

纪委书记　陈伟革(3月任职)

工会主席　陈伟革

主任　徐小苗

**教育培训中心**

党委书记　王　谦(8月到龄退出)

金　翔(9月任职)

党委副书记　王卫东

汪少云(6月由公司工会调任)

纪委书记　汪少云(6月由公司工会调任)

工会主席　汪少云(6月由公司工会调任)

主任　王卫东

副主任　王　谦(8月到龄退出)

金　翔(9月任职)

端　强

**马钢党校**

校长　高　铁(兼,6月离任)

唐琪明(兼,8月任职)

常务副校长　王　谦(8月到龄退出)

金　翔(9月任职)

**安徽冶金科技职业学院**

党委书记　王　谦(8月到龄退出)
　　金　翔(9月任职)
党委副书记　王卫东
院长　王卫东
副院长　王　谦(8月到龄退出)
　　金　翔(9月任职)
　　端　强

**马钢高级技师学院(马钢高级技校)**

党委书记　王　谦(8月到龄退出)
　　金　翔(9月任职)
党委副书记　王卫东
院长(校长)　王卫东
副院长(副校长)　王　谦(8月到龄退出)
　　金　翔(9月任职)
　　端　强

**新闻中心**

主任　金　翔
副主任　王七水
《马钢日报》社总编　金　翔

**保卫部(武装部)**

党委书记　杨效东
党委副书记　王　艳(女,5月任职)
纪委书记　王　艳(女,5月任职)
工会主席　王　艳(女)
部长　杨效东
副部长　宋　晔(6月离任)

**资产经营管理公司**

总经理　余方超(1月提任)
副总经理　余方超(主持工作,1月离任)

**马钢集团康泰置地发展有限公司**

党委书记　林　俊
党委副书记　杨　骏
纪委书记　杨　骏(3月任职)
工会主席　杨　骏
董事长　余方超(兼,2月任职)
总经理　林　俊

**安徽马钢冶金工业技术服务有限责任公司**

党委书记　艾红兵
党委副书记　尹绍慷
纪委书记　尹绍慷(3月任职)
工会主席　尹绍慷
执行董事　艾红兵
总经理　艾红兵
副总经理　盛　钢
　　熊丽华(女)
　　周卫胜(7月由长材事业部提任)
安全总监　盛　钢(4月任职)

**马钢利民企业公司(12月撤销)**

党委副书记　尹绍慷(12月离任)
纪委书记　尹绍慷(12月离任)
工会主席　尹绍慷(12月离任)

**安徽马钢和菱实业有限公司**

党委书记　谷　源(11月离任)
　　杨德佳(11月由检测中心提任)
党委副书记　谷　源(11月任职)
　　张福成(10月到龄退出)
纪委书记　张福成(3月任职,10月到龄退出)
工会主席　张福成(10月到龄退出)
董事长　谷　源
总经理　谷　源
副总经理　杨德佳(11月由检测中心提任)
　　李传艳(女,5月离任)
　　戴修明(8月由投资公司调任)
　　刘　辉

**宝武财务马鞍山分公司(委托管理)**

监事长　汪冬妹(女)

**马鞍山力生生态集团有限公司**

党委书记　郭　斐
纪委书记　杨　辉(2月离任)
　　王　磊(6月由纪委(纪检监督部)提任)
董事长　郭　斐

**马鞍山钢铁建设集团有限公司**

董事　王德川(1月离任)

(王　森)

# 马鞍山钢铁股份有限公司直接管理及以上管理人员名录
（2023年1月1日至12月31日）

**公司领导**

党委书记　丁　毅
党委副书记　毛展宏
　高　铁(4月离任)
　唐琪明(7月任职)
党委常委　丁　毅
　毛展宏
　高　铁(4月离任)
　唐琪明
　任天宝
　伏　明
　陈国荣
　罗武龙(8月任职)
纪委书记　高　铁(4月离任)
　唐琪明(7月任职)
工会主席　邓宋高
董事长　丁　毅
董事　任天宝
总经理　任天宝
副总经理　伏　明
　章茂晗(4月离任)
监事会主席　马道局
总经理助理　王光亚(12月退休)
　罗武龙(8月离任)
　杨兴亮
总法律顾问　杨兴亮(4月任职)
首席合规官　杨兴亮(6月任职)
首席质量官　毛展宏(兼)

**办公室(党委办公室、信访办公室、外事办公室、保密办公室、机关党委)**

主任　杨子江
副主任　黄全福(5月离任)
　严晓燕(女,5月离任)
　康　伟(2月离任)
　崔海涛(6月提任)
信访办公室主任　康　伟(2月离任)
　崔海涛(6月提任)
外事办公室主任　杨子江
机关党委书记　杨子江
机关党委副书记　严晓燕(女,5月离任)
　崔海涛(8月任职)
机关纪委书记　严晓燕(女,3月任职,5月离任)
　崔海涛(8月任职)
机关工会主席　严晓燕(女,5月离任)
　崔海涛(8月任职)

**党委组织部(党委统战部、人力资源部,5月合署办公)**

部长　胡玉畅(5月任职)

**党委工作部**(5月撤销)

部长　王东海(5月离任)
副部长　金　翔(5月离任)
团委书记　蓝仁雷(2月离任)

**人力资源部**

部长　许　洲(5月离任)

**党委宣传部(企业文化部,5月合署办公)**

部长　黄全福(5月由公司办公室提任)
副部长　金　翔(6月任职)

**纪委(纪检监督部)**

副书记　徐　军
纪检监督部部长　徐　军
第二纪检监督组组长　杨智勇(3月离任)

**党委巡察办、审计部(监秘室)**

党委巡察办主任　许继康
党委巡察办副主任　江　勇
第一巡察组组长　张　纲
第二巡察组组长　秦学志(5月离任)
　王东海(5月任职)
审计部部长　许继康
审计部副部长　徐　权
　秦学志

**工会、团委(5月合署办公)**

工会副主席　胡晓梅(女)
团委副书记　屈克林(主持工作,7月由煤焦化公司提任)

**运营改善部**

部长　杨兴亮

**精益管理推进办公室**

主任　吴芳敏

**经营财务部**

部长　邢群力

副部长　胡海燕(女,由宝武集团运营共享服务中心马鞍山区域分中心调任)

毛　鸣(8月由制造管理部调任)

胡　军

**规划与科技部**

部长　崔银会

副部长　聂长果(12月任职)

碳中和办公室副主任　丁　晖(8月离任)

聂长果(8月由炼铁总厂调任)

**资本运营部(7月成立,与规划与科技部合署办公)**

部长　崔银会(8月任职)

**法律事务部(董秘室)**

部长　何红云(女,1月提任)

副部长　何红云(女,主持工作,1月离任)

陈　全

董秘室主任　何红云(女,1月提任)

董秘室副主任　何红云(女,主持工作,1月离任)

陈　全

**能源环保部**

党委书记　罗武龙(8月离任)

党委副书记　章连生(8月主持工作)

纪委书记　章连生

工会主席　章连生

部长　罗武龙(8月离任)

副部长　王　强(8月主持工作)

张　健

翁海胜

曹曲泉

黄　浩

安全总监　翁海胜

**安全生产管理部**

部长　王仲明

副部长　杨必祥

方礼生(8月提任)

**技术改造部**

部长　李　通

副部长　朱广宏

连　炜

范满仓(10月到龄退出)

杭　挺

**冶金质量监督站**

站长　李　通

**制造管理部**

党总支书记　杜轶峰(1月提任)

党委书记　杜轶峰(9月任职)

党委副书记　陈　斌(9月任职)

部长　陈　斌

副部长　杜轶峰

周　全

毛　鸣(8月离任)

王东戈(3月提任)

**设备管理部**

部长　徐兆春

副部长　杨　凡

夏会明(2月到龄退出)

成印明

张　亮(3月提任)

**营销中心**

党委书记　张永翔

党委副书记　赵　勇

纪委书记　赵志强

工会主席　赵志强

总经理　赵　勇

副总经理　张永翔

张卫明

余周松

赵云龙

王民章(2月离任)

杨　辉(2月由力生公司调任)

朱静展(宝钢股份委派挂职)

**香港公司**

副总经理 张 勇(主持工作)

**采购中心**

党总支书记 江 鹏

经理 徐葆春

副经理 江 鹏
朱付林(4月到龄退出)
陈 昱

**技术中心**

党委书记 吴 坚

党委副书记 张 建(6月离任)
刘永刚(6月提任)
严晓燕(女,5月由公司办公室调任)

纪委书记 严晓燕(女,5月由公司办公室调任)

工会主席 严晓燕(女,5月由公司办公室调任)

主任 张 建(6月离任)
刘永刚(6月提任)

副主任 刘永刚(6月离任)
吴 坚
邱全山
朱 涛
李帮平(9月到龄退出)

总工程师 朱 涛

安全总监 李帮平(9月到龄退出)

新产品开发中心主任 张 建(6月离任)
刘永刚(6月提任)

技术研究院(筹)院长 张 建(6月离任)

**运输部(铁运公司)**

部长 钱 曦(1月到龄退出)
陆智刚(1月提任)

副部长 陆智刚(1月离任)
刘世刚(9月到龄退出)
鞠亚华
毛雄杰(9月提任)

铁运公司党委书记 钱 曦(1月到龄退出)
陆智刚(1月提任)

铁运公司党委副书记 蓝仁雷(2月由党委工作部调任)

铁运公司纪委书记 蓝仁雷(3月任职)

铁运公司工会主席 蓝仁雷(2月由党委工作部调任)

铁运公司经理 钱 曦(1月到龄退出)
陆智刚(1月提任)

铁运公司副经理 陆智刚(1月离任)
刘世刚(9月到龄退出)
鞠亚华
毛雄杰(9月提任)

铁运公司总工程师 刘世刚(9月到龄退出)

铁运公司安全总监 陆智刚(3月离任)
鞠亚华(3月任职)

**检测中心**

党委书记 陈 钰

党委副书记 杨德佳(11月离任)

纪委书记 杨德佳(3月任职,11月离任)

工会主席 杨德佳(11月离任)

主任 陈 钰

副主任 陈玉宝
陶青平
陈 军(11月提任)

**港务原料总厂**

党委书记 殷光华(3月离任)
杨智勇(3月由纪委(纪检监督部)提任)

党委副书记 殷光华(3月任职,8月离任)
朱梦伟(8月提任)
朱 晨(4月到龄退出)
宋 晔(6月由保卫部提任)

纪委书记 宋 晔(6月由保卫部提任)

工会主席 朱 晨(4月到龄退出)
宋 晔(6月由保卫部提任)

厂长 殷光华(8月离任)
朱梦伟(8月提任)

副厂长 杨智勇(3月由纪委(纪检监督部)提任)
朱梦伟(8月离任)
程从山

总工程师 朱梦伟

安全总监 朱梦伟

**炼铁总厂**

党委书记　郝　军
党委副书记　聂长果(8月离任)
丁　晖(8月任职)
纪委书记　刘　畅(女)
工会主席　刘　畅(女)
厂长　丁　晖(8月任职)
副厂长　聂长果(8月离任)
王德川(1月由马建公司调任)
刘晓超
陈生根
程朝晖
安全总监　程朝晖(1月任职)

**长材事业部**

党委书记　王光亚(3月离任)
张卫斌(3月提任)
党委副书记　王光亚(3月任职,12月退休)
姜　宁(2月由四钢轧总厂调任)
纪委书记　姜　宁(2月由四钢轧总厂调任)
工会主席　姜　宁(2月由四钢轧总厂调任)
总经理　王光亚(12月退休)
副总经理　张卫斌
邓南阳
吴立超
赵海山
总工程师　张卫斌(4月离任)
安全总监　张卫斌(4月离任)
赵海山(4月任职)

**四钢轧总厂**

党委书记　胡玉畅(5月离任)
党委副书记　邓　勇
姜　宁(2月离任)
康　伟(2月由公司办公室调任)
纪委书记　康　伟(3月任职)
工会主席　姜　宁(2月离任)
康　伟(2月由公司办公室调任)
厂长　邓　勇
副厂长　胡玉畅(5月离任)
利小民(2月由合肥公司调任)
兰　宇
安全总监　邓　勇(3月离任)
兰　宇(3月任职)

**冷轧总厂**

党委书记　严开龙(8月离任)
杜克飞(8月提任)
党委副书记　姚　鑫(8月提任)
李传艳(女,5月由和菱实业公司调任)
纪委书记　李传艳(女,5月由和菱实业公司调任)
工会主席　杜克飞(1月任职,8月离任)
李传艳(女,8月任职)
厂长　严开龙(8月离任)
姚　鑫(8月提任)
副厂长　杜克飞
张四方
姚　鑫(8月离任)
总工程师　姚　鑫
安全总监　张四方

**特钢公司**

党委书记　钱晓斌
党委副书记　曹天明
汤怡啸
纪委书记　汤怡啸
工会主席　汤怡啸
经理　曹天明
副经理　钱晓斌
苏　炜(2月离任)
龚志翔
石　玮
王民章(2月由营销中心调任)
施国优(宝钢股份委派挂职)
总工程师　龚志翔
安全总监　石　玮(3月离任)
王民章(3月任职)

新特钢项目副经理　施国优(宝钢股份委派挂职)

**煤焦化公司**

党委书记　汪开保
党委副书记　朱光明
纪委书记　朱光明(3月任职)
工会主席　朱光明
经理　汪开保
副经理　汪　强
夏鹏飞
汪高强(9月提任)
总工程师　汪开保
安全总监　夏鹏飞(10月离任)
汪高强(10月任职)

**行政事务中心(档案馆)**

主任　王占庆
副主任　查满林(5月到龄退出)
档案馆馆长　查满林(5月到龄退出)
杨　滔(女,8月任职)

**人力资源服务中心**

主任　何　军

**离退休职工服务中心**

党委书记　徐小苗
党委副书记　陈伟革
纪委书记　陈伟革(3月任职)
工会主席　陈伟革
主任　徐小苗

**教育培训中心**

党委书记　王　谦(8月到龄退出)
金　翔(9月任职)
党委副书记　王卫东
汪少云(6月由公司工会调任)
纪委书记　汪少云(6月由公司工会调任)
工会主席　汪少云(6月由公司工会调任)
主任　王卫东
副主任　王　谦(8月到龄退出)
金　翔(9月任职)
端　强

**新闻中心**

主任　金　翔
副主任　王七水

**保卫部**

党委书记　杨效东
党委副书记　王　艳(女,5月任职)
纪委书记　王　艳(女,5月任职)
工会主席　王　艳(女)
部长　杨效东
副部长　宋　晔(6月离任)

**宝武集团马钢轨交材料科技有限公司**

党委书记　安　涛
党委副书记　司小明
徐乃文
纪委书记　徐乃文(4月任职)
工会主席　徐乃文
董事长　安　涛
高级副总裁　司小明(主持工作)
李　翔
杨文武
安全总监　李　翔

**马钢(合肥)钢铁有限责任公司**

党委书记　王文宝(5月到龄退出)
闫　敏(7月提任)
党委副书记　沈新玉
熊丽军(6月由党委组织部提任)
纪委书记　熊丽军(6月由党委组织部提任)
工会主席　王文宝(5月到龄退出)
熊丽军(6月由党委组织部提任)
总经理　沈新玉
副总经理　闫　敏
利小民(2月离任)
苏　炜(2月由特钢公司调任)
总工程师　闫　敏

**安徽长江钢铁股份有限公司**

党委书记　张　峰
纪委书记　聂庆文
董事长　王光亚(兼,10月离任)
张　峰(10月任职)
副董事长　张　峰(10月离任)
副总经理　马春风

喻盛建(8 月离任)

监事会主席　聂庆文

财务总监　乐志海

安全总监　喻盛建(8 月离任)

**埃斯科特钢有限公司**

董事长　曹天明

总经理　王　强

副总经理　高　峰(6 月到龄退出)

**马钢宏飞电力能源有限公司**

董事长　陆　强

**盛隆化工有限公司**

总经理　赵业明

(王　森)

## 退休中层以上管理人员名录

| 序号 | 职工编码 | 姓名 | 原单位 | 退休前职务 | 退休月份 |
|---|---|---|---|---|---|
| 1 | 00012318 | 张明如 | 江南质检公司 | 技术中心副主任、工会主席、纪委书记,江南质检总经理,咨询公司负责人 | 2023 年 1 月 |
| 2 | 00013936 | 李　辉 | 马钢集团人力资源服务中心 | 马钢股份能源环保部副部长 | 2023 年 1 月 |
| 3 | 00032113 | 黄　龙 | 马钢集团人力资源服务中心 | 马钢股份制造管理部副部长 | 2023 年 1 月 |
| 4 | 00069325 | 潘松林 | 马钢集团人力资源服务中心 | 马钢股份技术改造部副部长 | 2023 年 1 月 |
| 5 | 00054125 | 温业云 | 马钢冶金服务公司 | 马钢冶金服务公司党委书记、总经理、执行董事 | 2023 年 4 月 |
| 6 | 00043018 | 徐旭东 | 马钢集团人力资源服务中心 | 马钢离退休中心党委书记、副主任 | 2023 年 5 月 |
| 7 | 00030445 | 卫　东 | 马钢集团人力资源服务中心 | 马钢股份冷轧总厂副厂长 | 2023 年 5 月 |
| 8 | 00022947 | 程　宏 | 马钢集团人力资源服务中心 | 运输部党委副书记、纪委书记、工会主席 | 2023 年 5 月 |
| 9 | 00004347 | 许　健 | 马钢集团人力资源服务中心 | 马钢长钢股份公司党委书记、董事长(法定代表人) | 2023 年 6 月 |
| 10 | 00042101 | 郑晓明 | 马钢集团人力资源服务中心 | 马钢股份纪委(审计稽查部、巡察办公室)巡察员 | 2023 年 6 月 |
| 11 | 00068387 | 史德明 | 马钢集团人力资源服务中心 | 马钢股份四钢轧总厂副厂长、党委副书记 | 2023 年 6 月 |
| 12 | 00031560 | 汪　洋 | 马钢集团人力资源服务中心 | 马钢股份合肥公司(合肥板材公司)党委书记、董事长、总经理(法定代表人) | 2023 年 7 月 |
| 13 | 00063389 | 马桢亚 | 集团公司工会 | 马钢集团公司工会副主席 | 2023 年 8 月 |
| 14 | 00069626 | 周　青 | 马钢集团人力服务中心 | 马钢集团公司保卫部(武装部)部长、党委副书记 | 2023 年 8 月 |

续表

| 序号 | 职工编码 | 姓名 | 原单位 | 退休前职务 | 退休月份 |
|---|---|---|---|---|---|
| 15 | 00068316 | 许延平 | 马钢党委组织部（党委统战部、人力资源部） | 马钢股份人力资源部副部长 | 2023 年 9 月 |
| 16 | 00070400 | 話盛中 | 马钢集团人力服务中心 | 马钢股份运营改善部副部长 | 2023 年 9 月 |
| 17 | 00031790 | 牛树刚 | 马钢教育培训中心 | 马钢教培中心主任、党委副书记，安治学院（技师学院）院长、高级技校校长 | 2023 年 9 月 |
| 18 | 00041535 | 毛文明 | 马钢集团公司 | 中国宝武党委巡视组专职组长、马钢集团职工监事 | 2023 年 10 月 |
| 19 | 00070377 | 顾明星 | 马钢集团人力服务中心 | 马钢股份纪委（审计稽查部、巡察办公室）巡察员 | 2023 年 10 月 |
| 20 | 00070005 | 陈厚新 | 马钢教育培训中心 | 教培中心副主任，安治学院（技师学院）副院长 | 2023 年 10 月 |
| 21 | 00016579 | 吴耀光 | 马钢一钢轧总厂 | 马钢股份改革推进组组长 | 2023 年 11 月 |
| 22 | 00018376 | 张　艳 | 马钢集团人力服务中心 | 马钢集团行政事务中心党总支书记、主任 | 2023 年 11 月 |
| 23 | 00016719 | 王光亚 | 马钢股份公司 | 马钢股份总经理助理，长材事业部总经理、党委副书记 | 2023 年 12 月 |
| 24 | 00002330 | 李　博 | 马钢集团人力服务中心 | 马钢股份采购中心党总支书记、副经理、工会主席 | 2023 年 12 月 |
| 25 | 00041849 | 汪根祥 | 马钢集团人力服务中心 | 马钢集团党委巡察办副巡察员 | 2023 年 12 月 |
| 26 | 00046247 | 王福宁 | 马钢资产经营公司 | 资产经营管理公司总经理、党支部书记，康泰公司董事 | 2023 年 12 月 |

（王宝驹）

## 取得正高级职称任职资格人员名录

**冶金工程专业正高级工程师：**

伏　明　张　艳　金友林　邓南阳　沈新玉

**机械工程专业正高级工程师：**

朱广宏

**自动化工程专业正高级工程师：**

杨炎炎

## 取得高级职称任职资格人员名录

**冶金工程专业高级工程师：**

熊德怀　余长有　郝团伟　钱章秀　寇雨成
范海宁　吴　刚　程锁平　夏序河　李海波
刘青松　马二清　童　乐　单　梅　张晓瑞
姚三成　李伟刚　韦　钰　尹德福　孙照阳
胡浩斌　刘　智　杜　军　刘　珂　孙　霖
万志健　李　进

**机械工程专业高级工程师：**

曹小彬　朱泽华　吴修文　张洪为　贾　君
付启万　王成伟　王　赟　叶　辉　刘　嘉
王　勇　洪　瑾　陈　璐

**高级政工师：**

金　翔　孙　歆　陶国庆　朱峻岭　李　兴
赵　庆　张俊华

（王红春）

# 2023年马钢逝世人物名录

## 逝世的县处级以上(含享受)离休干部名录

| 姓　名 | 出生年月 | 参加工作时间 | 离休时间 | 原工作单位及职务 | 享受待遇 |
|---|---|---|---|---|---|
| 李昌福 | 1931年11月 | 1949年1月 | 1992年12月 | 马钢一钢厂科长 | 县处 |
| 绪兴恒 | 1925年11月 | 1949年5月 | 1982年1月 | 马钢新工房小学校长 | 县处 |
| 刘玉珩 | 1932年9月 | 1949年1月 | 1982年8月 | 马钢二铁厂科长 | 县处 |
| 时庆华 | 1931年10月 | 1944年3月 | 1982年4月 | 马钢设备处副处长 | 县处 |
| 徐振森 | 1924年3月 | 1949年2月 | 1987年12月 | 马钢钢研所医师 | 县处 |
| 谭　湘 | 1929年12月 | 1949年4月 | 1990年3月 | 马钢二烧结厂支部书记 | 县处 |
| 陈公任 | 1924年10月 | 1947年10月 | 1991年11月 | 马钢三钢厂厂长 | 县处 |
| 李生林 | 1926年11月 | 1945年3月 | 1979年12月 | 马钢一烧结厂管理员 | 县处 |
| 史增秀 | 1931年11月 | 1945年7月 | 1981年10月 | 马钢三钢厂科长 | 县处 |
| 王昌武 | 1928年12月 | 1948年4月 | 1983年4月 | 马钢民建公司干部 | 县处 |
| 梅林虎 | 1927年1月 | 1949年9月 | 1989年5月 | 马钢教委党委书记 | 县处 |
| 李必清 | 1926年12月 | 1945年1月 | 1984年12月 | 马钢南山矿科长 | 县处 |
| 伍先敖 | 1932年11月 | 1949年1月 | 1992年11月 | 马钢一机修支部书记 | 县处 |
| 李弘毅 | 1926年11月 | 1948年12月 | 1992年12月 | 马钢机关高级工程师 | 县处 |
| 周　淞 | 1929年4月 | 1949年8月 | 1987年6月 | 马钢机关科长 | 县处 |
| 张玉龙 | 1931年1月 | 1949年5月 | 1991年3月 | 马钢教委高级讲师 | 县处 |
| 陈　炳 | 1931年11月 | 1948年11月 | 1991年12月 | 马钢一钢厂高级工程师 | 县处 |

(申　艳)

# 附　录

# 2023年马钢集团获集体荣誉名录

**第七届中国工业大奖表彰奖**

马钢(集团)控股有限公司

**国家知识产权优势企业**

马鞍山钢铁股份有限公司

**中国工业碳达峰“领跑者”企业**

马鞍山钢铁股份有限公司

**安徽省新材料产业“十强企业”**

马鞍山钢铁股份有限公司

**工信部“智能制造揭榜单位”**

马鞍山钢铁股份有限公司

**国家级数字化转型最高荣誉“数字领航企业”称号**

马鞍山钢铁股份有限公司

**2023年度国家级智能制造示范工厂**

马鞍山钢铁H型钢智能制造示范工厂

**第三届“最闪耀的星”五四青年网络投票优秀组织单位**

中国宝武马钢集团

**全国青年安全生产示范岗**

长材事业部炼钢二分厂原料作业区

**全国钢铁行业“五四红旗团委”**

长材事业部团委

特钢公司团委

**全国钢铁行业“五四红旗团支部”**

检测中心过程单元团支部(标兵)

合肥公司生产技术室团支部

**全国钢铁行业“青安杯”竞赛先进单位**

马钢集团团委

**全国钢铁行业青年安全生产示范岗**

和菱实业公司青年安全监督岗

**2023年冶金科学技术奖**

第三代超大输量低温高压管线用钢关键技术开发及产业化　特等奖

热连轧智能工厂高效集约生产和精益管控技术创新　一等奖

高精度冷连轧数字孪生与信息物理系统(CPS)关键技术研发及应用　一等奖

基于塑性夹杂物控制的高洁净高韧性铁路车轮钢炼钢工艺开发　二等奖

40—45吨轴重高性能轮轴研发及产业化　二等奖

钢铁流程工序间安全高效协同处置典型危废关键技术研究与应用　三等奖

**2023年第二十一届冶金企业管理现代化创新成果奖**

突破“卡脖子”难题,铸强专精特新企业的探索与实践　一等奖

打造后劲十足新马钢的战略设计与改革实践　三等奖

基于“标准+α”管控模式下“一总部多基地”管理体系构建与运行的实践　三等奖

构建推进铁前一贯制管理、持续提升铁水成本竞争力的探索与实践　三等奖

基于“三降两增”的全方位降本增效创新实践　三等奖

基于构建优特长材专业化发展平台的多基地网络钢厂品牌运营实践与创新　三等奖

**2022年度安徽省科学技术奖**

基于塑性夹杂物的高洁净铁路车轮钢炼钢工艺开发与应用　一等奖

面向高品质薄规格轧制的薄板坯连铸连轧过程控制关键技术及应用　二等奖

高等级铁路车轮淬火工艺装备自主创新设计及应用　二等奖

线棒材无人化库区智能管控系统关键技术研发及产业化应用　二等奖

大型冶金起重装备智能健康监测成套技术与应用　二等奖

火车车轮检测线智能化设备研发与集成应用　三等奖

新标热轧带肋钢筋低碳生产工艺技术研发与应用　三等奖

**2023 年安徽省专利奖**

一种 Nb、V 微合金化齿轮钢及其制备方法、热处理方法、渗碳处理方法和渗碳齿轮钢　银奖

**2023 年第十九届安徽省企业管理现代化创新成果奖**

特大钢铁企业融入长三角一体化发展的高质量产业生态圈建设　一等奖

基于构建优特长材专业化发展平台的多基地网络钢厂建设实践与创新　二等奖

以“五小”为抓手,助力生产经营持续改善的探索与实践　三等奖

宝武先进文化与马钢“江南一枝花”传统文化深度融合的探索与实践　三等奖

**2021—2022 年度全省工会财务工作先进集体**

马钢集团公司工会

**“学习贯彻二十大　踔厉奋发新时代”全省机械冶金系统职工“云”书画摄影大赛优秀组织奖**

马钢(集团)控股有限公司工会

**2023 年全省工会“网聚职工正能量　团结奋进新征程”主题活动优秀组织单位**

马钢集团工会

**2022 年“中国钢铁最强音”最佳节目**

中国宝武马钢集团报送节目《幸福马鞍山》

**2022 年“中国钢铁最强音”最佳节目**

中国宝武马钢集团报送节目《好好生活就是美好生活》

**安徽省巾帼文明岗**

马钢股份长材事业部成品分厂 H 型钢成品二作业区业务统计组

**安徽省级女职工“阳光家园”**

马钢集团工会母婴室

马钢集团工会心灵驿站

**2023 年安徽省网络正能量新媒体账号**

马钢职工福利平台

**2023 年安徽省网络正能量创新活动三等优秀活动**

马钢集团“职工网上练兵”活动

**安徽省模范职工之家**

马钢股份四钢轧总厂工会委员会

**安徽省工人先锋号**

马鞍山钢铁股份有限公司冷轧总厂冷轧二分厂 2130 酸轧作业区

**安徽省劳动竞赛先进集体、安徽省五一劳动奖状**

马鞍山钢铁股份有限公司第四钢轧总厂

**2022 年度中国宝武先进基层党组织**

马钢集团马钢股份能源环保部热力分厂党支部

马钢集团马钢股份制造管理部生产管制中心党支部

马钢集团马钢股份长材事业部党委(先进基层党组织标杆)

马钢集团马钢股份四钢轧总厂炼钢分厂党支部

马钢集团马钢股份冷轧总厂党委

马钢集团马钢股份冷轧总厂冷轧一分厂党支部

马钢集团马钢股份特钢公司党委

**中国宝武五四红旗团支部**

港务原料总厂原料分厂团支部

制造管理部团支部

**中国宝武青年突击队**

马钢交材“高速跑鞋”车轮攻关突击队

**中国宝武青年文明号**

运输部(铁运公司)设备室

特钢公司棒材分厂精整班组

**中国宝武青年安全生产示范岗**

能源环保部热力分厂 3200 立方米风机房青安岗

**2023 年宝武集团技术创新重大成果奖获奖**

烧结低成本环保利用生化污泥技术攻关　二等奖

基于智能检测的高炉高效炼铁技术　三等奖

**2023 年宝武集团管理创新成果奖**

突破"卡脖子"难题,铸强专精特新企业的探索与实践　一等奖

基于"标准+α"管控模式下"一总部多基地"管理体系构建与运行的实践　二等奖

基于构建优特长材专业化发展平台的多基地网络钢厂建设实践与创新　二等奖

聚焦融合协同打造长三角一体化发展示范标杆的探索与实践　二等奖

以"五小"为抓手,助力生产经营持续改善的探索与实践　三等奖

宝武先进文化与马钢"江南一枝花"传统文化深度融合的探索与实践　三等奖

构建推进铁前一贯制管理、持续提升铁水竞争力的探索与实践　三等奖

创造性地推进"三降两增"、追求极致高效的探索与实践　三等奖

(臧延芳　曾　刚　胡善林　戴坚勇　储怡萌　江　宁　徐　璐　刘府根)

# 2023 年马钢集团部分文件目录

| 字　号 | 文 件 标 题 |
|---|---|
| 马钢集〔2023〕1 号 | 关于印发马钢集团 2023 年安全生产工作行动计划的通知 |
| 马钢集〔2023〕3 号 | 关于调整马钢集团法治企业建设及合规管理领导小组成员的通知 |
| 马钢集〔2023〕4 号 | 关于马钢股份公司拟转让石灰业务相关资产项目评估结果申请备案的请示 |
| 马钢集〔2023〕5 号 | 马钢集团关于张勇同志香港工作任期延长的请示 |
| 马钢集〔2023〕6 号 | 关于报送《马钢集团 2022 年度定点帮扶工作自评总结》的报告 |
| 马钢集〔2023〕7 号 | 关于提请审议马钢集团第二届董事会第十九次会议议案的请示 |
| 马钢集〔2023〕8 号 | 关于同意马钢股份转让河南龙宇能源股份有限公司股权的批复 |
| 马钢集〔2023〕9 号 | 关于更新发布马钢集团审计整改工作联络员名单的通知 |
| 马钢集〔2023〕10 号 | 关于下达马钢集团 2023 年法人和参股公司压减工作计划的通知 |
| 马钢集〔2023〕11 号 | 关于对 2023 年 1 月 1 日重伤事故责任单位中层管理人员问责的决定 |
| 马钢集〔2023〕12 号 | 关于同意马钢股份转让马钢宏飞电力能源有限公司股权的批复 |
| 马钢集〔2023〕13 号 | 关于做好新形势下民间合作及国际传播工作的通知 |
| 马钢集〔2023〕14 号 | 关于印发《马钢集团公司 2023 年能源环保重点工作计划》的通知 |
| 马钢集〔2023〕15 号 | 关于上报马钢(集团)控股有限公司董事会　监事会 2022 年度工作报告的报告 |
| 马钢集〔2023〕16 号 | 关于马钢集团特殊工种目录认定的请示 |
| 马钢集〔2023〕17 号 | 关于调整《马钢领导人员开展重点联系单位安全包保工作实施方案》的通知 |
| 马钢集〔2023〕19 号 | 关于对 2023 年 1 月 26 日险肇事故责任单位中层管理人员问责的决定 |
| 马钢集〔2023〕20 号 | 关于对 2023 年 1 月 29 日险肇事故责任单位中层管理人员问责的决定 |
| 马钢集〔2023〕22 号 | 关于下发《马钢集团 2023 年教育培训工作计划》的通知 |
| 马钢集〔2023〕23 号 | 关于提请审议马钢集团第二届董事会第二十次会议议案的请示 |
| 马钢集〔2023〕25 号 | 关于马钢冶金服务公司拟转让利民星火和利民固废股权增资入股宝武环科马鞍山 |

| | |
|---|---|
| | 公司项目评估结果申请备案的请示 |
| 马钢集〔2023〕26 号 | 关于报送 2022 年度工程系列高级专业技术资格评审结果的报告 |
| 马钢集〔2023〕27 号 | 关于马钢国贸将所持江南质检股权无偿划转至马钢集团的请示 |
| 马钢集〔2023〕28 号 | 关于马钢集团公司吸收合并马钢投资公司涉及到的马钢投资公司股东全部权益价值评估报告申请备案的请示 |
| 马钢集〔2023〕29 号 | 关于开展马钢集团子公司财务工作稽核的通知 |
| 马钢集〔2023〕30 号 | 关于下发《马钢集团深化自主可控应用工作方案》的通知 |
| 马钢集〔2023〕31 号 | 关于马钢参加国家重点实验室重组共建的请示 |
| 马钢集〔2023〕33 号 | 关于调整马钢治安综合治理委员会成员的通知 |
| 马钢集〔2023〕34 号 | 关于马钢交材混合所有制改革项目涉及之股东全部权益价值评估报告申请备案的请示 |
| 马钢集〔2023〕35 号 | 关于同意马钢股份转让鞍山华泰干熄焦工程技术有限公司股权的批复 |
| 马钢集〔2023〕36 号 | 马钢集团关于王珏同志赴法国工作的请示 |
| 马钢集〔2023〕37 号 | 关于印发《马钢集团 2023 年全面对标找差工作实施方案》的通知 |
| 马钢集〔2023〕38 号 | 关于印发《马钢集团 2023 年全面对标找差和“三降两增”工作督导实施方案》的通知 |
| 马钢集〔2023〕39 号 | 关于报送马钢集团衍生品 2022 年度总结及 2023 年度计划的报告 |
| 马钢集〔2023〕40 号 | 关于进一步畅通员工转型发展通道的通知 |
| 马钢集〔2023〕41 号 | 关于马钢股份拟处置特种运输设备涉及的 9 台抱罐车资产项目评估结果申请备案的请示 |
| 马钢集〔2023〕42 号 | 关于同意南京公司吸收合并无锡公司的批复 |
| 马钢集〔2023〕43 号 | 关于同意马钢集团转让华证资产管理有限公司股权的决定 |
| 马钢集〔2023〕44 号 | 马钢集团关于挂靠经营问题清理情况的总结报告 |
| 马钢集〔2023〕45 号 | 关于提请审议马钢集团第二届董事会第二十一次会议议案的请示 |
| 马钢集〔2023〕46 号 | 关于下达马钢集团 2023 年度经营计划的通知 |
| 马钢集〔2023〕47 号 | 关于印发《马钢集团工程建设领域问题专项整治实施方案》的通知 |
| 马钢集〔2023〕48 号 | 关于印发《马钢集团龙头企业升级工作方案》的通知 |
| 马钢集〔2023〕49 号 | 关于印发《马钢集团(马钢股份)2023 年低碳发展重点工作计划》的通知 |
| 马钢集〔2023〕50 号 | 关于转报安徽省经信厅《关于宝武马钢新特钢项目产能置换退出设备有关事项的复函》的报告 |
| 马钢集〔2023〕51 号 | 关于下达马钢集团 2023 年“两金”管理计划的通知 |
| 马钢集〔2023〕52 号 | 关于表彰 2022 年度马钢岗位创新创效成果奖、命名先进操作法的决定 |
| 马钢集〔2023〕53 号 | 马钢集团关于 2022 年度利润分配方案的请示 |
| 马钢集〔2023〕54 号 | 关于印发《2023 年马钢集团全面风险管理和内部控制工作推进计划》的通知 |
| 马钢集〔2023〕55 号 | 关于组织开展 2023 年“拉高标杆　奋勇争先　精益高效　争创一流”劳动竞赛的通知 |
| 马钢集〔2023〕56 号 | 关于马钢股份公司处置常州房产项目涉及的兰陵锦轩花苑住宅和车库房地产价值估价结果申请备案的请示 |
| 马钢集〔2023〕58 号 | 关于重申严禁 XJ 贸易行为及开展 XJ 贸易整治“回头看”的通知 |
| 马钢集〔2023〕59 号 | 关于印发《马钢集团重大事故隐患专项排查整治 2023 行动实施方案》的通知 |
| 马钢集〔2023〕60 号 | 关于下发马钢集团 2023 年 8 项核心指标突破项目书的通知 |
| 马钢集〔2023〕61 号 | 关于支持鼓励安徽省钢铁行业高质量发展的请示 |
| 马钢集〔2023〕62 号 | 关于马钢集团盆山度假村土地及地上附属资产被马鞍山市土地储备中心收储项目估价报告申请备案的请示 |

马钢集〔2023〕63 号　关于表彰 2022 年度马钢管理创新成果奖的通报
马钢集〔2023〕64 号　关于对 2023 年 2 月 16 日煤焦化公司属地工亡事故责任单位及公司中层管理人员的问责决定
马钢集〔2023〕65 号　关于马钢股份拟转让马钢宏飞公司股权项目涉及的马钢宏飞公司股东全部权益价值评估结果申请备案的请示
马钢集〔2023〕66 号　关于同意马钢集团转让安徽马钢智能立体停车设备有限公司股权的决定
马钢集〔2023〕67 号　关于安徽冶金科技职业学院低碳钢铁技术制造产教融合实训基地(二期)项目立项的请示
马钢集〔2023〕68 号　关于提请审议马钢集团第二届董事会第二十二次会议议案的请示
马钢集〔2023〕69 号　关于马钢南京公司吸收合并马钢无锡公司所涉及的马钢无锡公司股东全部权益价值评估结果申请备案的请示
马钢集〔2023〕70 号　关于请求批复安徽冶金科技职业学院产教融合实训基地项目可行性调研报告的请示
马钢集〔2023〕71 号　关于马钢股份拟公开挂牌转让鞍山华泰干熄焦工程技术有限公司股权项目评估报告申请备案的请示
马钢集〔2023〕72 号　关于调整宝武集团马钢轨交材料科技有限公司混合所有制改革实施方案的请示
马钢集〔2023〕73 号　关于成立马钢集团资本运营部的通知
马钢集〔2023〕74 号　关于提请审议马钢集团第二届董事会第二十三次会议及 2022 年度股东会议案的请示
马钢集〔2023〕75 号　关于开展马钢第十一届职工技能竞赛的通知
马钢集〔2023〕76 号　马钢集团关于杨晓红同志赴香港工作的请示
马钢集〔2023〕77 号　关于下发《马钢 2023 网络攻防实战演习方案》的通知
马钢集〔2023〕78 号　关于下达马钢集团 2023 年下半年经营绩效改善行动方案的通知
马钢集〔2023〕79 号　关于报送长期赴港工作事宜表的请示
马钢集〔2023〕80 号　马钢集团关于尽快支付马钢股份“十一五”后期规划用地退还款项的请示
马钢集〔2023〕81 号　关于调整马钢集团企业文化及品牌建设领导小组组成成员的通知
马钢集〔2023〕82 号　关于提请审议马钢集团第二届董事会第二十四次会议议案的请示
马钢集〔2023〕84 号　关于商请市政府收储马钢南山矿炸药厂土地的请示
马钢集〔2023〕85 号　关于印发《马钢集团合规管理体系建设和认证工作方案》的通知
马钢集〔2023〕86 号　关于印发《马钢集团创建世界一流企业行动方案》的通知
马钢集〔2023〕87 号　关于报送《马钢集团创建世界一流企业行动方案》的报告
马钢集〔2023〕88 号　关于对 2023 年 7 月 20 日长江钢铁高处坠落事故责任单位中层管理人员问责的决定
马钢集〔2023〕89 号　关于对 2023 年 8 月 1 日严重险肇事故责任单位中层管理人员问责的决定
马钢集〔2023〕91 号　关于马钢集团拟公开挂牌转让安徽马钢智能立体停车设备有限公司股权项目评估报告申请备案的请示
马钢集〔2023〕92 号　马钢集团关于马钢冶金工业工程项目常态化办理建筑工程施工许可证等相关事项的请示
马钢集〔2023〕93 号　关于调整《马钢领导人员开展重点联系单位安全包保工作实施方案》的通知
马钢集〔2023〕94 号　关于协调宝武清能中止收购马钢宏飞股权后相关事宜的请示
马钢集〔2023〕96 号　关于开展 2023 年度“马钢优秀岗位创新成果奖”评选表彰工作的通知
马钢集〔2023〕97 号　关于调整公司在职因病非因工死亡职工遗属抚恤金标准的通知
马钢集〔2023〕99 号　关于调整马钢乡村振兴　突发公共卫生事件防控　厂容绿化　宝武年鉴(马钢卷)　马钢志　爱国卫生运动　企业补充医疗保险　档案工作　人口和计划生育等工作

| | |
|---|---|
| | 议事协调机构组成成员的通知 |
| 马钢集〔2023〕100 号 | 关于马钢集团企业年金管理委员会成员调整的通知 |
| 马钢集〔2023〕101 号 | 关于对 2023 年 9 月 18 日运输部(铁运公司)车辆伤害事故责任单位公司直管人员问责的决定 |
| 马钢集〔2023〕102 号 | 关于成立马钢集团内控评价领导小组的通知 |
| 马钢集〔2023〕105 号 | 关于发布《马钢集团(马钢股份)合规管理体系方针及 2023 年合规管理目标》的通知 |
| 马钢集〔2023〕106 号 | 关于马钢集团申请更新公务用车的请示 |
| 马钢集〔2023〕107 号 | 关于马钢股份拟公开处置闲置车辆类资产项目评估结果申请备案的请示 |
| 马钢集〔2023〕108 号 | 关于印发《马钢集团 2023 年推进 CE 系统运用做好算账经营工作意见》的通知 |
| 马钢集〔2023〕109 号 | 关于对 2023 年 5 月 10 日炼铁总厂属地工亡事故责任单位及公司直管人员问责的决定 |
| 马钢集〔2023〕110 号 | 关于申请调整马钢交材管理创新成果创造人的请示 |
| 马钢集〔2023〕111 号 | 关于马鞍山市雨山区政府拟征收马钢集团部分土地及宝武资源地上资产的请示 |
| 马钢集〔2023〕112 号 | 关于提请审议马钢集团第二届董事会第二十五次会议议案的请示 |
| 马钢集〔2023〕113 号 | 关于报送马钢集团 2023 年 KJFBZL 工作总结及 2024 年工作计划的报告 |
| 马钢集〔2023〕114 号 | 关于马鞍山市雨山区人民政府拟征收马钢南山矿炸药厂土地的请示 |
| 马钢集〔2023〕115 号 | 关于提请审议马钢集团第二届董事会第二十六次会议议案的请示 |
| 马钢集〔2023〕116 号 | 关于调整马钢集团碳中和组织体系的通知 |
| 马钢集〔2023〕117 号 | 关于马钢股份产品质量证明书添加马钢集团品牌标志的请示 |
| 马钢集〔2023〕118 号 | 马钢集团关于开展综合整治假冒国企和挂靠经营情况的报告 |
| 马钢集〔2023〕119 号 | 关于发布《马钢集团(马钢股份)相关方需求表、法律法规清单、合规义务和风险清单》的通知 |
| 马钢集〔2023〕120 号 | 关于马鞍山市征收马钢股份控股子公司土地及其地面资产的请示 |
| 马钢集〔2023〕121 号 | 关于提请审议马钢集团第二届董事会第二十七次会议议案的请示 |
| 马钢集〔2023〕122 号 | 关于表彰马钢第十一届职工技能竞赛获奖单位和个人的决定 |
| 马钢集〔2023〕123 号 | 关于马钢集团拟公开挂牌转让华证资产管理有限公司股权项目评估报告申请备案的请示 |
| 马钢集〔2023〕124 号 | 关于长江钢铁拟转让闲置线路资产评估项目评估结果申请备案的请示 |
| 马钢集〔2023〕126 号 | 关于报送马钢集团 2023 年“控股不控权”整治工作的报告 |
| 马钢集〔2023〕127 号 | 关于提请审议马钢集团第二届董事会第二十八次会议议案的请示 |
| 马钢集〔2023〕129 号 | 关于马钢集团申请对道路交通隐患进行验收销号的请示 |
| 集办发〔2023〕1 号 | 关于印发丁毅同志在马钢集团第六次(马钢股份第一次)党代会上的工作报告的通知 |
| 集办发〔2023〕2 号 | 关于做好 2023 年节假日期间值班工作的通知 |
| 集办发〔2023〕3 号 | 关于调整马钢集团信访工作领导小组成员的通知 |
| 集办发〔2023〕4 号 | 关于认真践行新时代“浦江经验”“枫桥经验”扎实推进基层单位“信访问诊”制度的通知 |
| 集办发〔2023〕5 号 | 关于启用“中国共产党马钢(集团)控股有限公司委员会组织部”“中国共产党马钢(集团)控股有限公司委员会统战部”印章的通知 |
| 集办发〔2023〕6 号 | 关于研究马钢建设项目涉及农民工工资支付专题会纪要 |
| 集办发〔2023〕7 号 | 关于印发《马钢集团领导干部应知应会党内法规和国家法律清单》的通知 |
| 集办发〔2023〕8 号 | 关于开展违反中央八项规定精神问题专项治理工作的通知 |

集办〔2023〕1号　　关于印发《2023年版〈马钢年鉴〉编写大纲》的通知
集办〔2023〕2号　　关于印发《〈ERP系统电子文件归档和电子档案管理规范〉行业标准制订第七次交流会议纪要》的通知
集办〔2023〕3号　　关于印发《〈ERP系统电子文件归档和电子档案管理规范〉预评审会议纪要》的通知
集办〔2023〕4号　　关于做好2023年防汛工作的通知
集办〔2023〕5号　　关于印发《〈ERP系统电子文件归档和电子档案管理规范〉行业标准修订定稿》的通知
集办〔2023〕6号　　关于黄劲松工作职务的通知
集办〔2023〕7号　　关于启用"马钢(集团)控股有限公司资本运营部"印章的通知
集办〔2023〕8号　　关于王康乐工作职务的通知

# 2023年省级以上报纸有关马钢报道

## 报　摘

### 护好企业“钱袋子”　增强“造血功能”
### ——马钢营销中心强化风险防控、确保资金安全运营纪略

一段时间以来,一些不法分子巧妙利用各种手段进行商业欺诈可谓五花八门、层出不穷,把人们的生活圈搅得乌烟瘴气,让许多受害者蒙受了不同程度的损失。仅以钢铁圈为例,每年因防备心理松懈、防控措施单一、防范管理缺失,而被“黑贼”蚕食企业“钱袋子”的现象频频发生,不少企业被“黑贼”欺诈的金额相当惊人。为捍卫企业的资金和财产安全,近两年来,马钢营销中心以习近平总书记关于防范风险挑战的重要论述为指引,强化风险防控,完善体系建设,夯实管理基础,确保了企业资金安全运营。

**健全制度,提升规范管理的约束力**

制度是实现目标的前提,是规范管理的约束力。面对形形色色的商业欺诈行为,马钢营销中心为确保各分子公司合规、合法、合力经营,重点关注分子公司重大决策流程、重大决策执行和重大风险防控,认真梳理这些控制活动中可能存在的风险问题,并凝聚分子公司管理部、营销管理室、综合管理部、合同物流部、客服管理室等五部门之合力,共同编制了《专项检查手册》,旨在全面检查监督公司治理、风险防控、安全生产、治理评审、党建工作、廉政纪律等六个方面。同时明确这个手册既是管理人员的“参考书”,也是检查人员的“工具书”,更是分子公司管理者的“考试卷”,真正让每一个营销人员依据“专项检查清单”内容,对标找差,举一反三。

通过每天对照这个手册,营销人员必须掌握组织考虑公司的战略规划对组织架构的要求;必须了解根据战略的调整对组织架构的设计进行及时调整;必须考量公司整体运转效率最高及资源配置整体最优的要求;必须充分考量用户需求;是否建立了内控手册、销售、采购、人力资源、财务、一体化体系等重点模块相关制度,并及时更新制度树;是否制定、执行劳动合同管理制度、劳动合同签订、终止、解除等管理规范;必须建立供应商评审机制、保证供应商供货条件、资信等符合企业需要;必须制定合理的采购方式,避免造成采购价格不合理风险;必须检查付款审核、付款金额控制符合相关管理规定;必须面对市场波动,分析库存产品存在贬值风险,并制定应对方案;共梳理出310条风险提示关键点。

为提升制度的执行力,营销中心通过不定期检查、部门联查、分子公司自查、互查,全面提升了规范管理的约束力。

**风险预警,及时整改经营中的各种问题**

为全面统筹风险防控计划,去年6月,马钢营销中心重新调整和编制全年工作计划,从年初制定工作方案和目标,年中进行现场检查、反馈,到年底进行回顾、总结、评价以及经验分享等实施路径,风险防控工作的组织结构、策划运行、监督评价等关键过程更加具体完善、整改风险防控体系运行有效、风险总体可控。

去年下半年,面对严峻的市场形势,马钢营销中心及时召开风险预警专题会,回顾了马钢历史上几次大环境危机,结合案例从仓储风险、库存风险、法律风险、履约风险、授信风险、票据风险等模块梳理经营风险,强化全员风险意识,提高警惕,跟进管理,落实责任,守好未来艰难形势下的经营安全局面。同时,对分子公司经验工作提出预警风险,要求各分子公司从仓储风险、保证金订货风险、客户下游风

险、合同法律风险、授信风险、票据风险、库存风险等方面,开展风险自查自纠,发现问题及时整改,主动防范和化解风险,完善子公司制度体系建设。

为引导和指导好各分子公司化解市场风险,2022年6—12月,马钢营销中心依据风险专项内容,围绕重点领域和关键环节,开展了风险防控专项检查,发现问题,解决问题,及时锁定潜在风险,抓大抓小,防微杜渐。在马鞍山慈湖加工中心率先开展专项检查后,马钢营销中心领导还带领业务部门不辞辛劳地先后赶往武汉、芜湖、广州、南京、常州、杭州、重庆、无锡、合肥等9个异地加工中心的15个分公司进行全面专项检查。对检查中发现的慈湖公司某客户形成异常欠款问题及时进行了分析,提出了风险预警:一是直接损失,形成账面欠款,存在风险;二是如客户业务停止、倒闭、故意拖欠,则会形成应收坏账。提出了完善管理建议,一要加强员工培训,提升技能水平,增强资金风险意识,提高责任心;二要定期做好与客户余款核对工作。同时对发现的武汉公司授信发货问题也进行了分析、预警和完善管理建议。

**强化防控,下好风险应对"先手棋"**

今年以来,为防范和化解重大市场风险,马钢营销中心加强分子公司合规经营意识,完善内部控制体系建设,提升风险防控水平,有效解决"上热、中温、下凉"管理难题。

在外部环境难以改变、企业内部市场经营压力进一步加大的情况下,马钢营销中心审时度势、变革思维,面对现实环境下形势,制定了《2023年分子公司风险防控工作方案》,明确责任目标,全面将风险防控工作落实到实处。一是加强子公司内部管理,建立风险自我检查机制,提升风险管控水平;二是建立风险经验交流机制,加强风险知识培训;三是推进风控专项检查,落实检查结果跟进,夯实风险管控体系基础。

针对去年检查发现的风险薄弱环节,制定和完善应对风险措施,筑牢风险防控墙,并认真编制《分子公司重点自查项目清单》,针对48项重点业务和重点领域常见风险点进行梳理,启动2023年《内控手册》换版工作,解决内部制度更新不及时的问题,夯实合规基础。

风险防控需要多措并举、多管齐下。马钢营销中心为打好风险防控组合拳,下好风险防控"先手棋",迅速建立了定期交流机制,总结工作进度、现场推进力度、布局工作深度,推广分子公司优秀管理经验,让分子公司共享风险防控经验成果;继续建立风险预警机制,5月末,在大宗商品价格持续下跌、企业经营环境不断恶化行情下,提示分子公司从8个方面进行自查梳理,为分子公司经营保驾护航;深化教育培训,做好新员工入职培训、管理人员任前培训,开展送教上门服务,培训分子公司人员,解决业务痛点、难点,提升风险合规意识,提高风险管理能力。

可喜的是,一系列方方面面的有效举措,既提练了自身本领,也更大程度支撑了马钢集团发展,为马钢资金安全运营和资本健康运作奠定了比较雄厚的基础。

(章利军 余 顺 朱安娜)
2023年10月26日《中国冶金报》

## 中钢协EPD平台正式发布消息:马钢车轮获国内首张车轮产品碳足迹"身份证"

2月18日,中钢协EPD平台正式发布马钢车轮环境产品碳足迹声明。声明涵盖了目前马钢生产的所有高速重载客货车轮、地铁等全系车轮产品,这也是中国钢协EPD平台发布的国内第一张车轮产品碳足迹"身份证"。

经过60多年滚动发展和技术改造,目前马钢股份公司具备年产2000万吨钢的配套生产规模;旗下马钢轨交材料科技有限公司(前身为马钢股份车轮公司),是20世纪60年代初建成的国内第一家火车车轮轮箍生产厂,也是我国第一个火车车轮、轮轴的诞生地。60年来,马钢交材为我国铁路事业发展作出了杰出贡献,形成了一大批具有自主知识产权的关键核心技术,在复兴号标准动车组车轮、和谐电力大功率机车车轮、大轴重重载车轮等产品上得到应用。

近年来,马钢积极实施“三化”(高端化、智能化、绿色化)战略,明确了降碳基本路径,即能效提升、铁钢工艺流程变革、能源结构优化、低碳冶金新工艺研发等。马钢交材的相关产品广泛应用于铁路运输、港口机械、轻轨列车等诸多领域,并出口南亚、东南亚、欧美、澳大利亚、非洲等 70 多个国家和地区。

为满足车轮产品下游用户碳数据需求,支撑产品减碳方面的量化需要,由马钢技术中心牵头,马钢交材、马钢股份制造部、能环部等组成环境产品声明认证工作组,依据 LCA 环境影响评价方法,开展了马钢交材生产单元现场直接采集数据,通过专业的计算模型计算分析和研究,形成了马钢车轮的全球变暖潜力(GWP100)指标,即产品碳足迹报告。

据该项目负责同志介绍,车轮碳足迹的认证及发布,不仅满足出口车轮产品的碳数据和碳税布局需要,同时对支撑产品持续减碳有着积极意义,是马钢践行绿色发展理念和“双碳”战略责任担当的积极体现。

(章利军　刘军捷　樊明宇)

2023 年 2 月 28 日《中国冶金报》

## 第一届全国热轧 H 型钢应用技术交流大会在上海举办<br>会议指出推广热轧 H 型钢在建筑领域应用意义重大

美丽浦江,热潮滚涌。5 月 23 日,由中国钢结构专家委员会、长三角钢铁产业发展协会主办、马钢股份公司、上海宝冶承办的第一届全国热轧 H 型钢应用技术交流大会暨在高层建筑中的应用学术会议在上海举办。会议旨在促进建筑领域的创新和发展,推动热轧 H 型钢在建筑结构中的应用,加强行业专家的交流与合作,为我国建筑领域的高质量发展提供强有力的支持。

本次会议得到了与会代表和嘉宾们的热烈欢迎和关注。与会者包括来自钢铁业、建筑领域、学术界以及相关机构和企业的专家、学者和企业家等。他们就热轧 H 型钢的应用、技术发展、经济分析等方面进行了深入的讨论和交流。

热轧 H 型钢作为一种高效节约型钢铁材料,在建筑领域具有广泛的应用前景。其截面形状经济合理、力学性能优越、残余内应力小以及生产成本和碳排放低等多重优点受到了与会专家的一致认可。专家介绍称,我国现行的热轧 H 型钢标准产品已达到国际先进水平,尺寸及外形允许偏差的范围广、数量充足。尤其令人瞩目的是,马钢重型热轧 H 型钢生产线已经实现了更大规格的 H 型钢产品,同时市场占有率国内第一,全球第三,标志着我国在热轧 H 型钢领域的全面赶超。

国家信息技术中心经济预测部主任邹士年出席会议并作了重要讲话。他指出,推动实现“2030 碳达峰、2060 碳中和”目标是党中央的重大战略决策,也是一场经济社会系统性变革。建筑业作为国民经济的支柱产业,在碳达峰、碳中和过程中扮演着重要角色。他强调,推广热轧 H 型钢在建筑领域应用意义重大,设计单位和行业企业应携起手来促进热轧 H 型钢应用中的上延、下伸和融合三个方面的拓展,并共同做好热轧 H 型钢在建筑领域一站式解决方案。

会议期间,专家们就热轧 H 型钢在建筑领域中的应用和如何提升建筑领域质量和效率进行了深入探讨,分享了最新的研究成果、技术创新和成功案例。他们一致认为,通过加强行业协作,建立更紧密的合作网络,可以促进热轧 H 型钢领域的创新和发展,推动我国建筑行业向高质量发展迈进。

本次会议的成功举办将对我国建筑领域的发展产生积极影响。热轧 H 型钢作为一种重要的建筑材料,将在更多建筑项目中得到广泛应用,提升建筑结构的强度和稳定性,推动我国建筑领域的可持续发展。

(章利军　王　凯　李令锋)

2023 年 5 月 30 日《中国冶金报》

# 致力于解决国内特钢发展“卡脖子”难题
# 马钢新特钢一期工程高质量建成投产
# 未来将成为国内最大单体特钢生产基地

6月6日，马钢新特钢一期工程高质量建成投产，工程全面建成后，将成为国内特钢行业单体最大生产基地，助力马钢成为全球钢铁业优特长材引领者。

马钢新特钢项目是为全面贯彻习近平总书记考察调研中国宝武马钢集团重要讲话精神，落实中国宝武对马钢新的战略定位，建设优特钢精品基地，将马钢打造成为全球钢铁业优特长材引领者而实施的重大技改工程。它采用了面向未来的全新的冶炼和控制技术，规划建成一个总体规模为440万吨体量的国内最大的单体特钢生产企业。

特钢又称为特种钢或特殊钢，是指具有特殊的化学成分、采用特殊的制造工艺、具有特殊的组织和性能、能够满足特殊需要的钢铁产品。在我们的生活中，小到剃须刀、圆珠笔，大到飞机火箭、船舶汽车，它们的生产制造都离不开性能各异的特种钢材。

纵观世界钢铁工业发展历程，发达国家的钢铁发展的共同点是：钢产量达到一定规模后，优、特钢比重逐步提高，达到20%左右的比例。而国内优特钢比重仅9%，需进口200多万吨，其中特殊钢占比最大，以轴承钢、齿轮钢、弹簧钢、高温合金为主。特别是在风电、高铁等领域使用的高端轴承，每年都要通过进口以满足需求。

为解决国内特钢发展“卡脖子”难题，马钢在中国宝武坚强领导下，瞄准国内外中高端特钢市场，努力实现技术、品牌、效率、规模、绿色和智慧引领，通过产品工艺和炼钢、连铸及热处理、深加工等制造过程精细设计和精确控制，确保产品的成分精确、残余及有害元素低，同时严格控制钢中夹杂物组分、尺寸数量及分布。最终产品具有组织性能均匀、稳定，满足耐磨、耐疲劳、耐高温、耐腐蚀等特殊环境的使用需求。

令人钦佩的是，马钢特钢智控中心集特钢新老产线的全产线远程操控、集中管控、智慧应用于一体，是优特钢行业首个集钢轧一体、进驻产线最多、规模最大的智控中心，创造了诸多第一。它实现了工序的互联互通，数据融合共享，组织扁平化，操作集中化，管理专业化，代表着特钢智慧制造的发展方向。特钢智控中心采用了国内外50多项先进的智能装备、智能监测、智能控制、大数据分析应用等技术。作业人员可远程判定电炉炉膛温度、远程看渣，让转炉一键炼钢、一键加料、一键精炼、一键轧钢……建立的统一的数字化工厂平台，实现了工序互联互通，数据融合共享，生产过程实现可视化、远程化、智慧化。

项目完全按照环保A级企业的标准开展设计和建设，所有的技术均达到了一级清洁能源的要求，所有的排放指标均满足超低排放的要求，充分顺应了国家绿色制造的发展方向。

马钢新特钢项目克服了疫情和极端天气的影响，把建设中的诸多“不可能”变为“可能”，不断创造工程项目建设新的马钢速度，是中国宝武马钢集团锚定新定位，打造新优势，由“大而全”转向“大而优、大而强”，迈出了二次创业、转型升级新步伐。

马钢新特钢工程全面建成后，我国在优特钢领域将在规模和品种方面都得到改善，中国宝武在优特钢领域将得到大的提升，对于中国宝武乃至对于中国钢铁业发展都有深远的意义。

（章利军　罗继胜）

2023年6月8日《中国冶金报》

## 报道目录

| 报刊名称 | 标　题 | 日　期 | 版面 | 作　者 |
| --- | --- | --- | --- | --- |
| 安徽工人报 | 繁忙的生产产线,为何职工寥寥? | 1月6日 | 头版 | 章利军 |
| 中国冶金报 | 无人值守的厂房见证智慧矿山 | 1月10日 | 头版 | 章利军 |
| 中国冶金报 | 马钢矿山工匠基地多篇论文在冶金行业论文评选中获佳绩 | 1月13日 | 三版 | 章利军 |
| 中国冶金报 | 中钢矿院一项技术斩获首届安徽大赛铜奖 | 1月18日 | 五版 | 章利军 |
| 安徽工人报 | 马钢矿业南山矿一项目获全总职工创新补助资金 | 1月31日 | 头版 | 章利军 |
| 中国冶金报 | 名不虚传的智能工厂 | 1月31日 | 三版 | 章利军 |
| 中国冶金报 | 春季我在岗　原料保供不“打烊” | 2月1日 | 五版 | 章利军 |
| 中国冶金报 | 走好攻关路　重型H型钢新品踏春来 | 2月3日 | 二版 | 章利军 |
| 中国冶金报 | 争当“碳”路先锋 | 2月7日 | 头版 | 章利军 |
| 中国冶金报 | 马钢矿业南山矿悉心部署争创佳绩 | 2月15日 | 六版 | 章利军 |
| 中国冶金报 | 中钢矿院获安徽现代服务业30强称号 | 2月15日 | 五版 | 章利军 |
| 现代物流报 | 创重型H型钢应用新纪元 | 2月15日 | 八版 | 章利军 |
| 中国冶金报 | 马钢获我国首张车轮产品碳足迹“身份证” | 2月23日 | 头版 | 章利军 |
| 安徽工人报 | 马钢获国内首张车轮产品碳足迹“身份证” | 2月24日 | 头版 | 章利军 |
| 中国冶金报 | 连铸炉台“春耕”忙 | 2月28日 | 八版 | 章利军 |
| 安徽法制报 | 马钢保卫部开展交通安全春季守护行动 | 3月15日 |  | 章利军 |
| 安徽工人报 | 产学研融合创新模式有了新成果 | 3月27日 | 二版 | 章利军 |
| 中国冶金报 | 非煤露天矿山灾害防控重点实验室在中钢矿院揭牌 | 3月29日 | 六版 | 章利军 |
| 安徽法制报 | 马钢开展送法到基层暨禁毒活动 | 4月12日 |  | 章利军 |
| 中国冶金报 | 问题不解　攻关不辍 | 4月14日 | 三版 | 章利军 |
| 中国冶金报 | 马钢:顶级“跑鞋”的品牌打法 | 4月20日 | 四版 | 章利军 |
| 安徽法制报 | 马钢为彩涂产品办理新电子身份证 | 5月14日 |  | 章利军 |
| 中国冶金报 | 大美矿山入画来 | 5月10日 | 六版 | 章利军 |
| 安徽法制报 | 马钢交材亮相铁路专用新技术新装备交流展示会 | 5月24日 |  | 章利军 |
| 中国冶金报 | 马钢南山矿又添一创新工作室 | 5月26日 | 三版 | 章利军 |
| 安徽法制报 | 马钢交材轮轴产品精彩亮相首届中国城市轨道交通高新技术成果交易会 | 5月29日 |  | 章利军 |
| 中国冶金报 | 推广热轧H型钢在建筑领域应用意义重大 | 5月30日 |  | 章利军 |
| 中国冶金报 | 重型H型钢为重点工程“强筋骨” | 5月31日 | 二版 | 章利军 |
| 现代物流报 | 打造老牌钢企绿色发展新标杆 | 6月7日 | 八版 | 章利军 |
| 中国冶金报 | 马钢新特钢一期工程投产 | 6月8日 | 头版 | 章利军 |
| 中国冶金报 | 齐鲁大地上,基建铁军声名远扬 | 7月12日 | 头版 | 章利军 |
| 中国冶金报 | 马钢开展两级机关现场视察 | 7月19日 | 四版 | 章利军 |
| 中国冶金报 | “高山平湖”变成“坝上草原” | 7月21日 | 四版 | 章利军 |
| 中国冶金报 | 马钢四钢轧总厂精整产线“新员工”上岗(图片) | 7月26日 | 二版 | 章利军 |
| 中国冶金报 | 马钢矿业南山矿实现双过半 | 7月26日 | 五版 | 章利军 |
| 安徽工人报 | 马钢矿业罗河矿首台智能精矿取样机器人上岗 | 8月8日 | 头版 | 章利军 |

| | | | | |
|---|---|---|---|---|
| 中国冶金报 | 宝武资源首台精矿取样机器人上岗 | 8月9日 | 六版 | 章利军 |
| 中国冶金报 | 领导下基层送清凉(图片) | 8月9日 | 四版 | 章利军 |
| 中国冶金报 | 绿色低碳发展为马钢“添绿生金” | 8月15日 | 头版 | 章利军 |
| 中国冶金报 | 马钢力生生态集团美食让食客大饱口福 | 8月16日 | 八版 | 章利军 |
| 安徽工人报 | 马钢着力解决生产工艺难点堵点促提质增效 | 9月18日 | 二版 | 章利军 |
| 中国冶金报 | 马钢首款低碳45吨轴重重载车轮下线 | 9月20日 | 头版 | 章利军 |
| 中国冶金报 | 不忘国耻踔厉行　警企携手保平安(图片) | 9月20日 | 四版 | 章利军 |
| 中国冶金报 | 马钢矿业南山矿把“糙米”煮成香喷喷的“好饭” | 9月20日 | 五版 | 章利军 |
| 中国冶金报 | 马钢着力解决生产工艺难点促降本增效 | 9月21日 | 五版 | 章利军 |
| 中国冶金报 | 马钢保卫部交管巡逻大队回收废钢再利用(图片) | 10月24日 | 四版 | 章利军 |
| 中国冶金报 | 马钢营销中心强化资金风险管理 | 10月26日 | 四版 | 章利军 |
| 中国冶金报 | 上海宝冶在梅钢举办企业开放日活动 | 10月31日 | 五版 | 章利军 |
| 中国冶金报 | 百年矿山“云”上飘 | 11月8日 | 五版 | 章利军 |
| 中国冶金报 | 马钢举办消防安全模拟大赛(图片) | 11月14日 | 三版 | 章利军 |
| 中国冶金报 | 风景区里的生态矿山 | 11月15日 | 六版 | 章利军 |
| 中国冶金报 | 建设平安矿山一刻不放松 | 11月22日 | 五版 | 章利军 |
| 中国冶金报 | “算账经营” | 11月22日 | 六版 | 章利军 |
| 中国冶金报 | 不忘初心跟党走　警企共建谱新篇 | 11月28日 | 八版 | 章利军 |
| 安徽工人报 | 党员送温暖“焐热”老人心 | 12月7日 | 二版 | 章利军 |
| 中国冶金报 | 书香滋润百年矿山 | 12月22日 | 四版 | 章利军 |
| 现代物流报 | 马钢保卫部党政严寒时节送背心暖人心（新闻图片） | 12月26日 | | 章利军 |

（章利军　江　霞）

# 2023 年马钢编辑出版的部分书刊目录

## 《安徽冶金》总目录

### ·行业简讯·



### ·冶金科技·



### ·技术交流·



### ·学习园地·

·特约专栏·



·企业管理·



(张丽丽)

## 《冶金动力》总目录

·供用电·



·燃　气·

## ·制 氧·



## ·热 电·

· 供排水 ·

**·节能环保·**



(龚胜辉)

## 《安徽冶金科技职业学院学报》总目录

### 冶金科学与技术研究

## 思想政治研究



## 高等教育及其他

## 经济与管理研究



## 人文学术研究



(刘　成)

# 《党校期刊》总目录

## 党的建设

## 特约专稿



## 党建交流



## 教培研究



## 实践探索



## 理论研究



## 实践探索



(刘　成)

# 马鞍山钢铁股份有限公司 2023年年度报告(摘编)

## 一、公司简介

### 1. 公司信息

| 公司的中文名称 | 马鞍山钢铁股份有限公司 |
|---|---|
| 公司的中文简称 | 马钢股份 |
| 公司的外文名称 | MAANSHAN IRON & STEEL COMPANY LIMITED |
| 公司的外文名称缩写 | MAS C. L. |
| 公司的法定代表人 | 丁毅 |

### 2. 联系人和联系方式

| 职务 | 董事会秘书 | 联席公司秘书 | |
|---|---|---|---|
| 姓名 | 任天宝 | 何红云 | 赵凯珊 |
| 联系地址 | 中国安徽省马鞍山市九华西路8号 | 中国安徽省马鞍山市九华西路8号 | 中国香港中环德辅道中61号华人银行大厦12楼1204-06室 |
| 电话 | 86-555-2888158/2875251 | 86-555-2888158/2875251 | (852)21552649 |
| 传真 | 86-555-2887284 | 86-555-2887284 | (852)21559568 |
| 电子信箱 | mggf@ baowugroup. com | mggf@ baowugroup. com | rebeccachiu@ chiuandco. com |

### 3. 基本情况简介

| 公司注册地址 | 中国安徽省马鞍山市九华西路8号 |
|---|---|
| 公司注册地址的历史变更情况 | 1993年1月至2009年6月,安徽省马鞍山市红旗中路8号;<br>2009年6月至今,安徽省马鞍山市九华西路8号 |
| 公司办公地址 | 中国安徽省马鞍山市九华西路8号 |
| 公司办公地址的邮政编码 | 243003 |
| 公司网址 | http://www. magang. com. cn(A股);http://www. magang. com. hk(H股) |
| 电子信箱 | mggf@ baowugroup. com |

### 4. 信息披露及备置地点

| 公司选定的信息披露报纸名称 | 上海证券报 |
|---|---|
| 登载年度报告的中国证监会指定网站的网址 | www. sse. com. cn;www. hkex. com. hk |
| 公司年度报告备置地点 | 马鞍山钢铁股份有限公司董事会秘书室 |

5. 公司股票简况

| 公司股票简况 | | | |
|---|---|---|---|
| 股票种类 | 股票上市交易所 | 股票简称 | 股票代码 |
| A 股 | 上海证券交易所 | 马钢股份 | 600808 |
| H 股 | 香港联合交易所有限公司 | 马鞍山钢铁 | 00323 |

公司 A 股过户登记处及其地址:中国证券登记结算有限责任公司上海分公司,中国上海市浦东新区杨高南路 188 号。

公司 H 股过户登记处及其地址:香港证券登记有限公司,香港湾仔皇后大道东 183 号合和中心 17 楼 1712-1716 室。

6. 其他有关资料

| 公司聘请的会计师事务所 | 名称 | 毕马威华振会计师事务所(特殊普通合伙) |
|---|---|---|
| | 办公地址 | 中国北京市东城区东长安街 1 号东方广场毕马威大楼 8 楼 |
| | 签字会计师姓名 | 章晨伟、司玲玲 |

## 二、发行及上市

1993 年 9 月 1 日,本公司正式成立,并被国家列为首批在境外上市的九家股份制规范化试点企业之一。公司 1993 年 10 月 20 日—10 月 26 日在境外发行了 H 股,同年 11 月 3 日在香港联交所挂牌上市;1993 年 11 月 6 日—12 月 25 日在境内发行了人民币普通股,次年 1 月 6 日、4 月 4 日及 9 月 6 日分三批在上海证券交易所挂牌上市。

## 三、会计数据和财务指标摘要

1. 主要会计数据

单位:千元　币种:人民币

| 项目名称 | 2023 年 | 2022 年 | 本期比上年同期增减/% | 2021 年 |
|---|---|---|---|---|
| 总资产 | 84552253 | 96887310 | -12.74 | 91207743 |
| 营业收入 | 98937969 | 102153602 | -3.15 | 113851189 |
| 归属于上市公司股东的净利润 | -1327162 | -858225 | 不适用 | 5332253 |
| 归属于上市公司股东的扣除非经常性损益的净利润 | -1719479 | -1111469 | 不适用 | 5413290 |
| 归属于上市公司股东的净资产 | 27768583 | 29199669 | -4.90 | 32752859 |
| 经营活动产生的现金流量净额 | 1991799 | 6641702 | -70.01 | 16774476 |
| 期末总股本 | 7746938 | 7775731 | -0.37 | 7700681 |

2. 主要财务指标

| 主要财务指标 | 2023 年 | 2022 年 | 本期比上年同期增减 | 2021 年 |
| --- | --- | --- | --- | --- |
| 基本每股收益/元 | -0. 172 | -0. 115 | 不适用 | 0. 692 |
| 稀释每股收益/元 | -0. 172 | -0. 115 | 不适用 | 0. 692 |
| 扣除非经常性损益后的基本每股收益/元 | -0. 223 | -0. 144 | 不适用 | 0. 703 |
| 加权平均净资产收益率/% | -4. 67 | -2. 77 | 减少 1. 90 个百分点 | 17. 44 |
| 扣除非经常性损益后的加权平均净资产收益率/% | -6. 05 | -3. 59 | 减少 2. 46 个百分点 | 17. 71 |

3. 非经常性损益项目和金额

单位:千元　币种:人民币

| 非经常性损益项目 | 2023 年金额 | 2022 年金额 | 2021 年金额 |
| --- | --- | --- | --- |
| 非流动资产处置损益 | 94008 | 355690 | -143400 |
| 计入当期损益的政府补助,但与公司正常经营业务密切相关,符合国家政策规定、按照一定标准定额或定量持续享受的政府补助除外 | 205878 | 167123 | 139218 |
| 员工辞退补偿 | — | -370843 | -338969 |
| 除同公司正常经营业务相关的有效套期保值业务外,持有交易性金融资产、交易性金融负债产生的公允价值变动损益,以及处置交易性金融资产、交易性金融负债和以公允价值计量且其变动计入其他综合收益的金融资产取得的投资收益 | 2139 | 187359 | 121325 |
| 非货币性资产交换损益 | 334260 | — | — |
| 除上述各项之外的其他营业外收入和支出 | -3025 | 7197 | 484 |
| 其他符合非经常性损益定义的损益项目 | -250447 | -163031 | -231046 |
| 少数股东权益影响额 | -877 | -179892 | 33449 |
| 所得税影响额 | -8627 | -121593 | -1065 |
| 合计 | 392317 | 252854 | -81037 |

4. 采用公允价值计量的项目

单位:百万元　币种:人民币

| 项目名称 | 期初余额 | 期末余额 | 当期变动 | 对当期利润的影响金额 |
| --- | --- | --- | --- | --- |
| 交易性金融资产 | 626. 00 | — | -626. 00 | 1. 32 |
| 应收款项融资 | 2659. 68 | 1801. 28 | -858. 40 | — |
| 其他权益工具投资 | 541. 41 | 392. 0 | -149. 41 | 0. 55 |
| 合计 | 3827. 09 | 2193. 28 | 1633. 81 | 1. 87 |

## 四、2023年经营情况及2024年工作措施

2023年,钢铁行业形势复杂严峻,公司立足战略转型、项目建设、产品爬坡、冬练提质"四期叠加"的生产经营实际,着眼长远抓"四化"、立足当期抓"四有",践行算账经营,强化精益运营,一手抓降本增效,一手抓品种渠道,下半年经营绩效环比明显改善,6个月实现归属于上市公司股东的净利润人民币9亿元,但受原燃料市场价格高企等因素影响,下半年经营所得未能完全弥补上半年亏损,公司2023年度经营业绩出现亏损。

报告期,本集团生产生铁1923万吨、粗钢2097万吨、钢材2062万吨,同比分别增加8.15%、4.82%和3.66%(其中本公司生产生铁1548万吨、粗钢1648万吨、钢材1598万吨,同比分别增加8.23%、5.02%、2.37%)。按中国企业会计准则计算,报告期内,本集团营业收入为人民币98938百万元,同比减少3.15%;归属于上市公司股东的净亏损为人民币1327百万元,同比增加亏损54.64%。报告期末,本集团总资产为人民币84514百万元,同比减少12.78%;归属于上市公司股东的净资产为人民币27769百万元,同比减少4.90%。

2023年主要工作如下:

1. 强"四化"。一是高端化引领价值创造。新特钢一期工程、合肥新彩涂线快速建成投产;高铁车轮实现整车装用载客运行;新产品开发量同比增长25%,7项新产品实现国内首发,C型钢、帽型钢开发成功;公司荣获"国家知识产权优势企业"称号,马钢交材、长江钢铁、合肥公司通过高新技术企业认定。二是智能化赋能产线升级。坚持以数字化支撑效率提升、流程优化、质量改进,工业大脑——智能炼钢项目取得突破,新增"宝罗"机器人102台套,公司获评国家级数字化转型最高荣誉"数字领航企业"。三是绿色化践行生态优先。协同推进降碳、减污、扩绿、增长,公司成为安徽省第一家环保绩效A级钢铁企业,并获评中钢协"清洁生产环境友好企业";践行低碳发展,本部重点工序能效达标杆产能比例提高至46.12%,新增5项环境产品声明,公司荣获ESG犇牛奖之双碳先锋。四是高效化构筑成本优势。优势产线产能释放,全年日产破纪录162次、月产破纪录69次,四钢轧总厂炼钢、热轧产量分别达到973万吨、955万吨,冷轧总厂全年总准发量542万吨,均创历史新高,车轮年产突破60万件;"两金"占用持续压降,现金流实得应得比同比提高;全口径人员配置效率持续优化,公司本部人均钢产量提升11.1%。

2. 抓"四有"。一是聚精会神强管控。通过月计划、日点评、周推进、月复盘,实现经营绩效改善工作的闭环管理。二是目标具体快提升。采取环比方式,每月提目标、压担子,推动各单元"跳起来摘桃子"。三是抓主抓重保落实。坚持抓大户、算大账,紧盯两头市场、重点生产单元和重要子公司,聚焦"结构、成本、效率、机制、活力",以"双8"重点项目为牵引,每月解决若干重点难题,以点的突破带动面的提升,8个快赢项目创造比较效益超7亿元,TPC周转率、铁水温降、热送热装率等关键指标创历史最好水平。四是算账经营找空间。以推广应用CE系统为抓手,深化业财融合,干中算、算中干,推动重点单元和关键领域绩效快速改善。五是群策群力谋方法。钢轧系统高效益产线满负荷生产,低效益产线并线组产;设备系统围绕高炉、四钢轧、冷轧等重点单元,开展特护维保;技术中心有力支撑产品结构调整、配煤配矿等"两场"重点工作。六是颗粒归仓降成本。坚持全员参与、深挖潜力,废钢、废旧物资回收利用等专项劳动竞赛深入开展,创效超亿元。

3. 重效能。一是改革改制激活力。聚焦优化管控流程、提升管控效率,优化调整部分管理职能,持续完善"一总部多基地"管控体系;马钢交材完成混合所有制改革,加快专精特新发展,成功引入8家战略投资者,成为科改示范企业。二是绩效导向强带动。以"一抓四强"为核心,推动绩效"赛马",深化"争杯夺旗",强制排序,传导压力,想干事、能干事、干成事在公司蔚然成风。三是安全生产筑底线。深入贯彻"违章就是犯罪"安全管理理念,强化"三管三必须",压实责任,刚性考核,安全管理体系能力持续提升,安全绩效创2019年以来最好水平。四是管理创新提能力。合规管理体系通过BSI国内国际双标准认证,依法合规治企能力水平稳步提升;6项成果荣获冶金企业管理现代化创新成果奖,4项成果荣获安徽省企业管理现代化创新成果,管理创新成效显著。

4. 聚合力。一是普惠分享强化认同。坚持发展成果与职工共享,155项"三最"实事项目深入开展,共享服务中心持续优化,职工文体设施不断完善,"南区看北区、北区看南区"系列健步走成为感恩之旅、健康之

旅、幸福之旅、收获之旅、分享之旅,职工幸福感安全感获得感进一步增强。二是现场督导比学赶超。聚焦“两场”“两长”,常态化开展现场督导,挖掘经验、站台鼓劲,营造奋勇争先浓厚氛围。三是岗位创新如火如荼。始终把广大职工作为最强后盾,充分发掘职工创新潜力,职工“献一计”20.7万条。四是社会责任用情用力。积极践行央企担当,乡村振兴工作连续5年获得安徽省最高等次“好”评价,公司入选央视、国资委联合发布的“中国ESG上市公司先锋100”榜单。

2024年主要目标如下。

生产经营:生铁、粗钢、钢材产量分别为1919万吨、2097万吨和2069万吨。

1. 全面构建新型经营责任制,有效应对高质量发展风险挑战

一是系统构建新型经营责任制体系。探索构建两头市场、铁前、长材、板材、特钢等一体化模拟运营模式,围绕商业计划书策划的目标任务,各单元自主明确路径、细化措施,划小核算单元,深入推进由“生产型”向“经营型”转变。落实经理层任期制和契约化,提质扩面,实施“一人一表”,打通组织绩效和个人绩效,公司上下层层压实责任。树立“只有创造价值,才能分享价值”的绩效导向,优化薪酬兑现规则,建立简洁、透明的超额利润分享规则,刚性兑现考核。强化工序间、业务间、“一总部多基地”、生态圈相关单位的协同和资源要素优化配置,坚持从公司“一盘棋”的角度出发,做到算大账和算小账、算粗账和算细账、算当期账和算长远账相结合,促进高效协同和效益提升。

二是突出抓好重点经营责任落实。两头市场重点聚焦购销差价,营销端要强化市场研判,有效支撑经营策略和产品结构的动态调整;要充分发挥地理优势,瞄准区域重点客户;要完善机制,积极开发海外市场,扩大出口总量,优化出口品种结构;要强化研产销高效协同,促进重点品种销量持续提升,提高产品溢价。采购端要构建灵活高效采购体系,拓展和寻找各类资源,持续优化结构渠道。铁前系统重点聚焦高效经济运行,以高炉稳定为前提,优化配煤配矿,强化工序协同,提升铁水成本竞争力。钢后单元重点聚焦吨钢利润,以品种质量为导向,坚持调结构、降消耗、提效率,推动重点产品现货发生率、成材率等关键技术经济指标突破。设备公辅单元重点聚焦零故障和系统经济运行,设备系统要强化重点产线和炉机的状态把控,做到保障有力,紧跟市场需求变化,在保证安全的前提下,优化检修模型,确保关键产线和炉机产能的充分发挥;能源系统要深入推进重点工序能效标杆创建,提高二次能源利用效率。技术中心重点聚焦两场支撑,围绕提高品种质量、降低现货发生率、优化配煤配矿结构、降低铁前成本等重点难点,以技术进步助力市场创效、现场降本。

2. 强化科技创新引领驱动,夯实高质量发展长远基础

一是坚持高端化精品制造。紧跟国家战略导向和市场需求,围绕“型钢做强、板带和特钢做优、轮轴做大”持续发力,加快推动型钢快速向功能型和工业材转变、板带和特钢向中高端迈进、轮轴产品竞争力持续增强。聚焦高铁轮轴、精品板材、型钢、优特钢等领先优势产品,加大“卡脖子”难题攻关,充分发挥央企核心功能和科技创新领军企业主体作用,引领带动上下游产业链发展水平整体提升。聚焦区域市场,积极抢抓安徽汽车“首位”产业发展等重大机遇,优化客户结构,提高产品创效能力。

二是坚持绿色化节能减碳。以重点工序能效标杆创建为抓手,不断优化能源结构,充分利用煤气、蒸汽等二次能源,持续提升余热、余压、余能回收水平,追求极致能效。强化工序衔接,降低界面能耗,推动铁水温降、热装热送比例等指标取得新突破;加强固废管理,提升固废资源返生产利用率。以低碳产品订单为牵引,积极开发碳数据管理平台,推动更多产品完成EPD认证。围绕车轮、型钢、特钢、汽车用钢等大类产品,积极开发低碳零碳产品,打造绿色低碳产品品牌。

三是坚持智慧化赋能管理。系统策划智慧产线建设、炼钢工业大脑等重点项目,以数智化平台实现集中管控,支撑“一总部多基地管理”高效运行。深化CE系统运用,精准把握市场价格变动情况和财务预测成本,提高动态调整经营策略水平。深入推进“一线一岗”“操检维调合一”和“3D”岗位替代,以智慧化提人效。

四是坚持高效化提质增效。优化产线分工,充分发挥优势装备产能,提升关键产线利用率,提升生产效率。加强业财融合,优化库存结构,降低各类库存,提升两金周转效率,提升资金效率。通过机构和流程变革、产线优化、岗位优化、智慧制造等措施,力争全口径人均产钢超过1000吨。

五是加强科技创新基础建设。充分发挥高新技术企业政策优势,持续加大研发投入,用好用足内外部技

术创新资源,进一步发挥技术中心对“两场”创效的支撑作用。以“1+2+4”科技领军人才建设为抓手,充分发挥宝武科学家、马钢专家、首席师、技能大师领军和领衔作用,加大科技人才交流力度,加快核心技术人才培育。以价值创造为根本,以能力提升为抓手,将创新资源更多赋予富有活力的一线主体,充分激发体系创新整体效能;赋予研发人员更大的研发方向和选题决策权,开辟发展新赛道、塑造发展新动能。

3. 深化体制机制改革攻坚,增强高质量发展内生动力

一是深化重要子公司改革。对马钢交材,以做精科改示范企业为抓手,持续完善治理体系,加快打造全球轨道交通轮轴领域领军企业。对长江钢铁,以市场化为原则,建立差异化管控模式,活化内部管理机制,建立高效、灵敏的运行机制,提升经营绩效。

二是强化投资管控。以“(净利润+折旧 & 摊销)/2”作为投资控制线,合理安排年度投资项目。围绕推动重点品种快速放量,实施一批“短平快”项目,积极探索项目全流程提速模式,严把质量,强化评价,实现有效投资。

三是深化合规经营。细化分层分类风险清单,按照“管业务必须管风险,管监督必须防风险”原则,做到“体系归口、分层负责、各司其职”,着力加强重点领域风险防范。要强化经营风险管控,将风险防控融入决策,将管控要求转化为制度、落实到流程、固化到岗位、强化于监督,坚决守住不发生重大经营风险的底线。

四是强化安全环保风险管控。以时时放心不下的责任感和使命感,防范化解安全生产重点领域的各种风险,紧盯安全生产,深化专项整治,落实属地管理,持续推进协作业务变革优化,刚性安全事故问责,巩固提升公司安全生产绩效。持续推进“三治四化”,强化环保设施稳定经济运行,加快建设“无废”企业,进一步提高绿色发展效果。

4. 坚持共建共享发展理念,凝聚高质量发展强大合力

一是全力推进职工岗位创新创效。以成果转化应用为重点,以做优创新平台为支撑,以培育创新人才为基础,促进成果创造从“个体”向“团队”、成果产出从“量多”向“质优”、成果价值从“独享”向“众享”转变。聚焦“四化”“四有”,实施更具群众性、针对性、实效性的竞赛项目,提升劳动竞赛价值创造力。持续深化“献一计”、精益案例分享等群众性经济技术创新活动,激发职工的创新创效热情。

二是持续提升职工“三感”。引导职工深刻理解在适应经济新常态与推动高质量发展过程中,职工与企业共同发展的新内涵与新要求,增强共建共治共享意识,助推改革发展稳定。持续抓好“三最”实事项目,加强服务领域建设,推动服务方式转变,体系化、常态化解决职工“急难愁盼”事,努力实现从职工本人到职工家属、从职工工作到职工生活、从职工权益保障到职工身心健康。

三是积极承担社会责任。推动“授渔”计划,助力帮扶地区巩固拓展脱贫攻坚成果,推进乡村振兴。健全ESG 体系,强化履责实践,提高上市公司履责形象。

## 五、研发投入

研发投入情况表

|  |  |
| --- | --- |
| 本期费用化研发投入/亿元 | 39.38 |
| 本期资本化研发投入/亿元 | — |
| 研发投入合计/亿元 | 39.38 |
| 研发投入总额占营业收入比例/% | 3.98 |
| 公司研发人员的数量/人 | 2037 |
| 研发人员数量占公司总人数的比例/% | 10.98 |
| 研发投入资本化的比重/% | — |

## 六、投资项目进展

重大的非股权投资

| 项目名称 | 预算总投资额/百万元 | 报告期新增投资额/百万元 | 工程进度/% |
| --- | --- | --- | --- |
| 品种质量类项目 | 25598 | 2339 | 38 |
| 节能环保项目 | 11176 | 1274 | 80 |
| 技改项目 | 7245 | 1757 | 95 |
| 其他工程 | 不适用 | 1050 | 不适用 |
| 合计 | — | 6420 | — |

报告期末,主要在建工程项目的具体情况如下：

单位:百万元　币种:人民币

| 项目名称 | 预算总投资 | 工程进度 |
| --- | --- | --- |
| 新特钢项目 | 8457 | 一期完工,二期暂缓 |
| 节能减排 CCPP 综合利用发电工程 | 1025 | 基本完工 |
| 马钢南区型钢改造项目——3 号连铸机工程 | 970 | 项目暂缓 |
| 汽车零部件用特殊钢棒线材深加工项目——优棒生产线工程 | 610 | 基本完工 |
| 马钢南区型钢改造项目——2 号连铸机工程 | 569 | 完工 |
| 冷轧产品结构调整新建连退机组项目 | 552 | 项目暂缓 |
| 马钢长材系列升级改造工程公辅配套项目 | 520 | 基本完工 |
| 合计 | 12703 | — |

## 七、重要事项

公司、股东、实际控制人、收购人、董事、监事、高级管理人员或其他关联方在报告期内或持续到报告期内的承诺事项。

中国宝武于 2019 年向中国证监会申请豁免要约收购本公司股份(A 股)期间,作出以下 3 项承诺：

1. 为避免同业竞争事项,出具《关于避免同业竞争的承诺函》；

2. 为规范和减少中国宝武与本公司发生关联交易,出具《关于规范和减少关联交易的承诺函》；

3. 为持续保持本公司的独立性,出具《关于保证上市公司独立性的承诺函》。

该等承诺详见公司刊载于上交所网站的 2019 年及 2020 年年度报告或中国宝武关于《中国证监会行政许可项目审查一次反馈意见通知书》之反馈意见回复。报告期,中国宝武未违反该等承诺。

## 八、股份变动及股东情况

1. 股份变动情况

报告期内,根据股权激励计划相关规定,累计回购注销 28793200 股 A 股限制性股票。2023 年末,公司股份总数为 7746937986 股。

2. 股东总数

| 截至报告期末普通股股东总数/户 | 148812 |
| --- | --- |
| 年度报告披露日前上一月末的普通股股东总数/户 | 147218 |

3. 截至报告期末前十名股东、前十名流通股东持股情况表

| 前十名股东持股情况 | | | | | | | |
| --- | --- | --- | --- | --- | --- | --- | --- |
| 股东名称(全称) | 报告期内增减/股 | 期末持股数量/股 | 比例/% | 持有有限售条件股份数量 | 质押、标记或冻结情况 | | 股东性质 |
| | | | | | 股份状态 | 数量 | |
| 马钢(集团)控股有限公司 | 158282159 | 3664749615 | 47. 31 | — | 无 | — | 国有法人 |
| 香港中央结算(代理人)有限公司 | 33275 | 1716677795 | 22. 16 | — | 未知 | 未知 | 未知 |
| 中央汇金资产管理有限责任公司 | — | 139172300 | 1. 80 | — | 未知 | 未知 | 国有法人 |
| 招商银行股份有限公司-上证红利交易型开放式指数证券投资基金 | -1260908 | 92232819 | 1. 19 | — | 未知 | 未知 | 未知 |
| 香港中央结算有限公司 | -29715960 | 89591586 | 1. 16 | — | 未知 | 未知 | 未知 |
| 国寿养老策略4号股票型养老金产品-中国工商银行股份有限公司 | — | 34531120 | 0. 45 | — | 未知 | 未知 | 未知 |
| 北京国星物业管理有限责任公司 | 1100000 | 33563300 | 0. 43 | — | 未知 | 未知 | 未知 |
| 中国工商银行股份有限公司-富国中证红利指数增强型证券投资基金 | 未知 | 28757000 | 0. 37 | — | 未知 | 未知 | 未知 |
| 中国光大银行股份有限公司-国金量化多策略灵活配置混合型证券投资基金 | 未知 | 28460600 | 0. 37 | — | 未知 | 未知 | 未知 |
| 张武 | 1700000 | 28000000 | 0. 36 | — | 未知 | 未知 | 未知 |
| 上述股东关联关系或一致行动的说明 | 马钢(集团)控股有限公司与前述其他股东之间不存在关联关系,亦不属一致行动人,但本公司并不知晓前述其他股东之间是否存在关联关系及是否属一致行动人 | | | | | | |

注:报告期末,香港中央结算(代理人)有限公司持有本公司H股1716677795股乃代表其多个客户所持有,其中包括代表宝港投持有本公司H股358950000股。

报告期内,马钢集团及宝港投所持股份不存在被质押、冻结或托管的情况,但本公司并不知晓其他持有本公司股份5%以上(含5%)的股东报告期内所持股份有无被质押、冻结或托管的情况。

于2023年12月31日,尽本公司所知,根据《证券及期货条例》之规定,以下人士持有本公司股份及相关股份之权益或淡仓而记入本公司备存的登记册中:

| 股东名称 | 持有或被视作持有权益的身份 | 持有或被视作持有权益的股份数量/股 | 占公司已发行H股之大致百分比/% |
|---|---|---|---|
| 宝钢香港投资有限公司 | 实益持有人 | 358950000(好仓) | 20.71 |

董事、高级管理人员报告期内被授予的股权激励情况如下:

| 姓名 | 职务 | 年初持有限制性股票数量/万股 | 报告期新授予限制性股票数量/万股 | 限制性股票的授予价格/元 | 已解锁股份/万股 | 未解锁股份/万股 | 期末持有限制性股票数量/万股 | 报告期末市价/元 |
|---|---|---|---|---|---|---|---|---|
| 丁　毅 | 董事长 | 85 | -28.05 | 2.29 | — | 56.95 | 56.95 | 2.72 |
| 毛展宏 | 副董事长 | 60 | -19.80 | 2.29 | — | 40.20 | 40.20 | 2.72 |
| 任天宝 | 董事、总经理、董事会秘书 | 60 | -19.80 | 2.29 | — | 40.20 | 40.20 | 2.72 |
| 伏　明 | 高管 | 60 | -19.80 | 2.29 | — | 40.20 | 40.20 | 2.72 |
| 章茂晗 | 高管(离任) | 60 | -19.80 | 2.29 | — | 40.20 | 40.20 | 2.72 |
| 合　计 | — | 325 | -107.25 | — | — | 217.65 | 217.65 | — |

于2023年12月31日,除上表外,公司副董事长毛展宏先生另持有公司A股100股。此外,公司董事、监事及其他高级管理人员均未在本公司或本公司相联法团(定义见《证券及期货条例》)的股份、相关股份及债券中拥有权益或淡仓。

除上述披露外,于2023年12月31日,本公司并未知悉任何根据《证券及期货条例》而备存的登记册所记录之权益或淡仓。

4. 公司与实际控制人之间的产权及控制关系的方框图

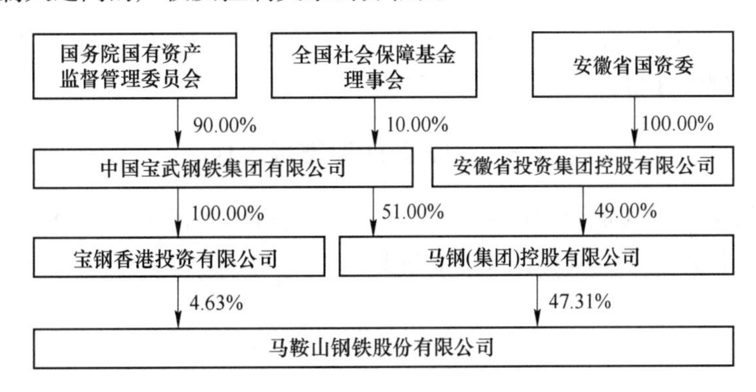

## 九、董事、监事、高级管理人员情况

现任及报告期内离任董事、监事和高级管理人员持股变动及报酬情况。

| 姓名 | 职务 | 性别 | 年龄 | 任期起始日期 | 任期终止日期 | 报告期内从公司获得的税前报酬总额/万元 |
|---|---|---|---|---|---|---|
| 丁　毅 | 董事长 | 男 | 60 | 2013-8-9 | 2025-12-1 | — |
| 毛展宏 | 副董事长 | 男 | 54 | 2022-12-1 | 2025-12-1 | — |
| 任天宝 | 董事 | 男 | 60 | 2011-8-31 | 2025-12-1 | 116. 42 |
| 任天宝 | 总经理 | 男 | 60 | 2022-8-18 | 2025-12-1 | — |
| 任天宝 | 董事会秘书 | 男 | 60 | 2022-12-1 | 2025-12-1 | — |
| 管炳春 | 独立董事 | 男 | 60 | 2022-12-1 | 2025-12-1 | 15 |
| 何安瑞 | 独立董事 | 男 | 52 | 2022-12-1 | 2025-12-1 | 15 |
| 廖维全 | 独立董事 | 男 | 61 | 2023-11-30 | 2025-12-1 | 1. 25 |
| 仇圣桃 | 独立董事 | 男 | 58 | 2023-11-30 | 2025-12-1 | 1. 25 |
| 马道局 | 监事会主席 | 男 | 58 | 2022-12-1 | 2025-12-1 | — |
| 耿景艳 | 监事 | 女 | 49 | 2020-6-29 | 2025-12-1 | 37. 59 |
| 洪功翔 | 独立监事 | 男 | 61 | 2022-12-1 | 2025-12-1 | 10 |
| 伏　明 | 副总经理 | 男 | 57 | 2017-10-11 | 2025-12-1 | 96. 67 |
| 张春霞 | 独立董事(离任) | 女 | 61 | 2017-11-30 | 2023-11-30 | 13. 75 |
| 朱少芳 | 独立董事(离任) | 女 | 60 | 2017-11-30 | 2023-11-30 | 13. 75 |
| 章茂晗 | 副总经理(离任) | 男 | 54 | 2020-12-18 | 2023-4-13 | 16. 15 |
| 合　计 | — | — | — | — | — | 336. 83 |

## 十、内部控制

公司第十届董事会第二十次会议于 2024 年 3 月 28 日审议通过《公司 2023 年度内部控制评价报告》,确认本公司 2023 年度内部控制有效。

毕马威华振会计师事务所(特殊普通合伙)对公司 2023 年度与财务报告相关的内部控制进行了审计,并出具标准意见的《内部控制审计报告》。

## 十一、A 股及 H 股市场表现

2023 年 12 月 31 日,本公司 A 股收盘价为人民币 2. 72 元,市值人民币 163. 58 亿元;H 股收盘价为港币 1. 23 元,市值港币 21. 32 亿元。总市值折合人民币约 182. 9 亿元。

(李　伟)

**图书在版编目(CIP)数据**

宝武年鉴．2024．马钢卷 / 马钢（集团）控股有限公司年鉴编纂委员会编．-- 北京：冶金工业出版社，2024．11．-- ISBN 978-7-5024-9994-5

Ⅰ．F426．31-54

中国国家版本馆 CIP 数据核字第 2024P81F30 号

**宝武年鉴 2024（马钢卷）**

| | | | |
|---|---|---|---|
| **出版发行** | 冶金工业出版社 | **电　话** | (010)64027926 |
| **地　址** | 北京市东城区嵩祝院北巷 39 号 | **邮　编** | 100009 |
| **网　址** | www．mip1953．com | **电子信箱** | service@ mip1953．com |

责任编辑　杜婷婷　美术编辑　彭子赫　版式设计　郑小利

责任校对　王永欣　责任印制　禹　蕊

北京捷迅佳彩印刷有限公司印刷

2024 年 11 月第 1 版，2024 年 11 月第 1 次印刷

889mm×1194mm　1/16；21．75 印张；8 彩页；683 千字；326 页

**定价 228．00 元**

**投稿电话　(010)64027932　投稿信箱　tougao@cnmip．com．cn**

**营销中心电话　(010)64044283**

**冶金工业出版社天猫旗舰店　yjgycbs．tmall．com**

(本书如有印装质量问题，本社营销中心负责退换)